住房城乡建设部土建类学科专业“十三五”规划教材
高等学校工程管理和工程造价学科专业指导委员会规划推荐教材

工 程 计 量

四川大学　谭大璐　彭　盈　主编

中国建筑工业出版社

图书在版编目（CIP）数据

工程计量 / 四川大学，谭大璐，彭盈主编 . —北京：中国建筑工业出版社，2018.12

住房城乡建设部土建类学科专业“十三五”规划教材 . 高等学校工程管理和工程造价学科专业指导委员会规划推荐教材

ISBN 978-7-112-22986-4

Ⅰ. ①工… Ⅱ. ①四…②谭…③彭… Ⅲ. ①建筑工程－计量－高等学校－教材 Ⅳ. ① TU723.32

中国版本图书馆CIP数据核字（2018）第269216号

本书以《房屋建筑与装饰工程工程量计算规范》GB 50854-2013、《通用安装工程工程量计算规范》GB 50856-2013、《市政工程工程量计算规范》GB 50857-2013、《园林绿化工程工程量计算规范》GB 50858-2013、《建筑工程建筑面积计算规范》GB/T 50353-2013、《全国统一建筑工程预算工程量计算规则》土建工程 GJDGZ-101-95等为依据，通过查阅大量工程计量书籍与工程计量实例编写而成。

本书力求保持简明扼要、通俗易懂的编著风格，注重理论性、实用性相结合的编著思路，并力图达到既保持知识体系的连贯性又便于不同专业学生学习的目的。

本书可作为高等院校工程造价、工程管理、土木工程及相关专业的教材，也可作为广大造价管理人员、工程咨询人员及自学者的参考书。

为更好地支持相应课程的教学，我们向采用本书作为教材的教师提供教学课件，有需要者可与出版社联系，邮箱：cabpkejian@126.com。

责任编辑：王 跃 张 晶
责任校对：王雪竹

住房城乡建设部土建类学科专业“十三五”规划教材
高等学校工程管理和工程造价学科专业指导委员会规划推荐教材
工程计量
四川大学 谭大璐 彭 盈 主编
*
中国建筑工业出版社出版、发行（北京海淀三里河路9号）
各地新华书店、建筑书店经销
北京雅盈中佳图文设计公司制版
大厂回族自治县正兴印务有限公司印刷
*
开本：787×1092毫米 1/16 印张：25 字数：531千字
2019 年 3 月第一版 2019 年 3 月第一次印刷
定价：55.00元（赠课件）
ISBN 978-7-112-22986-4
（33066）

序　言

高等学校工程管理和工程造价学科专业指导委员会（以下简称专指委），是受教育部委托，由住房城乡建设部组建和管理的专家组织，其主要工作职责是在教育部、住房城乡建设部、高等学校土建学科教学指导委员会的领导下，负责高等学校工程管理和工程造价类学科专业的建设与发展、人才培养、教育教学、课程与教材建设等方面的研究、指导、咨询和服务工作。在住房城乡建设部的领导下，专指委根据不同时期建设领域人才培养的目标要求，组织和富有成效地实施了工程管理和工程造价类学科专业的教材建设工作。经过多年的努力，建设完成了一批既满足高等院校工程管理和工程造价专业教育教学标准和人才培养目标要求，又有效反映相关专业领域理论研究和实践发展最新成果的优秀教材。

根据住房城乡建设部人事司《关于申报高等教育、职业教育土建类学科专业“十三五”规划教材的通知》（建人专函[2016]3号），专指委于2016年1月起在全国高等学校范围内进行了工程管理和工程造价专业普通高等教育“十三五”规划教材的选题申报工作，并按照高等学校土建学科教学指导委员会制定的《土建类专业“十三五”规划教材评审标准及办法》以及“科学、合理、公开、公正”的原则，组织专业相关专家对申报选题教材进行了严谨细致地审查、评选和推荐。这些教材选题涵盖了工程管理和工程造价专业主要的专业基础课和核心课程。2016年12月，住房城乡建设部发布《关于印发高等教育　职业教育土建类学科专业“十三五”规划教材选题的通知》（建人函[2016]293号），审批通过了25种（含48册）教材入选住房城乡建设部土建类学科专业“十三五”规划教材。

这批入选规划教材的主要特点是创新性、实践性和应用性强，内容新颖，密切结合建设领域发展实际，符合当代大学生学习习惯。教材的内容、结构和编排满足高等学校工程管理和工程造价专业相关课程的教学要求。我们希望这批教材的出版，有助于进一步提高国内高等学校工程管理和工程造价本科专业的教育教学质量和人才培养成效，促进工程管理和工程造价本科专业的教育教学改革与创新。

高等学校工程管理和工程造价学科专业指导委员会
2017年8月

前 言

本书根据高等学校工程管理和工程造价学科专业指导委员会编制的《高等学校工程造价本科指导性专业规范》要求，结合工程造价专业的特点及作者多年讲授《工程估价》的教学经验编写而成。本书入选《住房城乡建设部土建类学科专业"十三五"规划教材》、高等学校工程管理和工程造价学科专业指导委员会规划推荐教材。此书具有以下特点：

（1）将工程计量从《工程估价》教材中单列出来，以房屋建筑与装饰工程计量为基础，同时介绍了通用安装工程、市政工程和园林绿化工程计量的理论依据与方法。本书将不同专业工程的类似分项工程项目的计量方法进行了分析对比，又对具有专业特点的常见分项工程项目的计量方法进行了重点阐述，使一本教材满足于造价专业不同阶段课程学习的需要。编写方式既可以保证知识体系的连贯性，又避免了不同专业工程在计量方法讲授过程中的重复性。

（2）本书将工程计量的技术问题与计量问题有机结合，把工程计量中必须掌握的技术要点在各章作了概括性的归纳总结，不仅使读者对技术类课程的知识点进行了温习，同时又使相关的知识点与计量课程保持了良好的对接。

（3）本书在编写风格上尽量避免大段摘录计量规范，力求将规范中常见项目的计量方法用图例和例题的形式表现，使教材简明扼要，通俗易懂。

（4）本书通过难易不同的例题与案例，将学习内容以点（分项工程计算）——线（多个分项工程计算）——面（多个分部工程）的方式逐渐呈现给学生，符合教学由浅入深、循序渐进的规律，使教材具有实用性和可操作性。

本书由四川大学谭大璐、彭盈教授主编，谭大璐负责全书的框架设计与统稿工作。各章编写负责人分别为：第1～4章：谭大璐；第5章：彭盈；第6章：四川大学锦江学院杨柳；第7章：四川大学锦江学院蒋玉飞；第8章：斯维尔科技股份有限公司龙乃武、徐飞，广联达科技股份有限公司朱溢镕。参加1～7章编写的老师还有四川大学谭茹文、陈玉水、尹健、余明久、付垚；四川大学锦城学院刘桂宏、马文婷、刘滢，四川大学锦江学院杨柳、蒋玉飞等。附录由相关专业工程主编老师及广联达科技股份有限公司刘诗雨共同完成。

本书插图由刘滢、马文婷、蒋玉飞、杨柳、余明久、付垚等老师以及四川大学建筑与环境学院2016级研究生沈红、胡七丹完成。

在编写过程中，作者参阅和引用了不少专家、学者论著中的有关资料，在此表示衷心的感谢。也向给予本书编写工作大力支持与帮助的广联达科技股份有限公司王全杰主任、中国兵器装备集团（成都）火控技术中心陈超工程师表示衷心的感谢。

本书的构思是以编写一本通俗易懂、风格新颖的工程计量教材为初衷。但由于作者的理论水平和工作实际经验有限，成书付梓过程中，虽经仔细校对修改，但难免仍有不当之处，敬请各位专家和读者不吝指教。

2018年10月

目录

1 工程计量概述

【本章要点及学习目标】

本章介绍工程计量的基本概念。通过本章的学习，使读者了解工程计量的依据、工程计量的规范，不同工程计量方法的适用范围，工程计量的一般工作流程，为准确进行工程计量奠定基础。

1.1 工程计量基本概念

1. 工程量

工程量是指以物理计量单位或自然计量单位所表示的分部分项工程项目和措施项目的数量。

物理计量单位是指以公制度量衡表示的长度（m）、面积（m^2）、体积（m^3）和重量（kg）等计量单位。

自然计量单位指无需度量的具有自然属性的单位，如根、个、台、套、组等。

2. 工程计量

工程量计算在实际工程中也简称为工程计量，它是指运用一定的划分方法和计算规则，对工程所需完成的分部分项工程项目以及为完成分部分项工程所采取措施项目的数量采用相应的计量单位进行的统计与度量。

由于工程计价具有阶段性和多次性特点，工程计量也具有阶段性和多次性特点，如招标阶段工程量清单编制中的工程计量、施工阶段的工程计量及结算阶段的工程计量。

3. 工程量计算规则

工程量的计算规则可分为全国统一的计算规则或各省根据本省工程预结算特点编制的计算规则，两者计量原则一致，计算规则差别不大。以全国统一的建筑与装饰工程为例，目前的工程量计算规则主要有以下三种：

（1）用于编制施工图预算，与预算定额相配套的工程量计算规则，如原建设部制定的《全国统一建筑工程预算工程量计算规则》GJD_{GZ}-101-1995 以及各地不同行业制定的预算工程量计算规则。

（2）用于编制工程量清单，与清单计价规范相配套的不同专业的工程量计算规范，如住房城乡建设部和国家质量监督检验检疫总局联合发布的《房屋建筑与装饰工程工程量计算规范》GB 50854-2013 中规定的工程量计算规则。

（3）用于编制施工预算，与消耗量定额配套的工程量计算规则，如住房城乡建设部发布的《房屋建筑与装饰工程消耗量定额》TY01-31-2015 以及各地或行业发布的消耗量定额中给出的工程量计算规则。但此定额中的工程量计算规则主要用于组价，不用于工程计量。

4. 工程计量的作用

（1）工程量是确定各专业工程造价的重要依据。只有准确计算工程量，才能正确计算工程相关费用，合理确定工程造价。

（2）通过工程计量，可为承包方编制工程施工进度计划，合理安排人工、材料、机械台班需要量，进行工程量统计和经济核算提供重要依据。

（3）通过工程计量，可为发包方编制建设计划、筹集建设资金、合理安排工程价款的拨付和结算、进行投资控制提供重要依据。

1.2 工程计量依据

（1）国家颁布的工程量计算规范和国家、地方行业主管部门发布的消耗量定额及其工程量计算规则。

（2）经审定的工程设计图纸及其说明。工程图纸全面反映建筑物（或构筑物）的结构构造、各部位的尺寸及工程做法，是工程计量的基础资料。

（3）经审定的施工组织设计或施工技术措施方案，是工程计量的重要依据。

（4）工程施工合同、招标文件的商务条款。招标文件中的商务条款与合同约定是承包商应完成的工作内容与工程量的法律依据。

（5）经审定的其他有关技术经济文件。

1.3 工程计量方法

1.3.1 工程量计算要求

（1）列项符合要求。工程量的列项应严格按照设计图纸内容和规范（或定额）规定列项与计算，不得随意改变项目名称。

（2）计量单位正确。工程量计量单位必须与工程量计算规范（或定额）规定的单位一致。

（3）计算口径一致。根据施工图所列项目的工作内容必须与工程量计算规范（或定额）规定的工作内容口径一致，不得多算或漏算。

（4）计量精度准确。严格按照图纸所示尺寸和计算规则的规定，在计算过程中，按规定保留数据的小数点位数，保证工程计量的准确性。

1.3.2 工程量计算规范构成

我国现行建设工程计价主要采用工程量清单计价，与之对应的工程计量规范有：《房屋建筑与装饰工程工程量计算规范》GB 50854-2013、《通用安装工程工程量计算规范》GB 50856-2013、《市政工程工程量计算规范》GB 50857-2013、《园林绿化工程工程量计算规范》GB 50858-2013 等九个专业的计量规范。

《工程量计算规范》包括正文、附录和条文说明三部分。正文部分包括总则、术语、工程计量和工程量清单编制。附录对分部分项工程项目和可计量的措施项目的项目编码、项目名称、项目特征描述的内容、计量单位、工程量计算规则及工作内容作了规定，对于不能计量的措施项目则规定了项目编码、项目名称、工作内容及包含的范围。

1. 项目编码

项目编码是分部分项工程量清单项目名称的数字标识。应按现行计量规范项目编码的9位数字另加3位顺序码构成。1 ~ 9位应按现行计量规范的规定设置，10 ~ 12位应根据拟建工程的工程量清单项目名称和项目特征设置，同一招标工程的项目编码不得有重码。

1 ~ 2位为专业工程码，如建筑工程与装饰工程为01、仿古建筑工程为02、通用安装工程为03、市政工程为04、园林绿化工程为05、矿山工程为06、构筑物工程为07、城市轨道交通工程为08、爆破工程为09。3 ~ 4位为附录分类顺序码；5 ~ 6位为分部工程顺序码；7、8、9位为分项工程项目名称顺序码；10 ~ 12位为清单项目名称顺序码。例如：

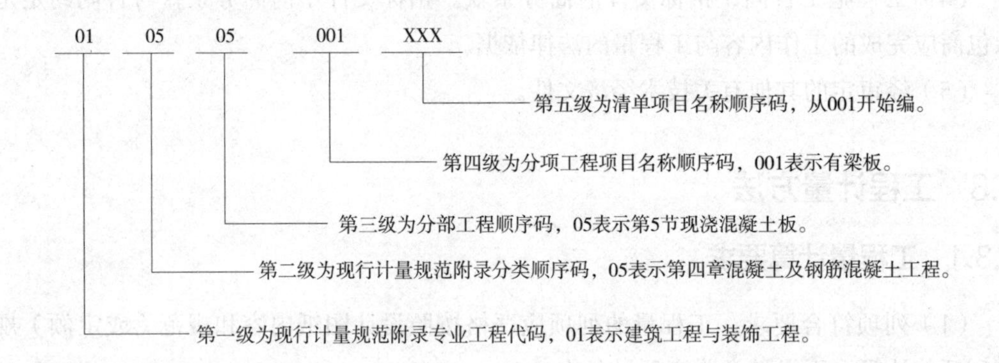

例如同一个标段（或合同段）的工程量清单中含有三个单位工程，每一单位工程中都有项目特征相同的实心砖墙砌体，在工程量清单中需反映三个不同单位工程的实心砖墙砌体工程量时，此时工程量清单应以单位工程为编制对象，第一个单位工程的实心砖墙的项目编码应为010401003001，第二个单位工程的实心砖墙的项目编码应为010401003002，第三个单位工程的实心砖墙的项目编码应为010401003003，并分别列出各单位工程实心砖墙的工程量。

2. 项目名称

分部分项工程项目清单的项目名称应按现行计量规范的项目名称结合拟建工程的实际确定。分项工程项目清单的项目名称一般以工程实体而命名，项目名称如有缺项，编制人应作补充，并报省级或行业工程造价管理机构备案。补充项目的编码由“13计量规范”的专业工程代码X（即01 ~ 09）与B和三位阿拉伯数字组成，并应从XB001起顺序编制，同一招标工程的项目不得重码。分部分项工程项目清单中应附补充项目名称、项目特征、计量单位、工程量计算规则、工作内容。

3. 项目特征

项目特征是确定分部分项工程项目清单综合单价的重要依据，在编制分部分项工程项目清单时，必须对其项目特征进行准确和全面的描述。

但有的项目特征用文字往往又难以准确和全面的描述清楚，因此为达到规范、简捷、准确、全面描述项目特征的要求，在描述分部分项工程项目清单项目特征时应按以下原则进行：

（1）项目特征描述的内容应按现行计量规范要求，并结合拟建工程的实际进行描述，满足确定综合单价的需要。对于涉及项目的工程量数量（如门窗洞口尺寸）、结构与材质要求（如混凝土强度等级、混凝土种类）、安装方式（如螺纹连接或焊接）等方面的内容，应作为项目特征的重点进行描述。

（2）对采用标准图集或施工图纸能够全部或部分满足项目特征描述要求的，项目特征描述可直接采用详见 ×× 图集或 ×× 图号的方式。但对不能满足项目特征描述要求的部分，仍应用文字描述。

4. 计量单位

分部分项工程项目清单的计量单位应按现行计量规范规定的计量单位确定。如"吨"、"立方米"、"平方米"、"米"、"千克"或"项"、"个"等。在现行计量规范中有两个或两个以上计量单位的，如门窗工程的计量单位为"樘 /m"，钢筋混凝土桩的单位为"m/ 根"，应结合拟建工程实际情况，确定其中一个为计量单位。同一工程项目计量单位应一致。

5. 工程量计算

现行计量规范明确了清单项目的工程量计算规则，其工程量是以形成工程实体为准，并以完成后的净值来计算的。这一计算方法避免了因施工方案不同而造成计算的工程量大小各异的情况，为各投标人提供了一个公平的平台。

采用不同计量单位计算工程量时，应注意：

（1）以"吨"为计量单位的应保留小数点后三位数字，第四位小数四舍五入。

（2）以"立方米"、"平方米"、"米"、"千克"为计量单位的应保留小数点后两位数字，第三位小数四舍五入。

（3）以"项"、"个"等为计量单位的应取整数。

6. 工作内容

工作内容是指为了完成工程量清单项目所需要进行的具体施工作业内容和操作程序。现行工程量计算规范附录中给出的是一个清单项目可能发生的工作内容和操作程序，在确定综合单价时需要根据清单项目特征中的要求、具体的施工方案，从中选择项目具体的施工作业内容进行组价。

1.3.3 工程计量步骤与方法

工程计量具有量大、繁琐、费时等特点，在传统的工程计价工作量中，计量工作所需时间约占总工作时间的 50% ~ 70%，其计算的准确性也直接影响到工程计价是否正确。近 20 多年来，随着计算机技术与信息技术的发展与应用，工程计量的速度已得到极大的提高，但在对有争议的工程量进行核对与审查时，往往依旧会采用一些传统的计算方法与技巧。

在实际计量工作中，造价人员通常会运用统筹法原理，合理安排工程量的计算顺序，以达到节约时间、简化计算、提高功效的目的。

用统筹法进行工程计量遵循的原则是：统筹程序，合理安排、利用基数，连续计算、一次算出，多次使用，结合实际，灵活机动。

1. 不同分部工程的计量顺序

按规范（或定额）的分部分项顺序列项计算，可以避免计量时出现漏项的情况，但却常常遇到计算某分部工程量时，需要使用后面分部分项工程量的数据问题，如在计算砌体工程中，一般需扣减嵌入墙体里的门窗洞口体积和圈梁过梁体积。但当计算到后面分部分项工程量时，又有可能做重复工作，导致事倍功半。因此在一般房屋建筑与装饰工程中，常见的计算顺序为：

（1）建筑物三线一面（外墙中心线长度 $L_{中}$、外墙外边线长度 $L_{外}$、内墙净长度 $L_{内}$ 和底层建筑面积 $S_{底}$）；

（2）建筑面积；

（3）可计量措施项目中的脚手架工程量；

（4）±0.000 标高以下基础工程；

（5）±0.000 标高以上混凝土与钢筋混凝土工程；

（6）可计量措施项目中的模板工程量；

（7）门窗工程（或幕墙工程）；

（8）砌筑工程；

（9）金属结构工程；

（10）屋面及防水工程；

（11）楼地面、墙柱面、天棚抹灰等装饰工程；

（12）其他工程。

上述顺序计量的优点是，便于重复利用已算数据，如综合脚手架工程量可以利用已算建筑面积的数据，砌筑工程量应扣减的体积可以在上述（5）、（7）中提取。

2. 同一分部工程的计算顺序

同一分部工程的计量顺序，除了合理安排不同分部工程的先后顺序外，还应该考虑与施工顺序一致。

如土石方工程的计量，可按平整场地、挖沟槽（基坑）土方、垫层、带形（独立）基础、地圈梁、回填土、余土弃置（或借土回填）的顺序进行。如某带形砖基础，计算挖沟槽土方工程量体积时，首先计算出沟槽长度，计算沟槽土方工程量，接下来计算混凝土分部的垫层工程量、砌筑工程中的砖基础工程量等都可以利用已计算出的沟槽长度作为基本数据来调整计算；回填土按挖沟槽土方扣减砖基础及垫层工程量来计算，余土弃置按挖沟槽工程量扣减基础体积和回填土体积，同时结合施工组织设计中的现场堆放条件计算。

由此可见，这样的计算顺序既便于按照施工顺序核查是否有漏项，又便于利用基础数据连续计算。

3. 同一张施工图的计算顺序

在手算工程量时，对同一张施工图往往可以采用以下计算顺序。

（1）按图纸排放规律计算。对在同一张施工图的工程量，可采用顺时针（或逆时针）的方向计算。采用顺时针计算时，从平面图的左上角开始，自左至右，然后再由上而下，最后转回到左上角为止，这样的方法常用于外墙、地面、天棚等分部分项工程的计算。也可按“先横后竖、先上后下、先左后右”计算。即在平面图上从左上角开始，按“先横后竖、从上而下、自左到右”的顺序计算工程量。这样的方法常用于房屋的条形基础土方、砖石基础、墙面抹灰等分部分项工程的计算。

（2）按图纸分项编号顺序计算。按照图纸上所标注结构构件、配件的编号顺序进行计算。这样的方法常用于计算混凝土构件、门窗等分部分项工程。如梁（L_1，L_2……）、柱（Z_1，Z_2……）的体积，门（M_1，M_2……）、窗（C_1，C_2……）等的樘数或面积。

（3）按图纸轴线顺序计算。按照图纸的轴线编号，有序地标注出一定轴线范围内对应的工程量。这种方法常用于砖石基础、墙身等分部分项工程的计算。如用 $A_{①-⑤}$表示Ⓐ轴上与①、⑤轴相交的砖基础体积。

（4）按工程量计算规范顺序计算。该方法与不同分部工程的计量顺序相似，按规范中的先后顺序，逐项对照，计算图纸中所有的项目。

4. 统筹图

运用统筹法的思路可以有效地提高工程计量的速度，而统筹图则是根据统筹法原理对工程计量过程和工程计量规则进行归纳总结，采用共性合在一起处理，个性分别处理的方法形成的工程计量程序图。

以一般的砖混结构为例，共性合在一起处理，即把与墙的长度（包括外墙外边线、外墙中心线、内墙净长线）有关的计算项目，分别纳入不同墙长系统中，如外墙面装饰，可归于外墙外边线系统，外墙沟槽挖方、外墙砌体工程等归于外墙中心线系统，而内墙沟槽、内墙砌体、内墙装饰等归于内墙净长线系统，依据三线进行调整计算。把与建筑面积有关的计算项目，如平整场地、屋面及防水等工程可以归于建筑面积系统中依据底层建筑面积进行调整计算。

个性分别处理就是将与墙长或建筑面积这些基数联系不起来的计算项目，如楼梯、阳台、门窗、台阶等进行个性化处理，设计规范有相关数据的，可以查阅相关规范，无数据可查的，则按其特性单独计算。

用统筹法计量可分为五个步骤，如图 1-1 所示。

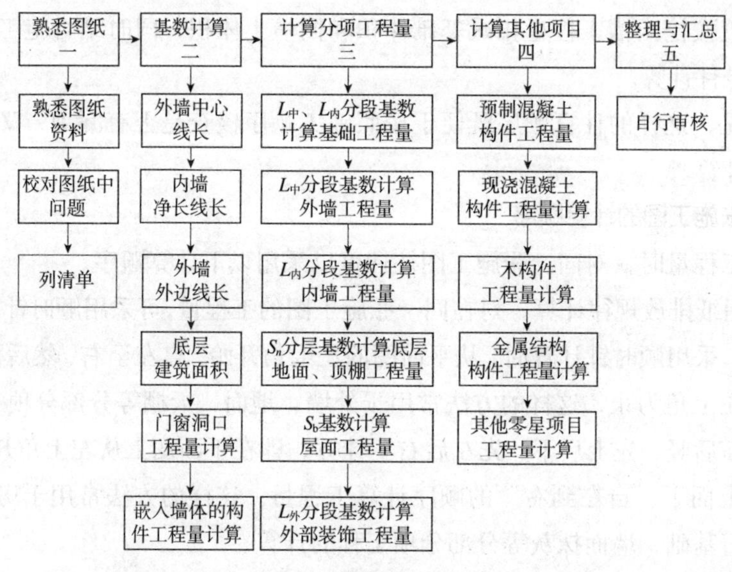

图 1-1 统筹法计量步骤

1.4 基于工程计量的工程估价

工程计量是工程估价（或工程计价）的基础。工程估价是指工程估价人员在项目进行前或进行过程中，根据工程计量结果及工程估价目的、遵循估价原则、按照估价程序、采用科学的估价方法、结合估价经验等，对项目最可能实现的合理价格所作出的估计、推测和判断。

1.4.1 工程估价的特点

1. 单件性特点

每一项建设工程都有其专门用途，为了适应不同用途的要求，每个项目的结构、造型、装饰，建筑面积或建筑体积，工艺设备和建筑材料就有差异。即使是用途相同的建设项目，由于建筑标准、技术水平、市场需求、自然地质条件等不同，导致量价也不相同。因此，必须通过特殊的计价程序来确定各个项目的价格。

2. 多次性计价特点

工程项目一般都具有体积庞大、结构复杂、单件性强的特点，因此，其生产过程是一个周期长、环节多、耗资大的过程。而在不同的建设阶段，由于条件不同，对工程估价的要求也不相同。人们不可能超越客观条件，把建设项目的估算编制得与最终造价完全一致。但是，如果能充分掌握市场变动信息，应用科学的工程估价方法，对信息资料加以全面分析，则工程估价的准确度将大大提高。工程估价一般要经历多次估价过程，每个过程都有相应的估价控制指标，如图 1-2 所示。

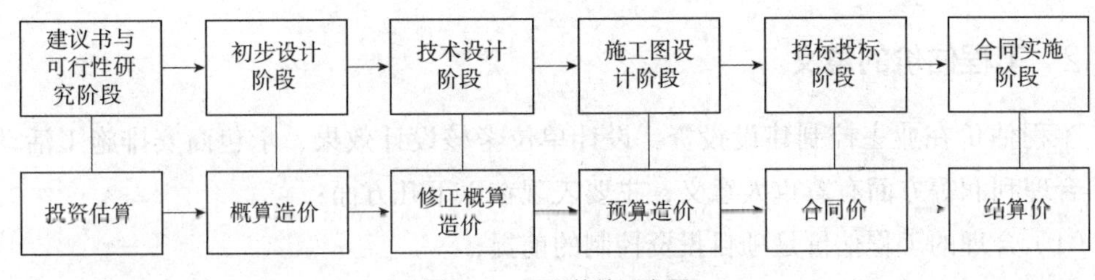

图1-2 工程估价示意图

3. 组合性特点

由于建筑产品具有单件性、独特性、固定性、体积庞大等特点，因而其估价比一般工业企业的产品计价复杂得多。为了较为准确地对建筑产品合理计价，往往按工程的分部组合进行计价。根据工程项目的构成，可对建设项目的组成进行如下划分：

（1）建设项目

建设项目是指在一个总体设计或初步设计的范围内，由一个或若干个单项工程所组成，经济上实行统一核算，行政上有独立机构或组织形式，实行统一管理的工程项目。其特征是，每一个建设项目都编制有设计任务书和独立的总体设计。如某一家工厂或一所学校建设，均可称做建设项目。

（2）单项工程

单项工程又称工程项目。单项工程是指具有独立的设计文件，能够独立存在的完整的建筑安装工程的整体。其特征是，该单项工程建成后，可以独立进行生产或交付使用。如学校建设项目中的教学楼、办公楼、图书馆、学生宿舍、职工住宅工程等。一个或若干个单项工程构成建设项目。

（3）单位工程

单位工程是指具有独立的施工图纸，可以独立组织施工，但完工后不能独立交付使用的工程。例如工厂一个车间建设中的土建工程、设备安装工程、电气安装工程、管道安装工程等。一个或若干个单位工程构成单项工程。

（4）分部工程

分部工程是按照单位工程的各个部分，由不同工种的工人，利用不同的工具、材料和机械完成的局部工程。其特征是，分部工程往往按建筑物、构筑物的主要部位划分。如土石方工程分部、混凝土和钢筋混凝土工程分部等。一个或若干个分部工程构成单位工程。

（5）分项工程

分项工程是将分部工程进一步划分为若干部分。如砌筑工程中的砖基础、墙身、零星砖砌体等。一个或若干个分项工程构成分部工程。

由于建设项目是由不同的工程分部构成，因此估计工程价格时，一般都是由单个到综合，由局部到总体，逐个估价，层层汇总而成。例如，为确定建设项目的总概算，先要计算各单位工程的概算，再计算各单项工程的综合概算，最终汇成建设项目总概算。

1.4.2 工程估价的意义

工程估价在业主控制建设投资、设计单位考核设计效果、承包商安排施工活动并获得合理利润等方面有着重大意义，主要表现在以下几方面：

（1）合理的工程估价是项目投资控制的前提；

（2）工程估价是签订工程合同，进行工程结算的依据；

（3）工程估价是承包商进行施工准备工作的依据；

（4）工程估价是工程质量得以保证的经济基础。

1.4.3 工程估价的依据

（1）国家颁布的建设工程工程量清单计价规范、建设工程各专业工程的工程量计量规范，各地、各行业颁布的各类计价定额。

（2）各地、各行业造价管理部门颁布的建设市场价格信息与指标。

（3）工程施工合同涉及计价的约定、招标文件的商务条款及经审定的其他有关技术经济文件。

（4）工程技术文件及技术规范。

（5）建设工程所处的社会环境、自然环境等。

1.4.4 工程估价程序与计算方法

1. 工程估价步骤

（1）业主根据国民经济发展的总体规划及市场对建筑产品的需求，拟订出资建设某类型建筑产品的轮廓性概念，委托咨询公司进行规划。

（2）咨询公司接受业主委托，从建设项目的技术、经济、管理和可持续发展等方面进行项目的可行性研究，向业主提交项目可行性研究报告。

（3）业主对咨询公司提交的可行性研究报告进行分析、审定，对可行性研究报告提供的方案作出决策。

（4）业主根据咨询公司可行性研究报告中提出的工程估算，进行设计招标。设计单位中标后，做出设计概算；业主再根据工程量清单，进行施工招标。

（5）业主根据施工合同价，加上工程中发生的各项费用，便可估算（或计算）出相应的工程造价。

2. 工程估价计算方法

按照我国现行的《建设工程工程量清单计价规范》，建设项目不同组成的工程计价计算方法如下：

分部分项工程费 = Σ分部分项工程量 × 分部分项工程综合单价　　（1-1）

措施项目费 = Σ措施项目工程量 × 措施项目综合单价 + Σ单项措施费　　（1-2）

单位工程造价 = 分部分项工程费 + 措施项目费 + 其他项目费 + 规费 + 税金 （1-3）

单项工程造价 = ∑单位工程造价 （1-4）

建设项目造价 = ∑单项工程造价 （1-5）

从以上公式可以看出，当工程量随项目进行的深度不同而发生变化时，对应的工程估算价值（造价）也将随之发生变化。

习题

1. 简述工程计量的主要作用与依据。

2. 简述工程量计量规范的构成内容与注意要点。

2

建筑面积的计算

【本章要点及学习目标】

本章以中华人民共和国住房和城乡建设部、中华人民共和国国家质量监督检验检疫总局联合发布的《建筑工程建筑面积计算规范》GB/T 50353-2013为蓝本，重点介绍建筑面积的概念、作用、计算范围与计算方法。通过对建筑面积计算规范的学习，使读者掌握新建、扩建及改建的工业与民用建筑的建筑面积计算方法，达到准确计算建筑面积的学习目标。

2.1 概念与作用

2.1.1 建筑面积的概念

建筑面积是指建筑物（包括墙体）所形成的楼地面面积，它由建筑物占地面积、各楼层、隔层面积（地上、地下）及附属于建筑物按计算规范规则计算的室外阳台、雨篷、檐廊、室外走廊、室外楼梯等面积的总和构成。

从功能上分类，建筑面积包括建筑物的使用面积、交通面积和结构面积。

2.1.2 建筑面积的作用

建筑面积的计算是工程计量的基础工作，它不仅反映了建筑物规模的大小，也是工程建设中的一个重要技术经济指标。其作用体现在以下几方面。

（1）建筑面积是编制基本建设计划、控制投资规模的一项重要技术指标。

（2）建筑面积是核定工程估算、概算、预算的基础数据，是计算和确定建设项目各阶段工程造价，分析工程设计合理性的重要依据。

（3）建筑面积是进行工程承发包交易、房地产交易、建筑工程有关运营费核定等的关键指标。

（4）建筑面积是进行建设工程数据统计、固定资产宏观调控的重要指标。

2.2 建筑面积的计算

2.2.1 计算建筑面积的范围与方法

（1）建筑物的建筑面积应按自然层外墙结构外围水平面积之和计算。结构层高（h）在 2.20m 及以上的，应计算全面积；结构层高在 2.20m 以下的，应计算 1/2 面积。

建筑物的自然层是按楼地面结构分层的楼层，结构层是整体结构体系中承重的楼板层。结构层高是指楼面或地面结构层上表面至上部结构层上表面之间的垂直距离。

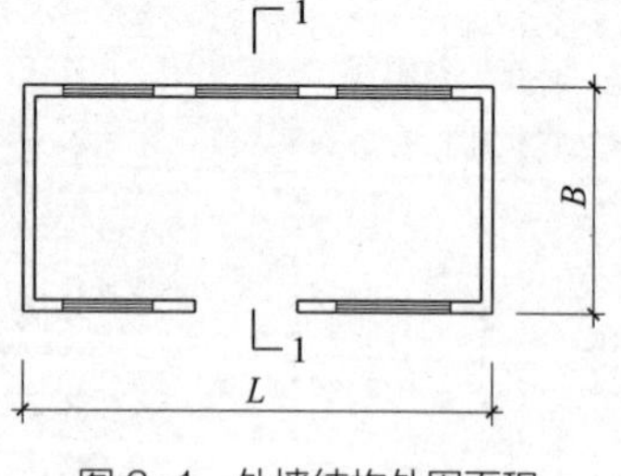

图 2-1　外墙结构外围面积

建筑面积按建筑平面图外轮廓线尺寸计算，如图 2-1 所示。

建筑面积计算公式为：

当 $h \geqslant 2.2$m　　$S=L \times B$　　（2-1）

式中　S——建筑物的建筑面积（m^2）；

L——两端山墙勒脚以上外表面间长度（m）；

B——两纵墙勒脚以上外表面间长度（m）。

当外墙结构本身在一个层高范围内不等厚时，以楼地面结构标高处的外围水平面积计算，但勒脚部分（在房屋外墙接近地面部位设置的饰面保护构造）不计算建筑面积，如图 2-2 所示。

（2）建筑物内设有局部楼层时，对于局部楼层的二层及以上楼层，有围护结构的应按其围护结构外围水平面积计算，无围护结构的应按其结构底板水平面积计算，且结构层高（h_i）在 2.20m 及以上的，应计算全面积，结构层高在 2.20m 以下的，应计算 1/2 面积，如图 2-3 所示。

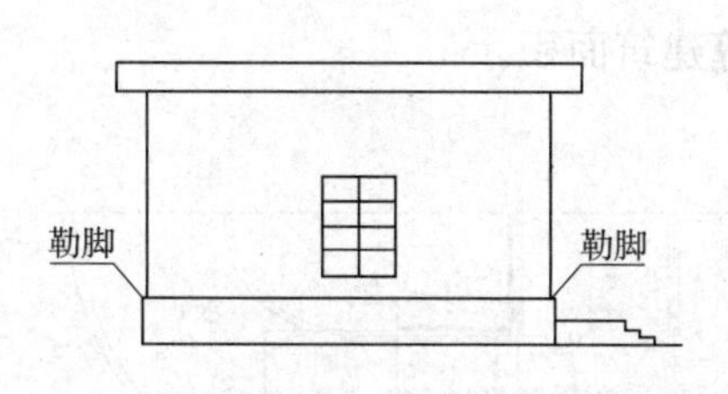

图 2-2 外墙勒脚

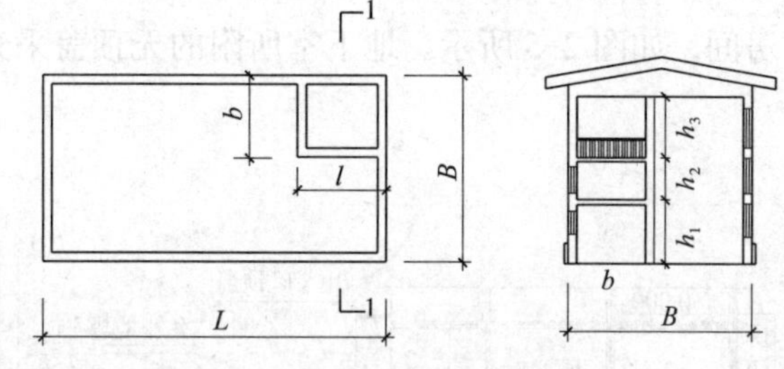

图 2-3 设有局部楼层的建筑面积计算

建筑面积计算公式为：

当 $h_i \geqslant 2.2$m $\qquad S=L\times B+\sum l\times b+\sum M$（$m^2$） （2-2）

式中 $l\times b$——有围护结构局部楼层的结构外围水平面积；

M——无围护结构局部楼层的结构底板水平面积。

（3）对于形成建筑空间的坡屋顶，结构净高在 2.10m 及以上的部位应计算全面积；结构净高在 1.20m 及以上至 2.10m 以下的部位应计算 1/2 面积；结构净高在 1.20m 以下的部位不应计算建筑面积。

建筑空间是具备可出入、可利用条件的围合空间，人们可以在其中生活和活动的场所。

结构净高是指楼面或地面结构层上表面至上部结构层下表面之间的垂直距离。

（4）对于场馆看台下的建筑空间，结构净高在 2.10m 及以上的部位应计算全面积；结构净高在 1.20m 及以上至 2.10m 以下的部位应计算 1/2 面积；结构净高在 1.20m 以下的部位不应计算建筑面积，如图 2-4 所示。

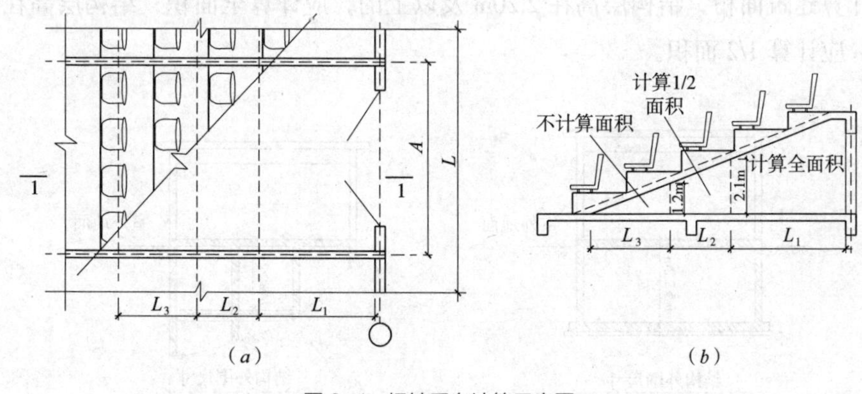

图 2-4 场馆看台计算示意图

（a）平面图；（b）1-1 剖面图

该看台下形成的建筑空间的建筑面积为：

$$S=1/2 \times L_2 \times L+L_1 \times L\ (\mathrm{m}^2) \tag{2-3}$$

（5）地下室、半地下室应按其结构外围水平面积计算（不含防潮层）。结构层高在2.20m及以上的，应计算全面积；结构层高在2.20m以下的，应计算1/2面积。

地下室是指室内地平面低于室外地平面的高度($h_{外}$)超过室内净高($h_{净}$)1/2的房间，半地下室是指室内地平面低于室外地平面的高度超过室内净高的1/3，且不超过1/2的房间，如图2-5所示。地下室所附的无顶盖采光井不算建筑面积。

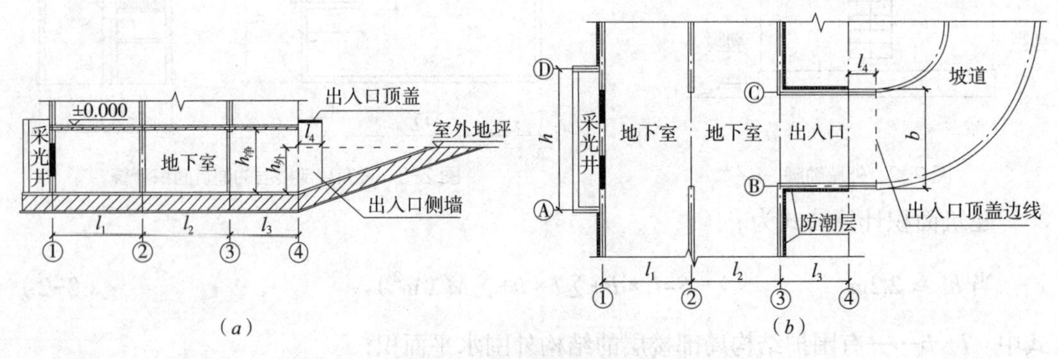

图2-5 地下室及出入口坡道

（a）剖面图；（b）平面图

（6）出入口外墙外侧坡道有顶盖的部位，应按其外墙结构外围水平面积的1/2计算面积，如图2-5（b）所示。

出入口外墙外侧坡道有顶盖的部位的建筑面积计算公式为：

$$S=\frac{1}{2}\times l_4\times b\ (\mathrm{m}^2) \tag{2-4}$$

（7）建筑物架空层（图2-6）及坡地建筑物吊脚架空层（图2-7），应按其顶板水平投影计算建筑面积。结构层高在2.20m及以上的，应计算全面积；结构层高在2.20m以下的，应计算1/2面积。

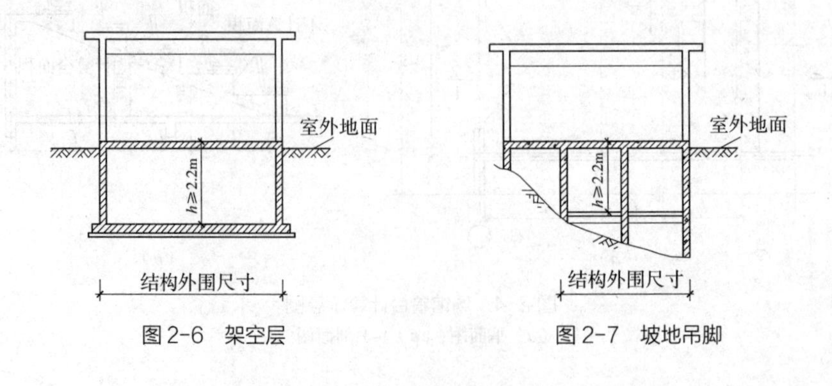

图2-6 架空层　　图2-7 坡地吊脚

（8）建筑物的门厅、大厅应按一层计算建筑面积，门厅、大厅内设置的走廊应按走廊结构底板水平投影面积计算建筑面积。结构层高（h）在 2.20m 及以上的，应计算全面积；结构层高在 2.20m 以下的，应计算 1/2 面积。如图 2-8 所示。

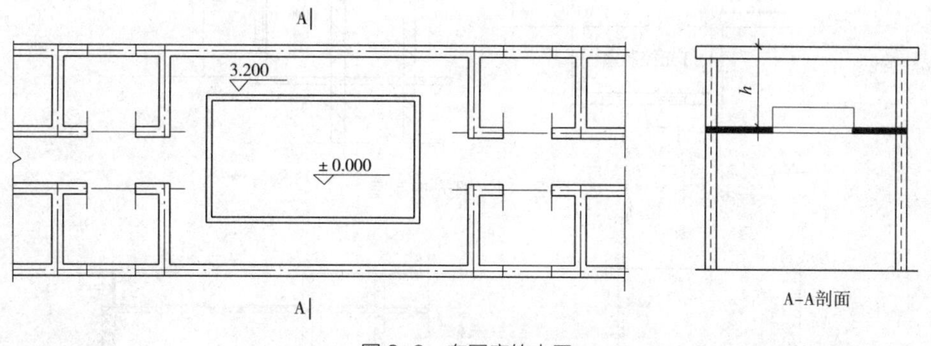

图 2-8 有回廊的大厅

（9）建筑物间的架空走廊，有顶盖和围护设施的，应按其围护结构外围水平面积计算全面积（图 2-9）；无围护结构、有围护设施的，应按其结构底板水平投影面积计算 1/2 面积（图 2-10）。

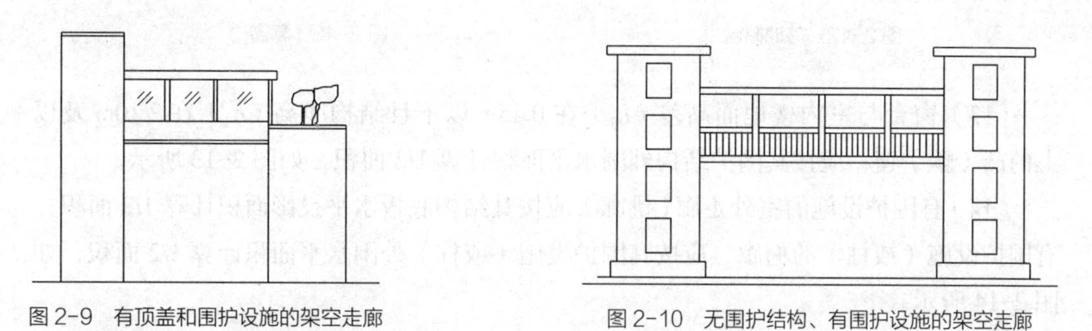

图 2-9 有顶盖和围护设施的架空走廊　　图 2-10 无围护结构、有围护设施的架空走廊

围护结构是指围合建筑空间的墙体、门、窗。围护设施是为保障安全而设置的栏杆、栏板等围挡。

（10）立体书库、立体仓库、立体车库，有围护结构的，应按其围护结构外围水平面积计算建筑面积；无围护结构、有围护设施的，应按其结构底板水平投影面积计算建筑面积。无结构层的应按一层计算，有结构层的应按其结构层面积分别计算。结构层高在 2.20m 及以上的，应计算全面积；结构层高在 2.20m 以下的，应计算 1/2 面积。

（11）有围护结构的舞台灯光控制室，应按其围护结构外围水平面积计算。结构层高（h）在 2.20m 及以上的，应计算全面积；结构层高在 2.20m 以下的，应计算 1/2 面积，如图 2-11 所示。

（12）附属在建筑物外墙的落地橱窗，应按其围护结构外围水平面积计算。结构层高 2.20m 及以上的，应计算全面积；结构层高在 2.20m 以下的，应计算 1/2 面积，如图 2-12 所示。

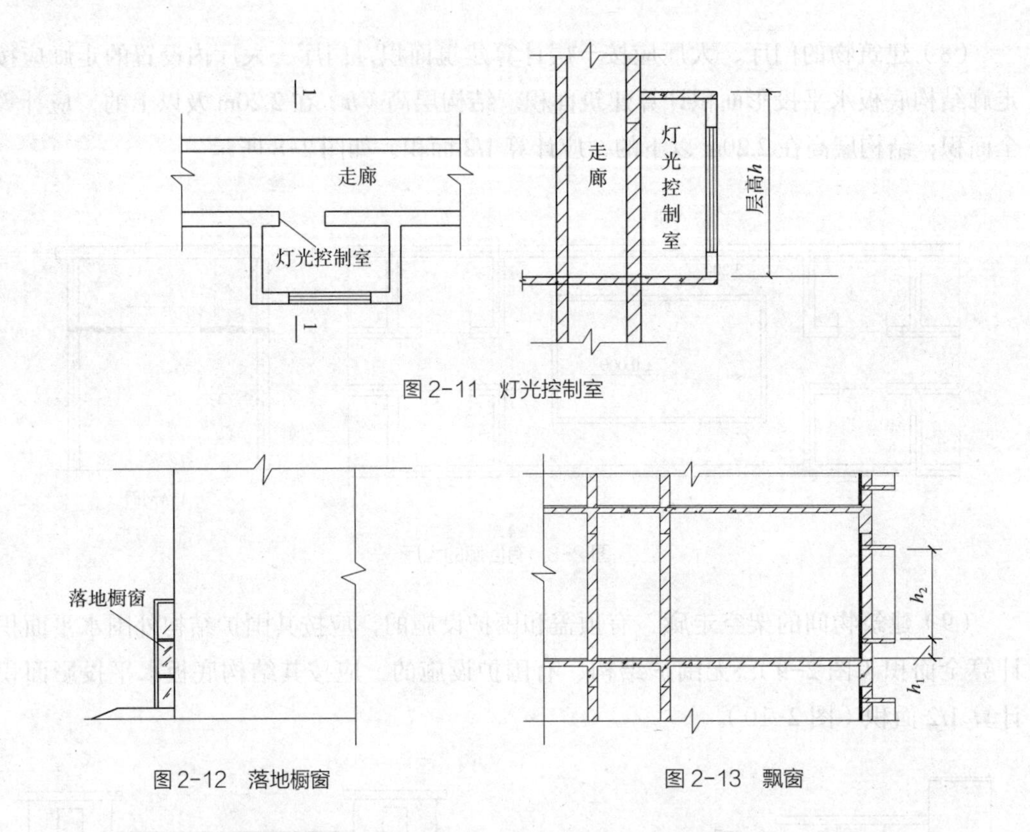

图 2-11 灯光控制室

图 2-12 落地橱窗

图 2-13 飘窗

(13)窗台与室内楼地面高差(h_1)在 0.45m 以下且结构净高(h_2)在 2.10m 及以上的凸(飘)窗,应按其围护结构外围水平面积计算 1/2 面积,如图 2-13 所示。

(14)有围护设施的室外走廊(挑廊),应按其结构底板水平投影面积计算 1/2 面积;有围护设施(或柱)的檐廊,应按其围护设施(或柱)外围水平面积计算 1/2 面积,如图 2-14 所示。

檐廊是建筑物挑檐下的水平交通空间,如有屋檐或挑廊做顶盖的水平交通空间。

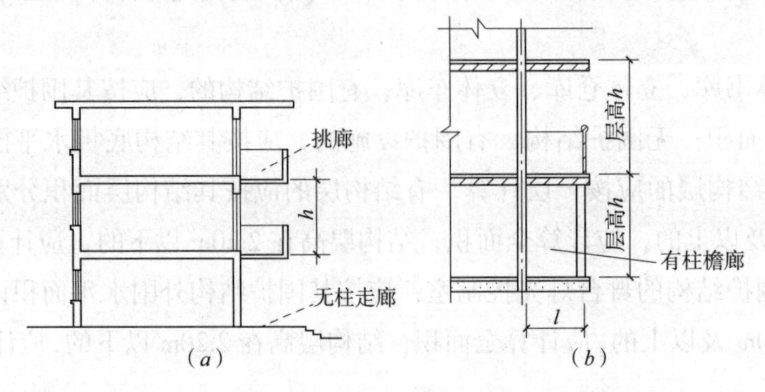

图 2-14 走廊、檐廊与挑廊

(15)门斗应按其围护结构外围水平面积计算建筑面积,且结构层高在 2.20m 及以上的,应计算全面积;结构层高在 2.20m 以下的,应计算 1/2 面积。

门斗是建筑物入口处两道门之间的空间，如图 2-15 所示。

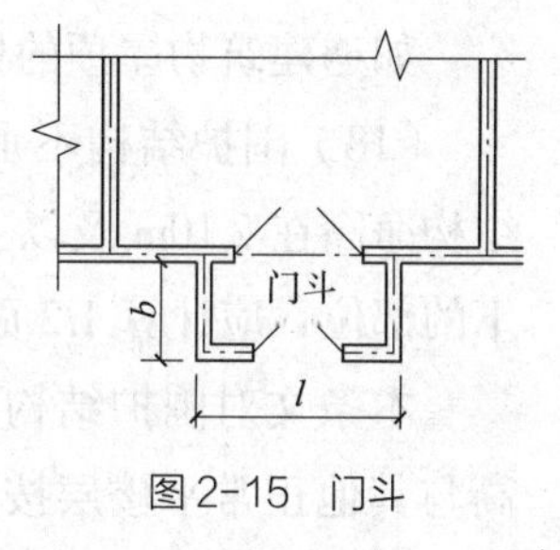

图 2-15 门斗

（16）门廊应按其顶板的水平投影面积的 1/2 计算建筑面积；有柱雨篷应按其结构板水平投影面积的 1/2 计算建筑面积；无柱雨篷的结构外边线至外墙结构外边线的宽度在 2.10m 及以上的，应按雨篷结构板的水平投影面积的 1/2 计算建筑面积。

门廊是建筑物入口前有顶棚的半围合空间，常见的门廊通常设有雨篷，如图 2-16、图 2-17 所示。

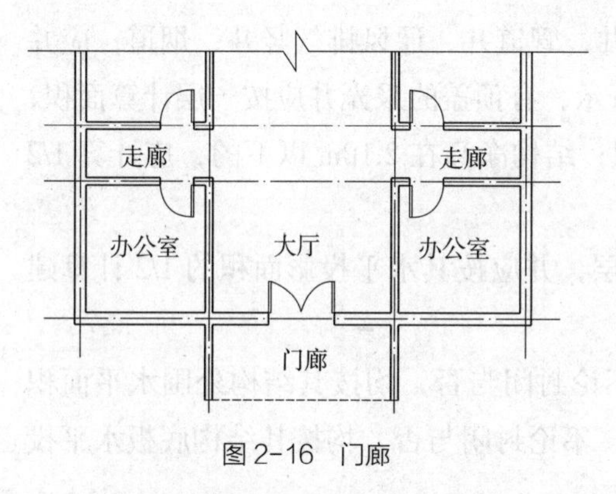

图 2-16 门廊

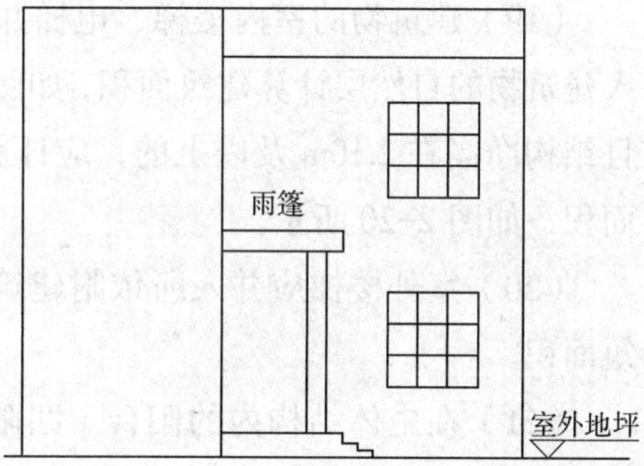

雨篷
室外地坪

图 2-17 雨篷

雨篷是指建筑物出入口上方、凸出墙面、为遮挡雨水而单独设立的建筑部件。雨篷划分为有柱雨篷（包括独立柱雨篷、多柱雨篷、柱墙混合支撑雨篷、墙支撑雨篷）和无柱雨篷（悬挑雨篷）。

1）有柱雨篷，没有出挑宽度的限制，也不受跨越层数的限制，均按上述计算规则计算建筑面积。

2）无柱雨篷，如顶盖高度达到或超过两个楼层时，不视为雨篷，不计算建筑面积。无柱雨篷要受出挑宽度的限制，当雨篷结构外边线至外墙结构外边线的设计出挑宽度大于或等于 2.10m 时，才按上述计算规则计算建筑面积。外墙为弧形或异形时，出挑宽度取最大宽度。

3）如凸出建筑物，但不单独设立顶盖，仅利用上层结构板（如楼板、阳台底板）进行遮挡，则不视为雨篷，不计算建筑面积。

（17）设在建筑物顶部的、有围护结构的楼梯间、水箱间、电梯机房等，结构层高在 2.20m 及以上的应计算全面积；结构层高在 2.20m 以下的，应计算 1/2 面积，如图 2-18 所示。

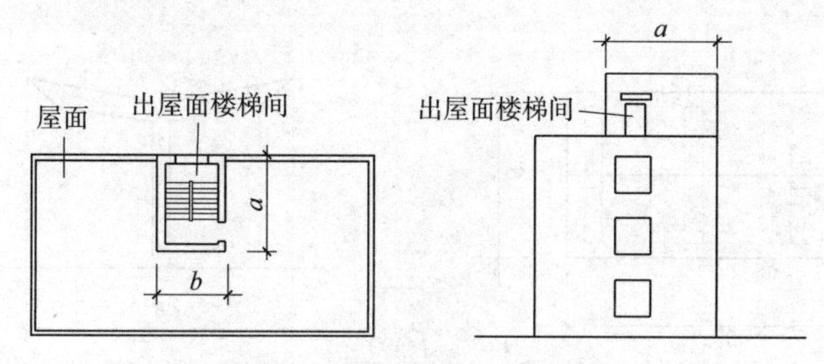

图 2-18 有围护结构的出屋面楼梯间

如遇建筑物屋顶的楼梯间是坡屋顶，应按坡屋顶的相关条文计算面积。

（18）围护结构不垂直于水平面的楼层，应按其底板面的外墙外围水平面积计算。结构净高在 2.10m 及以上的部位，应计算全面积；结构净高在 1.20m 及以上至 2.10m 以下的部位，应计算 1/2 面积；结构净高在 1.20m 以下的部位，不应计算建筑面积。

本条文对围护结构向内、向外倾斜的建筑物的建筑面积计算均适用，并按结构净高与其他正常平楼层按层高来区别，形成建筑空间的计算规则与坡屋顶的划分原则相一致。

（19）建筑物的室内楼梯、电梯井、提物井、管道井、通风排气竖井、烟道，应并入建筑物的自然层计算建筑面积，如图 2-19 所示。有顶盖的采光井应按一层计算面积，且结构净高在 2.10m 及以上的，应计算全面积；结构净高在 2.10m 以下的，应计算 1/2 面积，如图 2-20 所示。

（20）室外楼梯应并入所依附建筑物自然层，并应按其水平投影面积的 1/2 计算建筑面积。

（21）在主体结构内的阳台（凹阳台），不论封闭与否，均按其结构外围水平面积计算全面积；在主体结构外的阳台（挑阳台），不论封闭与否，均按其结构底板水平投影面积计算 1/2 面积，如图 2-21 所示。

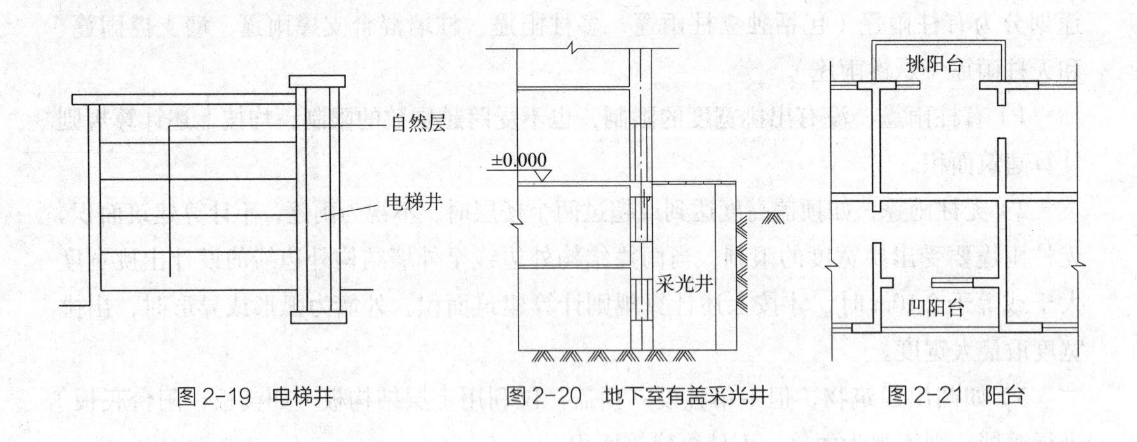

图 2-19 电梯井　　图 2-20 地下室有盖采光井　　图 2-21 阳台

（22）有顶盖无围护结构的车棚、货棚、站台、加油站、收费站等，应按其顶盖水平投影面积的 1/2 计算建筑面积，如图 2-22 所示。

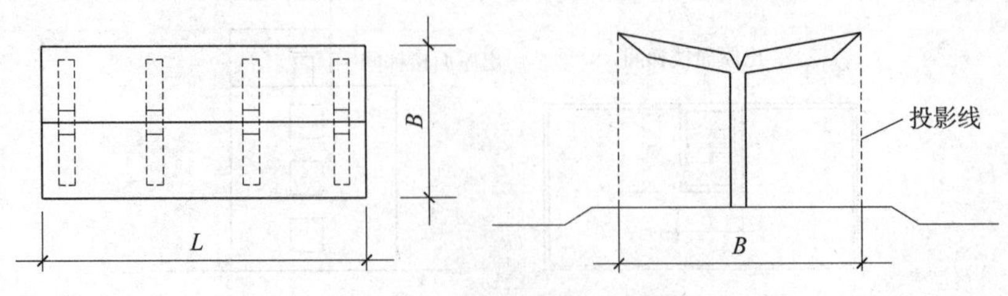

图 2-22 有顶盖无围护结构的车棚

（23）以幕墙作为围护结构的建筑物，应按幕墙外边线计算建筑面积。

幕墙通常分为围护性幕墙和装饰性幕墙两大类。

围护性幕墙是指建筑物的某一部分没有其他的围护结构，而以幕墙直接作为外墙体，计算建筑面积时应算至幕墙外皮。

装饰性幕墙是指设置在建筑物墙体外皮，仅起装饰作用，计算建筑面积时应算至墙外皮，幕墙厚度不再计算建筑面积。

（24）建筑物的外墙外保温层，应按其保温材料的水平截面积计算，并计入自然层建筑面积。

（25）与室内相通的变形缝，应按其自然层合并在建筑物建筑面积内计算。对于高低联跨的建筑物，当高低跨内部连通时，其变形缝应计算在低跨面积内，如图 2-23 所示。

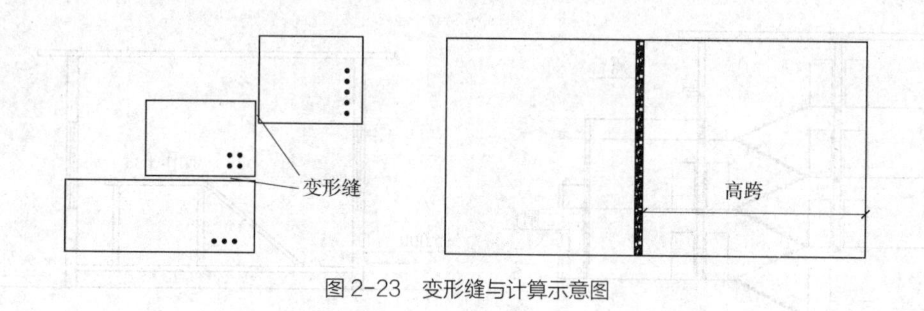

图 2-23　变形缝与计算示意图

变形缝是指防止建筑物在某些因素作用下引起开裂甚至破坏而预留的构造缝，一般分为伸缩缝、沉降缝、防震缝三种。与室内相通的变形缝指暴露在建筑物内，可在建筑物内看到的变形缝。

（26）对于建筑物内的设备层、管道层、避难层等有结构层的楼层，结构层高在 2.20m 及以上的，应计算全面积；结构层高在 2.20m 以下的，应计算 1/2 面积。

2.2.2　不计算建筑面积的范围

（1）与建筑物内不相连通的建筑部件。

（2）骑楼、过街楼底层的开放公共空间和建筑物通道。

骑楼是指沿街二层以上用承重柱支撑骑跨在公共人行空间之上，其底层沿街面后退的建筑物，如图 2-24 所示。

过街楼是指当有道路在建筑群穿过时为保证建筑物之间的功能联系，设置跨越道路上空使两边建筑相连接的建筑物，如图 2-25 所示。

（3）舞台及后台悬挂幕布和布景的天桥、挑台等。

（4）露台、露天游泳池、花架、屋顶的水箱及装饰性结构构件。

露台是指位置设置在屋面、地面或雨篷顶，可供出入，有围护设施且无盖。如果

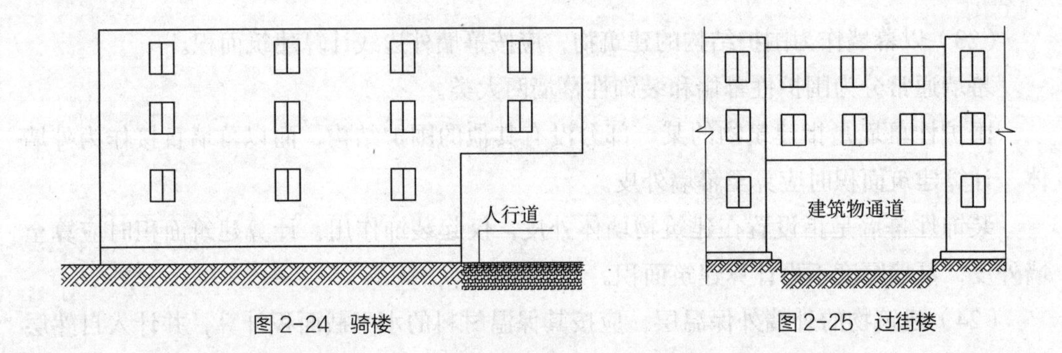

图 2-24 骑楼 图 2-25 过街楼

设置在首层并有围护设施的平台，且其上层为同体量阳台，则该平台应视为阳台，按阳台的规则计算建筑面积，如图 2-26 所示。

（5）建筑物内的操作平台（图 2-27）、上料平台、安装箱和罐体的平台。

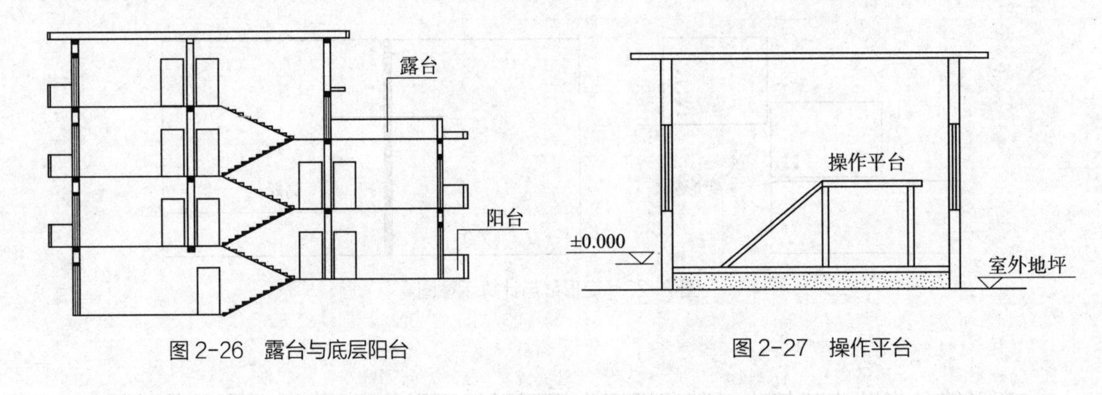

图 2-26 露台与底层阳台 图 2-27 操作平台

（6）勒脚、附墙柱、垛、台阶、墙面抹灰、装饰面、镶贴块料面层、装饰性幕墙，主体结构外的空调室外机搁板（箱）、构件、配件，挑出宽度在 2.10m 以下的无柱雨篷和顶盖高度达到或超过两个楼层的无柱雨篷，如图 2-28 所示。

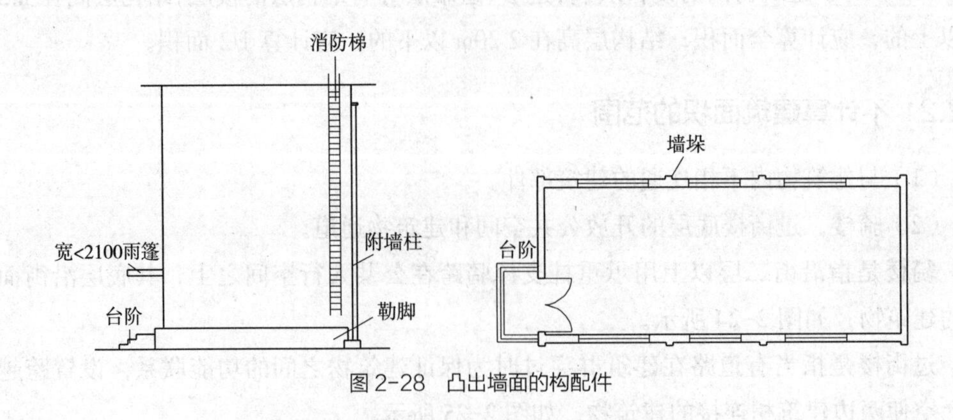

图 2-28 凸出墙面的构配件

（7）窗台与室内地面高差在 0.45m 以下且结构净高在 2.10m 以下的凸（飘）窗，窗台与室内地面高差≥ 0.45m 的凸（飘）窗。

（8）室外爬梯（图 2-28）、室外专用消防钢楼梯。

其中室外钢楼梯需要区分具体用途，如专用于消防的楼梯，则不计算建筑面积，如果是建筑物唯一通道，兼用于消防，则需执行室外楼梯的计算规则。

（9）无围护结构的观光电梯。

（10）建筑物以外的地下人防通道，独立的烟囱、烟道、地沟、油（水）罐、气柜、水塔、贮油（水）池、贮仓、栈桥等构筑物。

2.3　建筑面积计算案例

【例 2-1】某三层办公楼的建筑平面图以及剖面图如图 2-29 所示，所有轴线标注均为墙体中心线，除②③轴线上的内墙墙厚为 120mm 外，其余墙厚均为 240mm。建筑物首层入口处设有大厅，高度跨越两层，试计算该栋建筑的总建筑面积。

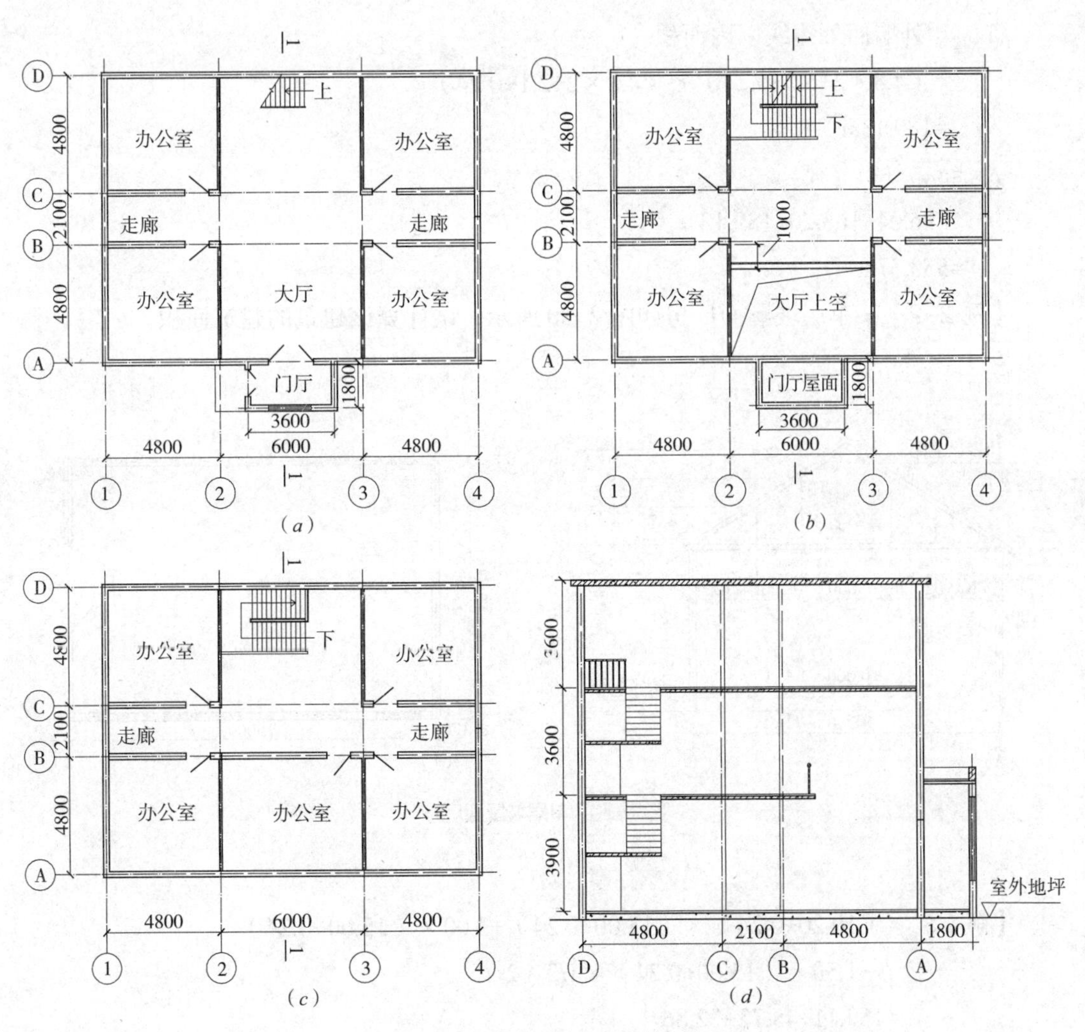

图 2-29　办公楼的建筑平面图以及剖面图

（*a*）首层平面图；（*b*）二层平面图；（*c*）三层平面图；（*d*）1-1 剖面图

【解】大厅高度跨越两层，根据规范门厅应按一层计算建筑面积。

（1）首层建筑面积

$S_{首层}$ = 外墙外边线以内面积 + 门厅面积

=（4.8 × 2+6.0+0.24）×（4.8 × 2+2.1+0.24）+（3.6+0.24）× 1.8

=189.13+6.91

=196.04m²

（2）二层建筑面积

$S_{二层}$ = 外墙面外边线以内面积 - 大厅上空所占的二层面积

=（4.8 × 2+6.0+0.24）×（4.8 × 2+2.1+0.24）-（4.8−0.24−1）×（6−0.12）

=189.13−20.93

=168.20m²

（3）三层建筑面积

$S_{三层}$ = 外墙面外边线以内面积

=（4.8 × 2+6.0+0.24）×（4.8 × 2+2.1+0.24）

=189.13m²

$S_{总} = S_{首层} + S_{二层} + S_{三层}$

=196.04+168.20+189.13

=553.37m²

【例 2-2】某单层坡屋面厂房如图 2-30 所示，试计算该建筑的建筑面积。

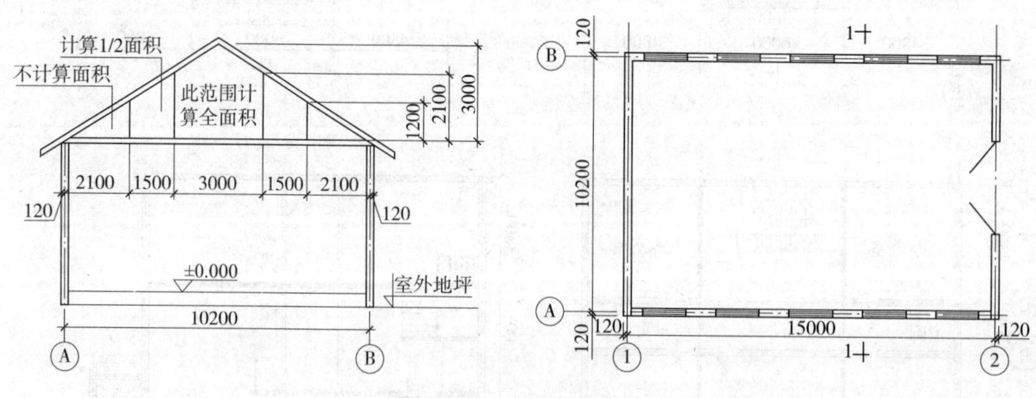

图 2-30 单层坡屋面厂房

【解】$S_{建}$ =（10.20+0.24）×（15.00+0.24）+3.00 ×（15.00+0.24）

+1.50 ×（15.00+0.24）× 1/2 × 2

=159.11+45.72+22.86

=227.69m²

习题

1. 某二层建筑如图 2-31 所示。墙体厚度均为 240mm，四周设有散水，求该建筑的建筑面积。

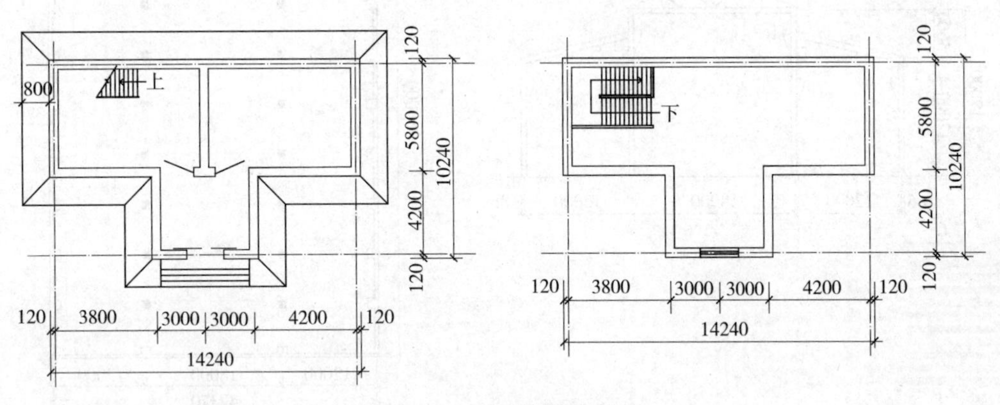

图 2-31 二层建筑平面示意图

2. 某学生宿舍室外楼梯如图 2-32 所示，求室外楼梯的建筑面积。

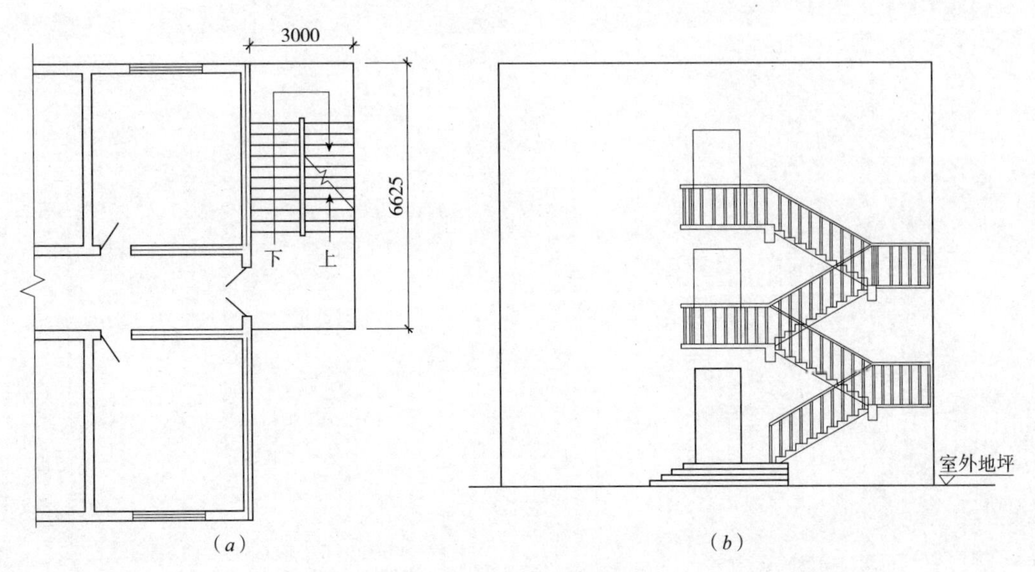

图 2-32 室外楼梯示意图
(a) 室外楼梯平面图；(b) 室外楼梯立面图

3. 某高低联跨的单层厂房如图 2-33 所示。柱断面尺寸 250mm × 250mm，纵墙厚 370mm，横墙厚 240mm。试计算该厂房的建筑面积。

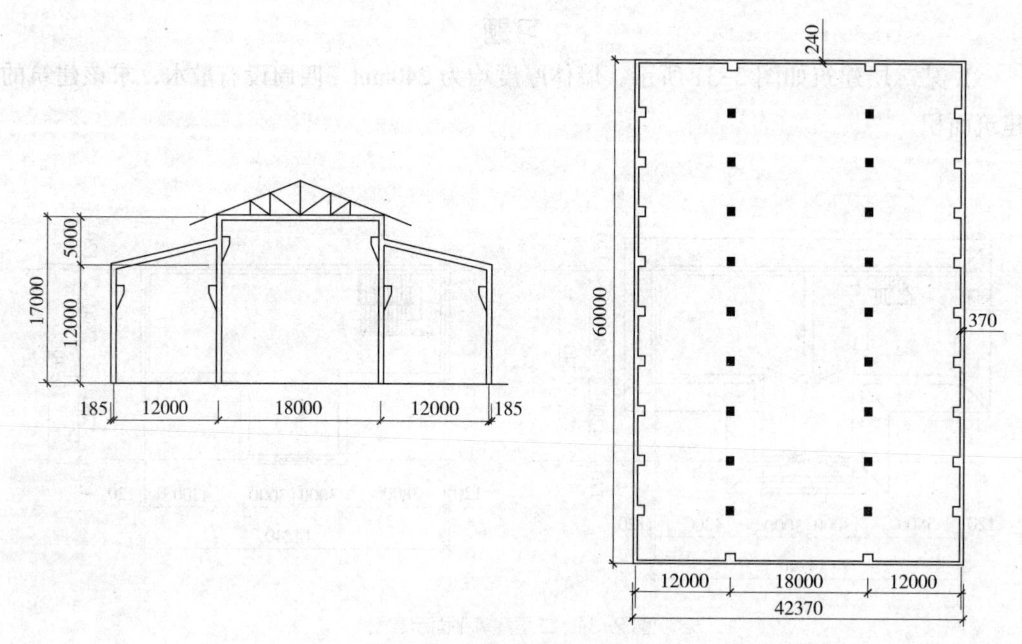

图 2-33 高低联跨厂房示意图

3

房屋建筑与装饰工程计量

【本章要点及学习目标】

工程量的计算在工程估价中起着十分重要的作用，其准确性直接影响工程招投标的结果和工程结算、竣工决算的正确性。本章以中华人民共和国住房和城乡建设部、中华人民共和国国家质量监督检验检疫总局联合发布的《房屋建筑与装饰工程工程量计算规范》GB 50854-2013为蓝本，重点介绍建筑工程实施过程中最常用的工程量计算方法。通过对本章的学习，使读者能够熟悉工业与民用建筑各分部分项工程工程量的计算规则，掌握房屋建筑与装饰工程常见项目的工程量计算方法。本章未介绍的项目按计量规范规定执行。

3.1 基础工程

3.1.1 土石方工程

1. 土石方工程概述

土石方分部的工作内容主要涉及平整场地、土石方的挖掘、回填土、余土外运或买土回填。计算土石方工程量前应确定下列资料：

（1）土及岩石的类别划分

规范中所列的土壤及岩石分类表见表 3-1、表 3-2。

土壤分类表 **表 3-1**

土壤分类	土壤名称	开挖方法
一、二类土	粉土、砂土（粉砂、细砂、中砂、粗砂、砾砂）、粉质黏土、弱中盐渍土、软土（淤泥质土、泥炭、泥炭质土）、软塑红黏土、冲填土	用锹、少许用镐、条锄开挖。机械能全部直接铲挖满载者
三类土	黏土、碎石土（圆砾、角砾）混合土、可塑红黏土、硬塑红黏土、强盐渍土、素填土、压实填土	主要用镐、条锄、少许用锹开挖。机械需部分刨松方能铲挖满载者或可直接铲挖但不能满载者
四类土	碎石土（卵石、碎石、漂石、块石）、坚硬红黏土、超盐渍土、杂填土	全部用镐、条锄挖掘、少许用撬棍挖掘。机械须普遍刨松方能铲挖满载者

注：本表土的名称及其含义按国家标准《岩土工程勘察规范》GB 50021—2001（2009 年版）定义。

岩石分类表 **表 3-2**

<table>
<tr><th colspan="2">岩石分类</th><th>代表性岩石</th><th>开挖方法</th></tr>
<tr><td colspan="2">极软岩</td><td>1. 全风化的各种岩石；
2. 各种半成岩</td><td>部分用手凿工具、部分用爆破法开挖</td></tr>
<tr><td rowspan="2">软质岩</td><td>软岩</td><td>1. 强风化的坚硬岩或较硬岩；
2. 中等风化～强风化的较软岩；
3. 未风化～微风化的页岩、泥岩、泥质砂岩等</td><td>用风镐和爆破法开挖</td></tr>
<tr><td>较软岩</td><td>1. 中等风化～强风化的坚硬岩或较硬岩；
2. 未风化～微风化的凝灰岩、千枚岩、泥灰岩、砂质泥岩等</td><td>用爆破法开挖</td></tr>
<tr><td rowspan="2">硬质岩</td><td>较硬岩</td><td>1. 微风化的坚硬岩；
2. 未风化～微风化的大理岩、板岩、石灰岩、白云岩、钙质砂岩等</td><td>用爆破法开挖</td></tr>
<tr><td>坚硬岩</td><td>未风化～微风化的花岗岩、闪长岩、辉绿岩、玄武岩、安山岩、片麻岩、石英岩、石英砂岩、硅质砾岩、硅质石灰岩等</td><td>用爆破法开挖</td></tr>
</table>

注：本表依据国家标准《工程岩体分级标准》GB/T 50218-2014 和《岩土工程勘察规范》GB 50021-2001（2009 年版）整理。

在土石方工程项目中，应考虑土壤及岩石类别，土壤及岩石硬度越大则完成单位工程量的价格也越高。如土壤类别不能准确划分时，招标人可注明为“综合”，由投标人根据地勘报告决定报价。

（2）挖运土和排水的施工方法

挖运土有人工和机械两种方式，排水也有深井降水和轻型井点降水等方法。不同的方法，将影响报价。因此应事先了解其施工组织与安排。

（3）土石方体积的折算

土方应按挖掘前的天然密度体积计算，非天然密实土方应按表 3–3 折算。

土方体积折算系数表　表 3–3

天然密实度体积	虚方体积	夯实后体积	松填体积
0.77	1.00	0.67	0.83
1.00	1.30	0.87	1.08
1.15	1.50	1.00	1.25
0.92	1.20	0.80	1.00

天然密实度体积是指天然形成的土方堆积体积，虚方体积指未经碾压、堆积时间≤1 年的土壤。松填体积是指挖出来的土未经过夯实填入坑内（或其他地方）的体积，夯实体积即为松填体积经人工或机械夯实后的体积。

石方体积应按挖掘前的天然密实体积计算。非天然密实石方应按表 3–4 折算。

石方体积折算系数表　表 3–4

石方类别	天然密实度体积	虚方体积	松填体积	码方
石方	1.0	1.54	1.31	
块石	1.0	1.75	1.43	1.67
砂夹石	1.0	1.07	0.94	

注：本表按住房和城乡建设部颁发的《爆破工程消耗量定额》GYD 102–2008 整理。

【例 3–1】从天然密实度体积为 0.77 的花坛挖土 60m^3，求挖土体积。

【解】　$V=60\times 0.77=46.2\text{m}^3$

（4）土方放坡、支挡土板

土方放坡或支挡土板都能有效地防止挖方过程中土方的垮塌。根据土壤类别，在挖沟槽或地坑时，当挖土超过一定深度（此深度称为放坡起点）后，为避免土方的垮塌，往往要进行放坡（或支挡土板）。放坡的起点高度与放坡系数按施工组织设计规定执行，无施工组织设计规定时，可参照表 3–5 规定执行。在工程计价时，放坡与支挡土板都属于施工采取的措施，放坡与支挡土板的工程量不得重复计算。

放坡系数表　　表 3–5

土类别	放坡起点（m）	人工挖土	机械挖土		
			在坑内作业	在坑上作业	顺沟槽在坑上作业
一、二类土	1.20	1：0.5	1：0.33	1：0.75	1：0.5
三类土	1.50	1：0.33	1：0.25	1：0.67	1：0.33
四类土	2.00	1：025	1：0.10	1：0.33	1：0.25

注：1. 沟槽、基坑中土类别不同时，分别按其放坡起点、放坡系数，依不同土类别厚度加权平均计算。
2. 计算放坡时，在交接处的重复工程量不予扣除，原槽、坑作基础垫层时，放坡自垫层上表面开始计算。

（5）工作面

为进行基础支模、支挡土板等工作，挖土时往往要留工作面。工作面按施工组织设计规定计算，如无规定，可按表 3–6 规定计算。

基础施工时所需工作面宽度计算表　　表 3–6

基础材料	每边各增加工作面宽度（mm）
砖基础	200
浆砌毛石、条石基础	150
混凝土基础垫层支模板	300
混凝土基础支模板	300
基础垂直面做防水层	1000（防水层面）

注：本表按《全国统一建筑工程预算工程量计算规则》GJDGZ—101—95 整理。

（6）其他

1）挖土方平均厚度应按自然地面测量标高至设计地坪标高间的平均厚度确定。基础土方开挖深度应按基础垫层底表面标高至交付施工场地标高确定，无交付施工场地标高时，应按自然地面标高确定。

2）挖土方如需截桩头时，应按桩基工程相关项目列项。

3）桩间挖土不扣除桩的体积，并在项目特征中加以描述。

4）弃、取土运距可以不描述，但应注明由投标人根据施工现场实际情况自行考虑。

5）挖沟槽、基坑、一般土方因工作面和放坡增加的工程量是否并入各土方工程量中，应按各省、自治区、直辖市或行业建设主管部门的规定实施，如并入各土方工程量中，办理工程结算时，按经发包人认可的施工组织设计规定计算，编制工程量清单时，放坡系数、工作面宽度按现行计量规范执行。

2. 土方工程

（1）平整场地

平整场地是指建筑物场地厚度≤ ± 300mm 的挖、填、运、找平。

1）工作内容：土方挖填、场地找平和运输。

2）项目特征：土的类别、弃土与取土运距，运距按工程实际情况确定。

3）计算规则：按设计图示尺寸以建筑物首层建筑面积（m^2）计算。

$$S_{平}=S_{首建面} \tag{3-1}$$

式中　$S_{平}$——平整场地面积（m^2）；

$S_{首建面}$——建筑物首层建筑面积（m^2）。

【例 3-2】如图 3-1 所示，计算该建筑物的平整场地面积，图中尺寸线均为外墙外边线。

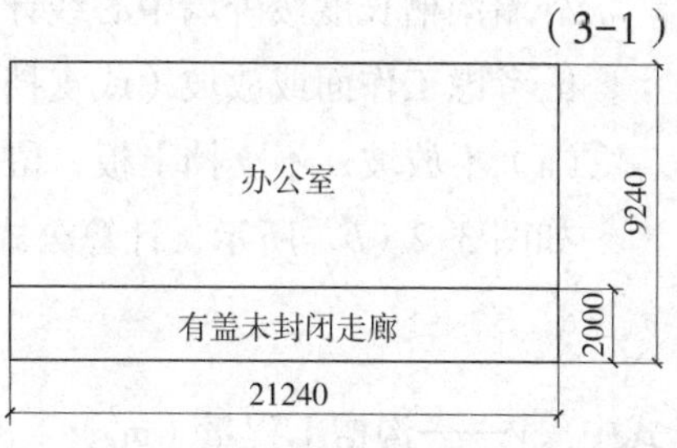

图 3-1　平整场地面积计算

【解】依式（3-1）：

$$S_{平}=\left[(9.24-2)+\frac{1}{2}\times 2\right]\times 21.24=175.02\text{m}^2$$

而该建筑物的首层占地面积为：

$$首层占地面积=9.24\times 21.24=196.26\text{m}^2$$

从此例题可以看出，平整场地面积可能与建筑物首层占地面积不同。当施工组织设计中，首层建筑面积小于首层占地面积时，超出部分的价格应包括在平整场地的报价内。

（2）挖一般土方

挖一般土方是指底面积大于 150m^2 的挖土方，厚度大于 ±300mm 的竖向布置挖土或山坡切土。

1）工作内容：排地表水、土方开挖、围护（挡土板）及拆除、基底钎探、运输。

2）项目特征：土壤类别、挖土深度、弃土运距。

3）计算规则：按设计图示尺寸以体积（m^3）计算。

（3）挖基础土方

挖基础土方主要包括挖沟槽土方（如带形基础）和挖基坑土方（如独立基础等）。

1）工作内容：同挖一般土方。

2）项目特征：同挖一般土方。

3）计算规则：按设计图示尺寸以基础垫层底面积乘以挖土深度以体积（m^3）计算。

①沟槽工程量计算

当基础底部宽≤7m，且底长大于 3 倍底宽，执行挖沟槽土方计算规则。

a. 不考虑工作面及放坡的沟槽

不考虑工作面及放坡的沟槽工程量计算如图 3-2（a）所示，计算公式为：

$$V_{槽}=b\times h\times l_{槽} \tag{3-2}$$

式中　$V_{槽}$——沟槽工程量（m^3）；

b——垫层宽度（m）;

h——挖土深度（m）;

$l_{槽}$——沟槽长度（m）。

外墙沟槽长度按外墙中心线计算；内墙沟槽长度按槽底间净长度计算。

b. 考虑工作面或放坡（或支挡土板）的沟槽

（a）不放坡、不支挡土板、留工作面的沟槽

如图 3-2（b）所示，计算公式为：

$$V=(b+2c)\times h\times l \tag{3-3}$$

式中 V——沟槽工程量（m^3）;

b——垫层宽度（m）;

h——挖土深度（m）;

l——沟槽长度（m）;

c——工作面宽度（m）。

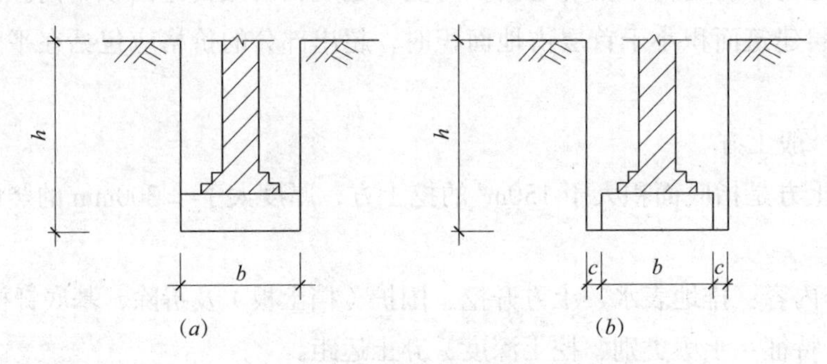

图 3-2 不放坡的沟槽

（a）不放坡，不留工作面；（b）不放坡，留工作面

（b）双面放坡、不支挡土板、基础底宽为 a，留工作面的沟槽

a）垫层下表面放坡，如图 3-3（a）所示，计算公式为：

$$V=(b+2c+k\times h)\times h\times l \tag{3-4}$$

式中 k——放坡系数，其他符号含义同上。

b）垫层上表面放坡，且 $b=a+2c$，如图 3-3（b）所示，计算公式为：

$$V=[(b+k\times h_1)\times h_1+b\times h_2]\times l \tag{3-5}$$

c）垫层上表面放坡，且 $b<a+2c$，如图 3-3（c）所示，计算公式为：

$$V=\{[(a+2c)+kh_1]\times h_1+b\times h_2\}\times l \tag{3-6}$$

（c）不放坡、双面支挡土板、留工作面的沟槽

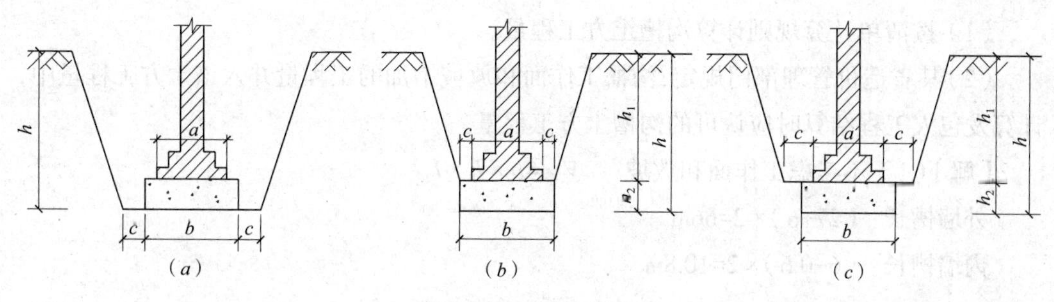

图 3-3 放坡的沟槽

(a) 垫层下表面放坡；(b) 垫层上表面放坡；(c) 垫层上表面放坡（宽于垫层）

如图 3-4 所示，计算公式为：

$$V=(b+2c+0.1\times2)\times h\times l \quad (3-7)$$

式中 0.1——单面挡土板厚度（m），其他符号含义同上。

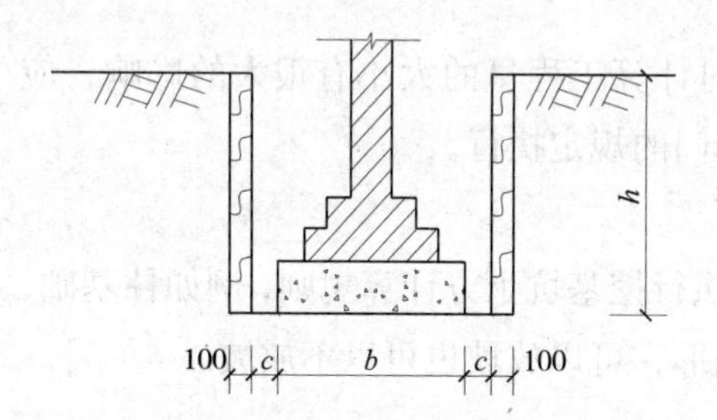

图 3-4 不放坡、双面支挡土板、留工作面的沟槽

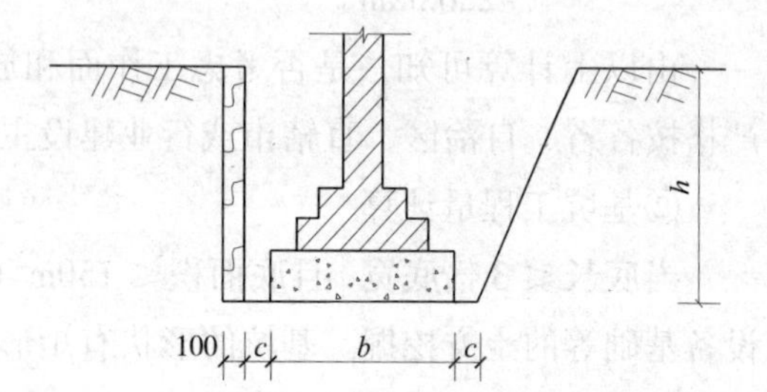

图 3-5 单面放坡、单面支挡土板、留工作面的沟槽

（d）单面放坡、单面支挡土板、留工作面

如图 3-5 所示，计算公式为：

$$V=(b+2c+0.1+\frac{1}{2}\times k\times h)\times h\times l \quad (3-8)$$

【例 3-3】人工挖沟槽（三类土），沟槽尺寸如图 3-6 所示，墙厚 240mm，工作面每边放出 300mm，从垫层下表面开始放坡。

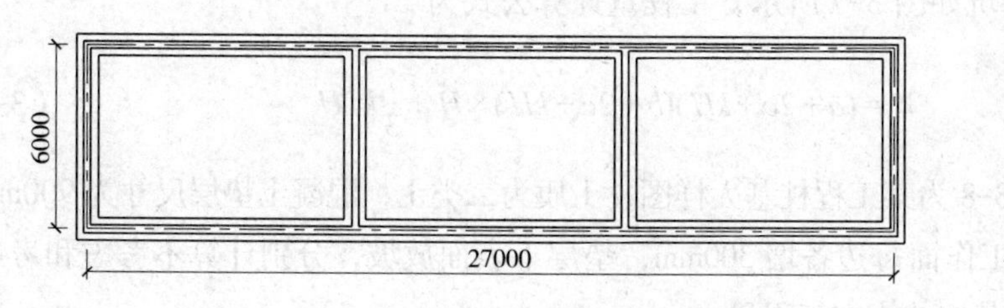

图 3-6 沟槽工程量计算示意图

（1）按清单计算规则计算沟槽土方工程量。

（2）某省造价管理部门规定，沟槽工作面和放坡增加的工程量并入该土方工程量中，计算发包人工程结算时应认可的沟槽土方工程量。

【解】（1）不考虑工作面和放坡　$V_{槽}=b \times h \times l_{槽}$

外墙槽长：（27+6）× 2=66m

内墙槽长：（6−0.6）× 2=10.8m

$$V_{槽}=1.7 \times 0.6 \times (66+10.8)=78.34\text{m}^3$$

（2）考虑工作面和放坡

由于人工挖土深度为 1.7m，按表 3−5 查得放坡系数为 0.33。

外墙槽长：（27+6）× 2=66m

内墙槽长：（6−0.6−2 × 0.3）× 2=9.60m

$$\begin{aligned} V &= (b+2c+k \times h) \times h \times l \\ &= (0.6+2 \times 0.3+0.33 \times 1.7) \times 1.7 \times (66+9.6) \\ &= 226.32\text{m}^3 \end{aligned}$$

由以上计算可知，是否考虑工作面和放坡对计算工程量的大小有很大的影响，应严格按各省、自治区、直辖市或行业建设主管部门的规定执行。

②基坑工程量计算

当底长≤ 3 倍底宽，且底面积≤ 150m^2 时，执行挖基坑土方计算规则，例如柱基础、设备基础等的土方挖掘。基坑的形状有矩形和圆形，可以放坡也可以不放坡。

a. 矩形基坑

（a）不放坡的矩形基坑

不放坡的矩形基坑工程量计算公式为：

$$V=H \times a \times b \tag{3-9}$$

式中　V——地坑工程量（m^3）；

H——地坑深度（m）；

a——基础垫层长度（m）；

b——基础垫层宽度（m）。

（b）放坡的矩形基坑

放坡的矩形基坑如图 3−7 所示，工程量计算公式为

$$V=(a+2c+kH)(b+2c+kH) \times H+\frac{1}{3}k^2H^3 \tag{3-10}$$

【例 3−4】图 3−8 为某工程柱基大样图，土质为二类土，混凝土垫层尺寸为 900mm × 900mm × 300mm，工作面每边各增 300mm，垫层下表面放坡，分别计算不考虑和考虑工作面和放坡人工挖基坑的土方工程量。

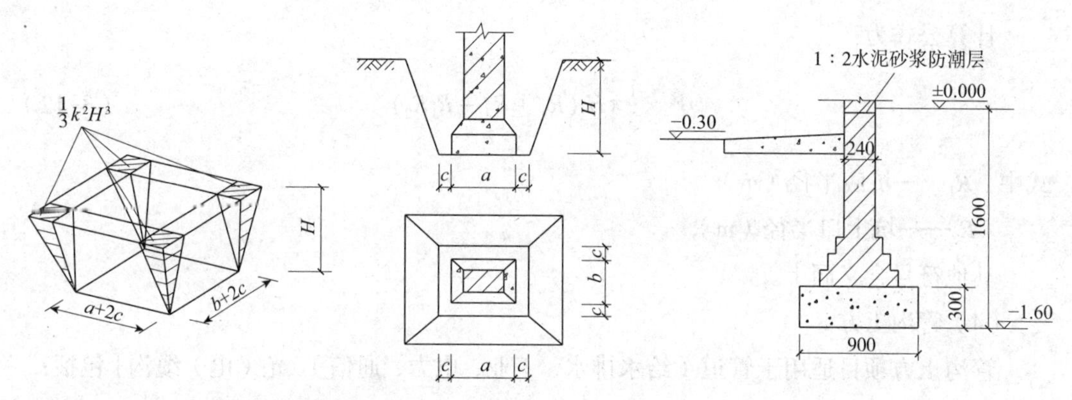

图 3-7 矩形地坑体积　　　　图 3-8 柱基大样图

【解】（1）不考虑工作面和放坡的基坑土方工程量

已知：$a=b=0.9\text{m}$，$H=1.6-0.3=1.3\text{m}$，$V=0.9\times0.9\times1.3=1.05\text{m}^3$

（2）考虑工作面和放坡增加的基坑土方工程量

由题意：$c=0.3$，$a+2c=0.9+2\times0.3=1.5\text{m}$，$b+2c=0.9+2\times0.3=1.5\text{m}$，$H=1.3\text{m}$，由表 3-5 查得 $k=0.5$。

$$V=(1.5+0.5\times1.3)\times(1.5+0.5\times1.3)\times1.3+\frac{1}{3}\times0.5^2\times1.3^3$$
$$=6.19\text{m}^3$$

b. 圆形基坑

（a）不放坡的圆形基坑

不放坡的圆形基坑计算公式为：

$$V=H\pi R^2 \tag{3-11}$$

式中 V——地坑工程量（m^3）；

H——地坑深度（m）；

R——垫层半径（m）。

（b）考虑工作面与放坡的圆形基坑

考虑工作面与放坡的圆形基坑如图 3-9 所示。

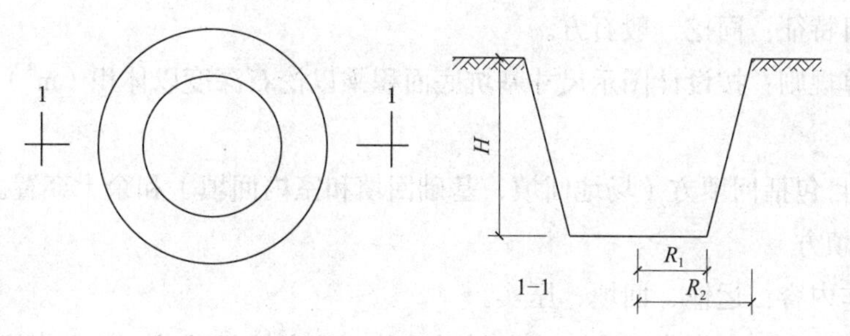

图 3-9 放坡圆形基坑

计算公式为：

$$V=\frac{1}{3}\pi H\left(R_1^{\ 2}+R_2^2+R_1R_2\right) \tag{3-12}$$

式中 R_1——坑底半径（m）；

R_2——坑上口半径（m）；

其他符号含义同上。

（4）管沟土方

管沟土方项目适用于管道（给水排水、工业、电力、通信）、光（电）缆沟 [包括：人（手）孔、接口坑] 及连接井（检查井）等。

1）工作内容：排地表水、土方开挖、围护（挡土板）支撑、运输、回填。

2）项目特征：土壤类别、管外径、挖沟深度、回填要求。

3）计算规则：可按设计图示管道中心线以长度（m）或以立方米（m^3）计量。以立方米计量时，按设计图示管底垫层面积乘以挖土深度计算，无管底垫层按管外径的水平投影面积乘以挖土深度计算。不扣除各类井的长度，井的土方并入管沟土方。

3. 石方工程

（1）挖一般石方

一般石方是指底面积 > 150m^2，厚度 > ±300mm 的竖向布置挖石或山坡凿石。

1）工作内容：排地表水、凿石、运输。

2）项目特征：岩石类别、开凿深度、弃碴运距。

3）计算规则：按设计图示尺寸以体积（m^3）计算。

（2）挖沟槽石方

沟槽石方指底宽≤ 7m 且底长 >3 倍底宽的挖石。

1）工作内容：同挖一般石方。

2）项目特征：同挖一般石方。

3）计算规则：按设计图示尺寸沟槽底面积乘以挖石深度以体积（m^3）计算。

（3）挖基坑石方

基坑石方指底长≤ 3 倍底宽且底面积≤ 150m^2 的挖石。

1）工作内容：同挖一般石方。

2）项目特征：同挖一般石方。

3）计算规则：按设计图示尺寸基坑底面积乘以挖石深度以体积（m^3）计算。

4. 回填

回填项目包括回填方（场地回填、基础回填和室内回填）和余土弃置。

（1）回填方

1）工作内容：运输、回填、压实。

2）项目特征：密实度要求，填方材料品种，填方粒径要求，填方来源、运距。

3）计算规则

①场地回填：按回填面积乘平均回填厚度以体积（m^3）计算。

②基础回填：基础回填土如图 3-10 所示。

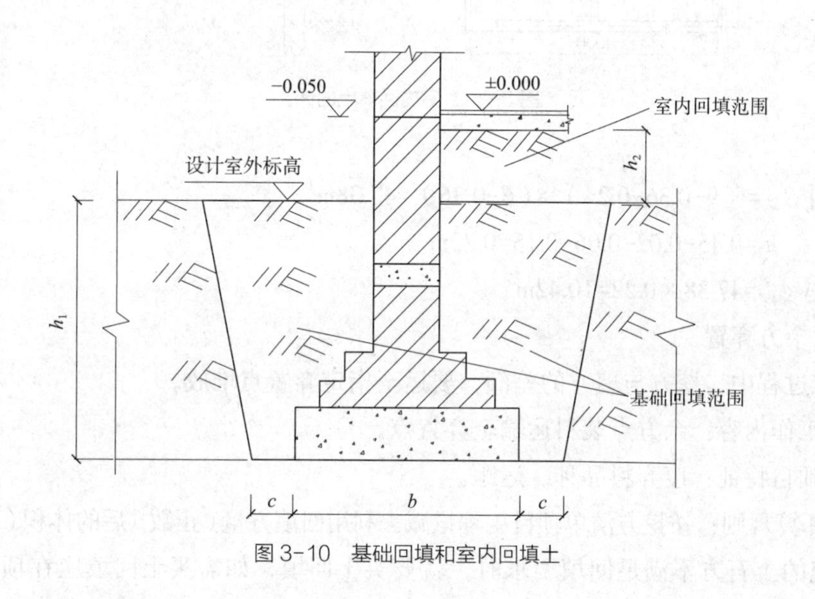

图 3-10 基础回填和室内回填土

在基础施工完成后，必须将槽、坑四周不做基础的部分填至室外地坪标高，如图 3-10 中 h_1 所示。基础回填土必须回填密实。填方密实度要求，在无特殊要求情况下，项目特征可描述为满足设计和规范的要求。

沟槽、基坑的回填土体积按挖方工程量减去自然地坪以下埋设的基础体积（包括基础垫层及其他构筑物），计算公式为：

$$V=V_1-V_2 \tag{3-13}$$

式中 V——基础回填土体积（m^3）；

V_1——沟槽、基坑挖方体积（m^3）；

V_2——设计室外地坪以下埋设的基础体积（m^3）。

③室内回填土

室内回填土指室外地坪至室内设计地坪垫层下表皮范围内的回填土，按主墙间面积乘回填厚度，不扣除间隔墙体积计算。如图 3-10 中 h_2，计算公式为：

$$V_{室内}=S_{净}\times h_2 \tag{3-14}$$

式中 $V_{室内}$——室内回填土体积（m^3）；

$S_{净}$——墙与墙间净面积（墙指 120mm 以上的墙体）（m^2）；

h_2——填土厚度（m），室外地坪至室内设计地坪高差减地面的面层和垫层厚度。

【例 3-5】如图 3-11 所示，求室内回填土体积。

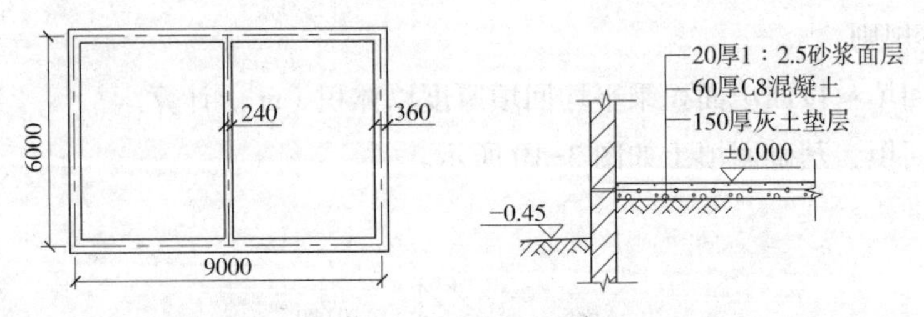

图 3-11　室内回填土的计算

【解】$S_{净}$ =（9−0.36−0.24）×（6−0.36）=47.38m²

h_2=0.45−0.02−0.06−0.15=0.22m

$V_{室内}$ =47.38 × 0.22=10.42m³

（2）余方弃置

施工过程中，挖方与填方的差额，要运至指定弃置点堆放。

1）工作内容：余方点装料运输至弃置点。

2）项目特征：废弃料品种、运距。

3）计算规则：按挖方清单项目工程量减去利用回填方量（正数）后的体积（m³）计算。

当挖的土石方不满足回填要求时，就要买土回填，如需买土回填应在项目特征填方来源中描述，并注明买土方数量。

3.1.2　地基处理与边坡支护工程

1. 地基处理与边坡支护工程概述

（1）地基处理

地基处理指按照上部结构对地基的要求，对地基进行必要的加固或改良，提高地基承载能力，改善其变形性能或渗透性能而采取的技术措施。

常用的地基处理方法有换填垫层、预压地基、强夯地基、砂石桩、水泥粉煤灰碎石桩、灰土挤密桩等。

（2）基坑与边坡的支护

基坑支护指为了保护地下主体结构施工和基坑周边环境的安全，对基坑采用的临时性支挡、加固、保护与地下水控制的措施。

边坡支护是指为保证边坡及其环境的安全，对边坡采取的支挡、加固与防护措施。

（3）相关规定

1）地层情况

地基处理、边坡支护及打桩难易与地层情况密切相关，地层情况按表 3-1、表 3-2 的规定，并根据岩土工程勘察报告按单位工程各地层所占比例（包括范围值）进行描述。对无法准确描述的地层情况，可注明由投标人根据岩土工程勘察报告自行决定报价。

2）桩长

地基处理与边坡支护工程以及桩基础工程中涉及的桩长应包括桩尖。

空桩长度 = 孔深 - 桩长，其中孔深为自然地面至设计桩底的深度。

3）成孔

地基处理过程中，常见的成孔方式有泥浆护壁成孔和沉管灌注成孔等形式。采用泥浆护壁成孔，工作内容包括土方、废泥浆外运。采用沉管灌注成孔，工作内容包括桩尖制作、安装。

4）其他

地下连续墙和喷射混凝土（砂浆）的钢筋网、咬合灌注桩的钢筋笼、钢筋混凝土支撑的钢筋制作、安装及混凝土挡土墙按混凝土和钢筋混凝土工程相关项目列项。

2. 地基处理

根据地基处理时采取方法的不同，将地基处理工程分为三大类。第一类主要指采取大面积铺、填、堆及夯实等措施减少土中孔隙、加大密度，从而提高地基承载力。包括：换填垫层、铺设土工合成材料、强夯地基等。第二类主要指在地基中成孔并掺加水泥砂浆、混合料等材料，通过物理化学作用将土粒胶结在一起来提高地基刚度。包括：水泥粉煤灰碎石桩、高压喷射注浆桩、灰土（土）挤密桩等。第三类特指褥垫层。

（1）第一类地基处理工程

1）换填垫层

当建筑物基础下的持力层比较软弱，不能满足上部荷载对地基的要求时，常采用换填垫层法来处理软弱地基。换填垫层是指挖除基础底面下一定范围内的软弱土层或不均匀土层，然后回填灰土、素土、砂石等性能稳定、无侵蚀性、压缩性较低、强度较高的材料，并分层夯实后作为地基的持力层的地基处理方法，如图 3–12 所示。

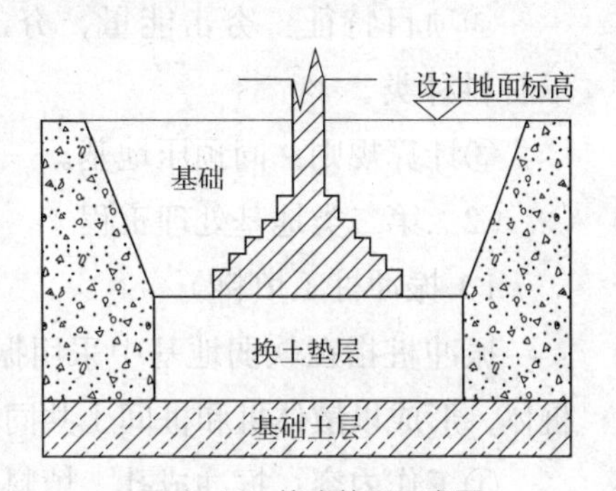

图 3–12 换土垫层示意图

①工作内容：分层铺填，碾压合、振密或夯实与材料运输。

②项目特征：材料种类及配合比、压实系数和掺加剂品种。

③计算规则：按设计图示尺寸以体积（m^3）计算。

2）铺设土工合成材料

①工作内容：挖填锚固沟、铺设、固定与运输。

②项目特征：部位、品种和规格。

③计算规则：按设计图示尺寸以面积（m^2）计算。

3）预压地基

预压地基指在地基上进行堆载预压或真空预压，或联合使用堆载和真空预压，形成固结压密后的地基。按加载方法的不同，预压地基分为堆载预压、真空预压等形式，

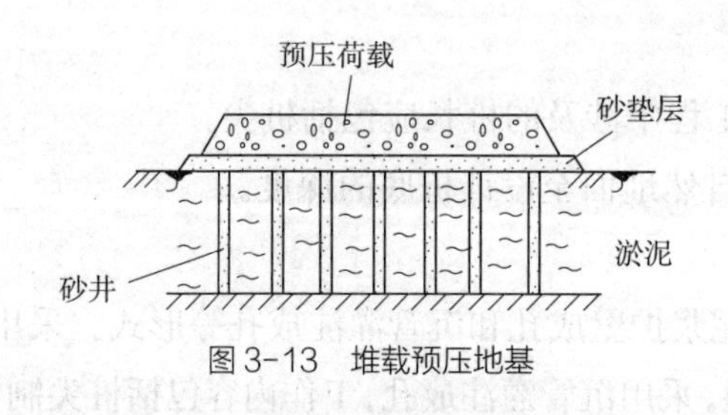

图 3-13 堆载预压地基

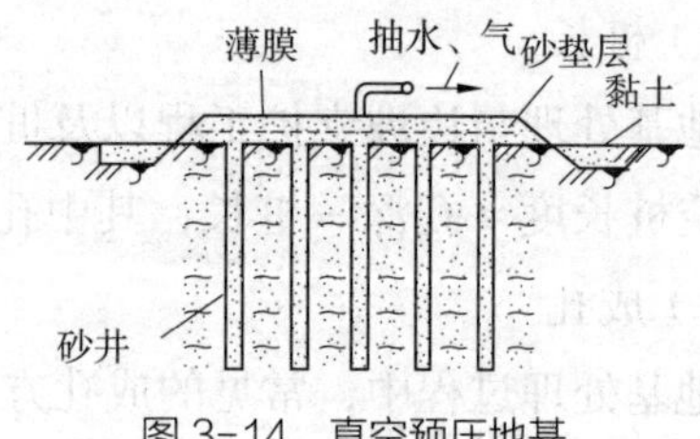

图 3-14 真空预压地基

如图 3-13、图 3-14 所示。预压地基适用于处理淤泥质土、淤泥、冲填土等饱和黏性地基。

①工作内容：设置排水竖井、盲沟、滤水管，铺设砂垫层、密封膜，堆载、卸载或抽气设备安拆、抽真空，材料运输。

②项目特征：排水竖井种类、断面尺寸、排列方式、间距、深度，预压方法，预压荷载、时间，砂垫层厚度。

③计算规则：按设计图示处理范围以面积（m^2）计算。

4）强夯地基

强夯地基是指利用重锤自由下落时的冲击能来夯实浅层填土地基，使表面形成一层较为均匀的硬层来承受上部载荷的地基处理方法。

①工作内容：铺设夯填材料，强夯，夯填材料运输。

②项目特征：夯击能量，夯击遍数，夯击点布置形式、间距，地耐力要求，夯填材料种类。

③计算规则：同预压地基。

（2）第二类地基处理工程

1）振冲桩（填料）

振冲桩指在软弱地基中采用振冲填筑砂粒、碎石、矿渣等性能稳定的材料，构成桩体，形成以散体桩和桩间土共同承担上部结构荷载的复合地基。

①工作内容：振冲成孔、填料、振实，材料运输，泥浆运输。

②项目特征：地层情况，空桩长度、桩长、桩径，填充材料种类。

③计算规则：可按设计图示尺寸以桩长（m）计算或按设计桩截面乘以桩长以体积（m^3）计算。

2）砂石桩

砂石桩是指采用振动、冲击或水冲等方式在软弱地基中成孔后，再将碎石、砂或砂石挤压入已成的孔中，形成大直径的砂或砂卵石（砾石、碎石）所构成的密实桩体。

砂石桩是处理软弱地基的一种常用的方法，主要适用于松散沙土、素填土和杂填土等地基的处理。

①工作内容：成孔、填充、振实、材料运输。

②项目特征：地层情况，空桩长度、桩长、桩径，成孔方法，材料种类、级配。

③计算规则：同振冲桩。

3）水泥粉煤灰碎石桩

水泥粉煤灰碎石桩，简称CFG桩，它是在碎石桩的基础上掺入适量石屑、粉煤灰和少量水泥，加水拌合后制成具有一定强度的桩体，如图3-15所示。CFG桩适用于黏性土、粉土、砂土和自重固结完成的素填土地基处理。

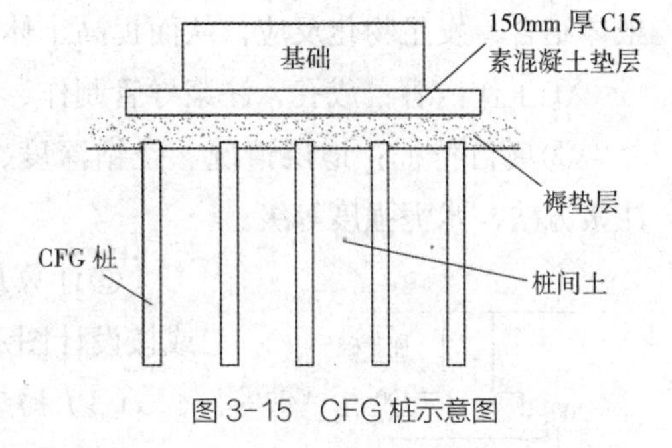

图3-15 CFG桩示意图

①工作内容：成孔，混合料制作、灌注、养护，材料运输。

②项目特征：地层情况，空桩长度、桩长、桩径，成孔方法，混合料强度等级。

③计算规则：按设计图示尺寸以桩长（m）计算。

4）灰土挤密桩

灰土挤密桩是采用冲击、爆破等方法将钢管打入土中侧向挤压成孔，将钢管拔出后，往桩孔内分层回填不同种类或比例的复合土，然后再分层压实，形成复合地基。

①工作内容：成孔，灰土拌合、运输、填充、夯实。

②项目特征：地层情况，空桩长度、桩长、桩径，成孔方法，灰土级配。

③计算规则：同水泥粉煤灰碎石桩。

5）粉喷桩

粉喷桩属于深层搅拌法加固地基方法的一种形式，也叫加固土桩。深层搅拌法是采用水泥、石灰等材料作为固化剂的主剂，通过特制的搅拌机械就地将软土和固化剂（浆液状和粉体状）强制搅拌，利用固化剂和软土之间所产生的一系列物理及化学反应，使软土硬结成具有整体性、水稳性和一定强度的优质地基。粉喷桩适合于加固各种成因的饱和软黏土，目前国内常用于加固淤泥、淤泥质土、粉土和含水量较高的黏性土。

①工作内容：预搅下钻、喷粉搅拌提升成桩，材料运输。

②项目特征：地层情况，空桩长度、桩长、桩径，粉体种类、掺量，水泥强度等级、石灰粉要求。

③计算规则：按设计图示尺寸以桩长（m）计算。

6）高压喷射注浆桩

高压喷射注浆桩是以高压旋转的喷嘴将水泥喷入土层与土体混合，形成连续搭接的水泥加固体的地基处理方法。

①工作内容：成孔，水泥浆制作、高压喷射注浆，材料运输。

②项目特征：地层情况，空桩长度、桩长，截面积，注浆类型、方法，水泥强度等级。

③计算规则：同粉喷桩。

7）注浆地基

注浆地基指将配置好的化学浆液或水泥浆液，通过导管注入土体空隙中，使其与土体结合，发生物化反应，从而提高土体强度，减小其压缩性和渗透性。

①工作内容：成孔，注浆导管制作、安装，浆液制作、压浆，材料运输。

②项目特征：地层情况、空钻深度、注浆深度、注浆间距、浆液种类及配合比、注浆方法、水泥强度等级。

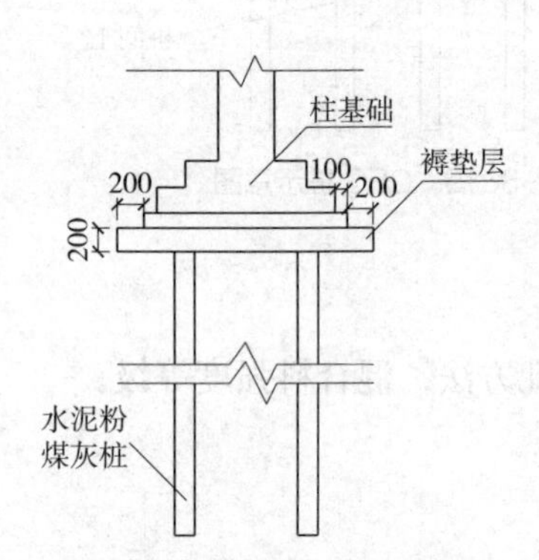

图 3-16　水泥粉煤灰桩地基处理示意图

③计算规则：按设计图示尺寸以钻孔深度（m）计算或按设计图示尺寸以加固体积（m^3）计算。

（3）褥垫层

褥垫层指用中砂、粗砂、级配砂石等材料在竖向承载搅拌桩复合地基的基础和桩之间设置粘结层。如图 3-15、图 3-16 所示。

1）工作内容：材料拌合、运输、铺设、压实。

2）项目特征：厚度、材料品种及比例。

3）计算规则：按设计图示尺寸以铺设面积（m^2）计算或按设计图示尺寸以体积（m^3）计算。

【例 3-6】如图 3-16 所示，某地基工程采用水泥粉煤灰桩与褥垫层的复合地基处理方法，柱基础底部尺寸为 2.1m × 2.1m，褥垫层下设 4 根水泥粉煤灰桩，设计桩长 12m，试计算该地基水泥粉煤灰桩及褥垫层的工程量。

【解】水泥粉煤灰桩：$L=28\times12=336$m

褥垫层：$S=(2.1+0.3\times2)\times(2.1+0.3\times2)=7.29m^2$

或：$V=(2.1+0.3\times2)\times(2.1+0.3\times2)\times0.2=1.46m^3$

3. 基坑与边坡支护

根据支护措施使用材料的不同，将基坑与边坡支护分为两大类。第一类以混凝土为主要材料，包括地下连续墙、咬合灌注桩、喷射混凝土（水泥砂浆）等；第二类使用水泥浆、钢、木或其他材料制作，包括钢板桩、锚杆、土钉等。

（1）第一类基坑与边坡支护

1）地下连续墙

地下连续墙亦称为现浇地下连续墙，是指分槽段用专用机械成槽、浇筑钢筋混凝土所形成的连续地下墙体。

①工作内容：导墙挖填、制作、安装、拆除，挖土成槽、固壁、清底置换，混凝土制作、运输、灌注、养护，接头处理，土方、废泥浆外运，打桩场地硬化及泥浆池、泥浆沟。

②项目特征：地层情况，导墙类型、截面，墙体厚度，成槽深度，混凝土种类、强度等级，接头形式。

③计算规则：按设计图示墙中心线长乘以厚度乘以槽深以体积（m^3）计算。

2）咬合灌注桩

①工作内容：成孔、固壁，混凝土制作、运输、灌注、养护，套管压拔，土方、

废泥浆外运，打桩场地硬化及泥浆池、泥浆沟。

②项目特征：地层情况，桩长、桩径，混凝土种类、强度等级，部位。

③计算规则：可按设计图示尺寸以桩长（m）计算或按设计图示数量（根）计算。

3）预制钢筋混凝土板桩

①工作内容：工作平台搭拆、桩机移位、沉桩、板桩连接。

②项目特征：地层情况，送桩深度、桩长，桩截面，沉桩方法，连接方式，混凝土强度等级。

③计算规则：同咬合灌注桩。

4）喷射混凝土、水泥砂浆

①工作内容：修整边坡，混凝土（砂浆）制作、运输、喷射、养护，钻排水孔、安装排水管，喷射施工平台搭设、拆除。

②项目特征：部位，厚度，材料种类，混凝土（砂浆）类别、强度等级。

③计算规则：按设计图示尺寸以面积（m^2）计算。

5）钢筋混凝土支撑

当基坑不能放坡时，可以采用基坑的支撑技术进行直立挖土。支撑的材料有钢筋混凝土支撑、钢支撑等。钢筋混凝土支撑是指为适应不规则基坑的形体并使挖土有较大空间的混凝土支撑体系，有对撑、角撑、弧形支撑等。

①工作内容：模板（支架或支撑）制作、安装、拆除、堆放、运输及清理模内杂物、刷隔离剂等，混凝土制作、运输、浇筑、振捣、养护。

②项目特征：部位、混凝土种类、混凝土强度等级。

③计算规则：按设计图示尺寸以体积（m^3）计算。

（2）第二类基坑与边坡支护

1）钢板桩

钢板桩是指在基坑开挖前先在周围用打桩机将钢板桩打入地下要求的深度，形成封闭的钢板支护结构，在封闭的结构内进行基础施工。

①工作内容：工作平台搭拆、桩机移位、打拔钢板桩。

②项目特征：地层情况、桩长、板桩厚度。

③计算规则：可按设计图示尺寸以质量（t）计算或按设计图示墙中心线长乘以桩长以面积（m^2）计算。

2）锚杆（锚索）

锚杆是指由杆体（钢绞线、预应力螺纹钢筋、普通钢筋或钢管）、注浆固结体、锚具、套管所组成的一端与支护结构构件连接，另一端锚固在稳定岩土体内的受拉杆件。杆体采用钢绞线时，亦可称为锚索。

①工作内容：钻孔、浆液制作、运输、压浆，锚杆（锚索）制作、安装，张拉锚固，锚杆（锚索）施工平台搭设、拆除。

②项目特征：地层情况，锚杆（索）类型、部位，钻孔深度，钻孔直径，杆体材料品种、规格、数量，预应力，浆液种类、强度等级。

③计算规则：按设计图示尺寸以钻孔深度（m）计算或按设计图示数量（根）计算。

3）土钉

土钉是指植入土中并注浆形成的承受拉力与剪力的杆件，主要依靠与土体之间的粘结力和摩擦力，在土体发生变形时被动受力以起到加固土体的作用，如图 3-17 所示。

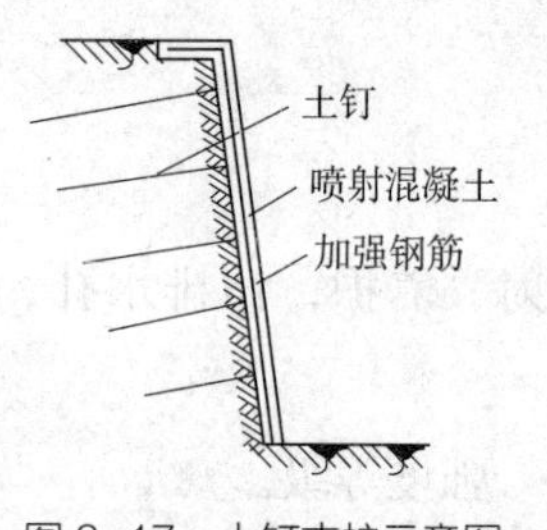

图 3-17 土钉支护示意图

①工作内容：钻孔、浆液制作、运输、压浆，土钉制作、安装，土钉施工平台搭设、拆除。

②项目特征：地层情况，钻孔深度，钻孔直径，置入方法，杆体材料品种、规格、数量，浆液种类、强度等级。

③计算规则：同锚杆（锚索）。

4）钢支撑

钢支撑是指用型钢作为基坑支撑材料，进行直立土壁支护的方法。

①工作内容：支撑、铁件制作（摊销、租赁），支撑、铁件安装，探伤，刷漆，拆除，运输。

②项目特征：部位，钢材品种、规格，探伤要求。

③计算规则：按设计图示尺寸以质量（t）计算。不扣除孔眼质量，焊条、铆钉、螺栓等不另增加质量。

【例 3-7】如图 3-18 所示，某边坡工程采用土钉支护，土钉成孔直径 100mm，成孔深度均为 12m，计算该工程土钉工程量。

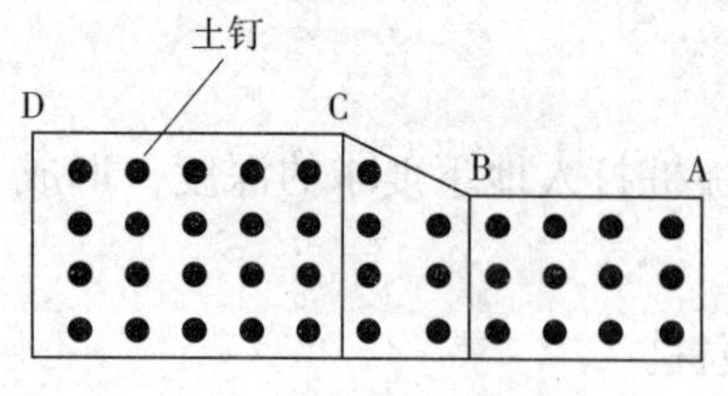

图 3-18 边坡土钉示意图

【解】AB 段土钉工程量 n=12 根

BC 段土钉工程量 n=7 根

CD 段土钉工程量 n=20 根

该工程土钉工程量：

n=12+7+20=39 根

3.1.3 桩基工程

1. 桩基础及桩的分类

（1）桩基础

当建筑物建造在软弱土层上，不能以天然土地基做基础，而进行人工地基处理又不经济时，往往可以采用桩基础来提高地基的承载能力。桩基础具有施工简单、速度快、承载能力大、沉降量小而且均匀等特点，因而在工业与民用建筑工程中得到广泛的应用。

（2）桩的分类

随着施工工艺的发展，桩的种类日益增多，常见的有预制钢筋混凝土桩、钢管桩、灌注桩等。

2. 打桩

预制钢筋混凝土桩是先预制成型，再用沉桩设备将其沉入土中以承受上部结构荷载的构件。钢筋混凝土预制桩常见的有实心方桩、空心管桩，如图 3-19 所示。

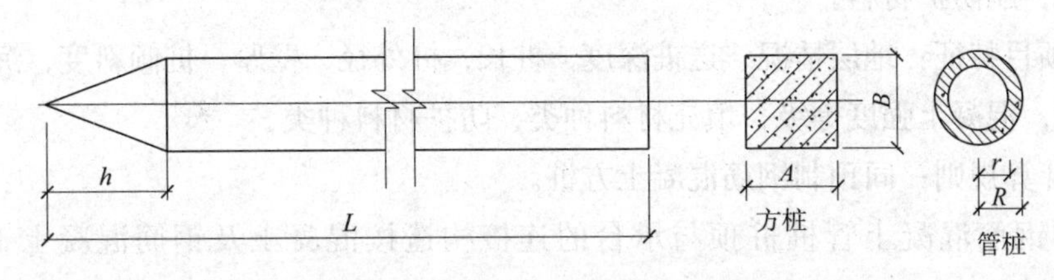

图 3-19 钢筋混凝土预制桩示意图

（1）预制钢筋混凝土方桩

1）工作内容：工作平台搭拆，桩机竖拆、移位，沉桩，接桩与送桩。

当设计基础的打桩深度超过一般预制桩的单根长度时，就需要打入数根桩以满足设计要求。把两根桩紧密连接起来，称为接桩。接桩一般有两种方式：

①焊接法

焊接法是将上一节桩末端的预埋铁件，与下一节桩顶的桩帽盖用焊接法焊牢。

②硫磺胶泥接桩法

硫磺胶泥接桩法是将上节桩下端的预留伸出锚筋，插入下节桩上端预留的锚孔内，并灌以硫磺胶泥胶粘剂，使两端粘结起来，如图 3-20 所示。

打桩工程中，有时要求将桩顶面打到低于桩架操作平台以下，或设计要求将桩打入自然地坪以下，由于打桩机的安装和操作的要求，桩锤不能直接锤击到桩头，必须用工具桩（也称冲桩、送桩筒，长 2 ~ 3m，用硬木或金属制成）接到桩的上端将桩送打至设计标高，此过程即为送桩。

2）项目特征：地层情况，送桩深度、桩长，桩截面，桩倾斜度，沉桩方法，接桩方式，混凝土强度等级。

3）计算规则：可根据实际要求，按下述任一种计算方法计算。

①按设计图示尺寸以桩长（包括桩尖）（m）计算。

②按设计图示截面积乘以桩长以实体积（m^3）计算。

③按设计图示尺寸以数量（根）计算。

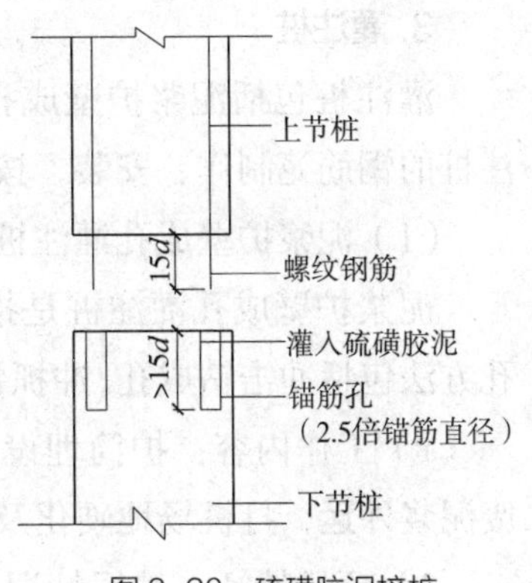

图 3-20 硫磺胶泥接桩

【例 3-8】某预制钢筋混凝土方桩，长 7m（其中桩尖长 0.5m），桩截面为 250mm × 250mm，共 120 根，求预制混凝土方桩工程量。

【解】$L=7\times120=840m$

或：$V=[(0.25\times0.25)\times6.5+(0.25\times0.25\times0.5\times1/3)]\times120=50m^3$

或：$N=120$ 根（每根长 7m）

（2）预制钢筋混凝土管桩

1）工作内容：工作平台搭拆，桩机竖拆、移位，沉桩，接桩，送桩，桩尖制作安装，填充材料，刷防护材料。

2）项目特征：地层情况，送桩深度、桩长，桩外径、壁厚，桩倾斜度，沉桩方法，桩尖类型，混凝土强度等级，填充材料种类，防护材料种类。

3）计算规则：同预制钢筋混凝土方桩。

预制钢筋混凝土管桩桩顶与承台的连接构造按混凝土及钢筋混凝土工程相关项目列项。

（3）钢管桩

1）工作内容：工作平台搭拆，桩机竖拆、移位，沉桩，接桩，送桩，切割钢管、精割盖帽，管内取土，填充材料、刷防护材料。

2）项目特征：地层情况，送桩深度、桩长，材质，管径、壁厚，桩倾斜度，沉桩方法，填充材料种类，防护材料种类。

3）计算规则：按设计图示尺寸以质量（t）计算或按设计图示尺寸以数量（根）计算。

（4）截（凿）桩头

预制桩打入地后，可能会有一部分突出地面，为了进行下一道工序，必须将突出地面多余的桩头截掉。

1）工作内容：截（切割）桩头、凿平、废料外运。

2）项目特征：桩类型，桩头截面、高度，混凝土强度等级，有无钢筋。

3）工程量计算规则：按设计图示截面积乘以桩头长度以体积（m^3）计算或按设计图示尺寸以数量（根）计算。

3. 灌注桩

灌注桩包括泥浆护壁成孔灌注桩、沉管灌注桩、干作业成孔灌注桩等。混凝土灌注桩的钢筋笼制作、安装，按混凝土及钢筋混凝土工程中相关项目编码列项。

（1）泥浆护壁成孔灌注桩

泥浆护壁成孔灌注桩是指在泥浆护壁条件下成孔，采用水下灌注混凝土的桩。成孔方法包括冲击钻成孔、冲抓锥成孔、回旋钻成孔、潜水钻成孔、泥浆护壁的旋挖成孔等。

1）工作内容：护筒埋设，成孔、固壁，混凝土制作、运输、灌注、养护，土方、废泥浆外运，打桩场地硬化及泥浆池、泥浆沟。

2）项目特征：地层情况，空桩长度、桩长、桩径，成孔方法，护筒类型、长度，混凝土种类、强度等级。

3）计算规则：可根据实际要求，按下述中任一种计算方法计算。

①按设计图示尺寸以桩长（包括桩尖）（m）计算。

②按不同截面在桩上范围内以体积（m^3）计算。

③按设计图示数量（根）计算。

（2）沉管灌注桩

沉管灌注桩是利用锤击打桩设备或振动沉桩设备，将带有钢筋混凝土的桩尖（或钢板靴）或带有活瓣式桩靴的钢管沉入土中（钢管直径应与桩的设计尺寸一致），造成桩孔，然后放入钢筋骨架并浇筑混凝土，随之拔出套管，利用拔管时的振动将混凝土捣实，形成的灌注桩。其沉管方法包括锤击沉管法、振动沉管法、振动冲击沉管法和内夯沉管法等。

1）工作内容：打（沉）拔钢管，桩尖制作、安装，混凝土制作、运输、灌注、养护。

2）项目特征：地层情况，空桩长度、桩长，复打长度，桩径，沉管方法，桩尖类型，混凝土种类、强度等级。

3）计算规则：同泥浆护壁成孔灌注桩。

（3）干作业成孔灌注桩

干作业成孔灌注桩是指不用泥浆护壁和套管护壁的情况下，用钻机成孔后，下钢筋笼，灌注混凝土桩，适用于地下水位以上的土层使用。其成孔方法包括螺旋钻成孔、螺旋钻成孔扩底、干作业的旋挖成孔等。

1）工作内容：成孔、扩孔，混凝土制作、运输、灌注、振捣、养护。

2）（项目特征：地层情况，空桩长度、桩长、桩径，扩孔直径、高度，成孔方法，混凝土种类、强度等级。

3）计算规则：同泥浆护壁成孔灌注桩。

（4）挖孔桩土（石）方

1）工作内容：排地表水，挖土、凿石，基地钎探与运输。

2）项目特征：地层情况、挖孔深度、弃土（石）运距。

3）计算规则：按设计图示尺寸（含护壁）截面积乘以挖孔深度以体积（m^3）计算。

（5）人工挖孔灌注桩

1）工作内容：护壁制作，混凝土制作、运输、灌注、振捣、养护。

2）项目特征：桩芯长度，桩芯直径、扩底直径、扩底高度，护壁厚度、高度，护壁混凝土种类、强度等级，桩芯混凝土种类、强度等级。

3）计算规则：按桩芯混凝土体积（m^3）计算或按设计图示数量（根）计算。

【例 3–9】某工程桩基础采用沉管灌注桩进行施工，桩长 12m，桩径 600mm，共 180 根桩，超灌高度为 0.8m，求与该工程相关的桩基工程量。

【解】沉管灌注桩工程量：n=180 根

或：$V=3.14\times0.3^2\times12\times180=610.42m^3$

或：$L=12\times180=2160m$

截（凿）桩头工程量：$V=3.14\times0.3^2\times0.8\times180=40.69m^3$

或：$n=180$ 根（每根高 0.8m）

3.2 砌筑工程

3.2.1 砌筑工程概述

砌筑工程是指用砖、石和各类砌块进行建筑物或构筑物的砌筑，主要包括砖砌体、砌块砌体和石砌体。

（1）砌块。砌筑工程中常用砌块尺寸见表 3-7。

常用砌块尺寸（mm） 表 3-7

红（青）砖	240 × 115 × 53
硅酸盐砌块	880 × 430 × 240
条石	1000 × 300 × 300 或 1000 × 250 × 250
方整石	400 × 220 × 220
五料石	1000 × 400 × 200
烧结多孔砖	KP_1 型：240 × 115 × 90，KM_1 型：190 × 190 × 90
烧结空心砖	240 × 180 × 115

（2）砂浆。根据工程要求，不同的砌体采用不同的砂浆种类与强度等级。常用的砂浆种类是水泥砂浆和混合砂浆。

（3）标准砖。标准砖尺寸为 240mm × 115mm × 53mm。标准砖墙厚度按表 3-8 计算。

标准砖墙计算厚度表 表 3-8

砖数（厚度）	1/4	1/2	3/4	1	3/2	2	5/2	3
计算厚度（mm）	53	115	180	240	365	490	615	740

3.2.2 砖砌体

砖砌体主要包括砖基础、墙体、柱、零星砌砖等。

1. 砖基础

砖基础项目适用于各种类型的砖基础，如柱基础、墙基础、管道基础等。最常见的砖基础为条形基础，如图 3-21 所示。

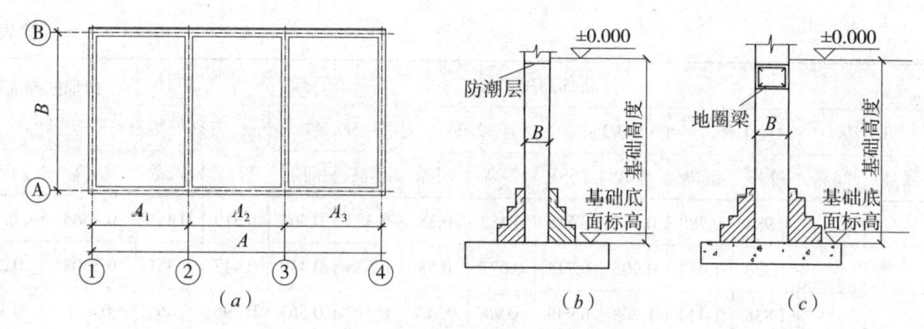

图 3-21 砖基础平面、剖面图

(*a*)砖基础平面图;(*b*)等高大放脚砖基础剖面图;(*c*)不等高大放脚砖基础剖面图

(1)工作内容:砂浆制作、运输,砌砖,防潮层铺设,材料运输。

(2)项目特征:砖品种、规格、强度等级,基础类型,砂浆强度等级,防潮层材料种类。

(3)计算规则:按设计图示尺寸以体积(m^3)计算。

1)基础长度

外墙的基础长度按外墙中心线计算,内墙的基础长度按内墙净长线计算。

2)基础墙厚度

基础墙厚度为基础主墙身的厚度,按表 3-8 的规定确定。

3)基础高度

基础与墙(柱)身使用同一种材料时,划分应以设计室内地坪为界(有地下室的按地下室室内设计地坪为界),以下为基础,以上为墙(柱)身,如图 3-21(*b*)、图 3-21(*c*)所示。基础与墙身使用不同材料时,位于设计室内地面高度≤ ±300mm 以内时,以不同材料为界;高度> ±300mm,应以设计室内地面为界。

4)基础断面计算

砖基础受刚性角的限制,需在基础底部做成逐步放阶的形式,俗称大放脚。大放脚的体积要并入所附基础墙内,可根据大放脚的层数、所附基础墙的厚度及是否等高放阶等因素确定,增加面积可查表 3-9 或自行计算。

标准砖大放脚折加高度和增加断面面积 表 3-9

放脚层数	折加高度(m)												增加断面面积(m^2)	
	1/2 砖		1 砖		3/2 砖		2 砖		5/2 砖		3 砖			
	等高	间隔	等高	间隔	等高	间隔	等高	间隔	等高	间隔	等高	间隔	等高	间隔
一	0.137	0.137	0.066	0.066	0.043	0.043	0.032	0.032	0.026	0.026	0.021	0.021	0.01575	0.01575
二	0.411	0.342	0.197	0.164	0.129	0.108	0.096	0.08	0.077	0.064	0.064	0.053	0.04725	0.03938
三			0.394	0.328	0.259	0.216	0.193	0.161	0.154	0.128	0.128	0.106	0.0945	0.07875
四			0.656	0.525	0.432	0.345	0.321	0.253	0.256	0.205	0.213	0.17	0.1575	0.126

续表

放脚层数	折加高度（m）												增加断面面积（m^2）	
	1/2 砖		1 砖		3/2 砖		2 砖		5/2 砖		3 砖			
	等高	间隔	等高	间隔	等高	间隔	等高	间隔	等高	间隔	等高	间隔	等高	间隔
五			0.984	0.788	0.647	0.518	0.482	0.38	0.384	0.307	0.319	0.255	0.2363	0.189
六			1.378	1.083	0.906	0.712	0.672	0.58	0.538	0.419	0.447	0.351	0.3308	0.2599
七			1.838	1.444	1.208	0.949	0.90	0.707	0.717	0.563	0.596	0.468	0.441	0.3465
八			2.363	1.838	1.553	1.208	1.157	0.90	0.922	0.717	0.766	0.596	0.567	0.4411
九			2.953	2.297	1.942	1.51	1.447	1.125	1.153	0.896	0.956	0.745	0.7088	0.5513
十			3.61	2.789	2.372	1.834	1.768	1.366	1.409	1.088	1.171	0.905	0.8663	0.6694

注：本表按标准砖双面放脚每层高 126mm（等高式），以及双面放脚层高分别为 126mm、63mm（间隔式，又称不等高式）砌出 62.5mm，灰缝按 10mm 计算。

大放脚增加的断面面积计算公式为：

$$S_{放脚}=h_1\times d \tag{3-15}$$

式中 $S_{放脚}$——大放脚增加的断面面积（m^2）；

h_1——大放脚折加高度（m）；

d——基础墙厚度（m）。

基础断面面积计算公式如下：

$$S_{断面}=(h_1+h_2)\times d \tag{3-16}$$

或

$$S_{断面}=h_2\times d+S_{放脚} \tag{3-17}$$

式中 $S_{断面}$——基础断面面积（m^2）；

$S_{放脚}$——大放脚折加面积（m^2）；

h_1、h_2——大放脚折加高度和基础设计高度（m）；

d——基础墙厚度（m）。

5）应扣除（或并入）的体积

计算砖基础工程量时，应包括附墙垛基础宽出部分体积，扣除地梁（圈梁）、构造柱所占体积，不扣除基础大放脚 T 形接头处的重叠部分及嵌入基础内的钢筋、铁件、管道、基础砂浆防潮层和单个面积≤ 0.3m^2 的孔洞所占体积，靠墙暖气沟的挑砖不增加。

附墙砖垛基础增加体积见表 3-10。

砖垛基础计算公式为：

V=（砖垛断面积 × 砖垛基础高 + 单个砖垛放脚增加体积）× 砖垛个数（m^3）（3-18）

6）条形砖基础工程量的计算

条形砖基础体积计算公式如下：

砖垛放脚增加体积表　　　　**表 3-10**

<table>
<tr><td rowspan="3">规格
放脚层数　体积</td><td colspan="22">砖垛断面尺寸（mm）</td></tr>
<tr><td colspan="2">125×240</td><td colspan="2">125×365</td><td colspan="2">125×490</td><td colspan="2">250×240</td><td colspan="2">250×365</td><td colspan="2">250×490</td><td colspan="2">250×615</td><td colspan="2">375×365</td><td colspan="2">375×490</td><td colspan="2">375×615</td><td colspan="2">375×740</td></tr>
<tr><td colspan="3">等高</td><td colspan="3">不等高</td><td colspan="4">等高</td><td colspan="4">不等高</td><td colspan="4">等高</td><td colspan="4">不等高</td></tr>
<tr><td>一</td><td colspan="3">0.002</td><td colspan="3">0.002</td><td colspan="4">0.004</td><td colspan="4">0.004</td><td colspan="4">0.006</td><td colspan="4">0.006</td></tr>
<tr><td>二</td><td colspan="3">0.006</td><td colspan="3">0.005</td><td colspan="4">0.012</td><td colspan="4">0.010</td><td colspan="4">0.018</td><td colspan="4">0.015</td></tr>
<tr><td>三</td><td colspan="3">0.012</td><td colspan="3">0.010</td><td colspan="4">0.024</td><td colspan="4">0.020</td><td colspan="4">0.036</td><td colspan="4">0.030</td></tr>
<tr><td>四</td><td colspan="3">0.020</td><td colspan="3">0.016</td><td colspan="4">0.039</td><td colspan="4">0.032</td><td colspan="4">0.059</td><td colspan="4">0.047</td></tr>
<tr><td>五</td><td colspan="3">0.030</td><td colspan="3">0.024</td><td colspan="4">0.059</td><td colspan="4">0.047</td><td colspan="4">0.089</td><td colspan="4">0.071</td></tr>
<tr><td>六</td><td colspan="3">0.041</td><td colspan="3">0.032</td><td colspan="4">0.083</td><td colspan="4">0.065</td><td colspan="4">0.124</td><td colspan="4">0.097</td></tr>
<tr><td>七</td><td colspan="3">0.055</td><td colspan="3">0.043</td><td colspan="4">0.110</td><td colspan="4">0.087</td><td colspan="4">0.165</td><td colspan="4">0.130</td></tr>
<tr><td>八</td><td colspan="3">0.071</td><td colspan="3">0.055</td><td colspan="4">0.142</td><td colspan="4">0.110</td><td colspan="4">0.213</td><td colspan="4">0.165</td></tr>
<tr><td>九</td><td colspan="3">0.089</td><td colspan="3">0.069</td><td colspan="4">0.177</td><td colspan="4">0.138</td><td colspan="4">0.266</td><td colspan="4">0.207</td></tr>
<tr><td>十</td><td colspan="3">0.108</td><td colspan="3">0.084</td><td colspan="4">0.217</td><td colspan="4">0.167</td><td colspan="4">0.325</td><td colspan="4">0.251</td></tr>
</table>

注：本表放脚增加体积适用于最底层放脚高度为 126mm 的情况，其他说明同表 3-9。

$$V=L\times S_{断面}\pm V_{其他} \tag{3-19}$$

式中　L——条形砖基础长度（m）；

$V_{其他}$——应并入（或扣除）的体积（m^3）。

【例 3-10】如图 3-22 所示，试计算该工程的砖基础工程量。

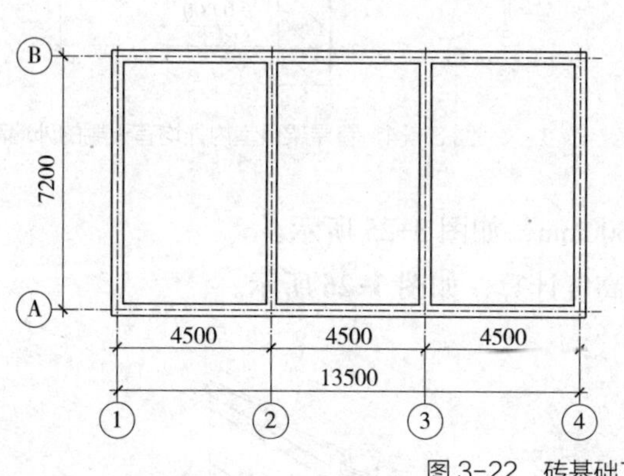

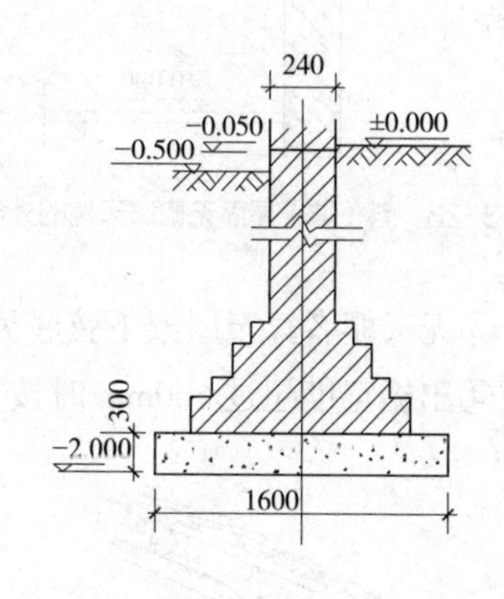

图 3-22　砖基础工程

【解】（1）外墙中心线　$L_{中}$ =（13.5+7.2）×2=41.40m

查表 3-9，四阶不等高大放脚折加面积为 0.126m²。

砖基础设计高度为：h=（2−0.3）=1.7m

根据公式（3-17），有：

$S_{断面}$ =1.7×0.24+0.126=0.534m²

$V_{外}$ =41.40×0.534=22.11m³

（2）内墙净长　$L_{净}=(7.2-0.24)\times2=13.92m$

$V_{内}=13.92\times0.534=7.43m^3$

$V=V_{外}+V_{内}=22.11+7.43=29.54m^3$

2. 一般砖墙

一般砖墙在此特指内外砖墙、女儿墙等。

（1）工作内容：砂浆制作、运输，砌砖，刮缝，砖压顶砌筑，材料运输。

（2）项目特征：砖品种、规格、强度等级，墙体类型，砂浆强度等级、配合比。

（3）计算规则：按设计图示尺寸以体积（m^3）计算。

外墙长度按中心线计算，内墙按净长计算。墙厚度按表 3-8 规定计算。墙体高度依据不同墙体而异。

1）外墙高度

①斜（坡）屋面无檐口天棚者算至屋面板底，如图 3-23 所示。

②有屋架且室内外均有天棚者算至屋架下弦底另加 200mm，如图 3-24 所示。

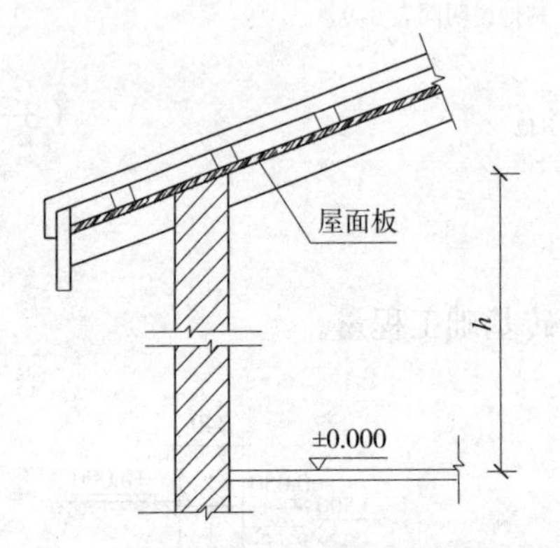

图 3-23　斜（坡）屋面无檐口天棚的外墙高度

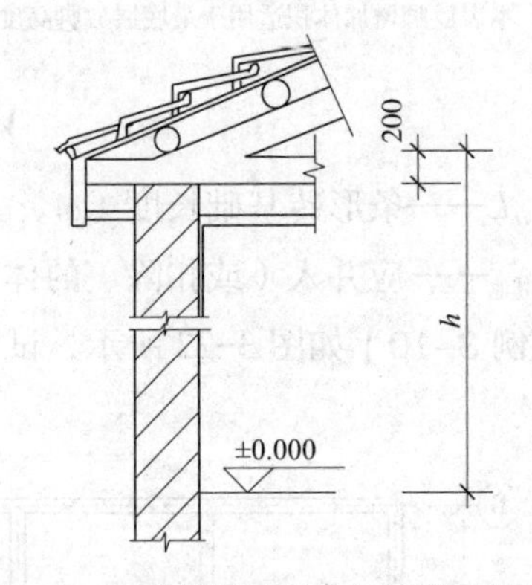

图 3-24　有屋架且室内外均有天棚的外墙高度

③无天棚者算至屋架下弦底另加 300mm，如图 3-25 所示。

④出檐宽度超过 600mm 时按实砌高度计算，如图 3-26 所示。

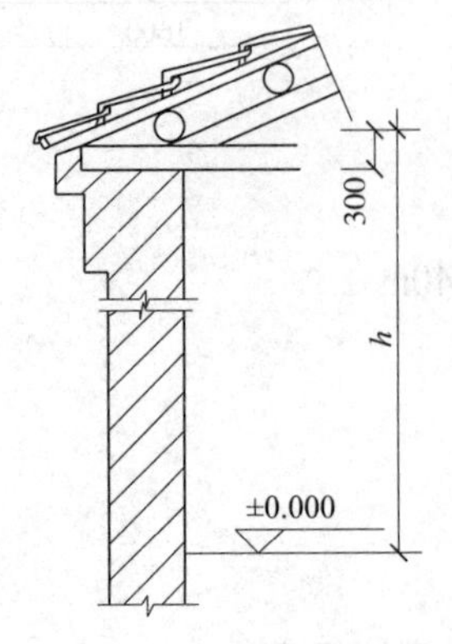

图 3-25　无天棚的外墙高度

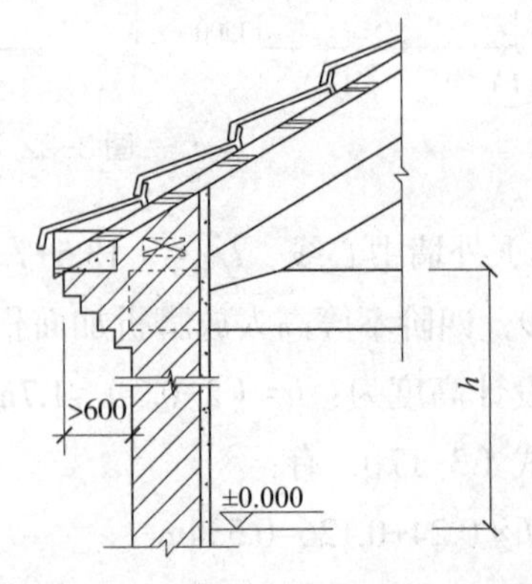

图 3-26　出檐宽度超过 600mm 的外墙高度

⑤平屋面从室内地坪标高算至钢筋混凝土板底，如图 3-27 所示。

⑥有钢筋混凝土楼板隔层者算至板顶，如图 3-27 中 h_1、h_2 所示。

2）内墙高度

①位于屋架下弦者，算至屋架下弦底，如图 3-28 所示。

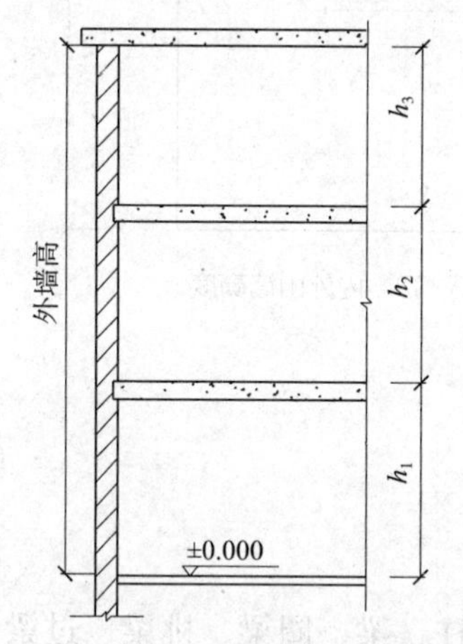

图 3-27 钢筋混凝土楼板隔层下的内外墙高度

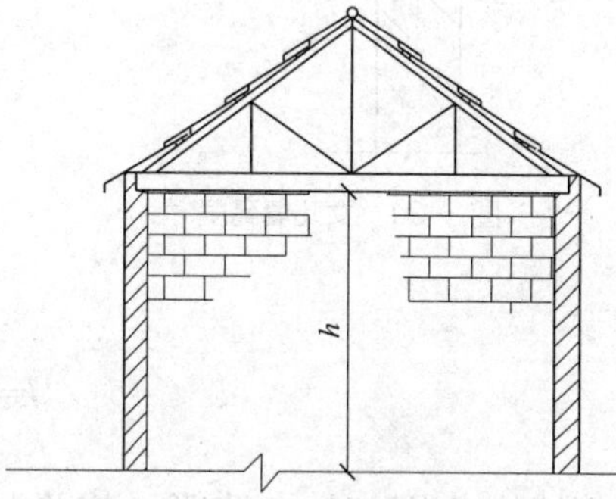

图 3-28 位于屋架下弦的内墙高度

②无屋架者算至天棚底另加 100mm，如图 3-29 所示。

③有钢筋混凝土楼板隔层者算至楼板顶，如图 3-27h_1、h_2 所示。

④有框架梁时算至梁底，如图 3-30 所示。

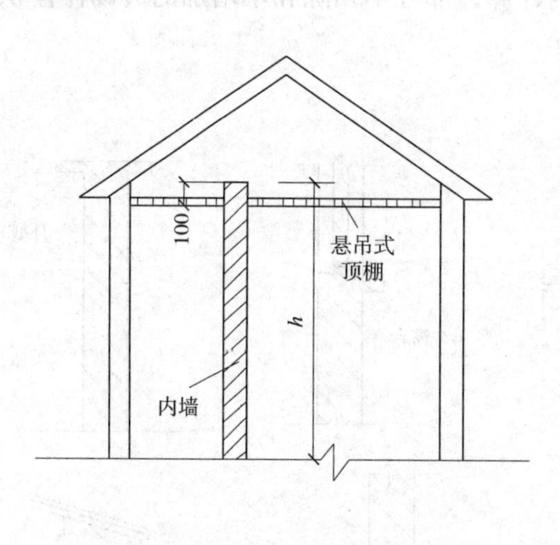

图 3-29 无屋架弦的内墙高度

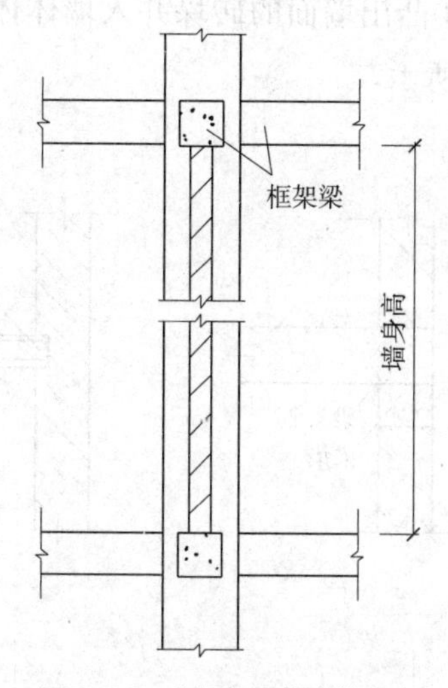

图 3-30 有框架梁的内墙高度

3）女儿墙高度

从屋面板上面算至女儿墙顶面（如有混凝土压顶时算至压顶下表面），如图 3-31 所示。

4）内外山墙高度

内外山墙按其平均高度计算，如图 3-32 所示。

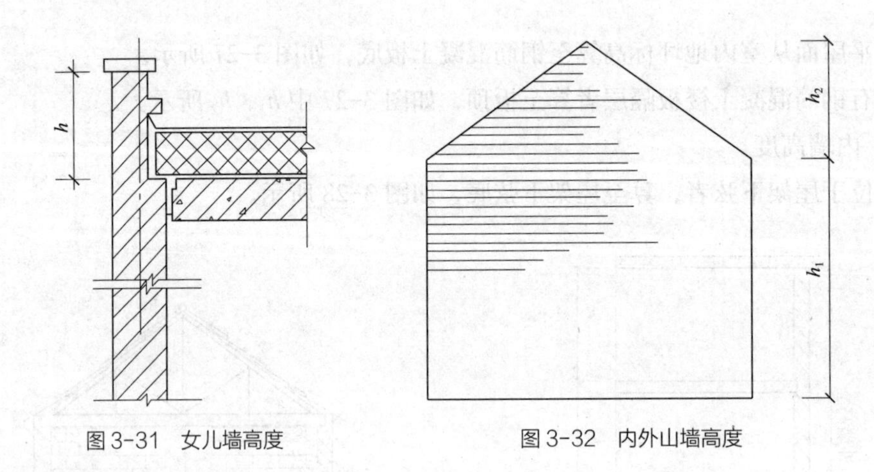

图 3-31 女儿墙高度　　图 3-32 内外山墙高度

$$h=h_1+\frac{1}{2}h_2 \quad (3\text{-}20)$$

计算墙体工程量时，应扣除（或并入）的体积：

①应扣除门窗、洞口、嵌入墙内的钢筋混凝土柱、梁、圈梁、挑梁、过梁及凹进墙内的壁龛、管槽、暖气槽、消火栓箱所占体积。

②不扣除梁头、板头、檩头、垫木、木楞头、沿缘木、木砖、砖墙内加固钢筋、木筋、铁件、钢管及单个面积≤ 0.3m^2 的孔洞所占体积。

③不增加凸出墙面的腰线、挑檐、压顶、窗台线、虎头砖、门窗套的体积。

④凸出墙面的砖垛并入墙体体积内计算。部分不扣除和不增加的砖砌体体积如图 3-33 所示。

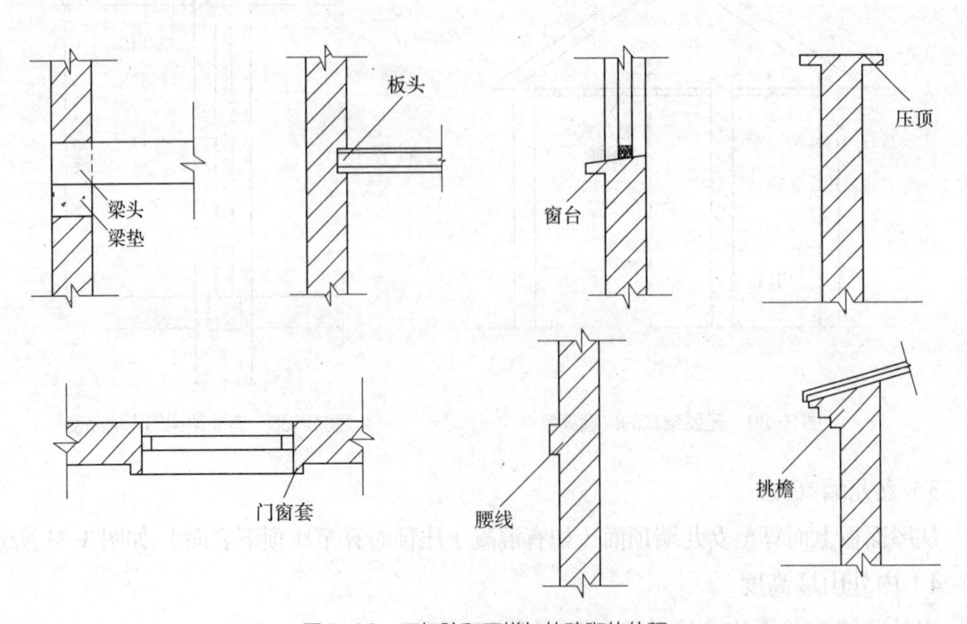

图 3-33 不扣除和不增加的砖砌体体积

（4）一般砖墙计算方法

一般砖墙计算可分为以下四个步骤：

1）计算墙面面积；

2）扣除墙面上门窗、洞口所占的面积，算出墙体净面积；

3）计算扣除门窗洞口后的墙体体积；

4）增加或扣除附于墙体上或嵌入墙体内的各种构件体积，得出墙体净体积。

【例 3-11】如图 3-34 所示单层建筑，内外墙用 M5 砂浆砌筑。假设外墙中圈梁、过梁体积为 $1.2m^3$，门窗面积为 $16.98m^2$；内墙中圈梁、过梁体积为 $0.2m^3$，门窗面积为 $1.8m^2$。顶棚抹灰厚 10mm。试计算砖墙砌体工程量。

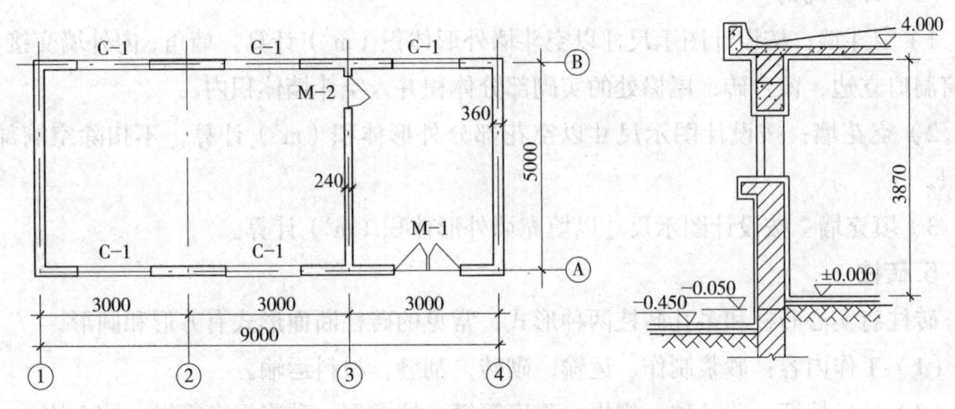

图 3-34 平屋面砖墙工程量计算示意图

【解】（1）外墙中心线：$L_{中}$=（5.00+9.00）×2=28m

（2）内墙净长：$L_{净}$=5.00-0.36=4.64m

（3）墙高 h：由于该建筑为平屋面，内外墙高度均为 3.88m。

（4）墙体体积计算见表 3-11，墙体体积合计为 $35.95m^3$。

砖墙工程量计算表 表 3-11

部位	墙长（m）	× 墙高（m）	= 墙毛面积（m^2）	- 门窗洞口面积（m^2）	= 墙净面积（m^2）	× 墙厚（m）	± V_b（m^3）	= 墙体体积（m^3）
外墙	28.00	3.88	108.64	16.98	91.66	0.365	-1.20	32.26
内墙	4.64	3.88	18.00	1.80	16.20	0.24	-0.20	3.69
合计								35.95

3. 围墙、框架间墙

（1）工作内容：同一般砖墙。

（2）项目特征：同一般砖墙。

（3）计算规则：

1）围墙按设计图示尺寸以体积（m^3）计算。围墙墙身与围墙基础的划分应以设计室外地坪为界，以下为基础，以上为墙身，墙身高度从基础上部算至砖压顶上表面（如有混凝土压顶时算至压顶下表面），围墙柱并入围墙体积。

2）框架间墙不分内外墙按墙体净尺寸以体积（m^3）计算。

4. 其他砖墙

此处其他砖墙特指空斗墙、空花墙和填充墙。

（1）工作内容：砂浆制作、运输，砌砖，装填充料，刮缝，材料运输。

（2）项目特征：砖品种、规格、强度等级，墙体类型，砂浆强度等级、配合比。

填充墙项目特征还应描述填充材料种类及厚度。

（3）计算规则：

1）空斗墙：按设计图示尺寸以空斗墙外形体积（m^3）计算。墙角、内外墙交接处、门窗洞口立边、窗台砖、屋檐处的实砌部分体积并入空斗墙体积内。

2）空花墙：按设计图示尺寸以空花部分外形体积（m^3）计算，不扣除空洞部分体积。

3）填充墙：按设计图示尺寸以填充墙外形体积（m^3）计算。

5. 砖柱

砖柱有实心砖柱和多孔砖柱两种形式，常见的砖柱断面形式有方形和圆形。

（1）工作内容：砂浆制作、运输，砌砖，刮缝，材料运输。

（2）项目特征：砖品种、规格、强度等级，柱类型，砂浆强度等级、配合比。

（3）计算规则：按设计图示尺寸以体积（m^3）计算。扣除混凝土及钢筋混凝土梁垫、梁头、板头所占体积。

在进行计算时，砖柱应分为柱基础和柱身两部分计算，柱身与柱基的划分同墙身与墙基。

柱身以柱的断面面积乘以柱高，以体积（m^3）计算工程量。

柱基础工程量按图示尺寸以体积（m^3）计算，应并入砖柱基大放脚的体积，扣除混凝土及钢筋混凝土梁垫、梁头、板头所占体积。计算公式为：

$$V=S\times(h+h_Z) \quad (3\text{-}21)$$

$$h_Z=\frac{V_{放脚}}{S} \quad (3\text{-}22)$$

式中 V——柱基础体积（m^3）；

S——柱断面面积（m^2）；

h——柱基高（m）；

h_Z——大放脚折加高度（m）；

$V_{放脚}$——柱周围大放脚体积（m^3）。

标准砖柱基础大放脚折加高度见表 3-12。

砖柱基四周放脚之折加高度 表 3-12

砖柱断面尺寸（mm）	断面积（m^2）	形式	一个柱基础四边的折加高度（m）						
			一层	二层	三层	四层	五层	六层	七层
240×240	0.0576	等高	0.1654	0.5646	1.2660	2.3379	3.8486	5.8666	8.4602
		不等高		0.3650	1.0664	1.6023	3.1131	4.1221	6.7156
240×365	0.0876	等高	0.1313	0.4387	0.9673	1.7620	2.8677	4.3295	6.1921
		不等高		0.2850	0.8136	1.2109	2.3167	3.0475	4.9102
365×365	0.1332	等高	0.1011	0.3318	0.7247	1.3063	2.1073	3.1571	4.4853
		不等高		0.2169	0.6088	0.8997	1.7006	2.2255	3.5537
490×365	0.1789	等高	0.0863	0.2809	0.6059	1.0832	1.7348	2.5829	3.6493
		不等高		0.1836	0.5086	0.7472	1.3989	1.8229	2.8893
490×490	0.2401	等高	0.0725	0.2339	0.5005	0.8888	1.4153	2.0962	2.9480
		不等高		0.1532	0.4198	0.6140	1.1404	1.4809	2.3327
615×490	0.3014	等高	0.0643	0.2059	0.4380	0.7735	1.2256	1.8073	2.5317
		不等高		0.1351	0.3672	0.5349	0.9870	1.2779	2.0023
615×615	0.3782	等高	0.0564	0.1797	0.3802	0.6684	1.0546	1.5493	2.1629
		不等高		0.1181	0.3186	0.4626	0.8489	1.0962	1.7098
740×740	0.5476	等高	0.0462	0.1457	0.3057	0.5335	0.8363	1.2211	1.6952
		不等高		0.0959	0.2560	0.3699	0.6726	0.8650	1.3392

注：1. 本表为四边大放脚砌筑法，最顶层为两匹砖，每次砌出均为 62.5mm，灰缝为 10mm。
2. 等高大放脚每阶高均为 126mm，不等高大放脚阶高分别为 126mm 和 63mm，间隔砌筑。
3. 计算时，基础部分的砖柱高度，应按图示尺寸另行计算。

【例 3-12】试计算砖柱断面为 490mm × 490mm，大放脚为四阶不等高，基础高为 1.5m 的柱基工程量。

【解】 $V=0.49\times0.49\times(1.5+0.6140)=0.51m^3$

6. 砖检查井

（1）工作内容：砂浆制作、运输，铺设垫层，底板混凝土制作、运输、浇筑、振捣、养护，砌砖，刮缝，井池底、壁抹灰，抹防潮层，材料运输。

（2）项目特征：井截面、深度，砖品种、规格、强度等级，垫层材料种类、厚度，底板厚度，井盖安装，混凝土强度等级，砂浆强度等级，防潮层材料种类。

（3）计算规则：按设计图示数量（座）计算。检查井内爬梯、混凝土构件按混凝土和钢筋混凝土相关编码列项。

7. 砖地沟、明沟

（1）工作内容：土方挖、运、填，铺设垫层，底板混凝土制作、运输、浇筑、振捣、养护，砌砖，刮缝，抹灰，材料运输。

（2）项目特征：砖品种、规格、强度等级，沟截面尺寸，垫层材料种类、厚度，混凝土强度等级，砂浆强度等级。

（3）计算规则：按设计图示以中心线长度（m）计算。

8. 零星砌砖

零星砌砖的工作内容同砖柱。项目特征包括零星砌砖名称、部位，砖品种、规格、强度等级；砂浆强度等级、配合比。

常见的零星砌砖包括砖砌台阶、台阶挡墙、锅台、炉灶、厕所蹲台、池槽、池槽腿、砖胎膜、花台、花池、楼梯栏板、阳台栏板、地垄墙、≤ $0.3m^2$ 的孔洞填塞，按不同砌体分别以“立方米”、“平方米”、“米”、“个”计算工程量。

3.2.3 砌块与石砌体

1. 砌块砌体

砌块砌体包括砌块墙和砌块柱两部分。

砌块墙的项目特征、计算规则与一般砖墙相似。工作内容包括砂浆制作、运输，砌砖、砌块，勾缝，材料运输。

砌块柱项目特征、工作内容、计算规则与砖柱相似。

砌体内加筋、墙体拉结的制作、安装，及灌注大于30mm砌体垂直灰缝的细石混凝土，应按混凝土和钢筋混凝土工程相关项目编码列项。

2. 石砌体

石砌体计算规则与砖砌体类似，计算时按具体规定执行。

3.2.4 垫层

（1）工作内容：垫层材料的拌制、垫层铺设、材料运输。

（2）项目特征：垫层材料种类、配合比、厚度。

（3）计算规则：按设计图示尺寸以立方米（m^3）计算。

现行规范规定，混凝土垫层应按混凝土和钢筋混凝土工程相关项目编码列项，没有包括垫层要求的清单项目应按砌筑工程中所列垫层项目编码列项。如：灰土垫层、楼地面垫层（非混凝土）等应按砌筑工程编码列项。

3.2.5 砖砌体工程计算实例

【例 3-13】如图 3-35 所示砖混结构单层建筑，外墙厚 360mm，①、⑤、Ⓐ、Ⓓ均为偏中轴线。外墙中圈梁、过梁体积为 $11.30m^3$（其中地圈梁体积为 $4.43m^3$），内墙中圈梁、过梁体积为 $1.44m^3$（其中地圈梁体积为 $0.67m^3$），屋面板厚度为 120mm，顶棚抹面厚 10mm，内外墙门窗规格见表 3-13，附墙砖垛基础为 4 阶不等高放阶，计算该建筑砖砌体工程量。

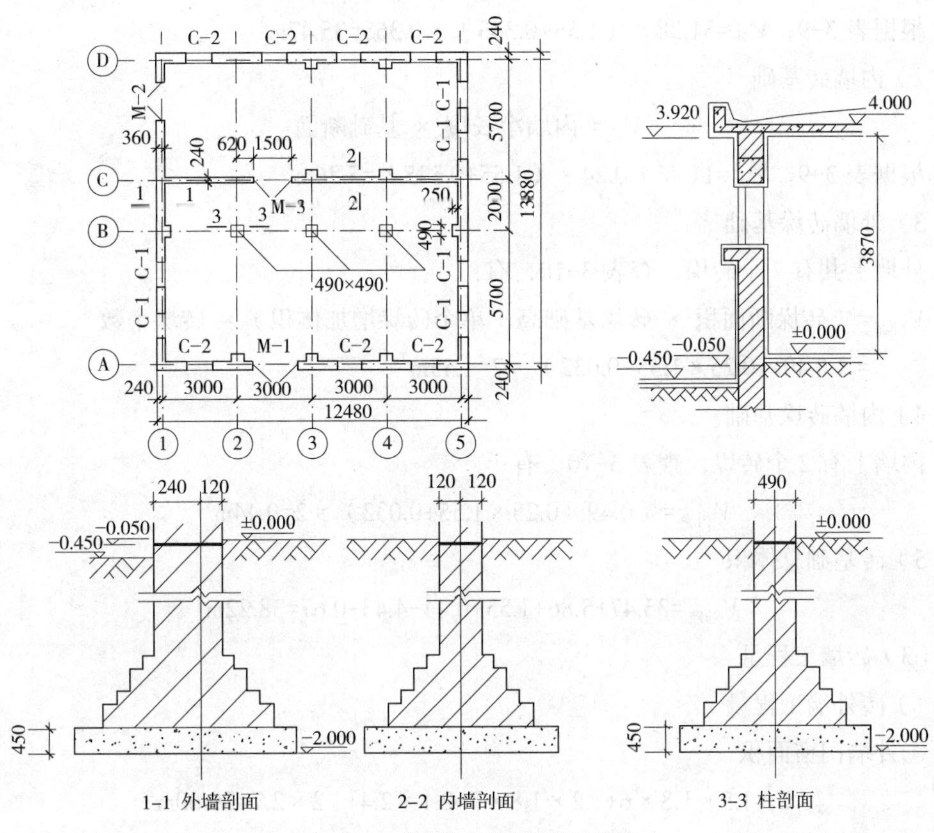

图 3-35　砖砌体工程量计算示意图

门窗统计表　　**表 3-13**

名称	序号	编号	规格（宽 × 高）(mm)	数量	所在墙轴线号
钢窗	1	C-1	1500 × 1800	6	①、⑤轴线外墙
	2	C-2	1200 × 1800	7	Ⓐ、Ⓓ轴线外墙
钢门	1	M-1	2100 × 2400	1	Ⓐ轴外墙
	2	M-2	1200 × 2700	1	①轴外墙
木门	1	M-3	1500 × 2400	1	Ⓒ轴内墙

【解】(1) 基数计算

1) 外墙中心线 $L_{中}$：$L_{中}$ =（12.48-0.36+13.88-0.36）× 2=51.28m

2) 内墙净长 $L_{净}$：$L_{净}$ =12.00-0.12 × 2=11.76m

3) 砖基础计算高度 $h_{基}$：$h_{基}$ =2.00-0.45=1.55m

4) 墙高 h：由于该建筑为平屋面，内外墙高度为 3.88m。

(2) 砖基础工程量计算

1) 外墙砖基础

$$V_{外} = 外墙基础中心线长度 \times（基础高 + 折加高）\times 墙厚$$

根据表 3-9，$V_{外}=51.28\times(1.55+0.345)\times0.365=35.47\text{m}^3$

2）内墙砖基础

$$V_{内}=内墙净长度\times基础断面$$

根据表 3-9，$V_{内}=11.76\times0.24\times(1.55+0.525)=5.86\text{m}^3$

3）外墙砖垛基础

外墙上共有 7 个砖垛，查表 3-10，有：

$$\begin{aligned}V_{外垛}&=(砖垛断面积\times砖垛基础高+单个砖垛增加体积)\times砖垛个数\\&=(0.49\times0.25\times1.55+0.032)\times7=1.55\text{m}^3\end{aligned}$$

4）内墙砖垛基础

内墙上有 2 个砖垛，查表 3-10，有：

$$V_{内垛}=(0.49\times0.25\times1.55+0.032)\times2=0.44\text{m}^3$$

5）砖基础总体积

$$V_{基础}=35.47+5.86+1.55+0.44-4.43-0.67=38.22\text{m}^3$$

（3）砖墙工程量

1）砖外墙工程量

①外墙门窗面积

$$S_1=1.5\times1.8\times6+1.2\times1.8\times7+2.1\times2.4+1.2\times2.7=39.60\text{m}^2$$

②外墙墙垛工程量

$$V_{垛}'=0.49\times0.25\times3.88\times7=3.33\text{m}^3$$

③墙体工程量

$$V_{外墙身}=(51.28\times3.88-39.60)\times0.365-(11.3-4.43)+3.33=54.63\text{m}^3$$

2）砖内墙工程量

①内墙门窗面积

$$S_2=1.5\times2.4=3.6\text{m}^2$$

②内墙墙垛工程量

$$V_{垛}'=0.49\times0.25\times3.88\times2=0.95\text{m}^3$$

③墙体工程量

$$V_{内墙身}=(11.76\times3.88-3.60)\times0.24-(1.44-0.67)+0.95=10.27\text{m}^3$$

3）砖墙总体积

$$V_{墙身}=54.63+10.27=64.90\text{m}^3$$

（4）砖柱工程量

1）砖柱基础查表 3-12，$V_{柱}=[0.49\times0.49\times(1.55+0.614)]\times3=1.56\text{m}^3$

2）砖柱柱身工程量：$V_{柱身}=0.49\times0.49\times3.88\times3=2.79\text{m}^3$

砖砌体的计算也可按表 3-14 进行列表计算。

砖砌体工程量计算表　　表 3–14

项目	外墙		内墙	
	基础	墙身	基础	墙身
墙长（m）	51.28	51.28	11.76	11.76
× 高（m）	1.55+0.345=1.895	3.88	1.55+0.525=2.075	3.88
= 毛面积（m^2）	97.18	198.97	24.40	45.63
– 门窗洞口面积（m^2）		39.60		3.6
= 净面积（m^2）	97.18	159.37	24.40	42.03
× 厚度（m）	0.365	0.365	0.24	0.24
+ 砖垛体积（m^3）	1.55	3.33	0.44	0.95
± V_b（m^3）	–4.43	–6.87	–0.67	–0.77
砖砌体体积（m^3）	32.59	54.63	5.63	10.27
砖柱体积（m^3）	砖柱基础：1.56			
	砖柱柱身：2.79			

3.3 混凝土和钢筋混凝土工程

3.3.1 混凝土和钢筋混凝土工程概述

1. 工程内容

在现代建筑工程中，建筑物的基础、主体骨架、结构构件、楼地面工程常采用混凝土和钢筋混凝土材料。根据现行计量规范，混凝土和钢筋混凝土工程的工程内容主要包括现浇混凝土构件制作、预制混凝土构件制作（含运输和安装）以及钢筋工程。

混凝土和钢筋混凝土工程的模板和支架工程费用在具体执行时有两种情况：当招标人在措施项目清单中未编列现浇混凝土模板和支架项目清单时，按混凝土和钢筋混凝土实体项目执行，应以分部分项工程量清单形式列出工程量，其综合单价中应包含模板及支架产生的费用；当模板和支架工程费在措施项目中考虑时，其工程量按相关规定计算，详见 3.15 节。

2. 混凝土和钢筋混凝土工程的主要用材

（1）水泥

根据混凝土的强度等级要求不同，配制混凝土常用的水泥强度等级有 32.5 和 42.5，当实际使用的水泥强度等级高于定额规定时，不得进行价格与用量调整。

（2）石子

混凝土所用石子的品种有砾石、卵石、毛石三种。各地区根据工程要求自行选定。定额中砾石的粒径一般为 5 ~ 40mm 或 5 ~ 80mm，卵石和毛石的粒径一般为 80mm 以上。石子粒径越小，混凝土中水泥用量就越多，混凝土的单价也越高。不同石子粒径混凝土的选用应根据设计和规范要求来确定。

（3）砂

混凝土常用的砂为中砂，也有细砂和特细砂。一般在石子粒径和混凝土强度等级不变的情况下，砂的粒径越细，混凝土的价格也越高。

（4）钢筋

钢筋混凝土中的钢筋一般有普通光圆钢筋（HPB300）、带肋钢筋（HRB335、HRB400、RRB400）、冷轧带肋钢筋和低碳冷拔丝等。

钢筋的连接方式有绑扎、焊接、机械连接等，一般定额都已包括了钢筋的除锈工料，不得另行计算。

3. 一般规定

在计算现浇或预制混凝土和钢筋混凝土构件工程量时，不扣除构件内钢筋、螺栓、预埋铁件、张拉孔道所占体积，但应扣除劲性骨架的型钢所占体积。

3.3.2 现浇混凝土基础

现浇混凝土基础包括现场支模浇筑的垫层、带形基础、独立基础（含杯形基础）、满堂基础、柱承台基础和设备基础。

（1）工作内容：模板及支撑制作、安装、拆除、堆放、运输及清理模内杂物、刷隔离剂等，混凝土制作、运输、浇筑、振捣、养护。

（2）项目特征：混凝土种类、混凝土强度等级。设备基础还应描述灌浆材料及其强度等级。

（3）计算规则：按设计图示尺寸以体积（m^3）计算，不扣除伸入承台基础的桩头所占体积。

1. 带形基础

带形基础又称条形基础，外形呈长条状，断面形状一般有梯形、阶梯形和矩形等，如图 3-36 所示。

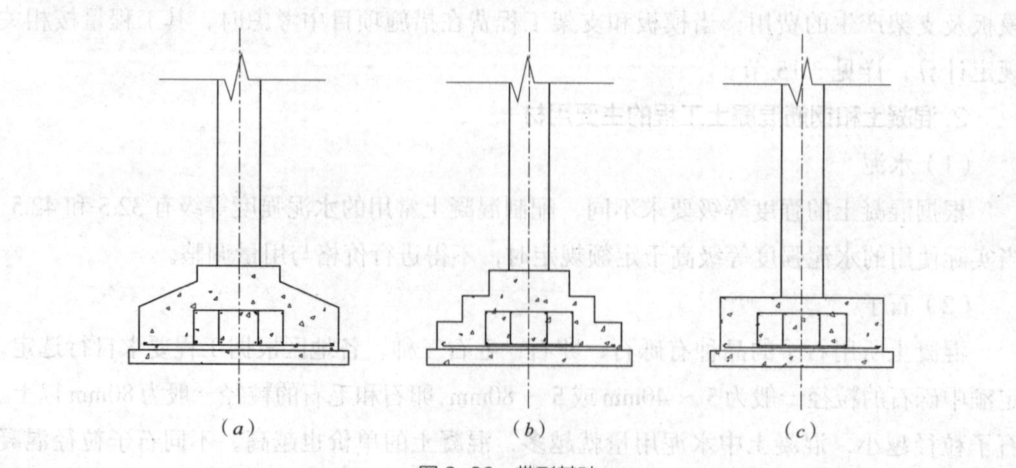

图 3-36 带形基础

（a）梯形；（b）阶梯形；（c）矩形

混凝土带形基础的工程量的一般计算式为：

$$V_{带基}=L\times S \tag{3-23}$$

式中 $V_{带基}$——带形基础体积（m^3）；

L——带形基础长度（m），外墙按中心线长度计算，内墙按净长度计算；

S——带形基础断面面积（m^2）。

梯形内外墙基础交接的T形接头部分，如图3-37所示。

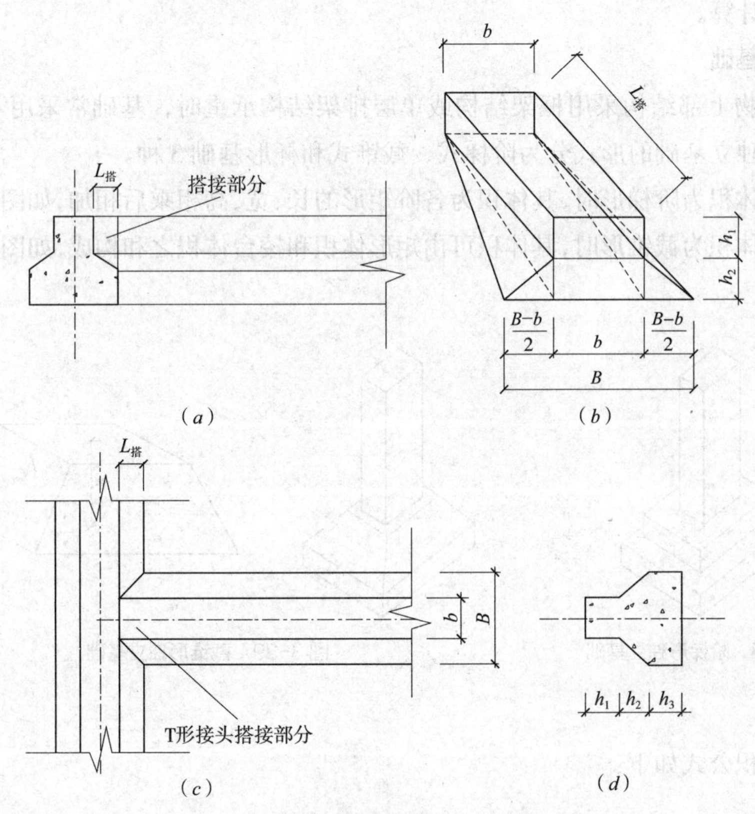

图3-37 T形接头搭接计算示意图

（a）有梁式带形基础；（b）搭接部分示意图；（c）T形接头示意图；（d）接头截面示意图

梯形内外墙基础交接的T形接头部分的体积计算公式为：

（1）有梁式接头体积

$$V_{搭接}=V_1+V_2 \tag{3-24}$$

$$V_1=L_{搭}\times b\times h_1 \tag{3-25}$$

$$V_2=L_{搭}\times h_2\times\frac{2b+B}{6} \tag{3-26}$$

式中 $V_{搭接}$——T形接头搭接体积（m^3）；

V_1——图3-37（b）中 h_1 断面部分搭接体积（m^3）；

V_2——图3-37（b）中 h_2 断面部分搭接体积（m^3）；

式中其他符号含义如图3-37所示。

（2）无梁式接头体积

$$V_{搭接}=V_2 \tag{3-27}$$

简化计算时，无梁式接头体积可按内墙和外墙的每个交接处的1/2搭接长度乘以内墙带基面积计算。

2. 独立基础

当建筑物上部结构采用框架结构或单层排架结构承重时，基础常采用不同形式的独立基础。独立基础的形式分为阶梯式、截锥式和杯形基础3种。

当基础体积为阶梯形时，其体积为各阶矩形的长、宽、高相乘后相加，如图3-38所示。

当基础体积为截锥形时，其体积可由矩形体积和棱台体积之和构成，如图3-39所示。

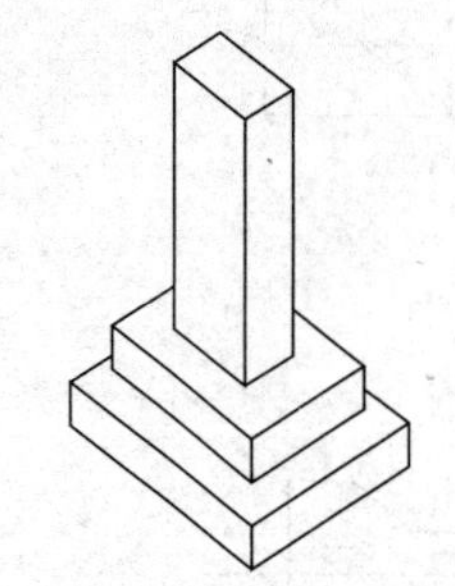

图3-38 阶梯形独立基础

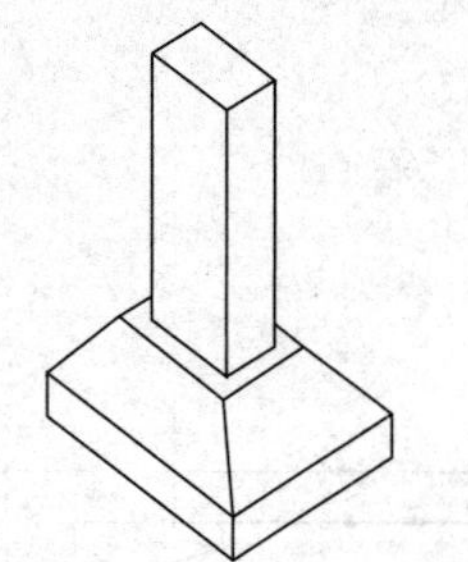

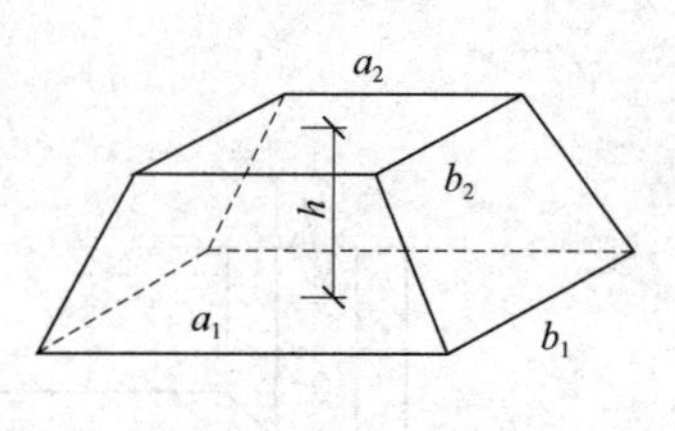

图3-39 截锥形独立基础

棱台体积公式如下：

$$V=\frac{h}{3}(a_1b_1+\sqrt{a_1b_1\times a_2b_2}+a_2b_2) \tag{3-28}$$

式中 V——棱台体积（m^3）；

a_1、b_1——棱台下底的长和宽（m）；

a_2、b_2——棱台上底的长和宽（m）；

h——棱台高（m）。

【例3-14】某截锥形独立基础下底矩形长和宽分别为1.5m和1.3m，高0.2m，棱台上底长和宽分别为1.1m和0.9m，高0.6m，求该独立基础体积。

【解】$V=(1.5\times1.3\times0.2)+\frac{0.6}{3}\times[1.5\times1.3+\sqrt{(1.5\times1.3)\times(1.1\times0.9)}+1.1\times0.9]=1.26m^3$

当基础体积为杯形基础时，其体积可视为由两个矩形体积，一个棱台体积减一个倒棱台体积（杯口净空体积 $V_{杯}$）构成，如图 3-40 所示。杯形基础体积的计算公式为：

$$V = ABh_3 + \frac{h_1 - h_3}{3}\left(AB + \sqrt{ABa_1b_1} + a_1b_1\right) + a_1b_1(h - h_1) - V_{杯} \tag{3-29}$$

杯口净空体积也可用棱台公式计算。

式中各符号含义如图 3-40 所示。图中 a、b 为杯口上口尺寸。

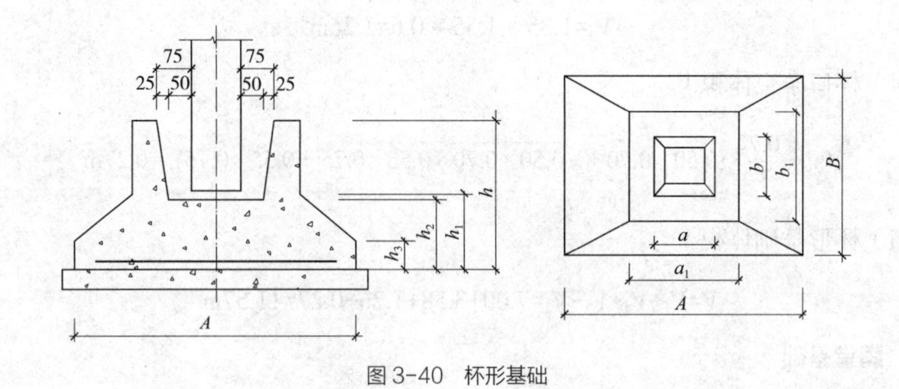

图 3-40 杯形基础

【例 3-15】某建筑柱断面尺寸为 400mm × 600mm，杯形基础尺寸如图 3-41 所示，求杯形基础工程量。

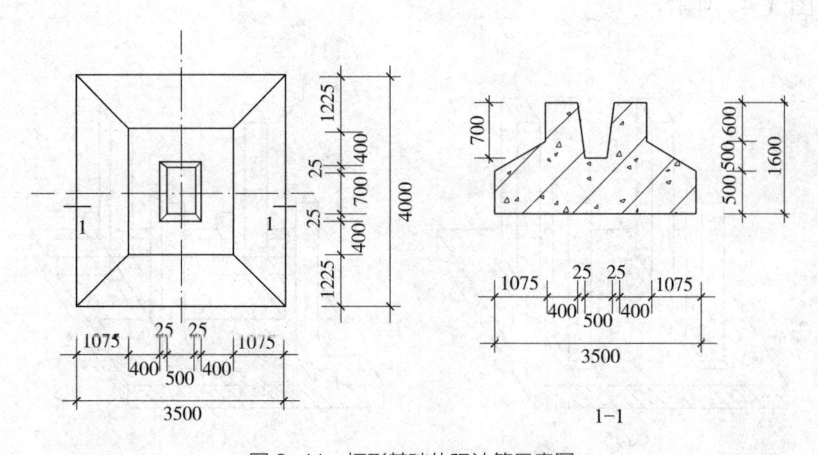

图 3-41 杯形基础体积计算示意图

【解】将杯形基础体积分为四部分分别计算：

（1）下部矩形体积 V_1

$$V_1=3.50 \times 4.00 \times 0.50=7.00\text{m}^3$$

（2）中部棱台体积 V_2

棱台下底长和宽分别为 3.5m 和 4m，棱台上底长和宽分别为：

$$3.50-1.075\times2=1.35\text{m}$$

$$4.00-1.225\times2=1.55\text{m}$$

棱台高 0.50m，

$$V_2=\frac{0.50}{3}\times(3.50\times4.00+\sqrt{3.50\times4.00\times1.35\times1.55}+1.35\times1.55)=3.58\text{m}^3$$

（3）上部矩形体积 V_3

$$V_3=1.35\times1.55\times0.6=1.26\text{m}^3$$

（4）杯口净空体积 V_4

$$V_4=\frac{0.7}{3}\times(0.50\times0.70+\sqrt{0.50\times0.70\times0.55\times0.75}+0.55\times0.75)=0.27\text{m}^3$$

（5）杯形基础体积 V

$$V=V_1+V_2+V_3-V_4=7.00+3.58+1.26-0.27=11.57\text{m}^3$$

3. 满堂基础

当带形基础和独立基础不能满足设计强度要求时，往往采用大面积的基础联体，这种基础称为满堂基础。

满堂基础分无梁式（也称有板式）满堂基础和有梁式（也称梁板式或片筏式）满堂基础如图 3-42 所示。

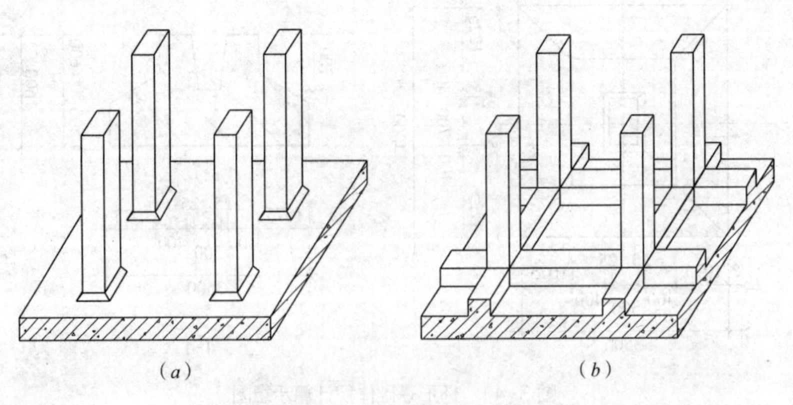

图 3-42　满堂基础

（a）无梁式；（b）有梁式

（1）有梁式满堂基础的梁板体积合并计算，基础体积为：

$$V=L\times B\times d+\sum S\times l \tag{3-30}$$

式中　L——基础底板长（m）；

B——基础底板宽（m）；

d——基础底板厚（m）；

S——梁断面面积（m^2）；

l——梁长（m）。

（2）无梁式满堂基础，其倒转的柱头（或柱帽）应列入基础计算，基础体积为：

$$V = L \times B \times d + \sum V_{柱帽} \quad (3\text{-}31)$$

式中 $V_{柱帽}$——柱帽体积，其他符号含义同式（3-30）。

（3）箱式满堂基础中柱、梁、墙、板可按现浇混凝土柱、现浇混凝土梁、现浇混凝土墙、现浇混凝土板中的相关项目分别编码列项，箱式满堂基础底板按现浇混凝土基础中满堂基础项目列项，如图 3-43 所示。

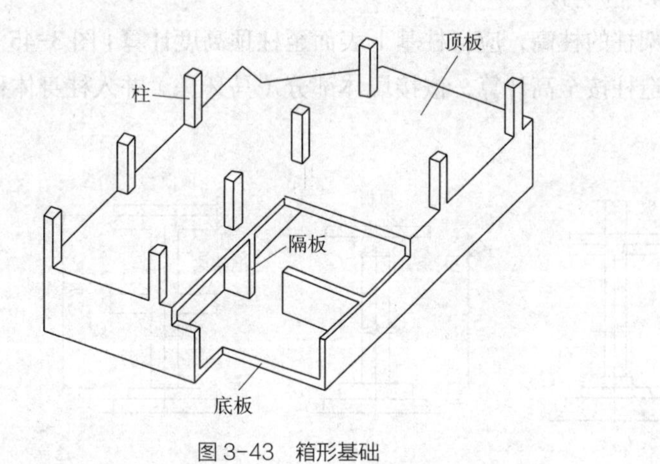

图 3-43 箱形基础

3.3.3 现浇混凝土柱

现浇混凝土柱是现场支模、就地浇捣的钢筋混凝土柱，包括矩形柱、构造柱、异形柱。

（1）工作内容：模板及支架（撑）制作、安装、拆除、堆放、运输及清理模内杂物、刷隔离剂等，混凝土制作、运输、浇筑、振捣、养护。

（2）项目特征：混凝土种类、混凝土强度等级。异形柱还应描述柱形状。

（3）计算规则：按设计图示尺寸以体积（m^3）计算。

柱体积工程量计算公式如下：

$$V=S \times h \pm V' \quad (3\text{-}32)$$

式中 S——柱断面面积（m^2）；

h——柱高（m）；

V'——按规定应增减的体积（m^3）。

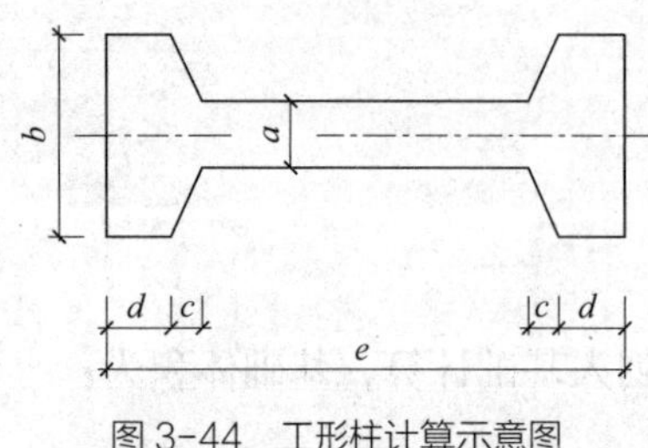

图 3-44　工形柱计算示意图

1. 柱断面

柱断面按图示尺寸的平面几何形状计算，常见的几何断面有矩形、圆形、圆环形（空心柱）和工形柱，其中工形柱断面如图 3-44 所示，断面计算公式为：

$$S=a(e-2d-c)+b(2d+c) \tag{3-33}$$

式中含义如图 3-44 所示。

2. 柱高

（1）有梁板的柱高，应自柱基上表面（或楼板上表面）至上一层楼板上表面之间的高度计算 [图 3-45（*a*）]。

（2）无梁板的柱高，应自柱基上表面（或楼板上表面）至柱帽下表面之间的高度计算 [图 3-45（*b*）]。

（3）框架柱的柱高，应自柱基上表面至柱顶高度计算 [图 3-45（*c*）]。

（4）构造柱按全高计算，嵌接墙体部分（马牙槎）并入柱身体积 [图 3-45（*d*）]。

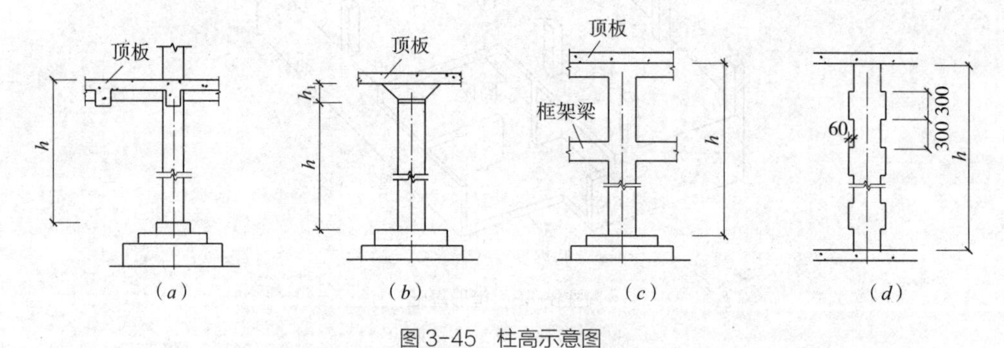

图 3-45　柱高示意图

（*a*）有梁板的柱高；（*b*）无梁板的柱高；（*c*）框架柱的柱高；（*d*）构造柱的柱高

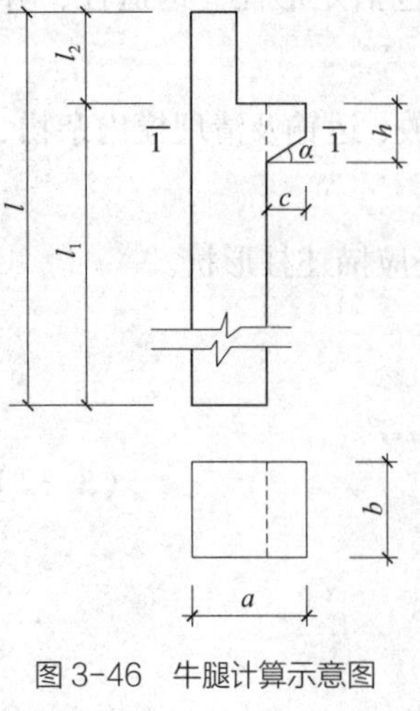

3. 其他

（1）同一柱有几个不同断面时，工程量应按断面分别计算体积后相加。

（2）依附柱上的牛腿和升板的柱帽，并入柱身体积计算。

按规定，柱上牛腿与柱的分界以下柱柱边为分界线，如图 3-46 虚线所示，牛腿体积计算公式为：

$$V_t=(h-\frac{1}{2}c\tan\alpha)\times c\times b \tag{3-34}$$

式中符号含义如图 3-46 所示。

图 3-46　牛腿计算示意图

（3）构造柱与墙体嵌接部分（马牙槎）并入柱身体积计算。构造柱的平面形式有四种，如图 3-47 所示。

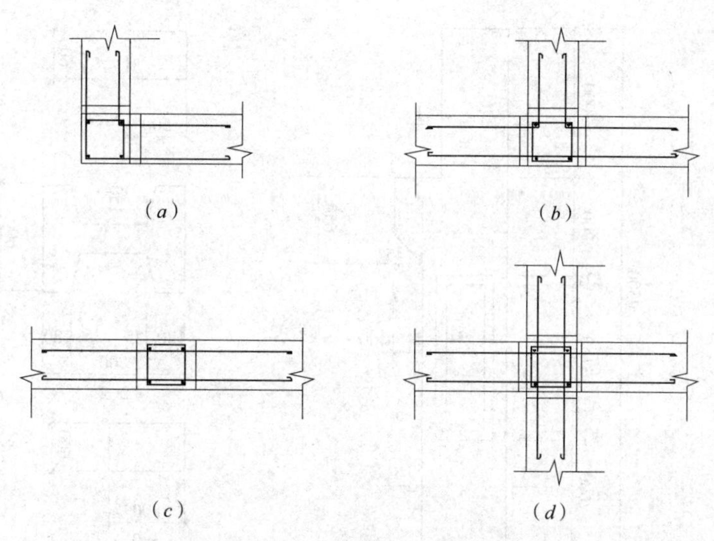

图 3-47 构造柱形式

(*a*)L形；(*b*)T形；(*c*)一字形；(*d*)十字形

构造柱的牙槎间净距为 300mm，宽为 60mm，如图 3-45（*d*）所示，为便于计算，马牙咬接宽度（按柱全高）平均考虑为 1/2 × 60=30mm。按图 3-47，不同形式的构造柱断面面积可按下式计算：

$$F=a\times b+0.03(n_1a+n_2b) \quad (3\text{-}35)$$

式中 a、b——构造柱两个方向的尺寸（m）；

n_1、n_2——构造柱上下、左右的咬接边数。

公式（3-35）中构造柱的咬接边数见表 3-15。

构造柱咬边数 表 3-15

构造柱形式	咬接边数（个）	
	n_1	n_2
一字形	0	2
T形	1	2
L形	1	1
十字形	2	2

【例 3-16】如图 3-48 所示，计算钢筋混凝土工形柱的工程量。

【解】（1）上柱体积 V_1

$$V_1=0.50\times 0.60\times 3.0=0.90\text{m}^3$$

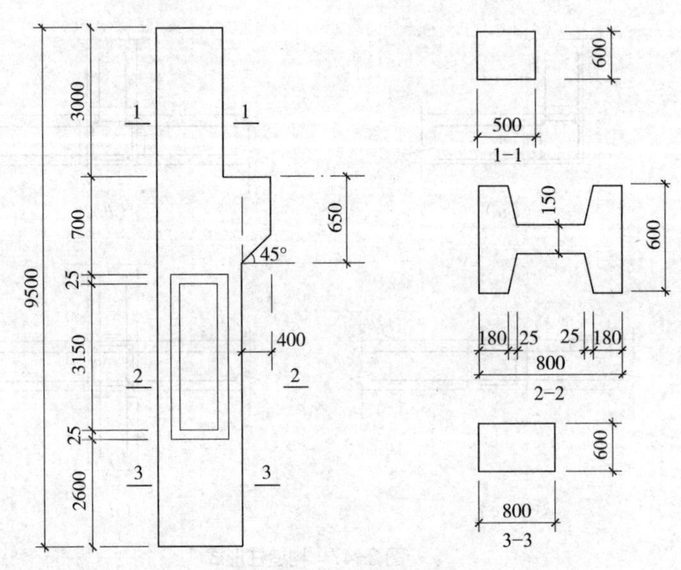

图 3-48 钢筋混凝土工形柱

（2）下柱体积 V_2

下柱体积的计算有两种方法，一种方法是按照下柱部分的外形虚体积扣除两侧工形断面的凹槽体积来计算，另一种方法是先将下柱不同断面分段计算体积，再求出下柱的总体积。本题采用第 2 种方法计算。根据式（3-33）:

$$V_2=0.80\times0.60\times(2.60+0.70)+[0.15\times(0.80-2\times0.18-0.025)+0.60\times(2\times0.18+0.025)]\times(3.15+2\times0.025)=1.584+0.938=2.52\text{m}^3$$

（3）柱上牛腿体积 V_3

$$V_3=0.40\times0.60\times(0.65-\frac{1}{2}\times0.40\times\tan45°)=0.11\text{m}^3$$

（4）工字形柱总体积 V

$$V=V_1+V_2+V_3=0.90+2.52+0.11=3.53\text{m}^3$$

3.3.4 现浇混凝土梁

现浇梁包括基础梁、矩形梁、异形梁、圈梁、过梁、弧形梁与拱形梁。

（1）工作内容：模板及支架（撑）制作、安装、拆除、堆放、运输及清理模内杂物、刷隔离剂等，混凝土制作、运输、浇筑、振捣、养护。

（2）项目特征：混凝土种类、混凝土强度等级。

（3）计算规则：按设计图示尺寸以体积（m^3）计算。伸入墙内的梁头、梁垫并入梁体积内。计算公式为:

$$V=L\times h\times b+V'\qquad(3\text{-}36)$$

式中 V——梁体积（m^3）;

L——梁长（m）;

h——梁高（m）;

b——梁宽（m）;

V'——应并入的体积（如伸入墙内的梁头、梁垫）。

1. 梁长

（1）梁与柱连接时，梁长算至柱侧面，如图 3-49（*a*）所示。

（2）次梁与主梁结合时，次梁算至主梁的侧面，如图 3-49（*b*）所示。

（3）梁与墙连接时，伸入墙内的梁头应算在梁的长度内。

（4）外墙上的圈梁按外墙中心线计算，内墙上的圈梁按内墙净长线计算，圈梁与构造柱（柱）连接时，圈梁长度算至柱侧面。

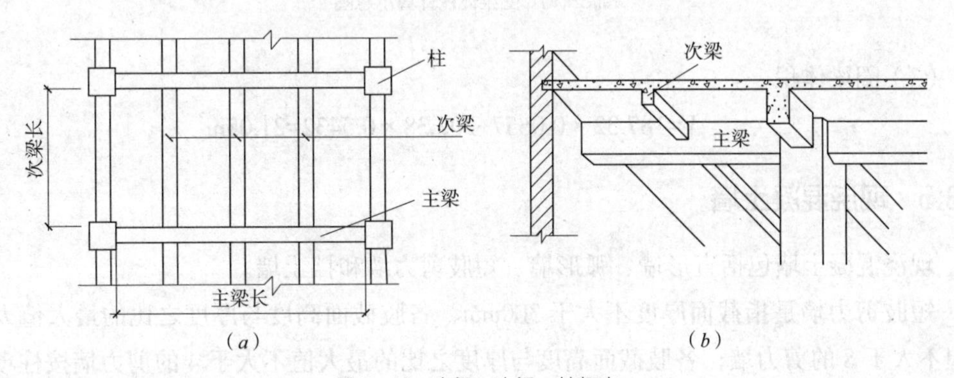

图 3-49 主梁、次梁、柱相交

2. 梁高

梁高指梁底至梁顶面的距离。

【例 3-17】某建筑物共两层，如图 3-50 所示，每层砖墙均设置 C20 钢筋混凝土圈梁（共 3 层），内外墙圈梁断面如图 3-50 所示。建筑物的过梁用圈梁代替，试计算该建筑物钢筋混凝土圈梁工程量。

【解】（1）圈梁长度计算

①、⑥轴为偏心轴，中心线与轴线不重合，要将轴线移到中心线再算外墙长：$L_{中}=(18+0.12+13.1)\times2\times3=187.32\text{m}$

$L_{内}=[(13.1-0.36)+(3\times4-0.24)\times2+(5.5-0.12-0.18)\times6]\times3=202.38\text{m}$

（2）圈梁断面面积计算

外墙：$S_1=0.365\times0.18=0.0657\text{m}^2$

内墙：$S_2=0.24\times0.18=0.0432\text{m}^2$

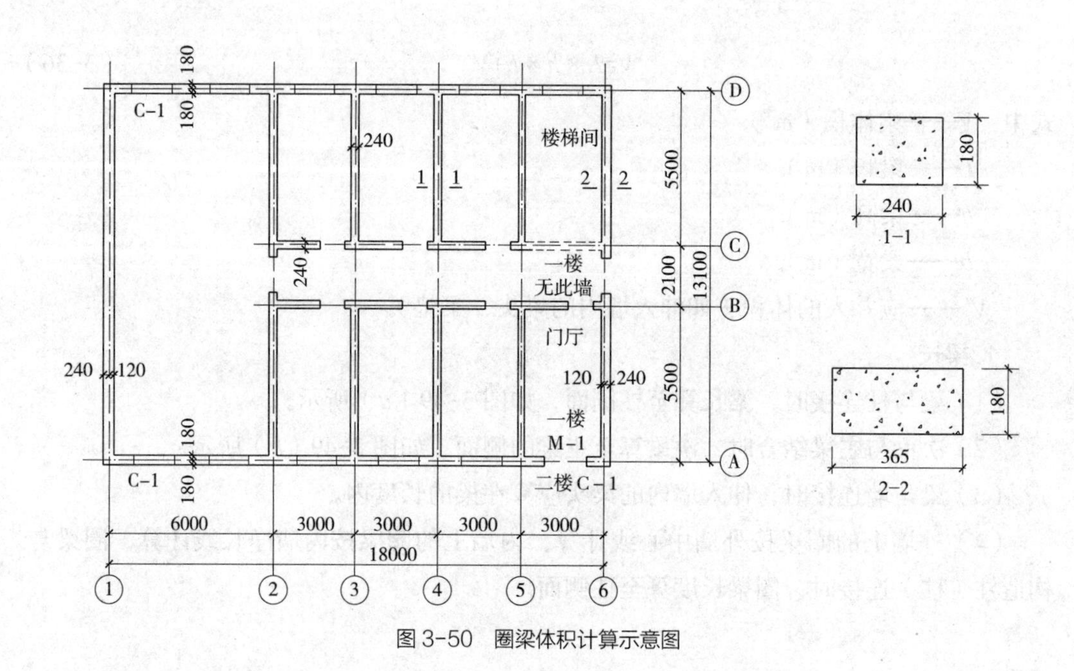

图 3-50 圈梁体积计算示意图

（3）圈梁体积

$$V=187.32\times0.0657+202.38\times0.0432=21.05\text{m}^3$$

3.3.5 现浇混凝土墙

现浇混凝土墙包括直形墙、弧形墙、短肢剪力墙和挡土墙。

短肢剪力墙是指截面厚度不大于 300mm、各肢截面高度与厚度之比的最大值大于 4 但不大于 8 的剪力墙；各肢截面高度与厚度之比的最大值不大于 4 的剪力墙按柱项目编码列项。

（1）工作内容：模板及支架（撑）制作、安装、拆除、堆放、运输及清理模内杂物、刷隔离剂等，混凝土制作、运输、浇筑、振捣、养护。

（2）项目特征：混凝土种类、混凝土强度等级。

（3）计算规则：按设计图示尺寸以体积（m^3）计算。扣除门窗洞口及单个面积大于 0.3m^2 的孔洞所占体积，墙垛及凸出墙面部分并入墙体体积内计算。直形墙项目也适用于电梯井。

3.3.6 现浇混凝土板

钢筋混凝土板是房屋的水平承重构件。它除了承受自重以外，主要还承受楼板上的各种使用荷载。并将荷载传递到墙、柱、砖垛及基础。同时还起着分隔建筑楼层的作用。

现浇钢筋混凝土板可大致分为四类：

第一类板包括有梁板、无梁板、平板、拱板、薄壳板、栏板。

第二类板包括天沟（檐沟）、挑檐板。

第三类板包括雨篷、悬挑板、阳台板。

第四类板包括空心板、其他板。

有梁板是指梁（包括主、次梁，圈梁除外）与板构成一体，如图 3-51（*a*）所示。无梁板指不带梁，直接由柱支撑的板，如图 3-51（*b*）所示。平板是指板间无柱，又非现浇梁结构，周边直接置于墙或预制钢筋混凝土梁上的板。

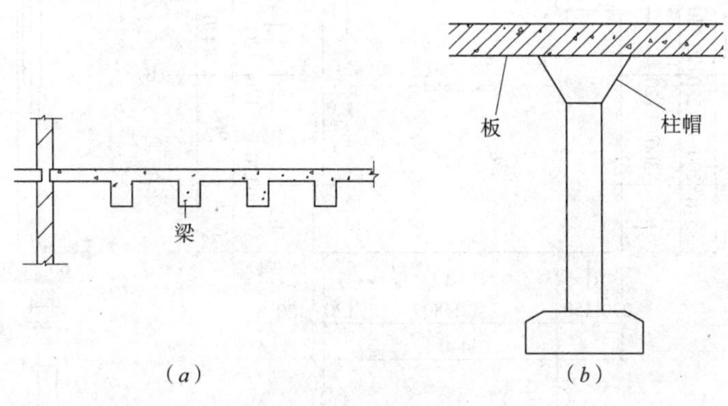

图 3-51 现浇板

（*a*）有梁板；（*b*）无梁板

1. 第一类板的工程量计算

（1）工作内容：模板及支架（撑）制作、安装、拆除、堆放、运输及清理模内杂物、刷隔离剂等，混凝土制作、运输、浇筑、振捣、养护。

（2）项目特征：混凝土种类、混凝土强度等级。

（3）计算规则：按设计图示尺寸以体积（m^3）计算。不扣除单个面积≤ $0.3m^2$ 的柱、垛以及孔洞所占体积，压形钢板混凝土楼板应扣除构件内压形钢板所占体积。

1）有梁板（包括主、次梁与板）按梁、板体积之和计算；

2）无梁板按板和柱帽体积之和计算；

3）薄壳板的肋、基梁并入薄壳体积内计算；

4）平板、栏板、拱板按图示尺寸以体积计算；

5）各类板伸入墙内的板头体积并入板体积内计算。

【例 3-18】计算图 3-52 中有梁板的工程量。

【解】（1）板体积

在 $(1\rightarrow2)_{D\rightarrow B}$ 范围内，由剖面 1-1、4-4，可知板厚 0.12m。

V_1=[（2.84-0.24）×（2.16+0.24）+0.12×（0.12+0.12+0.58）]×0.12

=$0.76m^3$

其他部分，由剖面 2-2、3-3，可知板厚 0.10m。

V_2=[3.44×(0.6+0.24)+(3.44-0.12)×0.96+(0.27+0.45-0.12)×(0.12+0.12+0.58)]×0.1

=$0.66m^3$

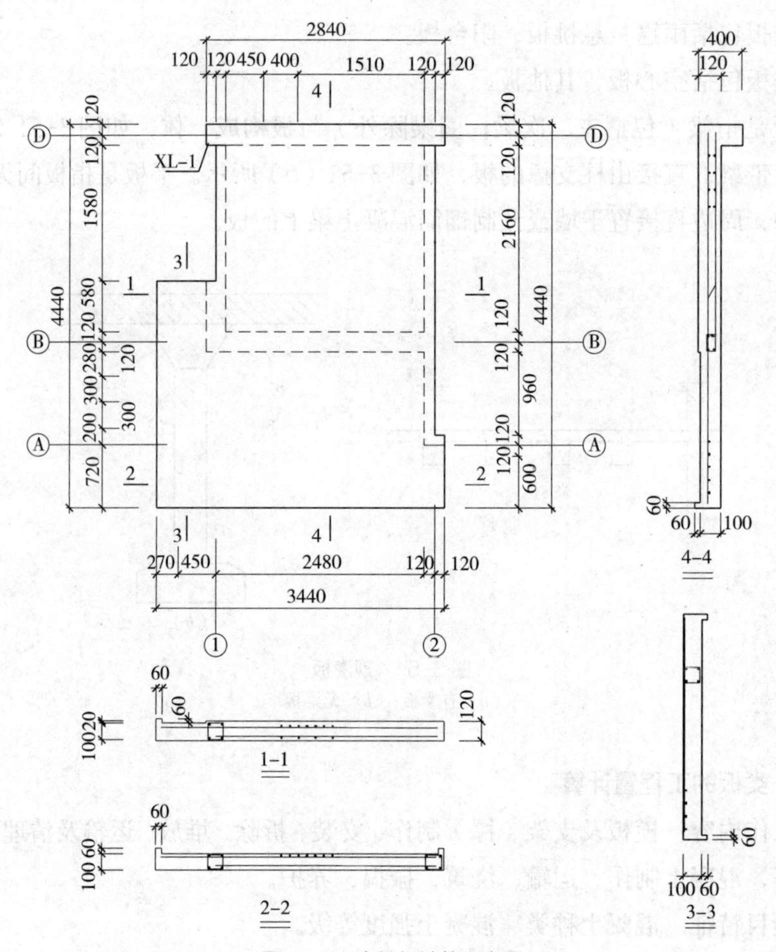
图 3-52 有梁板计算示意图

板四周小边：

V_3=0.06 × 0.06 ×（0.12+0.60+3.44+0.72+0.2+0.3 × 2+0.28+0.24+0.58+0.27+0.45−0.12）

=0.03m³

（2）XL-1 梁体积

$$V_4=2.84 \times 0.40 \times 0.24=0.27\text{m}^3$$

梁板体积合计：V=0.76+0.66+0.03+0.27=1.72m³

2. 第二类板的工程量计算

（1）工作内容：同第一类板。

（2）项目特征：同第一类板。

（3）计算规则：按设计图示尺寸以体积（m³）计算。

现浇天沟（檐沟）、挑檐板与板（包括屋面板、楼板）连接时，以外墙外皮为分界线，如图 3-53（*a*）、图 3-53（*b*）所示；与梁、圈梁连接时，以梁、圈梁外皮为分界线，如图 3-53（*c*）、图 3-53（*d*）所示。

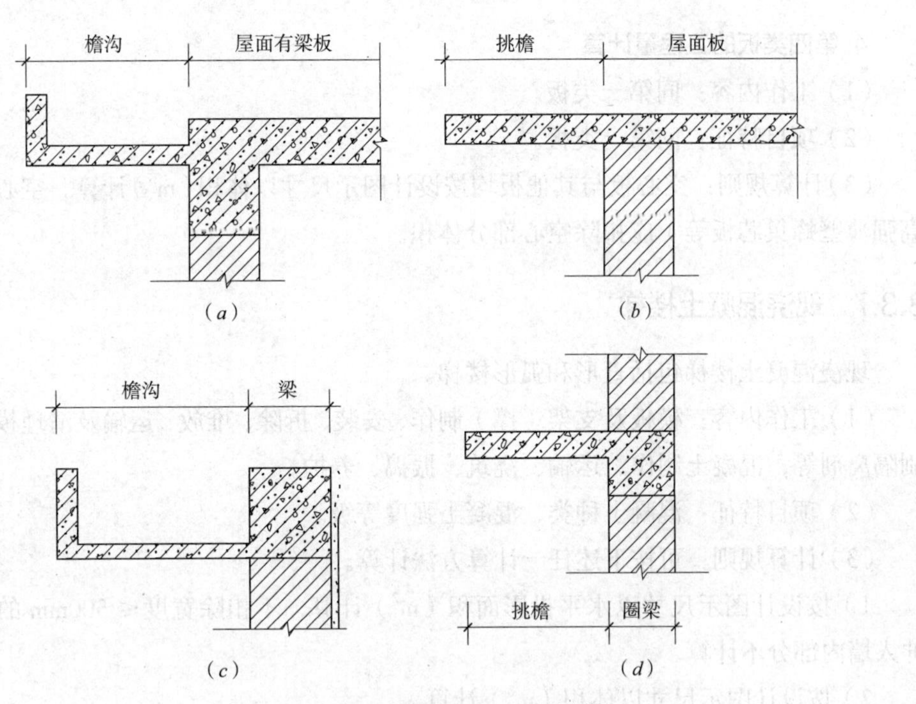

图 3-53 天沟、挑檐板与板、梁的划分

3. 第三类板的工程量计算

（1）工作内容：同第一类板。

（2）项目特征：同第一类板。

（3）计算规则：按设计图示尺寸以墙外部分体积（m^3）计算。伸出墙外的牛腿和雨篷反挑檐的体积并入板的体积内，如图 3-54、图 3-55 所示。

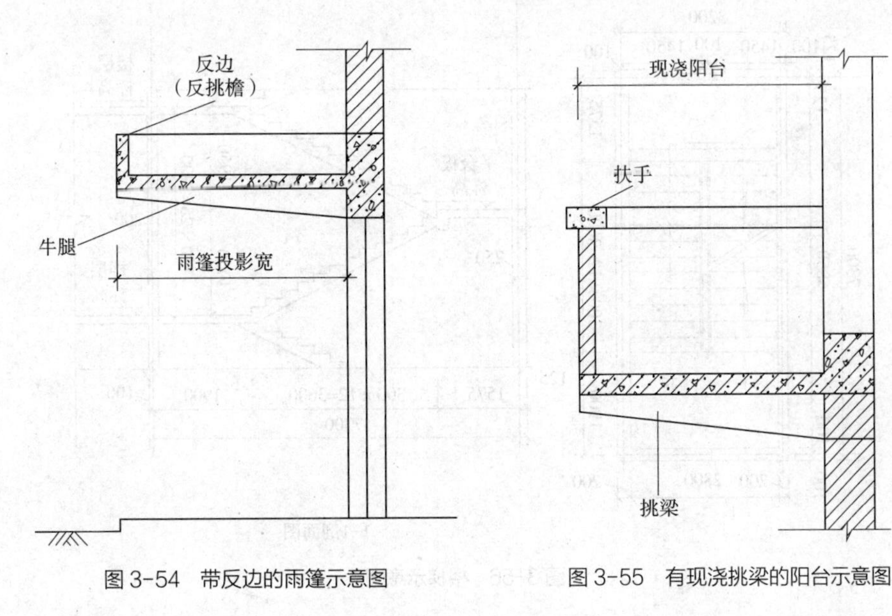

图 3-54 带反边的雨篷示意图

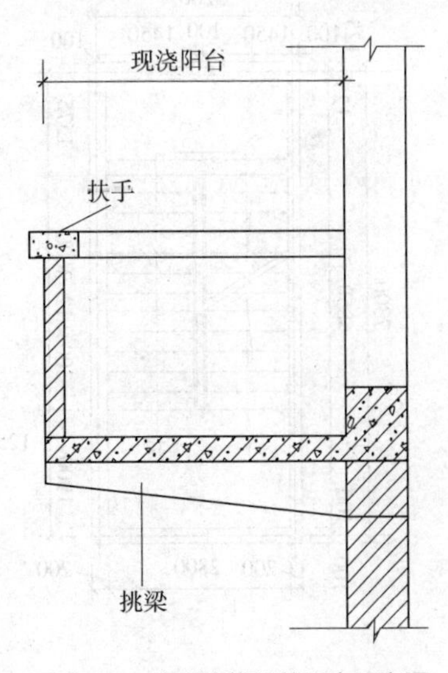

图 3-55 有现浇挑梁的阳台示意图

4. 第四类板的工程量计算

（1）工作内容：同第一类板。

（2）项目特征：同第一类板。

（3）计算规则：空心板与其他板均按设计图示尺寸以体积（m^3）计算。空心板（GBF高强薄壁蜂巢芯板等）应扣除空心部分体积。

3.3.7 现浇混凝土楼梯

现浇混凝土楼梯包括直形和弧形楼梯。

（1）工作内容：模板及支架（撑）制作、安装、拆除、堆放、运输及清理模内杂物、刷隔离剂等，混凝土制作、运输、浇筑、振捣、养护。

（2）项目特征：混凝土种类、混凝土强度等级。

（3）计算规则：可按下述任一计算方法计算。

1）按设计图示尺寸以水平投影面积（m^2）计算，不扣除宽度≤ 500mm 的楼梯井，伸入墙内部分不计算。

2）按设计图示尺寸以体积（m^3）计算。

整体楼梯（包括直形楼梯和弧形楼梯）水平投影面积包括休息平台、平台梁、斜梁和楼梯的连接梁。当整体楼梯与现浇楼板无梯梁连接时，以楼梯的最后一个踏步边缘加 300mm 为界。

【例 3-19】某住宅楼，共 6 层，3 个单元，楼梯为 C20 现浇钢筋混凝土整体楼梯，并有上屋面的楼梯。平面尺寸如图 3-56 所示，求楼梯的工程量。

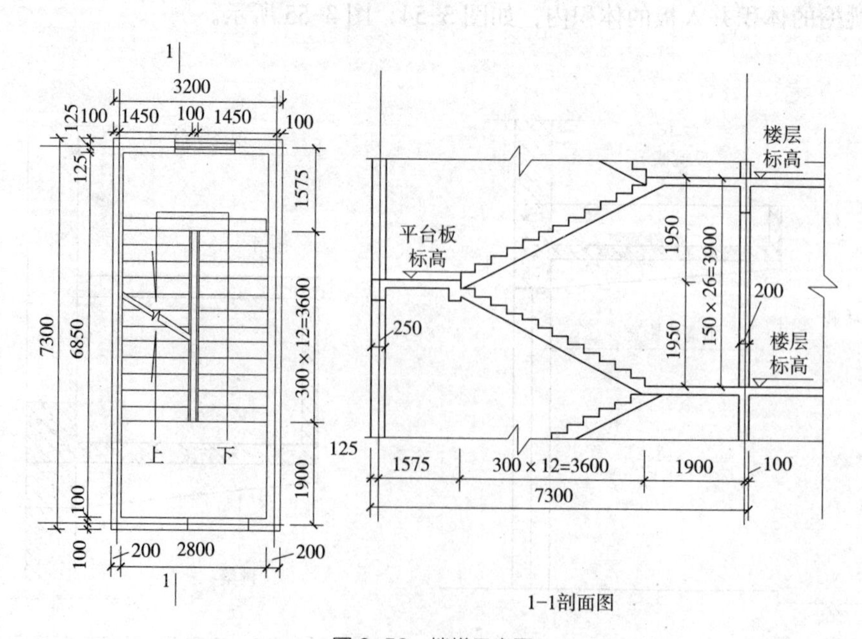

图 3-56 楼梯示意图

【解】$S=2.8\times(1.575-0.125+3.6+0.3)\times 6\times 3=269.64\text{m}^2$

3.3.8 现浇混凝土其他构件

现浇混凝土其他构件主要包括散水、坡道、室外地坪，电缆沟、地沟，台阶，扶手、压顶和其他构件。

1. 散水、坡道、室外地坪

（1）工作内容：地基夯实，铺设垫层，模板及支撑制作、安装、拆除、堆放、运输及清理模内杂物、刷隔离剂等，混凝土制作、运输、浇筑、振捣、养护，变形缝填塞。

（2）项目特征：散水、坡道应描述垫层材料种类、厚度，面层厚度，混凝土种类，混凝土强度等级及变形缝填塞材料种类。

室外地坪应描述地坪厚度及混凝土强度等级。

（3）计算规则：按设计图示尺寸以水平投影面积（m^2）计算。不扣除单个≤ 0.3m^2 的孔洞所占面积。

2. 电缆沟、地沟

（1）工作内容：挖填、运土石方，铺设垫层，模板及支撑制作、安装、拆除、堆放、运输及清理模内杂物、刷隔离剂等，混凝土制作、运输、浇筑、振捣、养护，刷防护材料。

（2）项目特征：土壤类别，沟截面净空尺寸，垫层材料种类、厚度，混凝土种类，混凝土强度等级，防护材料种类。

（3）计算规则：按设计图示尺寸以中心线长度（m）计算。

3. 台阶

（1）工作内容：模板及支撑制作、安装、拆除、堆放、运输及清理模内杂物、刷隔离剂等，混凝土制作、运输、浇筑、振捣、养护。

（2）项目特征：踏步高、宽，混凝土种类，混凝土强度等级。

（3）计算规则：可按设计图示尺寸水平投影面积（m^2）计算或按设计图示尺寸以体积（m^3）计算。

4. 扶手、压顶

（1）工作内容：基本同台阶，详见现行计量规范。

（2）项目特征：断面尺寸，混凝土种类及混凝土强度等级。

（3）计算规则：按设计图示尺寸的中心线延长米（m）计算或按设计图示尺寸以体积（m^3）计算。

5. 其他构件

其他构件包括小型池槽、垫块、门框等项目。

（1）工作内容：基本同台阶，详见现行计量规范。

（2）项目特征：构件的类型、规格、部位，混凝土种类及混凝土强度等级。

（3）计算规则：可按设计图示尺寸以体积（m^3）计算。

3.3.9 后浇带

在建筑工程施工过程中，为了防止现浇钢筋混凝土结构由于温度、收缩不均等原因可能产生的有害裂缝，按照设计或施工规范要求，在基础底板、墙、梁的相应位置留设临时施工缝，将结构划分为若干部分，让构件内部收缩完毕，再浇捣在施工缝之上的混凝土带称之为后浇带。

（1）工作内容：模板及支架（撑）制作、安装、拆除、堆放、运输及清理模内杂物、刷隔离剂等，混凝土制作、运输、浇筑、振捣、养护及混凝土交接面、钢筋等的清理。

（2）项目特征：混凝土种类、混凝土强度等级。

（3）计算规则：按设计图示尺寸以体积（m^3）计算。

3.3.10 预制混凝土构件

预制混凝土构件主要包括预制的混凝土柱、梁、板、楼梯及其他预制构件等。

1. 预制混凝土柱、梁

（1）工作内容：模板制作、安装、拆除、堆放、运输及清理模内杂物、刷隔离剂等，混凝土制作、运输、浇筑、振捣、养护，构件运输、安装，砂浆制作、运输，接头灌缝、养护。

（2）项目特征：图代号，单件体积，安装高度，混凝土强度等级，砂浆（细石混凝土）强度等级、配合比。

（3）计算规则：按设计图示尺寸以体积（m^3）计算或按设计图示尺寸以数量（根）计算，以“根”计量，项目特征须描述单件体积。

2. 预制混凝土板

预制混凝土板包括平板、空心板、槽形板、带肋板、大型板等项目。

（1）工作内容：同预制混凝土柱、梁。

（2）项目特征：图代号，单件体积，安装高度，混凝土强度等级，砂浆（细石混凝土）强度等级、配合比。

（3）计算规则：可按下述任一种计算方法计算。

1）设计图示尺寸以体积（m^3）计算。

平板、空心板、槽形板、带肋板及大型板不扣除单个面积≤ 300mm × 300mm 的孔洞所占体积，扣除空心板孔洞体积。

2）按设计图示尺寸以数量（块）计算。

3. 预制混凝土楼梯

（1）工作内容：同预制混凝土柱、梁。

（2）项目特征：楼梯类型、单件体积、混凝土强度等级、砂浆（细石混凝土）强度等级。

（3）计算规则：可按下述任一种计算方法计算。

1）按设计图示尺寸以体积（m^3）计算，扣除空心踏步板孔洞体积。

2）按设计图示数量（段）计算，项目特征须描述单件体积。

4. 其他预制构件

其他预制构件包括垃圾道、通风道、烟道及其他构件（预制钢筋混凝土小型池槽、压顶、扶手、垫块、隔热板、花格）等。

（1）工作内容：同预制混凝土柱、梁。

（2）项目特征：单件体积、（构件的类型）、混凝土强度等级、砂浆强度等级。

（3）计算规则：可按下述任一种计算方法计算。

1）按设计图示尺寸以体积（m^3）计算。不扣除单个面积≤300mm×300mm的孔洞所占体积，扣除烟道、垃圾道、通风道的孔洞所占体积。

2）按设计图示尺寸以面积（m^2）计算。不扣除单个面积≤300mm×300mm的孔洞所占体积。

3）按设计图示尺寸以数量（根、块、套）计算。

3.3.11 钢筋工程

在《房屋建筑与装饰工程工程量计算规范》GB 50854-2013中，按不同的工作内容将钢筋工程分为现浇混凝土钢筋、预制构件钢筋、先张法预应力钢筋等10个项目。

（1）工作内容：一般包括钢筋（钢筋网、钢筋笼、钢丝、钢绞线）制作、运输，安装等。不同项目的内容不同，详见规范。

（2）项目特征：描述中至少包括钢筋种类、规格及必需的锚具等。不同项目的项目特征不同，详见规范。

（3）计算规则：按设计图示钢筋（网）长度（面积）乘单位理论质量计算，以"吨"计量。后张法预应力钢筋（预应力钢丝、预应力钢绞线）根据钢筋种类及锚具类型的不同，钢筋的长度需要按照规范要求作相应的增减。

现浇构件中，伸出构件的锚固钢筋应并入钢筋工程量，除设计标明的搭接外，其他施工搭接不计算工程量。钢筋工程的清单项目工作内容中综合了焊接和绑扎连接，机械连接需单独列项。

1. 钢筋计算基础知识

（1）钢筋的长度计算

1）通长钢筋长度计算

通长钢筋一般指钢筋两端不做弯钩的情况，长度计算公式为：

$$l=l_j-l_b \tag{3-37}$$

式中 l——钢筋长度（m）;

l_j——构件的结构长度（m）;

l_b——钢筋保护层厚度（m）。

混凝土保护层是结构构件中钢筋外边缘至构件表面范围用于保护钢筋的混凝土。根据国家建筑标准设计图集 16G101-1 规定，构件中受力钢筋的保护层厚度不应小于钢筋的公称直径 d；设计使用年限为 50 年的混凝土结构，最外层钢筋的保护层厚度应符合表 3-16 的规定；一类环境中，设计使用年限为 100 年的混凝土结构最外层钢筋的保护层厚度不应小于表 3-16 中数值的 1.4 倍；二、三类环境中，设计使用年限为 100 年的混凝土结构应采取专门的有效措施。

混凝土保护层的最小厚度（mm） 表 3-16

环境类别	构件名称	
	板、墙	梁、柱
一	15	20
二 a	20	25
二 b	25	35
三 a	30	40
三 b	40	50

注：1. 混凝土强度等级不大于 C25 时，表中保护层厚度取值应增加 5。
2. 基础底面钢筋的保护层厚度，有混凝土垫层时应从垫层顶面算起，且不应小于 40。

2）有弯钩的钢筋长度计算

钢筋的弯钩形式分为半圆弯钩（180°）、斜弯钩（135° 或 45°）和直弯钩（90°）三种形式。《混凝土结构工程施工质量验收规范》GB 50204-2015 规定，HPB300 钢筋弯折的弯弧内直径不应小于钢筋直径的 2.5 倍，HRB335 与 HRB400 钢筋弯折的弯弧内直径不应小于钢筋直径的 4 倍。国家建筑标准设计图集 16G101-1 同时规定，当 HRB335 与 HRB400 纵向钢筋 $d \leqslant 25$mm 时，弯折的弯弧内直径为钢筋直径的 4 倍；纵向钢筋 $d > 25$mm 时，弯折的弯弧内直径为钢筋直径的 6 倍。

钢筋的三种弯钩形式如图 3-57 所示，l 为弯钩平直段长度。

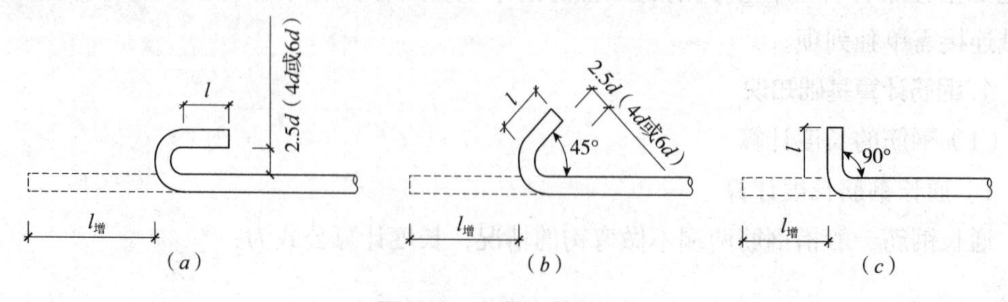

图 3-57 钢筋的弯钩形式

（a）半圆弯钩；（b）斜弯钩；（c）直弯钩

对图 3-57 中钢筋弯钩进行计算，弯钩的增加长度见表 3-17。

钢筋弯钩增加长度 表 3-17

弯钩角度		180°	90°	45° 或 135°
增加长度	HPB300	l+3.25d	l+0.50d	l+1.90d
	HRB335 或 HRB400（$d \leqslant$ 25mm）	—	l +0.93d	l+2.89d
	HRB335 或 HRB400（$d >$ 25mm）	—	l+1.50d	l+4.25d

有弯钩的钢筋长度计算公式如下：

$$l = l_j - l_b + \sum l_{增} \tag{3-38}$$

式中 $l_{增}$——钢筋单个弯钩增加长度（m）；

其他符号含义同式（3-37）。

3）弯起钢筋长度计算

常用弯起钢筋的弯起角度有 30°、45°、60° 三种，如图 3-58 所示。h 为减去保护层的弯起钢筋净高，（$s-l_0$）为弯起部分增加长度。弯起钢筋斜长增加长度及各参数间的关系见表 3-18。

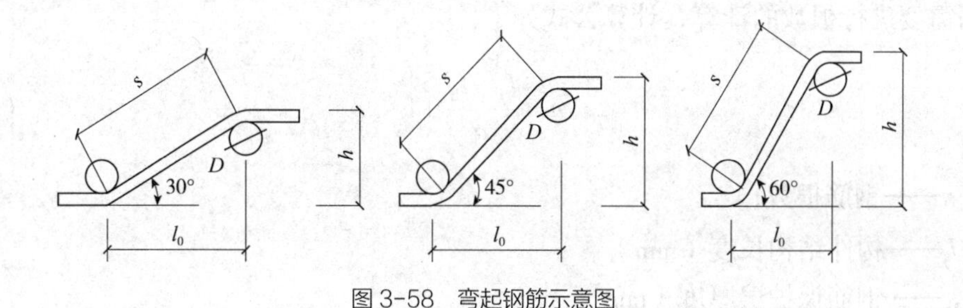

图 3-58 弯起钢筋示意图

弯起钢筋斜长增加长度 表 3-18

弯起角度	α=30°	α=45°	α=60°
斜边长度 s	2.000h	1.414h	1.155h
底边长度 l_0	1.732h	1.000h	0.577h
增加长度（$s-l_0$）	0.268h	0.414h	0.578h

对有两个弯起部分且两头都有弯钩的钢筋，长度计算公式为：

$$l=l_j-l_b+2\times[(s-l_0)+l_{增}] \tag{3-39}$$

式中符号含义如前所示。

4）钢筋锚固长度的计算

钢筋锚固长度指不同构件交接处彼此的钢筋应相互锚入，如柱与梁、梁与板等交接处。常用的纵向受拉钢筋抗震锚固长度（l_{aE}）的取值见表 3-19。

纵向受拉钢筋抗震锚固长度（l_{aE}） 表 3-19

钢筋种类及抗震等级		混凝土强度等级						
		C20	C25		C30		C35	
		$d \leqslant 25$	$d \leqslant 25$	$d > 25$	$d \leqslant 25$	$d > 25$	$d \leqslant 25$	$d > 25$
HPB300	一、二级	45*d*	39*d*	—	35*d*		32*d*	—
	三级	41*d*	36*d*	—	32*d*	—	29*d*	—
HRB335 HRBF335	一、二级	44*d*	38*d*	—	33*d*	—	31*d*	—
	三级	40*d*	35*d*	—	30*d*	—	28*d*	—
HRB400 HRBF400	一、二级	—	46*d*	51*d*	40*d*	45*d*	37*d*	40*d*
	三级	—	42*d*	46*d*	37*d*	41*d*	34*d*	37*d*

（2）钢筋根数的计算

在结构设计图中，有一些钢筋未标注具体的根数，仅给出了钢筋的布置间距，此类钢筋需要进行根数的计算，计算公式如下：

$$n = \frac{l_j - l_b}{a} + 1 \tag{3-40}$$

式中 n——钢筋根数；

l_j——构件结构长度（mm）；

l_b——钢筋保护层厚度（mm）；

a——钢筋间距（mm）。

（3）钢筋重量计算

现浇混凝土钢筋的工程量计算应区分钢筋的种类和规格，首先计算其图示长度和根数，然后乘以单位理论质量确定重量，重量一般先计算出千克（kg）数，汇总后，再换算成吨（t）。以某一钢筋为例，计算公式如下：

$$W = 0.00617 \sum n_i l_i d_i^2 \tag{3-41}$$

式中 W——构件钢筋总重量（kg）；

n_i——i 钢筋的根数（根）；

l_i——i 钢筋的长度（m）；

d_i——i 钢筋的直径（mm）。

2. 平法钢筋工程量计算

（1）平法概述

建筑结构施工图平面整体表示方法（简称平法）是把结构构件的尺寸和配筋等，按照平面整体表示方法制图规则，整体直接表达在各类构件的结构平面布置图上，再与标准构造详图配合，构成一套完整的结构设计施工图纸。平法改变了传统的将构件从结构平面布置图中索引出来，再逐个绘制配筋详图的繁琐方法。

平法现已形成国家建筑标准设计图集 16G101-1（现浇混凝土框架、剪力墙、梁、板）、16G101-2（现浇混凝土板式楼梯）、16G101-3（独立基础、条形基础、筏形基础、桩基础）、12G101-4（剪力墙边缘构件）、13G101-11（G101 系列图集施工常见问题答疑图解）系列。如要对平法施工图中的钢筋进行准确计算，首先应掌握钢筋的平法表示方法和标准构造。在此仅以框架梁为例说明平法钢筋的计算方法，其他混凝土构件钢筋工程量的计算原理与之类似。

（2）梁钢筋平法表示方法

梁平法施工图有平面注写和截面注写两种表达方式。平面注写是在梁平面布置图上，从不同编号的梁中各选一根，在其上直接注写截面尺寸和配筋具体数值的方式。截面注写是在选中的梁上用剖面号引出配筋图，并在其上注写截面尺寸和配筋具体数值的方式，梁平法施工图通常以平面注写方式为主。

梁的平面注写包括集中标注和原位标注，集中标注表达梁的通用数值，原位标注表达梁的特殊数值。当集中标注中的某项数值不适用于梁的某部位时，则将该项数值原位标注，施工时原位标注取值优先。

1）集中标注

梁集中标注的内容包括梁的编号、截面尺寸、箍筋、上部通长筋或架立筋、侧面构造筋或扭筋、顶面标高高差。

①梁编号。包括梁类型代号、序号、跨数及有无悬挑代号，具体标注方式详见表 3-20。

梁编号的标注方式 表 3-20

梁编号	类型	序号	跨数	有无悬挑（悬挑不记入跨数）
KLX（Y）	楼层框架梁	X	Y	无悬挑
KZLX（YA）	框支梁	X	Y	A：一端有悬挑
LX（YB）	非框架梁	X	Y	B：两端有悬挑

注：除上述三种梁类型外，KBL 代表楼层框架扁梁，WKL 代表屋面框架梁，TZL 代表托柱转换梁，XL 代表悬挑梁，JZL 代表井字梁。

②梁截面尺寸。当梁为等截面梁时用 $b \times h$ 表示，分别代表梁的宽和高。

③梁箍筋。包括钢筋级别、直径、加密区与非加密区间距及肢数。具体标注方式见表 3-21。

梁箍筋的标注方式 表 3-21

梁箍筋	箍筋级别	直径	加密区（梁端）		非加密区（跨中）		梁端箍筋根数
			间距	肢数	间距	肢数	
ϕD@X/Y（M）	HPB300	D	X	M	Y	M	/
ϕD@X（M）/Y（N）	HPB300	D	X	M	Y	N	/
QϕD@X/Y（M）	HPB300	D	X	M	Y	M	梁两端各 Q 根
QϕD@X（M）/Y（N）	HPB300	D	X	M	Y	N	梁两端各 Q 根

④梁上部通长筋或架立筋。包括钢筋级别、直径和根数。当上部纵筋多于一排时，用“/”将各排纵筋自上而下分开。当同排纵筋中既有通长钢筋又有架立筋时，用“+”将两者相连，见表 3-22。

梁上部钢筋的标注方式 表 3-22

梁上部钢筋		钢筋根数	钢筋级别	直径	排布方式
QΦD M/N		Q	HRB400	D	上排 M 根，下排 N 根
MΦD+（NϕD′）	角筋	M	HRB400	D	角筋 MΦD
	架立筋	N	HPB300	D′	架立筋 NϕD′

注：当梁上下部纵筋全跨相同，且多数跨相同时，可加注下部纵筋值，用“；”与上部纵筋分开。如：2Φ18；3Φ22 表示梁上部纵筋为 2Φ18，下部纵筋为 3Φ22。

⑤梁侧面纵向构造钢筋或受扭钢筋。当梁腹板高≥ 450mm 时，需配置纵向构造钢筋，构造筋的间距≤ 200mm。构造筋注写值以 G 开头，注写根数为梁两个侧面的总配筋值，且对称配置。受扭纵筋注写值以 N 开头，其他注写方式同构造筋。

如 G4ϕ12——G 代表构造配筋，4ϕ12 代表梁的两个侧面共配置 4ϕ12 的纵向构造钢筋，每侧各配置 2ϕ12。

⑥梁顶面标高高差。梁顶面标高高差是指梁顶面标高相对于结构层楼面标高的高差值。高出楼面标高时为正，反之为负。

上述六项标注内容中，前五项为必注值，最后一项为选注值。

2）原位标注

原位标注内容包括梁的支座上部纵筋、下部纵筋、集中标注不适合的部位标注的数值、附加箍筋或吊筋。

①梁支座上部纵筋。梁支座上部纵筋的标注值表示含通长筋在内的所有纵筋，当上部纵筋多于一排时，用“/”将各排纵筋自上而下分开，当同排纵筋有两种直径时，

用“+”将两者相连，注写时将角部纵筋写在前面。当中间支座两边的上部纵筋不同时，须在支座两边分别标注；当相同时，可仅在支座的一边标注配筋值。

如 2ϕ25+2ϕ22/2ϕ22，表示梁上部上排支座纵筋共 4 根，其中角筋为 2ϕ25，中间钢筋为 2ϕ22，下排支座纵筋为 2ϕ22。

②梁下部纵筋。梁下部纵筋的标注方式与梁支座上部纵筋基本相同，当梁下部纵筋不全部伸入支座时，将纵筋减少的数量标注在括号内。

如 6ϕ22（-2）/4，表示梁下部上排纵筋为 2ϕ22，且不伸入支座；下排纵筋为 4ϕ22，全部伸入支座。

③集中标注不适合的部位标注的数值。当梁上集中标注的内容（即梁截面尺寸、箍筋、上部通长筋或架立筋、侧面构造筋或扭筋以及顶面标高高差中的某一项或几项数值）不适用于某跨或某悬挑部分时，则将其不同的数值原位标注在该跨或该悬挑部位。

④附加箍筋或吊筋。附加箍筋或吊筋直接画在平面图中的主梁上，用线引注总配筋值（附加箍筋的肢数注在括号内）。

3）梁钢筋平法表示示例

某梁的平法标注如图 3-59 所示，该梁为框架梁 KL1，跨数为 2 跨，截面尺寸为 300mm × 600mm，梁顶相对标高为 -0.100m。

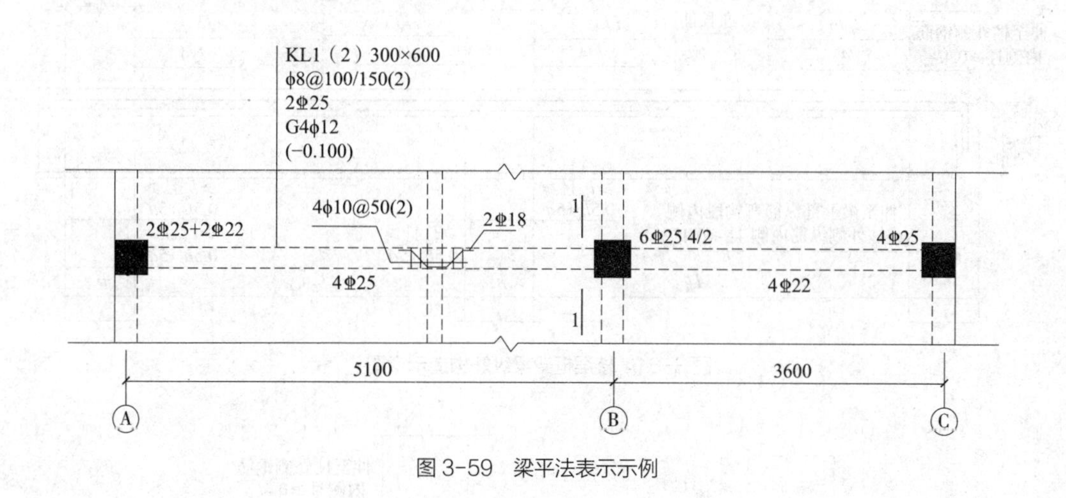

图 3-59 梁平法表示示例

根据图 3-59 所示内容，KL1 各部位的钢筋含义见表 3-23。

KL1 钢筋含义表 表 3-23

钢筋 / 梁跨	上部通长筋	构造筋	箍筋	左支座上部纵筋	右支座上部纵筋	下部纵筋	附加箍筋及吊筋
第一跨	2Φ25	4ϕ12	ϕ8@100/150（2）	2Φ25+2Φ22	6Φ25 4/2	4Φ25	2Φ18；4ϕ10@50（2）
第二跨			ϕ8@100/150（2）	6Φ25 4/2	4Φ25	4Φ22	—

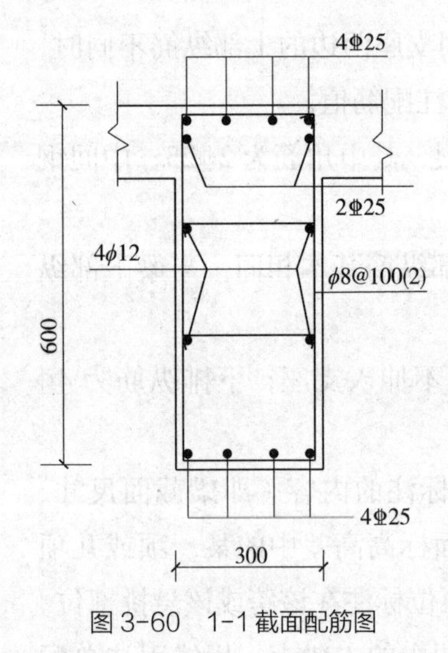

图 3-60　1-1 截面配筋图

图 3-59 中，梁在 1-1 剖面处的截面配筋图如图 3-60 所示。

（3）梁钢筋平法构造

1）梁纵筋构造。楼层框架梁纵筋构造如图 3-61 所示。当端支座柱截面沿框架梁方向的尺寸满足构造要求时，端支座钢筋可以采用直锚；端支座也可以加锚头（锚板）锚固，如图 3-62 所示。

由图 3-61 和图 3-62 可知框架梁纵筋的构造特点如下：

①梁上部至少 2 根贯通筋，沿梁全长靠角边布置，在两边端部向下弯锚或直锚。

②端支座上部非贯通筋，第一排出支座长度为净跨长的 1/3，第 2 排出支座长度为净跨长的 1/4。

③中支座上部非贯通筋为直筋，两端出支座长度为 max（左跨净长，右跨净长）的 1/3（第 1 排）或 1/4（第 2 排）。

④梁下部受力筋两端深入支座锚固，进入端支座弯锚或直锚，进入中间支座直锚。

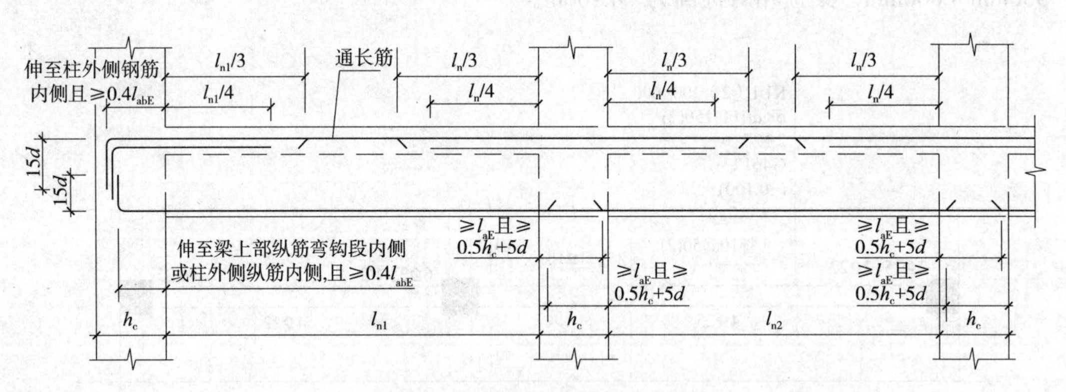

图 3-61　楼层框架梁纵筋构造示意图

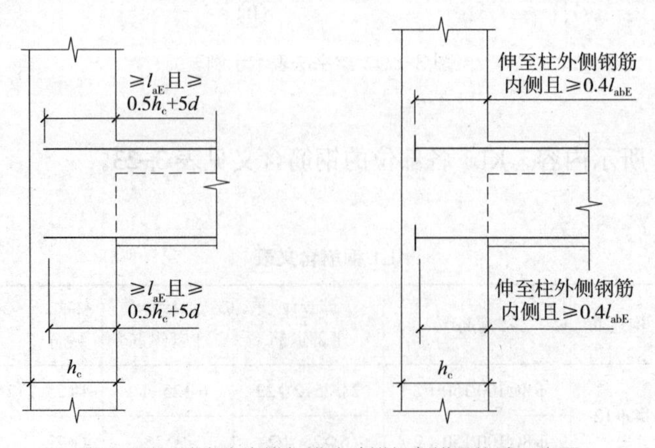

图 3-62　端支座直锚与锚头（锚板）锚固构造示意图

2）梁箍筋构造。端部为柱的框架梁箍筋构造如图 3-63 所示。

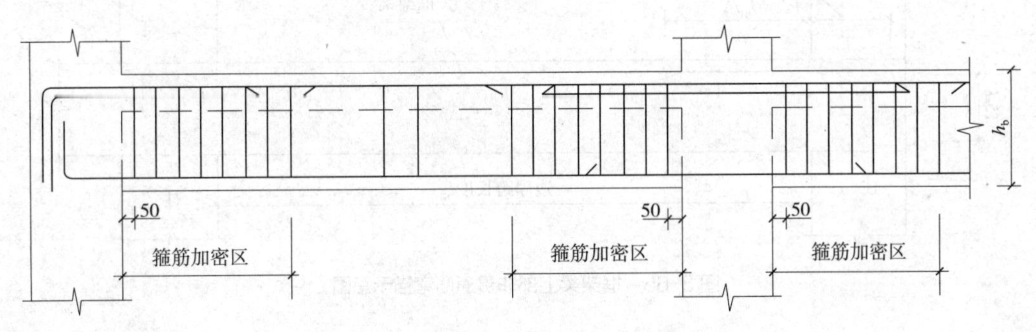

图 3-63 框架梁箍筋构造示意图

注：抗震等级为一级时，加密区长度为 ≥ 2.0h_b 且 ≥ 500mm；抗震等级为二、三、四级时，加密区长度为 ≥ 1.5h_b 且 ≥ 500mm。

由图可知，梁箍筋的构造特点如下：

①箍筋自支座边 50mm 开始布置。

②靠近支座一侧有加密区，加密区长度按照抗震等级取值。

③中间部分按正常间距布筋。

（4）梁钢筋计算

以楼层框架梁为例，柱支座的宽度相同时，梁钢筋计算如下：

1）梁上部通长钢筋计算

梁上部通长钢筋弯锚时，如图 3-64 所示。

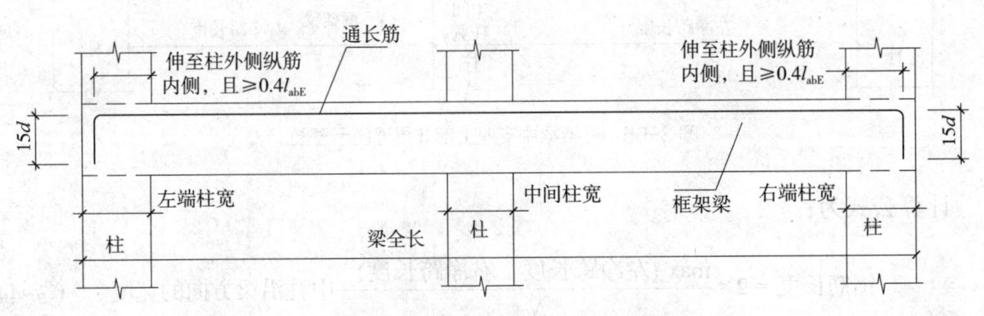

图 3-64 框架梁上部通长筋弯锚示意图

计算公式为：

$$钢筋长度 = 梁全长 -2 \times（柱保护层厚度 + 柱箍筋直径 + 柱边主筋直径 + 柱梁钢筋间距）+2 \times 15 \times 钢筋直径 \quad （3-42）$$

2）端支座上部非贯通筋计算

端支座上部非贯通筋弯锚时，如图 3-65 所示。

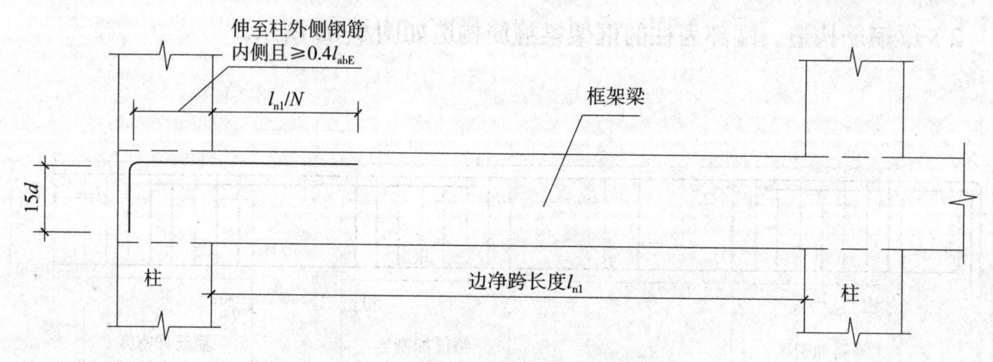

图 3-65 框架梁上部非贯通筋弯锚示意图

计算公式为：

$$钢筋长度=\frac{梁净跨长度}{N}+边柱沿梁方向的宽度 柱保护层厚度 -柱箍筋直径-柱边主筋直径-柱梁钢筋间距+15\times 钢筋直径 \quad (3-43)$$

其中：第 1 排 N 取 3，第 2 排 N 取 4。

3）中支座上部非贯通筋计算

中间支座上部非贯通直筋如图 3-66 所示。

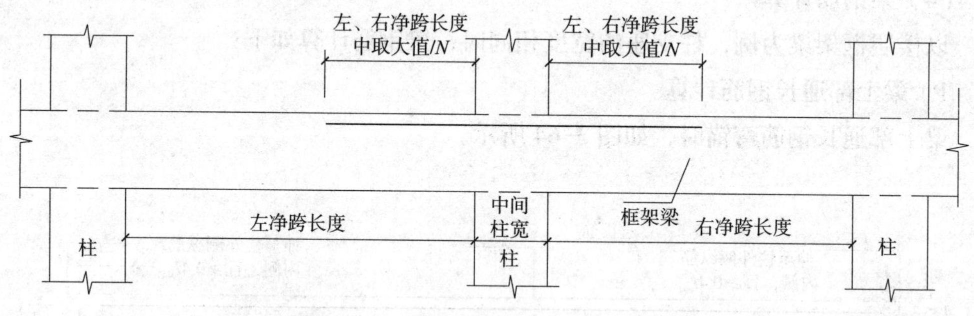

图 3-66 框架梁中支座上部非贯通筋示意图

计算公式为：

$$钢筋长度=2\times\frac{\max(左净跨长度，右净跨长度)}{N}+中柱沿梁方向的宽度 \quad (3-44)$$

其中 N 取值同上。

4）梁下部纵筋计算

①边跨梁下部纵筋弯锚时，如图 3-67 所示。

当梁下部纵筋伸至梁上部纵筋弯钩段内侧时，计算公式为：

$$钢筋长度=梁净跨长+边柱沿梁方向宽度-柱保护层厚度-柱箍筋直径-柱边筋直径-柱梁钢筋间距-梁上部纵筋直径-梁钢筋间距+15\times 钢筋直径+钢筋锚固长度 \quad (3-45)$$

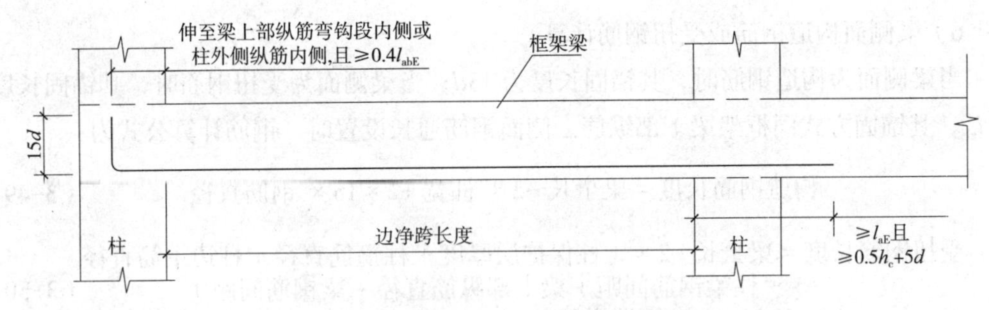

图 3-67 框架梁边跨下部纵筋弯锚示意图

②中跨梁下部纵筋如图 3-68 所示。

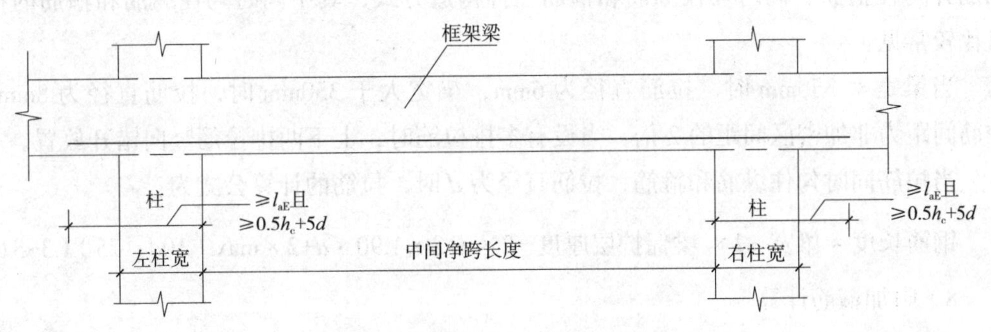

图 3-68 框架梁中跨下部纵筋示意图

计算公式为：

$$钢筋长度 = 梁净跨长度 +2\times 钢筋锚固长度 \tag{3-46}$$

5）梁箍筋计算

①箍筋支数计算

$$箍筋支数=\frac{梁净跨长度-2\times箍筋加密区宽度}{非加密区箍筋间距}+\frac{箍筋加密区宽度-0.05}{加密区箍筋间距}\times2+1 \tag{3-47}$$

②箍筋单支长度计算

对于有抗震设防要求或有专门要求的结构，箍筋弯钩的弯折角度不应小于 135°，弯折后平直段长度不应小于箍筋直径的 10 倍和 75mm 两者之中的较大值。以双肢箍为例，箍筋的截面示意如图 3-69 所示。

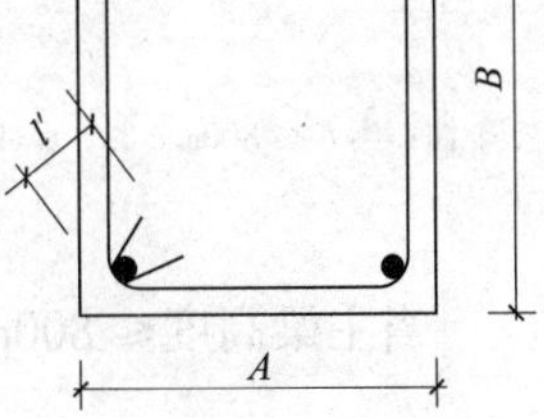

当箍筋的弯折角度为 135°，箍筋直径为 d 时，查表 3-17，箍筋单根长度的计算公式为：

$$箍筋长度 =2\times(A+B)-8\times 梁保护层厚度 +2\times 1.90d+2\times \max(10d,75) \tag{3-48}$$

图 3-69 梁箍筋截面示意图

6）梁侧面构造钢筋或受扭钢筋计算

当梁侧面为构造钢筋时，其锚固长度为 15d；当梁侧面为受扭钢筋时，其锚固长度为 l_{aE}，其锚固方式同框架梁下部纵筋。侧面钢筋通长设置时，钢筋计算公式为：

构造钢筋长度 = 梁全长 −2 × 柱宽 +2 × 15 × 钢筋直径 （3−49）

受扭钢筋长度 = 梁全长 −2 ×（柱保护层厚度 + 柱箍筋直径 + 柱边主筋直径 + 柱梁钢筋间距 + 梁上部纵筋直径 + 梁钢筋间距）+2 × 15 × 钢筋直径 （3−50）

7）梁拉筋计算

如梁侧面设置有构造钢筋，应设置拉筋，拉筋有紧靠箍筋并勾住纵筋、紧靠纵向钢筋并勾住箍筋、同时勾住纵筋和箍筋三种构造方式，其中同时勾住纵筋和箍筋的构造比较常见。

当梁宽≤ 350mm 时，拉筋直径为 6mm，梁宽大于 350mm 时，拉筋直径为 8mm，拉筋间距为非加密区间距的 2 倍，当设有多排拉筋时，上下两排拉筋竖向错开放置。

当拉筋同时勾住纵筋和箍筋，拉筋直径为 d 时，拉筋的计算公式为：

钢筋长度 = 梁宽 −2 × 梁保护层厚度 +2 × d+2 × 1.90 × d+2 × max（10d，75）（3−51）

8）附加箍筋计算

主次梁相交时，根据设计要求应在主梁上设置附加箍筋或吊筋，附加箍筋范围内梁正常箍筋或加密区箍筋照设。附加箍筋的单根长度计算同梁一般箍筋，附加箍筋根数为原位标注的总根数。

9）吊筋计算

吊筋的构造如图 3−70 所示。

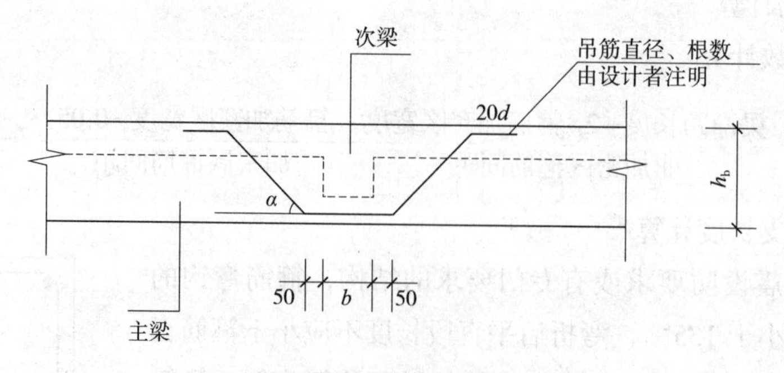

图 3−70 梁吊筋构造图

注：当 $h \leqslant 800$mm 时，α=45°；当 $h > 800$mm 时，α=60°。

当主梁高度≤ 800mm 时，根据构造详图，查表 3−18 得吊筋的计算公式为：

吊筋长度 = 次梁宽 +2 × 0.05+1.414 ×（主梁高度 −2 × 梁保护层厚度 −2 × 箍筋直径）+2 × 20 × 钢筋直径 （3−52）

当主梁高度＞800mm 时，用 1.155 取代式（3-52）中的 1.414。

【例 3-20】已知框架梁 KL1（2），如图 3-59 所示，抗震等级为三级，环境类别为一类，建筑设计使用年限为 50 年，混凝土强度等级为 C30，纵向钢筋 HRB400，机械连接，钢筋间距为 25mm。柱截面尺寸 500mm × 500mm，柱靠边主筋直径 D=25mm，柱箍筋直径 D=8mm，图中未标注主梁宽均为 300mm，次梁宽为 200mm。计算框架梁的钢筋工程量。

【解】根据已给条件，查表 3-16，梁保护层厚度取 20mm。查表 3-19，受拉钢筋抗震锚固长度 l_{aE} 取 $37d$，端支座钢筋根据构造要求采用弯锚。

（1）上部通长钢筋（2ϕ25）

单支钢筋长度 =5.1+3.6+0.15 × 2−2 × 0.02−2 × 0.008−2 × 0.025−2 × 0.025+2 × 15 × 0.025=9.59m

重量 =9.59 × 2 × 0.00617 × 25^2=73.96kg

（2）端支座上部非贯通筋

A 支座：2ϕ22

$$单支钢筋长度=\frac{5.1-0.35-0.25}{3}+0.5-0.02-0.008-0.025-0.025+15\times0.022=2.25\text{m}$$

$$重量=2.25\times2\times0.00617\times22^2=13.44\text{ kg}$$

C 支座：2ϕ25

$$单支钢筋长度=\frac{3.6-0.35-0.25}{3}+0.5-0.02-0.008-0.025-0.025+15\times0.025=1.80\text{m}$$

$$重量=1.80\times2\times0.00617\times25^2=13.88\text{kg}$$

（3）中支座上部非贯通筋（4ϕ25）

$$第一排单支钢筋长度=2\times\frac{5.1-0.35-0.25}{3}+0.5=3.50\text{m}$$

$$第二排单支钢筋长度=2\times\frac{5.1-0.35-0.25}{4}+0.5=2.75\text{m}$$

重量 =（3.50 × 2+2.75 × 2）× 0.00617 × 25^2=48.20kg

（4）下部纵筋

AB 跨：4ϕ25

单支钢筋长度 =5.1−0.35−0.25+0.5−0.02−0.008−0.025−0.025−0.025−0.025+15 × 0.025+37 × 0.025=6.17m

重量 =6.17 × 4 × 0.00617 × 25^2=95.18kg

BC 跨：4ϕ22

单支钢筋长度 =3.6−0.35−0.25+0.5−0.02−0.008−0.025−0.025−0.025−0.025+15 × 0.022+37 × 0.022=4.52m

重量 =4.52 × 4 × 0.00617 × 22^2=53.99kg

（5）梁中构造筋（4ϕ12）

单支钢筋长度 =5.1+3.6−0.35 × 2+2 × 15 × 0.012=8.36m

重量 =8.36 × 4 × 0.00617 × 12^2=29.71kg

（6）箍筋（ϕ8@100/150）

单支箍筋长度$=2\times(0.3+0.6)-8\times0.02+23.8\times0.008=1.83$m

$$AB跨支数=\frac{5.1-0.35-0.25-2\times0.9}{0.15}+\left(\frac{0.9-0.05}{0.1}\right)\times2+1=37支$$

$$BC跨支数=\frac{3.6-0.35-0.25-2\times0.9}{0.15}+\left(\frac{0.9-0.05}{0.1}\right)\times2+1=27支$$

重量 =1.83 ×（37+27）× 0.00617 × 8^2=46.25kg

（7）拉筋（ϕ6@300）

单支拉筋长度$=0.3-2\times0.02+2\times0.006+2\times1.9\times0.006+2\times0.075=0.44$m

$$AB跨支数=\frac{5.1-0.35-0.25-2\times0.05}{0.3}+1=16支$$

$$BC跨支数=\frac{3.6-0.35-0.25-2\times0.05}{0.3}+1=11支$$

重量$=0.44\times2\times(16+11)\times0.00617\times6^2=5.28$kg

（8）附加箍筋（4ϕ10@50）

单支箍筋长度 =2 ×（0.3+0.6）−8 × 0.02+23.8 × 0.01=1.88m

重量 =1.88 × 4 × 0.00617 × 10^2=4.64kg

（9）吊筋（2ϕ18）

单支钢筋长度 =0.2+2 × 0.05+2 × 1.414 ×（0.6−2 × 0.02−2 × 0.008）+2 × 20 × 0.018=2.56m

重量 =2.56 × 2 × 0.00617 × 18^2=10.24kg

按照钢筋的级别和规格汇总钢筋工程量见表 3-24。

KL1 钢筋工程量汇总表　　表 3-24

钢筋级别	ϕ6	ϕ8	ϕ10	ϕ12	ϕ18	ϕ22	ϕ25
工程量（t）	0.005	0.046	0.005	0.030	0.010	0.067	0.231

3.4 金属结构工程

3.4.1 金属结构工程概述

1. 金属结构

金属结构是指建筑物内用各种型钢、钢板和钢管等金属材料或半成品，以不同的连接方式加工制作、安装而形成的结构类型。

金属结构与钢筋混凝土结构、砌体结构相比，具有强度高、材质均匀、塑性韧性好、拆卸方便等优点，但耐腐蚀性和耐火性较差。在我国的工业与民用建筑中，金属结构多用于重型厂房、受动力荷载作用的厂房，大跨度建筑结构，高层和超高层建筑结构等。

2. 金属结构用材

建筑物各种构件对其构造和质量有一定的要求，使用的金属材料也不同。在建筑工程中，金属结构最常用的金属材料为普通碳素结构钢和低合金结构钢，形式有钢板、钢管、各类型钢和圆钢等。

3. 金属结构材料的表示方法与重量计算

（1）钢板

钢板按厚度可划分为厚板、中板和薄板。钢板通常用“—”后加“宽度 × 厚度 × 长度”表示，如—600 × 10 × 12000 为 600mm 宽、10mm 厚、12m 长的钢板。为了简便起见，钢板也可只表示其厚度，如—10，表示厚度为 10mm 的钢板，宽度、长度按图示尺寸计算。

（2）钢管

按照生产工艺，钢管分为无缝钢管和焊接钢管两大类。钢管用“ϕ”后加“外径 × 壁厚”表示，如 ϕ400 × 6 为外径为 400mm，壁厚为 6mm 的钢管。

（3）型钢

1）角钢

角钢有等边角钢（也称等肢角钢）和不等边角钢（也称不等肢角钢）两种，等边角钢的表示方法为“∟”后加“边角宽 × 厚”，如∟ 50 × 6 表示边角宽 50mm，厚度 6mm 的等边角钢。不等边角钢的表示方法为“∠”或后加“长边角宽 × 短边角宽 × 厚度”，如∠ 100 × 80 × 8 为长边角宽 100mm，短边角宽 80mm，厚度 8mm 的不等边角钢。

2）槽钢

槽钢常用型号表示，型号数为槽钢的高度（cm）。型号 20 以上的还要附以字母 a、b 或 c 以区别腹板厚度，如[10 表示高度为 100mm 的槽钢。

3）工字钢

普通工字钢的表示方法也是用型号数表示高度，如 I 10 表示高度为 100mm 的工字钢，型号 20 以上的也应附以字母 a、b 或 c 以区别腹板厚度。

4）圆钢

圆钢（钢筋）广泛使用在钢筋混凝土结构和金属结构中，其表示方法在钢筋混凝土结构工程中已介绍，此处不再重述。

（4）各类结构用钢重量计算

金属结构工程量是以金属材料的重量（t）表示的。在实际计算时，往往先计算出每种钢材的重量（kg），最后再换算成吨。常用建筑钢材的重量计算公式见表 3-25。

钢材重量计算公式表 表 3-25

名称	单位	计算公式
圆钢	kg/m	0.00617× 直径 ^{2}
方钢	kg/m	0.00785× 边宽 ^{2}
六角钢	kg/m	0.0068× 对边距 ^{2}
扁钢	kg/m	0.00785× 边宽 × 厚
等边角钢	kg/m	0.00795× 边厚 ×（2× 边宽－边厚）
不等边角钢	kg/m	0.00795× 边厚 ×（长边宽＋短边宽－边厚）
工字钢		
a 型	kg/m	0.00785× 腹厚 ×[高 +3.34×（腿宽－腹厚）]
b 型	kg/m	0.00785× 腹厚 ×[高 +2.65×（腿宽－腹厚）]
c 型	kg/m	0.00785× 腹厚 ×[高 +2.26×（腿宽－腹厚）]
槽钢		
a 型	kg/m	0.00785× 腹厚 ×[高 +3.26×（腿宽－腹厚）]
b 型	kg/m	0.00785× 腹厚 ×[高 +2.44×（腿宽－腹厚）]
c 型	kg/m	0.00785× 腹厚 ×[高 +2.24×（腿宽－腹厚）]
钢管	kg/m	0.2466× 壁厚 ×（外径－壁厚）
钢板	kg/m^2	7.85× 板厚

4. 相关规定

（1）钢构件刷油漆处理方式一般有两种：成品价不含油漆，单独按油漆、涂料、裱糊工程中相关项目编码列项。成品价含油漆，按“补刷油漆”考虑。

（2）金属结构中涉及现浇钢筋混凝土工程的项目，按混凝土和钢筋混凝土工程相关项目编码列项。

3.4.2 金属结构的计量

金属结构工程主要包括钢网架、钢屋架、钢柱、钢梁、钢板楼板、钢构件、金属制品等项目。

当金属结构为不规则或多边形钢板，按设计图示实际面积乘以厚度以单位理论质量计算，构件的切边、切肢、打孔发生的损耗在单价中综合考虑，如图 3-71 所示。

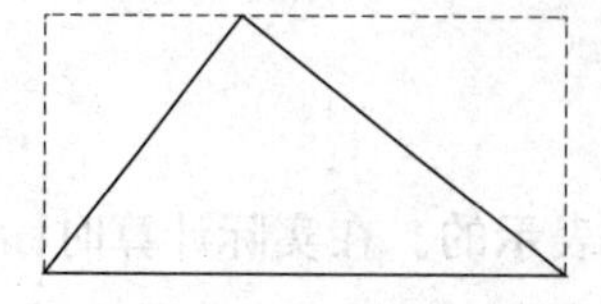
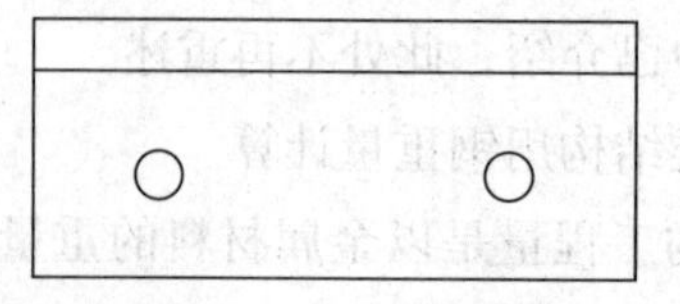

图 3-71 金属面积计算示意图

1. 钢网架

(1) 工作内容：拼装、安装、探伤及补刷油漆。

(2) 项目特征：钢材品种、规格，网架节点形式、连接方式，网架跨度、安装高度，探伤要求，防火要求。

(3) 计算规则：按设计图示尺寸以质量（t）计算。不扣除孔眼的质量，也不增加焊条、铆钉、螺栓等的质量。

2. 钢屋架

(1) 工作内容：同钢网架。

(2) 项目特征：钢材品种、规格，单榀质量，屋架跨度、安装高度，螺栓种类，探伤要求，防火要求。

(3) 计算规则：基本同钢网架，但也可以按设计图示尺寸以数量（榀）计算，当以榀计算时，按标准图设计的应注明标准图代号，按非标准图设计的项目特征必须描述单榀屋架的质量。

3. 钢托架、钢桁架、钢架桥

(1) 工作内容：同钢网架。

(2) 项目特征：钢材品种、规格，单榀质量，安装高度，螺栓种类，探伤要求，防火要求。钢架桥则应描述桥类型。

(3) 计算规则：同钢网架。

4. 钢柱

钢柱包括实腹钢柱、空腹钢柱和钢管柱。

(1) 工作内容：同钢网架。

(2) 项目特征：柱类型、钢材品种、规格，单根柱质量，螺栓种类，探伤要求，防火要求。

(3) 计算规则：基本同钢网架，但依附在实腹钢柱、空腹钢柱上的牛腿及悬臂梁等并入钢柱工程量内。钢管柱上的节点板、加强环、内衬管、牛腿等也应并入钢管柱工程量内。

5. 钢梁

钢梁包括钢梁和钢吊车梁。

(1) 工作内容：同钢网架。

(2) 项目特征：钢材品种、规格，单根质量，螺栓种类，安装高度，探伤要求，防火要求。钢梁还应描述梁类型。

(3) 计算规则：基本同钢网架，但制动梁、制动板、制动桁架、车档并入钢吊车梁工程量内。

6. 钢板楼板、墙板

(1) 钢板楼板

1) 工作内容：拼装、安装、探伤及补刷油漆。

2）项目特征：钢材品种、规格，钢板厚度，螺栓种类，防火要求。

3）计算规则：按设计图示尺寸以铺设水平投影面积（m^2）计算。不扣单个面积≤ $0.3m^2$ 柱、垛及孔洞所占面积。

（2）钢板墙板

1）工作内容：同钢板楼板。

2）项目特征：钢材品种、规格，钢板厚度、复合板厚度，螺栓种类，复合板夹芯材料种类、层数、型号、规格，防火要求。

3）计算规则：按设计图示尺寸以铺挂展开面积（m^2）计算。不扣除单个面积≤ $0.3m^2$ 的梁、孔洞所占面积，包角、包边、窗台泛水等不另加面积。

7. 钢构件

钢构件包括钢支撑、钢檩条、钢天窗架、钢挡风架、钢墙架、钢平台、钢走道、钢梯以及零星钢构件等项目。

（1）工作内容：同钢板楼板。

（2）项目特征：一般包括钢材品种、规格，螺栓种类，安装高度，防火要求等，详见计量规范。

（3）计算规则：按设计图示尺寸以质量（t）计算。不扣除孔眼的质量，也不增加焊条、铆钉、螺栓等的质量。

8. 金属制品

金属制品包括成品空调金属百页护栏、成品栅栏、成品雨篷、金属网栏等。本节未涉及的金属制品相关内容详见计量规范。

（1）成品空调金属百页护栏

1）工作内容：安装、校正、预埋铁件及安螺栓。

2）项目特征：材料品种、规格及边框材质。

3）计算规则：按设计图示尺寸以框外围展开面积（m^2）计算。

（2）成品栅栏

1）工作内容：同成品空调金属百页护栏，还包括安金属立柱。

2）项目特征：材料品种、规格，边框及立柱型钢品种、规格。

3）计算规则：同成品空调金属百页护栏。

（3）成品雨篷

1）工作内容：同成品空调金属百页护栏。

2）项目特征：材料品种、规格，雨篷宽度，晾衣杆品种、规格。

3）计算规则：可按设计图示接触边以米（m）计算或按设计图示尺寸以展开面积（m^2）计算。

【例 3-21】试计算图 3-72 上柱钢支撑的制作与安装工程量。

【解】上柱钢支撑由等边角钢和钢板构成。

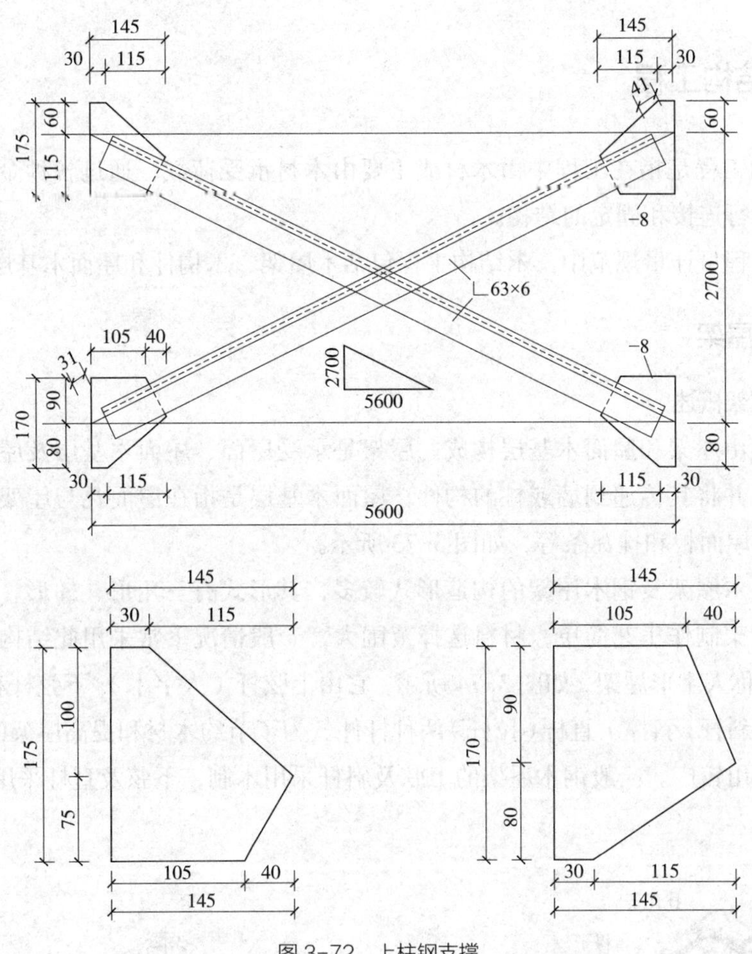

图 3-72 上柱钢支撑

等边角钢重量计算：

每米等边角钢重 =0.00795 × 边厚 ×（2 × 边宽 − 边厚）

=0.00795 × 6 ×（2 × 63−6）=5.72kg/m

等边角钢长 = 斜边长 − 两端空位长

$=\sqrt{2.7^2+5.6^2}-0.041-0.031=6.145\text{m}$

两根角钢重 =5.72 × 2 × 6.145=70.30kg

钢板重量计算：

每平方米钢板重 =7.85 × 钢板厚 =7.85 × 8=62.8kg/m^2

$$\text{钢板重}=(0.145\times0.175-\frac{1}{2}\times0.04\times0.075-\frac{1}{2}\times0.1\times0.115$$

$$+0.145\times0.170-\frac{1}{2}\times0.04\times0.09-\frac{1}{2}\times0.08\times0.115)\times2\times62.8$$

$$=4.57\text{kg}$$

上柱钢支撑的制安工程量 =70.30+4.57=74.87kg=0.0749t

3.5 木结构工程

木结构工程是指在工程中由木材或主要由木材承受荷载，通过各种金属连接件或榫卯手段进行连接和固定的结构。

现行工程量计量规范中，木结构工程包括木屋架、木构件和屋面木基层。

3.5.1 木屋架

1. 木屋架概述

木屋架由屋架和屋面木基层构成。屋架是承受屋面、屋面木基层及屋架自身等的全部荷载，并将其传递到墙或柱的构件；屋面木基层是指在屋面瓦与屋架之间的木檩条、椽子、屋面板和挂瓦条等，如图 3-73 所示。

屋架以木屋架及钢木屋架的构造形式较多，其形式有三角形、梯形、拱形等。由于三角形屋架制作工艺简单，材料选择范围大，一般情况下常采用此结构形式。三角形屋架，俗称人字形屋架，如图 3-74 所示，它由上弦杆（人字木）、下弦杆和腹杆组成，腹杆又包括斜杆（斜撑）、直杆（拉杆）两种杆件。为了节约木材和提高屋架的受力性能，钢木屋架应用较广。一般钢木屋架的上弦及斜杆采用木制，下弦及直杆采用钢材。

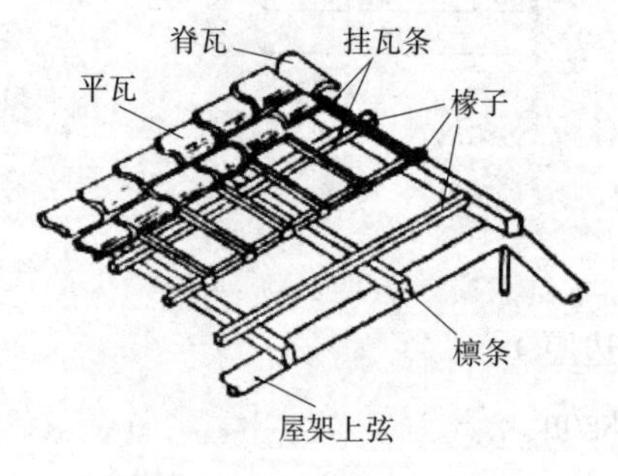

图 3-73 木屋架结构图

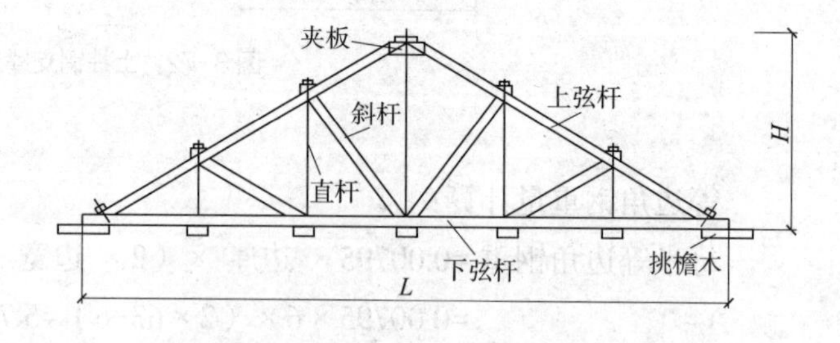

图 3-74 人字形屋架示意图

2. 木屋架工程量的计算

（1）木屋架

1）工作内容：制作、运输、安装与刷防护材料。

2）项目特征：跨度，材料品种、规格，刨光要求，拉杆及夹板种类，防护材料种类。

3）计算规则：可按下述任一计算方法计算。

①按设计图示数量（榀）计算。以榀计量时，若按标准图设计的应注明标准图代号，按非标准图设计的项目特征必须按上述项目特征要求予以描述。

②按设计图示的规格尺寸以体积（m^3）计算，计算体积应包括木屋架各组成部分的木材用量。

（2）钢木屋架

1）工作内容：同木屋架。

2）项目特征：跨度，木材品种、规格，刨光要求，钢材品种、规格，防护材料种类。

3）计算规则：按设计图示数量（榀）计算。

3.5.2 木构件

木构件包括木柱、木梁、木檩、木楼梯、其他木构件项目。

1. 木柱、木梁、木檩

（1）工作内容：制作、运输、安装、刷防护材料。

（2）项目特征：构件规格尺寸、木材种类、抛光要求、防护材料种类。

（3）计算规则：按设计图示尺寸以体积（m^3）计算，其中木檩也可以按设计图示尺寸以长度（m）计算。

2. 木楼梯

（1）工作内容：同木柱。

（2）项目特征：楼梯形式、木材种类、刨光要求、防护材料种类。

（3）计算规则：按设计图示尺寸以水平投影面积（m^2）计算，不扣除宽度≤300mm 的楼梯井，伸入墙内部分不计算。

木楼梯的栏杆（栏板）、扶手，应按现行计量规范中“其他装饰工程”相关规定计量。

3. 其他木构件

（1）工作内容：同木柱。

（2）项目特征：构件名称、构件规格尺寸、木材种类、刨光要求与防护材料种类。

（3）计算规则：按设计图示尺寸以体积（m^3）计算或以长度（m）计算，以长度计算时，项目特征必须描述构件规格尺寸。

3.5.3 屋面木基层

（1）工作内容：椽子制作、安装，望板制作、安装，顺水条和挂瓦条制作、安装，刷防护材料。

（2）项目特征：椽子断面尺寸及椽距、望板材料种类、厚度，防护材料种类。

（3）计算规则：按设计图示尺寸以斜面积（m^2）计算，不扣除房上烟囱、风帽底座、风道、小气窗、斜沟等所占面积，也不增加小气窗的出檐部分。

【例 3-22】某厂房的方木屋架如图 3-75 所示，斜杆与下弦通过垫木连接。试按体积计算单榀方木屋架的工程量（已知斜杆长 1.677m）。

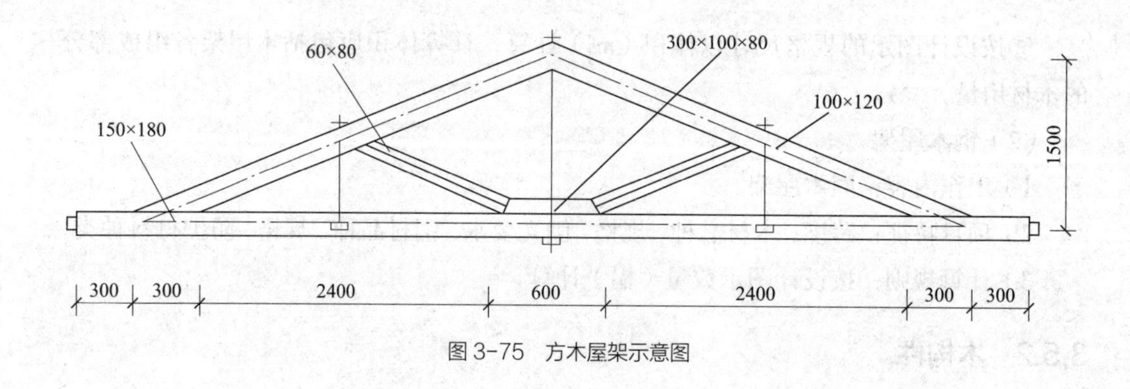

图 3-75 方木屋架示意图

【解】下弦杆体积 =0.15 × 0.18 × 6.6=0.178m^3

上弦杆体积$=0.10\times0.12\times\sqrt{3^2+1.5^2}\times2=0.080\text{m}^3$

斜撑体积 =0.06 × 0.08 × 1.677 × 2=0.016m^3

垫木体积 =0.30 × 0.10 × 0.08=0.002m^3

总体积 =0.178+0.080+0.016+0.002=0.276m^3

3.6 门窗工程

3.6.1 门窗工程概述

门窗工程主要包括各类门窗、门窗套、窗台板、窗帘、窗帘盒、窗帘轨等内容。

在进行门窗工程计量时，有以下几个共性问题：

（1）现行规范中，门窗（除个别门窗外）均以成品考虑，若需油漆，应按“油漆、涂料、裱糊工程”相应项目编码列项。

（2）门窗（部分材质的厂库房大门除外）所包含的五金已在规范中列出，不需单列五金项目，也不必对其种类和规格进行特征描述。

（3）门窗工程以数量（樘）计量时，项目特征必须描述洞口尺寸；没有洞口尺寸的，必须描述门（窗）框或扇外围尺寸。

（4）门窗工程量以面积（m^2）计量时，有设计洞口尺寸的可不进行项目特征描述，无设计图示洞口尺寸的，按门（窗）框、扇外围以面积计算。

3.6.2 门的计量

1. 木门

木门包括木质门、木质门带套、木质连窗门、木质防火门，木门框及门锁安装。

（1）木质门、木质门带套、木质连窗门、木质防火门

1）工作内容：门安装、玻璃安装、五金安装。

2）项目特征：门代号及洞口尺寸，镶嵌玻璃品种、厚度。

3）计算规则：按设计图示数量（樘）计算或按设计图示洞口尺寸以面积（m^2）计算。

（2）木门框

1）工作内容：木门框制作、安装，运输，刷防护材料。

2）项目特征：门代号及洞口尺寸、框截面尺寸、防护材料种类。

3）计算规则：按设计图示数量（樘）计算或按设计图示框的中心线以延长米（m）计算。

（3）门锁安装

1）工作内容：安装。

2）项目特征：锁品种、锁规格。

3）计算规则：按设计图示数量（个或套）计算。

（4）相关说明

1）木质门应区分镶板木门、企口木板门、实木装饰门、胶合板门、夹板装饰门、木纱门等项目，分别编码列项。

2）木质门带套计量按洞口尺寸以面积计算，不包括门套的面积，但门套应计算在综合单价中。

3）单独制作安装木门框按木门框项目编码列项。

2. 金属门

金属门包括金属（塑钢）门、彩板门、钢质防火门及防盗门。

金属门工程计量时应区分金属平开门、金属推拉门、金属地弹门、全玻门（带金属扇框）、金属半玻门（带扇框）等项目，分别编码列项。

（1）金属（塑钢）门与彩板门

1）工作内容：门安装、五金安装、玻璃安装。

2）项目特征：门代号及洞口尺寸，门框或扇外围尺寸，门框、扇材质，玻璃品种、厚度。彩板门不需描述门框、扇材质及玻璃品种、厚度。

3）计算规则：按设计图示数量（樘）计算或按设计图示洞口尺寸以面积（m^2）计算。

（2）防盗门

1）工作内容：门安装、五金安装。

2）项目特征：门代号及洞口尺寸，门框或扇外围尺寸，门框、扇材质。

3）计算规则：同金属（塑钢）门。

3. 金属卷帘（闸）门

金属卷帘门包括金属卷（闸）门和防火卷帘（闸）门。

（1）工作内容：门运输、安装，启动装置、活动小门、五金安装。

（2）项目特征：门代号及洞口尺寸，门材质，启动装置品种、规格。

（3）计算规则：同金属（塑钢）门。

4. 厂库房大门、特种门

厂库房大门、特种门包括三类：第一类包括木板大门、钢木大门、全钢板大门及防护铁丝门；第二类指金属格栅门；第三类包括钢质花饰大门与特种门。

（1）木板大门、钢木大门、全钢板大门

1）工作内容：门（骨架）制作、运输，门、五金配件安装，刷防护材料。

2）项目特征：门代号及洞口尺寸，门框或扇外围尺寸，门框、扇材质，五金种类、规格，防护材料种类。

3）计算规则：按设计图示数量（樘）计算或以设计图示洞口尺寸以面积（m^2）计算。

（2）防护铁丝门

1）工作内容与项目特征：同木板大门。

2）计算规则：按设计图示数量（樘）计算或按设计门框或扇面积（m^2）计算。

（3）金属格栅门

1）工作内容：门安装，启动装置、五金配件安装。

2）项目特征：门代号及洞口尺寸，门框或扇外围尺寸，门框、扇材质，启动装置的品种、规格。

3）计算规则：同木板大门。

（4）钢质花饰大门

1）工作内容：门安装、五金配件安装。

2）项目特征：门代号及洞口尺寸，门框或扇外围尺寸，门框、扇材质。

3）计算规则：同防护铁丝门。

（5）特种门

特种门应区分冷藏门、冷冻车间门、保温门、变电室门、隔音门、放射线门、人防门、金库门等项目，分别编码列项。

1）工作内容与项目特征：同钢质花饰大门。

2）计算规则：同木板大门。

5. 其他门

其他门包括电子感应门、旋转门、电子对讲门、电动伸缩门、全玻自由门等项目。计算规则按设计图示数量（樘）计算或按设计图示洞口尺寸以面积（m^2）计算，工作内容与项目特征因项目名称不同而有差异，详见现行计量规范。

3.6.3 窗的计量

1. 木窗

木窗主要包括木质窗、木飘（凸）窗、木橱窗和木纱窗等项目。

（1）木质窗

1）工作内容：窗安装，五金、玻璃安装。

2）项目特征：窗代号及洞口尺寸，玻璃品种、厚度。

3）计算规则：按设计图示数量（樘）计算或按设计图示洞口尺寸以面积（m^2）计算。

（2）木飘（凸）窗

1）工作内容与项目特征：同木质窗。

2）计算规则：按设计图示数量（樘）计量或按设计图示尺寸以框外围展开面积（m^2）计算。

（3）木橱窗

1）工作内容：窗制作、运输、安装，五金、玻璃安装，刷防护材料。

2）项目特征：窗代号，框截面及外围展开面积，玻璃品种、厚度，防护材料种类。

3）计算规则：同木飘（凸）窗。

（4）木纱窗

1）工作内容：窗安装、五金安装。

2）项目特征：窗代号及框的外围尺寸，窗纱材料品种、规格。

3）计算规则：按设计图示数量（樘）计算或按框的外围尺寸以面积（m^2）计算。

（5）相关说明

1）木质窗应区分木百叶窗、木组合窗、木天窗、木固定窗、木装饰空花窗等项目，分别编码列项。

2）木橱窗、木飘（凸）窗以樘计量，项目特征必须描述框截面及外围展开面积。

【例 3-23】木质单层玻璃窗洞口尺寸如图 3-76 所示，计算该窗工程量。

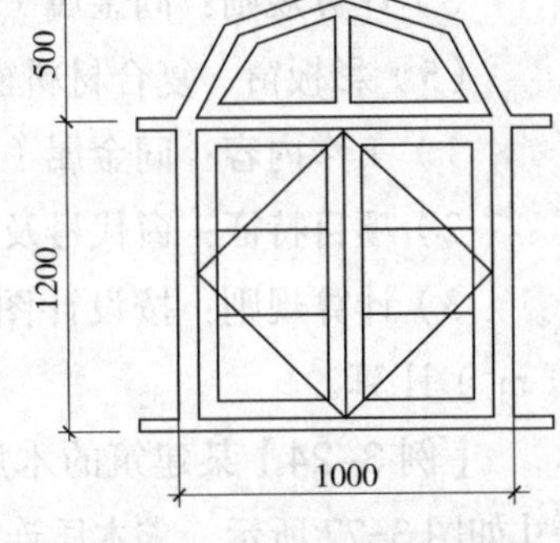

图 3-76 木质单层玻璃窗示意图

【解】根据木窗计算规则，可将此窗分为上下两部分。

矩形部分工程量为：

$$S_1=1.00\times 1.20=1.20\text{m}^2$$

半圆形部分工程量为：

$$S_2=0.50^2\times 3.14\times 0.50=0.39\text{m}^2$$

$$S=1.20+0.39=1.59\text{m}^2$$

2. 金属窗

金属窗主要包括金属（塑钢、断桥）窗、金属防火窗、金属百叶窗、金属纱窗、金属（塑钢、断桥）橱窗等项目。

金属窗应区分金属组合窗、防盗窗等项目，分别编码列项。

（1）金属（塑钢、断桥）窗

1）工作内容：窗安装，五金、玻璃安装。

2）项目特征：窗代号及洞口尺寸，框、扇材质，玻璃品种、厚度。

3）计算规则：按设计图示数量（樘）计算或按设计图示洞口尺寸以面积（m^2）计算。

（2）金属纱窗

1）工作内容：窗安装、五金安装。

2）项目特征：窗代号及框的外围尺寸，框材质，窗纱材料品种、规格。

3）计算规则：按设计图示数量（樘）计算或按框的外围尺寸以面积（m^2）计算。

（3）金属（塑钢、断桥）橱窗

1）工作内容：窗制作、运输、安装，五金、玻璃安装，刷防护材料。

2）项目特征：窗代号，框外围展开面积，框、扇材质，玻璃品种、厚度，防护材料种类。

3）计算规则：按设计图示数量（樘）计算或按设计图示尺寸以框外围展开面积（m^2）计算。

（4）金属（塑钢、断桥）飘（凸）窗

1）工作内容：窗安装，五金、玻璃安装。

2）项目特征：窗代号，框外围展开面积，框、扇材质，玻璃品种、厚度。

3）计算规则：同金属（塑钢、断桥）橱窗。

（5）彩板窗、复合材料窗

1）工作内容：同金属（塑钢、断桥）飘（凸）窗。

2）项目特征：窗代号及洞口尺寸，框外围尺寸，框、扇材质，玻璃品种、厚度。

3）计算规则：按设计图示数量（樘）计算或按设计图示洞口尺寸或框外围面积（m^2）计算。

【例 3-24】某建筑的木质连窗门的洞口尺寸如图 3-77 所示，求木质连窗门工程量。

【解】

木质门工程量：$S_1=0.9\times2.4=2.16m^2$

木质窗工程量：$S_2=1.2\times1.2=1.44m^2$

木质连窗门工程量 $=2.16+1.44=3.60m^2$

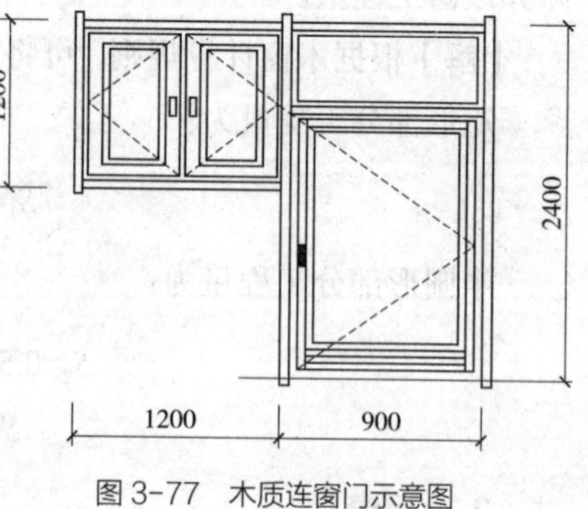

图 3-77 木质连窗门示意图

3.6.4 门窗相关构件

1. 门窗套

门窗套是设置在门窗洞口的两个立边垂直面，突出墙外形成边框或与墙平齐，用于保护和装饰门框及窗框，由筒子板和贴脸组成，如图 3-78 所示。门窗套主要包括木门窗套、金属门窗套和石材门窗套。其中，木门窗套适用于单独门窗套的制作和安装。

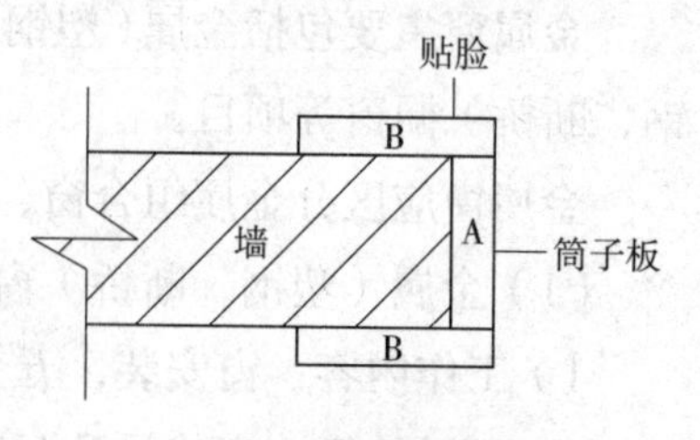

图 3-78 门窗套示意图

门窗套项目中的木筒子板、饰面夹板筒子板、门窗木贴脸等项目的计量方法详见现行计量规范。

（1）木门窗套

1）工作内容：清理基层，立筋制作、安装，基层板安装，面层铺贴，线条安装，刷防护材料。

2）项目特征：门窗代号及洞口尺寸，门窗套展开宽度，基层材料种类，面层材料品种、规格，线条品种、规格，防护材料种类。

3）计算规则：根据实际需要，可按下述任一计算方法计量。

①按设计图示数量（樘）计算。

②按设计图示尺寸以展开面积（m^2）计算。

③按设计图示中心尺寸以延长米（m）计算。

（2）金属门窗套

1）工作内容：清理基层，立筋制作、安装，基层板安装，面层铺贴，刷防护材料。

2）项目特征：门窗代号及洞口尺寸，门窗套展开宽度，基层材料种类，面层材料品种、规格，防护材料种类。

3）计算规则：同木门窗套。

（3）成品木门窗套

1）工作内容：清理基层，立筋制作、安装，板安装。

2）项目特征：门窗代号及洞口尺寸，门窗套展开宽度，门窗套材料品种、规格。

3）计算规则：同木门窗套。

【例 3-25】某建筑室内门洞尺寸为 1800mm × 2400mm，共计两樘，门套设计宽度为 240mm，计算该建筑门窗套的工程量。

【解】门窗套的工程量为：

n=2 樘

或：$S=(1.8+2.4\times2)\times0.24\times2=3.17m^2$

或：$L=(1.8+2.4\times2)\times2=13.2m$

2. 窗台板

窗台板是为了增加室内装饰效果，临时摆设物件而设置在窗内侧的装饰板，如图 3-79 所示。根据使用材质的不同，窗台板分为木窗台板、铝塑窗台板、金属窗台板和石材窗台板等。

（1）木窗台板、铝塑窗台板、金属窗台板

1）工作内容：基层清理，基层制作、安装，窗台板制作、安装，刷防护材料。

2）项目特征：基层材料种类，窗台面板材质、规格、颜色，防护材料种类。

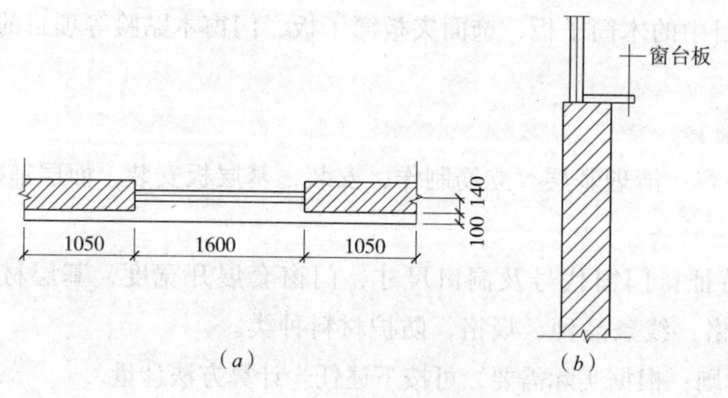

图 3-79 窗台板示意图
(a)平面图；(b)立面图

3）计算规则：按设计图示尺寸以展开面积（m^2）计算。

（2）石材窗台板

1）工作内容：基层清理，抹找平层，窗台板制作、安装。

2）项目特征：粘结层厚度、砂浆配合比，窗台板材质、规格、颜色。

3）计算规则：同木窗台板。

3. 窗帘、窗帘盒、窗帘轨

（1）窗帘

1）工作内容：制作、运输及安装。

2）项目特征：窗帘材质，窗帘高度、宽度，窗帘层数，带幔要求。

3）计算规则：按设计图示尺寸以成活后长度（m）计算或按图示尺寸以成活后展开面积（m^2）计算。

（2）窗帘盒

窗帘盒是隐蔽窗帘帘头的重要设施。根据材质的不同，分为木窗帘盒，饰面夹板、塑料窗帘盒及铝合金窗帘盒。

1）工作内容：制作、运输、安装，刷防护材料。

2）项目特征：窗帘盒材质、规格，防护材料种类。

3）计算规则：按设计图示尺寸以长度（m）计算。

（3）窗帘轨

1）工作内容：同窗帘盒。

2）项目特征：窗帘轨材质、规格、数量，防护材料种类。

3）计算规则：同窗帘盒。

（4）相关说明

1）窗帘若是双层，项目特征必须描述每层材质。

2）窗帘以米计量，项目特征必须描述窗帘高度和宽。

3.7 屋面及防水工程

3.7.1 屋面及防水工程概述

屋面按结构形式划分，通常分为坡屋面和平屋面两种形式。屋面工程主要是指屋面结构层（屋面板）或屋面木基层以上的工作内容。

常见的坡屋面结构分两坡水和四坡水。根据所用材料又有青瓦屋面、平瓦屋面、石棉水泥瓦屋面、玻璃钢波形瓦屋面等，坡屋面一般有自动排水的功能。

平屋面按照屋面的防水做法不同可分为卷材防水屋面、刚性防水屋面、涂料防水屋面等。

3.7.2 屋面及防水工程的工程计量

屋面及防水工程主要包括瓦屋面、型材及其他屋面，屋面防水及其他防排水设施，墙面防水、防潮，楼（地）面防水、防潮等。

1. 瓦、型材及其他屋面

瓦、型材及其他屋面主要包括瓦屋面、型材屋面、阳光板屋面、玻璃钢屋面、膜结构屋面等内容。

（1）瓦屋面

瓦屋面项目适合于小青瓦、平瓦、筒瓦、石棉水泥瓦、玻璃钢波形瓦等。木屋架瓦屋面结构示意图如图 3-80 所示。

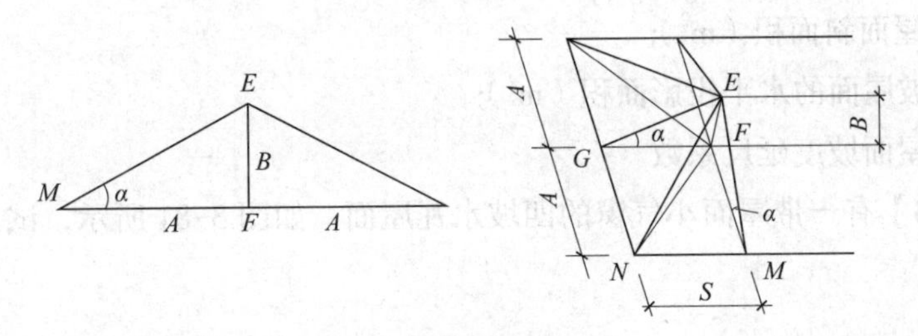

图 3-80 坡屋面示意图

瓦屋面的屋面坡度（倾斜度）的表示方法有多种：一种是用屋顶的高度与半跨之间的比表示（B/A）；另一种是用屋顶的高度与跨度之间的比表示（$B/2A$）；还有一种是以屋面的斜面与水平面的夹角（α）表示，如图 3-80 所示。为计算方便，引入延尺系数和隅延尺系数的概念。延尺系数主要用于计算坡屋面面积，隅延尺系数主要用于计算屋脊长度。各系数见表 3-26。

1）工作内容：砂浆制作、运输、摊铺、养护和安瓦、作瓦脊。

2）项目特征：瓦品种、规格及粘结层砂浆的配合比。瓦屋面若在木基层上铺瓦，

屋面坡度系数表 表 3-26

坡度			延尺系数 C	隅延尺系数 D（$S=A$ 时）	坡度			延尺系数 C	隅延尺系数 D（$S=A$ 时）
B/A	$B/2A$	角度 α			B/A	$B/2A$	角度 α		
1	1/2	45°	1.4142	1.7320	0.4	1/5	21°48′	1.0770	1.4697
0.75		36°52′	1.2500	1.6008	0.35		19°47′	1.0595	1.4569
0.70		35°	1.2207	1.5780	0.30		16°42′	1.0440	1.4457
0.666	1/3	33°40′	1.2015	1.5632	0.25	1/8	14°02′	1.0308	1.4362
0.65		33°01′	1.1927	1.5564	0.20	1/10	11°19′	1.0198	1.4283
0.6		30°58′	1.1662	1.5362	0.15		8°32′	1.0112	1.4222
0.577		30°	1.1545	1.5274	0.125	1/16	7°8′	1.0078	1.4197
0.55		28°49′	1.1413	1.5174	0.10	1/20	5°42′	1.0050	1.4178
0.50	1/4	26°34′	1.1180	1.5000	0.083	1/24	4°45′	1.0034	1.4166
0.45		24°14′	1.0966	1.4841	0.066	1/30	3°49′	1.002	1.4158

注：延尺系数又称屋面系数，隅延尺系数又称屋脊系数。

项目特征不必描述粘结层砂浆的配合比。

3）计算规则：按设计图示尺寸以斜面积（m^2）计算。不扣除房上烟囱、风帽底座、风道、小气窗、斜沟等所占面积，也不增加小气窗的出檐部分面积。

屋面斜面积的计算公式为：

$$F=F_t \times C \tag{3-53}$$

式中 F——屋面斜面积（m^2）；

F_t——坡屋面的水平投影面积（m^2）；

C——屋面坡度延尺系数。

【例 3-26】有一带屋面小气窗的四坡水瓦屋面，如图 3-81 所示，试计算屋面工程量（$S=A$）。

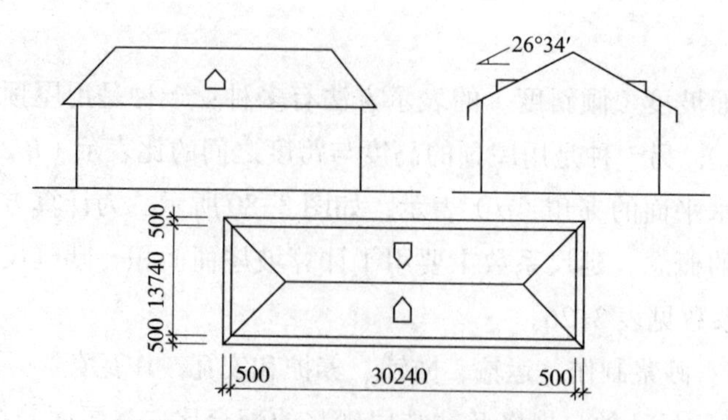

图 3-81 带屋面小气窗的四坡水瓦屋面示意图

【解】根据屋面计算规则和公式（3-53），由表 3-26 查得 C 为 1.118，故：

$$F=(30.24+2\times0.5)\times(13.74+2\times0.5)\times1.118=514.81\text{m}^2$$

（2）型材屋面

型材屋面项目适用于压型钢板、金属压型夹芯板、阳光板、玻璃钢板等。

1）工作内容：檩条制作、运输、安装，屋面型材安装，接缝、嵌缝。

2）项目特征：型材品种、规格，金属檩条材料品种、规格，接缝、嵌缝材料种类。

3）计算规则：同瓦屋面。

（3）阳光板屋面

阳光板屋面采用空心透明，具有综合性能良好的阳光板装饰板材，有高强度、透光、隔声、节能等特点。

1）工作内容：骨架制作、运输、安装，刷防护材料、油漆，阳光板安装，接缝、嵌缝。

2）项目特征：阳光板品种、规格，骨架材料品种、规格，接缝、嵌缝材料种类及油漆品种、刷漆遍数。

3）计算规则：按设计图示尺寸以斜面积（m^2）计算。不扣除屋面面积≤ 0.3m^2 孔洞所占面积。

（4）玻璃钢屋面

玻璃钢即纤维强化塑料，一般指用玻璃纤维增强不饱和聚脂、环氧树脂与酚醛树脂基体，以玻璃纤维或其制品作增强材料的增强塑料装饰材料。

1）工作内容：骨架制作、运输、安装，刷防护材料、油漆，玻璃钢制作、安装，接缝、嵌缝。

2）项目特征：玻璃钢品种、规格，骨架材料品种、规格，玻璃钢固定方式，接缝、嵌缝材料种类及油漆品种、刷漆遍数。

3）计算规则：同阳光板屋面。

（5）膜结构屋面

膜结构屋面适用于膜布屋面，以建筑织物（膜材料）为张拉主体，与支撑构件或拉索共同组成的结构体系。具有建筑造型新颖独特、受力良好等特点，是大跨度空间结构的主要形式之一。

1）工作内容：膜布热压胶接，支柱（网架）制作、安装，膜布安装，穿钢丝绳、锚头锚固，锚固基座、挖土、回填，刷防护材料、油漆。

2）项目特征：膜布品种、规格，支柱（网架）钢材品种、规格，钢丝绳品种、规格，锚固基座做法，油漆品种、刷漆遍数。

3）计算规则：按设计图示尺寸以需要覆盖的水平投影面积（m^2）计算。

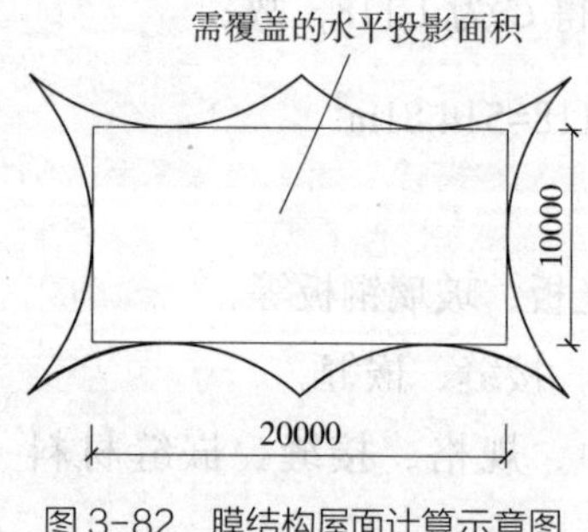

图 3-82 膜结构屋面计算示意图

（6）相关说明

1）瓦屋面铺防水层，按现行规范中“屋面防水及其他工程”中相关项目编码列项。

2）型材屋面、阳光板屋面、玻璃钢屋面的柱、梁、屋架按“金属结构、木结构工程”中相关项目编码列项。

【例 3-27】某膜结构屋面如图 3-82 所示，计算膜结构屋面工程量。

【解】$F=20\times10=200\text{m}^2$

2. 屋面防水及其他

屋面防水及其他工程主要包括屋面卷材防水，屋面涂膜防水，屋面刚性层，屋面排水管，屋面天沟、檐沟及屋面变形缝等。

（1）屋面卷材防水

1）工作内容：基层处理，刷底油，铺油毡卷材、接缝。

2）项目特征：卷材材料品种、规格、厚度，防水层数，防水层做法。

3）计算规则：按设计图示尺寸以面积（m^2）计算。

①斜屋顶（不包括平屋顶找坡）按斜面积计算，平屋顶按水平投影面积计算。

②不扣除房上烟囱、风帽底座、风道、屋面小气窗和斜沟所占面积。

③屋面的女儿墙、伸缩缝和天窗等处的弯起部分，并入屋面工程量内。

（2）屋面涂膜防水

1）工作内容：基层处理，刷基层处理剂，铺布、喷涂防水层。

2）项目特征：防水膜品种，涂膜厚度、遍数，增强材料种类。

3）计算规则：同屋面卷材防水。

（3）屋面刚性层

1）工作内容：基层处理，混凝土制作、运输、铺筑、养护，钢筋制安。

2）项目特征：刚性层厚度，混凝土种类、强度等级，嵌缝材料种类，钢筋规格、型号。

3）计算规则：按设计图示尺寸以面积（m^2）计算。不扣除房上烟囱、风帽底座、风道等所占面积。

（4）屋面排水管

1）工作内容：排水管及配件安装、固定，雨水斗、山墙出水口、雨水箅子安装，接缝、嵌缝，刷漆。

2）项目特征：排水管品种、规格，雨水斗、山墙出水口品种、规格，接缝、嵌缝材料种类，油漆品种、刷漆遍数。

3）计算规则：按设计图示尺寸以长度（m）计算。如设计未标注尺寸，以檐口至设计室外散水上表面垂直距离计算。

（5）屋面天沟、檐沟

1）工作内容：天沟材料铺设，天沟配件安装，接缝、嵌缝，刷防护材料。

2）项目特征：材料品种、规格，接缝、嵌缝材料种类。

3）计算规则：按设计图示尺寸以展开面积（m^2）计算。

（6）屋面变形缝

1）工作内容：清缝，填塞防水材料，止水带安装，盖缝制作、安装，刷防护材料。

2）项目特征：嵌缝材料种类、止水带材料种类、盖缝材料、防护材料。

3）计算规则：按设计图示尺寸以长度（m）计算。

（7）相关说明

1）屋面找平层按"楼地面装饰工程"中平面砂浆找平层编码列项，屋面保温找坡层按"保温、隔热、防腐工程"中保温隔热屋面编码列项。

2）屋面防水搭接及附加层用量不另计算。

【例 3-28】某平面屋面尺寸如图 3-83 所示，檐沟宽 600mm，屋面及檐沟为二毡三油一砂防水层（上卷 250mm），计算屋面卷材防水及屋面檐沟防水的工程量。

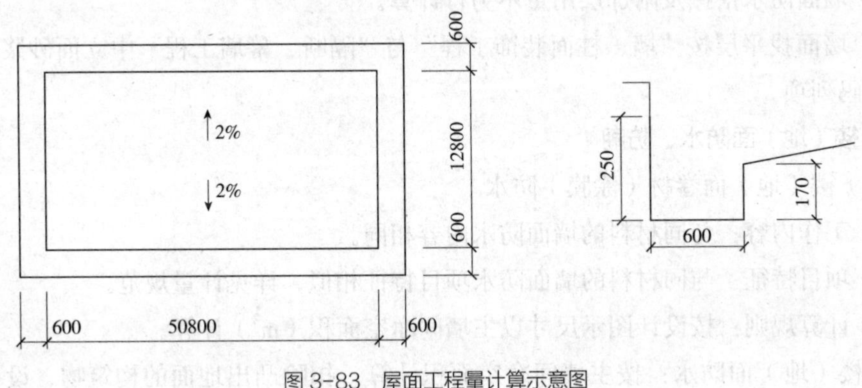

图 3-83 屋面工程量计算示意图

【解】:（1）屋面卷材防水工程量：

$$F_1=50.8\times12.8=650.24\text{m}^2$$

（2）屋面檐沟防水工程量：

$$F_2=[50.8\times0.6\times2+（12.8+0.6\times2）\times0.6\times2]+[（12.8+1.2）\times2+（50.8+1.2）\times2]\times0.25+（50.8+12.8）\times2\times0.17=132.38\text{m}^2$$

3. 墙面防水、防潮

（1）墙面卷材防水

1）工作内容：基层处理，刷胶粘剂，铺防水卷材，接缝、嵌缝。

2）项目特征：卷材材料品种、规格、厚度，防水层数，防水层做法。

3）计算规则：按设计图示尺寸以面积（m^2）计算。

（2）墙面涂膜防水

1）工作内容：基层处理，刷基层处理剂，铺布、喷涂防水层。

2）项目特征：防水膜品种，涂膜厚度、遍数，增强材料种类。

3）计算规则：同墙面卷材防水。

（3）墙面砂浆防水（防潮）

1）工作内容：基层处理，挂钢丝网片，设置分隔缝，砂浆制作、运输、摊铺、养护。

2）项目特征：防水层做法，砂浆厚度、配合比，钢丝网规格。

3）计算规则：同墙面卷材防水。

（4）墙面变形缝

1）工作内容：清缝，填塞防水材料，止水带安装，盖缝制作、安装，刷防护材料。

2）项目特征：嵌缝材料种类、止水带材料种类、盖缝材料种类、防护材料种类。

3）计算规则：按设计图示尺寸以长度（m）计算。当墙面变形缝做双面时，其工程量乘系数 2。

（5）相关说明

1）墙面防水搭接及附加层用量不另行计算。

2）墙面找平层按“墙、柱面装饰工程”与“隔断、幕墙工程”中立面砂浆找平层项目编码列项。

4. 楼（地）面防水、防潮

（1）楼（地）面卷材（涂膜）防水

1）工作内容：与同材料的墙面防水内容相同。

2）项目特征：与同材料的墙面防水项目特征相似，详见计量规范。

3）计算规则：按设计图示尺寸以主墙间净空面积（m^2）计算。

①楼（地）面防水：按主墙间净空面积计算，扣除凸出地面的构筑物、设备基础等所占面积，不扣除间壁墙及单个面积≤ $0.3m^2$ 柱、垛、烟囱和孔洞所占面积。

②楼（地）面防水反边高度≤ 300mm 算做地面防水，反边高度大于 300mm，其立面工程量全部按墙面防水计算。

（2）楼（地）面砂浆防水（防潮）

1）工作内容：基层处理，砂浆制作、运输、摊铺、养护。

2）项目特征：防水层做法，砂浆厚度、配合比，反边高度。

3）计算规则：同楼面卷材防水。

（3）楼（地）面变形缝

1）工作内容：同墙面变形缝。

2）项目特征：同墙面变形缝。

3）计算规则：按设计图示以长度计算。

（4）相关说明

1）楼（地）面防水搭接及附加层用量不另行计算。

2）楼（地）面找平层按“楼地面装饰工程”中立面砂浆找平层项目编码列项。

【例 3-29】某仓库平面图如图 3-84 所示，仓库地面与内墙面（高 800mm）均采用防水砂浆防水，计算该仓库地面与内墙面防水的工程量。

【解】$S_{地面}=(17.5-0.24)\times(7.0-0.24)=116.68m^2$

$S_{墙面}=[(17.5-0.24)+(7.0-0.24)]\times 2\times 0.8+0.13\times 0.8\times 16-0.8\times 1.5$

$=38.90m^2$

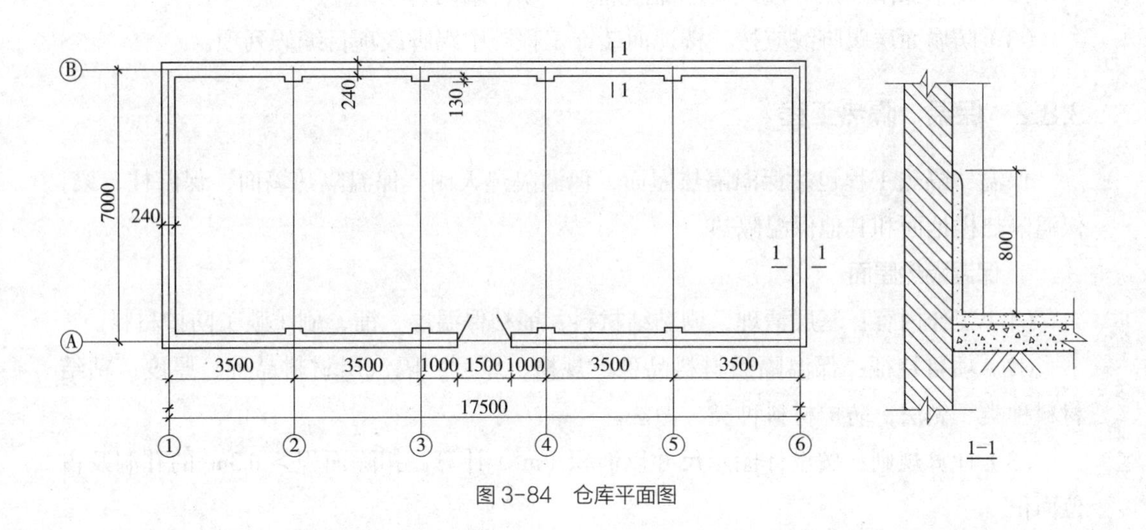

图 3-84 仓库平面图

3.8 保温、隔热、防腐工程

3.8.1 保温、隔热、防腐工程概述

1. 保温、隔热工程

为了防止建筑物内部温度受外界温度的影响，使建筑物内部维持一定的温度而增加的材料层称保温隔热层。保温隔热工程一般适用于冷库、恒温恒湿车间的屋面、外墙和地面。

2. 防腐工程

在建筑物的使用过程中，由于酸、碱、盐及有机溶剂等介质的作用，会使建筑材料产生不同程度的物理和化学变化，发生腐蚀现象。

在建筑工程中，常见的防腐蚀工程包括水类防腐蚀工程、硫磺类防腐蚀工程、沥青类防腐蚀工程、树脂类防腐蚀工程、块料防腐蚀工程、聚氯乙烯防腐蚀工程、涂料防腐蚀工程等。根据不同的结构和材料，又可分为防腐隔离层、防腐整体面层和防腐块料面层三大类，常见的防腐结构形式见表 3-27。

常见的防腐结构形式　表 3-27

类别	防腐整体面层	防腐隔离层	防腐块料面层
防腐结构与材料	水玻璃类耐酸防腐整体面层、沥青类防腐蚀整体面层、钢屑水泥整体面层、硫磺类防腐蚀整体面层、重晶石类防腐整体面层、玻璃钢防腐蚀整体面层	沥青胶泥铺贴隔离层、沥青产品涂覆的隔离层	耐酸砖、天然石材、铸石制品

防腐工程一般适用于楼地面、平台、墙面、墙裙和地沟的防腐蚀隔离层和面层。

3. 相关说明

(1)保温隔热装饰面层，应按“装饰工程”中相关项目编码列项。

(2)池槽保温隔热应按“其他保温隔热”项目编码列项。

(3)防腐面层踢脚线应按“楼地面装饰工程”中踢脚线项目编码列项。

3.8.2 保温、隔热工程

保温、隔热工程包括保温隔热屋面，保温隔热天棚，保温隔热墙面，保温柱、梁，保温隔热楼地面和其他保温隔热。

1. 保温隔热屋面

(1)工作内容：基层清理，刷粘结材料，铺粘保温层，铺、刷(喷)防护材料。

(2)项目特征：保温隔热材料品种、规格、厚度，隔汽层材料品种、厚度，粘结材料种类、做法，防护材料种类、做法。

(3)计算规则：按设计图示尺寸以面积(m^2)计算。扣除面积 > $0.3m^2$ 的孔洞及占位面积。

2. 保温隔热天棚

(1)工作内容：同保温隔热屋面。

(2)项目特征：保温隔热面层材料品种、规格、性能，保温隔热材料品种、规格及厚度，粘结材料种类及做法，防护材料种类及做法。

(3)计算规则：按设计图示尺寸以面积(m^2)计算。扣除面积 > $0.3m^2$ 上柱、垛、孔洞所占面积。柱帽保温隔热层及与天棚相连的梁按展开面积，并入保温隔热天棚工程量中。

3. 保温隔热墙面

(1)工作内容：基层清理，刷界面剂，安装龙骨，填贴保温材料，保温板安装，粘贴面层，铺设增强格网，抹抗裂、防水砂浆面层，嵌缝，铺、刷(喷)防护材料。

(2)项目特征：保温隔热部位，保温隔热方式，踢脚线、勒脚线保温做法，龙骨材料品种、规格，保温隔热面层材料品种、规格、性能，保温隔热材料品种、规格及厚度，增强网及抗裂防水砂浆种类，粘结材料种类及做法，防护材料种类及做法。

(3)计算规则：按设计图示尺寸以面积(m^2)计算。扣除门窗洞口以及面积 > $0.3m^2$ 梁、孔洞所占面积；门窗洞口侧壁以及与墙相连的柱，并入保温墙体工程量内。

【例 3-30】某建筑尺寸如图 3-85 所示，该工程外墙保温做法：①基层表面清理；②刷界面砂浆 5mm；③刷 30mm 厚胶粉聚苯颗粒；④门窗边做保温宽度为 120mm，外墙高度 3.9m，墙厚均为 240mm。试计算外墙保温墙面工程量。

M-1：900mm × 2100mm

C-1：1200mm × 1800mm

C-2：1500mm × 2400mm

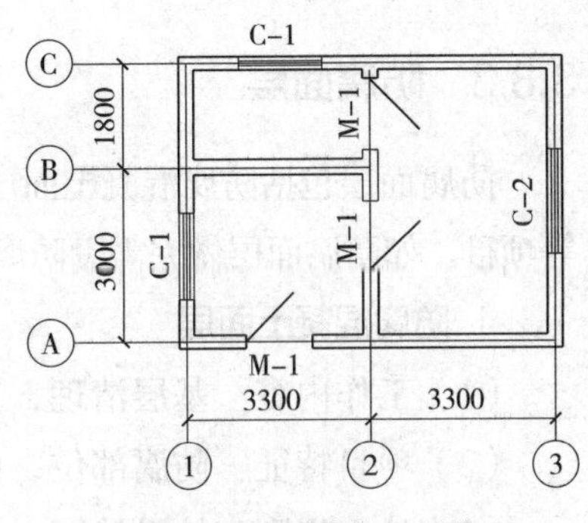

图 3-85 某建筑示意图

【解】墙面：

$$S_1=[(6.60+0.24)+(3.0+1.8+0.24)]\times 2\times 3.90-(0.9\times 2.1+1.2\times 1.8\times 2+1.5\times 2.4)=82.85\text{m}^2$$

门窗侧边：

$$S_2=[(0.9+2.1\times 2)+(1.2+1.8)\times 2\times 2+(1.5+2.4)\times 2]\times 0.12=2.99\text{m}^2$$

保温墙面工程量 $=82.85+2.99=85.84\text{m}^2$

4. 保温柱、梁

保温柱、梁项目适用于不与墙、天棚相连的独立柱、梁。

（1）工作内容：同保温隔热墙面。

（2）项目特征：同保温隔热墙面。

（3）计算规则：按设计图示尺寸以面积（m^2）计算。

1）柱按设计图示柱断面保温层中心线展开长度乘保温层高度以面积计算，扣除面积 > $0.3m^2$ 梁所占面积。

2）梁按设计图示梁断面保温层中心线展开长度乘保温层长度以面积计算。

5. 保温隔热楼地面

（1）工作内容：同保温隔热屋面。

（2）项目特征：同保温隔热屋面，还应描述保温隔热部位。

（3）计算规则：按设计图示尺寸以面积（m^2）计算。扣除面积 > $0.3m^2$ 柱、垛、孔洞等所占面积。不增加门洞、空圈、暖气包槽、壁龛的开口部分面积。

6. 其他保温隔热

（1）工作内容：同保温隔热墙面。

（2）项目特征：保温隔热部位，保温隔热方式，隔汽层材料品种、厚度，保温隔热面层材料品种、规格、性能，保温隔热材料品种、规格及厚度，粘结材料种类及做法，增强网及抗裂防水砂浆种类，防护材料种类及做法。

（3）计算规则：按设计图示尺寸以展开面积（m^2）计算。扣除面积 > $0.3m^2$ 孔洞及占位面积。

3.8.3 防腐面层

防腐面层包括防腐混凝土面层、防腐砂浆面层、块料防腐面层和池、槽块料防腐面层等项目。如防腐面层做完需设防腐踢脚线时,则按楼地面装饰工程"踢脚线"项目编码列项。

1. 防腐混凝土面层

(1)工作内容:基层清理,基层刷稀胶泥,混凝土制作、运输、摊铺、养护。

(2)项目特征:防腐部位,面层厚度,混凝土种类,胶泥种类、配合比。

(3)计算规则:按设计图示尺寸以面积(m^2)计算。

1)平面防腐:扣除凸出地面的构筑物、设备基础等以及面积 > $0.3m^2$ 孔洞、柱、垛等所占面积,不增加门洞、空圈、暖气包槽、壁龛的开口部分面积。

2)立面防腐:扣除门窗洞口以及面积 > $0.3m^2$ 孔洞、梁等所占面积,门、窗、洞口侧壁、垛凸出部分按展开面积并入墙面积内。

2. 防腐砂浆面层

(1)工作内容:基层清理,基层刷稀胶泥,砂浆制作、运输、摊铺、养护。

(2)项目特征:防腐部位,面层厚度,砂浆、胶泥种类、配合比。

(3)计算规则:同防腐混凝土面层。

3. 块料防腐面层

(1)工作内容:基层清理,铺贴块料,胶泥调制、勾缝。

(2)项目特征:防腐部位,块料品种、规格,粘结材料种类,勾缝材料种类。

(3)计算规则:同防腐混凝土面层。

4. 池、槽块料防腐面层

(1)工作内容:同块料防腐面层。

(2)项目特征:防腐池、槽名称、代号,块料品种、规格,粘结材料种类,勾缝材料种类。

(3)按设计图示尺寸以展开面积(m^2)计算。

3.8.4 其他防腐

其他防腐包括隔离层、防腐涂料和砌筑沥青浸渍砖,详见计量规范条款。

【例 3-31】如图 3-86 所示,酸池内贴耐酸瓷砖,求块料耐酸瓷砖的工程量(设瓷砖、结合层、找平层厚度合计为 80mm)。

【解】(1)池底板耐酸瓷砖工程量

$$S_1=3.5\times1.5=5.25m^2$$

(2)池壁耐酸瓷砖工程量

$$S_2=(3.5+1.5-2\times0.08)\times2\times(2-0.08)=18.59m^2$$

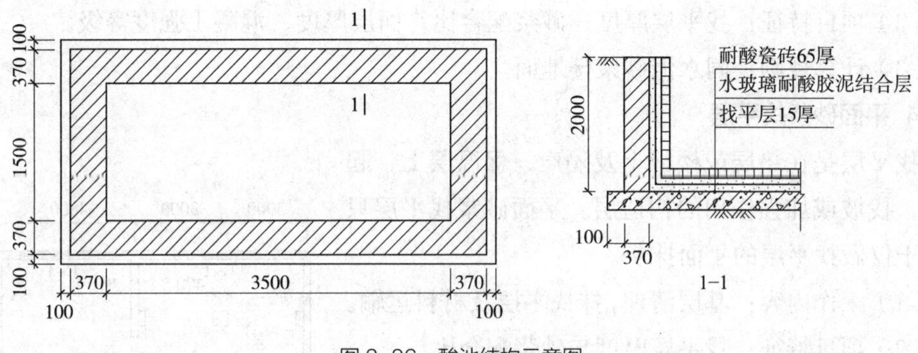

图 3-86 酸池结构示意图

3.9 楼地面装饰工程

楼地面装饰主要包括对楼地面面层、踢脚线、楼梯面层、台阶及零星项目的装饰。

楼地面中的混凝土垫层工程计量按现行规范“现浇混凝土基础”中垫层项目编码列项，除混凝土外的其他材料垫层按“砌筑工程”中的垫层项目编码列项。

3.9.1 整体面层及找平层

整体面层是指大面积整体浇筑而成的现浇各类装饰面层，如水泥砂浆面层、现浇水磨石面层等。

1. 水泥砂浆楼地面

（1）工作内容：基层清理、抹找平层、抹面层、材料运输。

（2）项目特征：找平层厚度、砂浆配合比，素水泥浆遍数，面层厚度、砂浆配合比，面层做法要求。

（3）计算规则：按设计图示尺寸以面积（m^2）计算。

应扣除：凸出地面构筑物、设备基础、室内铁道、地沟等所占面积。

不扣除：间壁墙（墙厚≤120mm 的墙）及≤0.3m^2 柱、垛、附墙烟囱及孔洞所占面积。

不增加：门洞、空圈、暖气包槽、壁龛的开口部分面积。

2. 现浇水磨石楼地面

（1）工作内容：基层清理，抹找平层，面层铺设，嵌缝条安装，磨光、酸洗、打蜡，材料运输。

（2）项目特征：找平层厚度、砂浆配合比，面层厚度、水泥石子浆配合比，嵌条材料种类、规格，石子种类、规格、颜色，颜料种类、颜色，图案要求，磨光、酸洗、打蜡要求。

（3）计算规则：同水泥砂浆楼地面。

3. 细石混凝土楼地面

（1）工作内容：基层清理、抹找平层、面层铺设、材料运输。

（2）项目特征：找平层厚度、砂浆配合比，面层厚度、混凝土强度等级。

（3）计算规则：同水泥砂浆楼地面。

4. 平面砂浆找平层

找平层是在垫层或楼板上及隔声、保温层上，起平整、找坡或加强作用的构造层。平面砂浆找平层只适用于仅做找平层的平面抹灰。

（1）工作内容：基层清理，抹找平层及材料运输。

（2）项目特征：找平层厚度与砂浆配合比。

（3）计算规则：按设计图示尺寸以面积（m^2）计算。

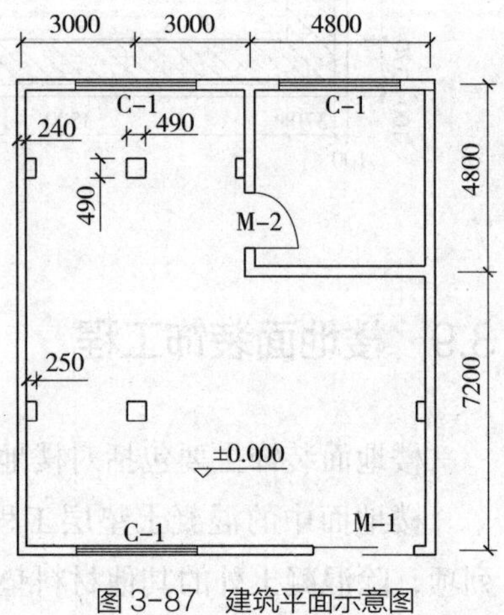

图 3-87 建筑平面示意图

【例 3-32】某建筑平面如图 3-87 所示，地面为现浇水磨石，M-1 的尺寸为 1800mm × 2400mm，M-2 的尺寸为 900mm × 2100mm，柱的尺寸为 490mm × 490mm，垛的尺寸为 250mm × 490mm，试计算水磨石地面工程量。

【解】$S=(3+3+4.8-0.24)\times(4.8+7.2-0.24)-[4.8\times0.24+(4.8-0.24)\times0.24]$
$=121.94m^2$

3.9.2 块料面层

块料面层是指将块状材料用胶结料铺砌而成的块状面层，如大理石、花岗石、彩釉砖等，主要包括石材面层、碎石材面层和块料面层三大类。

（1）工作内容：基层清理、抹找平层，面层铺设、磨边，嵌缝，刷防护材料，酸洗、打蜡，材料运输。

（2）项目特征：找平层厚度、砂浆配合比，结合层厚度、砂浆配合比，面层材料品种、规格、颜色，嵌缝材料种类，防护层材料种类，酸洗、打蜡要求。

（3）计算规则：按设计图示尺寸以面积（m^2）计算。门洞、空圈、暖气包槽、壁龛的开口部分并入相应的工程量内。

3.9.3 橡塑面层

橡塑面层包括橡胶板楼地面、橡胶板卷材楼地面、塑料板楼地面和塑料卷材楼地面。

（1）工作内容：基层清理、面层铺贴，压缝条装钉，材料运输。

（2）项目特征：粘结层厚度、材料种类，面层材料品种、规格、颜色，压线条种类。

（3）计算规则：同块料面层。

橡塑面层项目涉及找平层，均按平面砂浆找平层编码列项。

3.9.4 其他材料面层

其他材料面层包括地毯楼地面、复合地板（包括竹木复合、金属复合）及防静电活动地板。工作内容和项目特征因地板种类不同而异，详见现行计量规范，计算规则同块料面层。

3.9.5 踢脚线

踢脚线可以避免墙受到外力碰撞而被破坏，也可以起到美化装饰效果。根据使用材料的不同，可将踢脚线分为三类。第一类指水泥砂浆踢脚线，第二类指块料踢脚线，第三类包括塑料板、木质、金属和防静电踢脚线。

1. 第一类踢脚线

（1）工作内容：基层清理、底层和面层抹灰、材料运输。

（2）项目特征：踢脚线高度，底层厚度、砂浆配合比，面层厚度、砂浆配合比。

（3）计算规则：按设计图示长度乘以高度以面积（m^2）计算或按延长米（m）计算。

2. 第二类踢脚线

（1）工作内容：基层清理，底层抹灰，面层铺贴、磨边，擦缝，磨光、酸洗、打蜡，刷防护材料，材料运输。

（2）项目特征：踢脚线高度，粘贴层厚度、材料种类，面层材料品种、规格、颜色，防护材料种类。

（3）计算规则：同第一类踢脚线。

3. 第三类踢脚线

（1）工作内容：基层清理、基层铺贴、面层铺贴、材料运输。

（2）项目特征：踢脚线高度，面层材料品种、规格、颜色，粘结层（基层）种类等，详见计量规范。

（3）计算规则：同第一类踢脚线。

【例 3-33】某建筑平面如图 3-88 所示，室内铺块料面砖，四周设木质踢脚线，高 120mm。M-1 宽 1200mm。与门平行的贴脸按 100mm 考虑。M-2 宽 900mm，门两侧的贴脸各按 50mm 考虑。试计算块料地面及木质踢脚线的工程量。

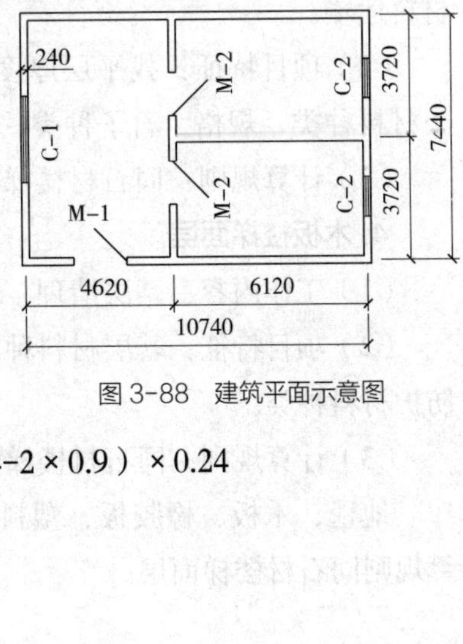

图 3-88 建筑平面示意图

【解】块料面层工程量：

$$S_{地面}=(10.74-0.24)\times(7.44-0.24)-(7.44-0.24-2\times0.9)\times0.24-(6.12-0.24)\times0.24+1.2\times0.24=73.18m^2$$

踢脚线工程量：

$L=(4.62-0.24)\times2-(1.2+0.1\times2)+(7.44-0.24)\times2-(0.9+0.05\times2)\times2+[(6.12-0.24+3.72-0.24)\times2-(0.9+0.05\times2)]\times2=55.2m$

或：$S_{踢脚}=55.2\times0.12=6.62m^2$

3.9.6 楼梯面层

1. 石材（块料、拼碎块料）楼梯面层

（1）工作内容：基层清理、抹找平层，面层铺贴、磨边，贴嵌防滑条，勾缝，刷防护材料，酸洗、打蜡，材料运输。

（2）项目特征：找平层厚度、砂浆配合比，粘结层厚度、材料种类，面层材料品种、规格、颜色，防滑条材料种类、规格，勾缝材料种类，防护材料种类，酸洗、打蜡要求。

碎石材项目的面层材料特征可不用描述规格、颜色。

石材、块料与粘结材料的结合面刷防渗材料的种类在防护材料种类中描述。

（3）计算规则：按设计图示尺寸以楼梯（包括踏步、休息平台及≤500mm 的楼梯井）水平投影面积（m^2）计算。楼梯与楼地面相连时，算至梯口梁内侧边沿；无梯口梁者，算至最上一层踏步边沿加 300mm。

2. 水泥砂浆楼梯面层

（1）工作内容：基层清理、抹找平层，抹面层，抹防滑条，材料运输。

（2）项目特征：找平层厚度、砂浆配合比，面层厚度、砂浆配合比，防滑条材料种类、规格。

（3）计算规则：同石材楼梯面层。

3. 现浇水磨石楼梯面层

（1）工作内容：基层清理、抹找平层，抹面层，贴嵌防滑条，磨光、酸洗、打蜡，材料运输。

（2）项目特征：找平层厚度、砂浆配合比，面层厚度、水泥石子浆配合比，防滑条材料种类、规格，石子种类、规格、颜色，颜料种类、颜色，磨光、酸洗打蜡要求。

（3）计算规则：同石材楼梯面层。

4. 木板楼梯面层

（1）工作内容：基层清理、基层铺贴，面层铺贴，刷防护材料，材料运输。

（2）项目特征：基层材料种类、规格，面层材料品种、规格、颜色，粘结材料种类，防护材料种类。

（3）计算规则：同石材楼梯面层。

地毯、木板、橡胶板、塑料板楼梯面层的工作内容及项目特征详见计量规范，计算规则同石材楼梯面层。

3.9.7 台阶装饰

台阶装饰主要包括石材、块料、拼碎块料、水泥砂浆、现浇水磨石及剁假石台阶面等。

1. 石材（块料、拼碎块料）台阶面

（1）工作内容：基层清理、抹找平层、面层铺贴、贴嵌防滑条、勾缝、刷防护材料、材料运输。

（2）项目特征：找平层厚度、砂浆配合比，粘结材料种类，面层材料品种、规格、颜色，勾缝材料种类，防滑条材料种类、规格，防护材料种类。

（3）计算规则：按设计图示尺寸以台阶（包括最上层踏步边沿加300mm）水平投影面积（m^2）计算。

2. 水泥砂浆台阶面

（1）工作内容：基层清理、抹找平层、抹面层、抹防滑条、材料运输。

（2）项目特征：找平层厚度、砂浆配合比，面层厚度、砂浆配合比，防滑条材料种类。

（3）计算规则：同石材台阶面。

3. 现浇水磨石台阶面

（1）工作内容：基层清理，抹找平层，抹面层，贴嵌防滑条，打磨、酸洗、打蜡，材料运输。

（2）项目特征：找平层厚度、砂浆配合比，面层厚度、水泥石子浆配合比，防滑条材料种类、规格，石子种类、规格、颜色，颜料种类、颜色，磨光、酸洗、打蜡要求。

（3）计算规则：同石材台阶面。

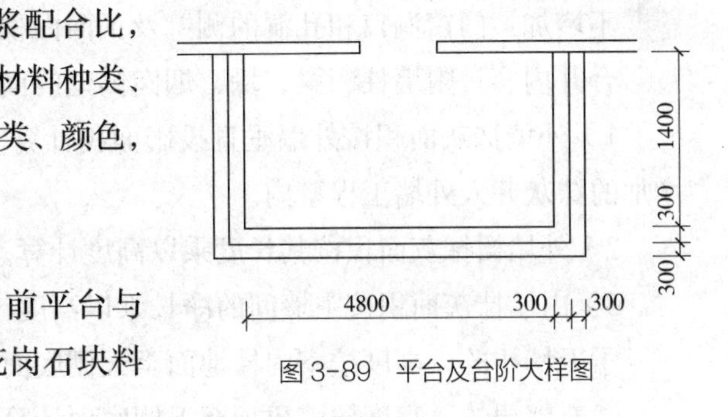

图 3-89 平台及台阶大样图

【例 3-34】某建筑物大厅入口门前平台与台阶大样图如图 3-89 所示，试计算花岗石块料面层平台与花岗石台阶面层的工程量。

【解】花岗石平台工程量 =（4.8-0.3 × 2）×（1.4-0.3）=4.62m^2

花岗石台阶面层工程量 =（4.8+0.3 × 4）×（1.4+0.3 × 2）-4.62=7.38m^2

3.9.8 零星装饰项目

零星装饰项目指楼梯、台阶牵边，侧边镶贴块料面层及≤ 0.5m^2 的少量分散的楼地面镶贴块料面层。主要包括石材、碎拼石材、块料及水泥砂浆零星项目。

（1）工作内容：主要包括清理基层、抹找平层、铺贴（抹）面层、表面处理及材料运输等。不同项目工作内容略有差异，详见规范。

（2）项目特征：主要包括工程部位，找平层厚度、砂浆配合比，面层材料品种及表面处理等。不同项目的项目特征略有差异，详见规范。

（3）计算规则：按设计图示尺寸以面积（m^2）计算。

3.10 墙、柱面装饰与隔断、幕墙工程

3.10.1 墙面抹灰

墙面抹灰包括墙面一般抹灰、装饰抹灰，墙面勾缝及立面砂浆找平层。

一般抹灰指用石灰砂浆、水泥砂浆、混合砂浆、聚合物水泥砂浆、麻刀石灰浆、石膏灰浆等做的抹灰。

装饰抹灰指用水刷石、斩假石（剁斧石、剁假石）、干粘石、假面砖等做的抹灰。

1. 墙面一般抹灰、装饰抹灰

（1）工作内容：基层清理，砂浆制作、运输，底层抹灰，抹面层，抹装饰面，勾分格缝。

（2）项目特征：墙体类型，底层厚度、砂浆配合比，面层厚度、砂浆配合比，装饰面材料种类，分格缝宽度、材料种类。

（3）计算规则：按设计图示尺寸以面积（m^2）计算。

应扣除：墙裙、门窗洞口及单个 > $0.3m^2$ 的孔洞面积。

不扣除：踢脚线、挂镜线和墙与构件交接处的面积。

不增加：门窗洞口和孔洞的侧壁及顶面面积。

合并内容：附墙柱、梁、垛、烟囱侧壁的面积。

1）外墙抹灰面积按外墙垂直投影面积计算，以外墙外边线为界，飘窗凸出外墙面增加的抹灰并入外墙工程量内。

2）外墙裙抹灰面积按其长度乘以高度计算。

3）内墙抹灰面积按主墙间的净长乘以高度计算：

①无墙裙的，高度按室内楼地面至天棚底面计算。

②有墙裙的，高度按墙裙顶至天棚底面计算。

③有吊顶天棚的内墙抹灰，高度算至天棚底。

4）内墙裙抹灰面按内墙净长乘以高度计算。

2. 墙面勾缝

（1）工作内容：基层清理，砂浆制作、运输，勾缝。

（2）项目特征：勾缝类型、勾缝材料种类。

（3）计算规则：同墙面一般抹灰。

3. 立面砂浆找平层

立面砂浆找平层适用于仅做找平层的立面抹灰项目。

（1）工作内容：基层清理，砂浆制作、运输，抹灰找平。

（2）项目特征：基层类型，找平层砂浆厚度、配合比。

（3）计算规则：同墙面一般抹灰。

【例 3-35】某建筑物平面如图 3-90 所示，外墙檐口高 3.5m，外墙裙高 0.9m，采用水刷石装饰，外墙裙以上为水泥砂浆抹灰。计算外墙面抹灰工程量（已知 M-1 尺寸为 1800mm × 2500mm，C-1 尺寸为 1200mm × 1500mm，C-2 尺寸为 1800mm × 2400mm，窗下边框距外墙裙顶部距离为 100mm）。

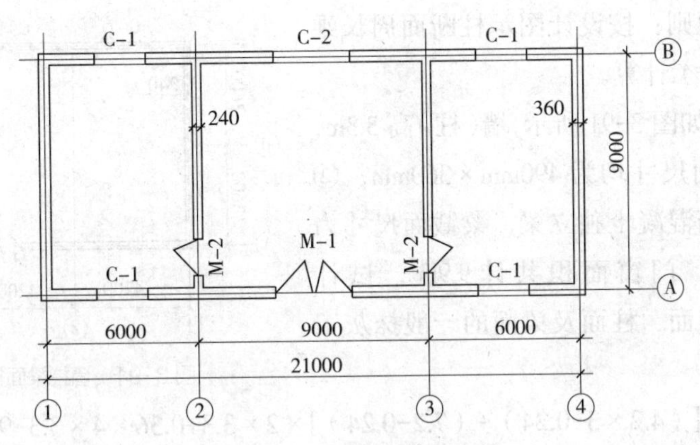

图 3-90　某建筑平面示意图

【解】（1）外墙面水泥砂浆工程量

$$S_1=(21+0.36+9+0.36)\times 2\times(3.50-0.90)-1.20\times 1.50\times 4$$
$$-1.80\times 2.40-1.80\times(2.5-0.9)=145.34\text{m}^2$$

（2）外墙裙水刷白石子工程量

$$S_2=[(21.36+9.36)\times 2-1.80]\times 0.90=53.68\text{m}^2$$

3.10.2 柱（梁）面抹灰

柱（梁）面抹灰项目主要包括柱（梁）面抹灰、砂浆找平和柱面勾缝。

1. 柱（梁）面抹灰

柱（梁）面抹灰包括一般抹灰和装饰抹灰。

（1）工作内容：基层清理，砂浆制作、运输，底层抹灰，抹面层，勾分格缝。

（2）项目特征：柱（梁）体类型，底层厚度、砂浆配合比，面层厚度、砂浆配合比，装饰面材料种类，分格缝宽度、材料种类。

（3）计算规则：柱面按设计图示尺寸柱断面周长乘高度以面积（m^2）计算，梁面按设计图示尺寸梁断面周长乘长度以面积（m^2）计算。

2. 柱（梁）面砂浆找平

（1）工作内容：基层清理，砂浆制作、运输，抹灰找平。

（2）项目特征：柱（梁）体类型，找平的砂浆厚度、配合比。

（3）计算规则：同柱（梁）面抹灰。

砂浆找平项目适用于仅做找平层的柱（梁）面抹灰。

3. 柱面勾缝

（1）工作内容：基层清理，砂浆制作、运输，勾缝。

（2）项目特征：勾缝类型、勾缝材料种类。

（3）计算规则：按设计图示柱断面周长乘高度以面积（m^2）计算。

【例 3-36】如图 3-91 所示，墙（柱）高 3.3m，柱及附墙柱截面尺寸均为 490mm × 360mm，②轴上有现浇钢筋混凝土独立梁，梁截面尺寸为 240mm × 240mm，门窗面积共计 9.9m^2，试计算该建筑室内墙面、柱面及梁面的一般抹灰工程量。

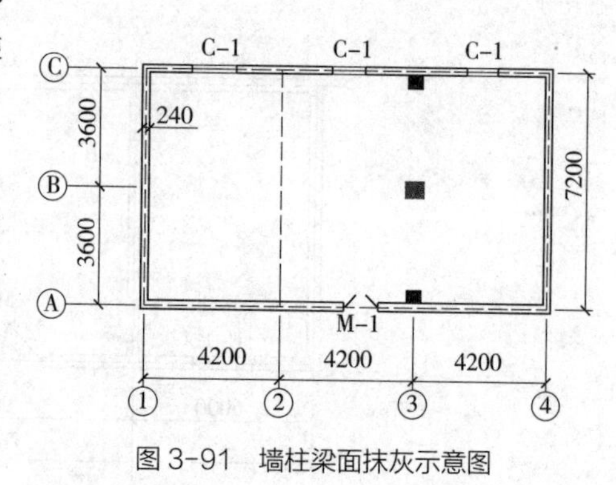

图 3-91 墙柱梁面抹灰示意图

【解】$S_{墙面}$=[（4.2 × 3−0.24）+（7.2−0.24）] × 2 × 3.3+0.36 × 4 × 3.3−9.9

=122.36m^2

$S_{柱面}$=（0.49+0.36）× 2 × 3.3=5.61m^2

$S_{梁面}$=0.24 × 4 ×（7.2−0.24）=6.68m^2

3.10.3 零星抹灰

零星抹灰项目适用于墙、柱（梁）≤ 0.5m^2 的少量分散的抹灰，包括零星项目一般抹灰、装饰抹灰及零星项目砂浆找平。其工作内容、项目特征与对应墙面抹灰相似，详见规范。计算规则按设计图示尺寸以面积（m^2）计算。

3.10.4 墙面块料面层

墙面块料面层包括石材墙面、拼碎石材墙面、块料墙面和干挂石材钢骨架。

1. 石材（拼碎石材、块料）墙面

（1）工作内容：基层清理，砂浆制作、运输，粘结层铺贴，面层安装，嵌缝，刷防护材料，磨光、酸洗、打蜡。

（2）项目特征：墙体类型，安装方式，面层材料品种、规格、颜色，缝宽、嵌缝材料种类，防护材料种类，磨光、酸洗、打蜡要求。

（3）计算规则：按镶贴表面积（m^2）计算。

2. 干挂石材钢骨架

（1）工作内容：骨架制作、运输、安装，刷漆。

（2）项目特征：骨架种类、规格，防锈漆品种遍数。

（3）计算规则：按设计图示以质量（t）计算。

3.10.5 柱（梁）面镶贴块料

柱（梁）面镶贴块料的内容与墙面块料面层的内容基本相同。其中柱梁面干挂石材的钢骨架应按墙面的相应块料面层项目编码列项。

1. 石材（块料、碎拼块料）柱面

（1）工作内容：基层清理，砂浆制作、运输，粘结层铺贴，面层安装，嵌缝，刷防护材料，磨光、酸洗、打蜡。

（2）项目特征：柱截面类型、尺寸，安装方式，面层材料品种、规格、颜色，缝宽、嵌缝材料种类，防护材料种类，磨光、酸洗、打蜡要求。

（3）计算规则：按镶贴表面积（m^2）计算。

2. 石材、块料梁面

（1）工作内容：同石材柱面。

（2）项目特征：安装方式，面层材料品种、规格、颜色，缝宽、嵌缝材料种类，防护材料种类，磨光、酸洗、打蜡要求。

（3）计算规则：同石材柱面。

3.10.6 镶贴零星块料

镶贴零星块料指墙柱面≤ $0.5m^2$ 的少量分散的镶贴块料面层。包括石材、块料、拼碎块料零星项目。相应的工作内容、项目特征与墙面块料面层相似，详见计量规范。计算规则同石材柱面。

3.10.7 墙饰面

墙饰面是用来保护墙体和美化室内环境，主要包括墙面装饰板和装饰浮雕。

1. 墙面装饰板

（1）工作内容：基层清理，龙骨制作、运输、安装，钉隔离层，基层铺钉，面层铺贴。

（2）项目特征：龙骨材料种类、规格、中距，隔离层材料种类、规格，基层材料种类、规格，面层材料品种、规格、颜色，压条材料种类、规格。

（3）计算规则：按设计图示墙净长乘以净高以面积（m^2）计算。扣除门窗洞口及单个＞ $0.3m^2$ 的孔洞所占面积。

2. 墙面装饰浮雕

（1）工作内容：基层清理，材料制作、运输，安装成型。

（2）项目特征：基层类型、浮雕材料种类、浮雕样式。

（3）计算规则：按设计图示尺寸以面积（m^2）计算。

【例 3-37】某建筑物室内墙面如图 3-92 所示。试计算大理石墙裙和装饰板墙面的工程量。

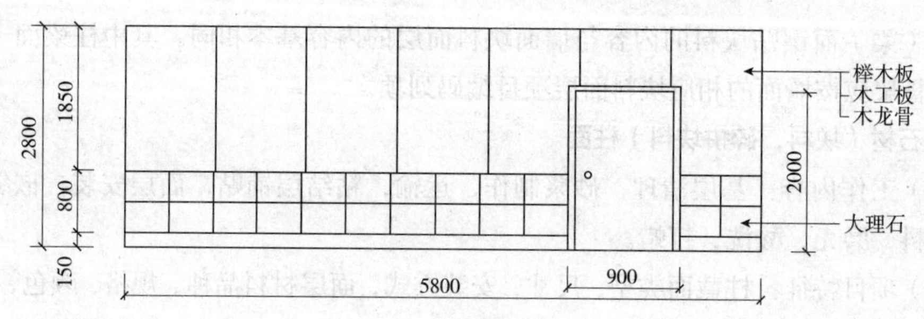

图 3-92 墙面装饰示意图

【解】大理石墙裙工程量：S_1=（5.8-0.9）× 0.8=3.92m²

榉木板面层的工程量：S_2=5.8 × 1.85-（2-0.15-0.8）× 0.9=9.79m²

3.10.8 柱（梁）饰面

柱（梁）饰面分为现场柱（梁）面装饰和成品装饰柱。

1. 柱（梁）面装饰

（1）工作内容：基层清理，龙骨制作、运输、安装，钉隔离层，基层铺钉，面层铺贴。

（2）项目特征：龙骨材料种类、规格、中距，隔离层材料种类、规格，基层材料种类、规格，面层材料品种、规格、颜色，压条材料种类、规格。

（3）计算规则：按设计图示饰面外围尺寸以面积（m²）计算。柱帽、柱墩并入相应柱饰面工程量内。

2. 成品装饰柱

（1）工作内容：柱运输、固定、安装。

（2）项目特征：柱截面、高度尺寸、柱材质。

（3）计算规则：按设计数量（根）计算或按设计长度（m）计算。

3.10.9 幕墙工程

幕墙是由结构框架与镶嵌板材组成的悬挂在主体结构上，不承担主体结构载荷的作用，可以起到防风、遮雨、保温、隔热、防噪声等使用功能的建筑外围护结构。

1. 带骨架幕墙

带骨架幕墙是指将材料与骨架连接构成的墙体。带骨架幕墙分为隐框、半隐框和明框幕墙三大类。

（1）工作内容：骨架制作、运输、安装，面层安装，隔离带、框边封闭，嵌缝、塞口，清洗。

（2）项目特征：骨架材料种类、规格、中距，面层材料品种、规格、品种、颜色，面层固定方式，隔离带、框边封闭材料品种、规格，嵌缝、塞口材料种类。

（3）计算规则：按设计图示框外围尺寸以面积（m^2）计算。与幕墙同种材质的窗所占面积不扣除。

2. 全玻（无框玻璃）幕墙

全玻（无框玻璃）幕墙指采用玻璃肋和玻璃面板构成的玻璃幕墙。全玻幕墙与带骨架幕墙的最大区别就在于骨架（肋）与面板同是玻璃。全玻幕墙的通透性比带骨架幕墙更强。

（1）工作内容：幕墙安装，嵌缝、塞口，清洗。

（2）项目特征：玻璃品种、规格、颜色，粘结塞口材料种类，固定方式。

（3）计算规则：按设计图示尺寸以面积（m^2）计算,带肋全玻幕墙按展开面积计算。

幕墙钢骨架按墙面块料面层的干挂石材钢骨架编码列项。

【例 3-38】某建筑采用隐框深蓝色中空镀膜玻璃幕墙进行外墙装饰，建筑外墙外边线长宽分别为 32.5m 和 18m，墙高 39.8m。幕墙正立面嵌有两根高度与幕墙高度相同，宽度为 0.7m 的不锈钢立柱。与幕墙同材质的窗面积 107.20m^2，钢化玻璃大门面积 32.28m^2，计算幕墙的工程量。

【解】 $S=（18+32.5）\times 2\times 39.8-0.7\times 39.8\times 2-32.28=3931.8m^2$

3.10.10 隔断

隔断一般用来分割建筑物内部空间以达到不同使用功能。根据材质不同，分为木隔断、金属隔断、玻璃隔断、塑料隔断等类型。

1. 木隔断

（1）工作内容：骨架及边框制作、运输、安装，隔板制作、运输、安装，嵌缝、塞口，装钉压条。

（2）项目特征：骨架、边框材料种类、规格，隔板材料品种、规格、颜色，嵌缝、塞口材料品种，压条材料种类。

（3）计算规则：按设计图示框外围尺寸以面积（m^2）计算。不扣除单个 $\leq 0.3m^2$ 的孔洞所占面积；浴厕门的材质与隔断相同时，门的面积并入隔断面积内。

2. 金属隔断

（1）工作内容：基本同木隔断，无装钉压条内容。

（2）项目特征：基本同木隔断，无压条材料种类的描述。

（3）计算规则：同木隔断。

3. 玻璃、塑料隔断

（1）工作内容：边框（及骨架）制作、运输、安装，隔板（玻璃）制作、运输、安装，嵌缝、塞口。

（2）项目特征：边框材料种类、规格，隔板（玻璃）材料品种、规格、颜色，嵌缝、塞口材料品种。

（3）计算规则：按设计图示框外围尺寸以面积（m^2）计算。不扣除单个≤ $0.3m^2$ 的孔洞所占面积。

4. 成品隔断

（1）工作内容：隔断运输、安装，嵌缝塞口。

（2）项目特征：隔断材料品种、规格、颜色，配件品种、规格。

（3）计算规则：按设计图示框外围尺寸以面积（m^2）计算或按设计的数量（间）计量。

3.11 天棚工程

天棚工程是室内装饰工程中的一个重要组成部分。它不仅具有保温、隔热、隔声或吸声作用，也是电气、暖卫、通风空调等管线的隐蔽层。天棚工程包括天棚抹灰、吊顶、采光天棚及天棚其他装饰。

3.11.1 天棚抹灰

（1）工作内容：基层清理、底层抹灰、抹面层。

（2）项目特征：基层类型，抹灰厚度、材料种类，砂浆配合比。

（3）计算规则：按设计图示尺寸以水平投影面积（m^2）计算。板式楼梯底面抹灰按斜面积计算，锯齿形楼梯底板抹灰按展开面积计算。

天棚抹灰不扣除间壁墙、垛、柱、附墙烟囱、检查口和管道所占的面积，带梁天棚的梁两侧抹灰面积并入天棚抹灰工程量中。

【例 3-39】如图 3-91 所示，若②轴处是有梁板中的梁，其他数据不变，计算该建筑的天棚抹灰工程量。

【解】天棚抹灰不扣除垛、柱所占的面积

$$S_{天棚}=[(4.2\times3-0.24)\times(7.2-0.24)]+(7.2-0.24)\times0.24\times2=89.37m^2$$

3.11.2 天棚吊顶

天棚吊顶主要包括吊顶天棚、格栅吊顶、其他材料吊顶等。

1. 吊顶天棚

吊顶天棚，指不直接在顶板上做装修而是采用一些构件作为龙骨，悬吊在顶板上，在龙骨下面做面板装修的一种天棚。一般由吊杆或吊筋、龙骨或格栅、面层三部分组成。

（1）工作内容：基层清理、吊杆安装，龙骨安装，基层板铺贴，面层铺贴，嵌缝，刷防护材料。

（2）项目特征：吊顶形式，吊杆规格、高度，龙骨材料种类、规格、中距，基层材料种类、规格，面层材料品种、规格，压条材料种类、规格，嵌缝材料种类，防护材料种类。

（3）计算规则：按设计图示尺寸以水平投影面积（m^2）计算。

1）不展开的面积：天棚面中的灯槽及跌级、锯齿形、吊挂式、藻井式天棚面积，如图 3-93 所示。

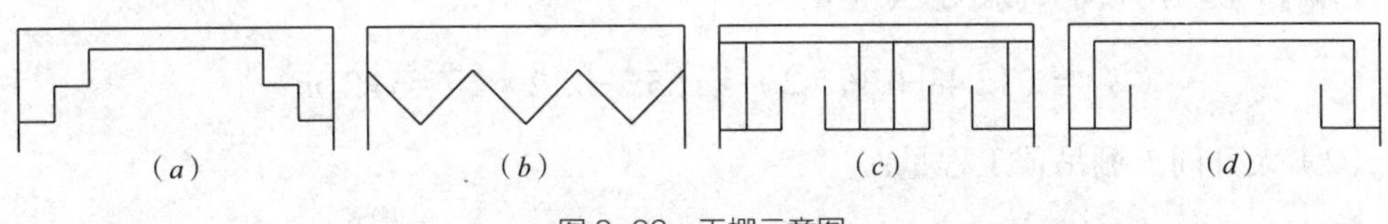

图 3-93 天棚示意图
（a）跌级天棚；（b）锯齿形天棚；（c）藻井式天棚；（d）吊挂式天棚

2）不扣除的面积：间壁墙、检查口、附墙烟囱、柱垛和管道所占面积。

3）应扣除的面积：单个 > $0.3m^2$ 的孔洞，独立柱及与天棚相连的窗帘盒所占的面积。

2. 格栅吊顶

格栅吊顶是由主龙骨、副龙骨组合而成的一种开敞式吊顶。

（1）工作内容：基层清理，安装龙骨，基层板铺贴，面层铺贴，刷防护材料。

（2）项目特征：龙骨材料种类、规格、中距，基层材料种类、规格，面层材料品种、规格，防护材料种类。

（3）计算规则：按设计图示尺寸以水平投影面积（m^2）计算。

3. 其他材料吊顶

在现代工程中，为了增加吊顶的美观，也会采用吊筒吊顶、藤条造型悬挂吊顶、织物软雕吊顶及装饰网架吊顶，工作内容与项目特征详见计量规范，计算规则按设计图示尺寸以水平投影面积（m^2）计算。

3.11.3 采光天棚

采光天棚是为提高建筑物采光效果而设立的一种天棚，具有隔音、隔热、防尘、防风等功能。

（1）工作内容：清理基层，面层制安，嵌缝、塞口，清洗。

（2）项目特征：骨架类型，固定类型、固定材料品种、规格，面层材料品种、规格，嵌缝、塞口材料种类。

（3）计算规则：按框外围展开面积（m^2）计算。

【例 3-40】如图 3-35（见砌筑工程）所示，某单层建筑物安装悬吊式顶棚，采用不上人 U 形轻钢龙骨及 600mm × 600mm 的石膏板面层。小开间为一级吊顶，大开间为二级吊顶，详图如图 3-94 所示。试计算其吊顶工程量。

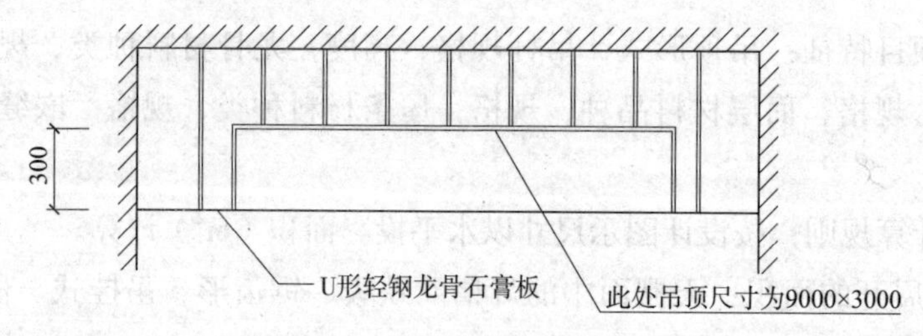

图 3-94　吊顶计算示意图

【解】(1) 小开间天棚吊顶工程量:

$$S_{小}=(12.48-0.36\times2)\times(5.7-0.12\times2)=64.21\text{m}^2$$

(2) 大开间天棚吊顶工程量:

$$S_{大}=(12.48-0.36\times2)\times(5.7+2.0-0.12\times2)-0.49\times0.49\times3=87.91\text{m}^2$$

$$S_{吊顶}=64.21+87.91=152.12\text{m}^2$$

3.12 油漆、涂料、裱糊工程

3.12.1 油漆、涂料、裱糊装饰工程概述

涂料和油漆具有良好的装饰效果及保护被饰构件的功能。裱糊主要是各类墙壁纸的粘贴。

油漆、涂料、裱糊工程包括门、窗油漆，木扶手及其他板条、线条油漆，各种材质表面的油漆，喷刷、涂料，裱糊等。

3.12.2 门、窗油漆

门、窗油漆包括木门窗油漆及金属门窗油漆。木门窗和金属门窗油漆应按规范对不同类型的门窗项目分别编码列项。

(1) 工作内容：基层清理，刮腻子，刷防护材料、油漆。金属门窗还应描述除锈。

(2) 项目特征：门窗类型，门窗代号及洞口尺寸，腻子种类，刮腻子遍数，防护材料种类，油漆品种、刷漆遍数。

(3) 计算规则：按设计图示数量（樘）计算或按设计图示洞口尺寸以面积（m^2）计算。

【例 3-41】如图 3-88 所示，建筑物各门窗洞口尺寸如下：外墙金属推拉门 M-1：1200mm × 2400mm；内墙单层木门 M-2：900mm × 2400mm，外墙金属推拉窗 C-1：1800mm × 1800mm，C-2：1200mm × 1800mm，试计算该建筑门窗油漆工程量。

【解】M-1 油漆工程量 $n_1=1$ 樘，或：$S_{M-1}=1.2\times2.4=2.88\text{m}^2$

M-2 油漆工程量 $n_2=2$ 樘，或：$S_{M-2}=0.9\times2.4\times2=4.32\text{m}^2$

C-1 油漆工程量 $n_3=1$ 樘，或：$S_{C-1}=1.8\times1.8=3.24\text{m}^2$

C-2 油漆工程量 $n_4=2$ 樘，或：$S_{C-2}=1.2\times1.8\times2=4.32\text{m}^2$

3.12.3 木扶手及其他板条线条油漆

木扶手及其他板条线条油漆主要包括木扶手油漆，窗帘盒油漆，挂衣板、挂镜线、单独木线、封檐板、顺水板油漆等项目，详见计量规范。其中木扶手应根据是否带托板分别编码列项，当木栏杆带扶手时，则木扶手油漆应包含在木栏杆油漆中，不再单独列项。

（1）工作内容：基层清理，刮腻子，刷防护材料、油漆。

（2）项目特征：断面尺寸，腻子种类，刮腻子遍数，防护材料种类，油漆品种、刷漆遍数。

（3）计算规则：按设计图示尺寸以长度（m）计算。

3.12.4 木材面油漆

（1）工作内容：基层清理，刮腻子，刷防护材料、油漆。

（2）项目特征：腻子种类，刮腻子遍数，防护材料种类，油漆品种、刷漆遍数。

（3）计算规则：根据不同项目，计算规则有差异，详见计量规范。

1）木护墙、木墙裙、窗台板、筒子板、盖板、门窗套、踢脚线、天棚面等项目，按设计图示尺寸以面积（m^2）计算。

2）木间壁、木隔断，木栅栏、木栏杆（带扶手）等项目，按设计图示尺寸以单面外围面积（m^2）计算。

3）衣柜、壁柜，梁柱饰面，零星木装修等项目，按设计图示尺寸以油漆部分展开面积（m^2）计算。

4）木地板油漆项目按设计图示尺寸以面积（m^2）计算。空洞、空圈、暖气包槽、壁龛的开口部分并入相应的工程量内。

3.12.5 金属面油漆

（1）工作内容：基层清理，刮腻子，刷防护材料、油漆。

（2）项目特征：构件名称，腻子种类，刮腻子要求，防护材料种类，油漆品种、刷漆遍数。

（3）计算规则：按设计图示尺寸以质量（t）计算或按设计展开面积（m^2）计算。

3.12.6 抹灰面油漆

抹灰面油漆包括抹灰面、抹灰线条及满刮腻子油漆。

1. 抹灰面油漆

（1）工作内容：基层清理，刮腻子，刷防护材料、油漆。

（2）项目特征：基层类型，腻子种类，刮腻子遍数，防护材料种类，油漆品种、刷漆遍数，部位。

（3）计算规则：按设计图示尺寸以面积（m^2）计算。

2. 抹灰线条油漆

（1）工作内容：同抹灰面油漆。

（2）项目特征：线条宽度、道数，腻子种类，刮腻子遍数，防护材料种类，油漆品种、刷漆遍数。

（3）计算规则：按设计图示尺寸以长度（m）计算。

3.12.7 喷刷涂料

喷刷涂料包括墙面、天棚，空花格、栏杆，线条等刷涂料，金属构件刷防火涂料，木材构件等刷防火涂料项目。

1. 墙面、天棚喷刷涂料

（1）工作内容：基层清理，刮腻子，刷、喷涂料。

（2）项目特征：基层类型，喷刷涂料部位，腻子种类，刮腻子要求，涂料品种、喷刷遍数。

（3）计算规则：按设计图示尺寸以面积（m^2）计算。

2. 空花格、栏杆喷刷涂料

（1）工作内容：同墙面喷刷涂料。

（2）项目特征：腻子种类，刮腻子遍数，涂料品种、喷刷遍数。

（3）计算规则：按设计图示尺寸以单面外围面积（m^2）计算。

3. 金属构件、木材构件刷防火涂料

（1）工作内容：材料不同，略有差异。

金属构件：基层清理，刷防护材料，油漆。

木材构件：基层清理，刷防火材料。

（2）项目特征：喷刷防火涂料构件名称，防火等级要求，涂料品种、喷刷遍数。

（3）计算规则：按设计图示尺寸以面积（m^2）计算，金属构件刷防火涂料还可按图示尺寸以质量（t）计算。

【例 3-42】某建筑平面如图 3-90 所示，窗离地高度 1.2m，M-1 尺寸为 1800mm × 2400mm，M-2 尺寸为 900mm × 2400mm，C-1 尺寸为 1500mm × 1800mm，C-2 尺寸为 1800mm × 1800mm。内墙高度 3.5m，内墙裙镶贴大理石面层，高度 1.2m，内墙面刷乳胶漆三遍。试计算内墙面乳胶漆工程量。

【解】

S=[（6.00−0.18−0.12+9.00−0.36）× 2 ×（3.50−1.20）−0.9 ×（2.4−1.2）−1.5 × 1.8 × 2] × 2+（9.00−0.24+9.00−0.36）× 2 ×（3.50−1.20）−1.80 ×（2.40−1.20）−0.9 ×（2.4−1.2）× 2−1.8 × 1.8

=191.45m^2

3.12.8 裱糊

裱糊包括墙纸裱糊和织锦缎裱糊两类。

（1）工作内容：基层清理、刮腻子、面层铺粘、刷防护材料。

（2）项目特征：基层类型，裱糊部位，腻子种类，刮腻子遍数，粘结材料种类，防护材料种类，面层材料品种、规格、颜色。

（3）计算规则：按设计图示尺寸以面积（m^2）计算。

3.13 其他装饰工程

其他装饰工程主要包括柜类、货架，压条、装饰线，扶手、栏杆、栏板装饰，暖气罩，浴厕配件，雨篷、旗杆等项目，本节未介绍内容详见计量规范。

3.13.1 压条、装饰线

根据材质不同，将压条、装饰线分为两类。第一类主要包括金属装饰线、木质装饰线、石材装饰线、镜面装饰线、铝塑装饰线及塑料装饰线等。第二类指GRC装饰线条。GRC是指以耐碱玻璃纤维作增强材料，硫铝酸盐低碱度水泥为胶结材并掺入适宜集料构成基材，通过喷射、立模浇铸、挤出、流浆等工艺而制成的新型无机复合材料。

1. 第一类压条、装饰线

（1）工作内容：线条制作、安装，刷防护材料。

（2）项目特征：基层类型，线条材料品种、规格、颜色，防护材料种类。

（3）计算规则：按设计图示尺寸以长度（m）计算。

2. 第二类压条、装饰线

（1）工作内容：线条制作、安装。

（2）项目特征：基层类型、线条规格、线条安装部位、填充材料种类。

（3）计算规则：按设计图示尺寸以长度（m）计算。

3.13.2 扶手、栏杆、栏板装饰

扶手、栏杆、栏板装饰包括金属（硬木、塑料）扶手、栏杆、栏板，GRC栏杆、扶手，金属（硬木、塑料）靠墙扶手，玻璃栏板。

（1）工作内容：制作、运输、安装、刷防护材料。

（2）项目特征：扶手、栏杆、栏板材质不同，项目特征也不同，详见规范。

（3）计算规则：按设计图示尺寸以扶手中心线长度（m）计算（包括弯头长度）。

3.14 拆除工程

3.14.1 拆除工程概述

随着人们对建筑物要求的提高，不少建筑物或构筑物面临维修加固或二次装修。本节涉及的拆除工程内容，适用于房屋建筑工程，仿古建筑、构筑物、园林景观等项目维修、加固或二次装修前的拆除，而不是指房屋的整体拆除工程。本节未提及的拆除项目及其他专业工程的拆除项目，详见规范或相关章节。

在拆除工程中，应注意以下共性问题：

（1）拆除项目的“工作内容”均为“拆（铲）除，控制扬尘，清理，建渣场内、外运输”，故本节在各项目中不再赘述“工作内容”。

（2）当拆（铲）除工程以长度计量时，须描述拆（铲）除部位的截面尺寸或规格尺寸。

（3）对于只拆面层的项目，如构件表面的抹灰层、块料层、装饰面层，在项目特征中，不必描述基层（或龙骨）类型（或种类）；对于基层（或龙骨）和面层同时拆除的项目，在项目特征中，必须描述（基层或龙骨）类型（或种类）。

3.14.2 砖砌体拆除

（1）项目特征：砌体名称、砌体材质、拆除高度、拆除砌体的截面尺寸、砌体表面的附着物种类。

（2）计算规则：按拆除的体积（m^3）计算或按拆除的长度（m）计算。

3.14.3 混凝土及钢筋混凝土构件拆除

混凝土及钢筋混凝土构件拆除工作内容、项目特征及计算规则均相同。

（1）项目特征：构件名称、拆除构件的厚度或规格尺寸、构件表面的附着物种类。

（2）计算规则：根据实际要求，可以任选以下一种方法计量。

1）按拆除构件的混凝土体积（m^3）计算。

2）按拆除部位的面积（m^2）计算，同时应描述构件的厚度。

3）按拆除部位的延长米（m）计算。

3.14.4 木构件拆除

木构件拆除一般包括木梁、木柱、木楼梯、木屋架、承重木楼板等项目的拆除。

（1）项目特征：构件名称、拆除构件的厚度或规格尺寸、构件表面的附着物种类。

（2）计算规则：同混凝土及钢筋混凝土构件拆除。

3.14.5 抹灰层拆除

抹灰层拆除包括平面抹灰层、立面抹灰层和天棚抹灰面的拆除。单独拆除抹灰层时，应按抹灰层拆除项目编码列项。

（1）项目特征：拆除部位、抹灰层种类。

（2）计算规则：按拆除部位的面积（m^2）计算。

3.14.6 块料面层拆除

块料面层拆除包括平面块料拆除和立面块料拆除。

（1）项目特征：拆除的基层类型、饰面材料种类。

（2）计算规则：按拆除的面积（m^2）计算。

3.14.7 龙骨及饰面拆除

龙骨及饰面拆除包括楼地面、墙柱面和天棚面龙骨及饰面拆除。

（1）项目特征：拆除的基层类型、龙骨及饰面种类。

（2）计算规则：按拆除的面积（m^2）计算。

3.14.8 屋面拆除

屋面拆除包括刚性层拆除和防水层拆除。

（1）项目特征：刚性层拆除描述刚性层厚度、防水层拆除描述防水层种类。

（2）计算规则：按铲除部位的面积（m^2）计算。

3.14.9 铲除油漆涂料裱糊面

铲除油漆、涂料、裱糊面指铲除墙面、柱面、天棚及门窗等部位的油漆涂料裱糊面。

（1）项目特征：铲除部位名称、铲除部位的截面尺寸。

（2）计算规则：按铲除部位的面积（m^2）计算或按铲除部位的延长米（m）计算。

3.14.10 栏杆栏板、轻质隔断隔墙拆除

栏杆栏板、轻质隔断隔墙拆除包括栏杆、栏板拆除及轻质隔断隔墙拆除。

1. 栏杆、栏板拆除

（1）项目特征：栏杆（板）的高度，栏杆、栏板种类。

（2）计算规则：按铲除部位的面积（m^2）计算或按拆除部位的延长米（m）计算。以平方米计量时，不用描述栏杆（板）的高度。

2. 轻质隔断隔墙拆除

（1）项目特征：拆除隔墙的骨架种类、饰面类。

（2）计算规则：按拆除部位的面积（m^2）计算。

3.14.11 门窗拆除

门窗拆除分为木门窗拆除和金属门窗拆除。

（1）项目特征：室内高度（指室内楼地面至门窗的上边框高度）、门窗洞口尺寸。

（2）计算规则：按铲除面积（m^2）计算或按铲除樘数计算。以平方米计量，不用描述门窗的洞口尺寸。

3.14.12 金属构件拆除

金属构件拆除包括钢梁，钢柱，钢网架，钢支撑、钢墙架及其他金属构件拆除。

（1）项目特征：构件名称、拆除构件的规格尺寸。

（2）计算规则：

1）钢梁，钢柱拆除、钢支撑、钢墙架及其他金属构件按铲除构件的质量（t）计算或按铲除延长米（m）计算。

2）钢网架拆除按铲除构件的质量（t）计算。

【例 3-43】如图 3-91 所示[柱（梁）面抹灰工程]，该建筑物室内彩釉地砖磨损严重，拟将其拆除，用花岗石地面代替。M-1 宽 1000mm，独立柱及附墙柱截面尺寸均为 490mm × 360mm，柱高 3.3m，试计算拆除工程量。

【解】

$$S=(4.2\times3-0.24)\times(7.2-0.24)-0.49\times0.36\times3+1.0\times0.24=85.74\text{m}^2$$

3.15 措施项目

3.15.1 措施项目概述

措施项目是指为完成工程项目施工，发生于该工程施工准备和施工过程中的技术、生活、安全、环境保护等方面的项目。主要包括脚手架工程，混凝土模板及支架（撑），垂直运输，超高施工增加，大型机械设备进出场及安拆，施工排水、降水，安全文明施工及其他措施项目。

3.15.2 脚手架工程

脚手架是为高空施工操作，堆放和运送材料而设置的架设工具或操作平台。一般规定，砌砖高度在 1.35m 以上、砌石高度在 1m 以上时，就可以搭设脚手架。主要有综合脚手架、外脚手架、里脚手架、悬空脚手架、挑脚手架、满堂脚手架、整体提升架和外装饰吊篮等形式。

1. 综合脚手架

综合脚手架系指一个单位工程在全部施工工程中常用的各种脚手架的总体。一般包括砌筑、浇筑、吊装、抹灰、油漆、涂料等所需的脚手架、运料斜道、上料平台、金属卷扬机架等。凡是能够按“建筑面积计算规则”计算建筑面积的建筑工程均按综合脚手架计算，房屋加层、构筑物及附属工程除外。

编制清单项目时，列出综合脚手架项目，就不再列出单项脚手架项目。综合脚手架针对整个房屋建筑的建筑和装饰装修部分，不得重复列项。

（1）工作内容：场内、场外材料搬运，搭、拆脚手架、斜道、上料平台，安全网的铺设，选择附墙点与主体连接，测试电动装置、安全锁等，拆除脚手架后材料的堆放。

（2）项目特征：建筑结构形式、檐口高度。

檐口高度系指建筑物的滴水高度。平屋面从设计室外地坪算至屋面板底（图 3–95），凸出屋面的楼梯出口间、电梯间、水箱间、眺望塔、排烟机房等不计算檐高（图 3–96）。屋顶上的特殊构筑物（如葡萄架等）和女儿墙的高度也不计入檐口高度。

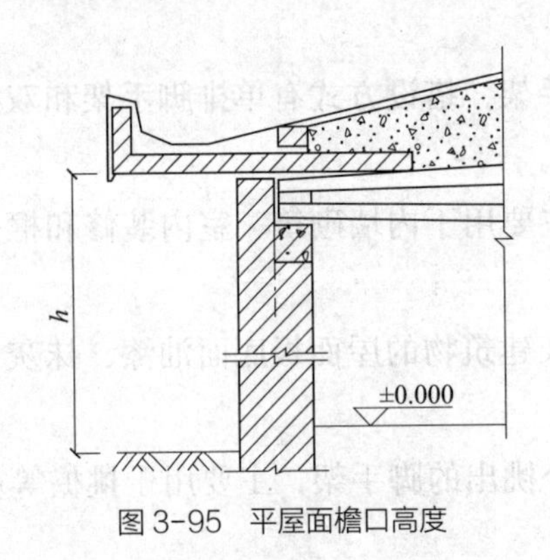

图 3–95 平屋面檐口高度

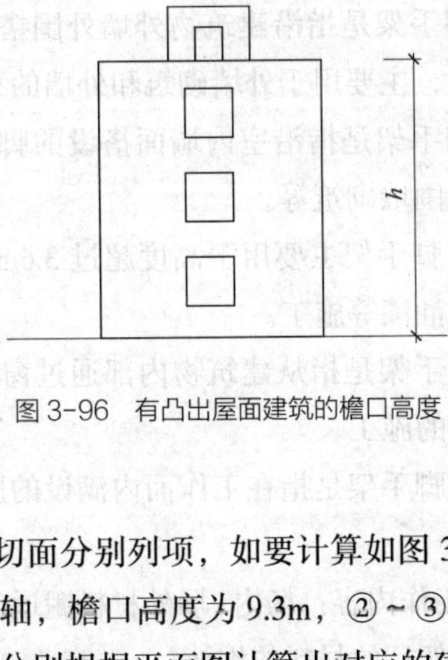

图 3–96 有凸出屋面建筑的檐口高度

（3）计算规则：按建筑面积计算。

同一建筑物有不同檐高时，按建筑物竖向切面分别列项，如要计算如图 3–97 所示的建筑物，则应将建筑物竖向切分为：①～②轴，檐口高度为 9.3m，②～③轴，檐口高度为 42.3m，③～④轴，檐口高度为 22.5m，再分别根据平面图计算出对应的建筑面积，从而获得该建筑物的综合脚手架的工程量。

【例 3–44】某 7 层办公楼为钢筋混凝土空心板的屋面结构，室外地坪标高 -0.3m，每层层高 3.30m，屋面板厚 120mm，建筑面积为 $2296m^2$，试计算檐口高度与综合脚手架工程量。

【解】檐口高度 =（3.3 × 7）-0.12+0.3=23.28m

综合脚手架工程量 = 建筑面积 =$2296m^2$

2. 单项脚手架

单项脚手架分为三类。第一类单项脚手架包括外脚手架、里脚手架、悬空脚手架、

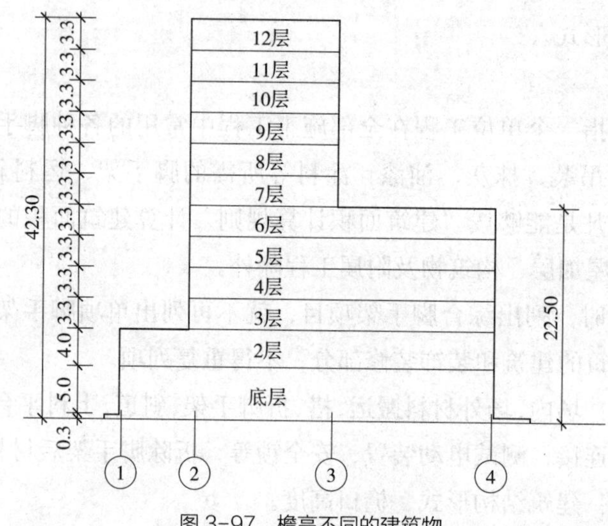

图 3-97 檐高不同的建筑物

挑脚手架、满堂脚手架；第二类单项脚手架指整体提升架；第三类单项脚手架指外装饰吊篮。

（1）第一类单项脚手架

外脚手架是指沿建筑物外墙外围搭设的脚手架，搭设方式有单排脚手架和双排脚手架两种，主要用于外墙砌筑和外墙的外部装修。

里脚手架是指沿室内墙面搭设的脚手架，主要用于内墙砌筑、室内装修和框架外墙砌筑及围墙砌筑等。

悬空脚手架主要用于高度超过 3.6m、有屋架建筑物的屋面板底面油漆、抹灰、勾缝和屋架油漆等施工。

挑脚手架是指从建筑物内部通过窗洞口向外挑出的脚手架，主要用于挑檐等凸出墙外部分的施工。

满堂脚手架是指在工作面内满设的脚手架，主要用于满堂基础和室内顶棚的安装、装饰等。

1）工作内容：场内、场外材料搬运，搭、拆脚手架、斜道、上料平台，安全网的铺设，拆除脚手架后的材料的堆放。

2）项目特征：搭设方式、搭设高度（悬空脚手架和挑脚手架为悬挑宽度）、脚手架材质。

3）计算规则：

①里、外脚手架按所服务对象的垂直投影面积（m^2）计算。

②悬空脚手架、满堂脚手架均按搭设的水平投影面积（m^2）计算。

③挑脚手架按搭设长度乘以搭设层数以延长米（m）计算。

（2）第二类单项脚手架

整体提升架一般用于剪力墙、框架、筒仓或悬挑大阳台等结构中，沿建筑物外侧搭设不大于5倍层高的外脚手架，通过附着支撑附着在工程结构上，依靠自身的升降设备实现升降。整体提升架组合结构中已包括2m高的防护架体设施。

1）工作内容：场内、场外材料搬运，选择附墙点与主体连接，搭、拆脚手架、斜道、上料平台，安全网的铺设，测试电动装置、安全锁等，拆除脚手架后材料的堆放。

2）项目特征：搭设方式及启动装置、搭设高度。

3）计算规则：同外脚手架。

（3）第三类单项脚手架

外装饰吊篮是建筑物外沿装修、清洁、涂料等作业而设置的设备，一般用于高空作业。

1）工作内容：场内、场外材料搬运，吊篮的安装，测试电动装置、安全锁、平衡控制器等，吊篮的拆卸。

2）项目特征：升降方式及启动装置、搭设高度及吊篮型号。

3）计算规则：同外脚手架。

3.15.3 混凝土模板及支架（撑）

模板是使混凝土及钢筋混凝土具有结构构件所需要的形状与尺寸的模具，而支架（撑）则是混凝土及钢筋混凝土从浇筑时至混凝土拆模止的承力结构。

混凝土工程用的模板一般有组合钢模板、复合木模板、木模板、定型钢模板、滑升模板、胎模和地砖模等。

根据现行计价规定，预制混凝土及钢筋混凝土构件按现场制作编制项目，工作内容中已包括模板制作等不再单列，对于现浇混凝土及钢筋混凝土实体工程项目，措施项目清单中应单独列出模板工作内容及工程量。

1. 混凝土基础、梁、板、柱和墙

基础：包括各种类型混凝土基础。

梁：包括基础梁，矩形梁，异形梁，圈梁，过梁，弧形、拱形梁。

板：包括有梁板、无梁板、平板、拱板、薄壳板、空心板、其他板、栏板。

柱：包括矩形柱、构造柱、异形柱。

墙：包括直形墙、弧形墙、短肢剪力墙、电梯井壁。

（1）工作内容：模板制作，模板安装、拆除、整理堆放及场内外运输，清理模板粘结物及模内杂物、刷隔离剂等。

（2）项目特征：根据项目不同，分别描述其形状、类型、支撑高度等，详见计量规范。

（3）计算规则：按模板与现浇混凝土构件的接触面积（m^2）计算。

1）原槽浇灌的混凝土基础不计算模板。

2）现浇钢筋混凝土墙、板单孔面积≤$0.3m^2$的孔洞不予扣除，洞侧壁模板亦不增加；单孔面积>$0.3m^2$时应予扣除，洞侧壁模板面积并入墙、板工程量内计算。

3）现浇框架分别按梁、板、柱有关规定计算；附墙柱、暗梁、暗柱并入墙内工程量内计算。

4）柱、梁、墙、板相互连接的重叠部分，均不计算模板面积。

5）构造柱按图示外露部分计算模板面积。

6）采用清水模板时，应在项目特征中注明。

【例 3-45】某框架结构办公楼，独立基础如图 3-98 所示，垫层厚度 100mm，试计算该基础模板工程量。

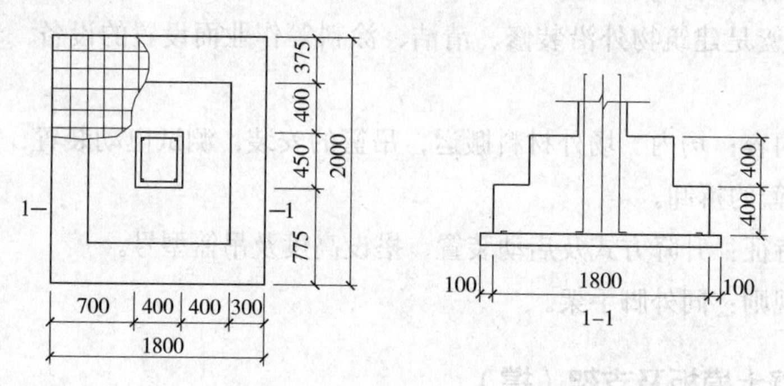

图 3-98 独立基础大样图

【解】基础模板的工程量：

$S_{独基}$=（1.8+2.0）×2×0.4+[（1.8−0.3×2）+（2−0.375×2）]×2×0.4=5.0m²

【例 3-46】如图 3-99 所示是一块有梁板的平面图和剖面图，试计算该有梁板的模板工程量。

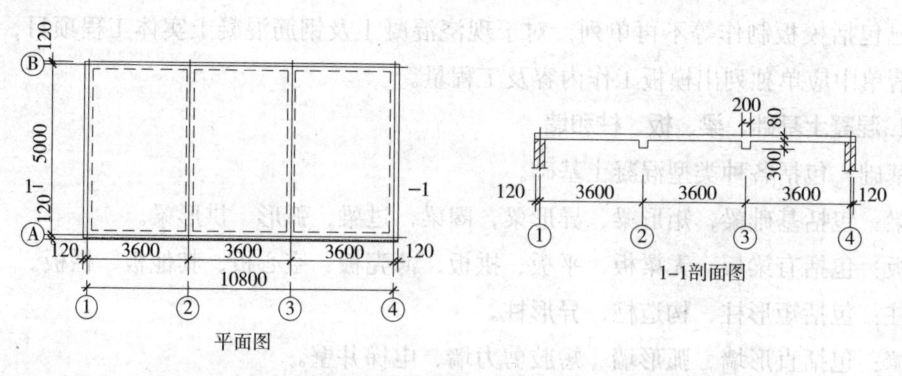

图 3-99 有梁板计算示意图

【解】有梁板的底模：S_1=（10.8−0.24）×（5−0.24）=50.26m²

梁侧模：S_2=（5−0.24）×0.3×4=5.71m²

有梁板侧模：S_3=（10.8+0.24+5+0.24）×2×0.08=2.60m²

有梁板模板工程量：S=50.26+5.71+2.6=58.57m²

2. 天沟、檐沟

（1）工作内容：同基础。

（2）项目特征：构件类型。

（3）计算规则：按模板与现浇混凝土构件的接触面积（m^2）计算。

3. 雨篷、悬挑板及阳台板

（1）工作内容：同基础。

（2）项目特征：构件类型、板厚度。

（3）计算规则：按图示外挑部分尺寸的水平投影面积（m^2）计算，挑出墙外的悬臂梁及板边不另计算。

4. 楼梯

（1）工作内容：同本小节混凝土基础。

（2）项目特征：类型。

（3）计算规则：按楼梯（包括休息平台、平台梁、斜梁和楼层板的连接梁）的水平投影面积（m^2）计算，不扣除宽度≤500mm的楼梯井所占面积，楼梯踏步、踏步板、平台梁等侧面模板不另计算，伸入墙内部分也不增加。

5. 台阶

（1）工作内容：同基础。

（2）项目特征：台阶踏步宽。

（3）计算规则：按图示台阶水平投影面积（m^2）计算，台阶端头两侧不另计算模板面积。架空式混凝土台阶，按现浇楼梯计算。

6. 扶手、散水、后浇带

（1）工作内容：同基础。

（2）项目特征：扶手应描述扶手断面尺寸，散水不需描述，后浇带应描述后浇带部位。

（3）计算规则：分别按模板与扶手、散水、后浇带的接触面积（m^2）计算。

7. 其他现浇构件

（1）工作内容：同基础。

（2）项目特征：构件类型。

（3）计算规则：按模板与现浇混凝土构件接触面积（m^2）计算。

3.15.4 垂直运输

垂直运输项目是指合理工期内，施工过程发生需垂直运输时，施工机械运行构成的工程量。

（1）工作内容：垂直运输机械的固定装置、基础制作、安装，行走式垂直运输机械轨道的铺设、拆除、摊销。

（2）项目特征：建筑类型及结构形式，地下室建筑面积，建筑物檐口高度、层数。

（3）计算规则：按建筑面积（m^2）计算或按施工工期日历天数以天计算。

3.15.5 超高施工增加

（1）工作内容：建筑物超高引起的人工工效降低以及由于人工工效降低引起的机械降效，高层施工用水加压水泵的安装、拆除及工作台班，通信联络设备的使用及摊销。

（2）项目特征：建筑物建筑类型及结构形式，建筑物檐口高度、层数，单层建筑物檐口高度超过 20m，多层建筑物超过 6 层（地下室不计入层数）部分的建筑面积。

（3）计算规则：按建筑物超高部分的建筑面积（m^2）计算。

当同一建筑物有不同檐高时，应分别编码列项，分别计算建筑物超高部分的建筑面积。

3.15.6 大型机械设备进出场及安拆

（1）工作内容：安拆费包括施工机械、设备在现场进行安装拆卸所需人工、材料、机械和试运转费用以及机械辅助设施的折旧、搭设、拆除等费用，进出场费包括施工机械、设备整体或分体自停放地点运至施工现场或由一施工地点运至另一施工地点所发生的运输、装卸、辅助材料等费用。

（2）项目特征：机械设备名称、机械设备规格型号。

（3）计算规则：按使用机械设备的数量（台次）来计算。

3.15.7 施工排水、降水

施工排水、降水是指为确保工程在正常条件下施工，采取的各种排水、降水措施。分为成井和排水、降水两大类。

1. 成井

（1）工作内容：准备钻孔机械、埋设护筒、钻机就位；泥浆制作、固壁；成孔、出渣、清孔等，对接上、下井管（滤管），焊接，安放，下滤料，洗井，连接试抽等。

（2）项目特征：成井方式，地层情况，成井直径，井（滤）管类型、直径。

（3）计算规则：按设计图示尺寸以钻孔深度（m）计算。

2. 排水、降水

（1）工作内容：管道安装、拆除，场内搬运等，抽水、值班、降水设备维修等。

（2）项目特征：机械规格型号、降排水管规格。

（3）计算规则：按排水、降水日历天数（昼夜）计算。

3.15.8 安全文明施工及其他措施项目

安全文明施工及其他措施项目包括安全文明施工，夜间施工，非夜间施工照明，二次搬运，冬雨期施工，地上、地下设施、建筑物的临时保护设施，已完工程及设备保护等，工作内容及包含范围见现行计量规范。工程计量时按实际情况计算相关费用，需分摊的应合理计算摊销费用。

3.16 工程计量案例

【例 3-47】某砖混结构门卫室平面图和剖面图如图 3-100 所示。

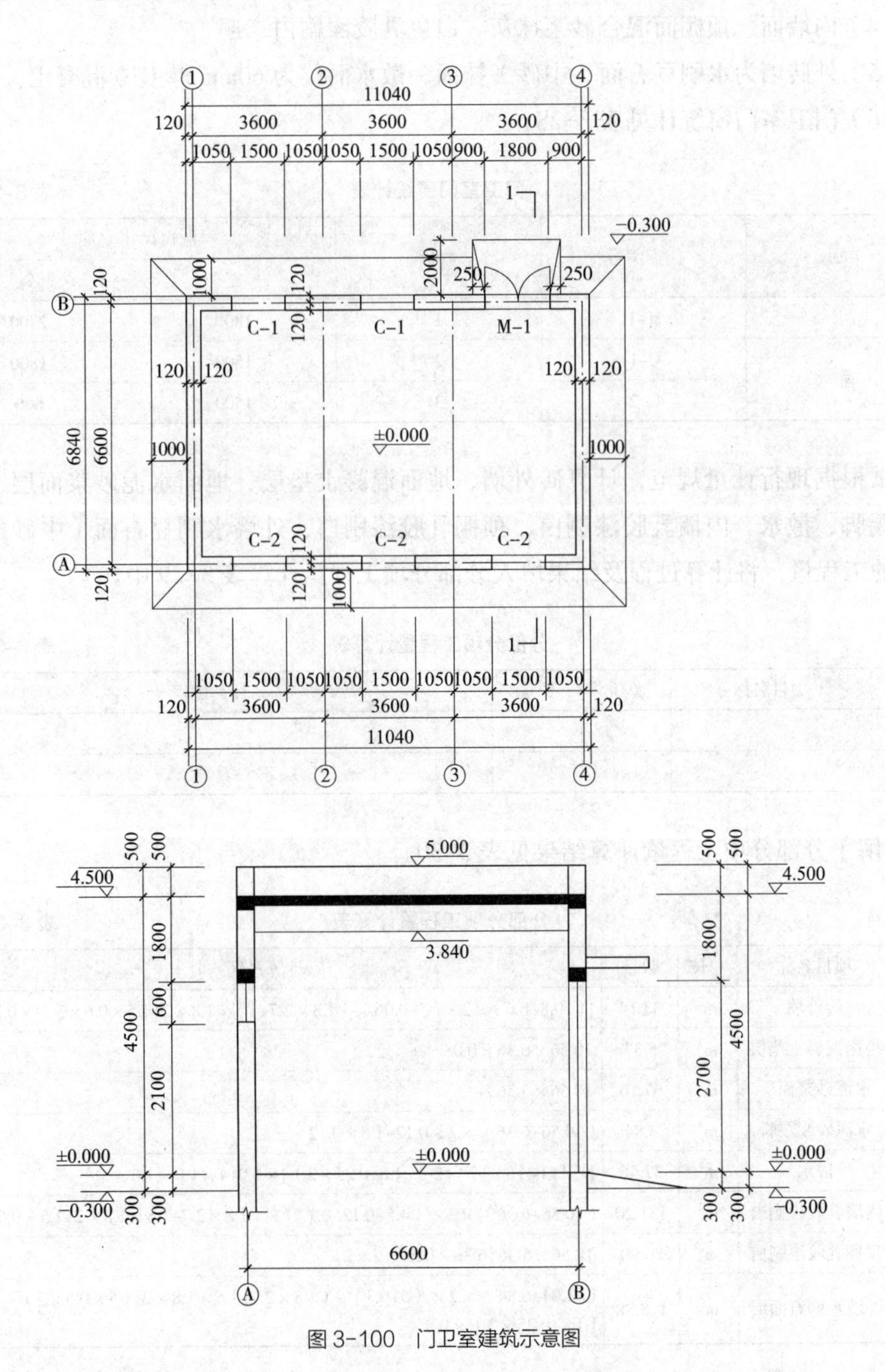

图 3-100 门卫室建筑示意图

（1）屋面结构为120mm厚现浇钢筋混凝土有梁板，板面结构标高4.500m。②、③轴处有现浇钢筋混凝土矩形梁，梁截面尺寸250mm×660mm（660mm中包括板厚120mm）。

（2）女儿墙设有混凝土压顶，其厚60mm。±0.000以上墙体采用MU10页岩标砖M5混合砂浆砌筑，嵌入墙身的构造柱、圈梁和过梁体积合计为5.01m^3。

（3）地面混凝土垫层80mm厚，水泥砂浆面层20mm厚，水泥砂浆踢脚120 mm高。

（4）内墙面、顶棚面混合砂浆抹灰，白色乳胶漆刷白二遍。

（5）外砖墙为水刷豆石面（中砂）抹面。散水面层为60mm厚C10混凝土。

（6）门卫室门窗统计见表3-28。

门卫室门窗统计表 表3-28

类别	门窗编号	数量	洞口尺寸（mm）	
			宽	高
门	M-1	1	1800	2700
窗	C-1	2	1500	1800
	C-2	3	1500	600

试根据现行计量规范，计算砖外墙、地面混凝土垫层、地面水泥砂浆面层、水泥砂浆踢脚、散水、内墙乳胶漆刷白、顶棚乳胶漆刷白、外墙水刷豆石面（中砂）面层项目的工程量，将计算过程及结果填入分部分项工程量计算表3-29中。

分部分项工程量计算表 表3-29

序号	项目名称	单位	数量	计算过程

【解】分部分项工程量计算结果见表3-30。

分部分项工程量计算表 表3-30

序号	项目名称	单位	数量	计算过程
1	砖外墙	m^3	33.14	[（10.8+6.6）×2×（5-0.06）-（1.8×2.7+1.5×1.8×2+1.5×0.6×3）]×0.24-5.01
2	地面混凝土垫层	m^3	5.37	10.56×6.36×0.08
3	水泥砂浆面层	m^2	67.16	10.56×6.36
4	水泥砂浆踢脚	m^2	3.84	（10.56+6.36）×2×0.12-1.8×0.12
5	散水	m^2	37.46	[（11.04+6.84）×2-（1.8+0.25×2）]×1.0+4×1.0×1.0
6	内墙乳胶漆刷白	m^2	131.20	（10.56+6.36）×2×（4.5-0.12-0.12）-（1.8×2.7+1.5×1.8×2+1.5×0.6×3）
7	顶棚乳胶漆刷白	m^2	80.90	10.56×6.36+6.36×0.54×2×2
8	外墙水刷石面层	m^2	175.88	（11.04+6.84）×2×（5+0.3）-（1.8×2.7+1.5×1.8×2+1.5×0.6×3）-（1.8+0.25×2）×0.3

习题

1. 人工挖沟槽（三类土），沟槽尺寸如图 3-101 所示，工作面宽度 300mm，已包含在图示尺寸中。试计算：①不考虑工作面及放坡沟槽的工程量；②考虑工作面和放坡沟槽的工程量。

2. 如图 3-101 所示，该建筑室外地坪标高为 -0.300m，墙厚均为 240mm，地面做法为 80mm 厚 C10 素混凝土垫层，20mm 厚 1∶2.5 水泥砂浆抹面压光，求室内回填土体积。

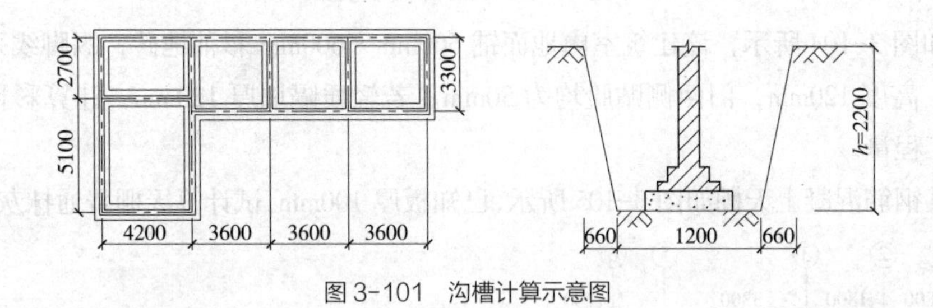

图 3-101　沟槽计算示意图

3. 计算图 3-102 所示的砖墙工程量（其中，板厚 130mm；外墙中过梁体积为 $1.71m^3$；内墙中过梁体积为 $0.24m^3$；C-1：1500mm × 1800mm；M-1：1200mm × 2000mm；M-2：900mm × 2000mm）。

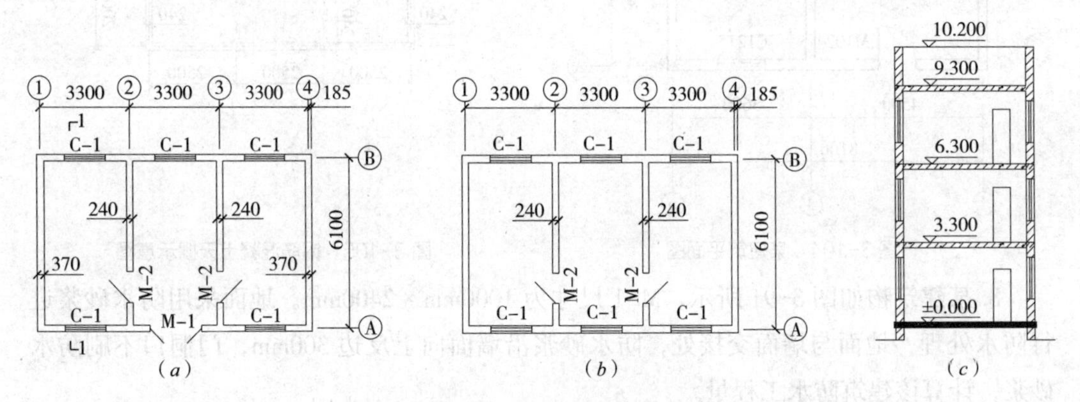

图 3-102　某建筑示意图

（a）首层平面图；（b）标准层平面图；（c）1-1 剖面图

4. 若图 3-102 内外墙各层均设置圈梁，圈梁宽度同墙厚，圈梁高度均为 240mm，试计算圈梁的工程量。

5. 楼层框架梁 KL3，如图 3-103 所示，抗震等级为三级，环境类别为二 a 类，建筑设计使用年限为 50 年，混凝土强度等级为 C25，纵向钢筋 HRB400，焊接，钢筋间距为 25mm。柱截面尺寸为 500mm × 500mm，柱靠边主筋直径为 22mm，柱箍筋直径为 8mm。根据 16G101 图集，计算框架梁的钢筋工程量。

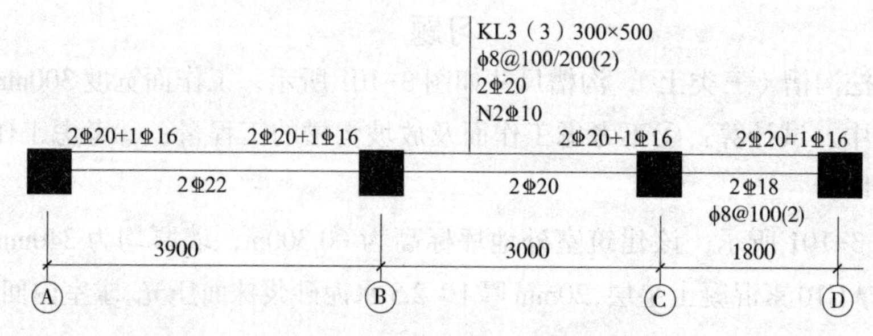

图 3-103 KL3 平法示意图

6. 如图 3-104 所示，该建筑室内地面铺 600mm × 600mm 彩釉地砖，踢脚线采用木质踢脚线，高度 120mm，门两侧贴脸均为 50mm。若轻质隔墙厚 120mm，计算彩釉地砖及踢脚线工程量。

7. 某钢筋混凝土天棚如图 3-105 所示，已知板厚 100mm，试计算天棚普通抹灰工程量。

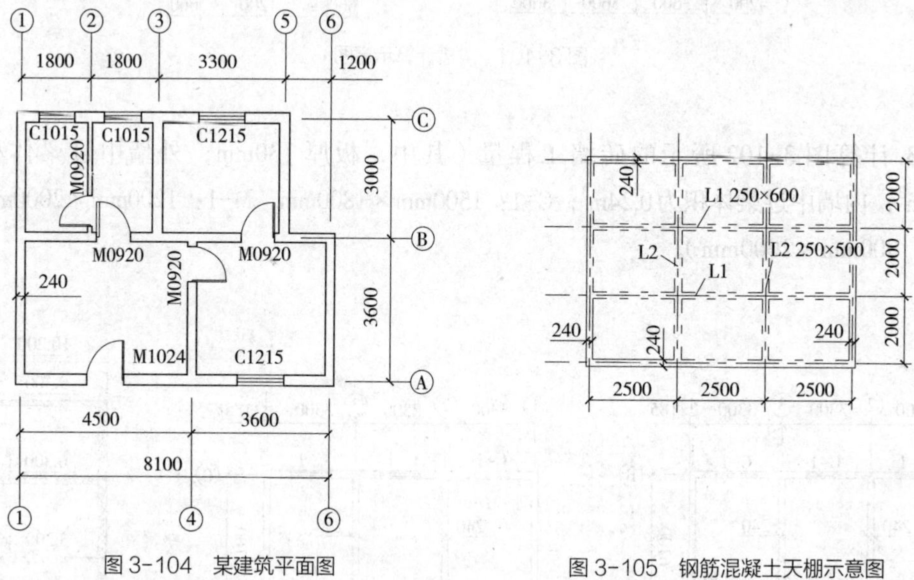

图 3-104 某建筑平面图　　图 3-105 钢筋混凝土天棚示意图

8. 某建筑物如图 3-91 所示，M-1 尺寸为 1000mm × 2400mm。地面采用防水砂浆进行防水处理，地面与墙面交接处，防水砂浆沿墙面向上反边 300mm，门洞口不刷防水砂浆，计算该建筑防水工程量。

9. 某建筑结构基础平面图及剖面图如图 3-106 所示，求该基础模板的工程量。

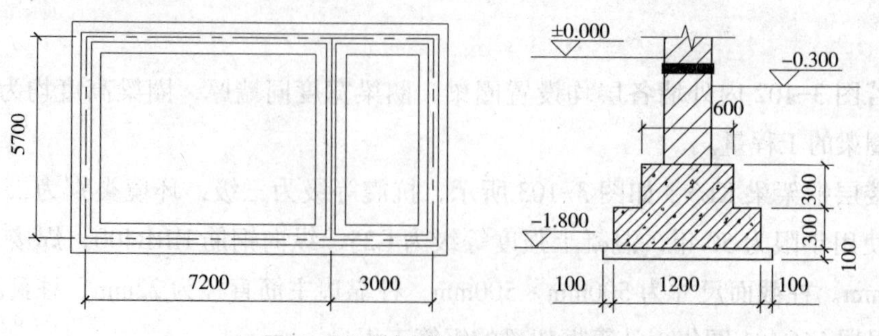

图 3-106 某建筑结构基础示意图

4

建筑工程预算工程量计算规则简介

【本章要点及学习目标】

《全国统一建筑工程预算工程量计算规则》（GJD_{GZ}-101-95，以下简称“预算规则”）是我国现行的工程量清单计量的编制基础，在现行计价规范中的总价合同形式仍允许发承包双方约定以施工图及其预算和有关条件进行合同价款的计算。本章对常见的建筑工程的预算工程量与清单工程量的计算规则进行了对比分析。通过对本章的学习，力图使读者掌握本专业常见分部分项工程的预算工程量与清单工程量在计算规则上的区别与联系，达到准确计算预算工程量的目的。

4.1 预算规则与清单规则的区别与联系

4.1.1 两种规则在内容与形式上的区别与联系

工程量清单规则是以预算规则为基础编制的，因此，在项目划分、计量单位、工程量计算规则等方面，尽量保持了与预算规则衔接，从这点上讲，两者有一定的联系。但是，为了满足建设领域技术与计价的要求，清单规则对预算规则中不能满足工程量清单项目设置要求的部分进行了修改和调整，主要体现在以下几方面：

1. 内容上的调整

工程量清单中的绝大多数项目的工程内容是按实际完成一个综合实体项目所需的全部工程内容列项，并以主体工程的名称作为工程量清单项目的名称。其内容涵盖了主体工程项目及主体项目以外为完成该综合实体（清单项目）的其他工程项目的全部工程内容；而预算规则通常未对工程内容进行组合，组合的仅是单一工程内容的各个工序。

2. 计算口径的调整

清单规则按工程净值计算，一般不包含相应措施项目工程量。预算规则按实际发生量计量，即包含了措施项目工程量。如平整场地，清单规则是按首层建筑面积计算工程量，而预算规则却要考虑搭设脚手架等措施项目的需要，按底面积的外围外边线每边向外放出 2m 后所围的面积计算工程量。

3. 计量单位的调整

清单规则项目的计量单位一般采用基本计量单位，如 m^2、m^3、m、kg、t 等，预算规则中的计量单位多为扩大计量单位，如 $100m^2$、$10m^3$、100m 等。

4. 人料机消耗量计量的调整

清单规则只计量工程实体性消耗的量，即以工程实体的净值为准；预算规则不仅要计算工程实体的净值，还应考虑按社会平均消耗水平规定的不可避免的损耗量。

5. 其他

按清单规则列项时，要考虑不同项目的项目特征、工程内容进行列项与计价，而预算规则列项时不考虑项目的特性（或“个性”）。

4.1.2 两种规则在成本与造价管理中的作用与关系

预算工程量计算考虑了施工过程中技术措施增加的工程量，而清单工程量一般是按建筑物或构筑物的实体净值计算的，因此两者在数量上会有一定的差异。

施工企业在工程实施中完成的工程量是预算工程量，而对应的全部价格都应包括到工程量清单的报价中，因此预算计价与清单计价的作用与关系如图 4-1 所示。

工程造价管理人员必须掌握预算规则和清单规则，熟悉两者的作用与相互关系，

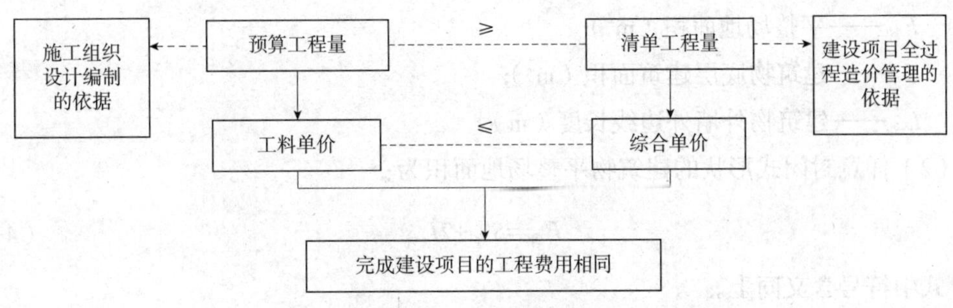

图 4-1 清单计价与预算计价的作用与关系

才能有效地进行施工成本管理和工程造价管理。

4.2 建筑工程预算工程量计算规则

本节根据《全国统一建筑工程预算工程量计算规则》GJD_{GZ}-101-95，扼要介绍了与清单项目对应的主要项目的计算规则，未涉及的项目详见“预算规则”。

4.2.1 土石方工程

土石方工程常见项目包括平整场地、挖沟槽、挖基坑和挖一般土石方工程四个项目。其区别见表 4-1。

土方项目区别表 表 4-1

项目	挖、填平均厚度（mm）	坑底面积（m^2）	槽底宽度（m）
平整场地	≤ 300		
基坑		≤ 20	
沟槽			≤ 3
挖土石方	＞ 300	＞ 20	＞ 3

一般情况，挖土的长度 $L > 3$ 倍挖土的宽度 b，且 $b < 3$m（不包括工作面），称为沟槽；坑底面积 $S < 20\text{m}^2$，称为基坑；$b > 3$m（不包括工作面），坑底面积 $S > 20\text{m}^2$，按挖一般土石方工程处理。

1. 平整场地

平整场地的预算规则较清单规则略复杂，工程量按建筑物（或构筑物）底面积的外围外边线每边向外放出 2m 后所围的面积计算。

（1）任意非封闭式形状的建筑物平整场地面积为：

$$F_{平}=S_{底}+2L_{外}+16 \quad (4-1)$$

式中 $F_{平}$——平整场地面积（m^2）；

$S_{底}$——建筑物底层建筑面积（m^2）；

$L_{外}$——建筑物外墙外边线长度（m）。

（2）任意封闭式形状的建筑物平整场地面积为：

$$F_{平}=S_{底}+2L_{外} \tag{4-2}$$

式中符号含义同上。

【例 4-1】如图 4-2 所示，计算各图的平整场地面积，图中尺寸线均为外墙外边线。

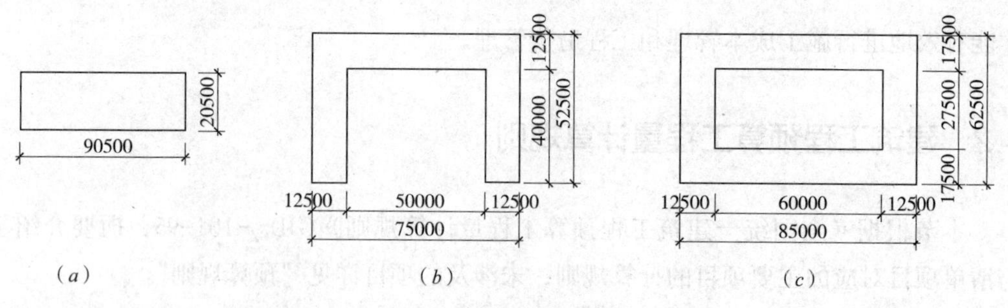

图 4-2 平整场地面积计算

【解】矩形：F_1=90.5 × 20.5+（90.5+20.5）× 2 × 2+16=2315.25m^2

凹形：F_2=（52.5 × 12.5 × 2+50 × 12.5）+[（75+52.5+40）× 2] × 2+16

=2623.5m^2

封闭型：F_3=（85.0 × 62.5−60.0 × 27.5）+（62.5+85.0+27.5+60.0）× 2 × 2

=4602.5m^2

2. 沟槽、基坑

（1）长度计算规定

1）管道沟槽长度按图示中心线长度计算。

2）外墙沟槽按外墙中心线长度计算。

3）内墙沟槽按基础底面之间净长线长度计算。

（2）深度计算规定

挖土深度按设计室外标高至槽或坑底深度计算。

（3）管道沟槽宽度计算规定

管道沟槽宽度按设计规定计算，如设计无规定时，可按表 4-2 计算。

（4）沟槽、管道沟槽、基坑工程量的计算

沟槽、管道沟槽、基坑工程量的计算应考虑是否放坡、是否支挡土板、是否留工作面等情况，根据上述长、宽、高的计量规定，参见工程量清单计算规则中相应的公式计算。

【例 4-2】按预算规则计算【例 3-3】中的内墙人工挖沟槽工程量。

管道沟槽宽度 表 4-2

管径（mm）	铸铁管、钢管、石棉水泥管（m）	混凝土、钢筋混凝土、预应力混凝土管（m）	陶土管（m）
50 ~ 70	0.60	0.80	0.70
100 ~ 200	0.70	0.90	0.80
250 ~ 350	0.80	1.00	0.90
400 ~ 450	1.00	1.30	1.10
500 ~ 600	1.30	1.50	1.40
700 ~ 800	1.60	1.80	
900 ~ 1000	1.80	2.00	
1100 ~ 1200	2.00	2.30	
1300 ~ 1400	2.20	2.60	

【解】图 3-6 中挖土深度为 1.7m，按表 3-5 查得人工挖土的放坡系数为 0.33。

内墙槽长：$(6-0.3\times2)\times2=10.80$m

根据式（3-4）：$V=(0.6+2\times0.3+0.33\times1.7)\times1.7\times10.80=32.33\text{m}^3$

3. 回填土、运土

预算规则同清单规则。

4.2.2 桩基础工程

用预算规则计算桩基础工程的工程量与清单规则计算工程量的不同之处在于需对所有构成工程实体的项目单独列项计算。

1. 预制钢筋混凝土桩

（1）打桩

打预制钢筋混凝土桩工程量的计算方法，预算规则同清单规则相似，但预算规则不扣除桩尖虚体积，且计量单位仅有体积（m^3）一种。

（2）送桩

送桩工程量按桩截面面积乘以送桩长度（即打桩架底至桩顶面高度或自桩顶面至自然地坪面另加 0.5m）计算，如图 4-3 所示。计算公式为：

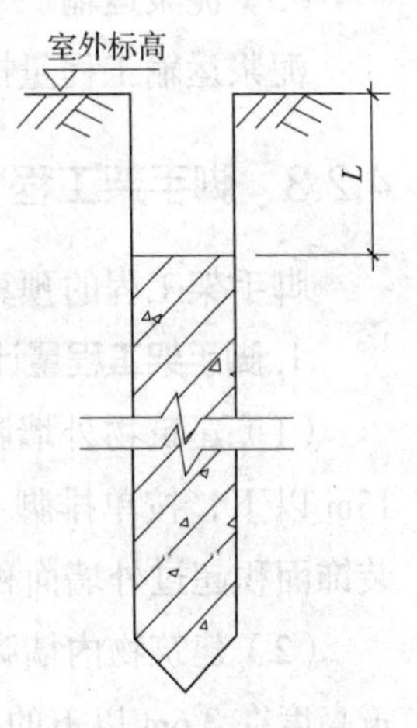

图 4-3 送桩示意图

$$V=S\times(L+0.5)\times n \tag{4-3}$$

式中 V——送桩体积（m^3）；

S——桩设计截面面积（m^2）；

L——桩顶面至自然地坪标高（m）；

n——送桩根数。

（3）接桩

电焊接桩按设计接头，以个计算；硫磺胶泥接桩按桩断面面积（m^2）计算。

2. 灌注桩

（1）打孔灌注桩

1）混凝土桩、砂桩、碎石桩的体积按设计的桩长（包括桩尖，不扣除桩尖虚体积）乘以钢管管箍外径截面面积按体积（m^3）计算。

2）打孔后先埋入预制混凝土桩尖，再灌注混凝土者，桩尖按钢筋混凝土章节规定计算体积，灌注桩按设计长度（自桩尖顶面至桩顶面高度）乘以钢管管箍外径截面面积计算，即不扣减预制混凝土桩尖体积。

（2）钻孔灌注桩

钻孔灌注桩按设计桩顶面标高至桩尖增加0.25m长度乘以设计截面面积，计算公式为：

$$V=(L+0.25)\times S\times n \tag{4-4}$$

式中 V——灌注桩体积（m^3）；

L——桩长（m）；

S——灌注桩设计截面面积（m^2）；

n——灌注桩根数。

（3）泥浆运输

泥浆运输工程量按钻孔体积以立方米计算。

4.2.3 脚手架工程

脚手架工程的预算规则比清单规则的计算方法复杂。

1. 脚手架工程量计算的一般规则

（1）建筑物外墙脚手架：凡设计室外地坪至檐口（女儿墙上表面）的砌筑高度在15m以下，按单排脚手架计算；砌筑高度在15m以上，或虽不足15m，但外墙门窗及装饰面积超过外墙面积60%以上，或采用竹制脚手架时，均应按双排脚手架计算。

（2）建筑物内墙脚手架：凡设计室内地坪至顶板下表面（或山墙高度1/2处）的砌筑高度在3.6m以下的，按里脚手架计算。砌筑高度超过3.6m时，按单排脚手架计算。

（3）石砌墙体脚手架砌筑高度超过1.0m以上时，按外脚手架计算。

（4）计算内外脚手架时，均不扣除门窗洞口、空圈洞口等所占的面积。

（5）同一建筑物高度不同时，应按不同高度分别计算工程量。

（6）现浇钢筋混凝土框架柱、梁按双排脚手架计算。

（7）围墙脚手架：凡室外自然地坪至围墙顶面在3.6m以下者，按里脚手架计算。砌筑高度超过3.6m，按单排脚手架计算。

（8）室内顶棚装饰面距室内地坪在 3.6m 以上时，应计算满堂脚手架，计算满堂脚手架后，墙面装饰工程则不再计算脚手架。

（9）贮水（贮油）池、大型设备基础的脚手架，凡距地坪高度超过 1.2m 以上的，均按双排脚手架计算。

（10）整体满堂钢筋混凝土基础，凡其宽度超过 3m 以上时，按其底板面积计算满堂脚手架。

2. 砌筑脚手架工程量计算

（1）外墙脚手架按外墙外边线总长乘以外墙的砌筑高度以面积（m^2）计算。凸出外墙宽度在 24cm 以内的墙垛、附墙烟囱等，不另计算脚手架。但凸出外墙面宽度超过 24cm 时，按其图示尺寸以展开面积（m^2）计算，并入外墙脚手架的工程量内。

（2）里脚手架按墙面的垂直投影面积（m^2）计算。

（3）独立柱按柱外围周长加 3.6m 乘砌筑高度以面积（m^2）计算，套用相应外脚手架定额。

3. 现浇钢筋混凝土框架脚手架工程量计算

（1）现浇钢筋混凝土柱，按柱图示周长另加 3.6m 乘以柱高以面积（m^2）计算，套用相应外脚手架定额。

（2）现浇钢筋混凝土梁、墙，按设计室内地坪或楼板上表面至楼板底之间的高度，乘以梁、墙的净长，以面积（m^2）计算，套用相应双排外脚手架定额。

4. 装饰工程脚手架工程量的计算

（1）满堂脚手架，按室内净面积（m^2）计算。其高度在 3.6 ~ 5.2m 时，按基本层计算。超过 5.2m 时，每增加 1.2m，按增加 1 层计算，增加层的高度在 0.6m 以内时，舍去不计，计算公式如下：

$$\text{满堂脚手架增加层}=\frac{\text{室内净高度}-5.2\,(\text{m})}{1.2\,(\text{m})} \tag{4-5}$$

（2）挑脚手架，按搭设长度和层数，以延长米（m）计算。

（3）悬空脚手架，按搭设水平投影面积以平方米（m^2）计算。

（4）高度超过 3.6m 墙面装饰不能利用原砌筑脚手架时，可计算装饰脚手架。装饰脚手架按双排脚手架乘以 0.3 计算。

5. 其他脚手架工程量计算

（1）水平防护架，按实际铺板的水平投影面积（m^2）计算。

（2）垂直防护架，按自然地坪至最上一层横杆之间的搭设高度，乘以实际搭设长度，以面积（m^2）计算。

（3）建筑物垂直封闭工程按封闭面的垂直投影面积（m^2）计算。

【例 4-3】如图 2-29 所示，办公楼为 3 层砖混结构。楼板厚 0.12m，门厅女儿墙顶标高 4.50m，室内外高差 0.30m，门厅板顶标高 4.20m。设该建筑墙面装修不能利用原砌筑脚手架，试计算该建筑内外墙的装饰脚手架工程量。

【解】高度超过 3.6m 墙面装饰不能利用原砌筑脚手架时，可计算装饰脚手架。装饰脚手架按双排脚手架乘以 0.3 计算。同一建筑物具有不同的高度，应按不同高度分别计算工程量。

（1）外墙装饰脚手架

主楼外墙计算高度为：3.9+3.6×2−0.12+0.3=11.28m ＞ 3.6m

S=[（4.8×2+6.0+0.24+4.8×2+2.1+0.24）×2−（3.6+0.24）]×11.28×0.3=175.02m^2

门厅以上外墙计算高度：3.9+3.6×2−4.2−0.12=6.78m ＞ 3.6m

S=（3.6+0.24）×6.78×0.3=7.81m^2

门厅外墙计算高度为：4.5+0.3=4.8m ＞ 3.6m

S=（1.8×2+3.6+0.24）×4.8×0.3=10.71m^2

（2）内墙装饰脚手架

一层装饰高度为：3.9−0.12=3.78m ＞ 3.6m

S=[（4.8−0.24）×8+（2.1−0.24）×2+（4.8−0.12+0.12）×2+（1+0.24）×2
+（4.8−0.12−0.06）×8+（4.8−0.12+0.06）×4+（6−0.12）]×3.78×0.3
=129.36m^2

大厅装饰高度为 3.9+3.6−0.12=7.38m ＞ 3.6m

S=[（4.8−0.24−1）×2+（6−0.12）]×7.38×0.3=28.78m^2

门厅装饰高度为 4.2−0.12=4.08m ＞ 3.6m

S=（1.8−0.24+3.6−0.24）×2×4.08×0.3=12.04m^2

其余内墙面装饰高度均小于 3.60m，不计算装饰脚手架。

4.2.4 砌筑工程

砌筑工程的预算规则与清单规则基本相似。主要差异为：

（1）砖内墙高度：有钢筋混凝土楼板隔层的砖内墙高度算至楼板底。

（2）三皮砖以上的腰线和挑檐等体积，并入墙身体积内计算。

4.2.5 混凝土及钢筋混凝土工程

混凝土及钢筋混凝土工程的预算规则与清单规则基本相似。主要差异为：

1. 混凝土工程量计算

（1）现浇混凝土阳台板、雨篷（悬挑板）按图示伸出墙外的水平投影面积（m^2）计算，伸出墙外的牛腿不另计算。带反挑檐的雨篷按展开面积并入雨篷工程量内计算。

（2）栏板以体积（m^3）计算，伸入墙内的栏板合并计算。

（3）现浇钢筋混凝土模板工程量归在混凝土和钢筋混凝土工程内。

（4）预制混凝土基础、梁、板、柱、楼梯的制作工程量单位均按体积（m^3）计量，预制构件接头灌缝应单独列项以体积（m^3）计量。

2. 预制混凝土构件的运输

（1）构件运输机械是综合考虑的，一般不得变动。

（2）构件运输一般是根据构件的体积进行分类，分别计价。表 4-3 是某省预制混凝土构件运输的分类表。

预制混凝土构件运输分类表　　表 4-3

构件分类	构件名称
Ⅰ类	各类屋架、薄腹梁、各类柱、山墙防风桁架、吊车梁、9m 以上的桩、梁、大型屋面板、空心板、槽形板等
Ⅱ类	9m 以内的桩、梁、基础梁、支架、大型屋面板、槽形板、肋形板、空心板、平板、楼梯段
Ⅲ类	墙架、天窗架、天窗挡风架（包括柱侧挡风板、遮阳板、挡雨板支架）、墙板、侧板、端壁板、天沟板、檩条、上下挡、各种支撑、预制门窗框、花格。预制水磨石窗台板、隔断板、池槽、楼梯踏步

（3）预制构件运输工程量按图算量计算后，再按定额规定乘相应损耗率作为实际运输工程量。但预制混凝土屋架、桁架、托架及长度在 9m 以上的梁、板、柱不计算损耗率。

（4）预制混凝土构件运输应考虑构件类别、运距等，综合计价。

（5）加气混凝土板（块）、硅酸盐块运输每立方米折合钢筋混凝土构件体积 0.4m^3 按Ⅰ类构件计算运输工程量。

3. 预制混凝土构件的安装

（1）焊接形成的预制钢筋混凝土框架结构，其柱安装按框架柱计算，梁安装按框架梁计算；节点浇筑成形的框架，按连接框架梁、柱计算。

（2）预制钢筋混凝土工字形柱、矩形柱、空腹柱、双肢柱、空心柱等，均按柱安装计算。

（3）组合屋架安装，以混凝土部分实体体积计算，钢杆件部分不另计算。

（4）预制钢筋混凝土多层柱安装，首层柱按柱安装计算，二层及二层以上按柱接柱计算。

表 4-4 为《全国统一建筑工程预算工程量计算规则》GJD_{GZ}-101-95 中预制钢筋混凝土构件制作、运输、安装的损耗率表。

预制钢筋混凝土构件制作、运输、安装的损耗率表　　表 4-4

名称	制作废品率	运输堆放损耗	安装（打桩）损耗
各类预制构件	0.2%	0.8%	0.5%
预制钢筋混凝土桩	0.1%	0.4%	1.5%

4.2.6 门窗及木结构工程

1. 门窗工程

（1）预算工程量均以面积（m^2）为计量单位。

（2）与门窗工程密切相关的贴脸，在预算中执行木装修定额。

（3）卷闸门制作安装按门洞口高度加 600mm 再乘卷闸门实际宽度以面积（m^2）计算。电动装置以套计算，小门安装以个计算。

（4）彩板组角钢门窗附框安装按延长米（m）计算。

2. 木屋架与木基层工程

木屋架的预算规则比清单规则的计算方法复杂。

（1）计算规则

1）单独的方木挑檐按矩形檩木计算。与圆木屋架相连接的挑檐木、支撑等如为方木时，应乘以系数 1.70 折合圆木，并入圆木屋架竣工木材体积内。

2）檩木按竣工木材以体积（m^3）计算，简支檩木长度按设计规定计算。如设计无规定者，按屋架或山墙中距增加 200mm 计算。如两端出山，檀条长度算至博风板；连续檀条的长度按设计长度计算，其接头长度按全部连续檀木总体积的 5% 计算。檀条托木已计入相应的檀木制作安装项目中，不另计算。

3）屋面木基层工程量按斜面积（m^2）计算，天窗挑檐重叠部分按设计规定计算，屋面烟囱及斜沟部分所占面积不扣除。

4）封檐板按图示檐口外围长度计算，博风板按斜长计算长度，每个大刀头增加长度 500mm。

封檐板是坡屋顶侧墙檐口排水部位的一种构造做法，博风板又称顺风板，是山墙的封檐板，如图 4-4 所示。

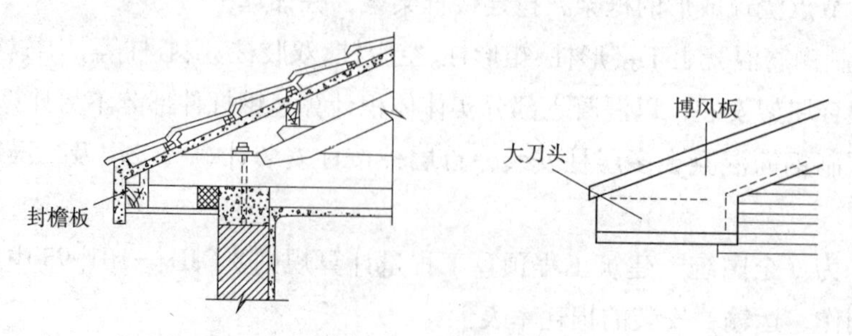

图 4-4 封檐板和博风板

（2）木屋架工程量的计算方法

1）檩条的工程量计算

①方木檩条

$$V=\sum a_i \times b_i \times l_i \quad (i=1,2,3,\cdots\cdots) \tag{4-6}$$

式中 V——檩木的体积（m^3）；

a_i、b_i——第 i 根檩木的计算断面的双向尺寸（m）；

l_i——第 i 根檩木的计算长度（m），当设计有规定时按设计规定计算，如设计无规定时，按轴线中距，每跨增加 0.2m。

②圆木檩条

$$V=\pi\sum\frac{d_{1i}^{\ 2}+d_{2i}^{\ 2}}{8}\times l_i(m^3)(i=1,2,3,\cdots\cdots) \tag{4-7}$$

式中 d_{1i}、d_{2i}——圆木大小头的直径（m）；

其他符号含义同上。

2）屋面木基层的工程量计算

$$F=l\times B\times C \tag{4-8}$$

式中 F——木基层面板的面积（m^2）；

l，B——屋面的投影长度和宽度（m）；

C——屋面的坡度系数（详见表 3-26）。

3）圆木体积计算

①杉圆木体积计算

$$V=\pi\frac{0.0001L}{4}[(0.025L+1)D^2+(0.37L+1)D+10(L-3)](m^3) \tag{4-9}$$

式中 D——圆木小头的直径（cm）；

L——材长（m）。

注：A. 径级以 20mm 为增进单位，不足 20mm 时，凡满 10mm 的进位，不足 10mm 的舍去；B. 长度按 0.2m 进位。

②除杉木以外的其他树种的圆木体积计算

$$V=L\times 10^{-4}[0.003895L+0.8982D^2+(0.39L-1.219)D-(0.5796L+3.067)] \tag{4-10}$$

式中符号含义与单位同式（4-9）。

4）屋架的工程量计算

木屋架按图示尺寸的竣工木料以体积（m^3）计算。为了简化屋架中上弦杆、下弦杆、直杆和斜杆等杆件长度的计算，可按各杆件长度系数计算，其计算公式为：

$$\text{杆件长度}=\text{跨度}(L)\times\text{杆件长度系数} \tag{4-11}$$

根据屋架的坡度不同，杆件系数不同，实际工作中可查预算手册。表 4-5 给出了图 4-5 屋架形式构件长度的系数。

屋架构件长度系数表

表 4-5

坡度（α） \ 杆件	上弦杆	屋架高（中立杆）	边立杆高	斜撑长
26°34′	0.559	0.250	0.125	0.279
30°	0.577	0.289	0.144	0.289

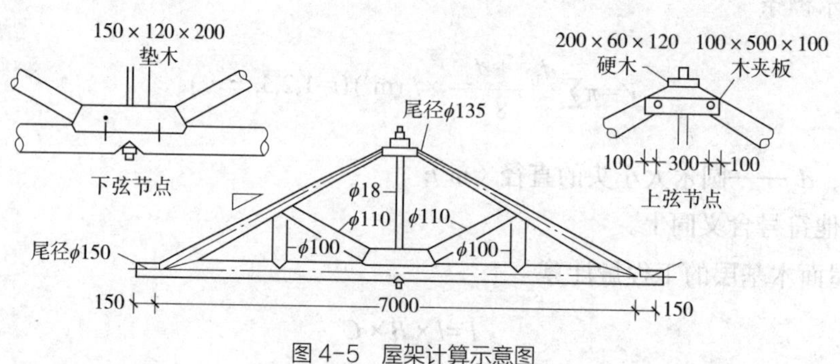

图 4-5 屋架计算示意图

【例 4-4】某屋架如图 4-5 所示，屋架跨度 7m，坡度 26°34′，除中立杆为 ϕ18 的圆钢外，其余各杆件为杉圆木，上弦小头直径 135mm，下弦小头直径 150mm，边立杆小头直径 100mm，斜撑杆小头直径 110mm。试求单榀屋架木材体积。

【解】下弦长 $L=7+0.15\times2=7.30\text{m}$

上弦长 $S=0.559\times7=3.91\text{m}$

边立杆长 $h=0.125\times7=0.875\text{m}$

斜撑杆长 $c=0.279\times7=1.95\text{m}$

根据公式（4-9），各杆件的杉圆木体积为：

$$V_{下弦}=3.14\times\frac{0.0001\times7.30}{4}\times[(0.025\times7.30+1)\times15^2+(0.37\times7.30+1)\times15+10\times(7.30-3)]$$
$$=0.209\text{m}^3$$

$$V_{上弦}=2\times\{3.14\times\frac{0.0001\times3.91}{4}\times[(0.025\times3.91+1)\times13.5^2+(0.37\times3.91+1)\times13.5+10\times(3.91-3)]\}$$
$$=0.149\text{m}^3$$

$$V_{边立杆}=2\times\{3.14\times\frac{0.0001\times0.875}{4}\times[(0.025\times0.875+1)\times10^2+(0.37\times0.875+1)\times10+10\times(0.875-3)]\}$$
$$=0.013\text{m}^3$$

$$V_{斜撑杆}=2\times\{3.14\times\frac{0.0001\times1.95}{4}\times[(0.025\times1.95+1)\times11^2+(0.37\times1.95+1)\times11+10\times(1.95-3)]\}$$
$$=0.041\text{m}^3$$

合计：$V_{圆木}=0.209+0.149+0.013+0.041=0.412\text{m}^3$

附属于屋架的夹木、硬木、垫木已并入相应的屋架制作中，不另计算。

4.2.7 楼地面工程

预算规则中的楼地面工程内容在清单规则中分列在不同分部工程中。如地面垫层、混凝土散水、坡道、扶手、栏板、压顶列于清单规则中的混凝土与钢筋混凝土工程中，整体面层、块料面层、楼梯面层、台阶面层、踢脚线列于清单规则中的楼地面装饰工程中，明沟列于清单规则中的砌筑工程。而预算规则为：

（1）地面垫层按室内主墙间净空面积乘以设计厚度以体积（m^3）计算。应扣除凸出地面的构筑物、设备基础、室内铁道、地沟等所占体积，不扣除柱垛、间壁墙、附墙烟囱及面积在 $0.3m^2$ 以内孔洞所占面积。

（2）整体面层、找平层均按主墙间净空面积（m^2）计算。楼梯面层、台阶面层按水平投影面积（m^2）计算。计算规则与清单规则相似。

（3）踢脚板按延长米（m）计算，洞口、空圈长度不予扣除，洞口、空圈、垛、附墙烟囱等侧壁长度亦不增加。

（4）散水、防滑坡道按图示尺寸以面积（m^2）计算。

（5）栏杆、扶手包括弯头长度按延长米（m）计算。

（6）防滑条按楼梯踏步两端距离减 300mm 以延长米（m）计算。

（7）明沟按图示以延长米（m）计算。

4.2.8 屋面及防水工程

屋面及防水工程的预算规则分为屋面工程、防水与排水工程两部分。

1. 屋面工程

（1）坡屋面工程量计算

1）屋面面积计算：与清单规则相似。

2）四坡水单根斜屋脊长度计算

$$L=A\times D \tag{4-12}$$

式中 L——四坡水单根屋脊长度（m）；

A——半个跨度宽（m）；

D——隅延尺系数。

【例 4-5】如图 3-81 所示，试计算屋面工程量和屋脊长度（$S=A$）。

【解】（1）屋面工程量。预算工程量同清单工程量，F=514.81（m^2）。

（2）屋脊长度

1）正屋脊长度

$$L_1=30.24+2\times0.5-(13.74+2\times0.5)=31.24-14.74=16.5\text{m}$$

2）斜屋脊总长

根据式（4-12），由表 3-26 查得 D 为 1.50，故：

$$L_2=\frac{13.74+2\times0.5}{2}\times1.5\times4=44.22\text{m}$$

屋脊总长度：L=16.5+44.22=60.72m

（2）平屋面工程量计算

1）找坡层、屋面保温层

屋面找坡层、保温层按图示水平投影面积乘以平均厚度，以体积（m^3）计算。平均厚度的计算如图 4-6 所示。

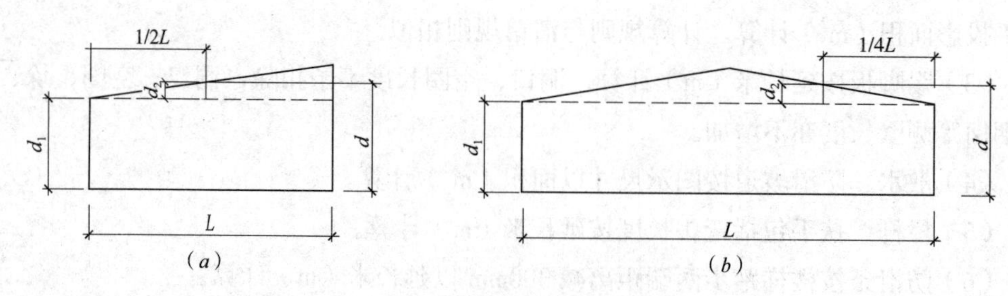

图 4-6 屋面找坡层平均厚度示意图

（a）单坡屋面；（b）双坡屋面

①单坡屋面平均厚度

$$d=d_1+d_2 \qquad \tan\alpha=d_2\div L/2 \qquad d_2=\tan\alpha\times L/2$$

令 $\tan\alpha=i$　　$d_2=i\times L/2$

$$d=d_1+\frac{i\times L}{2} \tag{4-13}$$

式中 i——坡度系数；

α——屋面倾斜角。

②双坡屋面平均厚度

$$d=d_1+d_2 \qquad d_2=\tan\alpha\times L/4=i\times L/4$$

$$d=d_1+\frac{i\times L}{4} \tag{4-14}$$

2）找平层

屋面找平层按水平投影面积以平方米（m^2）计算，套用预算定额中楼地面工程中的相应定额。天沟、檐沟按图示尺寸展开面积以平方米（m^2）计算，套用天沟、檐沟的相应定额。

3）卷材屋面

卷材屋面也称柔性屋面，按实铺面积以平方米（m^2）计算，不扣除房上烟囱、风帽底座、风道、斜沟等所占面积，但屋面山墙、女儿墙、天窗、变形缝、天沟等弯起部分，以及天窗出檐与屋面重叠部分应按图示尺寸（如图纸无规定时，女儿墙和缝弯起高度可按250mm，天窗可按500mm）计算，并入屋面工程量内。

4）刚性防水屋面

刚性防水屋面是指在平屋顶屋面的结构层上，采用防水砂浆或细石混凝土加防裂钢丝网浇捣而成的屋面，工程量按实铺水平投影面积（m^2）计算。泛水和刚性屋面变形缝等弯起部分或加厚部分已包括在定额内。挑出墙外的出檐和屋面天沟，另按相应定额项目计算。

2. 防水与排水工程

（1）防水工程

1）屋面的防水、防潮层的计算与清单规则相同。

2）建筑物地面防水、防潮层的工程量按主墙间的净空面积（m^2）计算；扣除凸出地面的构筑物、设备基础等所占的面积；不扣除柱、垛、间壁墙及0.3m^2以内的孔洞所占的面积；与墙面连接处的高度在500mm以内者按展开面积计算，并入平面工程量内，超过500mm时，按立面防水层计算。

3）墙面防潮层按图示尺寸以面积（m^2）计算，不扣除0.3m^2以内的孔洞所占的面积。

4）墙基防水、防潮层，外墙按外墙中心线长度，内墙按内墙净长乘以宽度，以面积（m^2）计算。

5）构筑物及建筑物地下室防水层，按实铺面积（m^2）计算，不扣除0.3m^2以内的孔洞所占的面积。平面与立面连接处防水层，其上卷高度超过500mm时，按立面防水层计算。

6）地面、墙面和屋面的变形缝工程量以延长米（m）计算。变形缝若为内外双面填缝者，工程量按双倍计算。

（2）排水工程

1）屋面采用铁皮排水，以图示尺寸按展开面积（m^2）计算，或按当地定额规定执行。

2）铸铁、玻璃钢落水管以不同直径按图示尺寸以延长米（m）计算，雨水口、水斗、弯头、短管以个计算。

4.2.9 防腐、保温、隔热工程

防腐、保温、隔热工程预算规则与清单规则的异同点为：

（1）防腐工程预算规则与清单规则相似。

（2）保温、隔热工程的预算规则计量单位按体积（m^3）计算。

4.2.10 装饰工程

1. 各类抹灰

（1）内外墙、内外墙裙一般抹灰与装饰抹灰：预算与清单规则相似。

（2）墙面勾缝：预算与清单规则相似。

（3）外墙一般抹灰的窗台线、门窗套、挑檐、腰线、遮阳板等展开宽度在300mm以内者，按装饰线以延长米（m）计算，如展开宽度超过300mm以上时，按图示尺寸以展开面积（m^2）计算，套零星抹灰定额项目。

（4）栏板、栏杆（包括立柱、扶手或压顶等）抹灰按立面垂直投影面积（m^2）乘以系数2.2计算。

（5）阳台底面抹灰按水平投影面积（m^2）计算，并入相应天棚抹灰面积内。阳台如带悬臂梁者，其工程量乘以1.30。

（6）雨篷底面或顶面抹灰分别按水平投影面积（m^2）计算，并入相应天棚抹灰面积内。雨篷顶面带反沿或反梁者，其工程量乘系数1.2，底面带悬臂梁者，其工程量乘以系数1.2。雨篷外边线按相应装饰或零星项目执行。

（7）天棚抹灰：两种计算规则相似。但预算涉及的项目较多，详见"预算规则"。

（8）独立柱抹灰：预算与清单规则相似。

2. 天棚吊顶

天棚吊顶预算规则中，龙骨和面层工程量分别计算。

（1）天棚吊顶龙骨工程量计算

吊顶龙骨按主墙间净空面积（m^2）计算，不扣除间壁墙、检查口、附墙烟囱、柱、垛和管道所占的面积。但天棚中的折线、迭落等圆弧形，高低吊灯槽等面积也不展开计算。

（2）天棚吊顶面层工程量计算

1）天棚装饰面层工程量按主墙间实铺面积（m^2）计算，不扣除间壁墙、检查口、附墙烟囱、附墙垛和管道所占的面积，应扣除独立柱及与天棚相连的窗帘盒所占的面积。

2）天棚中的折线：迭落等圆弧形、拱形、高低灯槽及其他艺术形式天棚面层均按展开面积（m^2）计算。

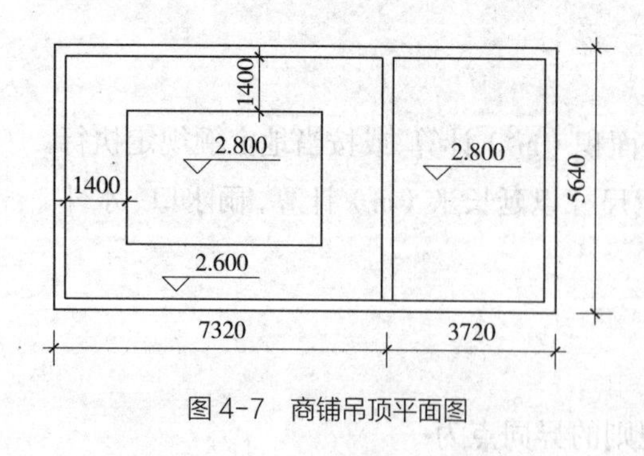

图4-7 商铺吊顶平面图

【例4-6】某一层商铺吊顶平面图如图4-7所示，材质为轻钢龙骨石膏板吊顶，墙厚均为0.2m，标高为相对于设计室内地坪面层标高，屋面板底标高3.200m，计算该商铺吊顶工程量。

【解】

（1）吊顶龙骨工程量：

$$S_{龙骨}=(7.32+3.72-0.20\times3)\times(5.64-0.20\times2)=54.71m^2$$

（2）吊顶面层工程量

面层工程量由吊顶的底面与侧面两部分构成：

$S_{面层}$=54.71+[（7.32−0.2−0.1−1.4×2）+（5.64−0.2×2−1.4×2）]×2×（2.8−2.6）

=57.37m^2

3. 隔断与幕墙工程

（1）玻璃隔墙按上横挡顶面至下横挡顶面之间高度乘以宽度（两边立梃外边线之间）以面积（m^2）计算。

（2）浴厕木隔断，铝合金、轻钢隔断、幕墙，预算与清单规则相似。

（3）木隔墙、墙裙、护壁板，均按图示长度乘以高度按实铺面积（m^2）计算。

4. 喷涂、油漆、裱糊装饰工程

喷涂、油漆、裱糊装饰工程的预算规则比清单规则的计算方法复杂。

（1）楼地面、顶棚面、墙、柱、梁面、抹灰面的喷（刷）涂料、油漆工程量，均按楼地面、顶棚面、墙、柱、梁面装饰工程的相应工程量计算规则计算。

（2）木材面油漆与涂料工程量的计算

1）木门油漆项目按单层木门编制。其他如双层木门、单层全玻门等执行“单层木门油漆”定额，常见项目的工程量计算方法见表 4–6。

执行单层木门油漆定额的其他项目工程量系数表　　表 4–6

项目名称	系数	工程量计算方法
单层木门	1.00	按单面洞口面积计算
双层木门（一板一纱）	1.36	
单层全玻门	0.83	
木百叶门	1.25	
厂库大门	1.10	

2）木窗油漆项目按单层木窗编制。其他如双层木窗、木百叶窗等执行“单层木窗油漆”定额，常见项目的工程量计算方法见表 4–7。

执行单层木窗油漆定额的其他项目工程量系数表　　表 4–7

项目名称	系数	工程量计算方法
单层玻璃窗	1.00	按单面洞口面积计算
双层（一玻一纱）窗	1.36	
三层（二玻一纱）窗	2.60	
木百叶窗	1.50	

3）木扶手油漆项目按木扶手（不带托板）编制。其他木扶手如带托板、窗帘盒等执行“木扶手（不带托板）油漆”定额，常见项目的工程量计算方法见表 4–8。

执行木扶手油漆定额的其他项目工程量系数表 表 4-8

项目名称	系数	工程量计算方法
木扶手（不带托板）	1.00	按延长米计算
木扶手（带托板）	2.60	
窗帘盒	2.04	
挂镜线、窗帘棍	0.35	

4）其他木材面的油漆执行“其他木材面油漆”定额，常见项目的工程量计算方法见表 4-9。

执行其他木材面油漆定额的其他项目工程量系数表 表 4-9

项目名称	系数	工程量计算方法
木板、纤维板、胶合板	1.00	按长 × 宽计算
清水板条的顶棚、檐口	1.07	
木方格吊顶顶棚	1.20	
吸音板、墙面、顶棚面	0.87	
木护墙、墙裙	0.91	
屋面板（带檩条）	1.11	按斜长 × 宽计算
木间壁、木隔断	1.90	按单面外围面积计算
木栅栏、木栏杆（带扶手）	1.82	
木屋架	1.79	按跨度（长）× 中高 ×1/2 计算
衣柜、壁柜	0.91	按投影面积（不展开）计算
零星木装修	0.87	按展开面积计算

5）木地板油漆项目按木地板编制。其他如木踢脚线、木楼梯等执行“木地板油漆”定额，常见项目的工程量计算方法见表 4-10。

执行木地板油漆定额的其他项目工程量系数表 表 4-10

项目名称	系数	工程量计算方法
木地板、木踢脚线	1.00	按长 × 宽面积计算
木楼梯（不包括底面）	2.30	按水平投影面积计算

（3）金属面油漆工程量的计算

1）钢门窗油漆项目按单层钢门窗编制。其他如双层钢门窗、钢百叶门、金属间壁墙执行“单层钢门窗油漆”定额的其他项目，常见项目的工程量计算方法见表 4-11。

执行单层钢门窗油漆定额的其他项目工程量系数表　　表 4-11

项目名称	系数	工程量计算方法
单层钢门窗	1.00	按洞口面积计算
双层（一玻一纱）钢门窗	1.48	
钢百叶钢门	2.74	
满钢门或包铁皮门	1.63	
钢折叠门	2.30	
间壁	1.85	按长 × 宽计算
射线防护门	2.96	按框（扇）外围面积计算
厂库房平开、推拉门	1.70	
铁丝网大门	0.81	
平板屋面	0.74	按斜长 × 宽面积计算
排水、伸缩缝盖板	0.78	按展开面积计算

2）执行“其他金属面油漆”定额的其他项目，如钢屋架、天窗架、钢柱、钢爬梯等，常见项目的工程量计算方法见表 4-12。

执行其他金属面油漆定额的其他项目工程量系数表　　表 4-12

项目名称	系数	工程量计算方法
钢屋架、天窗架、挡风	1.00	按重量（吨）计算
墙架（空腹式）	0.50	
轻型屋架	1.42	
钢柱、吊车梁等	0.63	
操作台、走台、制动梁	0.71	
钢爬梯	1.18	
零星铁件	1.32	

（4）抹灰面油漆与涂料工程量的计算

槽形板底、混凝土折板底、密肋板底、井字梁底油漆、涂料工程量按表 4-13 计算。

抹灰面工程量系数表　　表 4-13

项目名称	系数	工程量计算方法
槽形底板、混凝土折板	1.30	按长 × 宽面积计算
有梁板底	1.10	
密肋、井字梁板底	1.50	
混凝土平板式楼梯底	1.30	按水平投影面积计算

4.2.11 金属结构制作工程

金属结构工程预算规则与清单规则基本相同，只是预算规则中计算不规则或多边形钢板重量时，不扣除切边、切肢重量，均以其最大对角线乘最大宽度的矩形面积计算，不再按图示尺寸计算。

习题

1. 某建筑首层外墙外边线平面如图 4-8 所示，计算平整场地面积。

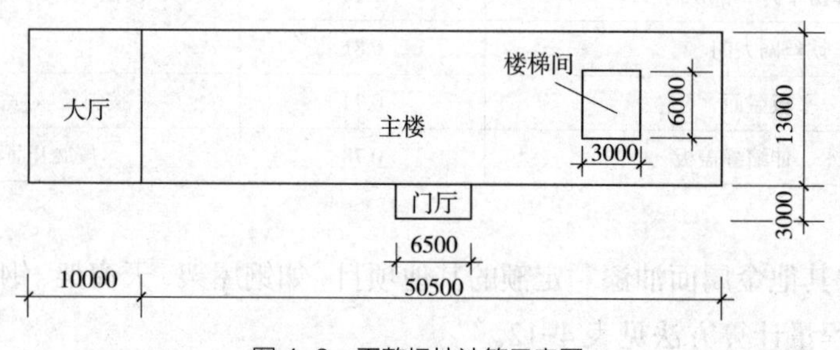

图 4-8　平整场地计算示意图

2. 试计算图 4-9 健身房满堂脚手架的工程量，已知墙厚 240mm。

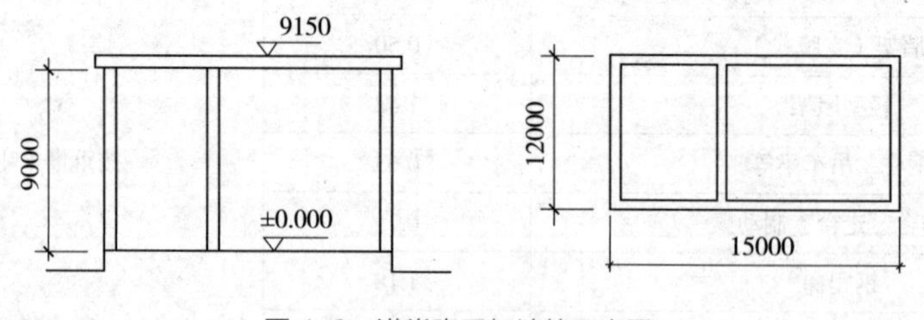

图 4-9　满堂脚手架计算示意图

3. 某建筑物入口雨篷板尺寸如图 4-10 所示，请计算该现浇混凝土雨篷板的混凝土工程量。

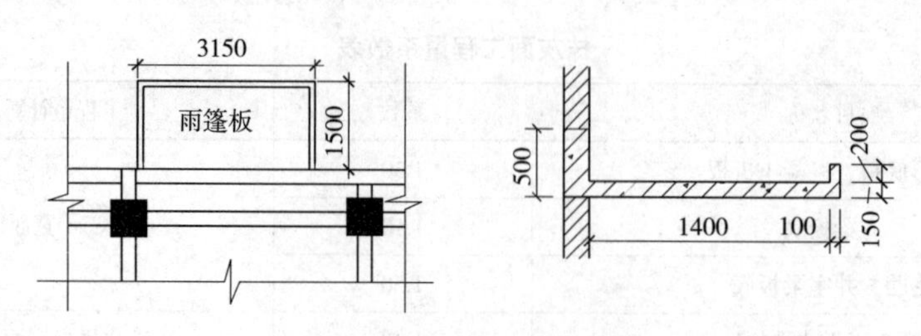

图 4-10　某建筑物入口雨篷板

4.【例 3-19】中，楼梯面层为 20mm 厚 1：2.5 水泥砂浆面层，每级踏步镶嵌单根玻璃防滑条，计算玻璃防滑条工程量。

5. 如图 4-11 所示，为四坡水屋面的水平投影图。屋面坡度为 1/4，求屋面面积及屋脊长度（设 $S=A$）。

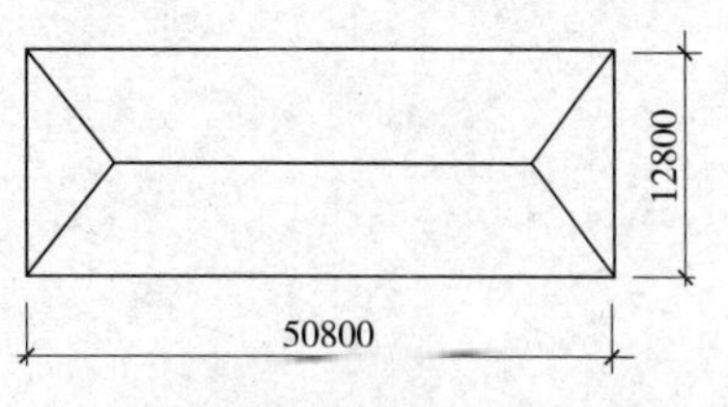

图 4-11 屋面面积与屋脊计算示意图

6. 如图 4-12 所示，屋面采用双坡找坡，檐沟底标高低于屋面标高 0.2m，计算屋面及防水工程量。

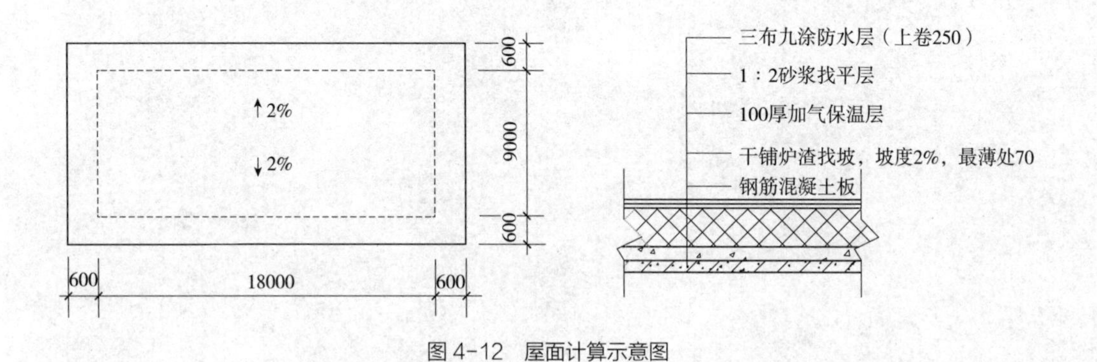

图 4-12 屋面计算示意图

7. 计算【例 3-30】中胶粉聚苯颗粒保温层的工程量。

5

建筑安装工程计量

【本章要点及学习目标】

本章以中华人民共和国住房和城乡建设部、中华人民共和国质量监督检验检疫总局联合发布的《通用安装工程工程量计算规范》GB 50856-2013为蓝本，重点介绍房屋建筑工程实施过程中常用的安装工程量计算方法。通过对本章学习，使读者能够熟悉并掌握房屋建筑工程中常用的安装工程各分部分项工程工程量计算规则及方法。本章未介绍的项目按计量规范规定执行。

5.1 电气设备安装工程

5.1.1 电气设备安装工程概述

房屋建筑工程中常用的电气设备安装工程主要包括：变配电设备、电机及电气控制设备、电缆、配管配线、照明器具、防雷接地和电气调整等工程。

1. 电力系统与供配电系统

电力系统是由各种电压等级的电力线路将发电厂、变电站和电力用户联系起来的一个发电、输电、变电、配电和用电的整体，一般由发电—输电—供（配）电 3 个环节组成，如图 5-1 所示。

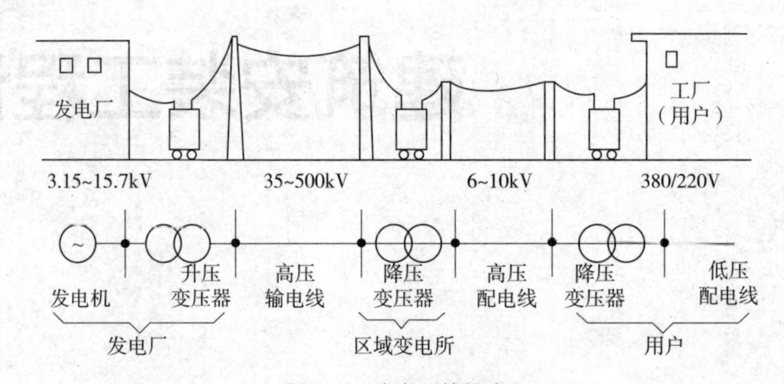

图 5-1 电力系统组成

供配电系统是合理输送、分配和使用电能的系统，该系统由变压器、配电装置和保护装置组成，是各类建筑的电能供应中心。常见的变配电系统由高压配电室、低压配电室、变压器室等组成，如图 5-2 所示。

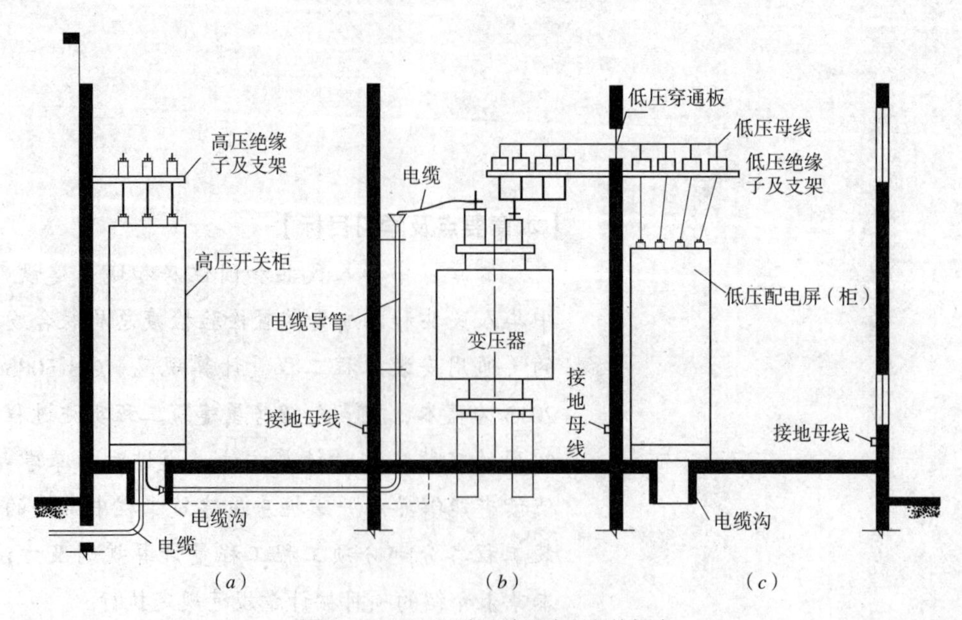

图 5-2 10kV 及以下变配电所系统组成

（*a*）高压配电室；（*b*）变压器室；（*c*）低压配电室

2. 控制设备

控制设备是指安装在控制室、车间的各种配电装置。控制设备种类主要包括低压盘(屏)、柜、箱，各式开关，低压电气器具等。

配电箱（柜、盘）根据用途不同可分为电力配电箱（柜、盘）和照明配电箱（柜、盘）两种。根据安装方式可分为明装（悬挂式）、暗装（嵌入式）以及半明半暗装以及落地式安装等。

3. 电缆

电缆通常由几根或几组导线绞合而成，每组导线之间相互绝缘，整个外面包有高度绝缘的覆盖层。多架设在空中或装在地下、水底，用于电信或电力输送。

按照功能和用途，电缆分为电力、控制及通信电缆等；按绝缘材料可分为纸绝缘、塑料绝缘及橡胶绝缘电缆；按导电材料可分为铜芯、铝芯及铁芯电缆。

根据电压等级高低、所采用绝缘材料及外护层或铠装不同，电力电缆有多种系列产品。如 VLV、VV 系列绝缘聚氯乙烯护套电力电缆；ZLQ、ZQ 系列油浸纸绝缘电力电缆；ZLL、ZL 系列油浸纸绝缘铝包电力电缆。

电缆的敷设方式包括：直接埋地敷设、电缆沟、电缆沿支架敷设、电缆穿保护管敷设及电缆桥架上敷设。

4. 配管和配线

配管和配线是指由配电箱接到用电器具的供电和控制线路的管线。安装方式分明配和暗配两种。明配线路是指线路沿墙壁、顶棚、梁、柱等敷设；暗配线路是指线路敷设在顶棚、墙体、楼板内。根据线路用途和用电安全的要求，配线工程常用的敷设方式有瓷夹配线、塑料夹配线、瓷珠配线、瓷瓶配线、针式绝缘子配线及塑料槽板配线等。配管工程分为沿砖或混凝土结构明配、沿砖或混凝土结构暗配、钢结构支架配管、钢索配管等。

常用绝缘导线的种类按其绝缘材料分为橡皮绝缘线（BX、BLX）和塑料绝缘线（BV、BLV）。按其线芯材料分为铜芯导线和铝芯导线。

5. 防雷接地系统

防雷接地系统（又称为防雷装置系统）是指为了防止雷电对建（构）筑物、设备和人身产生危害，在建（构）筑物外部和内部设置对雷电进行拦截、疏导最后放入大地的一体化防雷系统。

（1）外部防雷装置。外部防雷装置由接闪器、引下线和接地装置三部分组成。接闪器（也叫接闪装置）有三种形式：避雷针、避雷带和避雷网，它位于建筑物的顶部，其作用是引雷或叫截获闪电，即把雷电流引下。引下线，上与接闪器连接，下与接地装置连接，它的作用是把接闪器截获的雷电流引至接地装置。接地装置位于地下一定深度之处，它的作用是使雷电流顺利流散到大地中去，如图 5-3 所示。

（2）内部防雷装置。内部防雷装置的作用是减少建筑物内的雷电流和所产生的电磁效应以及防止反击、接触电压等二次雷害。除外部防雷装置外，所有为达到此目的所采用的设施、手段和措施均为内部防雷装置，它包括等电位联结设施（物）、屏蔽设施、加装的避雷器以及合理布线和良好接地等措施，如图 5-3、图 5-4 所示。

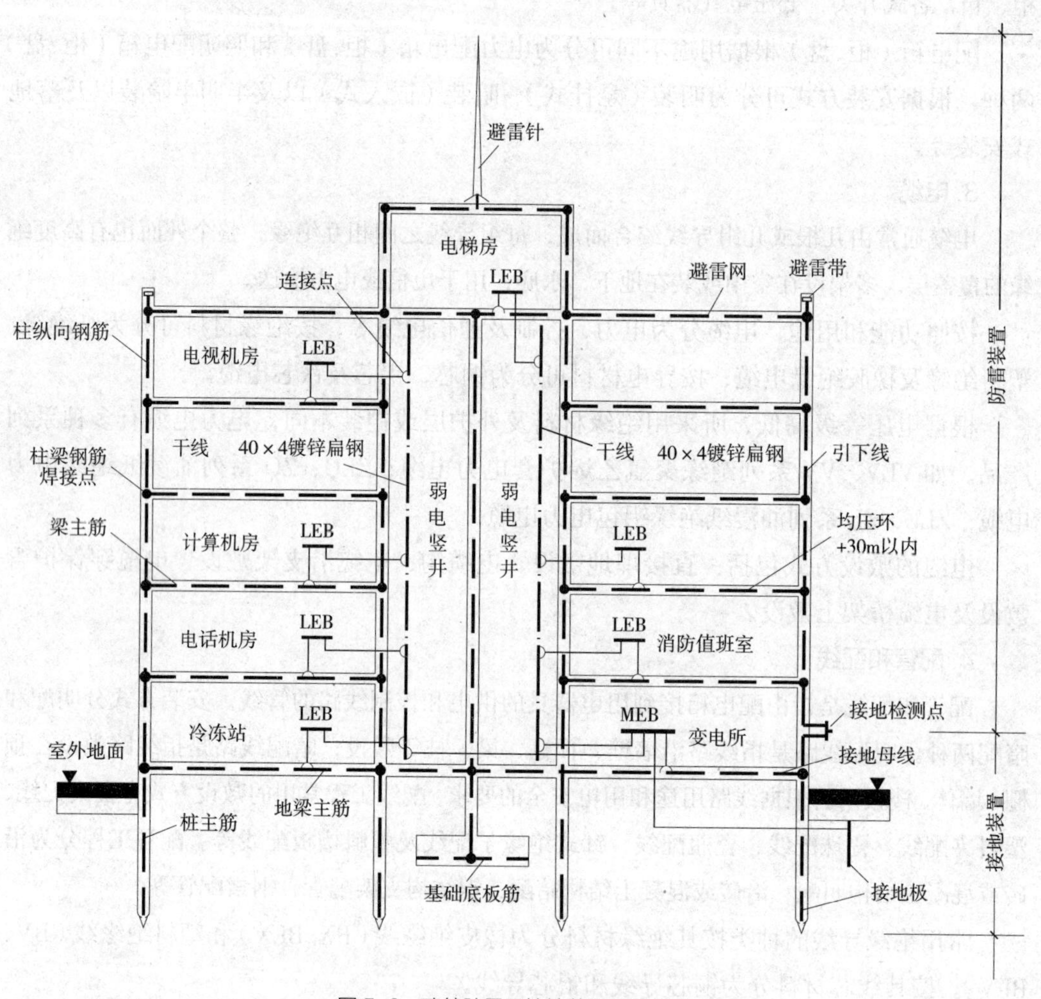

图 5-3　建筑防雷及接地装置系统组成

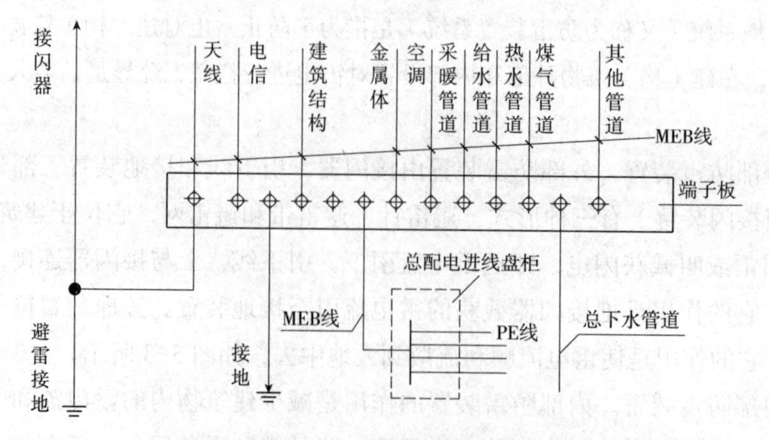

图 5-4　总等电位与局部电位联结

6. 其他相关问题说明

本书电气设备安装工程计算规则适用于10kV以下变配电设备及线路的安装工程、车间动力电气设备及电气照明、防雷及接地装置安装、配管配线、电气调试等。

5.1.2 变配电设备安装工程

1. 变压器安装

变压器是变配电所的核心设备，它将交流电能从一种电压转化为另一种电压，以满足输电、供电及配电的需要。按其绝缘材料分为油浸变压器和干式变压器。

1）工作内容

①油浸电力变压器

本体安装，基础型钢制作、安装，油过滤，干燥，接地，网门、保护门制作、安装，补刷（喷）油漆。

②干式变压器

本体安装，基础型钢制作、安装，温控箱安装，接地，网门、保护门制作、安装，补刷（喷）油漆。

2）项目特征：名称，型号，容量（kV · A），电压（kV），油过滤要求，干燥要求，基础型钢形式、规格，网门、保护门材质、规格，温控箱型号、规格。

3）计算规则：按设计图示以数量（台）计算。

2. 配电装置安装

（1）高压成套配电柜

高压成套配电柜又称高压开关柜。按主接线要求，把一、二次回路中电气元件按顺序连接组装在金属柜中。

1）工作内容：本体安装，基础型钢制作、安装，补刷（喷）油漆，接地。

2）项目特征：名称，型号，规格，母线配置方式，种类，基础型钢形式、规格。

3）计算规则：按设计图示以数量（台）计算。

（2）组合型成套箱式变电站

组合型成套箱式变电站是一种小型户外成套箱式变电站，变压比一般为10/0.4kV，可直接为小规模的工业和房屋建筑供电。其内部设备生产厂家已安装好，只需外接高低压进出线即可。

1）工作内容：本体安装，基础浇筑，进箱母线安装，补刷（喷）油漆，接地。

2）项目特征：名称，型号，容量（kV · A），电压（kV），组合形式，基础规格、浇筑材质。

3）计算规则：按设计图示以数量（台）计算。

5.1.3 控制设备及低压电器安装

1. 控制设备安装

（1）屏、柜

屏、柜安装是指控制屏、继电（信号）屏、模拟屏、低压开关柜（屏）、直流馈电屏及事故照明切换屏的安装。

1）工作内容：本体安装，基础型钢制作、安装，端子板的安装，焊、压接线端子，盘柜配线、端子接线，小母线安装，屏边安装，补刷（喷）油漆，接地。

2）项目特征：名称，型号，规格，种类，基础型钢形式、规格，接线端子材质、规格，端子板外部接线材质、规格，小母线材质、规格，屏边规格。

3）计算规则：按设计图示以数量（台）计算。

需注意：低压开关柜（屏）的工作内容不包括小母线安装。

（2）箱式配电室

箱式配电室是指用于变配电装置的低压配电设备。它按设计线路的控制、信号、配电等的要求，将配电设备依序组装在一个或几个钢制箱中，运输到现场后直接安装在基础上，采用电缆作为进出线连接而成。

1）工作内容：本体安装，基础型钢制作、安装，基础浇筑，补刷（喷）油漆，接地。

2）项目特征：名称，型号，规格，质量，基础规格、浇筑材质，基础型钢形式、规格。

3）计算规则：按设计图示以数量（套）计算。

（3）控制台

1）工作内容：本体安装，基础型钢制作、安装，端子板的安装，焊、压接线端子，盘柜配线、端子接线，小母线安装，补刷（喷）油漆，接地。

2）项目特征：名称，型号，规格，基础型钢形式、规格，接线端子材质、规格，端子板外部接线材质、规格，小母线材质、规格。

3）计算规则：按设计图示以数量（台）计算。

（4）控制箱、配电箱

控制箱一般挂墙、落地或在落地支架上安装，如图 5-5 所示。箱内装有电源开关、保险器、继电器或接触器等装置。配电箱用于供电，分为电力配电箱和照明配电箱。

1）工作内容：本体安装，基础型钢制作、安装，焊、压接线端子，补刷（喷）油漆，接地。

2）项目特征：名称，型号，规格，基础形式、材质、规格，接线端子材质、规格，端子板外部接线材质、规格，安装方式。

3）计算规则：按设计图示以数量（台）计算。

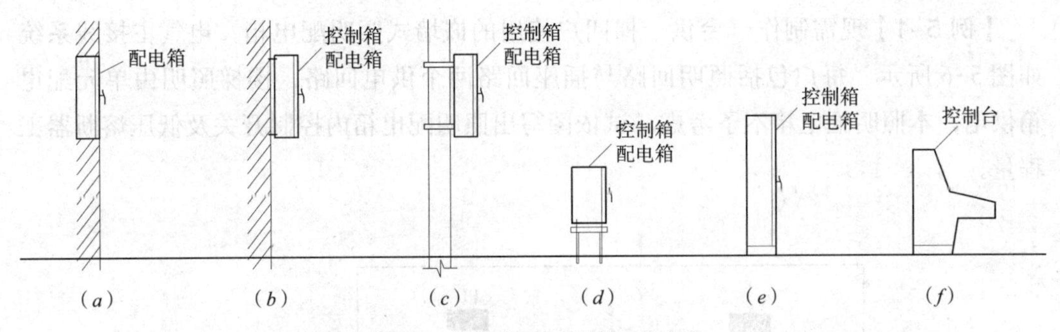

图 5-5　控制箱及配电箱的安装方式

(a)嵌入式;(b)壁式;(c)挂式;(d)落地支架式;(e)落地式;(f)台式

2. 低压电器安装

(1)控制开关

控制开关是指用于隔离电源或通断电路，或对改变电路联结方式的一种低压控制电器的统称。控制开关分为自动空气开关、刀型开关、铁壳开关、胶盖刀闸开关、组合控制开关、万能转换开关、风机盘管三速开关及漏电保护开关等。

1)工作内容：本体安装，焊、压接线端子，接线。

2)项目特征：名称，型号，规格，接线端子材质、规格，额定电流(A)。

3)计算规则：按设计图示以数量(个)计算。

(2)低压熔断器

低压熔断器是指当电流超过规定值时，以本身产生的热量使熔体熔断，断开电路的一种电器。低压熔断器分为插入式 RC、螺旋式 RL、封闭式 RS、管式 RI 及快速熔断器等。

1)工作内容：同控制开关。

2)项目特征：名称，型号，规格，接线端子材质、规格。

3)计算规则：按设计图示以数量(个)计算。

(3)端子箱

端子箱是指在箱内装有相应的接线端子板，作为主线路与多条分线路传输电流或传递电信号的接口设备，也称为线路分配箱或接线箱。

1)工作内容：本体安装，接线。

2)项目特征：名称，型号，规格，安装部位。

3)计算规则：按设计图示以数量(台)计算。

(4)照明开关、插座

1)工作内容：本体安装，接线。

2)项目特征：名称，材质，规格，安装部位。

3)计算规则：按设计图示以数量(个)计算。

【例 5-1】现需制作一台供一梯四户使用的嵌墙式照明配电箱，电气主接线系统如图 5-6 所示，每户包括照明回路与插座回路两个供电回路，楼梯照明由单元配电箱供电，本照明配电箱不予考虑。试依图写出照明配电箱内控制开关及低压熔断器工程量。

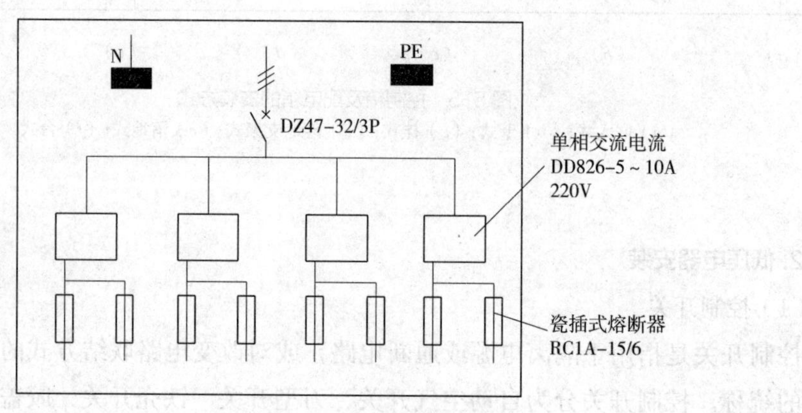

图 5-6 配电箱内电气主接线系统图

【解】根据图 5-6 要求，工程量分别为：

（1）三相自动空气开关 DZA47-32/3P：1 个。

（2）瓷插式熔断器 RCIA-15/6：8 个。

3. 其他相关电器安装

（1）小电器

小电器包括按钮、电笛、电铃、水位电气信号装置、测量表计、继电器、电磁锁、屏上辅助设备、辅助电压互感器及小型安全变压器等。

1）工作内容：本体安装，焊压接线端子，接线。

2）项目特征：名称，型号，规格，接线端子材质、规格。

3）计算规则：按设计图示以数量（个或台或套）计算。

（2）风扇

1）工作内容：本体安装，调速开关安装。

2）项目特征：名称，型号，规格，安装方式。

3）计算规则：按设计图示以数量（台）计算。

（3）照明开关、插座

1）工作内容：本体安装，接线。

2）项目特征：名称，材质，规格，安装方式。

3）计算规则：按设计图示以数量（个）计算。

【例 5-2】某接待室照明系统如图 5-7 所示。照明配电箱 AZM 电源由总配电箱引来，配电箱尺寸为300mm×200mm×120mm（宽×高×厚），采用嵌入式安装，箱底标高1.6m；照明开关采用单联单控、三联单控暗开关（10A，250V），安装高度1.4m。试计算配电箱、照明开关及排风扇（300mm×300mm 1×60W）工程量。

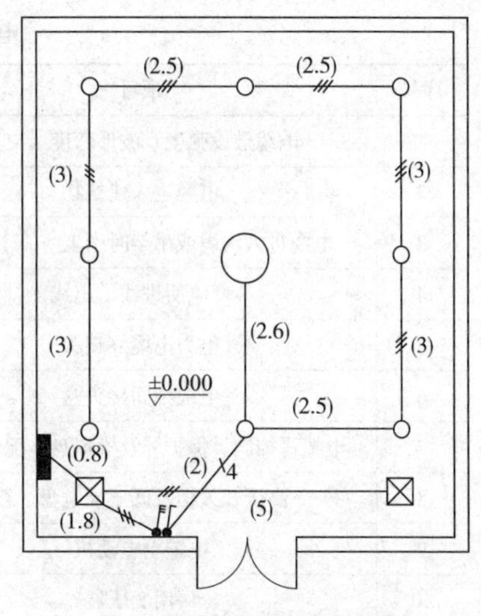

图5-7 接待室照明系统图

【解】根据图5-7要求，工程量分别为：

（1）照明配电箱AZM 300mm×200mm×120mm：1台。

（2）单联单控开关（10A，250V）：1个。

（3）三联单控开关（10A，250V）：1个。

（4）排风扇（300mm×300mm 1×60W）：2台。

5.1.4 电缆安装

1. 电力电缆、控制电缆

（1）工作内容：电缆敷设、揭（盖）盖板。

（2）项目特征：名称，型号，规格，材质，敷设方式、部位，电压等级（kV），地形。

（3）计算规则：按设计图示尺寸以长度（m）计算（含预留长度及附加长度）。

1）电缆预留及附加长度

由于电缆设计中未考虑有波形敷设增加长度、弛度增加长度、电缆绕梁（柱）增加长度以及电缆与设备连接、电缆节等必要的预留或增加长度，但在实际中这些增加长度都应是电缆敷设长度的组成部分，如图5-8所示。

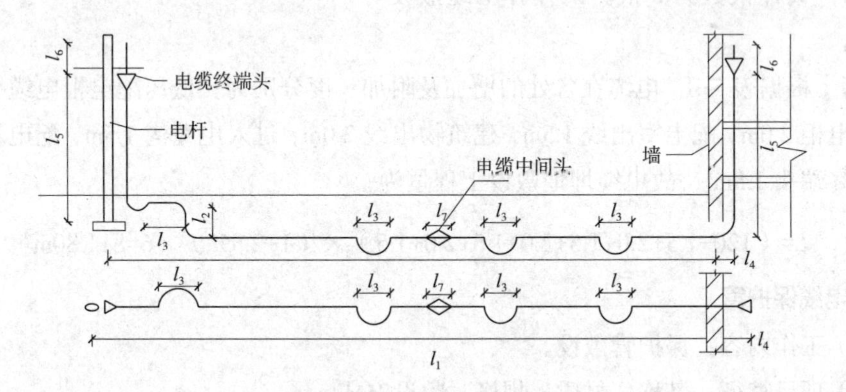

图5-8 电缆长度组成示意图

电缆敷设预留及附加长度应按设计要求计取或按表5-1计取。

2）电缆长度起止点规定

电缆长度起止点从总箱柜或设备算起，按图示尺寸算至另一设备的入口点为止。

电缆敷设预留及附加长度表 表 5-1

序号	项目	预留（附加）长度	说明
1	电缆敷设弛度、波形弯度、交叉	2.5%	按电缆全长计算
2	电缆进入建筑物	2.0m	规范规定最小值
3	电缆进入沟内或吊架时引上（下）预留	1.5m	规范规定最小值
4	变电所进线、出线	1.5m	规范规定最小值
5	电力电缆终端头	1.5m	检修余量最小值
6	电缆中间接头盒	两端各留 2.0m	检修余量最小值
7	电缆进控制、保护屏及模拟盘、配电箱等	高 + 宽	按盘面尺寸
8	高压开关柜及低压配电盘、箱	2.0m	盘下进出线
9	电缆至电动机	0.5m	从电动机接线盒算起
10	厂用变压器	3.0m	从地坪算起
11	电缆绕过梁柱等增加长度	按实计算	按被绕物的断面情况计算增加长度
12	电梯电缆与电缆架固定点	每处 0.5m	规范规定最小值

3）电缆长度计算

电缆长度的计算公式为：

$$L=（单根长度+\sum 预留及附加长度）\times 电缆根数 \times（1+2.5\%） \quad (5-1)$$

式中 2.5% 为敷设缆线时的曲折弯长度增加率。

【例 5-3】如图 5-9 所示，电缆从独立配电室引至某办公楼的配电箱，电缆敷设室内采用电缆沟、室外采用埋地敷设，电缆线路长度为 120m，共计根数为 6 根。试计算电缆敷设工程量。

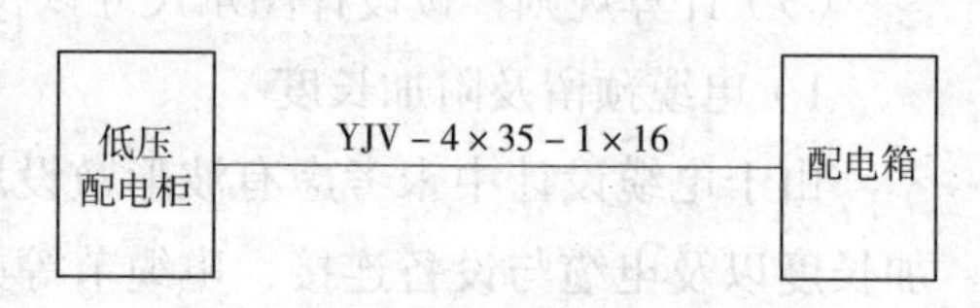

图 5-9 电缆埋地示意图

【解】根据表 5-1，电缆在各处的增加及附加长度分别为：低压配电柜电缆头 1.5m，低压配电柜 2.0m，配电室出线 1.5m，建筑物出线 2.0m，进入电缆沟 1.5m，配电箱 2.0m，配电箱终端头 1.5m。故电缆埋地敷设工程量为：

$$L=（120+1.5+2.0+1.5+2.0+1.5+2.0+1.5）\times（1+2.5\%）\times 6=811.80m$$

2. 电缆保护管

（1）工作内容：保护管敷设。

（2）项目特征：名称、材质、规格、敷设方式。

（3）计算规则：按设计图示尺寸以长度（m）计算。

3. 电缆槽盒

（1）工作内容：槽盒安装。

（2）项目特征：名称、材质、规格、型号。

（3）计算规则：同电缆保护管。

4. 电缆铺砂、盖保护板（砖）

直接埋地敷设的电缆施工方法如下：

①沟底铺100mm厚砂；②敷设电缆；③铺砂至电缆顶后铺砂100mm厚；④盖砖或盖钢筋混凝土保护板、埋电缆识别桩；⑤回填土，如图5-10所示。

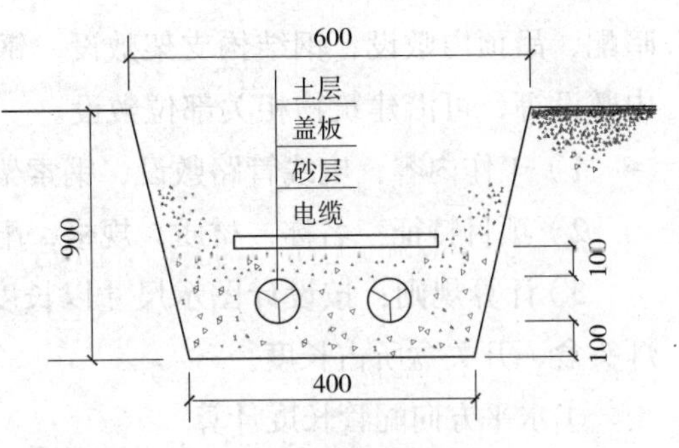

图5-10 直埋电缆沟示意图

（1）工作内容：铺砂、盖板（砖）。

（2）项目特征：种类、规格。

（3）计算规则：按设计图示以长度（m）计算。

5. 电缆头

电缆头分为电力电缆头和控制电缆头两种。

（1）工作内容：电缆头制作、电缆头安装、接地。

（2）项目特征：名称，型号，规格，材质、类型，安装部位（或安装方式）。电力电缆头还应描述电压等级（kV）。

（3）计算规则：按设计图示以数量（个）计算。

6. 电缆防火

电缆防火是为防止电缆线路由于外部失火或内部故障，产生燃烧，引燃电缆蔓延成灾而采取的防火措施。电缆防火措施包括防火堵洞、防火隔板及防火涂料。

（1）工作内容：安装。

（2）项目特征：名称，材质，方式，部位。

（3）计算规则：

1）防火堵洞：按设计图示以数量（处）计算；

2）防火隔板：按设计图示尺寸以面积（m^2）计算；

3）防火涂料：按设计图示尺寸以质量（kg）计算。

7. 电缆分支箱

（1）工作内容：本体安装，基础制作、安装。

（2）项目特征：名称，型号，规格，基础形式、材质、规格。

（3）计算规则：按设计图示以数量（台）计算。

5.1.5 电气配管和配线

1. 配管、线槽及桥架

（1）配管

配管是指按规范要求配置穿引导线的保护管，也称线管或导管。配管材料类型分为钢管、塑料管、金属软管、波纹管等，其规格、型号多样。配管配置形式是指明配、暗配、吊顶内敷设、钢结构支架敷设、钢索配管敷设、埋地敷设、水下敷设、砌筑沟内敷设等，可沿建筑物相关部位敷设。

1）工作内容：电线管路敷设、钢索架设（拉紧装置安装）、预留沟槽、接地。

2）项目特征：名称，材质，规格，配置形式，接地要求，钢索材质、规格。

3）计算规则：按设计图示尺寸以长度（m）计算，不扣除管路中间的接线箱（盒）、灯头盒、开关盒所占长度。

①水平方向配管长度计算

水平方向敷设的配管以平面图的配管走向和敷设部位为依据，借助于平面图所标墙、柱信息和实际尺寸进行管线长度计算。

A. 配管沿墙暗敷（WC）时，按墙中心线、柱轴线长度计算。

B. 配管沿墙明敷（WE）时，按墙、柱之间净长度计算。

②垂直方向配管长度计算

垂直方向敷设的配管，无论明敷、暗敷，工程量计算都与楼层高度及箱、柜、盘、板、开关及用电设备安装高度有关。安装高度按设计图示尺寸计取；当图纸没有标注时，按施工验收规范规定高度计算。如图 5-11 所示，计算垂直方向配管长度时，拉线开关配管长度 200 ~ 300mm，平开关或翘板开关配管长度为（H-1.4）m，插座的配管长度为（H-1.8）m 和（1.1-0.3）m，低压箱盘（板）配管长度为（H-h）m，电度表配管长度为（H-1.8）m。

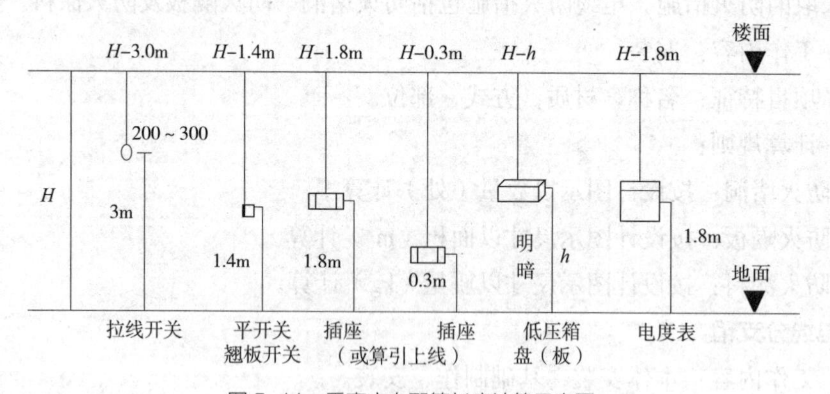

图 5-11 垂直方向配管长度计算示意图

③埋地配管计算

A. 水平方向的配管长度计算

按配管水平方向长度计算方法及设备定位尺寸进行计算。当图纸标注有尺寸时，按图示尺寸计算；当图纸没有标注尺寸时，可按图纸比例用比例尺从中心至中心进行量算。

如图 5-12 所示，假设电源架空引入，穿管进入配电箱（AP），再进入设备，引入开关箱（AK），再联照明箱（AL）。水平方向配管的长度为 L_1+L_2+L_3+L_4，均算至各设备装置中心处。

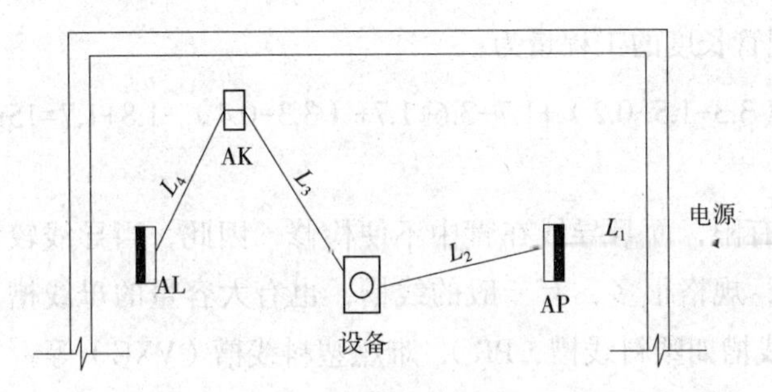

图 5-12 埋地水平长度计算示意图

B. 垂直方向配管长度计算

埋地线管穿地面及伸出地面长度，按相关图纸进行计算。

如图 5-13 所示，埋地线管穿地面及伸出地面长度为：电源引下线管长度（$h+h_1$）+ 引向设备线管长度（h+ 设备基础高度 +150 ~ 220mm）+ 引向刀开关线管长度（$h+h_2$）+ 引向配电箱线管长度（$h+h_3$）。

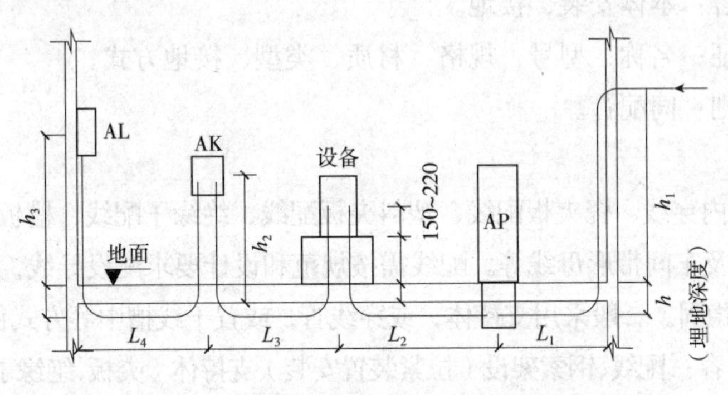

图 5-13 埋地管出地面长度计算示意图

注意：配管安装中不包括凿槽、刨沟，相应的工程量按本节 5.1.8 节相关项目编码列项。

【例 5–4】如图 5-14 所示，假设建筑层高 3.3m，配电箱尺寸为 300mm × 200mm × 120mm，安装高度为 1.5m，灯为吸顶安装，插座安装高度为 0.4m。试计算 n_1 回路线管长度的工程量。

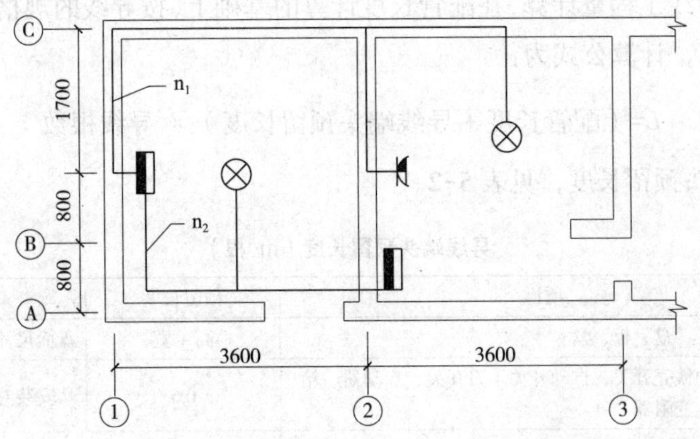

图 5-14 配管水平长度计算示意图

【解】n_1 回路配管长度的工程量为：

$$L_1=(3.3-1.5-0.2)+1.7+3.6+1.7+(3.3-0.4)+1.8+1.7=15\text{m}$$

（2）线槽

配管容纳导线有限，而且导线在管中不便检修，因此，当导线较多，往往采用线槽配线。线槽类型、规格很多，有一般的线槽，也有大容量的母线槽，材质有金属线槽（MR），非金属线槽如塑料线槽（PR）、难燃塑料线槽（VXC）等。

1）工作内容：本体安装、补刷（喷）油漆。

2）项目特征：名称、材质、规格。

3）计算规则：同配管。

（3）桥架

桥架按结构分为槽式、梯式、托盘式及组合式等，可在室内或室外架空或埋地敷设。桥架按材质可分为钢质、不锈钢、铝合金、玻璃钢、塑料质等。

1）工作内容：本体安装、接地。

2）项目特征：名称、型号、规格、材质、类型、接地方式。

3）计算规则：同配管。

2. 配线

配线是指管内穿线、瓷夹板配线、塑料夹板配线、绝缘子配线、槽板配线、塑料护套配线、线槽配线及车间带形母线等。配线需按规范和设计要求配设导线，无论用什么方式配设导线，必须稳固。一般采用支持体，或穿线管，或置于线槽中等方式保证配线的稳固。

（1）工作内容：配线、钢索架设（拉紧装置安装）、支持体（夹板、绝缘子、槽板等）安装。

（2）项目特征：名称，配线形式，型号，规格，材质，配线部位，配线线制，钢索材质、规格。

（3）计算规则：按设计图示尺寸以单线长度（m）计算（含预留长度）。

1）管内穿线工程量计算

对于管内穿线工程量计算，在配管长度计算的基础上，按导线的规格、材质、型号等，依据系统图计算，计算公式为：

$$L=(\text{配管长度}+\text{导线端头预留长度})\times\text{导线根数} \tag{5-2}$$

2）导线端头预留长度，见表 5-2。

导线端头预留长度（m/根） 表 5-2

序号	项目	预留长度	说明
1	各种箱、柜、盘、板、盒	高＋宽	盘面尺寸
2	单独安装的铁壳开关、自动开关、刀开关、启动器、箱式电阻器、变阻器	0.5	从安装对象中心算起
3	继电器、控制开关、信号灯、按钮、熔断器等小电器	0.3	从安装对象中心算起
4	分支接头	0.2	分支线预留

3. 接线箱、接线盒

接线箱是指集中各种导线接头的箱子，将接头集中在接线箱内便于管理、维护。接线盒为集中安置各种导线接头的盒子，是电气线路分支时（处）用的薄钢板或塑料盒，在照明工程中用量非常大。

（1）工作内容：本体安装。

（2）项目特征：名称、材质、规格、安装形式。

（3）计算规则：按设计图示以数量（个）计算。

接线盒一般发生在管线分支处或管线转弯处。如电器部位（开关、插座、灯具、配电箱）、线路分支或导线规格改变处、水平敷设转弯处，如图 5-15 所示。

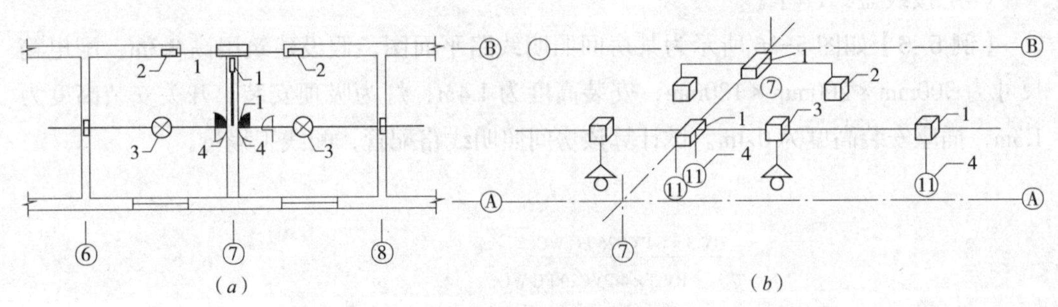

图 5-15 接线盒位置图

（a）平面位置图；（b）透视图

1—接线盒；2—开关盒；3—灯头盒；4—插座盒

1）应按电气平面布置图线路中所绘制开关、插座、灯具的符号逐一计算，原则上一个电气符号（开关、插座、灯具）应计算一个接线盒。

2）设计无特殊要求时，按下列方法计算接线盒和拉线盒。

①配管遇下列情况，中间应增设接线盒和拉线盒，且接线盒或拉线盒的位置应便于穿线。

A. 管长度每超过 30m，无弯曲；

B. 管长度每超过 20m，有 1 个弯曲；

C. 管长度每超过 15m，有 2 个弯曲；

D. 管长度每超过 8m，有 3 个弯曲。

②垂直敷设的配管遇到下列情况，应增设固定导线用的拉线盒。

A. 管内导线截面为 $50mm^2$ 及以下，长度每超过 30m；

B. 管内导线截面为 70 ~ $95mm^2$，长度每超过 20m；

C. 管内导线截面为 120 ~ $240mm^2$，长度每超过 18m。

【例 5-5】如图 5-7 所示，假设线管均为镀锌钢管 Φ20 沿墙、顶板暗配，配管水平长度见图示括号内数字（单位：m），顶管敷管标高 4.50m；管内穿阻燃绝缘导线 ZRBV-500 H1.5mm²。试计算接待室照明系统配管、配线及接线盒工程量。

【解】

（1）镀锌钢管 *DN*20

L_1=（4.5−1.6−0.2）+0.8+5+1.8+（4.5−1.4）+2+2.6+2.5+3×2+2.5×2+3×2

=37.5m

（2）配线 ZRBV−1.5mm²

L_2=（0.3+0.2）×2+（4.5−1.6−0.2）×2+0.8×2+5×2+1.8×3+（4.5−1.4）×5+2×4+2.6×2+2.5×3+3×3+3×3+2.5×3+2.5×3+3×3+3×2=107.6m

（3）接线盒（开关盒）：2 个。

（4）接线盒：11 个。

【例 5-6】如图 5-16 所示为某房间照明线路平面图。假设建筑层高 3.3m，配电箱尺寸为 300mm×200mm×120mm，安装高度为 1.4m，灯为吸顶安装，开关安装高度为 1.3m，插座安装高度为 0.4m。试计算该房间照明线路配管、配线工程量。

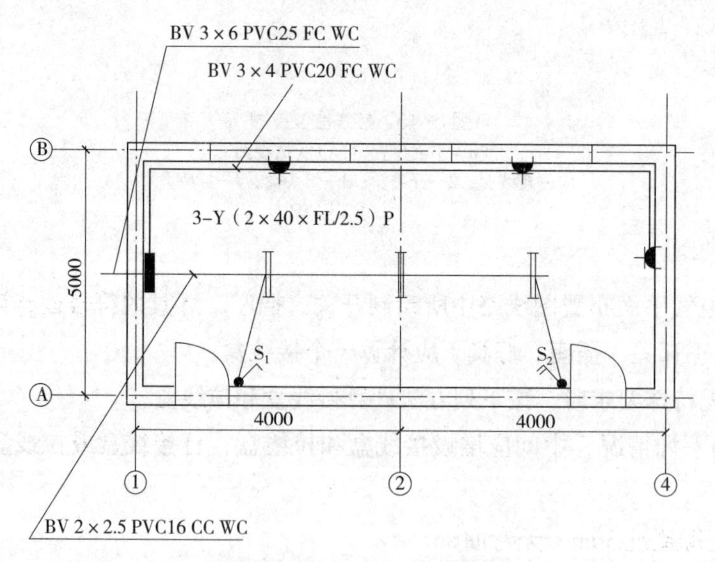

图 5-16 某房间照明线路平面图

【解】

（1）配管（PVC20）：L_1=1.4+2.5+4+4+2.5+0.4×3=15.6m

（2）配管（PVC16）：L_2=（3.3−1.4−0.2）+4+2+2.7×2+（3.3−1.3）×2=17.1m

（3）电线（BV−4）：L_3=（0.3+0.2）×3+（1.4+2.5+4+4+2.5+0.4×3）×3=48.3m

（4）电线（BV−2.5）：L_4=（0.3+0.2）×2+（3.3−1.4−0.2）×2+2×2+2.7×2+2×2+2×3+2.7×3=31.9m

5.1.6 照明器具安装

1. 普通灯具、装饰灯、荧光灯

普通灯具包括圆球吸顶灯、半圆球吸顶灯、方形吸顶灯、软线吊灯、座灯头、吊链灯、防水吊灯、壁灯等。装饰灯包括吊式艺术装饰灯、吸顶式艺术装饰灯、荧光艺术装饰灯、几何型组合艺术装饰灯、标志灯、诱导装饰灯、水下（上）艺术装饰灯、草坪灯具等。

（1）工作内容：本体安装。

（2）项目特征：名称、型号、规格、类型（或安装形式）。

（3）计算规则：按设计图示以数量（套）计算。

2. 高度标志（障碍）灯

（1）工作内容：本体安装。

（2）项目特征：名称、型号、规格、安装部位、安装高度。

（3）计算规则：按设计图示以数量（套）计算。

3. 一般路灯

（1）工作内容：基础浇筑，立灯杆，杆座安装，灯架及灯具附件安装，焊、压接线端子，补刷（喷）油漆，灯杆编号，接地。

（2）项目特征：名称，型号，规格，灯杆材质、规格，灯架形式及臂长，附件配置要求，灯杆形式（单、双），基础形式、砂浆配合比，杆座材质、规格，接线端子材质、规格，编号，接地要求。

（3）计算规则：同普通灯具。

除一般路灯外，路灯还有中杆灯和高杆灯等，其工作内容及项目特征与一般路灯略有不同，详见计量规范。

5.1.7 防雷及接地装置

防雷及接地为两个概念，一是防雷，防止因雷击而造成损害；二是静电接地，防止静电产生危害。防雷接地装置包括雷电接收装置、引下线、接地装置、接地网、接地电阻等。

1. 接地极

接地极指埋入土壤或混凝土基础中作雷电散流用的导体。

（1）工作内容：接地极（板、桩）制作、安装，基础接地网安装，补刷（喷）油漆。

（2）项目特征：名称、材质、规格、土质、基础接地形式。

（3）计算规则：按设计图示以数量（根或块）计算。

需注意的是如果利用基础作接地极，应描述桩台下桩的根数，每桩台下需焊接柱筋根数。

2. 接地母线

在建筑物中，接地线所处位置不同，有不同的名称，应注意区别，如图 5-3 所示。

（1）工作内容：接地母线制作、安装，补刷（喷）油漆。

（2）项目特征：名称，材质，规格，安装部位，安装形式。

（3）计算规则：按设计图示尺寸以长度（m）计算（含附加长度）。

接地母线工程量的一般计算式为：

$$L=\text{设计图示长度}+\text{附加长度} \tag{5-3}$$

或：

$$L=\text{母线全长长度}\times(1+3.9\%) \tag{5-4}$$

式中 3.9% 为接地母线长度附加值，是转弯、避绕障碍物、搭接头等所占长度。

3. 避雷引下线

避雷引下线是指将避雷针招引到的雷电引向接地装置，并泄散入大地的一种防直击雷的装置。一般采用镀锌（圆钢、扁钢、钢绞线）、镀铜（圆钢、钢绞线），以及铜材和超绝缘材料等做成，也可利用柱纵向主筋焊成通体替代引下线。

（1）工作内容：避雷引下线制作、安装，断接卡子、箱制作、安装，利用主钢筋焊接，补刷（喷）油漆。

（2）项目特征：名称，材质，规格，安装部位，安装形式，断接卡子、箱材质、规格。

（3）计算规则：同接地母线。

需注意的是利用柱筋作引下线时，需描述柱筋焊接根数。

4. 均压环

均压环也称水平避雷带（接闪带）。高层建（构）筑物（高度超过 30m）为防止侧击雷，用镀锌圆钢或扁钢，或者用圈梁、框架梁的主筋，沿建筑物外围一周焊成闭环替代均压环，并与引下线焊连，如图 5-3 所示。

（1）工作内容：均压环敷设、钢铝窗接地、柱主筋与圈梁焊接、利用圈梁焊接、补刷（喷）油漆。

（2）项目特征；材质，规格，安装形式。

（3）计算规则：同接地母线。

需注意的是利用圈梁筋作均压环时，需描述圈梁钢筋焊接根数。

【例 5-7】某高层建筑，防雷等级为 1 类，层高 3.0m，檐高 150m，外墙轴线总周长 108m，根据防雷接地规范要求，30m 以下每三层设置一个均压环，30m 以上，向上每隔不大于 6m 设避雷带。试计算该建筑均压环工程量。

【解】（1）30m 以下设 3 圈均压环

$$108\times3\times(1+3.9\%)=336.62\text{m}$$

（2）30m 以上每 2 层设 1 个避雷带

$$(150-27)/(3\times2)=20.5\text{圈}\approx21\text{圈}$$

$$108\times21\times(1+3.9\%)=2356.45\text{m}$$

（3）均压环工程量为：336.62+2356.45=2693.07m

5. 避雷网

当屋顶面积较大时，可以设置避雷网方式防雷，通常在屋顶面用 Φ6 镀锌圆钢或 40mm × 4mm、25mm × 4mm 扁钢，焊接成 5 ~ 6m 或 10m 的方格明装网；也可用屋面板内钢筋网格焊接替代暗装避雷网。

（1）工作内容：避雷网制作、安装，跨接，混凝土块制作，补刷（喷）油漆。

（2）项目特征：名称，材质，规格，安装形式，混凝土块强度等级。

（3）计算规则：同接地母线。

6. 半导体少长针消雷装置

半导体少长针消雷装置是一种新型的防直击雷产品，它利用金属针状电极的尖端放电原理，使雷云电荷被中和，从而不致发生雷击现象，如图 5-17 所示。

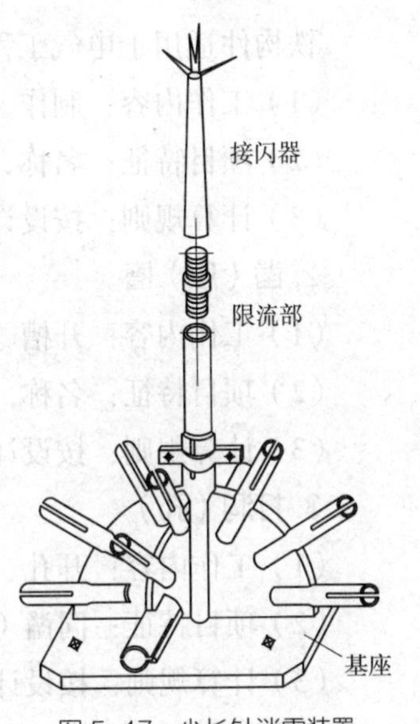

图 5-17 少长针消雷装置

（1）工作内容：本体安装。

（2）项目特征：型号、高度。

（3）计算规则：按设计图示以数量（套）计算。

7. 等电位端子箱、测试板

等位端子箱是指为防止漏电电击，而降低用电设备漏电产生的间接接触电压，以及与不同金属件间产生的电位差，规范要求必须小于 50V 的一种保护电器。

（1）工作内容：本体安装。

（2）项目特征：名称，材质，规格。

（3）计算规则：按设计图示以数量（台或块）计算。

8. 浪涌保护器

（1）工作内容：本体安装、接线、接地。

（2）项目特征：名称，规格，安装形式，防雷等级。

（3）计算规则：按设计图示以数量（个）计算。

9. 降阻剂

降阻剂是人工配置用于降低接地电阻率的化学制剂。

（1）工作内容：挖土、施放降阻剂、回填土、运输。

（2）项目特征：名称，类型。

（3）计算规则：按设计图示尺寸以质量（kg）计算。

5.1.8 附属工程

1. 铁构件

铁构件适用于电气工程的各种支架、铁构件的制作安装。

（1）工作内容：制作、安装、补刷（喷）油漆。

（2）项目特征：名称、材质、规格。

（3）计算规则：按设计图示尺寸以质量（kg）计算。

2. 凿（压）槽

（1）工作内容：开槽、恢复处理。

（2）项目特征：名称，规格，类型，填充（恢复）方式，混凝土标准。

（3）计算规则：按设计图示尺寸以长度（m）计算。

3. 打洞（孔）

（1）工作内容：开孔、洞，恢复处理。

（2）项目特征：同凿（压）槽。

（3）计算规则：按设计图示以数量（个）计算。

4. 管道包封

（1）工作内容：灌注、养护。

（2）项目特征：名称，规格，混凝土强度等级。

（3）计算规则：按设计图示尺寸以长度（m）计算。

5. 人（手）孔砌筑

（1）工作内容：砌筑。

（2）项目特征：名称，规格，类型。

（3）计算规则：按设计图示以数量（个）计算。

6. 人（手）孔防水

（1）工作内容：防水。

（2）项目特征：名称，类型，规格，方式材质及做法。

（3）计算规则：按设计图示尺寸以防水面积（m^2）计算。

5.1.9 电气调整试验

本节电气调整试验范围仅指10kV以下电气设备的成套试验、主要设备主体和分系统的调试，以及设备单体、设备单体原件、单个仪表和各工序调试。

电气系统调试应以电气系统图为单位进行划分；设备单体以“台”或“套”划分。设备单体元件和单个仪表调试以及工序调试均包含在相应系统调试之中。

1. 电力变压器系统

(1)工作内容：系统调试。

(2)项目特征：名称，型号，容量（kV · A)。

(3)计算规则：按设计图示以系统计算。

2. 送配电装置系统

(1)工作内容：系统调试。

(2)项目特征：名称，型号，电压等级（kV)、类型。

(3)计算规则：同电力变压器系统。

3. 不间断电源

(1)工作内容：调试。

(2)项目特征：名称，类型，容量。

(3)计算规则：同电力变压器系统。

4. 接地装置

(1)工作内容：接地电阻测试。

(2)项目特征：名称，类别。

(3)计算规则：

1)按设计图示以系统计算；

2)按设计图示以数量（组）计算。

5. 电缆试验

(1)工作内容：试验。

(2)项目特征：名称、电压等级（kV)。

(3)计算规则：按设计图示以数量（次、根或点）计算。

5.2 给水排水及采暖工程

5.2.1 给水排水及采暖工程概述

1. 室内外给水、排水工程概述

(1)建筑物给水系统

建筑物给水系统，是将市政给水管网或自备水源的水，在满足用户对水质、水量、水压的要求下输送到各用水点。给水系统可分为室内与室外系统。

1)室内给水系统的组成

室内给水系统一般由引入管、水表节点、管道系统、给水附件、配水装置、增压和贮水设备等组成，如图 5-18 所示。

2)室外给水系统的组成

室外给水系统由管道、控制阀门井、水表井、室外消火栓或水泵接合器组成。

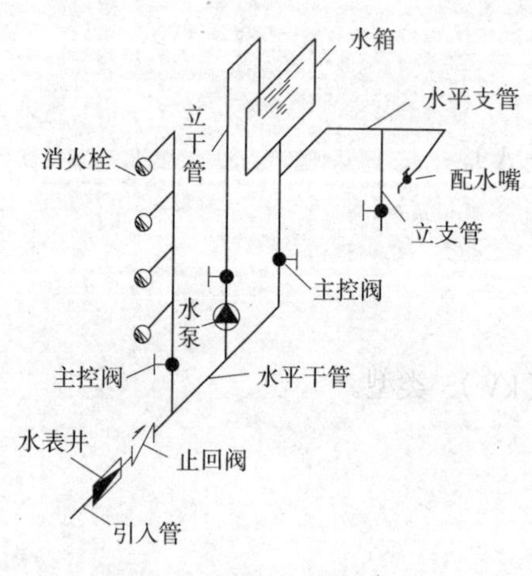

图 5-18 室内给水系统组成

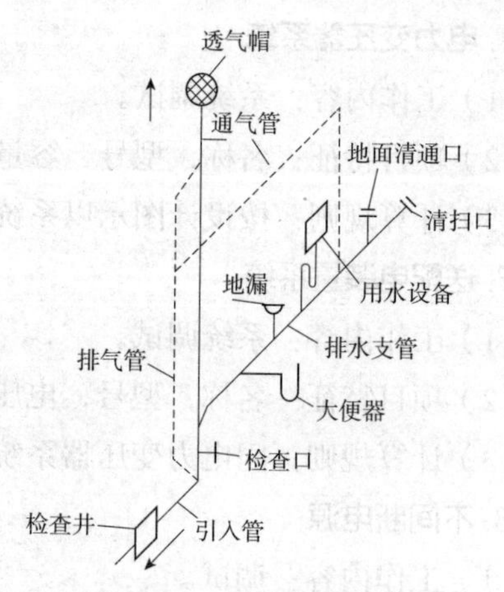

图 5-19 室内排水系统组成

（2）建筑物排水系统

建筑物排水系统分为室内与室外系统。室内排水系统，要求在气压波动情况下保证系统水封不被破坏，能将工业污水和生活废水或雨水迅速畅通地排出室外。

1）室内排水系统组成

室内排水系统一般由排水管网、卫生设备、通气管及清通设备 4 部分组成，如图 5-19 所示。

2）室外排水系统组成

室外排水系统由雨水及污水管道、检查井、雨水井、雨水口、跌水井、化粪池等组成。

2. 采暖系统及热水供应系统组成

采暖系统及热水供应系统有热源、热网和热用户三大部分组成。热源一般是指锅炉房等设备，热网是由热源向热用户输送和分配供热介质的管道系统，热用户是指从采暖系统获得热能的用热装置，如图 5-20 所示。

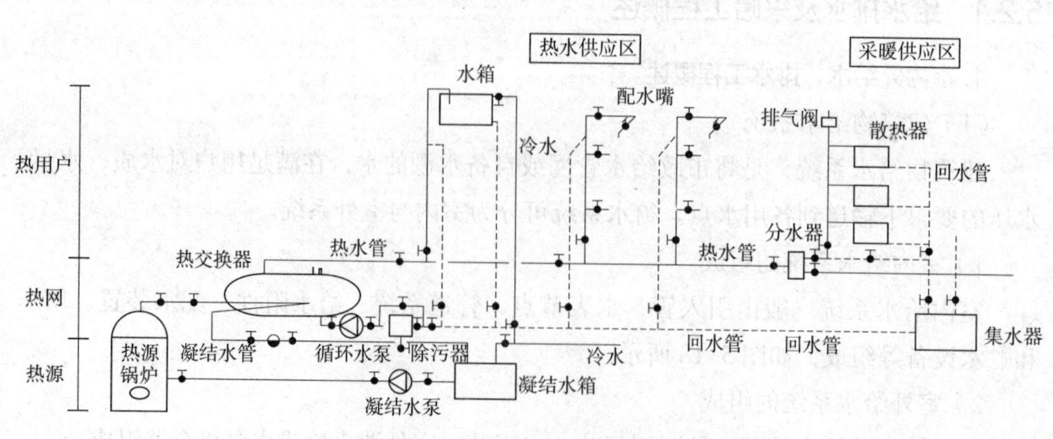

图 5-20 采暖系统及热水系统组成

3. 给水排水及采暖工程管道界限划分

（1）室内外管道安装界限划分

1）给水管道：以建筑物外墙面 1.5m 为界，入口处设阀门者以阀门为界；与市政管道的界限以水表井为界，无水表井者以市政管道接管点为界，如图 5-21 所示。

2）排水管道：以出户第一个排水检查井为界；与市政管道界限以室外管道和市政管道接管点为界，如图 5-22 所示。

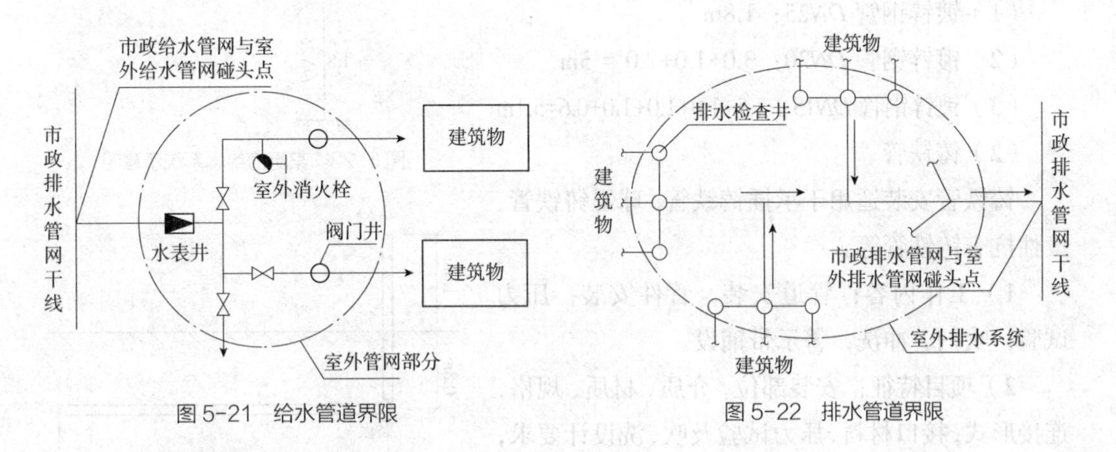

图 5-21 给水管道界限　　图 5-22 排水管道界限

（2）采暖供热系统管道界限的划分

1）采暖管道室内外界限划分：以建筑物外墙皮 1.5m 为界，入口处设阀门者以阀门为界。

2）与工业管道的界限划分：以锅炉房或泵站外墙皮 1.5m 处为界。

5.2.2 室内外给水、排水工程

1. 给水排水管道

（1）镀锌钢管、钢管、不锈钢管及铜管

1）工作内容：管道安装，管件制作、安装，压力试验，吹扫、冲洗，警示带铺设。

2）项目特征：安装部位，介质，规格．压力等级，连接形式，压力试验及吹、洗设计要求，警示带形式。

3）计算规则：按设计图示管道中心线以长度（m）计算。

①管道工程量计算由所有设计管道图示中心线长度之和构成。

计算给水排水管道工程量时，不扣除阀门、管件（包括水表、除污器等）、附属构筑物及检查井所占长度。

②管道工程量计算方法

给水排水管道计算应由入（出）口起，先主管，后支管；先进入，后排出；先设备，后附件。

A. 水平管道的计算：利用建筑物平面图轴线尺寸和设备位置尺寸进行计算。

B. 垂直管道的计算：利用管道系统图、剖面图的标高进行计算。

【例 5–8】如图 5–23 所示为某厨房给水系统部分，采用镀锌钢管螺纹连接，试计算镀锌钢管工程量。

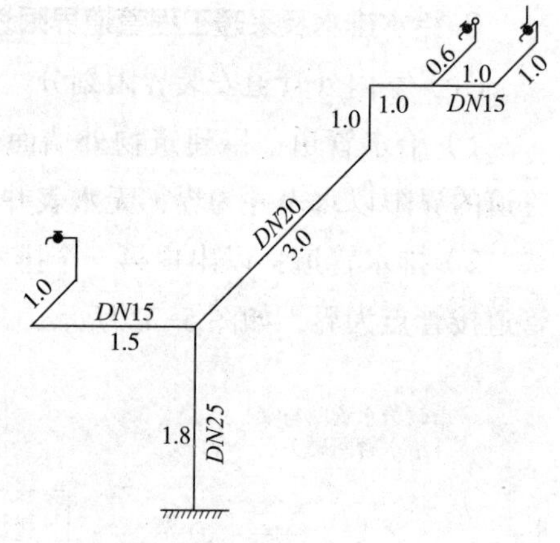

图 5–23 某厨房给水系统示意图

【解】

（1）镀锌钢管 *DN*25：1.8m

（2）镀锌钢管 *DN*20：3.0+1.0+1.0 = 5m

（3）镀锌钢管 *DN*15：1.5+1.0+1.0+1.0+0.6=5.1m

（2）铸铁管

铸铁管安装适用于承插铸铁管、球墨铸铁管、柔性抗震铸铁管等。

1）工作内容：管道安装，管件安装，压力试验，吹扫、冲洗，警示带铺设。

2）项目特征：安装部位，介质，材质、规格，连接形式，接口材料，压力试验及吹、洗设计要求，警示带形式。

3）计算规则：同镀锌钢管。

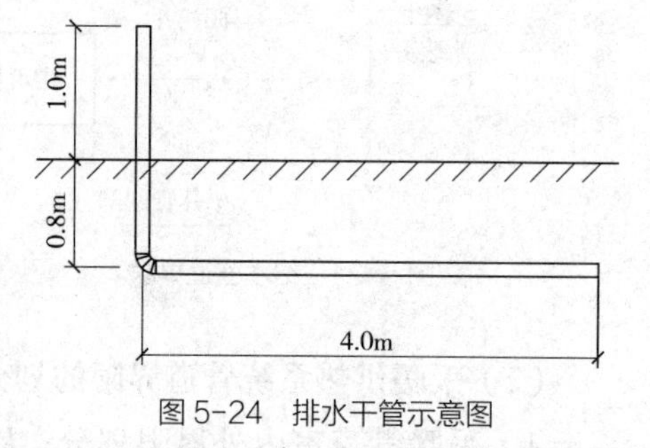

图 5–24 排水干管示意图

【例 5–9】某住宅排水系统中排水干管的一部分，如图 5–24 所示，试计算其承插铸铁管工程量。

【解】承插铸铁排水管 *DN*50 工程量为：

$$L=1.0+0.8+4.0=5.8\text{m}$$

（3）其他给水排水管道

其他给水排水管道是指在给水排水及采暖工程中使用的管道，包含塑料管、复合管、承插陶瓷缸瓦管、承插水泥管等。塑料管安装项目适用于 UPVC、PVC、PP–C、PP–R、PE、PB 管等塑料管材。复合管安装项目包括钢塑复合管、铝塑复合管、钢骨架复合管等。

1）工作内容：不同材质工作内容不同，详见规范。

2）项目特征：不同材质项目特征不同，详见规范。

3）计算规则：同镀锌钢管。

（4）室外管道碰头

在新建或扩建工程中，水源、热源、气源需与原有管道或者与市政管道碰头，产生土方挖填、拆除沟井、临时管线、碰头连接、防腐绝热、沟井砌筑等工作，发生工料的消耗，必须进行计算。

1）工作内容：挖填工作坑或暖气沟拆除及修复、碰头、接口处防腐、接口处绝热及保护层。

2）项目特征：介质，碰头形式，材质、规格，连接形式，防腐、绝热设计要求。

3）计算规则：按设计图示尺寸以处计算。

【例 5-10】某厨房给水系统，如图 5-25 所示。供水方式采用上供式，给水管道为焊接钢管，试计算其管道工程量。

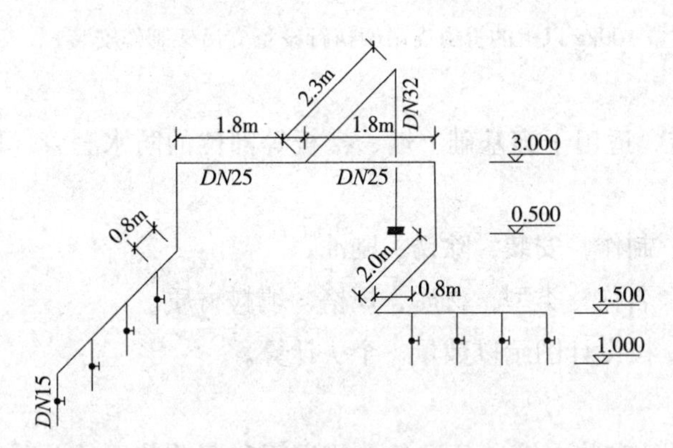

图 5-25　某厨房给水系统图

【解】（1）焊接钢管 $DN32$ 工程量：

立管部分：3.0−0.5=2.5m

水平部分：2.3m

$$L_1=2.5+2.3=4.8\text{m}$$

（2）焊接钢管 $DN25$ 工程量：

水平部分：1.8 × 2+2+0.8 × 2=7.2m

立管部分：（3−1.5）× 2=3.0m

$$L_2=7.2+3.0=10.2\text{m}$$

（3）焊接钢管 $DN15$ 工程量：

水平部分：0.8 × 6=4.8m

立管部分：0.5 × 8=4.0m

$$L_3=4.8+4.0=8.8\text{m}$$

2. 支架及其他

（1）管道支架

给水排水管道因位移、振动较小，一般采用固定型支持式或吊式支架，如钩形管卡、角钢加抱箍等；热力及气体管道因热应力及机械运转产生位移和振动，要求采用能减少摩擦、振动和承受一定负荷的支架，除采用固定型支架外，大量采用活动型支架，如滑动、滚动、弹簧、吊式等。支架的形式由设计确定。

1）工作内容：制作、安装。

2）项目特征：材质，管架形式。

3）计算规则：

①按设计图示以质量（kg）计算。

②按设计图示以数量（套）计算。

注：单件支架质量100kg以上的管道支吊架执行设备支吊架制作安装。

（2）套管

套管制作安装，适用于穿基础、墙、楼板等部位的防水套管、填料套管、无填料套管及防火套管等。

1）工作内容：制作，安装，除锈、刷油。

2）项目特征：名称，类型，材质，规格，填料材质。

3）计算规则：按设计图示以数量（个）计算。

3. 管道附件

给水管道附件是安装在管道及设备上的启闭和调节装置的总称。一般分为配水附件和控制附件。配水附件是装在卫生器具及用水点上的各式水嘴，用以调节和分配水流。控制附件用来调节水量、水压、关断水流、改变水流方向，如球形阀、闸阀、止回阀、浮球阀及安全阀等。

（1）阀门

阀门是与管道系统配用的控制器件，其作用是设备和管道系统的隔离、调节流量、防止回流、调节和排泄压力或改变流路方向等。阀门类型有闸阀、截止阀、球阀、蝶阀、止回阀、防倒流阀、安全阀、减压阀、隔膜阀等12大类；结构形式主要有两通、三通和多通。

1）螺纹阀门、螺纹法兰阀门、焊接法兰阀门

①工作内容：安装、电气接线、调试。

②项目特征：类型，材质，规格、压力等级，连接形式，焊接方法。

③计算规则：按设计图示以数量（个）计算。

2）带短管甲乙阀门

①工作内容：同螺纹阀门。

②项目特征：材质，规格、压力等级，连接形式，接口方式及材质。

③计算规则：同螺纹阀门。

3）塑料阀门

塑料阀门采用的材料主要有ABS，PVC-C，PB，PE，PP和PVDF等，塑料阀门连接形式需注明热熔连接、粘结、热风焊接等方式。

①工作内容：安装、调试。

②项目特征：规格，连接形式。

③计算规则：同螺纹阀门。

4）倒流防止器

倒流防止器由两个隔开的止回阀和一个安全泄水阀组合而成，安装在过滤器和水表之后，比止回阀、单向阀或逆止阀功能更强，能有效地防止被污染的水倒流回市政管网。倒流防止器用螺纹或法兰盘连接，是水表的组成之一。

①工作内容：安装。

②项目特征：材质，型号、规格，连接形式。

③计算规则：按设计图示以数量（套）计算。

（2）法兰和水表

1）法兰

法兰是固定连接和拆卸非常方便的一种管件，用钢、铸铁或增强塑料制成，类型很多，在给水排水系统中常用平面法兰，连接形式有焊接或螺纹连接。

①工作内容：安装。

②项目特征：材质，规格、压力等级，连接形式。

③计算规则：按设计图示以数量（副或片）计算。

2）水表

①工作内容：组装。

②项目特征：安装部位（室内外），型号、规格，连接形式，附件配置。

③计算规则：按设计图示以数量（组或个）计算。

（3）塑料排水管消声器

1）工作内容：安装。

2）项目特征：规格，连接形式。

3）计算规则：按设计图示以数量（个）计算。

4. 卫生器具

卫生器具是用来满足生活和生产过程中的卫生要求，收集和排除生活及生产中产生的污、废水的设备。通常有以下几类：

第一类：卫生盆类。包括浴缸、净身盆、洗脸盆、洗涤盆、化验盆、大便器、小便器及其他成品卫生器具。

第二类：淋浴、桑拿浴器类。包括烘手器、淋浴器、淋浴间和桑拿浴房。

第三类：便槽冲洗设备类。包括大小便槽自动冲洗水箱、小便槽冲洗管。

卫生器具应用制作安装项目较多，应按材质、组装形式、型号、规格、开关等不同特征计算工程量。

（1）卫生盆类

1）工程内容：器具安装、附件安装。

2）项目特征：材质，规格、类型，组装形式，附件名称、数量。

3）计算规则：按设计图示以数量（组）计算。

①浴缸安装范围划分点：给水（冷、热）在水平管与支管交接处，排水管在存水弯处，如图5-26（*a*）所示。

②洗脸盆、洗涤盆安装范围划分点：给水水平管与支管交接处，排水管垂直方向计算到地面，如图5-26（*b*）、图5-26（*c*）所示。

③成品卫生器具项目中的附件安装，主要指给水附件包括水嘴、阀门、喷头等，排水配件包括存水弯、排水栓、下水口等以及配备的连接管。

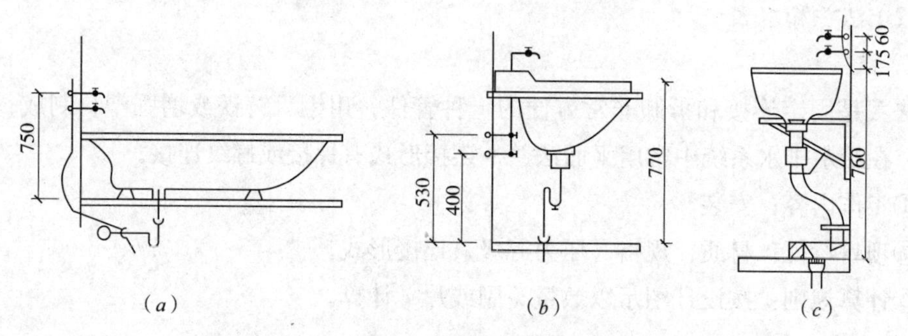

图5-26 浴缸、洗脸盆、洗涤盆安装范围划分点示意图
（*a*）浴缸；（*b*）洗脸盆；（*c*）洗涤盆

（2）淋浴、桑拿浴器

1）淋浴器、淋浴房、桑拿浴房

①工作内容：器具安装、附件安装。

②项目特征：材质，规格，组装形式，附件名称、数量。

③计算规则：按设计图示以数量（套）计算。

淋浴器安装范围划分点为支管与水平管交接处。

2）烘手器

①工作内容：安装。

②项目特征：材质，型号、规格。

③计算规则：按设计图示以数量（个）计算。

（3）大（小）便器、小便槽、冲洗管

1）大（小）便器

①工作内容：同卫生盆类。

②项目特征：同卫生盆类。

③计算规则：同卫生盆类。

2）大、小便槽自动冲洗水箱

①工作内容：制作，安装，支架制作、安装，除锈、刷油。

②项目特征：材质、类型，规格，水箱配件，支架形式及做法，器具及支架除锈、刷油设计要求。

③计算规则：按设计图示以数量（套）计算。

3）小便槽冲洗管

小便槽冲洗管如图 5-27 所示。

①工作内容：制作，安装。

②项目特征：材质，规格。

③计算规则：按设计图示尺寸以长度（m）计算。

4）给水、排水附（配）件

给水、排水附（配）件是指独立安装的水嘴、地漏、地面扫除口等。如图 5-28 所示为排水栓组成。

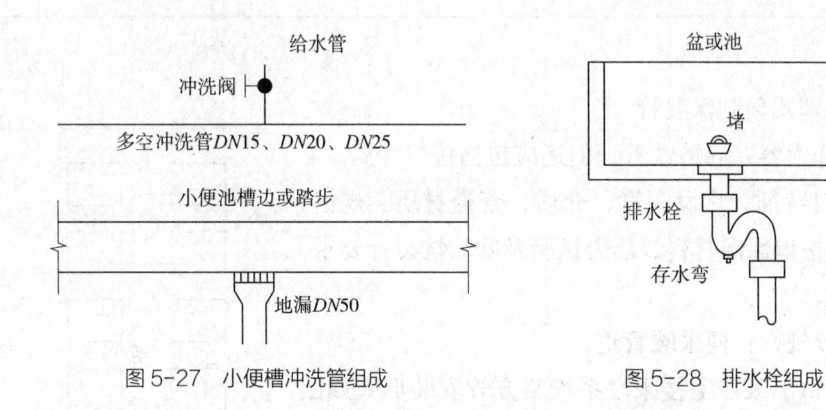

图 5-27 小便槽冲洗管组成　　图 5-28 排水栓组成

①工作内容：安装。

②项目特征：材质，型号、规格，安装方式。

③计算规则：按设计图示以数量（个或组）计算。

5）蒸汽 - 水加热器、冷热水混合器

①工作内容：制作，安装。

②项目特征：类型，型号、规格，安装方式。

③计算规则：按设计图示以数量（套）计算。

5.2.3 采暖供热系统

1. 采暖管道

（1）一般采暖管道

1）工作内容：同给水管道。

2）项目特征：同给水管道。

3）计算规则：按图示管道中心线长度以“米”计算。

计算采暖管道工程量时，不扣除（或并入）的长度：

①不扣除阀门、管件及所占长度。

②应扣除散热器所占长度。

③方形补偿器以其所占长度列入管道安装工程量计算。有图纸尺寸时，按图纸尺寸计算，无图纸尺寸时按表 5-3 计算。

方形补偿器长度表（m） 表 5-3

DN/mm	25	50	100	150	200	250	300
	0.6	1.2	2.2	3.5	5.0	6.5	8.5
	0.6	1.1	2.0	3.0	4.0	5.0	6.0

（2）直埋式预制保温管

1）工作内容：同铸铁管，但还应包括接口保温。

2）项目特征：埋设深度，介质，管道材质、规格，连接形式，接口保温材料、压力试验及吹、洗设计要求，警示带形式。

3）计算规则：同采暖管道。

【例 5-11】某住宅楼采暖系统某方管安装形式如图 5-29 所示，方管采用的是 $DN25$ 焊接钢管，单管顺流式连接，试计算 $DN25$ 钢管工程量。

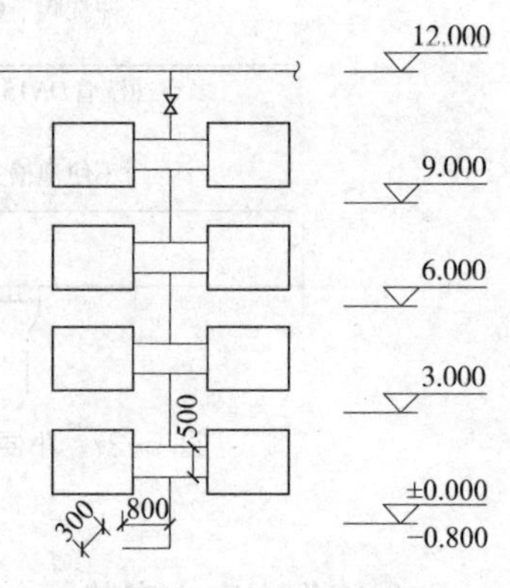

图 5-29 采暖系统示意图

【解】$L=12.0-(-0.800)+0.3+0.8-0.5\times4=11.9\text{m}$

2. 管道附件

（1）各类阀门的安装

1）工作内容：同给水管道。

2）项目特征：同给水管道。

3）计算规则：按设计图示以数量（个）计算。

（2）减压器、疏水器、软接头（软管）

减压器是指靠启闭阀孔对蒸汽进行节流维持管网压力的管道附件，按结构分为活塞式、波纹式、膜片式、外弹簧片式。减压器规格按高压侧管道规格描述。疏水器是指蒸汽系统或气体系统中，排放凝结水的器具。

1）工作内容：组装（安装）。

2）项目特征：材质，规格、压力等级，连接形式。

3）计算规则：按设计图示以数量（组）计算。

（3）补偿器、除污器

补偿器也称伸缩器。为了减释管道受热膨胀产生的热应力，在管道中隔一定距离设置补偿装置，以保证管道系统在热状态下能稳定和安全工作的附件。

1）工作内容：安装。

2）项目特征：材质，规格、压力等级，连接形式（补偿器还应描述其类型）。

3）计算规则：

①补偿器：按设计图示以数量（个）计算。

②除污器：按设计图示以数量（组）计算。

（4）热量表

1）工作内容：安装。

2）项目特征：类型，型号、规格，连接形式。

3）计算规则：按设计图示以数量（块）计算。

3. 供暖器具

（1）铸铁散热器

铸铁散热器包括四柱、五柱、翼型、M132 等类型，如图 5-30 所示。

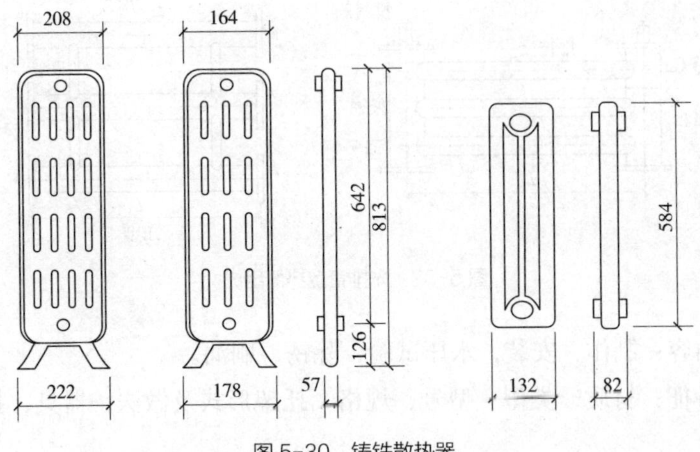

图 5-30 铸铁散热器

1）工作内容：组对、安装，水压实验，托架制作、安装，除锈、刷油。

2）项目特征：型号、规格，安装方式，托架形式，器具、托架除锈、刷油设计要求。

3）计算规则：按设计图示以数量（片或组）计算。

（2）钢制散热器、其他成品散热器

钢制散热器包括闭式、板式、壁式、柱式、折式、对流辐射式、钢或铝串片式等类型，如图 5-31 所示。

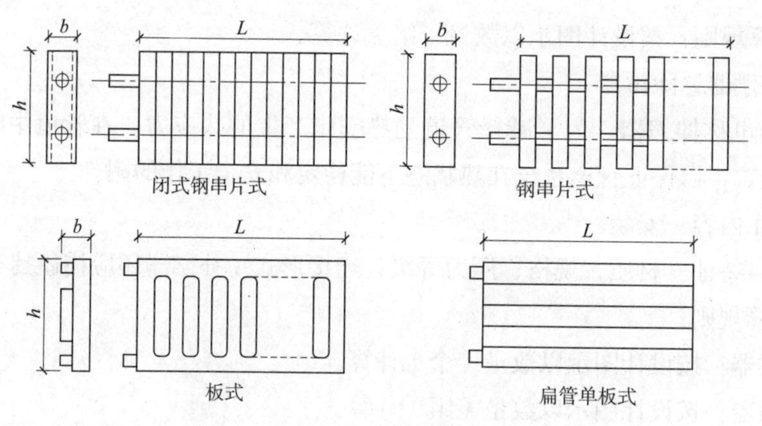

图 5-31 钢制散热器

1）工作内容：安装、托架安装、托架刷油。

2）项目特征：结构形式，型号、规格，安装方式，托架刷油设计要求。

3）计算规则：同铸铁散热器。

（3）光排管散热器

光排管散热器用焊接钢管或无缝钢管 *DN*50 ~ *DN*150 有序排列焊接而成。类型有 A 型和 B 型两种，如图 5-32 所示。

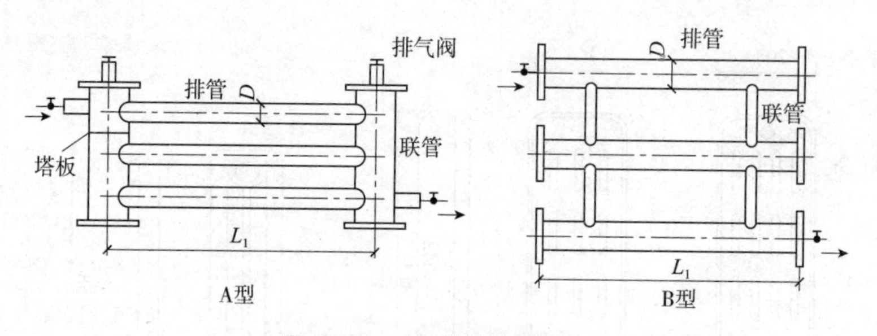

图 5-32 光排管散热器组成

1）工作内容：制作、安装，水压试验，除锈、刷油。

2）项目特征：材质、类型，型号、规格，托架形式及做法，器具、托架除锈刷油设计要求。

3）计算规则：按设计图示排管尺寸以长度（m）计算。

光排管散热器工程量计算公式为：

$$L=L_1 \times n \times N \tag{5-5}$$

式中 L_1——排管单根长；

n——排管根数；

N——排管散热器个数。

光排管散热器按排管管径大小分别计算。

（4）暖风机

1）工作内容：安装。

2）项目特征：质量，型号、规格，安装方式。

3）计算规则：按设计图示以数量（台）计算。

（5）地板辐射采暖

地板辐射采暖简称地暖。指用热能加热地板，以辐射和对流的方式，向室内传热，以及装有这类末端装置的采暖系统，如图 5-33 所示。

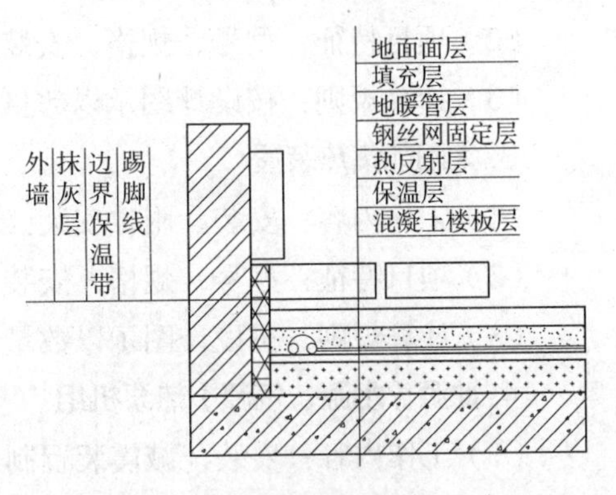

图 5-33 地暖湿式地面结构层次

1）工作内容：保温层及钢丝网铺设，管道排布、绑扎、固定，与分集水器连接，水压试验、冲洗，配合地面浇筑。

2）项目特征：保温层材质、厚度，钢丝网设计要求，管道材质、规格，压力试验及吹扫设计要求。

3）计算规则：

①按设计图示管道尺寸以长度（m）计算；

②按设计图示采暖房间尺寸以净面积（m^2）计算。

（6）热媒集配装置

1）工作内容：制作、安装、附件安装。

2）项目特征：材质，规格，附件名称、规格、数量。

3）计算规则：按设计图示以数量（台）计算。

（7）集气罐

1）工作内容：制作、安装。

2）项目特征：材质，规格。

3）计算规则：按设计图示以数量（个）计算。

4. 采暖工程系统调试

采暖工程系统由采暖管道、阀门及散热器具组成。

（1）工作内容：系统调试。

（2）项目特征：系统形式，采暖管道工程量。

（3）计算规则：按采暖工程以系统为单位计算。

当采暖工程系统中管道工程量发生变化时，系统调试费用应作相应调试。

5.2.4 给水、采暖设备

1. 变频给水设备、稳压给水设备、无负压给水设备

（1）工作内容：设备安装，附件安装，调试，减震装置制作、安装。

（2）项目特征：设备名称，型号、规格，水泵主要技术参数，附件名称、规格、数量，减震装置形式。

（3）计算规则：按设计图示以数量（套）计算。

2. 气压罐

（1）工作内容：安装、调试。

（2）项目特征：型号、规格，安装方式。

（3）计算规则：按设计图示以数量（台）计算。

3. 太阳能集热装置

（1）工作内容：安装、附件安装。

（2）项目特征：型号、规格，安装方式，附件名称、规格、数量。

（3）计算规则：按设计图示以数量（套）计算。

4. 地源（水源、气源）热泵机组

（1）工作内容：安装，减震装置制作、安装。

（2）项目特征：型号、规格，安装方式，减震装置形式。

（3）计算规则：按设计图示以数量（组）计算。

5. 热水器、开水炉

（1）工作内容：安装、附件安装。

（2）项目特征：能源类型，型号、容积，安装方式。

（3）计算规则：按设计图示以数量（台）计算。

6. 除砂器、水处理器、超声波灭菌设备、水质净化器、紫外线杀菌设备

（1）工作内容：安装。

（2）项目特征：类型，型号、规格等（详见计量规范）。

（3）计算规则：按设计图示以数量（台）计算。

7. 水箱

（1）工作内容：制作、安装。

（2）项目特征：材质、类型，型号、规格。

（3）计算规则：按设计图示以数量（台）计算。

【例 5-12】某办公楼层高 3.0m，室内外地面高差为 0.3m，墙厚 240mm。办公楼采暖系统采用上供下回单管垂直顺序式，热力引入口在 -1.0m 进入室内，立管至 4 层顶板下标高 11.5m 处，采暖干管末端设自动排气阀。回水干管设在地沟内，标高为 -0.3m，在热力引入口标高降至 -1.0m 后出户。整个系统共有 L_1、L_2 两根立管。其平面图及系统图如图 5-34 ~ 图 5-37 所示。采暖管道采用热浸锌焊接钢管，螺纹连接；散热器采用钢串片散热器，散热器高宽分别为 400mm 和 100mm，长度如图 5-34 ~ 图 5-37 所示，散热器支管均为 *DN*20。试计算相关的采暖工程量。

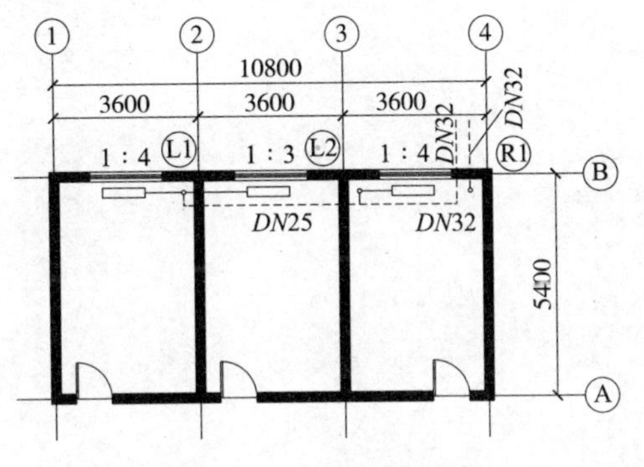

图 5-34 一层采暖平面图

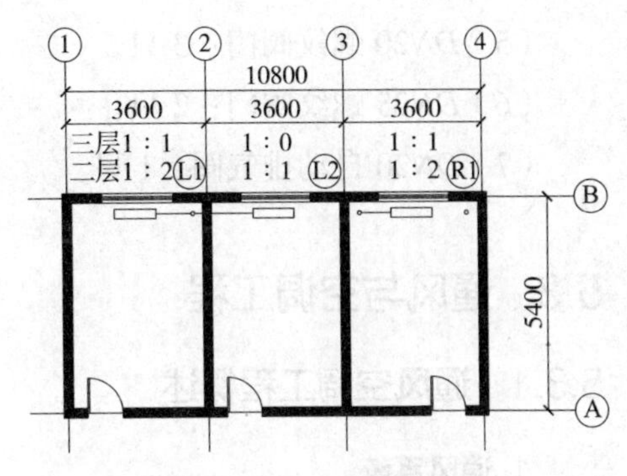

图 5-35 二、三层采暖平面图

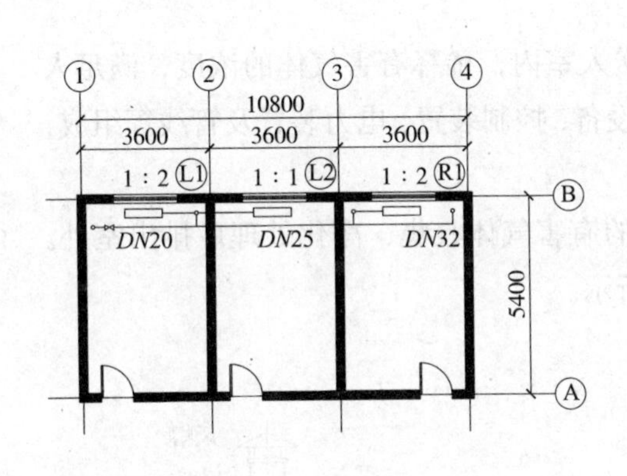

图 5-36 四层采暖平面图

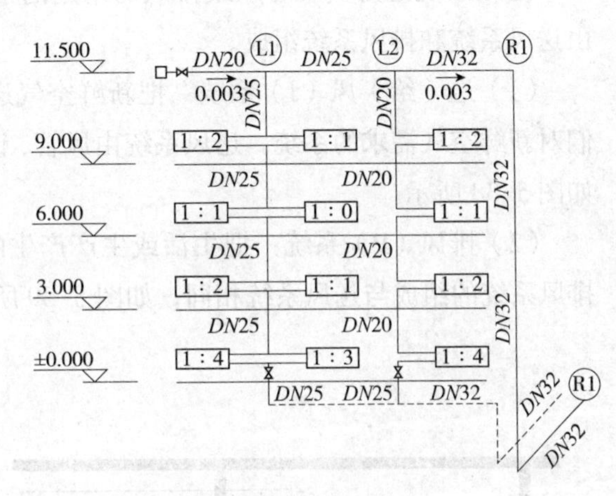

图 5-37 采暖系统图

【解】

（1）*DN*32 镀锌钢管：

L_1=（1.5+0.3+0.1+1.0）+（11.5+3.2）+（3+0.7+0.1+0.3+1.5）

=2.9+14.7+4.9=7.8+14.7=22.5m

（2）*DN*25 镀锌钢管：L_2=4.0+4.0+10.3+0.3=18.6m

（3）*DN*20 铵锌钢管：

L_3=3.3+10.3+0.3+（2.25+1.0+2.45+1.1+2.55+1.15+2.45+1.1）× 2

=13.9+14.05 × 2=42.00m

（4）钢制散热器：

长度为 1.0m 的散热器：1 片。

长度为 1.1m 的散热器：4 片。

长度为 1.2m 的散热器：4 片。

长度为 1.3m 的散热器：1 片。

长度为 1.4m 的散热器：2 片。

（5）DN20 螺纹阀门：3 只。

（6）DN25 螺纹阀门：2 只。

（7）DN20 自动排气阀：1 只。

5.3 通风与空调工程

5.3.1 通风空调工程概述

1. 通风系统

通风系统是为实现进风或排风而采用的一系列设备和装置的总称。通风工程系统由送风系统和排风系统组成。

（1）送（给）风（J）系统：把新鲜空气送入室内，稀释有害气体的浓度，满足人们对新鲜空气需求的系统。送风系统由风管、设备、控制装置、电力装置及管线等组成，如图 5-38 所示。

（2）排风（P）系统：把生活或生产产生的有害气体收集、净化处理后排出室外。排风系统的组成与送风系统相同，如图 5-39 所示。

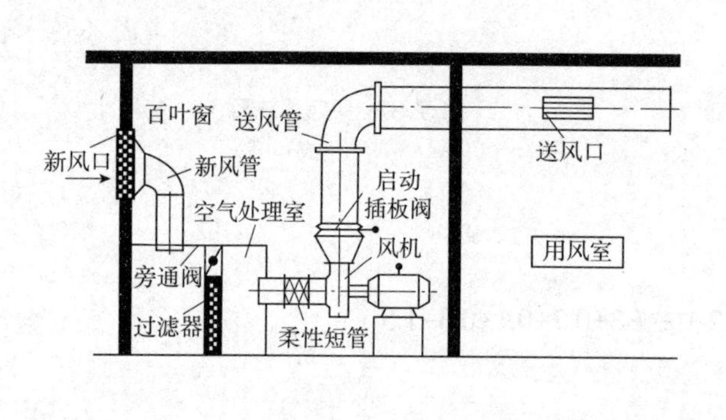

图 5-38 送风系统组成

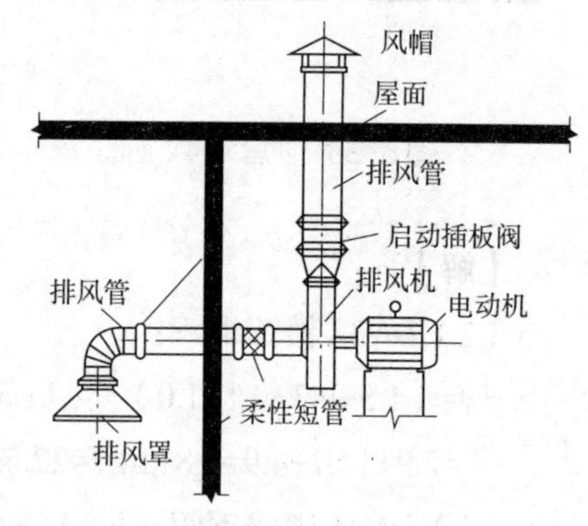

图 5-39 排风系统组成

2. 空气调节系统

空调工程系统是为了空气达到“四度”要求，所设置的系列设备和装置。“四度”即为温度、相对湿度、空气流动速度、清洁度。空调工程系统的组成可分为功能性组成和实物性组成两类。

（1）功能性组成：由送排风系统、防排烟系统、除尘系统、空调风系统、净化空调系统、制冷设备系统及空调水系统 7 个子系统组成。

（2）实物性组成：由风道、空调及附属设备、水管网及池塔、监控及报警装置、电力控制设备及线缆等组成。

3. 风管板材

板材是建筑设备安装工程中应用广泛的一种材料，用来制作风管、水箱、气柜、设备等。根据材料性质可分为金属薄板和非金属板材。常用的金属薄板有钢板、铝板、不锈钢板、塑料复合钢板，常用的非金属板材为硬聚氯乙烯板。

4. 相关规定

（1）通风空调工程适用于通风（空调）设备及部件、通风管道及部件的制作安装工程。

（2）冷冻站外墙皮以外通往通风空调设备的供热、供冷、供水等管道，应按给水排水、采暖、燃气工程相关项目编码列项。

5.3.2 通风管道制作安装

1. 通风空调风管

（1）通风空调风管

风道是指为通风空调系统输送空气的路道。一般将用砖石或混凝土浇筑的空气路道称为“风道”，用金属或非金属板制作的空气路道称为“风管”。

（2）风管断面形状

风管断面形状有圆形和矩形两种。圆形周长短、耗材量小、强度大，但占有效空间大。矩形占有效空间小，易于布置，明装美观，但产生局部涡流，风压损失较大，因其便于与建筑物配合的优点，大多采用矩形。一些特殊场合采用异形断面，如螺旋形、椭圆形（扁管）或铝箔伸缩软管等。圆形、矩形风管的各种管件及其组合情况，如图 5-40 及图 5-41 所示。

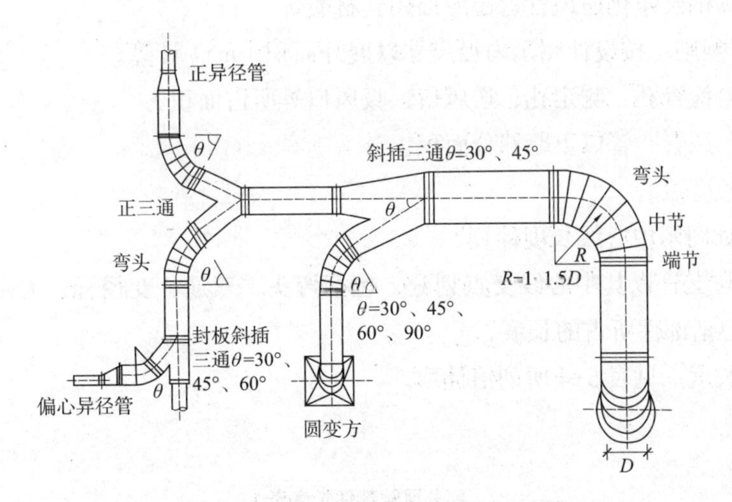

图 5-40 圆形风管管件形状及组合示意图

2. 通风管道制作安装

通风管道按材料不同，通常分为以下两类：

第一类：金属材料类。如碳钢通风管道、净化通风管道、不锈钢板通风管道、铝

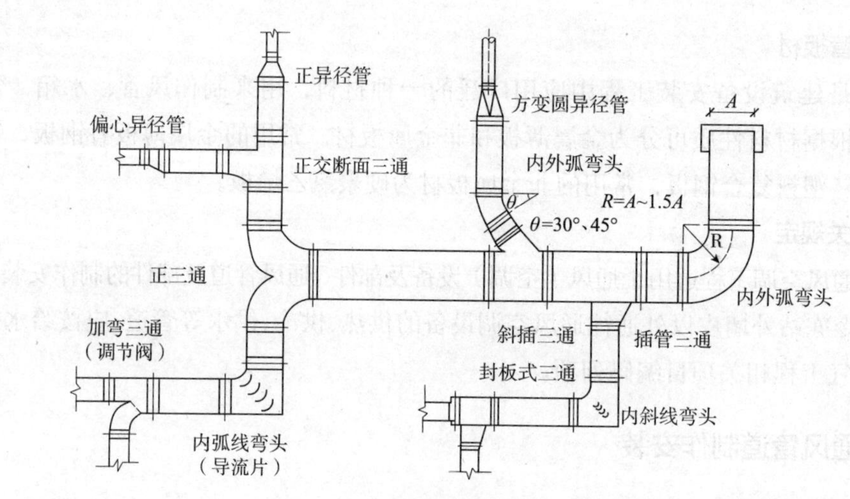

图 5-41　矩形风管管件形状及组合示意图

板通风管道等。

第二类：非金属材料类。如塑料通风管道、玻璃钢通风管道、复合型风管、柔性软风管等。

（1）金属材料类通风管道

1）工作内容：风管、管件、法兰、零件、支吊架制作、安装，过跨风管落地支架制作、安装。

2）项目特征：名称，形状，规格，板材厚度，管件、法兰等附件及支架设计要求，接口形式（碳钢及净化通风管道还应描述其材质）。

3）计算规则：按设计图示内径尺寸以展开面积（m^2）计算。

不扣除：检查孔、测定孔、送风口、吸风口等所占面积。

不增加：风管、管口重叠部分面积。

①风管长度

A. 按设计图示中心线长度计算。

B. 主管与支管以其中心线交点划分，包括弯头、三通、变径管、天圆地方等管件的长度，不包括部件所占的长度。

C. 部件长度，见表 5-4 所列值计取。

部分风管部件长度表　　表 5-4

序号	部件名称	部件长度（mm）	序号	部件名称	部件长度（mm）
1	蝶阀	150	4	圆形风管防火阀	D+240
2	止回阀	300	5	矩形风管防火阀	B+240
3	密闭式对开多叶调节阀	210			

②风管展开面积

A. 圆形断面风管展开面积

圆形风管展开面积 $F=\pi\times D\times L$ （5-6）

式中 F——圆形风管展开面积（m^2）;

D——圆形管直径，渐缩管按平均直径（m）;

L——管道中心线长度（m）。

圆形斜三通、圆形直三通风管支管管道中心线长度（L'）如图 5-42（*a*）、图 5-42（*b*）所示，展开面积计算方法同式（5-6）。圆形加弯三通展开面积的计算如图 5-42（*c*）所示，公式为：

$$F=\pi D_1L_1+\pi D_2L_2+\pi D_3(L_{11}+L_{22}+2\pi R\theta)\quad(5\text{-}7)$$

式中 θ——用弧度表示的夹角，弧度 = 角度 ×0.01745。角度为主风管中心线与支管中心线的夹角；

R——加弯风管弯曲半径；

L_{11}——加弯支管中横向直型支管长度；

L_{22}——加弯支管中竖向直型支管长度。

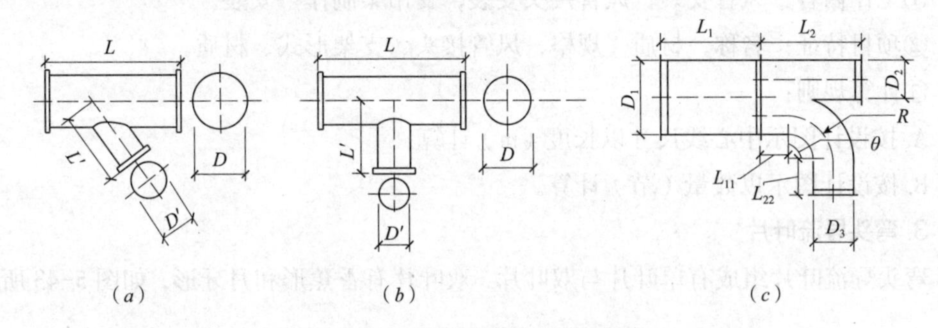

图 5-42 圆形三通展开面积示意图

（*a*）圆形斜三通；（*b*）圆形直三通；（*c*）圆形加弯三通

B. 矩形断面风管展开面积

矩形风管展开面积 $F=2\times(A+B)\times L$ （5-8）

式中 F——风管展开面积（m^2）;

A、B——矩形管边长，渐缩管按平均周长（m）;

L——管道中心线长度（m）。

（2）非金属类通风管道

1）塑料通风管道

①工作内容：同金属类通风管道。

②项目特征：同金属类通风管道。

③计算规则：同金属类通风管道。

2）玻璃钢通风管道

①工作内容：风管、管件安装，支吊架制作、安装，过跨风管落地支架制作、安装。

②项目特征：名称，形状，规格，板材厚度，接口形式，支架形式、材质。

③计算规则：按设计图示外径尺寸以展开面积（m^2）计算。

3）复合型风管

复合型风管涉及的材料种类较多，常用复合玻璃纤维板、发泡复合材料板，净化空调风管用双面钢塑铝板复合板等。因板材种类不同，施工要求也不同，在立项编码时，应仔细描述特征。

①工作内容：同玻璃钢通风管道。

②项目特征：名称，材质，形状，规格，板材厚度，支架形式、材质，接口形式。

③计算规则：同玻璃钢通风管道。

4）柔性软风管

柔性软风管用柔软材料制成，可以随意弯曲，或伸缩，或局部移动，一般用于需要经常移动至需要局部通风的场所，或用于场地复杂，风管不能承受较大负荷，而一般板材施工制作较困难的场所。

①工作内容：风管安装，风管接头安装，支吊架制作、安装。

②项目特征：名称，材质，规格，风管接头、支架形式、材质。

③计算规则：

A. 按设计图示中心线尺寸以长度（m）计算。

B. 按设计图示以数量（节）计算。

3. 弯头导流叶片

弯头导流叶片组成有单叶片与双叶片，双叶片有香蕉形和月牙形，如图 5-43 所示。

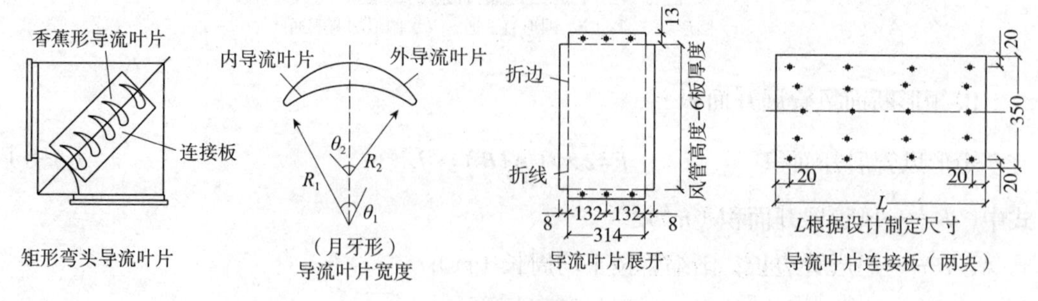

图 5-43 风管导流叶片组成

（1）工作内容：制作，组装。

（2）项目特征：名称，材质，规格，形式。

（3）计算规则：

1）按设计图示尺寸以展开面积（m^2）计算。

2）按设计图示以数量（组）计算。

（4）展开面积计算方法

1）公式计算

单叶片面积 $$F_{单}=0.017453R\theta h+F_Z \quad (5-9)$$

双叶片面积 $$F_{双}=0.017453h（R_1\theta_1+R_{22}）+F_Z \quad (5-10)$$

$$导流叶片工程量=F_{单}（或F_{双}）+F_L\times 2 \quad (5-11)$$

式中 F_Z——折边面积；

F_L——每块连接板面积。

2）查表计算

单导流片表面积计算见表 5-5。

单导流片表面积表 表 5-5

风管高（mm）	200	250	320	400	500	630	800	1000	1250	1600	2000
导流叶片表面积（m^2）	0.075	0.091	0.114	0.140	0.170	0.216	0.273	0.425	0.502	0.623	0.755

（5）按弯头导流叶片数量（组）计算

按设计图示数量计算或规范要求计算。

4. 检查孔、测定孔

（1）风管检查孔

1）工作内容：制作、安装。

2）项目特征：名称，材质，规格。

3）计算规则：

①按风管检查孔以质量（kg）计算。

②按设计图示以数量（个）计算。

（2）温度、风量测定孔

1）工作内容：制作、安装。

2）项目特征：名称、材质、规格、设计要求。

3）计算规则：按设计图示尺寸以数量（个）计算。

【例 5-13】减缩风管如图 5-44 所示，假设 D_1=2000mm，D_2=1000mm，D_3=500mm，试计算风管的工程量。

【解】（1）渐缩管（D_1-D_2）风管：

$$L_1=3.2-0.2+4.2+4.2+0.2=11.60m$$

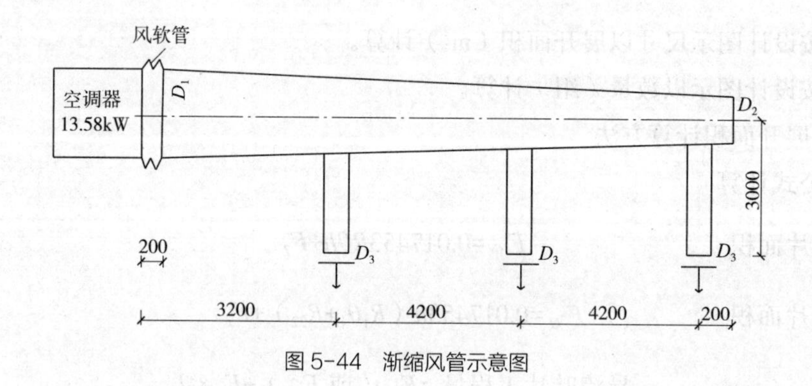

图 5-44 渐缩风管示意图

$$F_1=\pi L_1\left(D_1+D_2\right)/2=3.14\times11.4\times\left(2+1\right)/2=53.69\text{m}^2$$

（2）风管支管（D_3）：

$$L_2=3\times3=9\text{m}$$

$$F_2=\pi D_3L_1=3.14\times0.5\times9=14.13\text{m}^2$$

（3）软风管：

$$L_3=0.2\text{m}$$

【例 5-14】某除尘系统图如图 5-45 所示，试计算通风管道工程量（其中排气罩的长度为 150mm）。

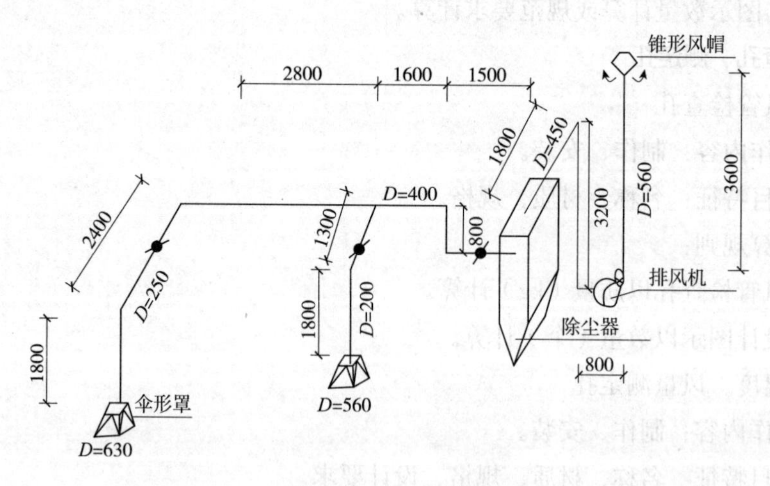

图 5-45 除尘系统图

【解】除尘通风的风管

（1）风管 D=200mm

$$L_1=1.8+1.3-0.15=2.95\text{m}$$

$$F_1=\pi DL_1=3.14\times0.2\times2.95=1.85\text{m}^2$$

（2）风管 D=250mm

$$L_2=1.8+2.4+2.8-0.15=6.85\text{m}$$

$$F_2=\pi DL_2=3.14\times0.25\times6.85=5.38\text{m}^2$$

（3）风管 D=400mm

$$L_3=1.6+0.8+1.5-0.15=3.75\text{m}$$

$$F_3=\pi DL_3=3.14\times0.4\times3.75=4.71\text{m}^2$$

（4）风管 D=450mm

$$L_4=1.8+3.2+0.8-0.15=5.65\text{m}$$

$$F_4=\pi DL_4=3.14\times0.45\times5.65=7.98\text{m}^2$$

（5）风管 D=560mm

$$L_5=3.60\text{m}$$

$$F_5=\pi DL_5=3.14\times0.56\times3.6=6.33\text{m}^2$$

5.3.3 通风管道部件制作安装

通风管道部件是与通风管道配套的各种部件，包括风口、风阀、排风罩、风帽和其他部件等。

1. 风口

风口是指管路中气体吸入或排除管网的通道，包括通风系统和空调系统两大类。形式有风口、散流器及百叶窗等。按材质分为碳钢、不锈钢、铝及铝合金、玻璃钢、塑料等；按形状分为圆形、矩形。

（1）碳钢（不锈钢、塑料）风口、散流器、百叶窗

不同材质的风口、散流器、百叶窗包括百叶风口、矩形送风口、矩形空气分布器、风管插板风口、旋转吹风口、圆形散流器、方形散流器、流线型散流器、送吸风口、活动算式风口、网式风口、钢百叶窗等。

1）工作内容：风口制作、安装，散流器制作、安装，百叶窗安装。

2）项目特征：名称，型号，规格，质量，类型，形式。

3）计算规则：按设计图示以数量（个）计算。

（2）玻璃钢风口

1）工作内容：风口安装。

2）项目特征：名称，型号，规格，类型，形式。

3）计算规则：按设计图示以数量（个）计算。

（3）铝及铝合金风口、散流器

1）工作内容：风口制作、安装，散流器制作、安装。

2）项目特征：同玻璃钢风口。

3）计算规则：同玻璃钢风口。

2. 风阀

风阀是通风空调系统中空气输送管网中的控制和调节机构，其基本功能是断开或开通空气管路，调节和分配空气的流量或启动风机。通风系统的阀门可分为一次调节阀、开关阀、自动调节阀和防火阀几类。主要的阀门包括碳钢阀门、柔性软风管阀门、铝蝶阀、不锈钢蝶阀、塑料阀门和玻璃钢蝶阀。

（1）碳钢阀门

碳钢阀门包括：空气加热器三通阀、空气加热器旁通阀、圆形瓣式启动阀、风管蝶阀、风管止回阀、密闭式斜插板阀、矩形风管三通调节阀、对开多叶调节阀、风管防火阀、各型风罩调节阀等。

1）工作内容：阀体制作、阀体安装、支架制作安装。

2）项目特征：名称，型号，规格，类型，质量，支架形式、材质。

3）计算规则：按设计图示以数量（个）计算。

（2）柔性阀门

1）工作内容：阀体安装。

2）项目特征：名称，规格，材质，类型。

3）计算规则：同碳钢阀门。

（3）铝蝶阀、不锈钢蝶阀

1）工作内容：阀体安装。

2）项目特征：名称，规格，质量，类型。

3）计算规则：同碳钢阀门。

（4）塑料阀门、玻璃钢蝶阀

塑料阀门包括：塑料蝶阀、塑料插板阀、各型风罩塑料调节阀。

1）工作内容：阀体安装。

2）项目特征：名称，型号，规格，类型。

3）计算规则：同碳钢阀门。

【例 5-15】试计算图 5-45 中所示除尘系统中的碳钢蝶阀工程量。

【解】（1）蝶阀（D=200mm）：1 个。

（2）蝶阀（D=250mm）：1 个。

（3）蝶阀（D=400mm）：1 个。

3. 风帽、风罩、柔性接口

风帽为装在排风系统垂直通风管的末端，利用风力产生的负压把室内空气吸至室外，同时防止雨雪飘入，加强排风能力的一种自然通风装置。常用风帽有伞形、锥形、筒形风帽 3 种形式。

罩类是通风系统中的风机皮带防护罩、电动机防雨罩及装在排风系统中的侧吸罩、排气罩、回转罩等。风罩主要用于排出工艺过程中或设备产生的防尘气体、余热、余湿、毒气或油烟等。风罩制作材料主要有碳钢和塑料两类。

（1）碳钢风帽

1）工作内容：风帽制作、安装，筒形风帽滴水盘制作、安装，风帽筝绳制作、安装，风帽泛水制作、安装。

2）项目特征：名称，规格，质量，类型，形式，风帽筝绳、泛水设计要求。

3）计算规则：按设计图示尺寸以数量（个）计算。

（2）不锈钢风帽、塑料风帽、铝板伞形风帽、玻璃钢风帽

工作内容详见规范，项目特征与计算规则同碳钢风帽。

（3）碳钢、塑料罩类

1）工作内容：罩类制作、罩类安装。

2）项目特征：名称，型号，规格，质量，类型，形式。

3）计算规则：按设计图示以数量（个）计算。

（4）柔性接口

柔性接口包括金属、非金属软接口及伸缩节。

1）工作内容：柔性接口制作、柔性接口安装。

2）项目特征：名称，规格，材质，类型，形式。

3）计算规则：按设计图示尺寸以展开面积（m^2）计算。

4. 消声器

（1）工作内容：消声器制作，消声器安装，支架制作安装。

（2）项目特征：名称，规格，材质，形式，质量，支架形式、材质。

（3）计算规则：按设计图示以数量（个）计算。

5. 静压箱

静压箱是送风系统中减少动压、增加静压，稳定气流、减少气流振动和均匀分配气流的一种部件。

（1）工作内容：静压箱制作、安装，支架制作、安装。

（2）项目特征：名称，规格，形式，材质，支架形式、材质。

（3）计算规则：

1）按设计图示以数量（个）计算。

2）按设计图示尺寸以展开面积（m^2）计算，不扣除开口的面积。

【例 5-16】某空调送风平面图如图 5-46 所示，假设消声静压箱的尺寸为 2500mm × 2800mm × 1100mm，试计算空调静压箱的工程量。

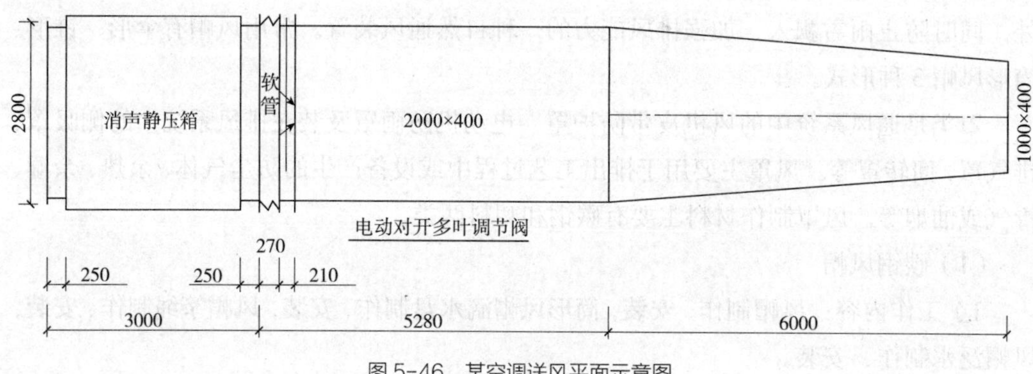

图 5-46 某空调送风平面示意图

【解】$F=[(3.0-2\times0.25)\times2.8+2.8\times1.1+2.5\times1.1]\times2=25.66\text{m}^2$

或：空调静压箱（2500mm × 2800mm × 1100mm）：1 个。

5.3.4 通风和空调设备及部件制作安装

为了满足空调房间的温湿度要求，对送入空调房间的空气必须进行处理，达到设计要求后才能送入空调房间。空气处理过程包括加热、冷却、加湿、去湿、净化、消声等，这些处理过程都在相应的通风及空调设备中完成。常见的通风空调设备有通风机、空调机、空调设备、各种空气（粉尘、烟气）处理设备水箱、消声器、换热器和除尘器等。

1. 空气加热器（冷却器）

空气加热器（冷却器）称为换热器，是为了空气达到要求，对空气进行加热、冷却、烘干机除湿等处理的主要设备。

（1）工作内容：本体安装、调试，设备支架制作、安装，补刷（喷）油漆。

（2）项目特征：名称，型号，规格，质量，安装形式，支架形式、材质。

（3）计算规则：按设计图示以数量（台）计算。

2. 除尘设备

除尘设备是净化空气的一种器具，它是由专业工厂制造的一种定型设备。

（1）工作内容：同空气加热器。

（2）项目特征：同空气加热器。

（3）计算规则：同空气加热器。

【例 5-17】某除尘系统如图 5-45 所示，试计算除尘设备工程量。

【解】

（1）碳钢锥形风帽：1 个。

（2）排尘风机：1 台。

（3）除尘器：1 台。

（4）除尘排气罩

1）$D630$：1个。

2）$D560$：1个。

3. 空调器

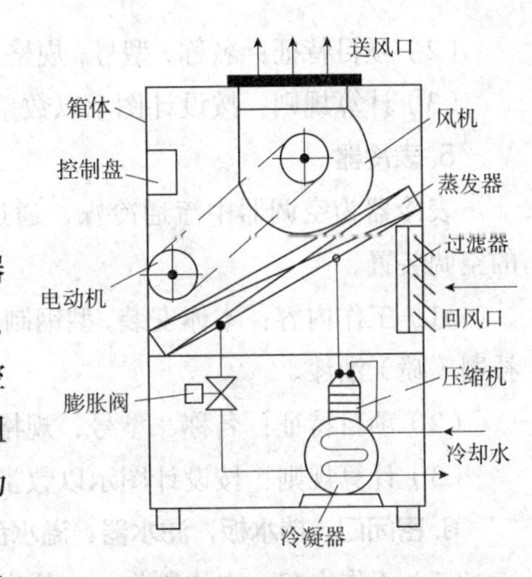

图5-47 整体空调器组成

空调器是将风机、电动机、蒸发器、冷凝器及过滤器等，集中组装在一个或两个金属箱体内，用于一般空气调节、恒温恒湿、净化和除湿等空气处理设备，如图5-47所示。空调器按部件组合分为整体式、分离式、分段式；安装方式分为挂式、落地式、块入式、窗式等。

（1）工作内容：本体安装或组装、调试，设备支架制作、安装，补刷（喷）油漆。

（2）项目特征：名称，型号，规格，安装形式，质量，隔振垫（器）、支架形式、材质。

（3）计算规则：按设计图示以数量（台或组）计算。

【例5-18】如图5-44所示渐缩管，试计算散流器、空调器工程量。

【解】

（1）圆形直片散流器：1×3=3个。

（2）空调器：1台。

4. 风机盘管

风机盘管是中央空调的末端装置，属于不带制冷压缩机的非独立形式的空调器，由风机、盘管、电动机、表冷器、凝结水盘、送风及回风口和室温控制装置等组成，如图5-48所示。

（1）工作内容：本体安装、调试，支架制作、安装，试压，补刷（喷）油漆。

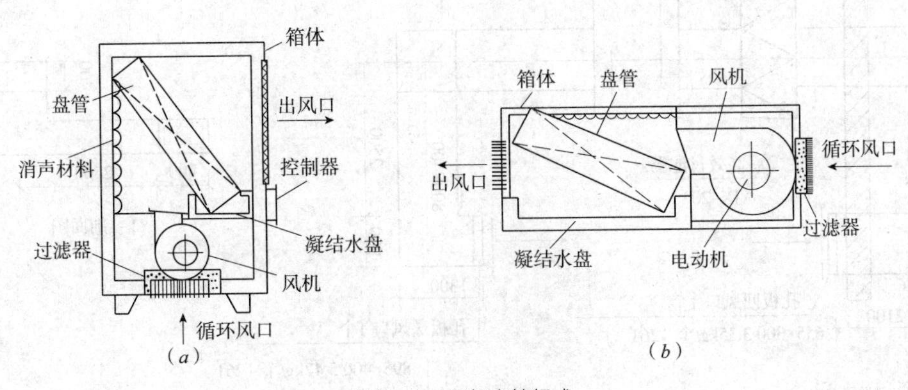

图5-48 风机盘管组成

（a）立式；（b）卧式

（2）项目特征：名称，型号，规格，安装形式，减振器、支架形式、材质，试压要求。

（3）计算规则：按设计图示以数量（台）计算。

5. 表冷器

表冷器为空调器中流通冷媒，通过器上的翅片冷却空气，向使用场所提供冷空气的空调装置。

（1）工作内容：本体安装，型钢制作、安装，过滤器安装、挡水板安装、调试及运转，补刷（喷）油漆。

（2）项目特征：名称、型号、规格。

（3）计算规则：按设计图示以数量（台）计算。

6. 密闭门，挡水板，滤水器、溢水盘，金属壳

（1）工作内容：本体制作，本体安装，支架制作、安装。

（2）项目特征：名称，型号，规格，形式，支架形式、材质。

（3）计算规则：按设计图示以数量（个）计算。

7. 过滤器

（1）工作内容：本体安装，框架制作、安装，补刷（喷）油漆。

（2）项目特征：名称，型号，规格，类型，框架形式、材质。

（3）计算规则：

1）按设计图示以数量（台）计算。

2）按设计图示尺寸以过滤面积（m^2）计算。

【例 5-19】某医院手术室排风管如图 5-49 所示，试计算过滤器、消声器及风口的工程量。

【解】根据图 5-49，工程量如下：

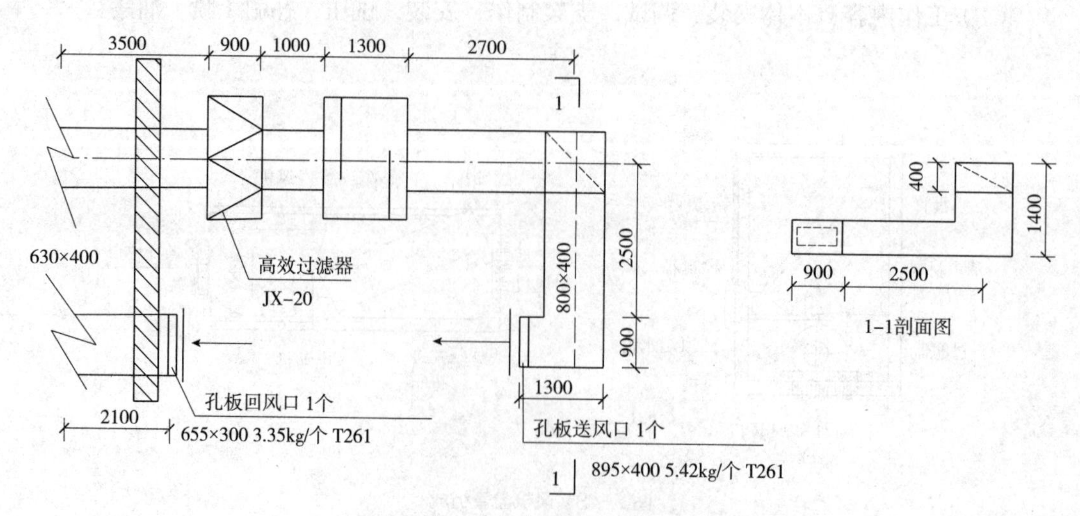

图 5-49 某医院手术室风管示意图

（1）过滤器：1 台。

（2）消声器：1 台。

（3）风口：

1）孔板送风口（895mm × 400mm）：1 个。

2）孔板回风口（655mm × 300mm）：1 个。

8. 净化工作台、风淋室、洁净室

净化工作台：风机从洁净室内吸入空气，经过中效过滤器，少部分气体从顶部排气滤板排出，大量气体通过高效供氧滤板进入操作区，以满足工艺要求，如图 5-50 所示。

风淋室：为进入洁净区人员或货物，接受高效过滤的洁净强风吹除吸附人体或物体表面尘埃的一种通用性的局部净化设备，如图 5-51 所示。

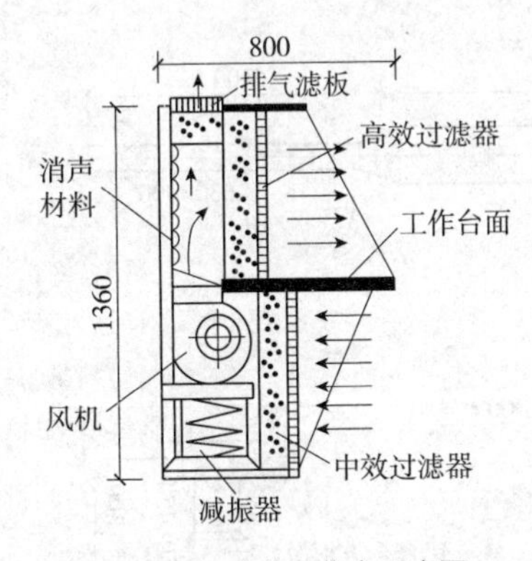

图 5-50　净化工作台示意图

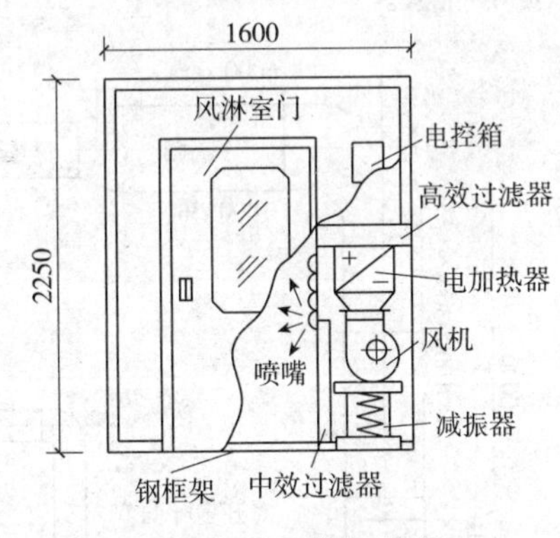

图 5-51　风淋室示意图

洁净室：是特别设计的一种特殊房间，它将空气中的微粒子、有害空气、细菌等排出，并将室内温度、洁净度、空气压力、气流速度与气流分布、噪声振动及照明、静电控制在某一需求范围内。

（1）工作内容：本体安装、补刷（喷）油漆。

（2）项目特征：名称、型号、规格、类型。

（3）计算规则：按设计图示以数量（台）计算。

风淋室、洁净室项目特征还应描述设备的质量。

5.3.5　通风工程检测、调试

1. 通风工程检测、调试

通风空调工程检测、调试项目是系统工程安装后所进行的系统检测及对系统的各风口、调节阀、排气罩进行风量、风压调试等全部工作过程。

（1）工作内容：通风管道风量测定，风压测定，温度测量，各系统风口、阀门调整。

（2）项目特征：风管工程量。

（3）计算规则：按通风系统以系统为单位计算。

2. 风管漏光试验、漏风试验

（1）工作内容：通风管道漏光试验、漏风试验。

（2）项目特征：漏光试验，漏风试验，设计要求。

（3）计算规则：按设计图纸或规范要求以展开面积（m^2）计算。

【例 5-20】某电子零部件加工车间通风空调安装工程，其首层加工车间层高 4m，首层通风空调平面图如图 5-52 所示。风管采用镀锌薄钢板矩形风管，法兰咬口连接，风管规格分别为:（1）1000mm × 300mm，板厚 δ1.20mm；（2）800mm × 300mm，板厚 δ1.00mm；（3）630mm × 300mm，板厚 δ1.00mm；（4）450mm × 450mm，板厚 δ0.75mm。对开多叶调节阀为成品购买，铝合金方形散流器规格为 450mm × 450mm。试计算该通风空调安装工程量。

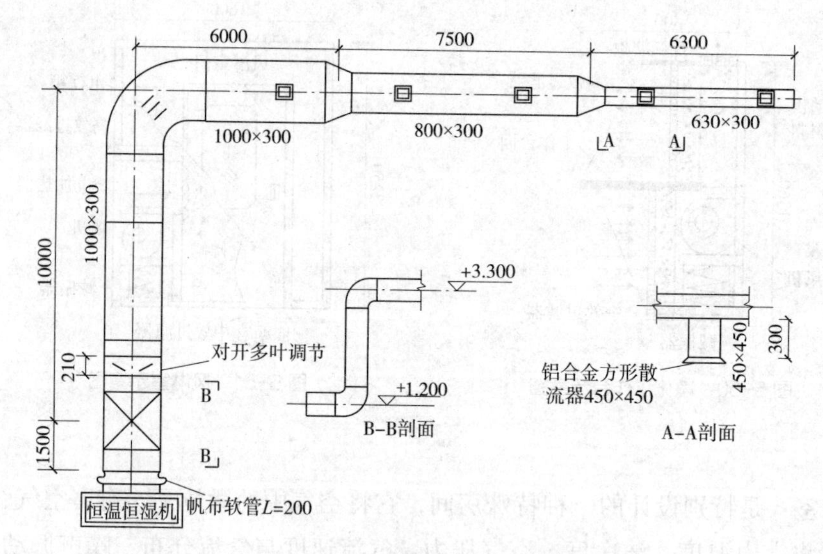

图 5-52 某工程首层通风空调平面图

【解】

（1）碳钢通风管道

1）镀锌薄钢板风管 1000mm × 300mm，δ1.20mm

$$F_1=（1+0.3）×[1.5+（10-0.21）+（3.3-1.2）+6] × 2=50.42m^2$$

2）镀锌薄钢板风管 800mm × 300mm，δ1.00mm

$$F_2=（0.8+0.3）× 7.5 × 2=16.50m^2$$

3）镀锌薄钢板风管 630mm × 300mm，δ1.00mm

$$F_3=（0.63+0.3）× 6.3 × 2=11.72m^2$$

4）镀锌薄钢板风管 450mm × 450mm，δ0.75mm

$$F_4=(0.45+0.45)\times(0.3+0.15)\times 5\times 2=4.05\text{m}^2$$

（2）柔性接口

帆布软管 1000mm × 300mm，L=200

$$S=(1+0.3)\times 0.2\times 2=0.52\text{m}^2$$

（3）空调器（恒温恒湿机）：1 台。

（4）碳钢阀门

对开多叶调节阀 1000mm × 300mm，L=210mm：1 个。

（5）铝及铝合金散流器

铝合金散流器 450mm × 450mm：5 个。

（6）通风工程检测、调试：1 系统。

5.4　消防工程

5.4.1　消防工程概述

1. 消防工程系统

消防工程系统主要由两大部分组成：一部分为感应机构，即火灾自动报警系统；另一部分为执行机构，即消防联动控制系统。前者的作用在于火灾发生初期，及时有效发出声光报警信号，并显示发生火灾的具体位置，后者主要在于发生火灾以后，自动启动各种消防设备，统筹各子系统之间的关系，有效防止火灾的蔓延。消防工程系统构成如图 5-53 所示。

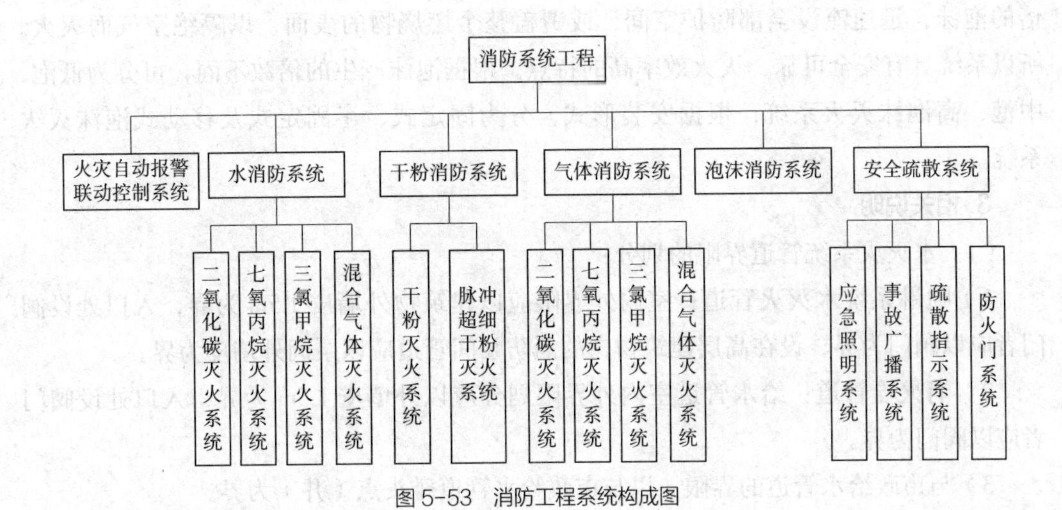

图 5-53　消防工程系统构成图

2. 消防灭火系统的分类

消防灭火系统根据使用的灭火剂不同，划分为：

（1）水灭火系统

水灭火系统是目前世界上广泛采用的消防系统，具有成本低、灭火效率高、施工方便，还可自动报警自动灭火等优点。它分为两大类：

1）室内消火栓灭火系统：一般为人工消防，其设置简单，是低层和高层建筑室内主要灭火设备之一。根据供水情况，将消防、生活及生产给水管网共用，也可分开使用。

2）喷水灭火系统：可分为三类。第一类按管网充水情况分为自动喷水湿式系统、干式系统、干湿两用系统；第二类按喷头的形式分为自动喷水雨淋系统、自动水喷雾系统、水幕系统；第三类按供水阀开启顺序分为自动喷水预作用系统、重复启闭预作用系统等。自动喷水灭火系统如图 5-54 所示。

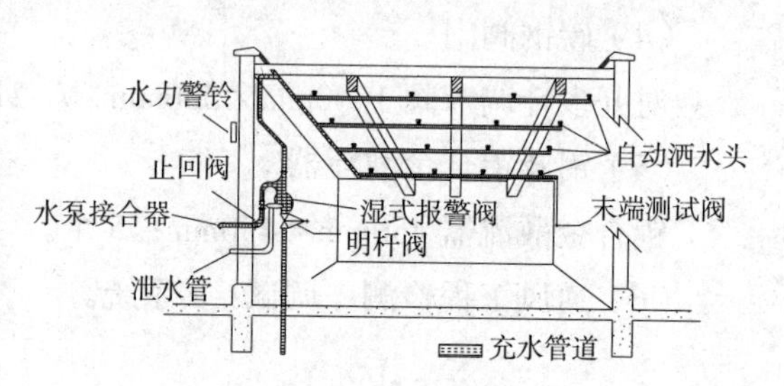

图 5-54 自动喷水灭火系统示意图

（2）气体灭火系统

气体灭火系统是利用气体灭火剂抑制燃烧化学反应而进行灭火的一种系统。它用于不能用水灭火的场所，如变压器室、电信、广播、计算机房、加油站、档案库、文物资料、船舶油轮等。气体灭火剂以二氧化碳（CO_2）、三氟甲烷（HFC-23）、七氟丙烷（HFC-227ea）或混合气体等为主。

（3）泡沫灭火系统

泡沫灭火系统主要用于扑救非水溶性可燃体和一般固体火灾，如炼油厂、矿井、油库、机场及飞机库等的灭火。这种系统主要用空气泡沫剂（蛋白、氟蛋白类）、化学泡沫剂（水成泡沫类），泡沫剂与水混合的液体吸入空气后，体积立即膨胀成 20 ~ 1000 倍的泡沫，迅速淹没全部防护空间，或覆盖整个燃烧物的表面，以隔绝空气而灭火。所以系统具有安全可靠、灭火效率高的特点。根据泡沫产生的倍数不同，可分为低泡、中泡、高泡沫灭火系统；根据安装形式，分为固定式、半固定式及移动式泡沫灭火系统。

3. 相关说明

（1）水灭火系统管道界限的划分：

1）喷淋系统水灭火管道：室内外界限应以建筑物外墙皮 1.5m 为界，入口处设阀门者应以阀门为界；设在高层建筑物内的消防泵间管道应以泵间外墙皮为界。

2）消火栓管道：给水管道室内外界限划分应以外墙皮 1.5m 为界，入口处设阀门者应以阀门为界。

3）与市政给水管道的界限：以与市政给水管道碰头点（井）为界。

（2）消防管道上的阀门、管道及设备支架、套管制作安装，应按给水排水、采暖、燃气工程相关项目编码列项。

（3）消防管道及设备除锈、刷油、保温除注明者外，均应按刷油、防腐蚀、绝热工程相关项目编码列项。

5.4.2 水灭火系统

1. 水灭火系统组成

水灭火系统包括消火栓灭火和自动喷水灭火两类。

（1）消火栓灭火系统

消火栓灭火系统分为室外消火栓系统和室内消火栓系统。室外消火栓给水系统包括室外消火栓、管道和控制阀门。室内消火栓给水系统由消防水源、消防水泵、消防管道、室内消火栓、消火栓箱（消防卷盘、水枪、水龙带）、消防水箱、水泵接合器、控制阀以及远端启动按钮等组成，如图 5-55 所示。

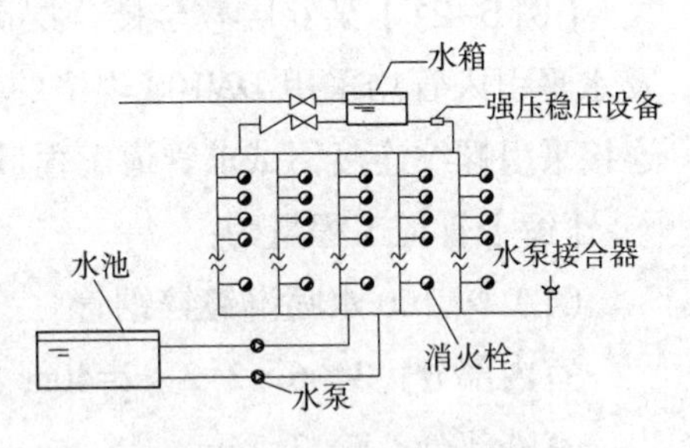

图 5-55 某消火栓灭火系统

（2）自动喷水灭火系统

自动喷水灭火系统一般为固定式消防设施。它主要由喷头、报警器、管网、水流指示器、试水装置、消防水箱、消防水泵及消防水池等组成，如图 5-56 所示。

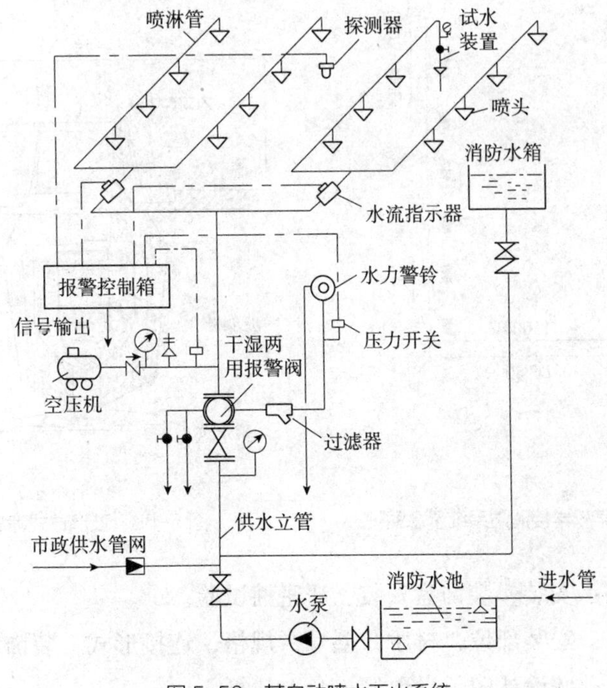

图 5-56 某自动喷水灭火系统

2. 水灭火系统管道

水灭火系统管道使用的材料为通用钢管或镀锌钢管，其钢管工程量的计算与给水管道相同。

（1）工作内容：管道及管件安装、钢管镀锌、压力试验、冲洗、管道标识。

（2）项目特征：安装部位，材质、规格，连接形式，钢管镀锌设计要求，压力试验及冲洗设计要求，管道标识设计要求。

（3）计算规则：按设计图示管道中心线尺寸以长度（m）计算。不扣除阀门、管件及各种组件所占长度。

【例 5-21】某 6 层教学楼，层高均为 3m。消防系统图如图 5-57 所示，竖直管段及水平引入管均采用 *DN*100 规格的镀锌钢管，一层水平管道采用 *DN*80 镀锌钢管，其连接采用螺纹连接，试求管道工程量。

【解】管道工程量为：

（1）*DN*100 水喷淋镀锌钢管

室内部分：3 × 6 × 2+2 × 2=40m

室外部分：8 × 2=16m

（2）*DN*80 水喷淋镀锌钢管：15m

3. 水喷淋（雾）喷头

水灭火喷淋头，一般采用螺纹或法兰与喷水管连接，安装部位应区分有吊顶和无吊顶。应用最多的是玻璃球式喷头，如图 5-58 所示。

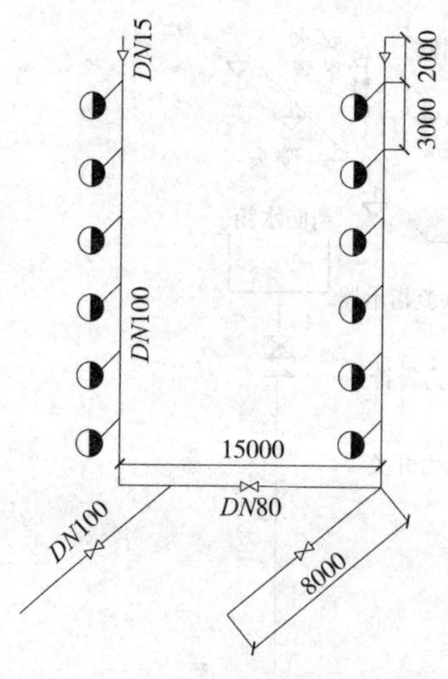

图 5-57 某教学楼消防系统示意图

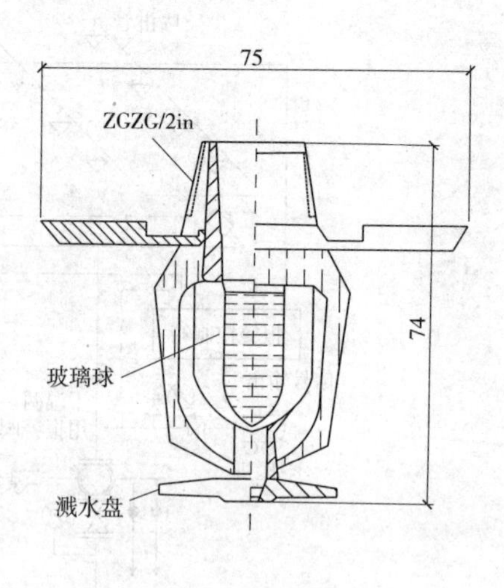

图 5-58 玻璃球式喷淋头

（1）工作内容：安装、装饰盘安装、严密性试验。

（2）项目特征：安装部位，材质、型号、规格，连接形式，装饰盘设计要求。

（3）计算规则：按设计图示以数量（个）计算。

4. 水灭火系统报警装置

（1）报警装置

报警装置也称报警阀，报警装置适用于湿式报警装置、干湿两用报警装置、电动雨淋报警装置、预作用报警装置等报警装置安装。

1）工作内容：安装、电气接线、调试。

2）项目特征：名称，型号、规格。

3）计算规则：按设计图示以数量（组）计算。

（2）水流指示器、减压孔板

在多层或大型建筑的自动喷水系统中，每一层或每分区的干管或支管的始端需安装一个水流指示器。为便于检修分区管网，水流指示器前应设置安全信号阀。当喷头喷水时，指示器传出电信号，传至消防控制中心的控制箱进行报警，可启动报警阀供水灭火，也可启动消防水泵控制开关。

1）工作内容：同报警装置。

2）项目特征：规格、型号，连接形式。

3）计算规则：同报警装置。

（3）末端试水装置

自动喷水灭火系统喷水管网的末端和每一层的最不利点处均应设置末端试水装置。末端试水装置包括压力表、控制阀等附件安装，其作用是在平时维护管理时，对系统进行定期检查，以确认系统能正常工作。

1）工作内容：安装、电气接线、调试。

2）项目特征：规格、组装形式。

3）计算规则：按设计图示以数量（组）计算。

末端试水装置安装中不含连接管及排水管安装，其工程量并入消防管道计算。

5. 水灭火系统消火栓

一般建筑物或构筑物均应设置消火栓灭火系统。对于10层及以上高层建筑，不能以消防车直接灭火，失火时以“自救”为主，其自救设备就是消火栓。

（1）室外消火栓

室外消火栓，是设置在建筑物外面消防给水管网（市政管网或企业单位室外管网）上的供水设施，主要供消防车从市政给水管网或室外消防给水管道取水实施灭火。

室外消火栓安装方式分地上式、地下式；地上式消火栓安装包括地上式消火栓、法兰接管、弯管底座；地下式消火栓安装包括地下式消火栓、法兰接管、弯管底座或消火栓三通。

1）工作内容：安装、配件安装。

2）项目特征：安装方式，型号、规格，附件材质、规格。

3）计算规则：按设计图示以数量（套）计算。

（2）室内消火栓

室内消火栓是具有内扣式接口的球形阀龙头，一端与消防竖管连接，另一端与水带连接。通常设置在具有玻璃门的消防水带箱内，该箱由水枪、水带和消火栓三部分构成。

1）工作内容：箱体及消火栓安装、配件安装。

2）项目特征：同室外消火栓。

3）计算规则：同室外消火栓。

6. 水灭火系统其他部件

（1）消防水泵接合器

消防水泵接合器是连接外部水源给室内消防管网供水的设备，主要用途是当室内消防泵发生事故或遇大火室内消防水量不足时，供消防车取水的应急备用装置，如图 5-59 所示。

消防水泵接合器，包括法兰接管及弯头安装，接合器、井内阀门、弯管底座、标牌等附件安装，接合器分为地上式、地下式和墙壁式。

1）工作内容：安装、附件安装。

2）项目特征：安装部位，型号、规格，附件材质、规格。

3）计算规则：按设计图示以数量（套）计算。

（2）灭火器

1）工作内容：设置。

2）项目特征：形式，规格、型号。

3）计算规则：按设计图示以数量（具或组）计算。

【例 5-22】某办公楼部分喷淋施工图如图 5-60、图 5-61 所示。喷淋系统给水管道采用镀锌钢管，管径大于 *DN*100 的采用法兰连接，管径小于等于 *DN*100 的采用丝扣连接。试求图示内容的镀锌钢管、喷头、信号闸阀、水流指示器、自动排水阀及消防水泵接合器的工程量（管道部分只计算 *DN*150 垂直镀锌管）。

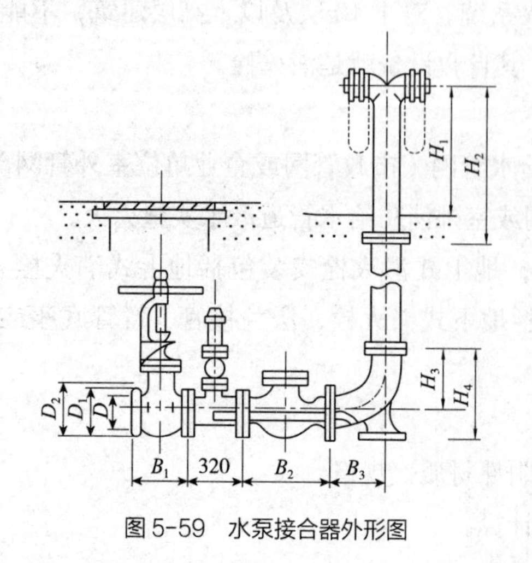

图 5-59 水泵接合器外形图

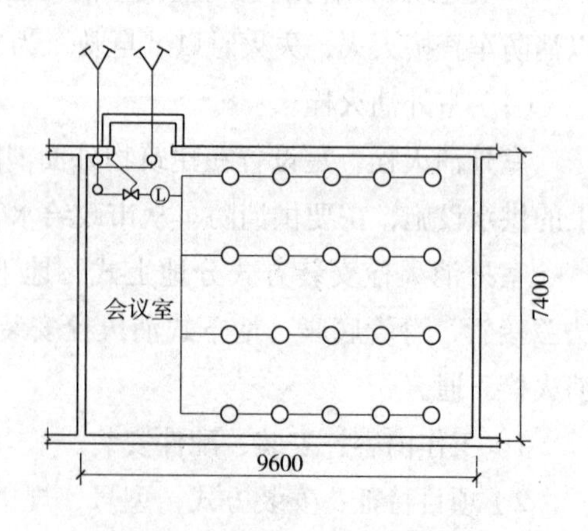

图 5-60 某办公楼一层喷淋平面图

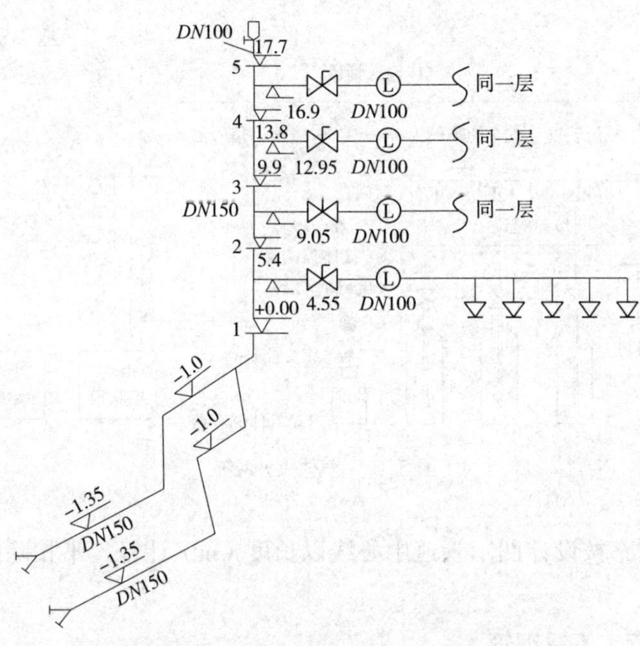

图 5-61　某办公楼一层喷淋系统图

【解】

（1）镀锌钢管 *DN*150：17.7+1.35+0.35=19.4m。

（2）喷头：20 × 4=100 个。

（3）信号闸阀 *DN*100：4 个。

（4）水流指示器 *DN*100：4 个。

（5）自动排水阀：1 个。

（6）消防水泵接合器：2 套。

5.4.3　气体灭火系统

1. 气体灭火系统组成

气体自动灭火系统由火灾探测器、监控设备、灭火剂储罐、管网和灭火喷嘴等组成，如图 5-62 所示。

2. 气体灭火系统管道

气体灭火系统管道使用的材料为无缝钢管或不锈钢管，其管道工程量的计算与给水管道相同。

（1）气体驱动装置管道

1）工作内容：管道安装、压力试验、吹扫、管道标识。

2）项目特征：材质、压力等级，规格，焊接方法，压力试验及吹扫设计要求，管道标识设计要求。

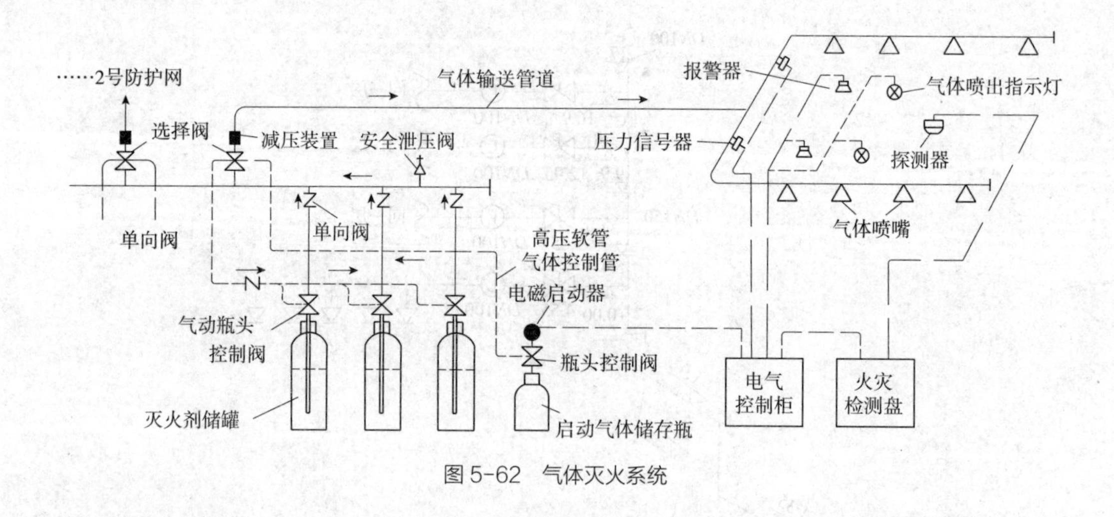

图 5-62 气体灭火系统

3）计算规则：按设计图示管道中心线以长度（m）计算。不扣除阀门、管件及各种组件所占长度。

（2）无缝钢管、不锈钢管

无缝钢管、不锈钢管工作内容及项目特征基本同气体驱动装置管道的工作内容、项目特征，表 5-6 列出了其增加的工作内容及需另描述的项目特征。计算规则同气体驱动装置管道。

气体灭火管道工作内容及项目特征 表 5-6

项目名称	工作内容	项目特征
无缝钢管	管件安装、钢管镀锌	介质，钢管镀锌设计要求
不锈钢管	焊口充氩保护	充氩保护方式、部位

3. 不锈钢管管件

（1）工作内容：管件安装、管件焊口充氩保护。

（2）项目特征：材质、压力等级，规格，焊接方法，充氩保护方式、部位。

（3）计算规则：按设计图示以数量（个）计算。

4. 气体灭火系统组件

（1）选择阀

选择阀主要用于一个二氧化碳源供给两个以上保护区域的装置上，其作用是选择释放二氧化碳的方向，以实现选定方向的快速灭火。如图 5-63 所示，在每个防火区域保护对象管道上设置一个选择阀。在火灾发生时，可以打开出现火情的保护区域保护对象管道上的选择阀，喷射灭火剂灭火。

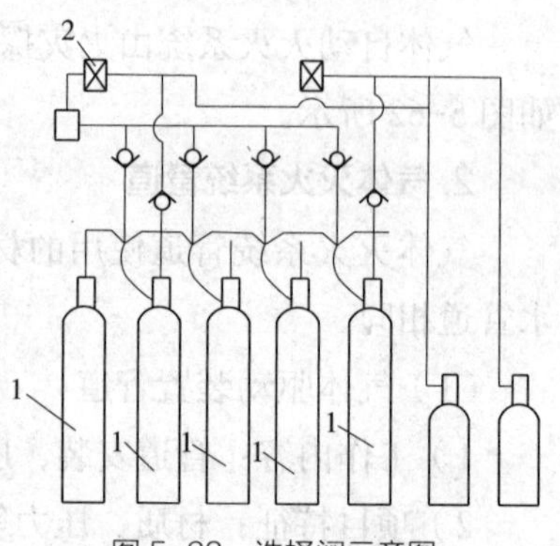

图 5-63 选择阀示意图
1—贮存装置；2—选择阀

1）工作内容：安装、压力试验。

2）项目特征：材质，型号、规格，连接形式。

3）计算规则：按设计图示以数量（个）计算。

（2）气体喷头

气体灭火系统中用于控制灭火剂流速和均匀分布灭火剂的重要部件，是灭火剂的释放口。工程中常用的三种类型：液流型、雾化型及开花型。

1）工作内容：喷头安装。

2）项目特征：同选择阀。

3）计算规则：同选择阀。

（3）贮存装置

贮存装置的安装包括灭火剂存储器、驱动气瓶、支框架、集流阀、容器阀、单向阀、高压软管和安全阀等贮存装置和阀驱动装置、减压装置、压力指示仪等装置的安装。

1）工作内容：贮存装置安装、系统组件安装、气体增压。

2）项目特征：介质、类型，型号、规格，气体增压设计要求。

3）计算规则：按设计图示以数量（套）计算。

5. 称重捡漏装置

（1）工作内容：安装，调试。

（2）项目特征：型号，规格。

（3）计算规则：按设计图示以数量（套）计算。

5.4.4 泡沫灭火系统

1. 泡沫灭火系统组成

泡沫灭火系统包括管道安装、阀门安装、法兰安装及泡沫发生器、混合贮存装置安装，如图 5-64 所示。

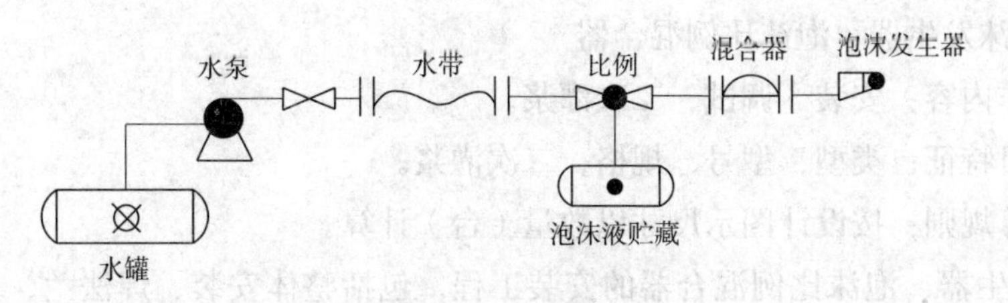

图 5-64　泡沫灭火系统示意图

2. 泡沫灭火系统管道

泡沫灭火系统管道使用的材料为碳钢管、不锈钢管及铜管，其管道工程量的计算与给水管道相同。

（1）铜管

1）工作内容：管道安装、压力试验、吹扫、管道标识。

2）项目特征：材质、压力等级，规格，焊接方法，压力试验及吹扫设计要求，管道标识设计要求。

3）计算规则：按设计图示管道中心线尺寸以长度（m）计算。不扣除阀门、管件及各种组件所占长度。

（2）碳钢管、不锈钢管

碳钢管、不锈钢管工作内容及项目特征基本同铜管的工作内容、项目特征，表5-7列出了其增加的工作内容及需另描述的项目特征。计算规则同铜管。

泡沫灭火管道工作内容及项目特征　　表5-7

项目名称	工作内容	项目特征
无缝钢管	管件安装、无缝钢管镀锌	无缝钢管镀锌设计要求
不锈钢管	焊口充氩保护	充氩保护方式、部位

3. 泡沫灭火系统管件

（1）不锈钢管管件

1）工作内容：管件安装、管件焊口充氩保护。

2）项目特征：材质、压力等级，规格，焊接方法，充氩保护方式、部位。

3）计算规则：按设计图示以数量（个）计算。

（2）铜管管件

1）工作内容：管件安装。

2）项目特征：材质、压力等级，规格，焊接方法。

3）计算规则：同不锈钢管管件。

4. 泡沫灭火设备

（1）泡沫发生器、泡沫比例混合器

1）工作内容：安装、调试、二次灌浆。

2）项目特征：类型，型号、规格，二次灌浆。

3）计算规则：按设计图示尺寸以数量（台）计算。

泡沫发生器、泡沫比例混合器的安装工程，包括整体安装、焊法兰、单体调试及配合管道试压时隔离本体所消耗的工料。

（2）泡沫液储罐

1）工作内容：同泡沫发生器。

2）项目特征：质量/容量，型号、规格，二次灌浆。

3）计算规则：按设计图示以数量（台）计算。

泡沫液贮罐内如需充装泡沫液，应明确描述泡沫灭火剂品种、规格。

5.4.5 火灾自动报警系统

火灾自动报警控制系统主要由触发器件、火灾报警装置、火灾警报装置、控制装置、消防电源等组成。触发器件有火灾探测器、手动报警按钮、消火栓按钮等。火灾报警控制器是系统的核心器件。控制装置有控制模块、灭火系统装置、防排烟系统装置、安全疏散指示装置等。

1. 火灾自动报警系统组成

常见的火灾自动报警控制系统有区域报警系统、集中报警系统和控制中心报警系统三种。

（1）区域报警系统

区域报警系统由区域报警控制器、火灾探测器、手动报警按钮、火灾报警装置等组成，如图 5-65 所示。

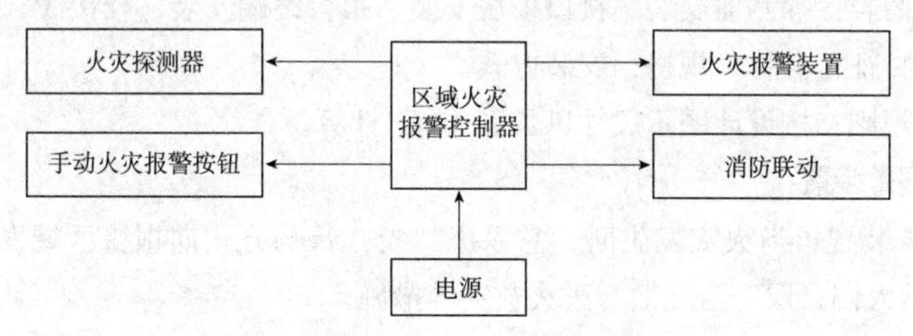

图 5-65 区域火灾报警系统结构示意图

（2）集中报警系统

集中报警系统由集中报警控制器、区域火灾报警控制器、火灾探测器以及相关设备组成，如图 5-66 所示。

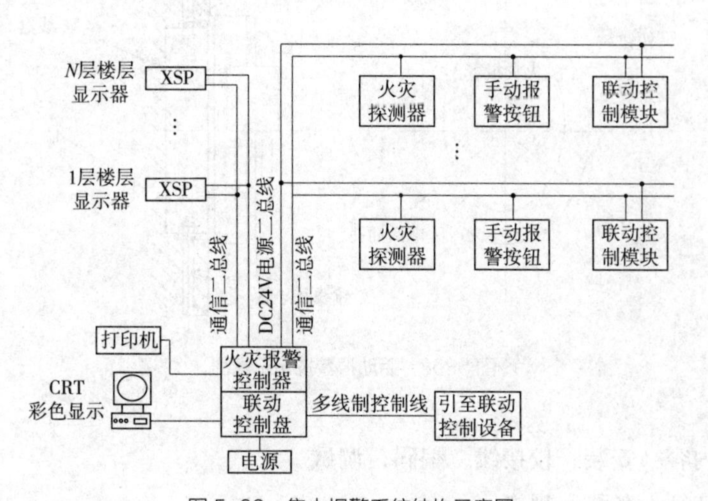

图 5-66 集中报警系统结构示意图

2. 火灾探测器

火灾探测器是在火灾初期，能将烟、温度、火光的感受转换成电信号的一种敏感元件，有点型和线型两种类型。

点型探测器是一种响应某点周围的火灾参数的火灾探测器。一般可分为点型感烟探测器和点型感温探测器，如图 5-67 所示。线型探测器是一种响应某一连续线路周围的火灾参数的火灾探测器。

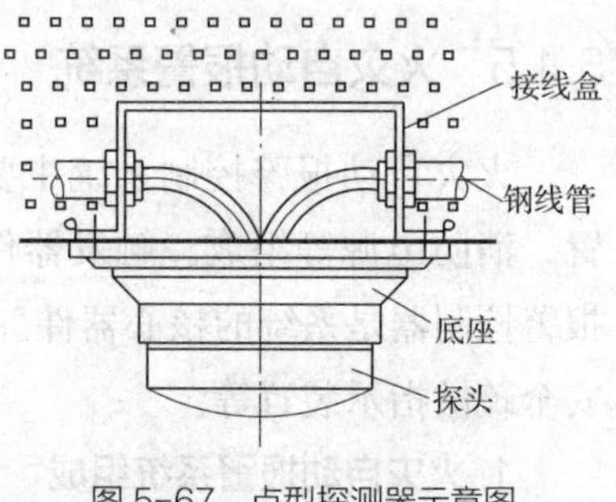

图 5-67 点型探测器示意图

（1）点型探测器

1）工作内容：底座安装、探头安装、校接线、编码、探测器调试。

2）项目特征：名称，规格，线制，类型。

3）计算规则：按设计图示以数量（个）计算。

（2）线型探测器

1）工作内容：探测器安装、接口模块安装、报警终端安装、校接线。

2）项目特征：名称，规格，安装方式。

3）计算规则：按设计图示尺寸以长度（m）计算。

3. 火灾报警装置

火灾报警装置：当火灾发生时，它以声、光、音响方式向报警区域发出火灾警报信号，以警示人们采取安全疏散、灭火救灾等措施。

（1）按钮、消防警铃、声光报警器

消防报警按钮是消防水泵的主要控制元件，设置在公共场所出入口或消火栓箱上，如图 5-68 所示。

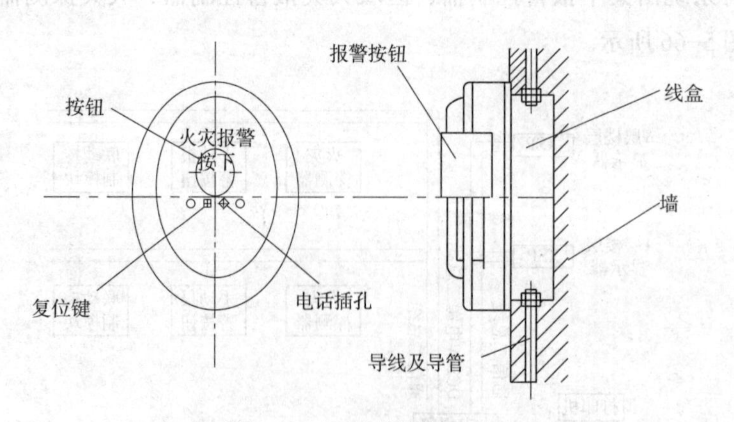

图 5-68 手动报警按钮示意图

1）工作内容：安装，校接线，编码，调试。

2）项目特征：名称，规格。

3）计算规则：按设计图示以数量（个）计算。

（2）消防报警电话插孔（电话）

1）工作内容：同按钮。

2）项目特征：名称，规格，安装方式。

3）计算规则：按设计图示以数量（个或部）计算。

（3）消防广播（扬声器）

1）工作内容：同按钮。

2）项目特征：名称，功率，安装方式。

3）计算规则：按设计图示以数量（个）计算。

4. 模块（模块箱）

消防模块是消防联动控制系统的重要组成部分，消防模块主要用于网络导线与设备、设备与设备之间的连接，主要包括控制模块（模块箱）和监视与报警编址模块。

（1）工作内容：同按钮。

（2）项目特征：名称，规格，类型，输出形式。

（3）计算规则：按设计图示以数量（个或台）计算。

5. 控制箱（器）

（1）区域报警控制箱、联动控制箱

报警控制箱（器）是探测器供电，接受、显示和传递火灾报警信号的报警装置。联动控制箱（器）能接受由报警控制器传来的报警信号，并对自动消防等装置发出控制信号的装置。

1）工作内容：本体安装，校接线、遥测绝缘电阻，排线、绑扎、导线标识，显示器安装，调试。

2）项目特征：多线制，总线制，安装方式，控制点数量，显示器类型。

3）计算规则：按设计图示以数量（台）计算。

（2）报警联动一体机

1）工作内容：安装，校接线，调试。

2）项目特征：规格、线制，控制回路，安装方式。

3）计算规则：按设计图示以数量（台）计算。

6. 远程控制箱（柜）

远程控制箱是指火灾中，消防控制中心为了疏散、通风、排烟、灭火等，必须能在火灾场外远距离的消防中心，控制正压送风阀、排烟阀、防火门、防火阀、排烟口等设施的开闭的一种装置。如图 5-69 所示为排烟阀远程控制器。

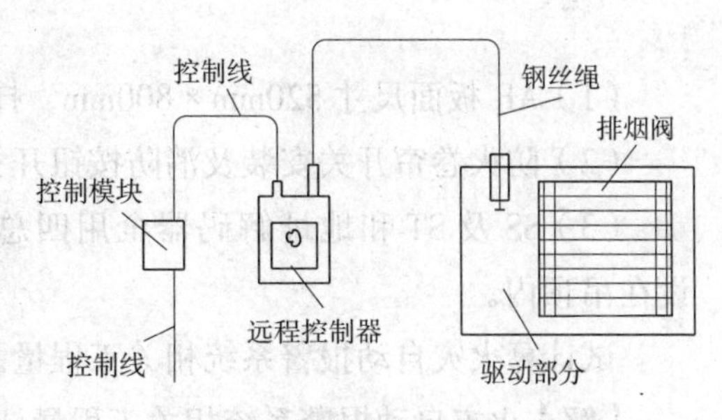

图 5-69 排烟阀远程控制器示意图

（1）工作内容：同区域报警控制箱。

（2）项目特征：规格，控制回路。

（3）计算规则：按设计图示以数量（台）计算。

7. 火灾报警系统各类主机

（1）火灾报警系统控制主机、联动控制主机、消防广播及对讲电话主机（柜）

1）工作内容：安装、校接线、调试。

2）项目特征：规格、线制，控制回路，安装方式。

3）计算规则：按设计图示以数量（台）计算。

（2）火灾报警控制微机（CRT）

1）工作内容：安装，调试。

2）项目特征：规格，安装方式。

3）计算规则：按设计图示以数量（台）计算。

（3）备用电源及电池主机（柜）

1）工作内容：安装，调试。

2）项目特征：名称，容量，安装方式。

3）计算规则：按设计图示以数量（套）计算。

【例 5-23】某商场大厅的火灾报警系统如图 5-70 所示。商场大厅层高 4.5m，吊顶高 4m。详细说明如下：

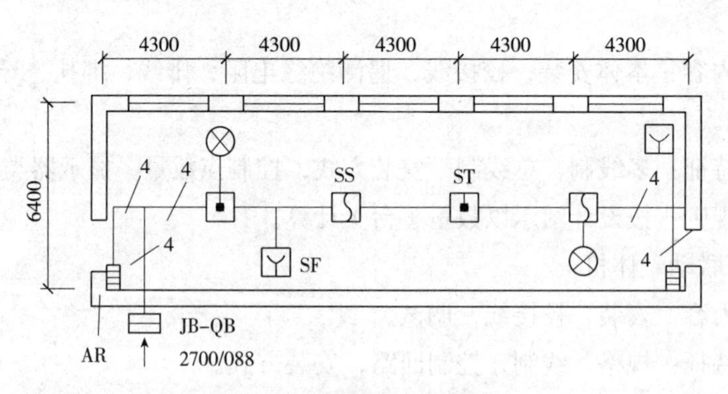

图 5-70 首层火灾报警系统图

（1）AR 板面尺寸 520mm × 800mm，挂式，安装高度 1.5m。

（2）防火卷帘开关安装及消防按钮开关安装高度 1.5m。

（3）SS 及 ST 和地址解码器全用四总线制，配 BV-4 × 1 线，穿 PVC20 管，暗敷设在吊顶内。

试计算火灾自动报警系统相关工程量。

【解】火灾自动报警系统相关工程量计算结果见表 5-8。

火灾报警系统安装工程量计算表　　表 5-8

序号	项目名称	单位	工程量
1	火灾区域报警器	套	1
2	防火卷帘门开关	套	2
3	卷帘门开关暗箱	个	2
4	消防按钮	个	2
5	按钮暗盒	个	2
6	感温探测器	个	2
7	感烟探测器	个	2
8	探测器显示灯	套	2
9	PVC20 管吊顶内明敷	m	48.2
10	管内穿线 BV-1	m	120
11	探测器及显示灯盒安装	个	6
12	接线盒	个	9
13	塑料波纹管 Φ20	m	3

5.4.6 消防系统调试

消防系统的调试是检验、检查消防系统设计与安装是否合理，系统运行是否正常的关键工作之一。消防系统常需要进行 4 项调试，即自动报警系统调试、水灭火控制装置调试、防火控制装置调试及气体灭火系统装置调试。

1. 自动报警系统调试

自动报警系统包括各种探测器、报警器、报警按钮、报警控制器、消防广播、消防电话等组成的报警系统。

（1）工作内容：系统调试。

（2）项目特征：点数，线制。

（3）计算规则：按不同点数，以系统为单位计算。

2. 水灭火控制装置调试

水灭火系统包括消火栓给水系统、自动喷水灭火系统、水幕系统、水喷雾灭火系统、蒸汽灭火系统。

（1）工作内容：调试。

（2）项目特征：系统形式。

（3）计算规则：按控制装置的点数为单位计算。

不同水灭火系统点数的计算分别为：

1）自动喷洒系统按水流指示器数量以点（支路）计算。

2）消火栓系统按消火栓启泵按钮数量以点计算。

3）消防水炮系统按水炮数量以点计算。

3. 防火控制装置调试

防火控制装置包括电动防火门、防火卷帘门、正压送风阀、排烟阀、防火控制阀、消防电梯等防火控制装置。

（1）工作内容：调试。

（2）项目特征：名称，类型。

（3）计算规则：按设计图示以数量（个或部）计算。

电动防火门、防火卷帘门、正压送风阀、排烟阀、防火控制阀等调试以“个”计算，消防电梯以“部”计算。

4. 气体灭火系统装置调试

气体灭火系统调试工作包括检查气体能否正常喷入设计方向、控制阀门是否控制正常、声光报警信号是否正常、输送管道有无损坏以及自动、手动控制和机械应急等操作是否能正常运行。

（1）工作内容：模拟喷气试验，备用灭火器贮存容器切换操作试验，气体试喷。

（2）项目特征：试验容器规格，气体试喷。

（3）计算规则：按调试、检验和验收所消耗的试验容器总数（点）计算。

气体灭火系统调试，按气体灭火系统装置的瓶头阀以“点”计算。

【例 5-24】某仓库消防平面图及系统图如图 5-71、图 5-72 所示，试计算该项目的消防相关工程量。

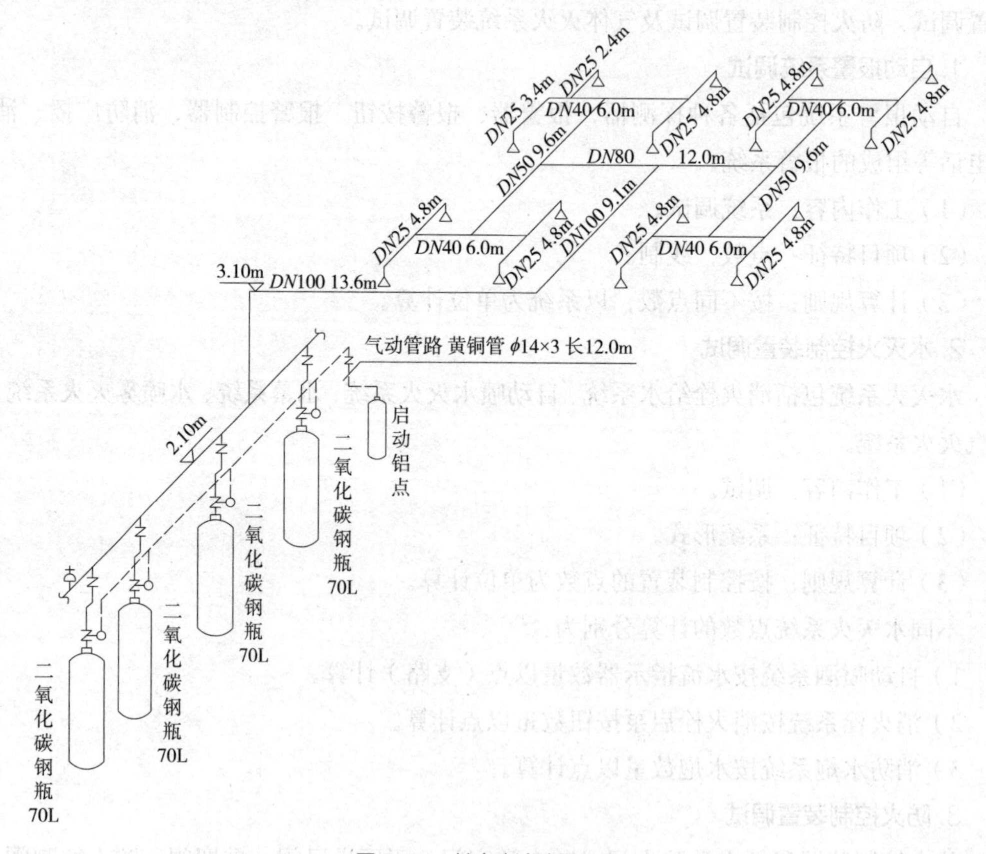

图 5-71 某仓库消防平面图

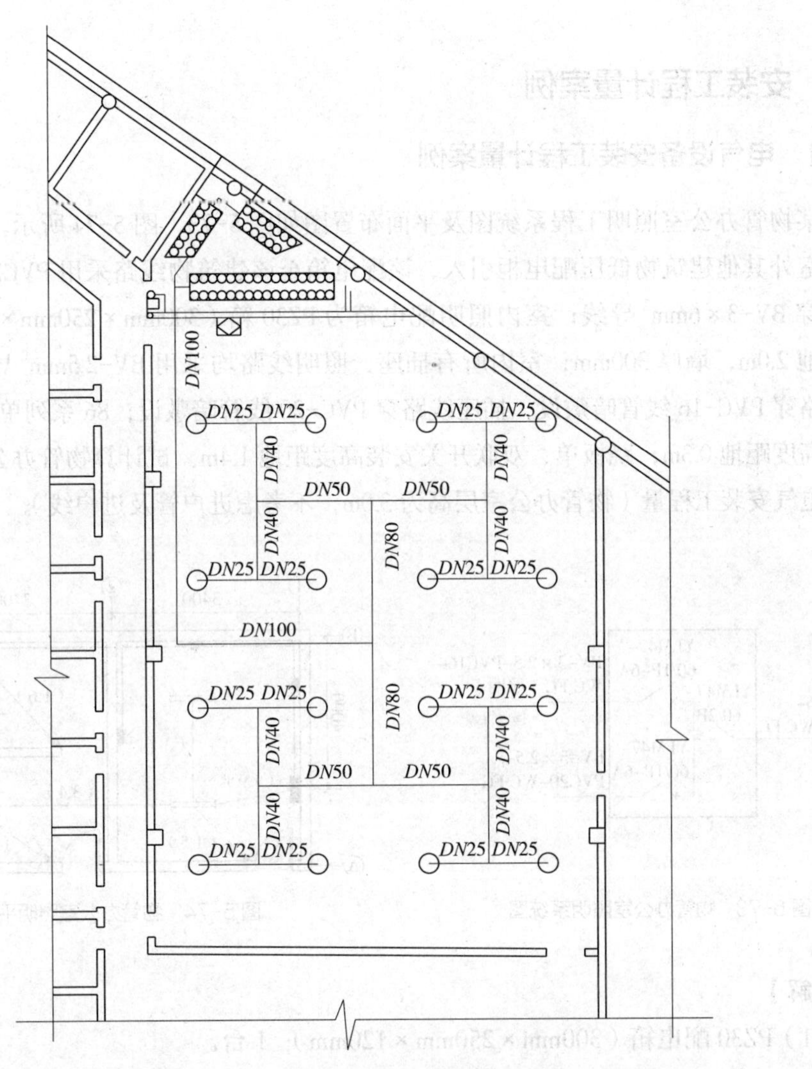

图 5-72 某仓库消防系统图

【解】工程量计算结果见表 5-9。

火灾自动报警系统工程量计算表 **表 5-9**

序号	项目名称	计量单位	工程量	计算式
1	*DN*25 镀锌钢管	m	39.4	4.8 × 7+3.4+2.4
2	*DN*40 镀锌钢管	m	24	6 × 4
3	*DN*50 镀锌钢管	m	19.2	9.6 × 2
4	*DN*80 镀锌钢管	m	12	12
5	*DN*100 镀锌钢管	m	23.7	1+13.6+9.1
6	选择阀（释放阀，法兰连接，*DN*100）	个	6	
7	贮存装置（贮存容器，规格 70L）	套	4	
8	气体喷头	个	16	
9	$\phi14 \times 3$ 黄铜管	m	12	

5.5 安装工程计量案例

5.5.1 电气设备安装工程计量案例

某物管办公室照明工程系统图及平面布置图如图5-73、图5-74所示。照明工程电源由室外其他建筑物低压配电柜引入，该配电箱至该建筑物线路采用PVC25埋地敷设，管内穿BV-3×6mm^{2}导线；室内照明配电箱为PZ30箱（300mm×250mm×120mm），下口距地2.0m，墙厚300mm；室内所有插座、照明线路均采用BV-2.5mm^{2}导线，其中照明线路穿PVC-16线管暗敷设，插座线路穿PVC-20线管暗敷设；86系列单相五孔插座，安装高度距地0.3m；跷板单、双联开关安装高度距地1.4m。试计算物管办公室照明工程相关电气安装工程量（物管办公室层高为3.0m，不考虑进户管及进户线）。

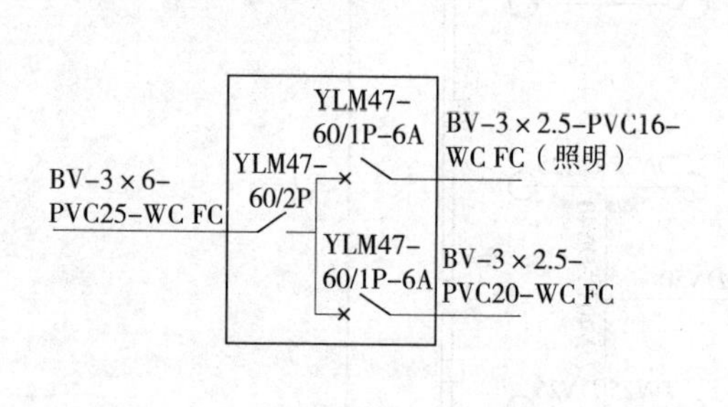

图5-73 物管办公室照明系统图

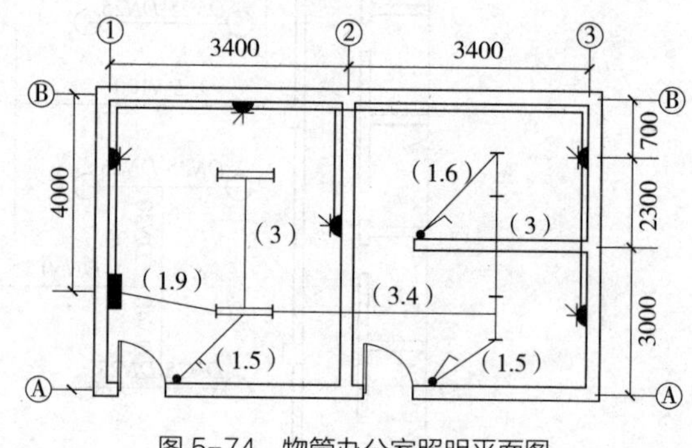

图5-74 物管办公室照明平面图

【解】

（1）PZ30配电箱（300mm×250mm×120mm）：1台。

（2）PVC20配管：

$$L_1=2+4+3.4+3+3.4+3+1.5+0.3\times8=22.7\text{m}$$

（3）PVC16配管：

L_2=（3−2−0.25）+1.9+1.5+（3−1.4）+3+3.4+1.5+（3−1.4）+3+1.6×（3−1.4）
=21.45m

（4）BV2.5mm^{2}线：

$$L_3=(0.3+0.25)\times3+(2+4+3.4+3+3.4+3+1.3+0.3\times8)\times3=69.15\text{m}$$

（5）BV1.5mm^{2}线：

L_4=（0.3+0.25）×3+（3−2−0.25）×3+1.9×3+1.5×3+（3−1.4）×3+3×3
+3.4×3+1.5×2+（3−1.4）×2+3×3+1.6×2+（3−1.4）×2
=59.60m

（6）单管日光灯：2套。

（7）双管日光灯：2套。

（8）五孔插座（两孔十三孔）：5个。

（9）单联开关：2个。

（10）双联开关：1个。

（11）开关盒：3个。

（12）插座盒：5个。

（13）灯头盒：4个。

5.5.2 给水排水工程计量案例

某2层建筑职工宿舍，其男卫生间给水排水大样图如图5-75～图5-78所示。给水干、立管道采用镀锌钢管（螺纹连接），给水支管采用PP-R塑料管（热熔连接）；排水管道采用A型柔性排水铸铁管（法兰连接）；给水管道上设置阀门，阀门采用J11W-10T截止阀，连接方式同给水管道。试计算给水及排水工程量。

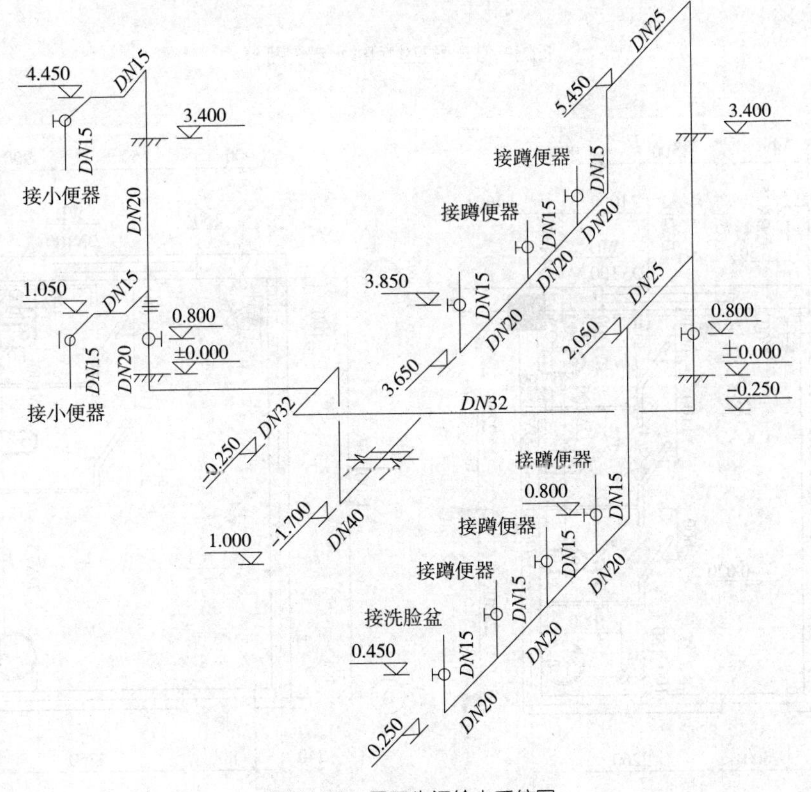

图5-75 男卫生间给水系统图

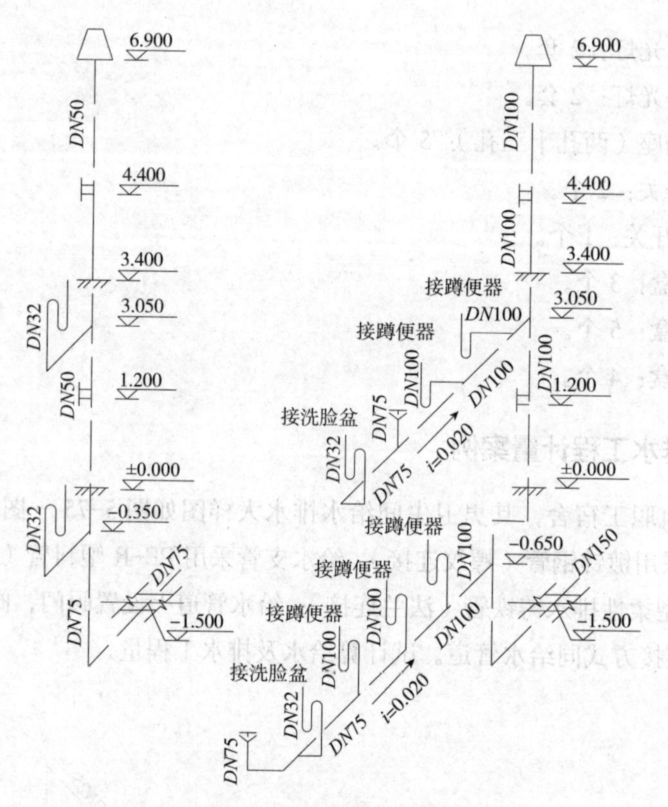

图 5-76 男卫生间排水系统图

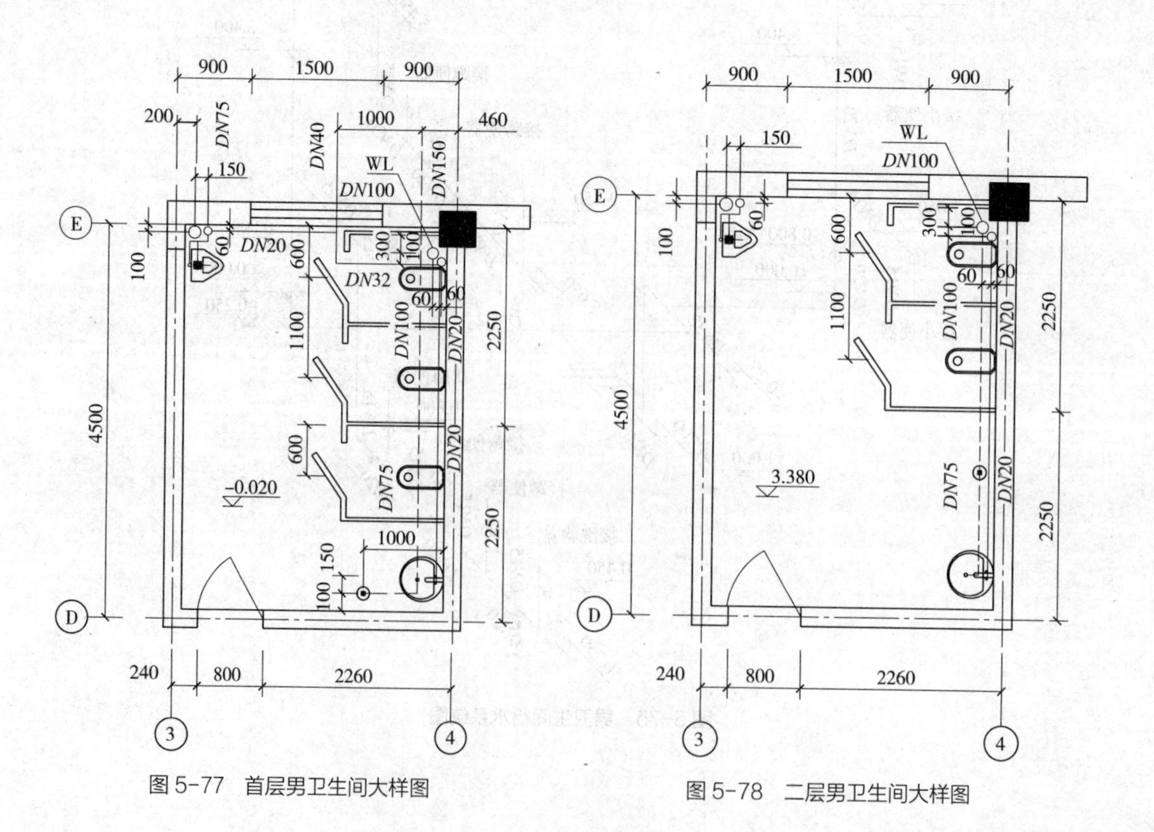

图 5-77 首层男卫生间大样图

图 5-78 二层男卫生间大样图

【解】

（1）给水管道工程量计算

1）*DN*15 工程量

①横管部分：0.5+0.5=1.0m

②竖管部分：（0.45−0.25）×3+0.8−0.25+（3.85−3.65）×3=1.75m

$$L_1=1.0+1.75=2.75\text{m}$$

2）*DN*20 工程量

①横管部分：

1.5+0.9−1−0.46+0.9−0.2+（2.25×2−0.3−0.1−0.06−0.24/2−0.1−0.15）×2=8.98m

②竖管部分：4.45+0.25=4.7m

$$L_2=8.98+4.7=13.68\text{m}$$

3）*DN*25 工程量（竖管部分）

$$L_3=5.45-2.05=3.40\text{m}$$

4）*DN*32 工程量

①横管部分：0.3+0.1+1.0+0.06=1.46m

②竖管部分：2.05+0.25=2.30m

$$L_4=1.46+2.30=3.76\text{m}$$

5）*DN*40 工程量

①横管部分：1.5+0.25+0.06=1.81m

②竖管部分：1.7−0.25=1.45m

$$L_5=1.81+1.45=3.26\text{m}$$

（2）排水管道工程量计算

1）*DN*32 工程量（竖管部分）

$$L_6=3.4-3.05+0.35=0.70\text{m}$$

2）*DN*50 工程量

竖管部分：6.9+0.35=7.25m

$$L_7=7.25\text{m}$$

3）*DN*75 工程量

①横管部分：$1.5+0.24+0.1+\left(2.25-0.6-\frac{0.24}{2}-0.1\right)\times 2-0.15=4.55\text{m}$

②竖管部分：1.5−0.35+0.35×2=1.85m

$$L_8=4.55+1.85=6.40\text{m}$$

4）*DN*100 工程量

①横管部分：（2.25+0.6−0.06−0.1）× 2=5.38m

②竖管部分：6.9+0.65+0.35 × 5=9.3m

$$L_9=5.38+9.3=14.68\text{m}$$

5）*DN*150 工程量

①横管部分：1.5+0.24+0.06+0.1=1.9m

②竖管部分：1.5−0.65=0.85m

$$L_{10}=1.9+0.85=2.75\text{m}$$

（3）小便器：2 个。

（4）洗脸池：2 个。

（5）大便器：5 个。

（6）阀门：2 个。

（7）地漏：2 个。

习题

1. 某物管值班室为单层砖混结构，层高 3.3m，墙厚为 240mm，其照明工程示意图如图 5−79 所示。XRM 板面 250mm × 120mm，配电箱安装高度为 1.4m，插座、开关安装高度为 1.2m，管路均采用聚乙烯管 *DN*20 沿顶、墙暗配，管内穿绝缘导线 BV2.5mm²。试计算电气系统配管、配线及照明工程量（不考虑入户管线计算）。

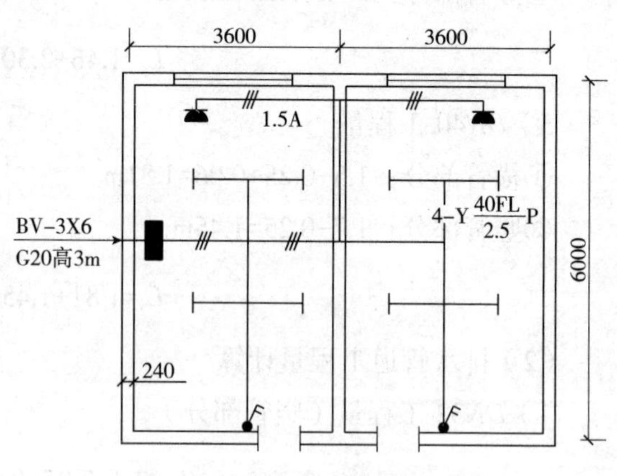

图 5−79　物管办公室照明示意图

2. 某别墅局部照明系统回路如图 5−80 和图 5−81 所示。照明配电箱 JM（600mm × 400mm × 120mm）采用嵌入式安装，箱底标高为 1.6m；管路均采用镀锌钢管 *DN*20 沿顶板、墙暗配，一、二层顶板内敷设标高分别为 3.2m 和 6.5m，管内穿绝缘导线 BV2.5mm²（注：配管水平长度见图示括号内数字，单位为 m）；开关采用单联单控、双联单控及单联双控暗开关（10A，250V），安装高度 1.3m；照明为装饰灯（FZS−164，1 × 100W）及圆球罩灯（JXD1，1 × 40W），吸顶安装。试计算电气系统配电箱、配管、配线及照明工程量。

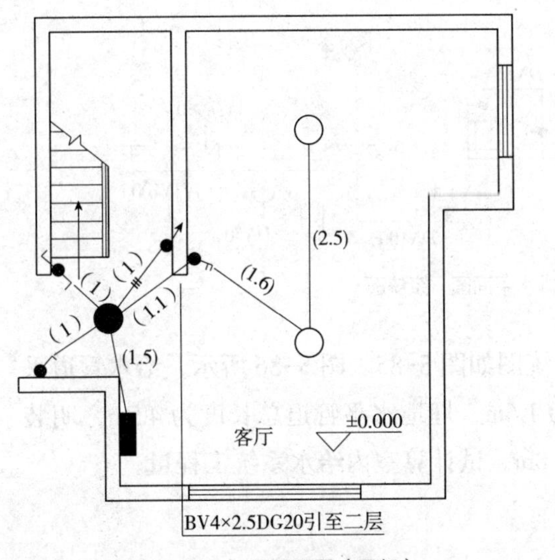

图 5-80 一层平面图（局部）

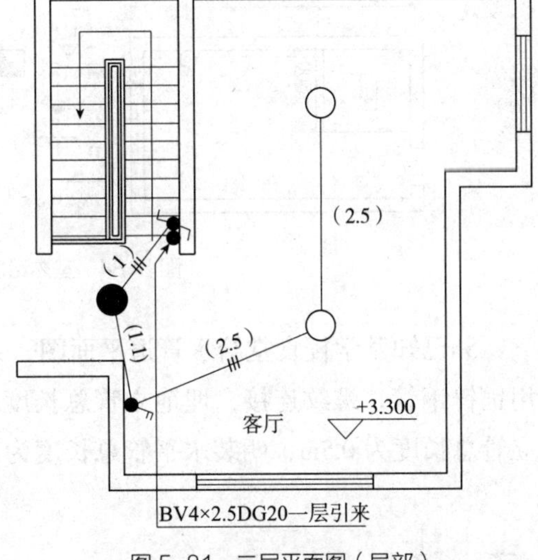

图 5-81 二层平面图（局部）

3. 某三层生物实验楼电气工程示意图如图 5-82 所示。实验楼层高为 3m，直埋电缆（YJV × 16）经过落地电缆换线箱引入 AL1 配电箱，AL1、AL2、AL3 均为定型照明配电箱，配电箱尺寸为 450mm × 800mm × 400mm，安装高度底边距地面 600mm（电缆换线箱尺寸忽略不计），配电箱之间的管线如图 5-83 所示；插座回路采用聚乙烯管 *DN*32 沿地面暗配，管内穿 3 根 BV4mm^2 导线，插座距地 0.3m，配管水平长度见图示括号内数字，单位为 m。试计算电气系统配电箱、配管、配线和插座工程量。

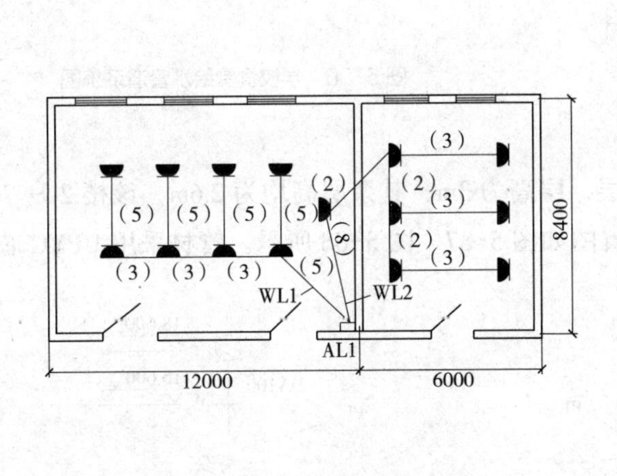

图 5-82 生物实验楼电气示意图

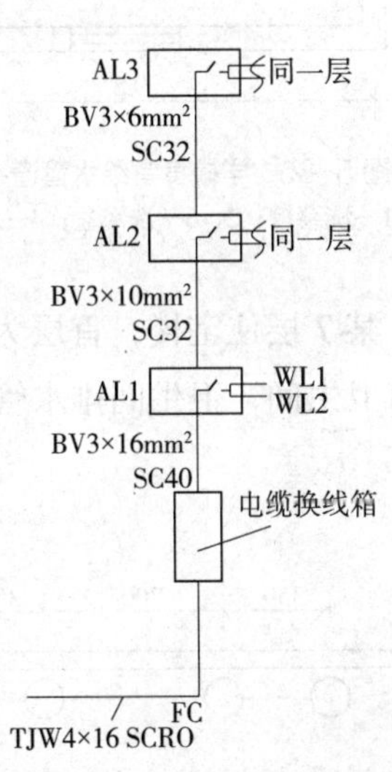

图 5-83 配电箱管线示意图

4. 某室内给水排水安装工程，如图 5-84 所示。给水管道为 PP-R 管热熔连接，排水管道为 UPVC 芯层发泡管胶粘结，穿外墙套管为钢套管，蹲式瓷便器，瓷洗手盆，管道长度至外墙皮 1.5m 处，墙厚 240mm。试计算该室内给水排水系统工程量（假设用水器具下的排水立管长度为 500mm）。

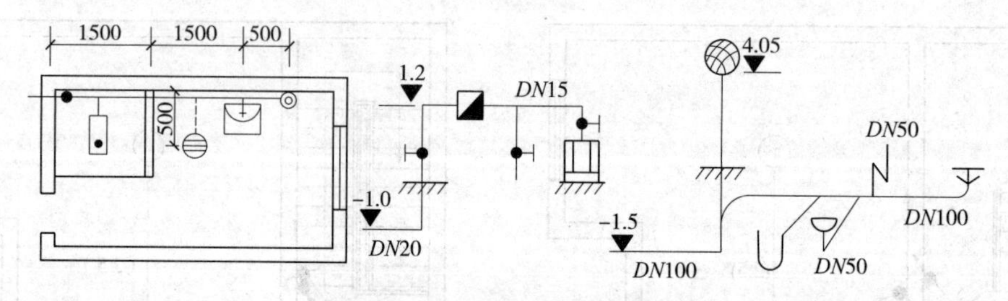

图 5-84 室内给水排水平面图、系统图

5. 已知某学校食堂给水管道平面图、系统图如图 5-85、图 5-86 所示，给水管道采用镀锌钢管，螺纹连接，埋地立管总长度为 1.6m，埋地水平管道总长度为 4.5m，明装立管总长度为 0.5m，明装水平管总长度为 6.8m。试计算室内给水系统工程量。

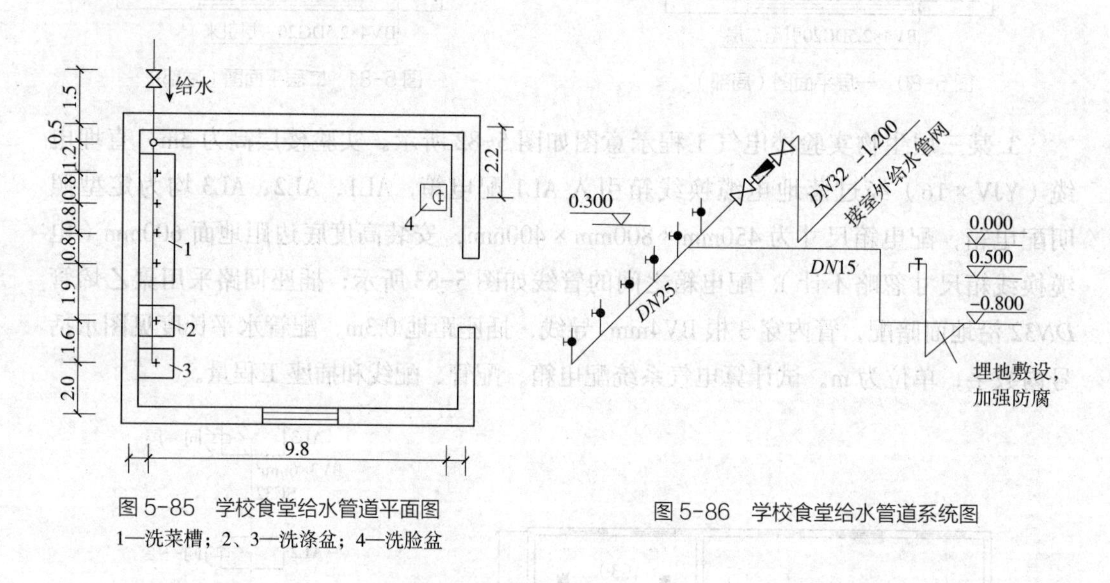

图 5-85 学校食堂给水管道平面图

1—洗菜槽；2、3—洗涤盆；4—洗脸盆

图 5-86 学校食堂给水管道系统图

6. 某 7 层住宅楼，首层为架空层，层高为 3m，其余层高均为 2.6m，该楼 2 ~ 7 层设均有卫生间，卫生间排水管道布置图如图 5-87、图 5-88 所示。管材采用 UPVC 芯层

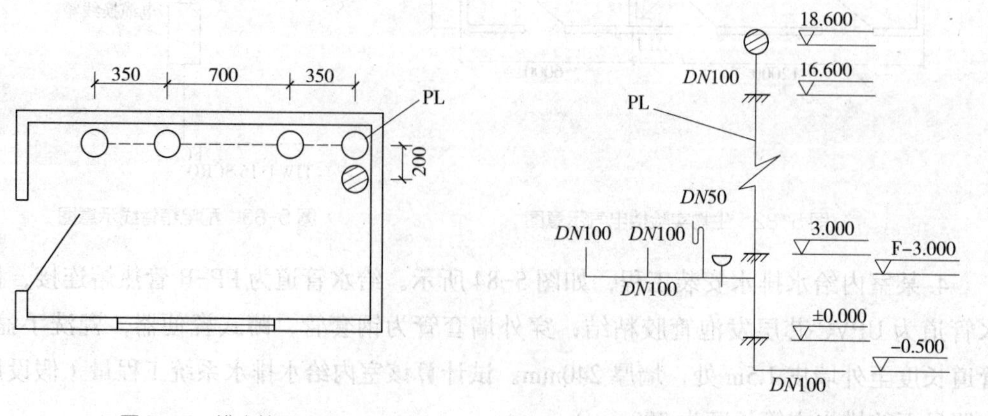

图 5-87 排水管平面图

图 5-88 排水管道系统图

发泡管，胶粘连接。图中所示地漏为 *DN*50，连接地漏的横管标高为楼板面下 0.15m，立管至室外第一个检查井的水平距离为 7m。试计算该排水系统工程量。

7. 某房间内散热器布置图如图 5-89 所示，散热器接管示意图如图 5-90 所示，该散热器为铸铁散热器 M132 型，两散热器片数均为 25 片。所连支管为 *DN*20 的焊接钢管（螺纹连接）。试计算散热工程量和所连支管的工程量。

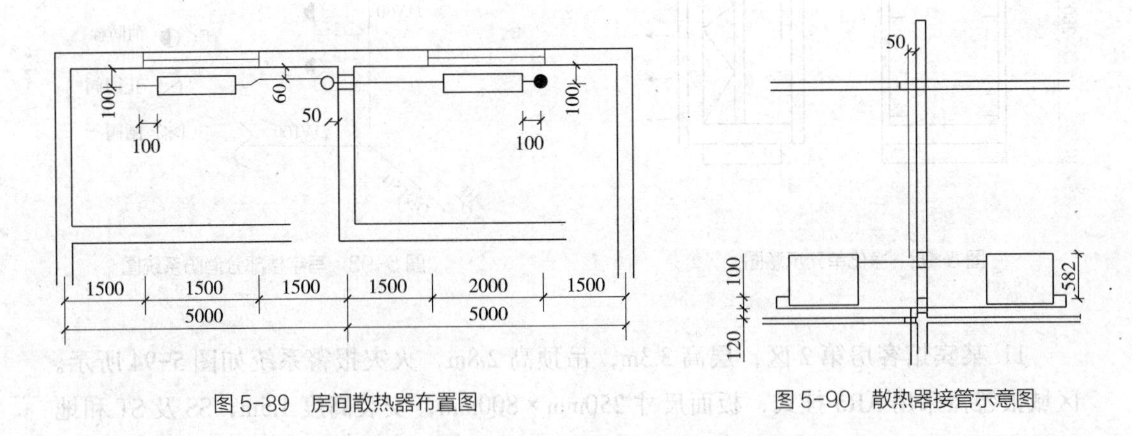

图 5-89 房间散热器布置图　　　　图 5-90 散热器接管示意图

8. 如图 5-91 所示为某风管平面布置示意图，试计算其风管工程量。

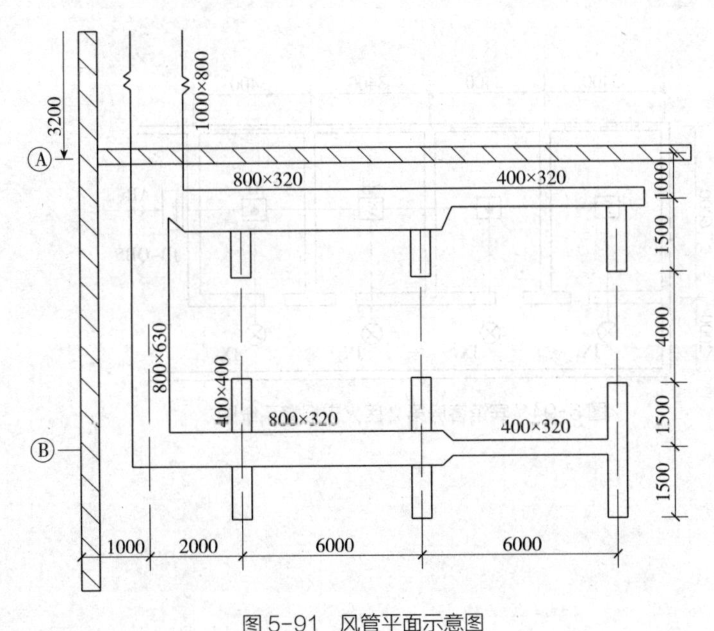

图 5-91 风管平面示意图

9. 试求如图 5-92 所示的通风工程工程量。

10. 某写字楼部分消防系统图如图 5-93 所示。消防管道采用热镀锌钢管；公称直径 *DN* ≥ 100mm 的消防管道采用卡箍连接，其余采用丝扣连接。试计算消防垂直管道、消火栓、消防水箱及阀门工程量。

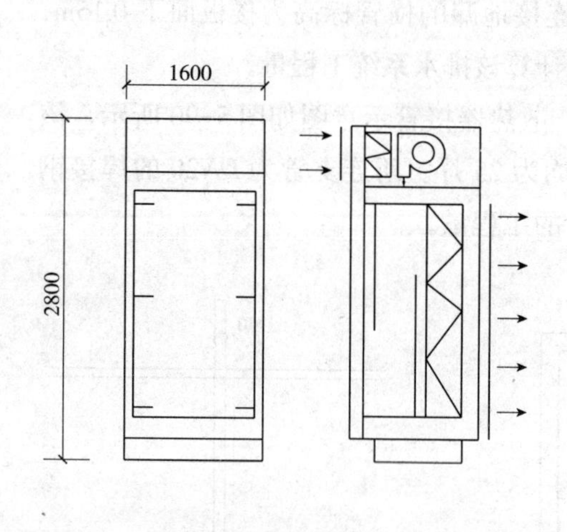

图 5-92 净化单元示意图

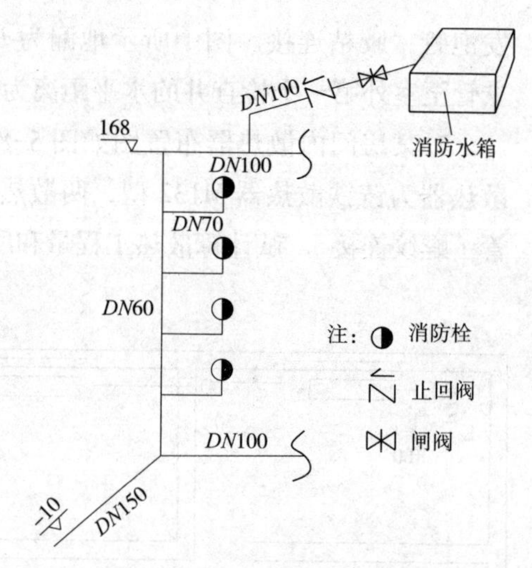

图 5-93 写字楼部分消防系统图

11. 某宾馆客房第 2 区，层高 3.3m，吊顶高 2.8m，火灾报警系统如图 5-94 所示。区域报警器采用 AR5 挂式，板面尺寸 250mm × 800mm，安装高度 1.5m；SS 及 ST 和地址解码器均采用两总线制，配 BV-2 × 1 线，穿 PVC15 管，暗敷在吊顶内。试计算该区域报警系统工程量。

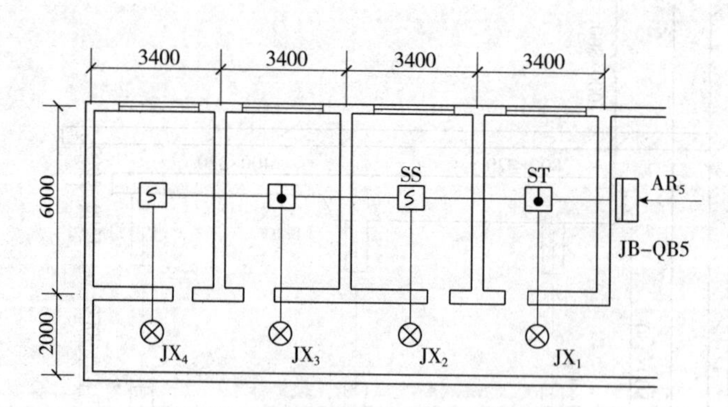

图 5-94 宾馆客房第 2 区火灾报警系统图

6

市政工程计量

【本章要点及学习目标】

本章将介绍《市政工程工程量计算规范》GB 50857-2013中的土石方工程、道路工程、桥涵工程、隧道工程、管网工程、钢筋与拆除工程等最常用的市政工程量计算方法，通过本章的学习，使读者能够熟悉市政工程各分部分项工程工程量的计算规则，掌握常见项目的工程量计算方法。本章未介绍的项目按计量规范规定执行。

6.1 土石方工程

6.1.1 土石方工程概述

市政工程土石方工程的范围主要包括道路路基填挖、堤防填挖、市政管网的开槽及回填、桥涵护岸的基坑开挖及回填、施工现场的土方平整等。

1. 工作面

为便于管沟施工，挖土时往往要预留工作面。施工组织设计如未规定工作面，可按表 6-1 规定计算。

管沟施工每侧所需工作面宽度计算表（mm） 表 6-1

管道结构宽	混凝土管道基础 90°	混凝土管道基础 >90°	金属管道	构筑物	
				无防潮层	有防潮层
500 以内	400	400	300	400	600
1000 以内	500	500	400		
2500 以内	600	500	400		
2500 以上	700	600	500		

注：1. 管道结构宽：有管座按管道基础外缘，无管座按管道外径计算；构筑物按基础外缘计算。
2. 本表按《全国统一市政工程预算定额》GYD-301-1999 整理，并增加管道结构宽 2500mm 以上的工作面宽度值。

2. 土壤及岩石分类、放坡系数

市政工程土石方工程的土壤分类表、放坡系数表、岩石分类表等其他一般规定与房屋建筑与装饰工程一致，此处不再介绍。

3. 其他

（1）隧道石方开挖按隧道工程中相关项目编码列项，不计入土石方工程。

（2）回填方总工程量中若包括场内平衡和缺方内运两部分时，应分别编码列项。

6.1.2 土石方工程计算实例

1. 土（石）方工程

市政工程中，沟槽、基坑、一般土（石）方的划分同房屋建筑与装饰工程，如需土（石）方外运，按“余方弃置”项目列项。土（石）方工程各项目的工作内容、项目特征以及计算规则和房屋建筑与装饰工程相似，本节不再具体介绍，详见《市政工程工程量计算规范》GB 50857-2013（以下简称“计量规范”）。

（1）挖一般土方

常见的市政道路工程、大面积场地的挖方通常属于挖一般土（石）方，地形起伏变化较大或狭长、挖填深度较大又不规则时，可采用横截面法计算工程量；开挖线起伏变化不大、大面积场地挖方时，可采用方格网法计算工程量。

1）横截面法

根据地形图、竖向布置或现场测绘，将要计算的场地划分若干截面，计算每个截面处的挖（填）方面积，取两相邻截面挖（填）方面积的平均值乘以相邻截面之间的中心线长度，计算相邻两截面间的挖（填）方工程量，计算公式为：

$$V=\frac{A_1+A_2}{2}\times s \tag{6-1}$$

式中 V——相邻两横截面间的土方量（m^3）；

A_1、A_2——相邻两横截面挖（填）方截面积（m^2）；

s——相邻两横截面的间距（m）。

横截面法又称为积距法，在计算道路工程土方量时，通常可利用逐桩横断面图进行土（石）方工程量的计算。

【例 6-1】某道路工程场地平整如图 6-1 所示，AA'、BB'、CC'、DD' 截面的挖方面积分别为 $42m^2$、$35m^2$、$20m^2$、$8m^2$；填方面积分别为 $0m^2$、$25m^2$、$40m^2$、$16m^2$，求该地段挖方和填方的工程量。

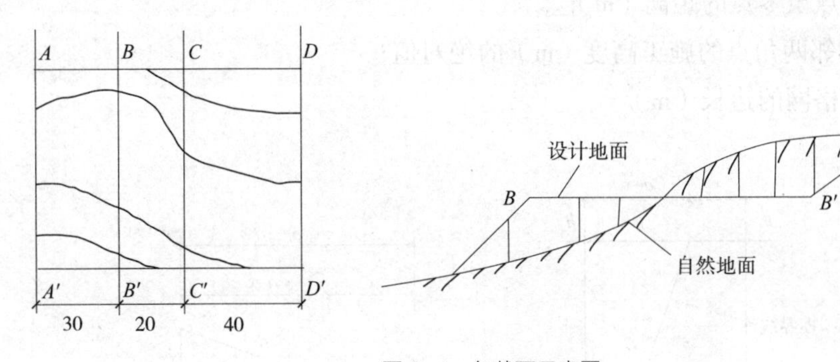

图 6-1 各截面示意图

【解】运用横截面法计算各截面间土方工程量，计算结果见表 6-2。

土方工程量计算汇总表 表 6-2

截面	挖方面积（m^2）	填方面积（m^2）	截面间距（m）	挖方体积（m^3）	填方体积（m^3）
A–A′	42	0			
			30	1155	375
B–B′	35	25			
			20	550	650
C–C′	20	40			
			40	560	1120
D–D′	8	16			
合计			90	2265	2145

2）方格网法

方格网法计算挖（填）方量的步骤如下：

①根据场地大小，将场地划分为 10m × 10m 或 20m × 20m 的方格网。将各方格网及方格网各角点分别加以编号。通常可将方格网编号标注在中间，角点编号标注在角点左上方。

②在方格网各角点右上方标注设计路基标高、在方格网各角点右下方标注原地面标高，并计算方格网各角点的施工高度。

施工高度 = 原地面标高 – 设计路基（开挖线）标高

计算结果为“+”需挖方；计算结果为“–”需填方。

③计算确定每个方格网各条边“零点”的位置，并将相邻两边的“零点”连接得到零界线，将各方格网挖方、填方区域进行划分。

零点：施工高度为 0 的点，即方格网边上不填不挖的点。零点位置计算示意图如图 6–2 所示，零点位置计算式为：

$$x=\frac{h_1}{h_1+h_2}\times a \tag{6-2}$$

式中 x——角点至零点的距离（m）；

h_1、h_2——相邻两角点的施工高度（m）的绝对值；

a——方格网的边长（m）。

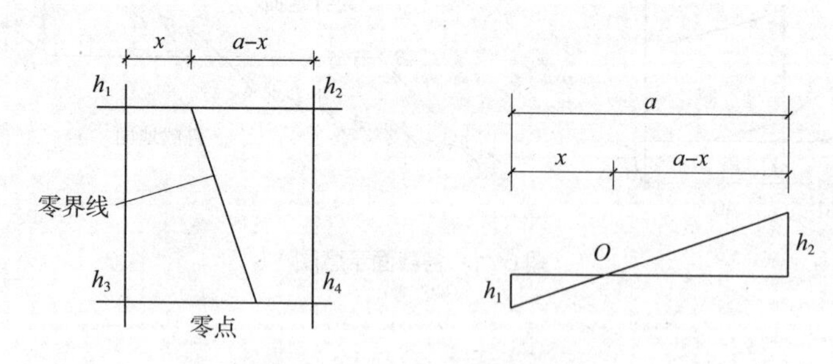

图 6–2 零点位置计算示意图

④计算各方格网挖方或填方的体积，计算公式如下：

$$V=F\times H \tag{6-3}$$

式中 F——各方格网挖方或填方部分的底面积（m^2）；

H——各方格网挖方或填方部分的平均挖深或填高（m）。

⑤合计各方格网挖方或填方的体积，可得到整个场地的挖方或填方工程量。

方格网的挖填土方计算公式见表 6–3，土方量按各计算图形底面积乘以平均施工高程得出。

常用方格网点计算公式 表 6-3

项目	图式	计算公式
一点填方或挖方（三角形）	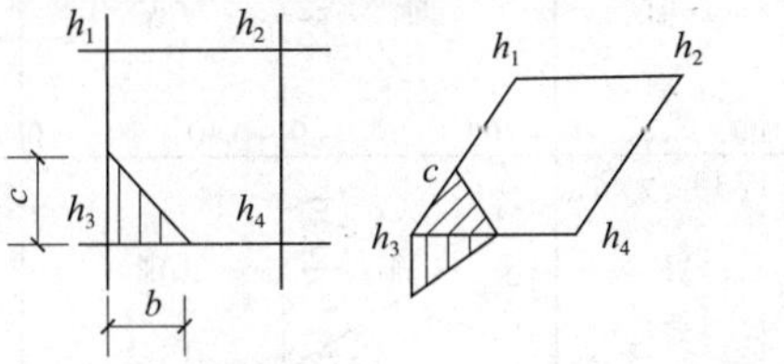	$V=\frac{1}{2}b\cdot c\cdot\frac{\sum h}{3}=\frac{b\cdot c\cdot h_3}{6}$ 当 $b=c=a$ 时，$V=\frac{a^2\cdot h_3}{6}$
二点填方或挖方（梯形）	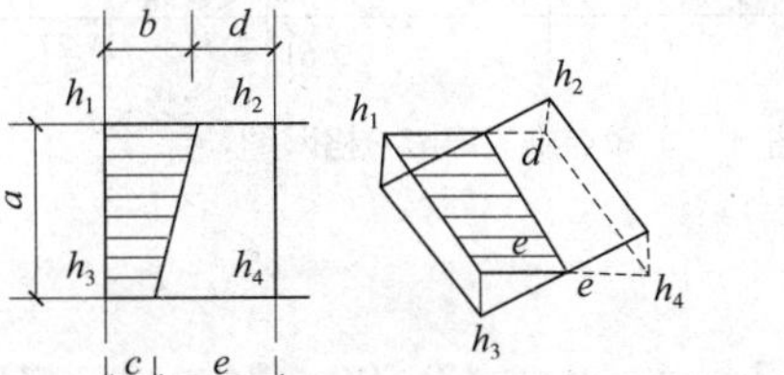	$V_-=\frac{b+c}{2}\cdot a\cdot\frac{\sum h}{4}=\frac{a}{8}(b+c)(h_1+h_3)$ $V_+=\frac{d+e}{2}\cdot a\cdot\frac{\sum h}{4}=\frac{a}{8}(d+e)(h_2+h_4)$
三点填方或挖方（五角形）	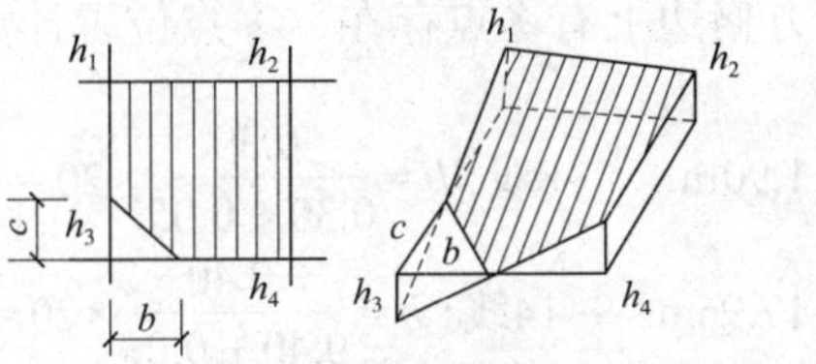	$V=\left(a^2-\frac{b\cdot c}{2}\right)\frac{\sum h}{5}$ $=\left(a^2-\frac{b\cdot c}{2}\right)\frac{h_1+h_2+h_4}{5}$
四点填方或挖方（正方形）	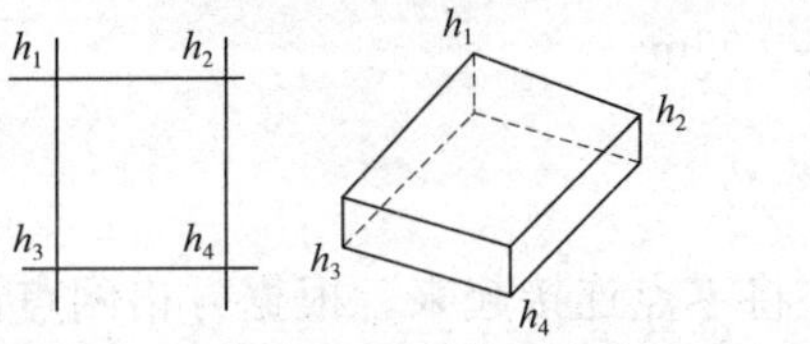	$V=\frac{a^2}{4}\sum h=\frac{a^2}{4}(h_1+h_2+h_3+h_4)$

注：a——方格网的边长（m）；b、c——零点到一角的边长（m）；h_1、h_2、h_3、h_4——方格网四角点的施工高程（m），用绝对值带入；$\sum h$——填方或挖方施工高程的总和（m），用绝对值带入；V——挖方或填方体积（m^3）。

【例 6-2】某工程场地方格网的一部分如图 6-3 所示，方格边长为 20m × 20m，试计算挖填土方工程量。

角点	设计标高	地面标高
1	53.63	53.24
2	53.69	53.67
3	53.75	53.94
4	53.81	54.34
5	53.87	54.80
6	53.59	52.94
7	53.65	53.35
8	53.71	53.76
9	53.77	54.17
10	53.83	54.67
11	53.55	52.58
12	53.61	52.90
13	53.67	53.23
14	53.73	53.67
15	53.79	54.17

图 6-3 场地方格网布置图

【解】(1) 计算各角点的施工高度 = 地面标高 - 设计标高，并标注在图 6-4 上。

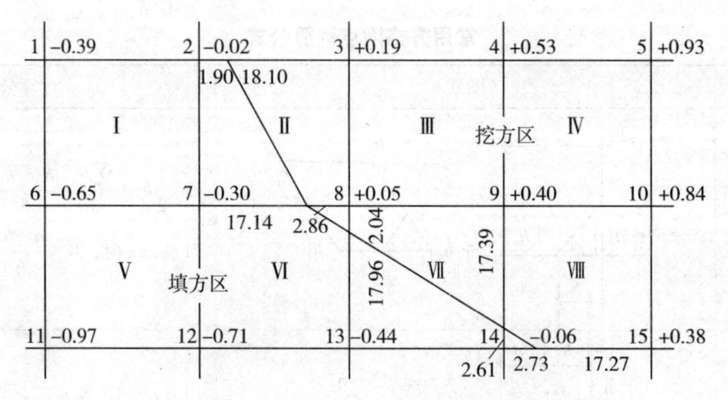

图 6-4 角点施工高度方格网图

（2）计算零点位置

从图 6-4 可以看出 2 ~ 3、7 ~ 8、8 ~ 13、9 ~ 14、14 ~ 15 五条方格边两端的施工高度符号不同，表明在这些方格边上有零点存在，零点位置计算如下：

2~3线：$b=\dfrac{0.02}{0.02+0.19}\times 20=1.90\text{m}$　7~8线：$b=\dfrac{0.30}{0.30+0.05}\times 20=17.14\text{m}$

8~13线：$b=\dfrac{0.44}{0.44+0.05}\times 20=17.96\text{m}$　9~14线：$b=\dfrac{0.40}{0.40+0.06}\times 20=17.39\text{m}$

14~15线：$b=\dfrac{0.06}{0.06+0.38}\times 20=2.73\text{m}$

（3）计算土方工程量

将各零点标于图 6-4 上，并将零点连接起来。根据方格网点计算公式计算土方工程量，见表 6-4。

方格网土方量计算表　　**表 6-4**

方格编号	底面图形及编号	挖方 m³（+）	填方 m³（-）
Ⅰ	正方形 1、2、6、7		$\frac{20\times 20}{4}\times(0.39+0.02+0.30+0.65)=136.00$
Ⅱ	梯形 2、0、7、0 梯形 0、3、0、8	$\frac{20}{8}\times(18.10+2.86)\times(0.19+0.05)=12.58$	$\frac{20}{8}\times(1.90+17.14)\times(0.02+0.30)=15.23$
Ⅲ	正方形 3、4、8、9	$\frac{20\times 20}{4}\times(0.19+0.53+0.40+0.05)=117.00$	
Ⅳ	正方形 4、5、9、10	$\frac{20\times 20}{4}\times(0.53+0.93+0.84+0.40)=270.00$	
Ⅴ	正方形 6、7、11、12		$\frac{20\times 20}{4}\times(0.65+0.30+0.71+0.97)=263.00$
Ⅵ	五角形 7、0、12、13、0 三角形 0、8、0	$\frac{0.05}{6}\times 2.86\times 2.04=0.05$	$\left(20^2-\frac{2.86\times 2.04}{2}\right)\times\frac{0.30+0.71+0.44}{5}=115.15$
Ⅶ	梯形 8、9、0、0 梯形 0、0、13、14	$\frac{20}{8}\times(2.04+17.39)\times(0.05+0.40)=21.86$	$\frac{20}{8}\times(17.96+2.61)\times(0.44+0.06)=25.71$
Ⅷ	五角形 9、10、0、0、15 三角形 0、14、0	$\left(20^2-\frac{2.73\times 2.61}{2}\right)\times\frac{0.40+0.84+0.38}{5}=128.45$	$\frac{0.06}{6}\times 2.73\times 2.61=0.07$
	小计	549.94	555.16

（2）暗挖土方

暗挖土方清单项目适用于在土质隧道、地铁中用除盾构掘进和竖井挖土方外的其他方法挖洞内土方。

1）工作内容：排地表水、土方开挖和场内运输。

2）项目特征：土壤类别，平洞、斜洞（坡度），运距。

3）计算规则：按设计图示断面乘以长度以体积（m^3）计算。

2. 回填方及土石方运输

市政工程中余方弃置的计算规则同房屋建筑与装饰工程，回填方工程量计算规则如下：

（1）对于沟、槽坑等开挖后再进行回填方的清单项目，其工程量按挖方清单项目工程量加原地面线至设计要求标高间的体积，减基础、构筑物等埋入体积计算。当原地面线高于设计要求标高时，则其体积为负值。

（2）场地填方等按设计图示尺寸以体积（m^3）计算。

6.2 道路工程

6.2.1 道路工程概述

1. 道路的概念与结构

道路是指供各种无轨车辆和行人通行的一种基础设施，其分类分级的方法有多种形式：根据道路在规划道路系统中所处的地位可划分为快速路、主干路、次干路与支路；按其使用特点可分为城市道路、公路、厂矿道路、林区道路及乡村道路等。道路路面按力学性质又分为柔性路面、刚性路面和半刚性路面，柔性路面的主要代表是各种沥青类路面，刚性路面的主要代表是水泥混凝土路面。

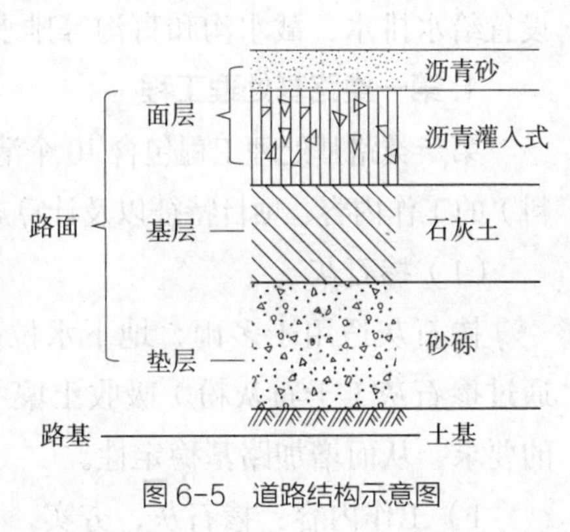

图 6-5 道路结构示意图

路基、路面是道路工程的主要组成部分，路面按其组成的结构层次从上至下可分为垫层、基层和面层，如图 6-5 所示。

2. 相关规定

（1）填方。如采用碎石、粉煤灰、砂等作为路基处理的填方材料，应按土石方工程中的“回填方”列项。

（2）厚度。道路工程厚度应以压实后为准。

（3）基层宽度。道路基层设计截面如为梯形，应按其截面平均宽度计算面积，并在项目特征中对截面参数加以描述。

（4）其他。地层情况与桩长的规定同房屋建筑与装饰工程。

6.2.2 路基处理

路基又称土基，是路面的基础，与路面共同承担行车荷载的作用，要求具有足够的整体稳定性、强度和水稳定性。根据原地面起伏情况和不同的设计要求，路基横断面设计有 4 种基本形式，即路堤、路堑、半挖半填和不挖不填。高于原天然地面的填方路基称为路堤，低于原天然地面的挖方路基称为路堑，同一断面上既有挖方又有填方的称为半挖半填，如图 6-6 所示。

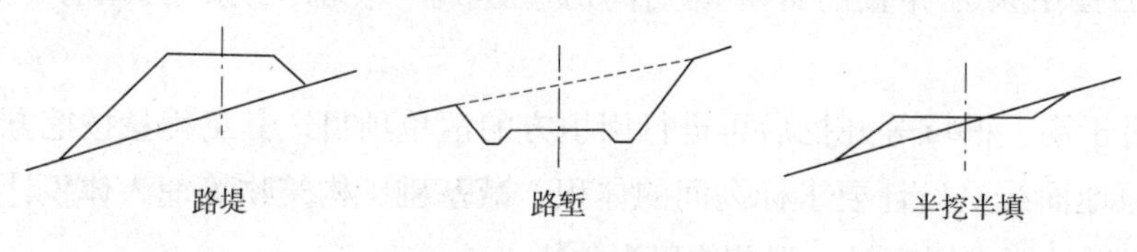

图 6-6 路基的形式

市政工程中的路基处理类似于房屋建筑与装饰工程中的地基处理，根据路基处理时采取方法的不同可将其分为三大类。第一类主要通过大面积铺、填、掺、堆及夯实等措施减少土中孔隙、加大密度，从而提高地基承载力，包括强夯地基、掺石灰、袋装砂井、土工合成材料等；第二类主要指桩地基，包括水泥粉煤灰碎石桩、高压水泥旋喷桩、灰土（土）挤密桩等；第三类特指褥垫层，此外，在地基处理中往往还需要设置给水排水、截水沟和盲沟等排水设施。

1. 第一类路基处理工程

第一类路基处理工程包含 10 个清单项目，其中预压地基、强夯地基和振冲密实（不填料）的工作内容、项目特征以及计算规则和房屋建筑和装饰工程基本一致，详见计量规范。

（1）掺石灰

掺石灰适用于多雨、地下水位高、蒸发量小、工期要求紧以及无干土改换地段。通过掺石灰（干石灰粉）吸收土壤中多余的水分，使土壤达到最佳含水量，满足压实的要求，从而增加路基稳定性。

1）工作内容：掺石灰，夯实。

2）项目特征：含灰量。

3）计算规则：按设计图示尺寸以体积（m^3）计算。

【例 6-3】某道路路长 600 米，道路所在地湿润多雨，通过掺入石灰以增加路基的稳定性。路面宽 10m，两侧路肩各宽 1m，路堤断面示意图如图 6-7 所示，试计算掺石灰工程量。

【解】掺石灰：$V=600\times(10+1\times2+1.8\times1.5\times2+0.5\times1.5)\times0.5=5445.00m^3$

（2）掺干土、掺石

掺干土是指采用就地挖出的黏性土及塑性指数大于 4 的粉土进行路基处理，土内不得含有松软杂质或使用耕植土，土料应过筛，颗粒粒径不超过 15mm；对水塘、洼地、

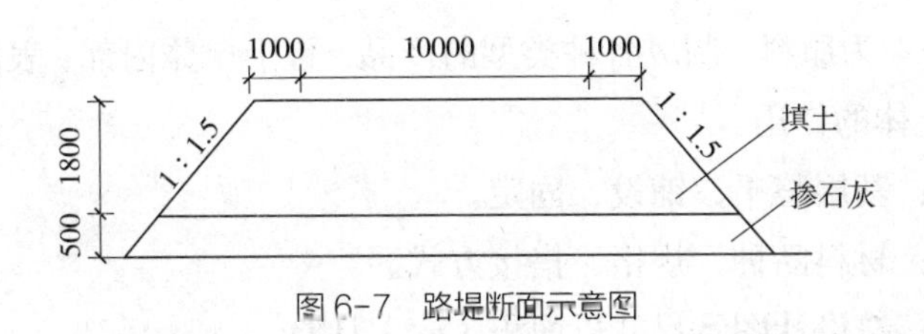

图 6-7 路堤断面示意图

沟渠排水清淤等下层含水量大、不能进行填土碾压的情况，则可采用掺石法进行加固。掺干土、掺石的计算规则同掺石灰，工程内容、项目特征详见计量规范。

（3）抛石挤淤

在湖塘、河流或积水洼地等常年积水且不易抽干、软土厚度薄等地段，通过抛填片石进行路基加固，片石不宜小于 30cm。

1）工作内容：抛石挤淤，填塞垫平、压实。

2）项目特征：材料品种、规格。

3）计算规则：同掺石灰。

（4）袋装砂井

袋装砂井是用于软土路基处理的一种竖向排水体。把砂装入长条形透水性好的编织袋内，用导管式振动打桩机打孔，再把砂袋置于井孔中，从而促使软基土壤排水固结。

1）工作内容：制作砂袋，定位沉管，下砂袋，拔管。

2）项目特征：直径，填充料品种，深度。

3）计算规则：按图示设计尺寸以长度（m）计算。

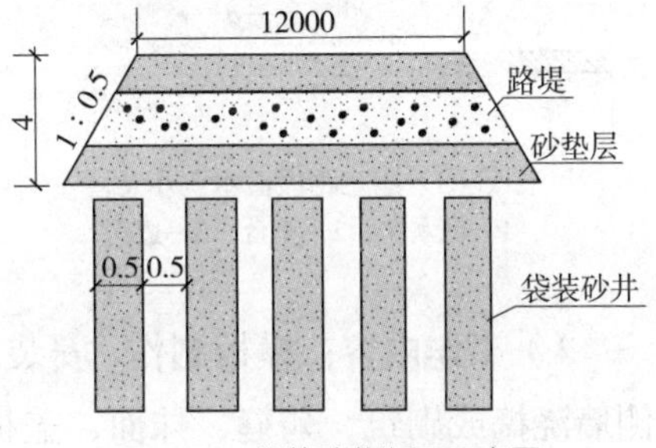

图 6-8 袋装砂浆断面示意图

【例 6-4】某道路长 600m，由于土质较软故采用袋装砂井进行加固处理。图 6-8 为断面示意图，路面宽度为 12m，砂井深 1.5m，直径 0.5m，砂井之间间隔 0.5m，试计算袋装砂井的工程量。

【解】袋装砂井：$L=\left(\dfrac{600}{0.5+0.5}+1\right)\times\left(\dfrac{12+4\times0.5\times2}{0.5+0.5}+1\right)\times1.5=15325.50\text{m}$

（5）塑料排水板

塑料排水板是带有孔道的板状物体，结构形式可分为由单一材料制成的多孔单一结构和由芯体、滤套组成的复合型结构，插入土中形成竖向排水通道。

1）工作内容：安装排水板、沉管插板、拔管。

2）项目特征：材料品种、规格。

3）计算规则：同袋装砂井。

（6）土工合成材料

土工合成材料是土木工程应用的合成材料的总称。是以人工合成的聚合物(如塑料、化纤、合成橡胶等）为原料，制成各种类型的产品，置于土体内部、表面各种土体之间，发挥加强或保护土体的作用。

1）工作内容：基层整平、铺设、固定。

2）项目特征：材料品种、规格，搭接方式。

3）计算规则：按设计图示尺寸以面积（m^2）计算。

2. 第二、三类路基处理工程

第二、三类路基处理工程共包含 11 个清单项目，其工作内容、项目特征以及计算规则均与房屋建筑与装饰工程相似，详见计量规范。

3. 排水设施

（1）排水沟、截水沟

排水沟的作用是将边沟、截水沟、取土坑或路基附近的积水排至就近桥涵或河谷中。排水沟与截水沟的断面和纵坡要求基本相同。

截水沟（又称为天沟）一般设置在挖方路基边坡坡顶以外或山坡路堤上方的适当地点，用以拦截并排除路基上方流向路基的地面径流，减轻边沟的水流负担，保证挖方边坡和填方坡脚不受流水冲刷，如图 6-9、图 6-10 所示。

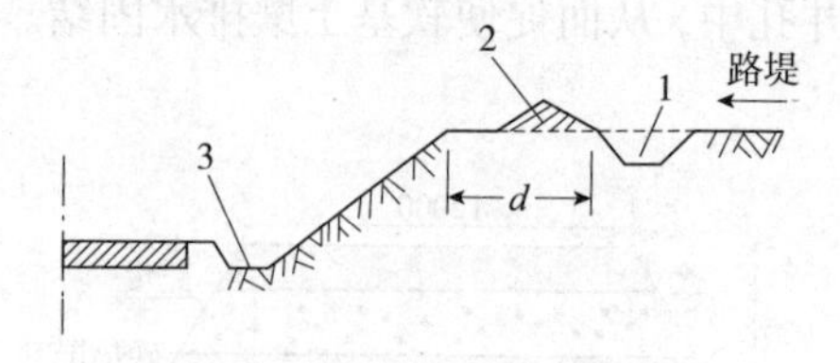

图 6-9 挖方路段截水沟示意图

1—截水沟；2—土台；3—边沟

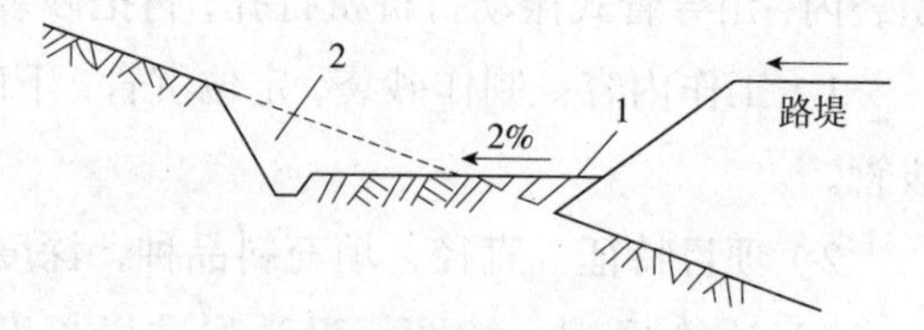

图 6-10 填方路段截水沟示意图

1—土台；2—截水沟

1）工作内容：模板制作、安装、拆除，基础、垫层铺筑，混凝土拌合、运输、浇筑，侧墙浇捣或砌筑，勾缝、抹面，盖板安装。

2）项目特征：断面尺寸，基础、垫层，材料品种、厚度，砌体材料，砂浆强度等级，伸缩缝填塞，盖板材质、规格。

3）计算规则：按设计图示尺寸以长度（m）计算。

（2）盲沟

盲沟为路基中设置的充填碎石、砾石等颗粒材料并铺以过滤层（有的其中埋设透水管）的排水、截水暗沟，如图 6-11 所示。

1）工作内容：铺筑。

2）项目特征：材料品种、规格，断面尺寸。

3）计算规则：同排水沟、截水沟。

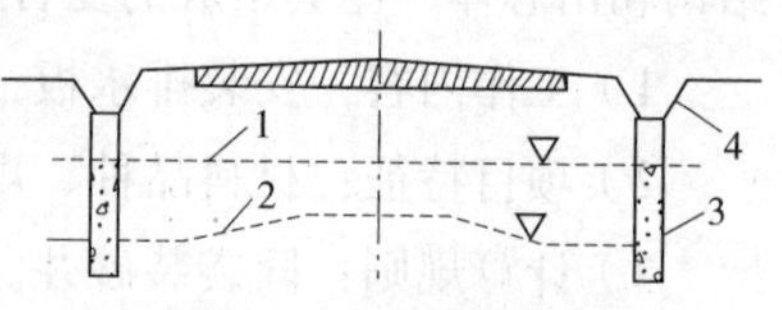

图 6-11 盲沟布置图

1—原地下水位；2—降低后地下水位；3—盲沟；4—边沟

【例 6-5】某道路全长 1800m，路面宽 12m，由于降雨量较大，在道路中央分隔带下设置盲沟排水。

道路在 K0+50 ~ K0+650 之间为挖方路段，需在该段道路两侧设置截水沟，试计算截水沟和盲沟的工程量。

【解】（1）截水沟：L=（650−50）×2=1200m

（2）盲沟：L=1800m

6.2.3 道路基层

道路基层是面层以下的结构，主要承受由面层传来的车辆荷载竖向力，并把它扩散到垫层和路基中。基层可分两层铺筑，其上层仍称为基层，下层则称为底基层。基层应有足够的强度、刚度和水稳定性，并保证表面平整。

1. 路床（槽）整形

路床整形包括平均厚度 10cm 以内的人工挖高填低、整平路床，使之形成设计要求的纵横坡度，并应经压路机碾压密实。

（1）工作内容：放样，整修路拱，碾压成型。

（2）项目特征：部位，范围。

（3）计算规则：按设计道路底基层图示尺寸以面积（m^2）计算，不扣除各类井所占面积。

2. 石灰稳定土

石灰稳定土基层是按设计厚度要求，将石灰用机械或人工摊铺到路基上，经碾压、养护后形成的基层。

（1）工作内容：拌合，运输，铺筑，找平，碾压，养护。

（2）项目特征：含灰量，厚度。

（3）计算规则：按设计图示尺寸以面积（m^2）计算，不扣除各类井所占面积。

道路基层工程包含 16 个清单项目，除路床（槽）整形外，其余项目的工作内容、计算规则均与石灰稳定土完全一致，相应的项目特征详见计量规范。

【例 6-6】某道路在 K0+50 ~ K0+1250 路段为沥青混凝土结构，横断面如图 6-12 所示，两侧人行道宽均为 3m，试计算车行道基层的相关工程量。

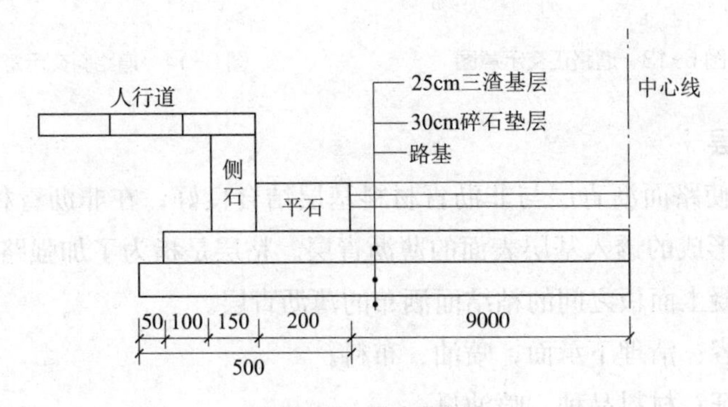

图 6-12 道路横断面

【解】(1)车行道路床整形：S_1=(1250−50)×(9+0.5)×2=22800.00m²

(2)碎石垫层：S_2=(1250−50)×(9+0.5)×2=22800.00m²

(3)三渣基层：S_3=(1250−50)×(9+0.2+0.15+0.1)×2=22680.00m²

6.2.4 道路面层

面层是路面结构最上一层，要求其具有较高的强度、刚度、稳定性、耐久耐磨性，且表层不透水。面层可由一层或数层组成，水泥混凝土面层通常由一层或两层组成，沥青混凝土面层通常由数层组成。

1. 沥青表面处置

沥青表面处置是用沥青和集料按层铺法或拌合法铺筑而成的厚度不超过 3cm 的沥青面层，主要用于改善行车条件，也可作为旧沥青路面的罩面和防滑磨耗层。

(1)工作内容：喷油、布料，碾压。

(2)项目特征：沥青品种、层数。

(3)计算规则：按设计图示尺寸以面积（m²）计算，不扣除各类井所占面积，带平石的面层应扣除平石所占面积。

道路交叉口转角面积计算公式（指单个扇区）：

道路正交时路口转角面积 $F=0.2146R^2$，如图 6-13 所示。

道路斜交时路口转角面积 $F=R^2\left(\tan\frac{\alpha}{2}-0.00873\alpha\right)$，如图 6-14 所示。

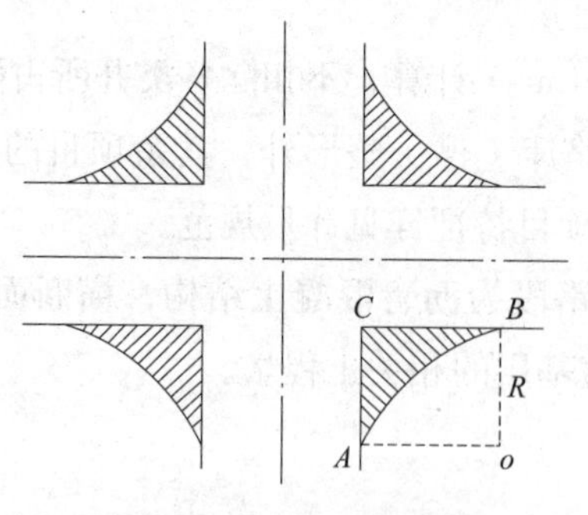

图 6-13 道路正交示意图

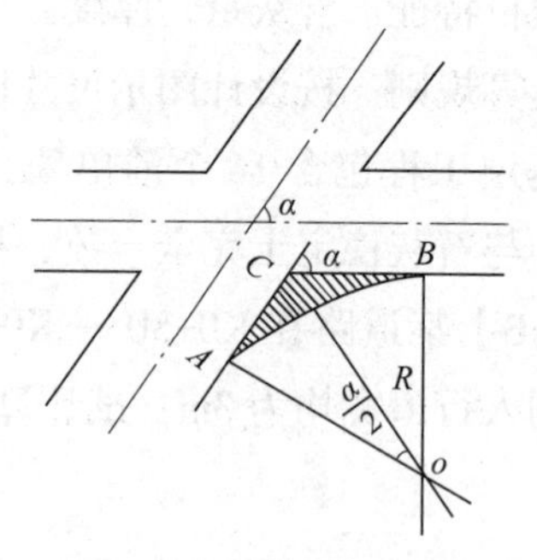

图 6-14 道路斜交示意图

2. 透层、粘层

透层是指为使路面沥青层与非沥青材料基层结合良好，在非沥青材料层上浇洒的液化石油沥青等形成的透入基层表面的薄沥青层。粘层是指为了加强路面沥青层之间、沥青层与水泥混凝土面板之间的粘结而洒布的薄沥青层。

(1)工作内容：清理下承面，喷油、布料。

(2)项目特征：材料品种，喷油量。

（3）计算规则：同沥青表面处置。

3. 封层

为封闭表面空隙、防止水分侵入面层或基层而铺筑的沥青混合料薄层。铺筑在面层表面的称为上封层，铺筑在面层之下的称为下封层。

（1）工作内容：清理下承面，喷油、布料，压实。

（2）项目特征：材料品种，喷油量，厚度。

（3）计算规则：同沥青表面处置。

4. 沥青混凝土

沥青面层混合料按其集料最大粒径可分为粗粒式、中粒式、细粒式、砂粒式等类型。

（1）工作内容：清理下承面，拌合、运输，摊铺、整型，压实。

（2）项目特征：沥青品种、沥青混凝土种类、石料粒径、掺合料、厚度。

（3）计算规则：同沥青表面处置。

【例 6–7】某道路工程为丁字交叉型，交叉口转角半径为 3m，路面结构为二层式沥青混凝土路面，道路平面、横断面分别如图 6–15、图 6–16 所示，试计算沥青面层工程量。

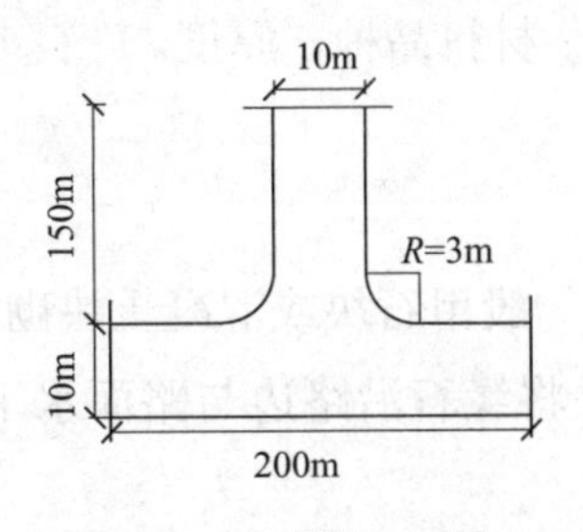

图 6–15　道路平面图

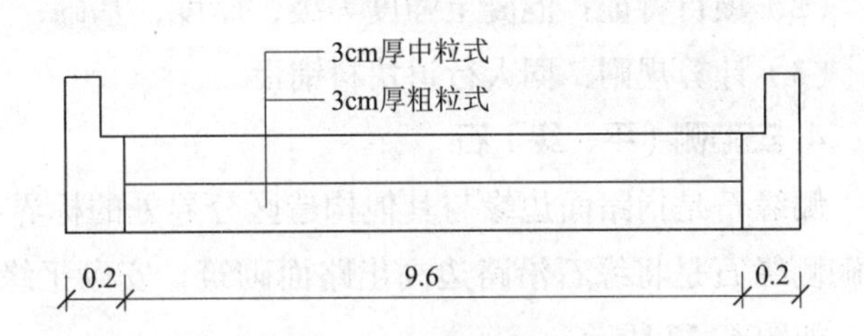

图 6–16　道路横断面图（m）

【解】（1）中粒式沥青混凝土面层：S_1=200×9.6+150×（9.6+0.2）+0.2146×（3+0.2）^{2}×2=3394.40m^2

（2）粗粒式沥青混凝土面层：S_2=200×9.6+150×（9.6+0.2）+0.2146×（3+0.2）^{2}×2=3394.40m^2

5. 水泥混凝土

以水泥混凝土面板和基（垫）层所组成的路面称为水泥混凝土路面。

（1）工作内容：模板制作、安装、拆除，混凝土拌合、运输、浇筑，拉毛，压痕或刻防滑槽，伸缝，缩缝，锯缝、嵌缝，路面养护。

（2）项目特征：混凝土强度等级，掺合料，厚度，嵌缝材料。

（3）计算规则：同沥青表面处置。

黑色碎石、块料面层、弹性面层的计算规则均与沥青表面处置完全一致，相应的工作内容、项目特征详见计量规范。

6.2.5 人行道及其他

1. 人行道整形碾压

（1）工作内容：放样，碾压。

（2）项目特征：部位，范围。

（3）计算规则：按设计人行道图示尺寸以面积（m^2）计算，不扣除侧石、树池和各类井所占面积。

2. 人行道块料铺设

人行道块料包括异型彩色花砖和普通型砖等。

（1）工作内容：基础、垫层铺筑，块料铺设。

（2）项目特征：块料品种、规格，基础、垫层：材料品种、厚度，图形。

（3）计算规则：按设计人行道图示尺寸以面积（m^2）计算，不扣除各类井所占面积，但应扣除侧石、树池所占面积。

3. 现浇混凝土人行道及进口坡

（1）工作内容：模板制作、安装、拆除，基础、垫层铺筑，混凝土拌合、运输、浇筑。

（2）项目特征：混凝土强度等级，厚度，基础、垫层：材料品种、厚度。

（3）计算规则：同人行道块料铺设。

4. 安砌侧（平、缘）石

侧缘石是指路面边缘与其他构造区分界处的标界石，一般用石块或混凝土块砌筑。安砌侧缘石是将缘石沿路边高出路面砌筑，安砌平缘石是将缘石沿路边与路面水平砌筑，如图6-17所示。

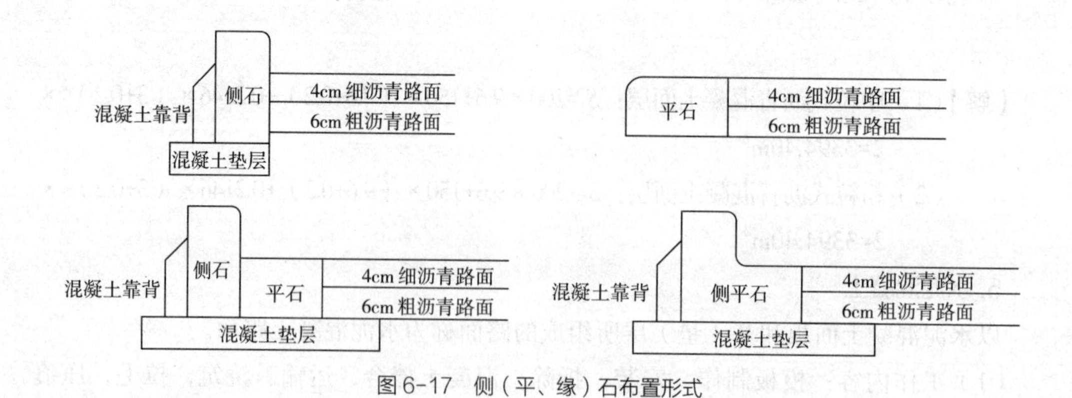

图6-17 侧（平、缘）石布置形式

（1）工作内容：开槽，基础、垫层铺筑，侧（平、缘）石安砌。

（2）项目特征：材料品种、规格，基础、垫层：材料品种、厚度。

（3）计算规则：按设计图示中心线长度（m）计算。

5. 现浇侧（平、缘）石

（1）工作内容：模板制作、安装、拆除，开槽，基础、垫层铺筑，混凝土拌合、运输、浇筑。

（2）项目特征：材料品种，尺寸，形状，混凝土强度等级，基础、垫层：材料品种、厚度。

（3）计算规则：同安砌侧（平、缘）石。

6. 树池砌筑

（1）工作内容：基础、垫层铺筑，树池砌筑，盖面材料运输、安装。

（2）项目特征：材料品种、规格，树池尺寸，树池盖面材料品种。

（3）计算规则：按设计图示数量（个）计算。

7. 预制电缆沟铺设

（1）工作内容：基础、垫层铺筑，预制电缆沟安装，盖板安装。

（2）项目特征：材料品种，规格尺寸，基础、垫层：材料品种、厚度，盖板品种、规格。

（3）计算规则：按设计图示中心线长度（m）计算。

【例6-8】某道路长1200m，路幅宽24m，车行道宽12m。道路结构示意图如图6-18所示，人行道断面图如图6-19所示。车行道两侧安装预制侧石，侧石断面图如图6-20所示。人行道中间种植树木，树池间距6m，树池规格为1m×1m。试计算人行道工程的相关工程量。

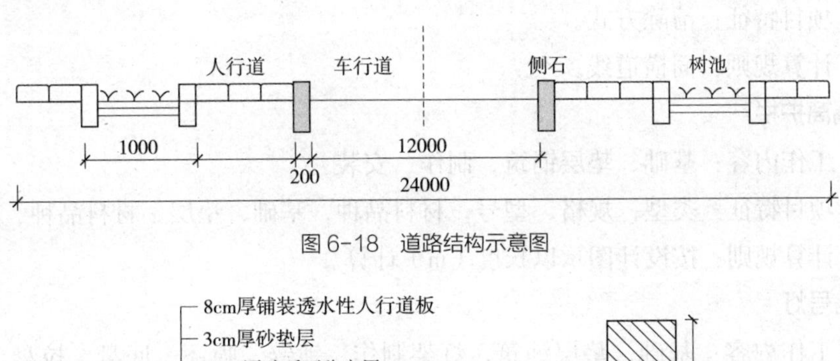

图6-18　道路结构示意图

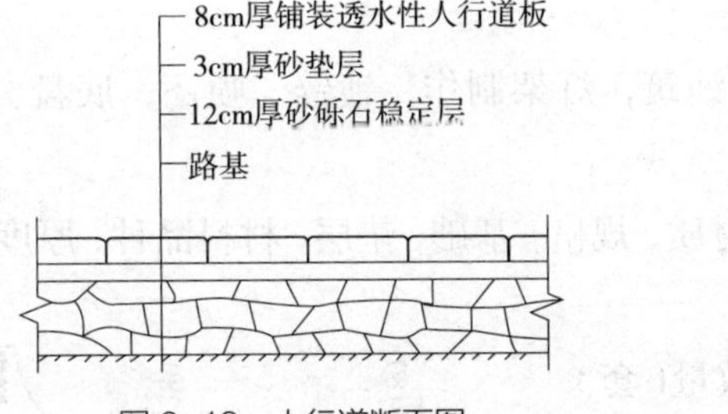

图6-19　人行道断面图

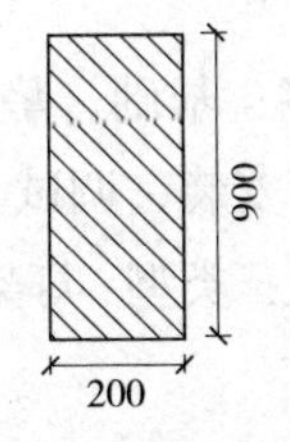

图6-20　侧石平面图

【解】（1）人行道整形碾压：S_1=1200×（24-12）=14400.00m^2

（2）人行道块料铺设：S_2=1200×（24-12-0.2×2）-1×1×（1200/6+1）×2 =13518.00m^2

（3）安砌侧石：L=1200×2=2400.00mm

（4）树池砌筑：N=（1200 ÷ 6+1）× 2=402 个

6.2.6 交通管理设施

1. 标杆

（1）工作内容：基础、垫层铺筑，制作，油漆或镶锌，底盘、拉盘、卡盘及杆件安装。

（2）项目特征：类型，材质，规格尺寸，基础、垫层:材料品种、厚度，油漆品种。

（3）计算规则：按设计图示数量（根）计算。

2. 标志板

（1）工作内容：制作，安装。

（2）项目特征：类型，材质，规格尺寸，板面反光膜等级。

（3）计算规则：按设计图示数量（块）计算。

3. 横道线

（1）工作内容：清扫，放样，画线，护线。

（2）项目特征：材料品种，形式。

（3）计算规则：按设计图示尺寸以面积（m^2）计算。

4. 清除标线

（1）工作内容：清除。

（2）项目特征：清除方式。

（3）计算规则：同横道线。

5. 隔离护栏

（1）工作内容：基础、垫层铺筑，制作、安装。

（2）项目特征：类型，规格、型号，材料品种，基础、垫层：材料品种、厚度。

（3）计算规则：按设计图示以长度（m）计算。

6. 信号灯

（1）工作内容：基础、垫层铺筑，灯架制作、镀锌、喷漆，底盘、拉盘、卡盘及杆件安装，信号灯安装、调试。

（2）项目特征：类型，灯架材质、规格，基础、垫层，材料品种、厚度，信号灯规格、型号、组数。

（3）计算规则：按设计图示数量（套）计算。

【例 6-9】如图 6-21 所示，某道路工程 K0+180 ~ K0+280 路段为混凝土结构路面，宽 20m，道路左侧每隔 50m 设置一根标杆。道路两侧设置 1.6m 高的防

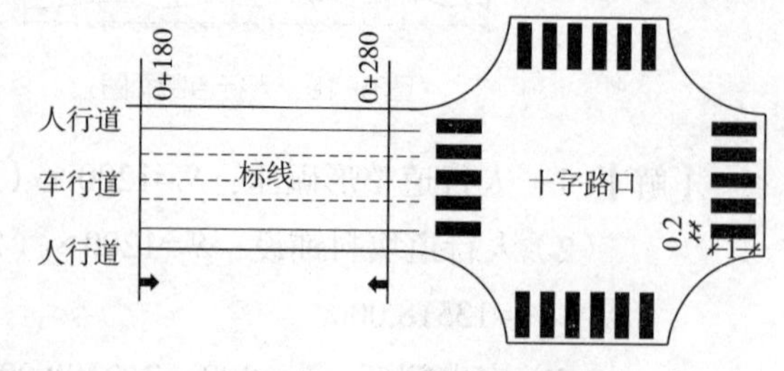

图 6-21 道路平面示意图

护栏。路面原有 3 条标志线，线宽 10cm，拟采用切削法进行清除。十字交叉路口处布设人行横道线，线宽 20cm，长度均为 1m，布设数量如图 6-21 所示。试计算该路段（含十字交叉路口）交通管理设施的工程量。

【解】（1）标杆：N=（280−180）÷50+1=3 根

（2）防护栏：L=（280−180）×2=200.00m

（3）清除标线：S_1=（280−180）×0.1×3=30.00m^2

（4）横道线：S_2=0.2×1×（5×2+6×2）=4.40m^2

6.2.7 道路工程计算实例

某市区新建道路工程，设计路段桩号为 K0+100 ~ K0+240，其横断面路幅宽度为 29m，其中行车道为 18m，两侧人行道宽度各为 5.5m，在人行道两侧共有 52 个 1m×1m 的石质块树池，如图 6-22 所示。道路路面结构层如图 6-23 所示，道路两侧每隔 70m 设置一条标杆，人行道采用 5cm 厚彩色异型人行道板，侧石为 12cm×35cm×100cm 花岗石铺砌。试计算该道路工程相关工程量。

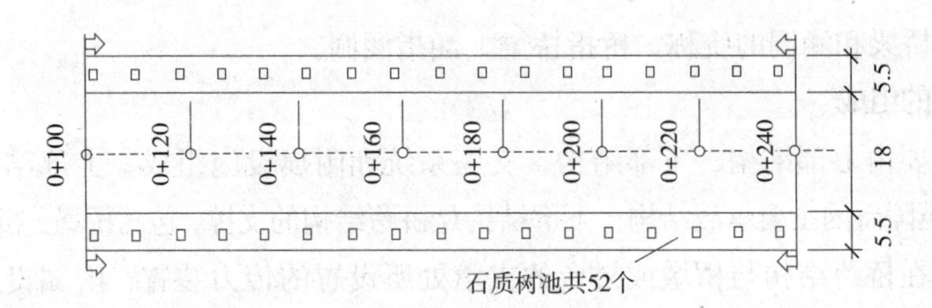

图 6-22 道路平面图

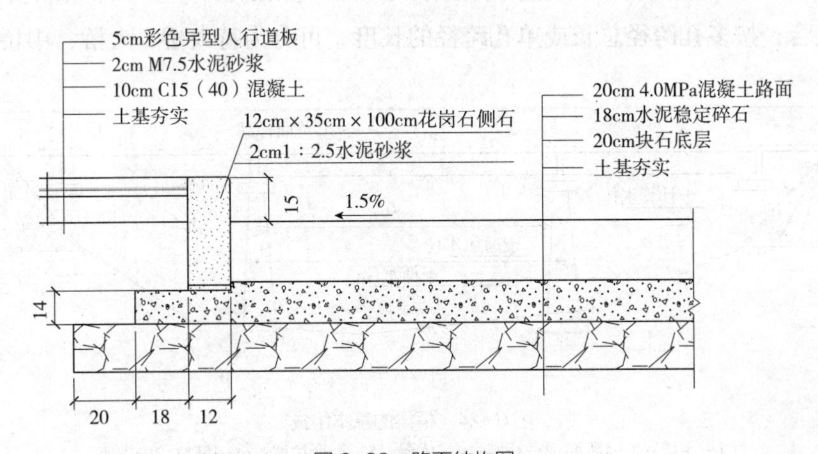

图 6-23 路面结构图

【解】（1）道路基层

1）路床（槽）整形：S_1=[18+（0.12+0.18+0.2）×2]×（240−100）=2660.00m^2

2）块石基层：S_2=[18+（0.12+0.18+0.2）×2]×（240−100）=2660.00m²

3）水泥稳定碎石基层：S_3=[18+（0.12+0.18）×2]×（240−100）=2604.00m²

（2）道路面层

混凝土面层：S_4=18×（240−100）=2520.00m²

（3）人行道及其他

1）人行道整形碾压：S_5=5.5×2×（240−100）=1540.00m²

2）人行道块料铺设：S_6=（5.5−0.12）×2×（240−100）−1×1×52=1454.40m²

3）安砌侧石：L=2×（240−100）=280.00m

4）树池砌筑：N_1=52 个

（4）交通管理设施

标杆：N_2=[（240−100）÷70+1]×2=6 根

6.3 桥涵工程

6.3.1 桥涵工程概述

桥涵是桥梁和涵洞的统称，桥指桥梁，涵指涵洞。

1. 桥梁的组成

桥梁主要由上部结构、下部结构、支座系统和附属设施组成。上部结构也称桥跨结构，是跨越障碍的主要承载结构；下部结构是桥跨结构的支撑，包括桥墩、桥台和基础；支座系统是在桥跨结构与桥墩或桥台的支承处所设置的传力装置；附属设施包括桥面系（桥面铺装、防水排水系统等）、伸缩缝、锥形护坡等，如图 6-24 所示。桥梁的分类方式很多，按照受力特点可归结为梁式、拱式、悬吊式三种基本体系以及它们之间的各种组合；按多孔跨径总长或单孔跨径的长度，可分为特大桥、大桥、中桥和小桥。

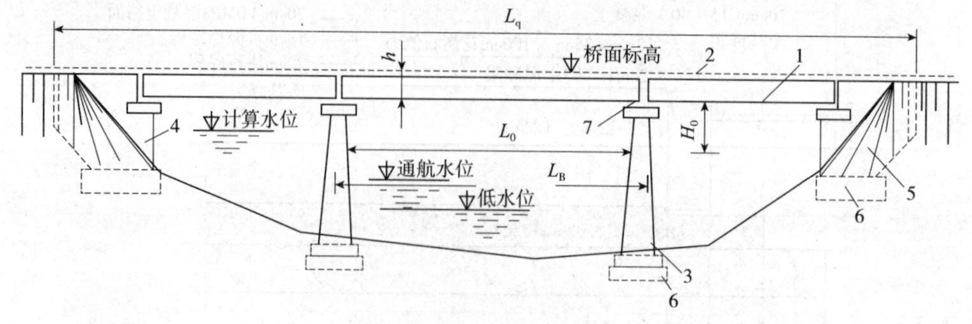

图 6-24 桥梁的基本组成

1—主梁；2—桥面；3—桥墩；4—桥台；5—锥形护坡；6—基础；7—支座

2. 涵洞的构造

涵洞是道路路基通过洼地或跨越水沟（渠）时设置的，或为把汇集在路基上方的水流宣泄到下方而设置的横穿路基的小型地面排水结构物。桥与涵洞是以跨径来划分的，多孔跨径全长不到8m和单孔跨径不到5m的池水结构物，均称为涵洞，但圆管涵和箱涵不论孔径、跨径多少都称涵洞。涵洞由洞身、洞口建筑、基础和附属工程组成，如图6-25所示。

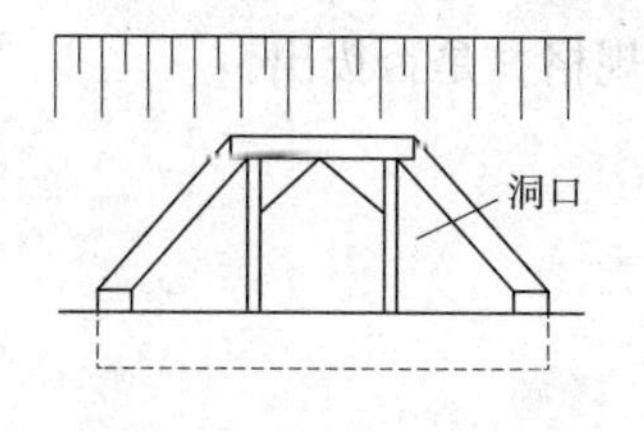

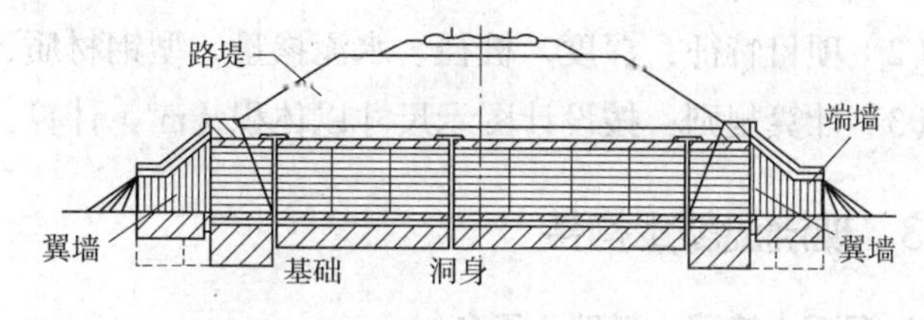

图6-25 涵洞的组成部分

3. 相关规定

（1）混凝土构件

当以体积为计量单位计算混凝土工程量时，不扣除构件内钢筋、螺栓、预埋铁件、张拉孔道和单个面积≤ $0.3m^2$ 的孔洞所占体积，但应扣除型钢混凝土构件中型钢所占体积。

现浇混凝土台帽、台盖梁均应包括耳墙、背墙。

（2）砌筑

砌筑清单项目中"垫层"指碎石、块石等非混凝土类垫层。

6.3.2 桥涵基础

桥涵工程中，桩基工程包含12个清单项目，基坑与边坡支护工程包含8个清单项目。除桩基工程中的声测管和基坑与边坡支护工程中的型钢水泥土搅拌墙两项外，其余项目的工作内容、项目特征以及计算规则均与房屋建筑与装饰工程相似，详见计量规范。

【例6-10】某桥梁两侧桥台采用C30预制钢筋混凝土方桩，截面尺寸为0.5m×0.5m，图6-26为一侧桥台的桩基示意图，试计算桩基工程量。

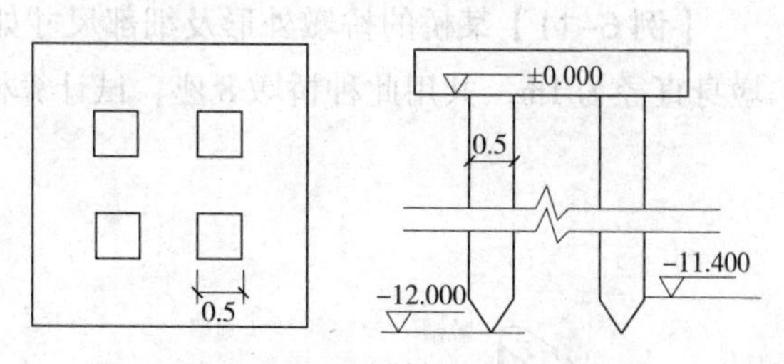

图6-26 桥梁桩基示意图（m）

【解】按桩长计算：L=12×4×2=96.00m

或：按桩长乘以断面积计算：V=12×0.5×0.5×4×2=24.00m^3

或：按数量计算：N=4×2=8根

1. 声测管

（1）工作内容：检测管截断、封头，套管制作、焊接，定位、固定。

（2）项目特征：材质，规格型号。

（3）计算规则：按设计图示尺寸以质量（t）计算或按设计图示尺寸以长度（m）计算。

2. 型钢水泥土搅拌墙

（1）工作内容：钻机移位，钻进，浆液制作、运输、压浆，搅拌、成桩，型钢插拔，土方、废浆外运。

（2）项目特征：深度，桩径，水泥掺量，型钢材质、规格，是否拔出。

（3）计算规则：按设计图示尺寸以体积（m^3）计算。

6.3.3 现浇混凝土构件

1. 混凝土垫层、基础、承台

（1）工作内容：模板制作、安装、拆除，混凝土拌合、运输、浇筑，养护。

（2）项目特征：混凝土垫层、承台应描述混凝土强度等级；基础还应描述嵌料（毛石）比例。

（3）计算规则：按设计图示尺寸以体积（m^3）计算。

2. 混凝土墩（台）帽、墩（台）身、支撑梁及横梁、盖梁

墩帽、台帽是桥墩顶端的传力部分，通过支座承托上部结构的荷载传递给墩身。墩身、台身位于桥梁两端并与路基相接，承受上部结构重力和外来力。支撑梁也称主梁，是防止两桥墩发生相对位移的大梁。横梁是在上部结构中，沿桥轴线横向设置并支承于主要承重构件上的梁。盖梁放在墩身顶部，台盖梁放在桥台上，如图 6-27 所示。

（1）工作内容：同混凝土垫层。

（2）项目特征：部位、混凝土强度等级。

（3）计算规则：同混凝土垫层。

【例 6-11】某桥的桥墩外形及细部尺寸如图 6-28 所示，该桥的设计跨度为 180m，墩身直径为 1m，共用此种桥墩 8 座，试计算桥墩的工程量。

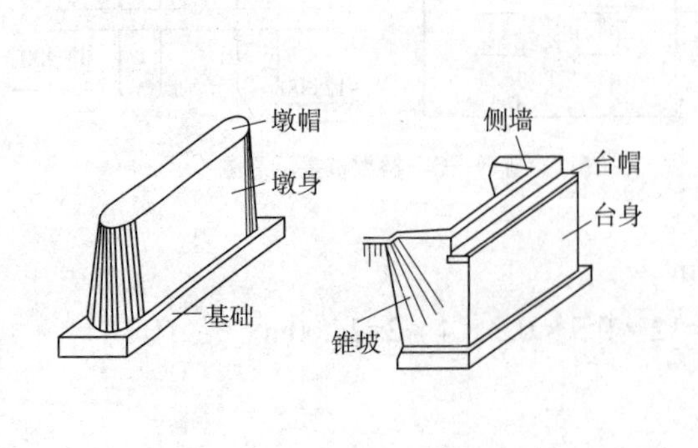

图 6-27 重力式桥墩（台）结构示意图

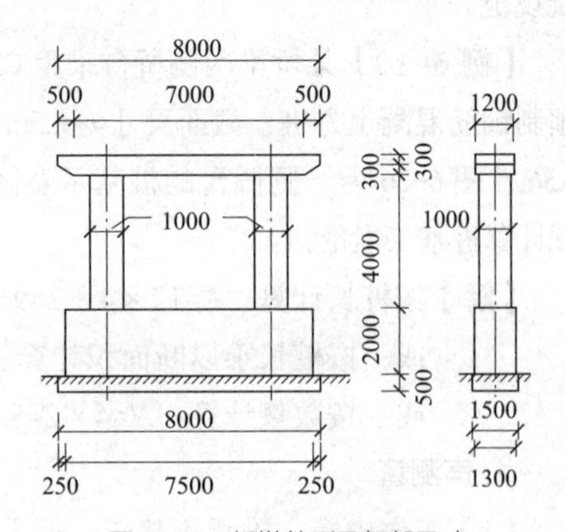

图 6-28 桥墩外形及细部尺寸

【解】（1）盖梁：V_1=[8 ×（0.3+0.3）−0.5 × 0.3] × 1.2 × 8=44.64m^3

（2）墩身：V_2= π × 0.5^2 × 4 × 2 × 8=50.27m^3

（3）承台：V_3=7.5 × 2 × 1.3 × 8=156.00m³

（4）基础：V_4=8 × 0.5 × 1.5 × 8=48.00m³

3. 混凝土拱桥拱座、拱肋、拱上构件、箱梁

拱座是位于拱桥端跨末端的拱脚支撑结构物，与拱肋相连，又称拱台。拱肋由钢筋混凝土预制而成，是拱桥中的主要受力构件，也是拱桥墩的重要组成部分。箱梁的横截面是一个封闭的箱形，由底板、腹板（梁肋）和顶板（桥面板）组成，如图 6-29 所示。

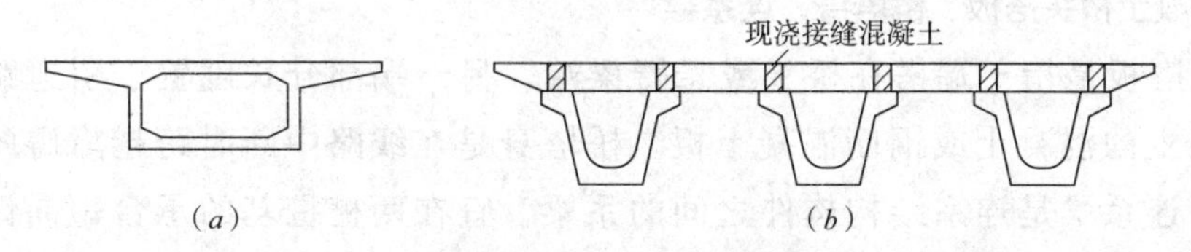

图 6-29 箱梁截面示意图
（a）单箱单室结构；（b）多箱室结构

（1）工作内容：同混凝土垫层。

（2）项目特征：混凝土拱桥拱座、拱肋应描述混凝土强度等级；混凝土拱上构件和箱梁还应描述部位。

（3）计算规则：同混凝土垫层。

4. 混凝土连续板、板梁、板拱

混凝土连续板的厚度较一般民用建筑中的板要厚，截面形状一般为矩形，在顺桥向为连续结构。混凝土板梁分为实心板梁和空心板梁，实心板梁由钢筋混凝土或预应力混凝土制成，常用于桥孔结构的顶底面平行、横截面为矩形的板状桥梁。混凝土板拱采用现浇混凝土将拱肋、拱波结合成整体，目前常采用波形或折线形板拱。

（1）工作内容：同混凝土垫层。

（2）项目特征：混凝土板拱应描述部位，混凝土强度等级；混凝土连续板、板梁还应描述结构形式。

（3）计算规则：同混凝土垫层。

5. 混凝土挡墙墙身、压顶

（1）工作内容：模板制作、安装、拆除，混凝土拌合、运输、浇筑，养护，抹灰，泄水孔制作、安装，滤水层铺筑，沉降缝。

（2）项目特征：混凝土挡土墙压顶应描述混凝土强度等级、沉降缝要求；墙身还应描述泄水孔材料品种、规格，滤水层要求。

（3）计算规则：按设计图示尺寸以体积（m³）计算。

6. 混凝土防撞护栏

混凝土防撞护栏是一种以一定截面形状的混凝土块相连接而成的墙式结构。

（1）工作内容：同混凝土垫层。

（2）项目特征：断面，混凝土强度等级。

（3）计算规则：按图示设计尺寸以长度（m）计算。

7. 桥面铺装

（1）工作内容：模板制作、安装、拆除，混凝土拌合、运输、浇筑，养护，沥青混凝土铺装，碾压。

（2）项目特征：混凝土强度等级，沥青品种，沥青混凝土种类，厚度，配合比。

（3）计算规则：按设计图示尺寸以面积（m^2）计算。

8. 混凝土桥头搭板、桥塔身、连系梁

桥头搭板是指一端搭在桥头或悬臂梁端，另一端部分长度置于引道路面底基层或垫层上的混凝土或钢筋混凝土板。桥塔身是在线路中断时跨越障碍的主要承载结构。连系梁是连系结构构件之间的系梁，宜在两桩桩基的承台短向设置，作用是增加结构的整体性。

（1）工作内容：同混凝土垫层。

（2）项目特征：桥头搭板应描述混凝土强度等级；桥塔身、连系梁还应描述形状。

（3）计算规则：同混凝土垫层。

6.3.4 预制混凝土构件

1. 预制混凝土梁、板、柱及其他构件

钢筋混凝土梁的截面形式有T形和I形等，T形梁和I形梁统称为肋形梁。预制混凝土柱包括承重柱和装饰柱。预制混凝土板可分为实心板和空心板。

（1）工作内容：模板制作、安装、拆除，混凝土拌合、运输、浇筑，养护，构件安装，接头灌缝，砂浆制作，运输。

（2）项目特征：部位，图集、图纸名称，构件代号、名称，混凝土强度等级，砂浆强度等级。

（3）计算规则：按设计图示尺寸以体积（m^3）计算。

【例6-12】某城市桥梁扩建工程，新增6m宽车道，采用预制T形梁，桥长50m，桥梁断面如图6-30所示，试计算新增桥跨预制混凝土梁和板的工程量。

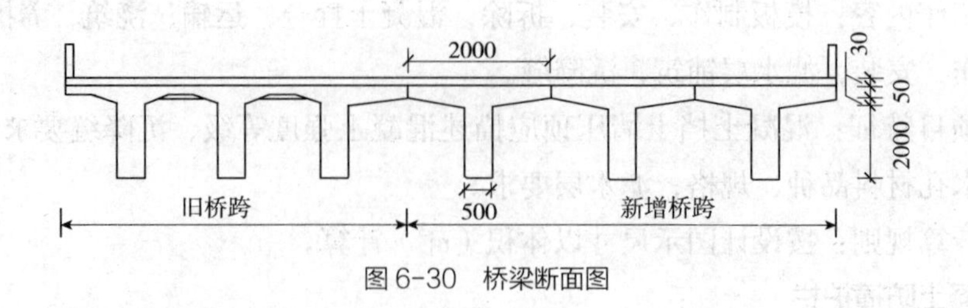

图6-30　桥梁断面图

【解】（1）预制混凝土T形梁：$V_1=\left[2\times0.5+2\times0.05+0.03\times(2+0.5)\times\frac{1}{2}\right]\times3\times50=170.63\text{m}^3$

（2）预制混凝土板：$V_2=2\times3\times0.03\times50=9.00\text{m}^3$

2. 预制混凝土挡土墙墙身

（1）工作内容：模板制作、安装、拆除，混凝土拌合、运输、浇筑，养护，构件安装，接头灌缝，泄水孔制作、安装，滤水层铺设，砂浆制作，运输。

（2）项目特征：图集、图纸名称，构件代号、名称，结构形式，混凝土强度等级，泄水孔材料种类、规格，滤水层要求，砂浆强度等级。

（3）计算规则：同预制混凝土梁。

6.3.5 砌筑

1. 垫层

（1）工作内容：垫层铺筑。

（2）项目特征：材料品种、规格，厚度。

（3）计算规则：按设计图示尺寸以体积（m^3）计算。

2. 干砌块料、浆砌块料、砖砌体

（1）工作内容：砌筑，砌体勾缝，砌体抹面，泄水孔制作、安装，滤层铺设，沉降缝。

（2）项目特征：干砌块料应描述部位，材料品种、规格，泄水孔材料品种、规格，滤水层要求，沉降缝要求；浆砌块料、砖砌体还应描述砂浆强度等级。

（3）计算规则：同垫层。

【例 6-13】某拱桥桥台的砌筑材料和截面尺寸如图 6-31 所示，试计算该桥台浆砌块料和混凝土基础的工程量。

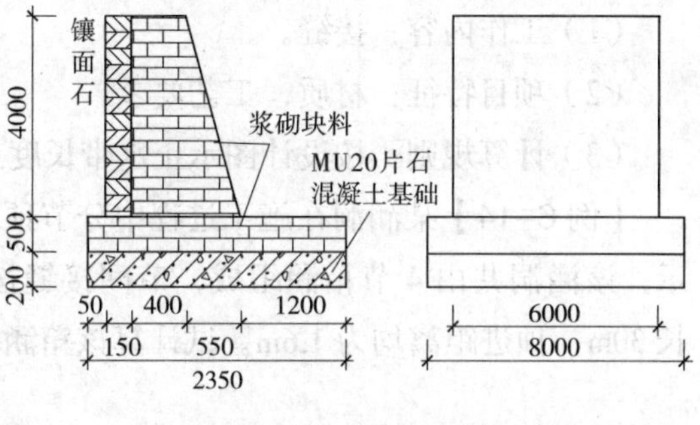

图 6-31 桥台截面示意图

【解】浆砌块料：

$$V_1 = 6 \times 4 \times [0.4 + (0.4 + 0.55)] \times \frac{1}{2} + 0.5 \times 2.35 \times 8 = 25.60\text{m}^3$$

混凝土基础：V_2=0.2 × 0.235 × 8=3.76m^3

3. 护坡

护坡是指在河岸或路旁用石块、水泥等筑成的斜坡，以防止河流或雨水冲刷。

（1）工作内容：修整边坡，砌筑，砌体勾缝，砌体抹面。

（2）项目特征：材料品种，结构形式，厚度，砂浆强度等级。

（3）计算规则：按设计图示尺寸以面积（m^2）计算。

6.3.6 立交箱涵

箱涵是指洞身以钢筋混凝土箱形管节修建的涵洞。箱涵由一个或多个方形或矩形断面组成，可分为单孔箱涵和多孔箱涵。

1. 箱涵底板、侧墙、顶板

箱涵侧墙是指在涵洞开挖后，在涵洞两侧砌筑的墙体，用以防止两侧土体坍塌。

（1）工作内容：箱涵底板包括模板制作、安装、拆除，混凝土拌合、运输、浇筑，养护，防水层铺涂；箱涵侧墙、顶板还包括防水砂浆。

（2）项目特征：混凝土强度等级，混凝土抗渗要求，防水层工艺要求。

（3）计算规则：按设计图示尺寸以体积（m^3）计算。

2. 箱涵顶进

箱涵顶进是用高压油泵、千斤顶、顶铁等设备工具将预制箱涵顶推到指定位置的过程。

（1）工作内容：顶进设备安装、拆除，气垫安装、拆除，气垫使用，钢刃角制作、安装、拆除，挖土实顶，土方场内外运输，中继间安装、拆除。

（2）项目特征：断面，长度，弃土运距。

（3）计算规则：按设计图示尺寸以被顶箱涵的质量，乘以箱涵的位移距离（kt · m）分节累计计算。

3. 箱涵接缝

（1）工作内容：接缝。

（2）项目特征：材质，工艺要求。

（3）计算规则：按设计图示止水带长度（m）计算。

【例 6-14】某涵洞在施工过程中分节顶入预制箱涵，箱涵横截面尺寸如图 6-32 所示，该涵洞共由 4 节箱涵组成，节间接缝按设计要求设置止水带。每节箱涵重 500t，长 30m，顶进距离均为 1.6m。试计算该箱涵相关工程量。

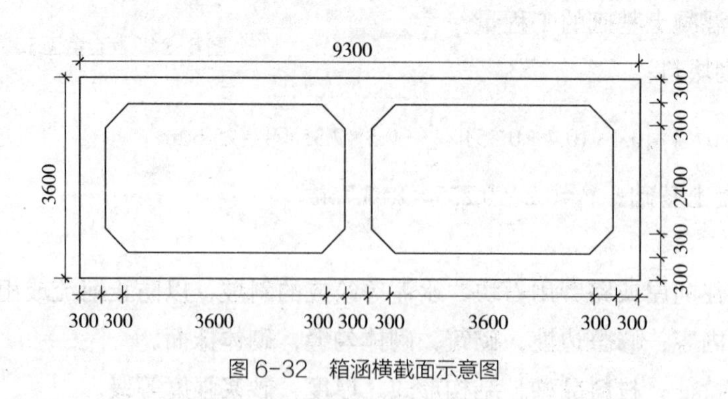

图 6-32 箱涵横截面示意图

【解】（1）箱涵侧墙：V_1=2.4 × 0.3 × 3 × 30 × 4=259.20m^3

（2）箱涵顶板：V_2=[9.3 × 0.3 × 2-（0.3+3.6）× 0.3 × 2] × 30 × 4=388.80m^3

（3）箱涵底板：V_3=[9.3 × 0.3 × 2-（0.3+3.6）× 0.3 × 2] × 30 × 4=388.80m^3

（4）箱涵顶进：$v \cdot s$=0.5 × 1.6 × 4=3.200kt · m

（5）箱涵接缝：L=[（9.3-0.3）× 2+（3.6-0.3）× 3] ×（4-1）=83.70m

6.3.7 钢结构

1. 钢梁、钢拱

钢梁包括钢箱梁、钢板梁、钢桁梁、钢结构叠合梁。钢结构叠合梁是分两次浇捣混凝土的梁，第一次在预制场做成预制梁，第二次在施工现场吊装完成后浇捣上部混凝土使其连成整体。

（1）工作内容：拼装，安装，探伤，涂刷防火涂料，补刷油漆。

（2）项目特征：材料品种、规格，部位，探伤要求，防火要求，补刷油漆品种、色彩、工艺要求。

（3）计算规则：按设计图示尺寸以质量（t）计算，不扣除孔眼的质量，焊条、铆钉、螺栓等不另增加质量。

2. 悬（斜拉）索

（1）工作内容：拉索安装，张拉、索力调整、锚固，防护壳制作、安装。

（2）项目特征：材料品种、规格，直径，抗拉强度，防护方式。

（3）计算规则：按设计图示尺寸以质量（t）计算。

3. 钢拉杆

（1）工作内容：连接、紧锁件安装，钢拉杆安装，钢拉杆防腐，钢拉杆防护壳制作、安装。

（2）项目特征：同悬（斜拉）索。

（3）计算规则：同悬（斜拉）索。

6.3.8 装饰及其他

桥涵装饰和房屋建筑装饰相似，实际工程中如遇清单项目缺项时，可按建筑装饰相关项目列项。其他桥涵工程项目包括各类栏杆、各类支座、桥梁伸缩装置、隔声屏障等。

1. 水泥砂浆抹面

（1）工作内容：基层清理，砂浆抹面。

（2）项目特征：砂浆配合比，部位，厚度。

（3）计算规则：按设计图示尺寸以面积（m^2）计算。

其余各桥梁装饰项目计算规则均与水泥砂浆抹面一致，工作内容、项目特征较为相似，详见计量规范。

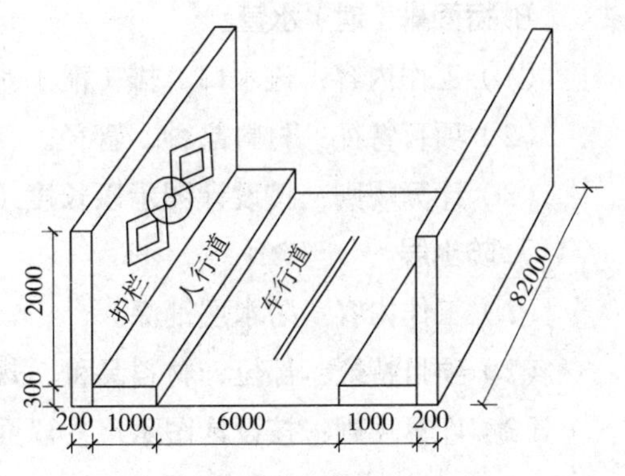

图 6-33 桥梁装饰示意图

【例 6-15】图 6-33 为某市政桥梁面层装饰示意图，车行道采用水泥砂浆抹面，人行道采用剁斧石饰面，护栏为镶贴面层（背面不做装饰），试计算该桥梁装饰工程量。

【解】水泥砂浆抹面：S_1=6 × 82=492.00m²

剁斧石饰面：S_2=2 × 1 × 82+4 × 1 × 0.3+2 × 0.3 × 82=214.40m²

镶贴面层：S_3=2 × 2 × 82+2 × 0.2 × 82+4 × 0.2 ×（2+0.3）=362.64m²

2. 栏杆

（1）工作内容：石质、混凝土栏杆包括制作、运输、安装，金属栏杆还包括除锈、刷油漆。

（2）项目特征：石质栏杆应描述材料品种、规格；混凝土栏杆应描述混凝土强度等级、规格尺寸；金属栏杆应描述栏杆材质、规格，油漆品种、工艺要求。

（3）计算规则：石质、混凝土栏杆应按设计图示尺寸以长度（m）计算；金属栏杆按设计图示尺寸以质量（t）计算或以延长米（m）计算。

3. 支座

（1）工作内容：支座安装。

（2）项目特征：钢支座应描述规格、型号，形式。橡胶支座还应描述材质。盆式支座应描述材质、承载力。

（3）计算规则：按设计图示数量（个）计算。

4. 桥梁伸缩装置

桥梁伸缩装置是为使车辆平稳通过桥面并满足桥面变形的需要，在桥面伸缩接缝处所设置的各种装置总称。

（1）工作内容：制作、安装，混凝土拌合、运输、浇筑。

（2）项目特征：材料品种，规格、型号，混凝土种类，混凝土强度等级。

（3）计算规则：按设计图示尺寸以延长米（m）计算。

5. 隔声屏障

（1）工作内容：制作、安装，除锈、刷油漆。

（2）项目特征：材料品种，结构形式，油漆品种、工艺要求。

（3）计算规则：按设计图示尺寸以面积（m²）计算。

6. 桥面排（泄）水管

（1）工作内容：进水口、排（泄）水管制作、安装。

（2）项目特征：材料品种，管径。

（3）计算规则：按设计图示以长度（m）计算。

7. 防水层

（1）工作内容：防水层铺涂。

（2）项目特征：部位，材料品种、规格，工艺要求。

（3）计算规则：按设计图示尺寸以面积（m²）计算。

6.3.9 桥涵工程计算实例

某桥全长50m，共两跨，采用预制箱梁连续梁的设计方案，各部分尺寸如图6-34～图6-39所示，桥梁铺装构造如图6-40所示，桥梁两侧安装石质栏杆，栏杆尺寸如图6-41所示。预制方桩的截面尺寸为1.5m×1.5m，试计算该桥梁工程相关工程量。

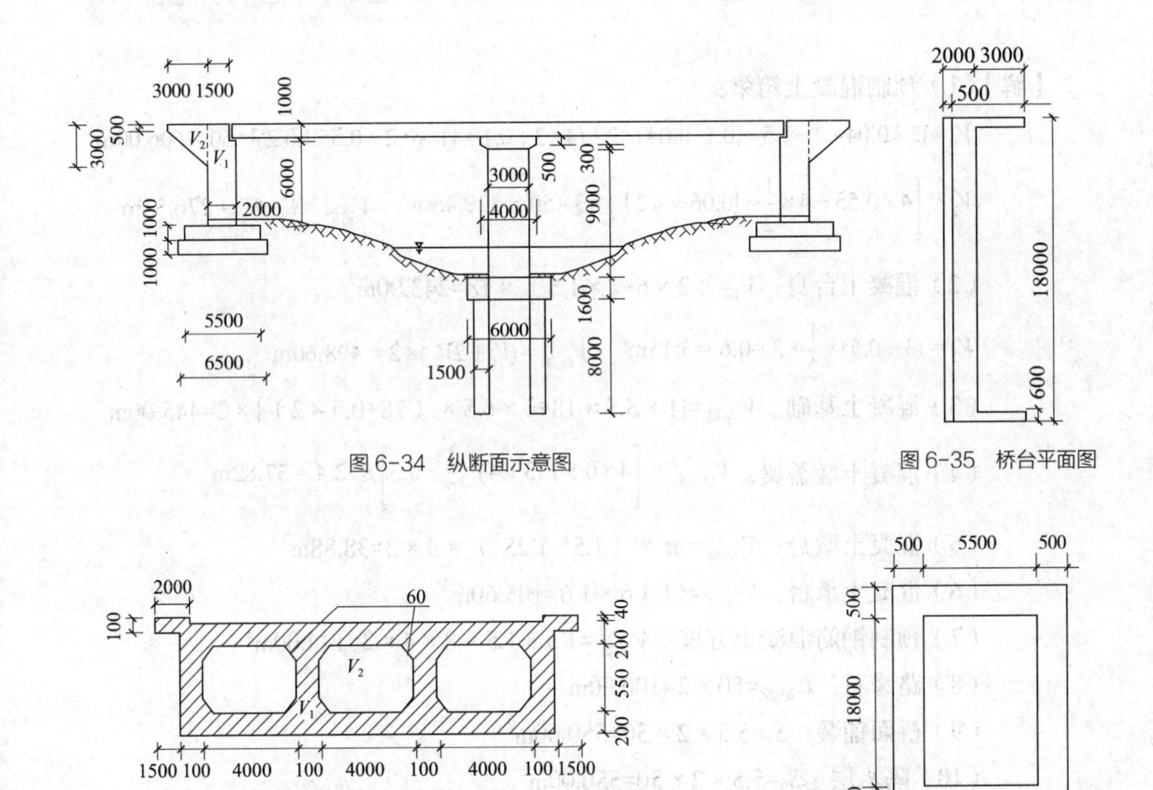

图6-34 纵断面示意图

图6-35 桥台平面图

图6-36 箱梁截面图（转角均为135°）

图6-37 桥台基础平面图

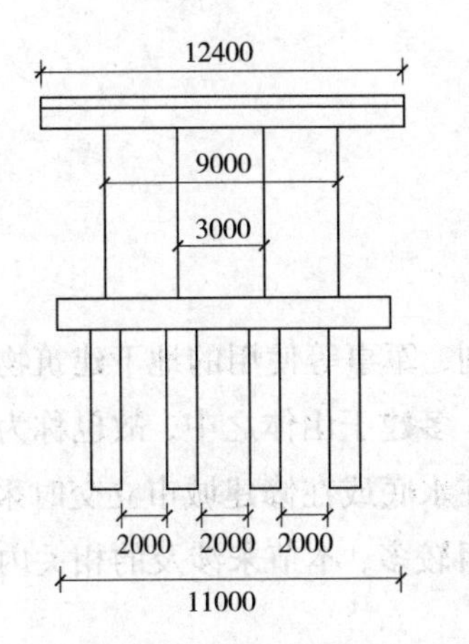

图6-38 盖梁、墩身及基础侧面图

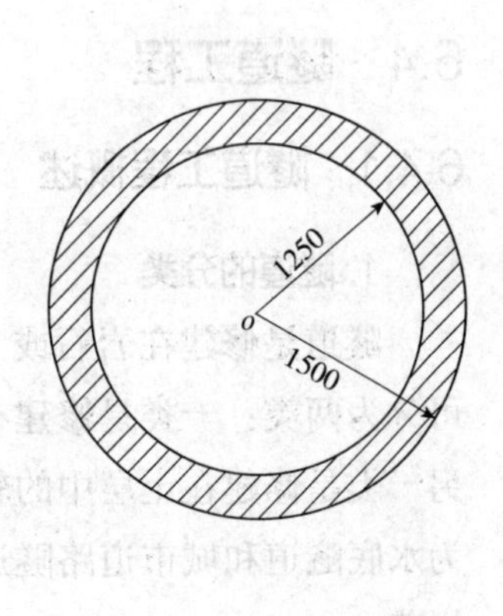

图6-39 墩身截面图

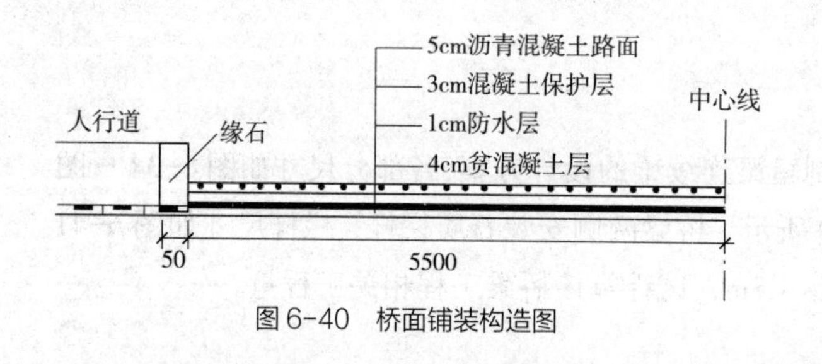

图6-40 桥面铺装构造图

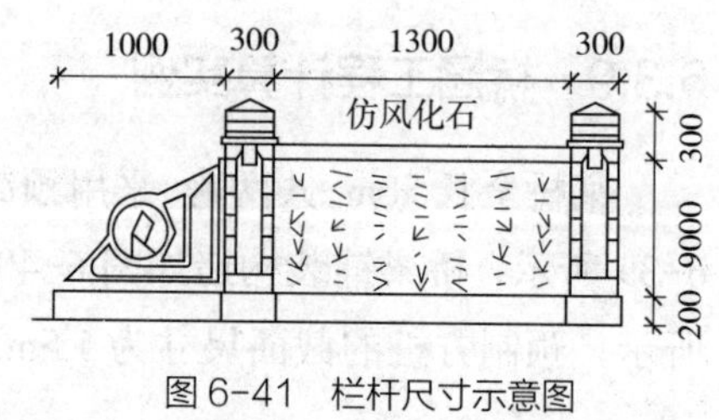

图6-41 栏杆尺寸示意图

【解】（1）预制混凝土箱梁：

$$V_1=[2\times0.04\times2+1.5\times(0.1-0.04)\times2+(4\times3+0.1\times4)\times(0.2+0.55+0.2)]\times50=606.00\text{m}^3$$

$$V_2=\left[4\times0.55-4\times\frac{1}{2}\times\left(0.06\div\sqrt{2}\right)^2\right]\times3\times50=329.46\text{m}^3 \quad V_{箱梁}=V_1-V_2=276.54\text{m}^3$$

（2）混凝土台身：$V_1=(2\times6+1\times1.5)\times18=243.00\text{m}^3$

$$V_2=(3+0.5)\times\frac{1}{2}\times3\times0.6=3.15\text{m}^3 \quad V_{台身}=(V_1+2V_2)\times2=498.60\text{m}^3$$

（3）混凝土基础：$V_{基础}=[1\times5.5\times18+1\times6.5\times(18+0.5\times2)]\times2=445.00\text{m}^3$

（4）混凝土墩盖梁：$V_{墩盖梁}=\left[4\times0.5+(3+4)\times\frac{1}{2}\times0.3\right]\times12.4=37.82\text{m}^3$

（5）混凝土墩身：$V_{墩身}=\pi\times(1.5^2-1.25^2)\times9\times2=38.88\text{m}^3$

（6）混凝土承台：$V_{承台}=11\times6\times1.6=105.60\text{m}^3$

（7）预制钢筋混凝土方桩：$V_{方桩}=1.5\times1.5\times8\times4\times2=144.00\text{m}^3$

（8）路缘石：$L_{缘石}=50\times2=100.00\text{m}$

（9）桥面铺装：$S_1=5.5\times2\times50=550.00\text{m}^2$

（10）隔水层：$S_2=5.5\times2\times50=550.00\text{m}^2$

（11）贫混凝土层（按道路工程中水泥混凝土列项）：$S_3=5.5\times2\times50=550.00\text{m}^2$

（12）石质栏杆：$L_{栏杆}=50\times2=100.00\text{m}$

6.4 隧道工程

6.4.1 隧道工程概述

1. 隧道的分类

隧道是修建在岩石或土体内，供交通、水利、军事等使用的地下建筑物。隧道一般可分为两类：一类是修建在岩层中的岩石隧道，多建于山体之中，故也称为山岭隧道；另一类是修建在土层中的软土隧道，通常修建在水底或在修建城市立交时采用，故又称为水底隧道和城市道路隧道。隧道工程相关项目较多，本节未涉及的相关内容详见计量规范。

2. 隧道的组成

道路隧道结构主要由主体构筑物和附属构筑物两大类组成。其中主体构筑物是为了保持岩体稳定和行车安全而修建的人工永久建筑物，通常指洞身补砌和洞门构筑物；附属构造物是指除主体构造物以外保证隧道正常使用所需的各种辅助构造物，包括通风、照明、防水排水、安全设施等。

3. 相关规定

（1）盾构掘进。实际工程中，衬砌壁厚压浆项目工程数量可为暂估量，结算时按现场签证数量计算。

盾构基座系指常用的钢结构，如果是钢筋混凝土结构，应按沉管隧道的相关项目列项。

（2）混凝土结构。隧道洞内道路路面铺装应按道路工程相关项目列项，顶部和边墙内衬的装饰应按桥涵工程相关项目列项，洞内其他结构混凝土包括楼梯、电缆沟、车道侧石等。

6.4.2 隧道岩石开挖

1. 平洞、斜井、竖井、地沟开挖

（1）工作内容：爆破或机械开挖，施工面排水，出碴，弃碴场内堆放、运输，弃碴外运。

（2）项目特征：平洞、斜井、竖井开挖应描述岩石类别，开挖断面，爆破要求，弃碴运距；地沟开挖应描述断面尺寸、岩石类别、爆破要求、弃碴运距。

（3）计算规则：按设计图示结构断面尺寸乘以长度以体积（m^3）计算。

2. 小导管、管棚

小导管是掘进施工过程中的一种预支护工艺方法。管棚超前支护是为了在特殊条件下安全开挖，预先提供增强地层承载力的临时支护方法。

（1）工作内容：制作，布眼，钻孔，安装。

（2）项目特征：类型，材料品种，管径、长度。

（3）计算规则：按设计图示尺寸以长度（m）计算。

3. 注浆

（1）工作内容：浆液制作，钻孔注浆，堵孔。

（2）项目特征：浆液种类，配合比。

（3）计算规则：按设计注浆量以体积（m^3）计算。

6.4.3 岩石隧道衬砌

衬砌常指将隧道的开挖面覆盖起来的结构体，即隧洞内壁承受围岩压力的镶护结构，能够起到保护隧道、防止岩石风化、保证净空、防水排水等作用。隧道衬砌按功能分为承载衬砌、构造衬砌和装饰衬砌，按组成分为整体式衬砌和复合式衬砌，使用材料有喷射混凝土、锚杆、钢筋网或钢丝网、模筑混凝土等，如图 6-42 所示。

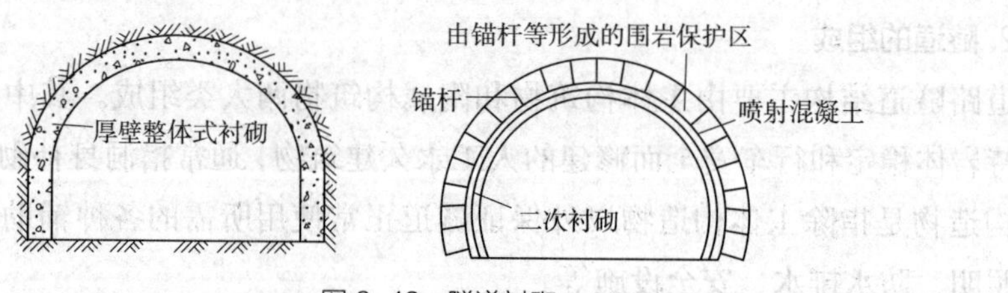

图 6-42 隧道衬砌

1. 混凝土仰拱、顶拱、边墙、竖井衬砌

（1）工作内容：模板制作、安装、拆除，混凝土拌合、运输、浇筑，养护。

（2）项目特征：竖井衬砌应描述厚度、混凝土强度等级；边墙衬砌还应描述部位；仰拱、顶拱衬砌应再描述拱跨径。

（3）计算规则：按设计图示尺寸以体积（m^3）计算。

2. 拱部、边墙喷射混凝土

（1）工作内容：清洗基层，混凝土拌合、运输、浇筑，喷射，收回弹料，喷射施工平台搭设、拆除。

（2）项目特征：结构形式，厚度，混凝土强度等级，掺加材料品种、用量。

（3）计算规则：按设计图示尺寸以面积（m^2）计算。

3. 拱圈、边墙、洞门砌筑

（1）工作内容：砌筑、勾缝、抹灰。

（2）项目特征：拱圈砌筑应描述断面尺寸，材料品种、规格，砂浆强度等级；边墙砌筑应描述厚度，材料品种、规格，砂浆强度等级；洞门砌筑应描述形状，材料品种、规格，砂浆强度等级。

（3）计算规则：按设计图示尺寸以体积（m^3）计算。

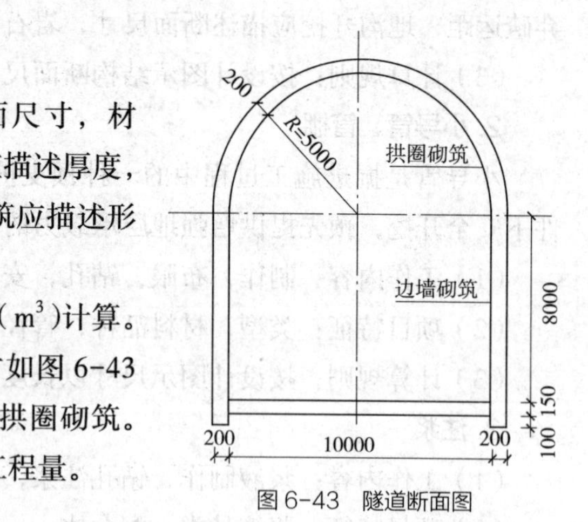

图 6-43 隧道断面图

【例 6-16】某隧道长 300m，设计尺寸如图 6-43 所示，采用平洞开挖，光面爆破，并进行拱圈砌筑。试计算平洞开挖、拱圈砌筑和边墙砌筑的工程量。

【解】（1）平洞开挖：

$$V_1=\left[\pi\times(0.2+5)^2\times\frac{1}{2}+(8+0.15+0.1)\times(10+0.2\times2)\right]\times300=38482.30\text{m}^3$$

（2）拱圈砌筑：$V_2=\pi\times\left[(0.2+5)^2-5^2\right]\times\frac{1}{2}\times300=961.33\text{m}^3$

（3）边墙砌筑：V_3=（8+0.15+0.1）×0.2×2×300=990.00m^3

4. 锚杆

（1）工作内容：钻孔，锚杆制作、安装，压浆。

（2）项目特征：直径，长度，锚杆类型，砂浆强度等级。

（3）计算规则：按设计图示尺寸以质量（t）计算。

5. 充填压浆

（1）工作内容：打孔、安装，压浆。

（2）项目特征：部位，浆液成分强度。

（3）计算规则：按设计图示尺寸以体积（m^3）计算。

6. 变形缝、施工缝

（1）工作内容：制作，安装。

（2）项目特征：类别，材料品种，规格，工艺要求。

（3）计算规则：按设计图示尺寸以长度（m）计算。

6.4.4 盾构掘进

盾构是一个既可以支承地层压力又可以在地层中推进的活动钢筒结构。钢筒前端设置有支撑和开挖土体的装置，中段安装有顶进所需千斤顶，尾部可以拼装预制或现浇隧道衬砌环。

1. 盾构吊装及吊拆

（1）工作内容：盾构机安装、拆除，车架安装、拆除，管线连接、调试、拆除。

（2）项目特征：直径，规格型号，始发方式。

（3）计算规则：按设计图示数量（台·次）计算。

2. 盾构掘进

（1）工作内容：掘进，管片拼装，密封舱添加材料，负环管片拆除，隧道内管线路铺设、拆除，泥浆制作，泥浆处理，土方、废浆外运。

（2）项目特征：直径，规格，形式，掘进施工段类别，密封舱材料品种，弃土（浆）运距。

（3）计算规则：按设计图示掘进长度（m）计算。

3. 衬砌壁后压浆

（1）工作内容：制浆，送浆，压浆，封堵，清洗，运输。

（2）项目特征：浆液品种，配合比。

（3）计算规则：按管片外径和盾构壳体外径所形成的充填体积（m^3）计算。

4. 预制钢筋混凝土管片

（1）工作内容：运输，试拼装，安装。

（2）项目特征：直径，厚度，宽度，混凝土强度等级。

（3）计算规则：按设计图示尺寸以体积（m^3）计算。

5. 管片设置封条

接缝封条一般采用弹性密封垫，利用接缝弹性材料的挤密以达到防水的目的。

（1）工作内容：密封条安装。

（2）项目特征：管片直径、宽度、厚度，密封条材料，密封条规格。

（3）计算规则：按设计图示数量（环）计算。

【解】（1）盾构掘进：L=1.5 × 36=54.00m

（2）管片设置封条：N_1=36 环

（3）管片嵌缝：N_2=36−1=35 环

6. 管片嵌缝

不同于弹性压密防水，嵌缝防水是在管片环缝中沿管片内侧设置嵌缝槽，用止水材料在槽内填嵌密实来达到防水目的。

（1）工作内容：管片嵌缝槽表面处理、配料嵌缝，管片手孔封堵。

（2）项目特征：直径，材料，规格。

（3）计算规则：按设计图示以数量（环）计算。

【例 6–17】某隧道工程采用盾构法施工，掘进总次数 36 次，每次掘进 1.5m，完成一环管片的拼装（6 片）。试计算盾构掘进、管片设置封条和管片嵌缝的工程量。

6.4.5 管节顶升、旁通道

1. 钢筋混凝土顶升管节

（1）工作内容：钢模板制作，混凝土拌合、运输、浇筑，养护，管节试拼装，管节场内外运输。

（2）项目特征：材质，混凝土强度等级。

（3）计算规则：按设计图示尺寸以体积（m^3）计算。

2. 管节垂直顶升

管节垂直顶升是在已建隧道内部，由隧道顶上预定部位，分节向上顶出矩形或圆形管节组成的立管，穿破土层，而后在水下揭去立管顶盖形成取（排）水口。

（1）工作内容：管节吊运，首节顶升，中间节顶升，尾节顶升。

（2）项目特征：断面，强度，材质。

（3）计算规则：按设计图示以顶升长度（m）计算。

3. 安装止水框、连系梁

（1）工作内容：制作、安装。

（2）项目特征：材质。

（3）计算规则：按设计图示尺寸以质量（t）计算。

4. 隧道内旁通道开挖

（1）工作内容：土体加固，支护，土方暗挖，土方运输。

（2）项目特征：土壤类别，土体加固方式。

（3）计算规则：按设计图示尺寸以体积（m^3）计算。

旁通道结构混凝土计算规则与隧道内旁通道开挖一致，工作内容、项目特征较为相似，详见计量规范。

【例 6-18】某隧道工程需开挖旁通道，通道分为两段，一段沿水平方向，一段斜向右侧，隧道通道尺寸如图 6-44 所示。两段通道的净高均为 6m，通道结构混凝土厚度为 0.5m，试计算开挖旁通道和旁通道结构混凝土的工程量。

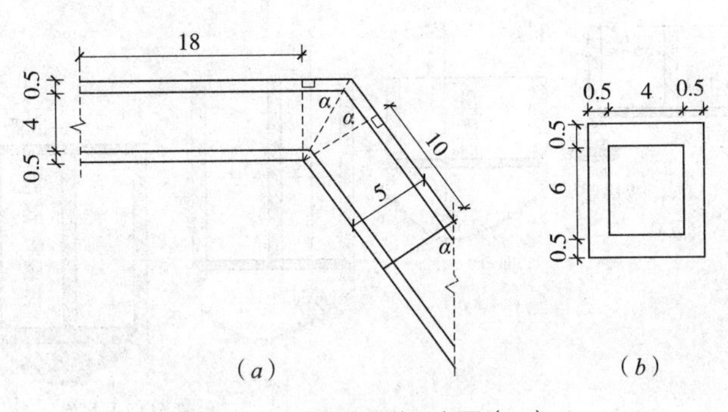

图 6-44　隧道通道示意图（m）
（a）平面图（α=60°）；（b）断面图

【解】（1）隧道内旁通道开挖：

$$V_1=\left[18\times5+10\times5+5\times5\cot\alpha+5\times5\tan\alpha\times\frac{1}{2}\right]\times(6+0.5\times2)=1232.59\text{m}^3$$

（2）旁通道结构混凝土：$$V_2=V_1-\left\{(18+10)\times4+[0.5\cot\alpha+(4+0.5)\cot\alpha]\times4+[0.5\tan\alpha+(4+0.5)\tan\alpha]\times4\times\frac{1}{2}\right\}\times6=387.38\text{m}^3$$

5. 隧道内集水井

（1）工作内容：拆除管片建集水井，不拆管片建集水井。

（2）项目特征：部位，材料，形式。

（3）计算规则：按设计图示数量（座）计算。

6. 钢筋混凝土复合管片

（1）工作内容：构件制作，试拼装，运输、安装。

（2）项目特征：图集、图纸名称，构件代号、名称，材质，混凝土强度等级。

（3）计算规则：按设计图示尺寸以体积（m^3）计算。

7. 钢管片

（1）工作内容：钢管片制作，试拼装，探伤，运输、安装。

（2）项目特征：材质，探伤要求。

（3）计算规则：按设计图示以质量（t）计算。

6.4.6 隧道沉井

沉井是软土地层建造地下构筑物的一种方法，即先在地面上浇筑一个上无盖、下无底的筒状结构物，采用机械挖土或水力冲洗的方法将井内的土取出，借助其自重下沉，下沉到设计标高后再封底板、加顶板，使之成为一个地下构筑物，如图 6-45 所示。

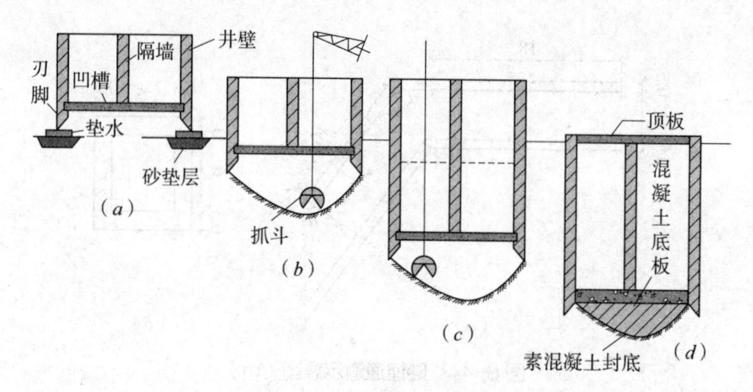

图 6-45 沉井施工程序示意图

(a) 浇筑井壁；(b) 挖土下沉；(c) 接高井壁，继续挖土下沉；(d) 下沉到设计高度后，浇筑封底混凝土、底板和顶板

1. 沉井井壁混凝土

刃脚是沉井井壁底部一段有特殊形状和结构的混凝土墙体，主要起减小沉井下沉阻力的作用。其断面一般为斜梯形，有些刃脚还会凸出井壁。

（1）工作内容：模板制作、安装、拆除，刃脚、框架、井壁混凝土浇筑，养护。

（2）项目特征：形状，规格，混凝土强度等级。

（3）计算规则：按设计图示尺寸以外围井筒混凝土体积（m^3）计算。

2. 沉井下沉

（1）工作内容：垫层凿除，排水挖土下沉，不排水下沉，触变泥浆制作、输送，弃土外运。

（2）项目特征：下沉深度，弃土运距。

（3）计算规则：按设计图示井壁外围面积乘以下沉深度以体积（m^3）计算。

3. 沉井混凝土封底、底板、隔墙

（1）工作内容：沉井混凝土封底包括混凝土干封底，混凝土水下封底；底板、隔墙包括模板制作、安装、拆除，混凝土拌合、运输、浇筑，养护。

（2）项目特征：混凝土强度等级。

（3）计算规则：按设计图示尺寸以体积（m^3）计算。

4. 沉井填心

（1）工作内容：排水沉井填心，不排水沉井填心。

（2）项目特征：材料品种。

（3）计算规则：按设计图示尺寸以体积（m^3）计算。

【例6-19】某隧道工程沉井示意图如图6-46所示，沉井下沉深度为12m，排水后采用砂石料进行填心，试计算该工程相关工程量。

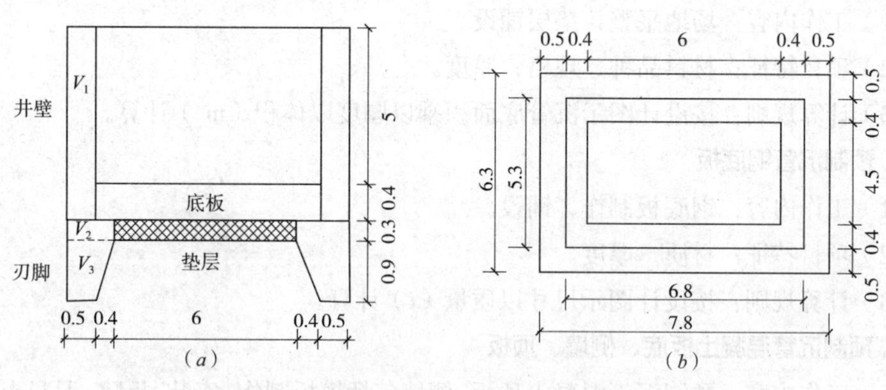

图6-46 沉井示意图

（a）立面图；（b）平面图

【解】（1）沉井井壁混凝土：

$$V_1=(6.3\times7.8-5.3\times6.8)\times(5+0.4)=70.74\text{m}^3$$

$$V_2=(6.3\times7.8-4.5\times6)\times0.3=6.64\text{m}^3$$

$$V_3=(0.5+0.5+0.4)\times\frac{1}{2}\times0.9\times(7.8+4.5)\times2=15.50\text{m}^3$$

$$V_{井壁}=V_1+V_2+V_3=70.74+6.64+15.50=92.88\text{m}^3$$

（2）沉井下沉：$V_{下沉}=(6.3+7.8)\times2\times(5+0.4+0.3+0.9)\times12=2233.44\text{m}^3$

（3）沉井混凝土底板：$V_{底板}=0.4\times5.3\times6.8=14.42\text{m}^3$

（4）沉井填心：$V_{填心}=5\times5.3\times6.8=180.20\text{m}^3$

（5）垫层（按桥涵工程项目列项）：$V_{垫层}=0.3\times4.5\times6=8.10\text{m}^3$

6.4.7 混凝土结构

隧道工程混凝土结构包括混凝土地梁、底板、柱、墙、梁、平台与顶板、圆隧道内架空路面以及隧道内其他混凝土结构等。

混凝土地梁：

（1）工作内容：模板制作、安装、拆除，混凝土拌合、运输、浇筑，养护。

（2）项目特征：类别、部位，混凝土强度等级。

（3）计算规则：按设计图示尺寸以体积（m^3）计算。

其他项目的工作内容、项目特征、计算规则均与混凝土地梁相似，详见计量规范。

6.4.8 沉管隧道

沉管隧道是将若干个预制段分别浮运到海面（河面）现场，并一个接一个地沉放安装在已疏浚好的基槽内，以此方法修建的水下隧道。

1. 预制沉管底垫层

（1）工作内容：场地平整，垫层铺设。

（2）项目特征：材料品种、规格，厚度。

（3）计算规则：按设计图示沉管底面积乘以厚度以体积（m^3）计算。

2. 预制沉管钢底板

（1）工作内容：钢底板制作、铺设。

（2）项目特征：材质，厚度。

（3）计算规则：按设计图示尺寸以质量（t）计算。

3. 预制沉管混凝土板底、侧墙、顶板

（1）工作内容：预制沉管混凝土顶板、侧墙包括模板制作、安装、拆除，混凝土拌合、运输、浇筑，养护；板底还包括底板预埋注浆管。

（2）项目特征：混凝土强度等级。

（3）计算规则：按设计图示尺寸以体积（m^3）计算。

4. 沉管外壁防锚层

（1）工作内容：铺设沉管外壁防锚层。

（2）项目特征：材料品种，规格。

（3）计算规则：按设计图示尺寸以面积（m^2）计算。

5. 沉管河床基槽开挖

（1）工作内容：挖泥船开收工，沉管基槽挖泥，沉管基槽清淤，土方驳运、卸泥。

（2）项目特征：河床土质，工况等级，挖土深度。

（3）计算规则：按河床原断面与槽设计断面之差以体积（m^3）计算。

6. 基槽抛铺碎石

（1）工作内容：石料装运，定位抛石、水下铺平石块。

（2）项目特征：工况等级，石料厚度，沉石深度。

（3）计算规则：按设计图示尺寸以体积（m^3）计算。

7. 砂肋软体排覆盖

（1）工作内容：水下覆盖软体排。

（2）项目特征：材料品种，规格。

（3）计算规则：按设计图示尺寸以沉管顶面积加侧面外表面积（m^2）计算。

【例 6-20】某水底隧道工程全长 300m，需开挖基槽 350m，开挖深度 8m。基槽抛铺碎石，抛铺厚度为 1m。图 6-47、图 6-48 分别为基槽开挖断面图和砂肋软体排覆盖

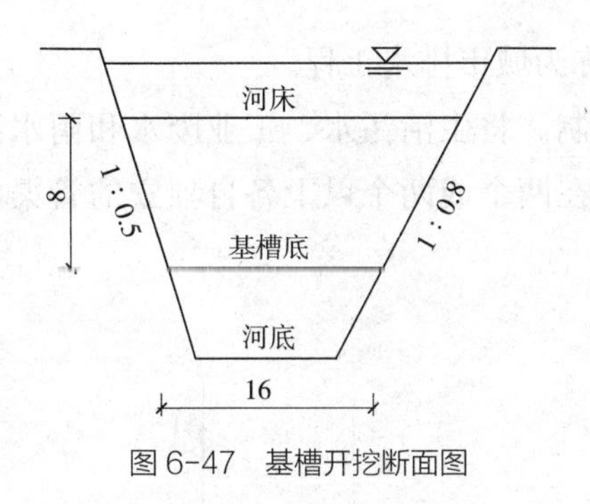

图 6-47 基槽开挖断面图

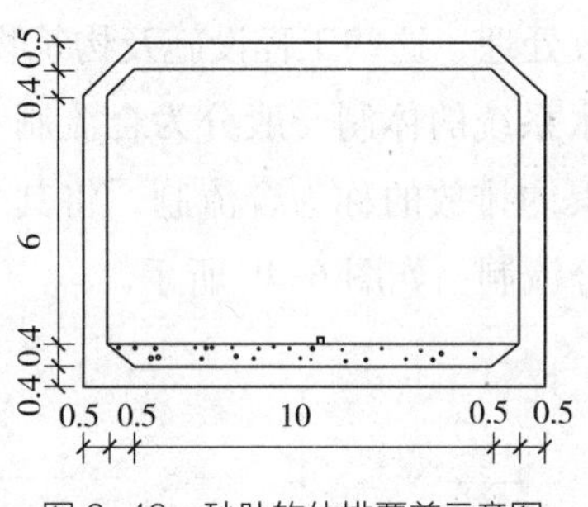

图 6-48 砂肋软体排覆盖示意图

示意图，试计算沉管隧道相关工程量。

【解】（1）沉管河床基槽开挖：$V_1=(16+16+8\times0.5+8\times0.8)\times8\times\frac{1}{2}\times350=59360.00\text{m}^3$

（2）基槽抛铺碎石：$V_2=(16+16+1\times0.5+1\times0.8)\times\frac{1}{2}\times1\times350=5827.50\text{m}^3$

（3）砂肋软体排覆盖：$S=\left[\left(6+0.4\times2+\sqrt{(0.5+0.4)^2+(0.5+0.5)^2}\right)\times2+10\right]\times300$

$=7887.22\text{m}^2$

（4）预制沉管混凝土板底：$V_3=[(10+0.5\times4)\times0.4\times2-(10+0.5)\times0.4]\times300$

$=1620.00\text{m}^3$

（5）预制沉管混凝土侧墙：$V_4=6\times0.5\times2\times300=1800.00\text{m}^3$

（6）预制沉管混凝土顶板：$V_5=[(10+0.5\times2)\times(0.4+0.5)-(10+0.5)\times0.4]\times300=1710.00\text{m}^3$

6.5 管网工程

6.5.1 管网工程概述

市政管网工程包括城市给水排水管道、燃气管道、热力管道及其附属构筑物工程。管网工程部分内容与通用安装工程相似，相关概念及工程识图的介绍详见第 5 章。管网工程相关项目较多，本节未涉及的内容详见计量规范。

1. 城市给水工程

城市给水工程是指为城市供应生产、生活用水的工程，包括原水的取集处理以及成品水输配等各项工程设施。

城市给水管网是指给水工程中向用户输水和配水的管道系统，由管道、配件和附属设施组成。

2. 城市排水工程

城市的雨水、生活污水、工业废水等均需通过专门砌筑的沟管、泵站、污水处理厂等排放处理，这些工程设施及构筑物等统称为城市排水工程。

排水系统的体制一般分为合流制和分流制。将生活污水、工业废水和雨水混在同一个管渠内排放的称为合流制，将其分别放在两个或两个以上各自独立的管渠内排放的称为分流制，如图 6-49 所示。

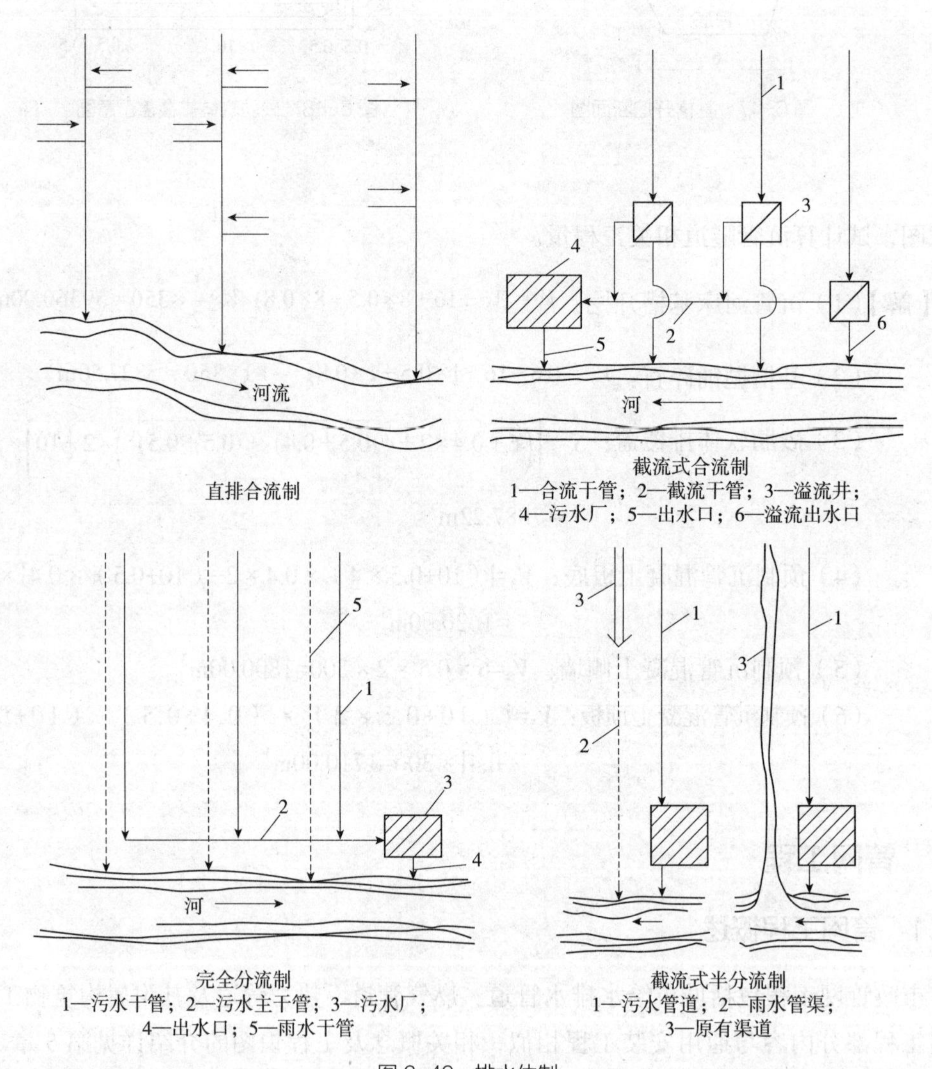

图 6-49 排水体制

3. 城市燃气管网系统

城市燃气管网系统可将门站（接收站）的燃气输送到各储气站、调压站、燃气用户，并保证沿途输气的安全可靠。

4. 城市热力管网系统

热力管网是指从锅炉房、直燃机房、供热中心等出发，从热源通往建筑物热力入口的供热管道。

5. 相关规定

（1）本节所涉及土方工程的内容应按《市政工程工程量计算规范》GB 50857-2013 中土石方工程相关项目编码列项。

（2）管道架空跨越铺设的支架制作、安装以及支架基础、垫层应按支架制作及安装相关项目列项。

（3）刷油、防腐、保温工程、阴极保护及牺牲阳极应按《通用安装工程工程量计算规范》GB 50856-2013 中刷油、防腐蚀、绝热工程相关项目编码列项。

（4）高压管道及管件、阀门安装，不锈钢管及管件、阀门安装，管道焊缝无损探伤应按《通用安装工程工程量计算规范》GB 50856-2013 中工业管道相关项目编码列项。

（5）管道检验及试验要求：应按各专业的施工验收规范及设计要求对已完管道工程进行的管道吹扫、冲洗消毒、强度试验、严密性试验、闭水试验等内容进行描述。

（6）阀门电动机需单独安装，应按《通用安装工程工程量计算规范》GB 50856-2013 中给水排水、采暖、燃气工程相关项目编码列项。

（7）雨水口连接管应按管道铺设中相关项目编码列项。

6.5.2 管道铺设

1. 混凝土管

（1）工作内容：垫层、基础铺筑及养护，模板制作、安装、拆除，混凝土拌合、运输、浇筑、养护，预制管枕安装，管道铺设，管道接口，管道检验及试验。

（2）项目特征：垫层、基础材质及厚度，管座材质，规格，接口方式，铺设深度，混凝土强度等级，管道检验及试验要求。

（3）计算规则：按设计图示中心线长度以延长米（m）计算。不扣除附属构筑物、管件及阀门等所占长度。

钢管、铸铁管、塑料管、直埋式预制保温管的工作内容、项目特征和计算规则与混凝土管相似，详见计量规范。

2. 管道架空跨越

（1）工作内容：管道架设，管道检验及试验，集中防腐运输。

（2）项目特征：管道架设高度，管道材质及规格，接口方式，管道检验及试验要求，集中防腐运距。

（3）计算规则：按设计图示中心线长度以延长米（m）计算。不扣除管件及阀门等所占长度。

【例 6-21】某市政燃气管道需穿越河流，采用斜拉索架空管，如图 6-50 所示，试计算其工程量。

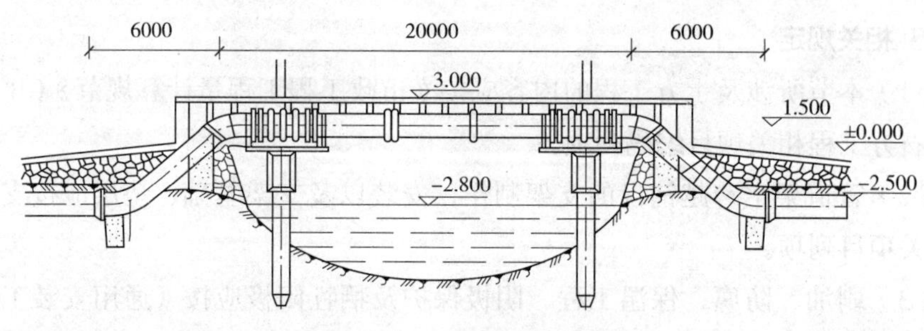

图 6-50 斜拉索架空管示意图

【解】管道架空跨越：$L=\sqrt{6^2+(1.5+2.5)^2}\times2+20=34.42\text{m}$

3. 水平导向钻进

（1）工作内容：设备安装、拆除，定位、成孔，管道接口，拉管，纠偏、监测，泥浆制作、注浆，管道检测及试验，集中防腐运输，泥浆、土方外运。

（2）项目特征：土壤类别，材质及规格，一次成孔长度，接口方式，泥浆要求，管道检验及试验要求，集中防腐运距。

（3）计算规则：按设计图示长度以延长米（m）计算。扣除附属构筑物（检查井）所占的长度。

夯管的工作内容、项目特征和计算规则与水平导向钻进相似，详见计量规范。

4. 顶（夯）管工作坑

（1）工作内容：支撑、围护，模板制作、安装、拆除，混凝土拌合、运输、浇筑、养护，工作坑内设备、工作台安装及拆除。

（2）项目特征：土壤类别，工作坑平面尺寸及深度，支撑、围护方式，垫层、基础材质及厚度，混凝土强度等级，设备、工作台主要技术要求。

（3）计算规则：按设计图示数量（座）计算。

预制混凝土工作坑的工作内容、项目特征和计算规则与顶（夯）管工作坑相似，详见计量规范。

5. 顶管

（1）工作内容：管道顶进，管道接口，中继间、工具管及附属设备安装拆除，管内挖、运土及土方提升，机械顶管设备调向，纠偏、监测，触变泥浆制作、注浆，洞口止水，管道检测及试验，集中防腐运输，泥浆、土方外运。

（2）项目特征：土壤类别，顶管工作方式，管道材质及规格，中继间规格，工具管材质及规格，触变泥浆要求，管道检验及试验要求，集中防腐运距。

（3）计算规则：同水平导向钻进。

6. 新旧管连接

（1）工作内容：切管，钻孔，连接。

（2）项目特征：材质及规格，连接方式，带（不带）介质连接。

（3）计算规则：按设计图示数量（处）计算。

7. 砌筑方沟

（1）工作内容：模板制作、安装、拆除，混凝土拌合、运输、浇筑、养护，砌筑，勾缝、抹面，盖板安装，防水、止水，混凝土构件运输。

（2）项目特征：断面规格，垫层、基础材质及厚度，砌筑材料品种、规格、强度等级，混凝土强度等级，砂浆强度等级、配合比，勾缝、抹面要求，盖板材质及规格，伸缩缝（沉降缝）要求，防渗、防水要求，混凝土构件运距。

（3）计算规则：按设计图示尺寸以延长米（m）计算。

混凝土方沟、砌筑渠道、混凝土渠道的工作内容、项目特征和计算规则与砌筑方沟相似，详见计量规范。

6.5.3 管件、阀门及附件安装

根据管网工程管件、阀门及附件安装计量单位的不同，将其分为三类。第一类以“个”为计量单位，包括各类管件、阀门等；第二类特指以“套”为单位的除污器组成、安装；第三类以“组”为计量单位，包括调压器、安全水封等。

1. 第一类管件、阀门及附件安装

铸铁管管件的工作内容、项目特征及计算规则如下，其他管件、阀门及附件安装的工作内容、项目特征和计算规则与铸铁管管件相似，详见计量规范。

（1）工作内容：安装。

（2）项目特征：种类，材质及规格，接口形式。

（3）计算规则：按设计图示以数量（个）计算。

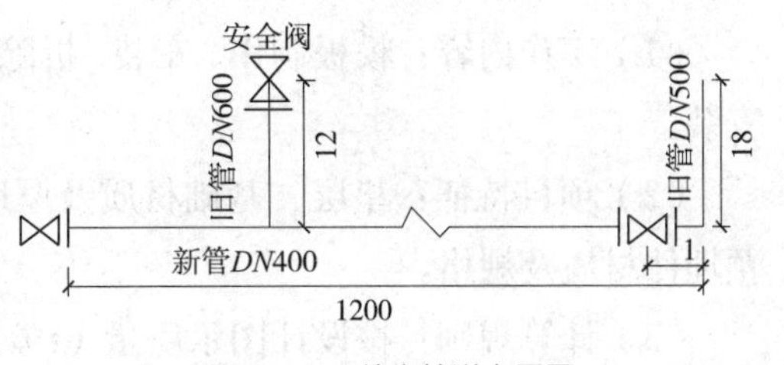

图 6-51 给水管道布置图

【例 6-22】某市政排水工程采用镀锌钢管铺设，如图 6-51 所示，管道长度单位（m），试计算其主要安装工程量。

【解】（1）钢管（DN400）：L_1=1200.00m

（2）钢管（DN500）：L_2=18.00m

（3）钢管（DN600）：L_3=12.00m

（4）新旧管连接：N_1=2 处

（5）阀门：N_2=3 个

2. 第二类除污器组成、安装

（1）工作内容：组成、安装。

（2）项目特征：规格，安装方式。

（3）计算规则：按设计图示以数量（套）计算。

3. 第三类管件、阀门及附件安装

调压器的工作内容、项目特征和计算规则如下，其他管件、阀门及附件安装的工作内容、项目特征和计算规则与调压器相似，详见计量规范。

（1）工作内容：安装。

（2）项目特征：规格，型号，连接方式。

（3）计算规则：按设计图示数量（组）计算。

6.5.4 支架制作及安装

1. 砌筑支墩

支墩是指为了防止管内水压引起水管配件接头移位而砌筑的墩座。

（1）工作内容：模板制作、安装、拆除，混凝土拌合、运输、浇筑、养护，砌筑，勾缝、抹面。

（2）项目特征：垫层材质、厚度，混凝土强度等级，砌筑材料、规格、强度等级，砂浆强度等级、配合比。

（3）计算规则：按设计图示尺寸以体积（m^3）计算。

混凝土支墩的计算规则与砌筑支墩一致，工作内容、项目特征较为相似，详见计量规范。

2. 金属支架制作、安装

管道支架又被称为管道支座、管部，是用于地上架空敷设管道支承的一种结构件，在任何有管道敷设的地方都会用到。

（1）工作内容：模板制作、安装、拆除，混凝土拌合、运输、浇筑、养护，支架制作、安装。

（2）项目特征：垫层、基础材质及厚度，混凝土强度等级，支架材质，支架形式，预埋件材质及规格。

（3）计算规则：按设计图示质量（t）计算。

6.5.5 管道附属构筑物

1. 砌筑井

（1）工作内容：垫层铺筑，模板制作、安装、拆除，混凝土拌合、运输、浇筑、养护，砌筑、勾缝、抹面，井圈、井盖安装，盖板安装，踏步安装，防水、止水。

（2）项目特征：垫层、基础材质及厚度，砌筑材料品种、规格、强度等级，勾缝、抹面要求，砂浆强度等级、配合比，混凝土强度等级，盖板材质、规格，井盖、井圈材质及规格，踏步材质、规格，防渗、防水要求。

（3）计算规则：按设计图示数量（座）计算。

混凝土井、塑料检查井、砌体出水口、混凝土出水口、雨水口的工作内容、项目特征和计算规则与砌筑井相似，详见计量规范。

2. 砖砌井筒

（1）工作内容：砌筑、勾缝、抹面，踏步安装。

（2）项目特征：井筒规格，砌筑材料品种、规格，砌筑、勾缝、抹面要求，砂浆强度等级、配合比，踏步材质、规格，防渗、防水要求。

（3）计算规则：按设计图示尺寸以延长米（m）计算。

预制混凝土井筒的工作内容、项目特征和计算规则与砖砌井筒相似，详见计量规范。

6.5.6 管道工程计算实例

某渗渠铺设在河床下，其集水管为钢筋混凝土管，整体平面布置和新管挖方横断面分别如图 6-52、图 6-53 所示，人工挖土，平均开挖深度 3m，回填至原河床高度，三类土，沟槽土方因工作面和放坡增加的工程量并入清单土方工程量中，放坡系数和工作面宽度的计取参见表 3-3、表 6-1。已知新管的外径为 De630，试计算该工程混凝土管、新旧管连接以及新管挖填方的工程量。

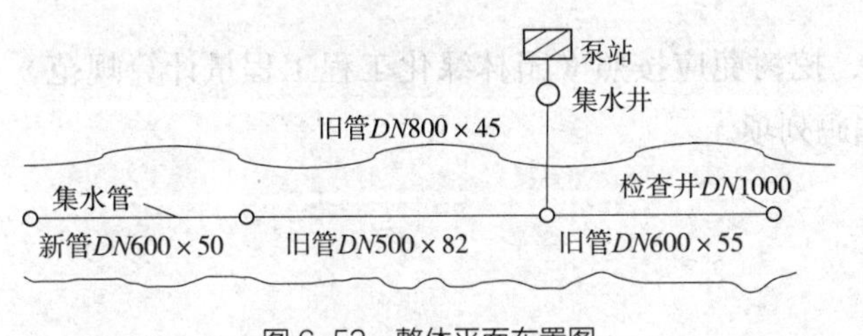

图 6-52 整体平面布置图

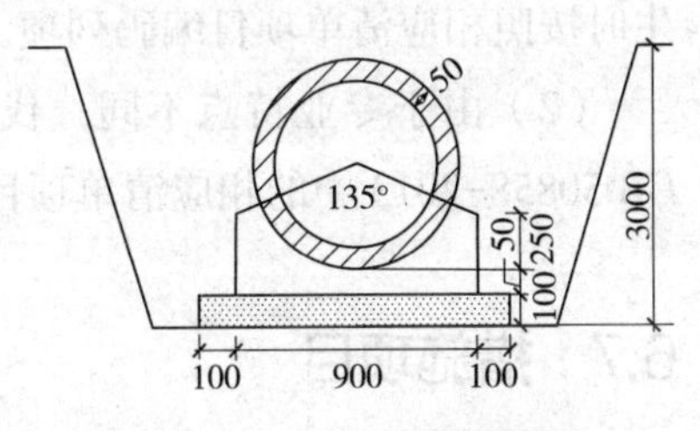

图 6-53 新管挖方横断面图

【解】（1）混凝土管（新管 $DN600$）：L_1=50.00m

（2）混凝土管（$DN500$）：L_2=82.00m

（3）混凝土管（旧管 $DN600$）：L_3=55.00m

（4）混凝土管（$DN800$）：L_4=45.00m

（5）新旧管连接：N=1 处

（6）挖沟槽土方：根据表 3-3、表 6-1 可知，放坡系数为 0.33，两侧工作面宽 500mm（有管座按基础外缘计算），则：$V_{挖}$=（0.9+0.5 × 2+0.33 × 3）× 3 × 50=433.50m^3

（7）回填方：$V_{垫层}$=（0.9+0.1 × 2）× 0.1 × 50=5.50m^3

$$V_{管道及基础}=\left\{\left[\left(0.25+\frac{0.63}{2}\right)\times\frac{1}{2}+0.05\right]\times 0.9+\pi\times\left(\frac{0.63}{2}\right)^2\times\frac{360-135}{360}\right\}\times 50=24.70\text{m}^3$$

$$V_{填}=V_{挖}-V_{垫层}-V_{管道及基础}=433.50-5.50-24.70=403.30\text{m}^3$$

6.6 钢筋与拆除工程

6.6.1 钢筋工程

市政工程中的钢筋工程共包含 10 个项目，其清单的项目设置、项目特征描述、计量单位及工程量计算规则均与房屋建筑与装饰工程相似，详见计量规范。

6.6.2 拆除工程

1. 拆除工程概述

市政工程中的拆除工程共包含 11 个项目，可依据工程量计算规则的不同分为四类。第一类按拆除部位以面积计算，包括拆除路面、拆除人行横道、拆除基层和铣刨路面；第二类按拆除部位以延长米计算，包括拆除侧平（缘）石和拆除管道；第三类按拆除部位以体积计算，包括拆除砖石结构和拆除混凝土结构；第四类按拆除部位以数量计算，包括拆除井、拆除电杆和拆除管片。各项目相应的工作内容和项目特征详见计量规范。

2. 相关规定

（1）拆除路面、人行道及管道清单项目的工作内容均不包括基础及垫层拆除，发生时按照相应清单项目编码列项。

（2）由于专业特点不同，伐树、挖树蔸应按照《园林绿化工程工程量计算规范》GB 50858-2013 中的相应清单项目编码列项。

6.7 措施项目

6.7.1 措施项目概述

市政工程中措施项目包括 9 类，其中安全文明施工及其他措施项目、大型机械进出场及安拆、施工排水降水均与房屋建筑与装饰工程一致，此处不再重复。其余措施项目的相关规定如下：

1. 脚手架工程

各类井的井深按井底基础以上至井盖顶的高度计算。

2. 混凝土模板及支架

原槽浇灌的混凝土基础、垫层，不计算模板。

3. 洞内临时设施

设计注明轨道铺设长度的，按设计图示尺寸计算；设计未注明时可按设计图示隧道长度以延长米计算，并注明洞外轨道铺设长度由投标人根据施工组织设计自定。

4. 处理、监测、监控

地下管线交叉处理指施工过程中对现有施工场地范围内各种地下交叉管线进行加固及处理所发生的费用，但不包括地下管线或设施改、移发生的费用。

6.7.2　脚手架

1. 墙面、柱面、仓面、沉井脚手架

（1）工作内容：清理场地，搭设、拆除脚手架、安全网，材料场内外运输。

（2）项目特征：根据项目不同，分别描述其墙高、柱高与结构外围长度、搭设方式与高度、沉井高度等，详见计量规范。

（3）计算规则：

1）墙面脚手架按墙面水平边线长度乘以墙面砌筑高度计算。

2）柱面脚手架按柱结构外围周长乘以柱砌筑高度计算。

3）仓面脚手架按仓面水平面积计算。

4）沉井脚手架按井壁中心线周长乘以井高计算。

不同类型脚手架均按面积（m^2）计算。

2. 井字架

（1）工作内容：清理场地、搭、拆井字架、材料场内外运输。

（2）项目特征：井深。

（3）计算规则：按设计图示数量（座）计算。

6.7.3　混凝土模板及支架

市政工程中的混凝土模板及支架共包含40个项目，模板的分类与计价规定以及各项目的工作内容、项目特征、工程量计算规则等均与房屋建筑与装饰工程相似，详见计量规范。

6.7.4　围堰

1. 围堰

围堰是指在工程建设中修建的临时性围护结构，其作用是防止水和土进入建筑物的修建位置，以便在围堰内排水、开挖基坑、修筑建筑物。

（1）工作内容：清理基底，打、拔工具桩，堆筑、填心、夯实，拆除清理，材料场内外运输。

（2）项目特征：围堰类型，围堰顶宽及底宽，围堰高度，填心材料。

（3）计算规则：按设计图示围堰体积（m^3）计算，或按设计图示围堰中心线长度（m）计算。

2. 筑岛

筑岛又称筑岛填心，是指在围堰围成的区域内填土、砂及砂砾石。

（1）工作内容：清理基底，堆筑、填心、夯实，拆除清理。

（2）项目特征：筑岛类型，筑岛高度，填心材料。

（3）计算规则：按设计图示筑岛体积（m^3）计算。

6.7.5 便道及便桥

1. 便道

（1）工作内容：平整场地，材料运输、铺设、夯实，拆除、清理。

（2）项目特征：结构类型，材料种类，宽度。

（3）计算规则：按设计图示尺寸以面积（m^2）计算。

2. 便桥

（1）工作内容：清理基层，材料运输、便桥搭设，拆除、清理。

（2）项目特征：结构类型，材料种类，跨径，宽度。

（3）计算规则：按设计图示以数量（座）计算。

6.7.6 洞内临时设施

1. 洞内通风、供水、供电及照明、通信设施

（1）工作内容：管道铺设，线路架设，设备安装，保养维护，拆除、清理，材料场内外运输。

（2）项目特征：单孔隧道长度，隧道断面尺寸，使用时间，设备要求。

（3）计算规则：按设计图示隧道长度以延长米（m）计算。

2. 洞内外轨道铺设

（1）工作内容：轨道及基础铺设，保养维护，拆除、清理，材料场内外运输。

（2）项目特征：单孔隧道长度，隧道断面尺寸，使用时间，轨道要求。

（3）计算规则：按设计图示轨道铺设长度以延长米（m）计算。

6.7.7 处理、监测、监控

1. 地下管线交叉处理

工作内容及包含范围：悬吊、加固、其他处理措施。

2. 施工监测、监控

工作内容及包含范围：对隧道洞内施工时可能存在的危害因素进行检测；对明挖法、暗挖法、盾构法施工的区域等进行周边环境监测；对明挖基坑围护结构体系进行监测；对隧道的围岩和支护进行监测，盾构法施工进行监控测量。

6.8 工程计量案例

某道路规划路段为 K10+480 ~ K10+720，四幅路，道路标准横断面布置图如图 6-54 所示。机动车道宽 7.5m，非机动车道宽 2m，均采用 4cm 厚改性沥青混凝土路面，道路路面结构图如图 6-55 所示，平石、缘石大样图如图 6-56 所示。道路土方横断面图如

图 6-57 所示，挖填方处理后进行路床整形以保证路基均匀稳定。试根据上述工程信息计算该工程相关工程量。

【解】（1）土方挖填

运用横截面法计算各截面间土方工程量，计算结果见表 6-5。

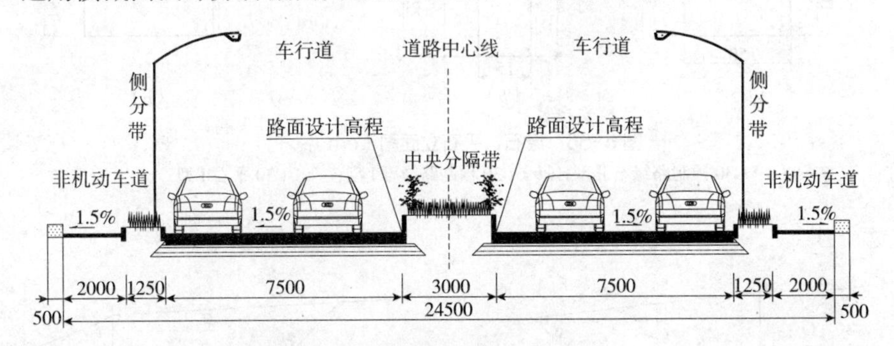

图 6-54 道路标准横断面布置图

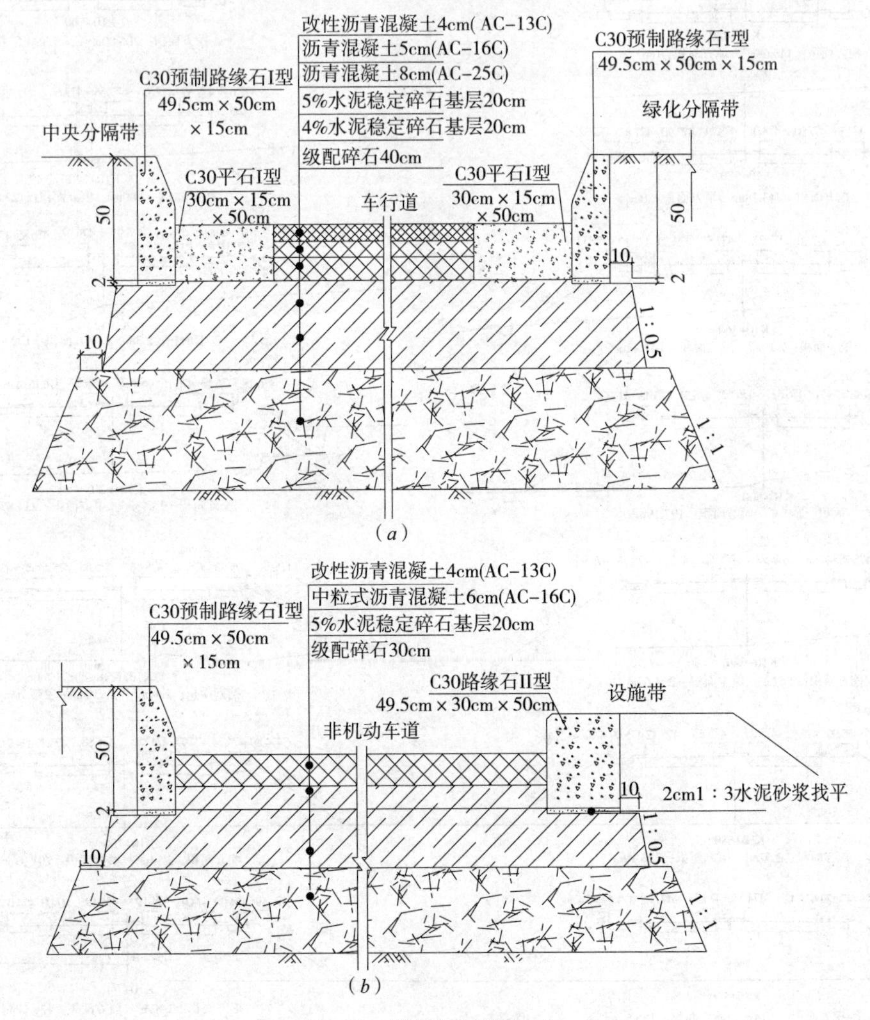

图 6-55 道路路面结构图（cm）

（a）车行道；（b）非机动车道

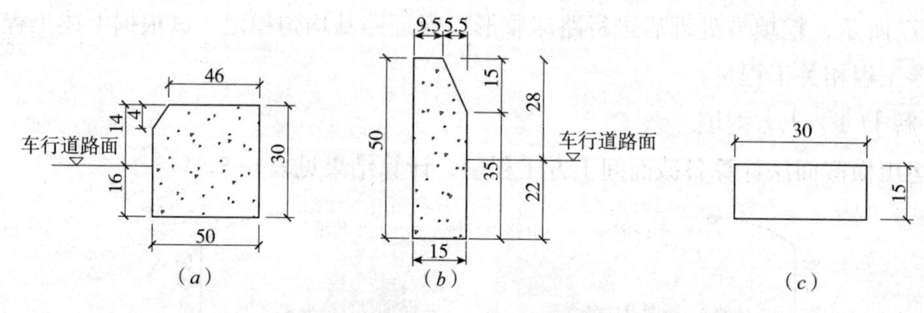

图 6-56 缘石、平石立面图(cm)

(a)C30 预制路缘石Ⅱ型;(b)C30 预制路缘石Ⅰ型;(c)C30 平石Ⅰ型

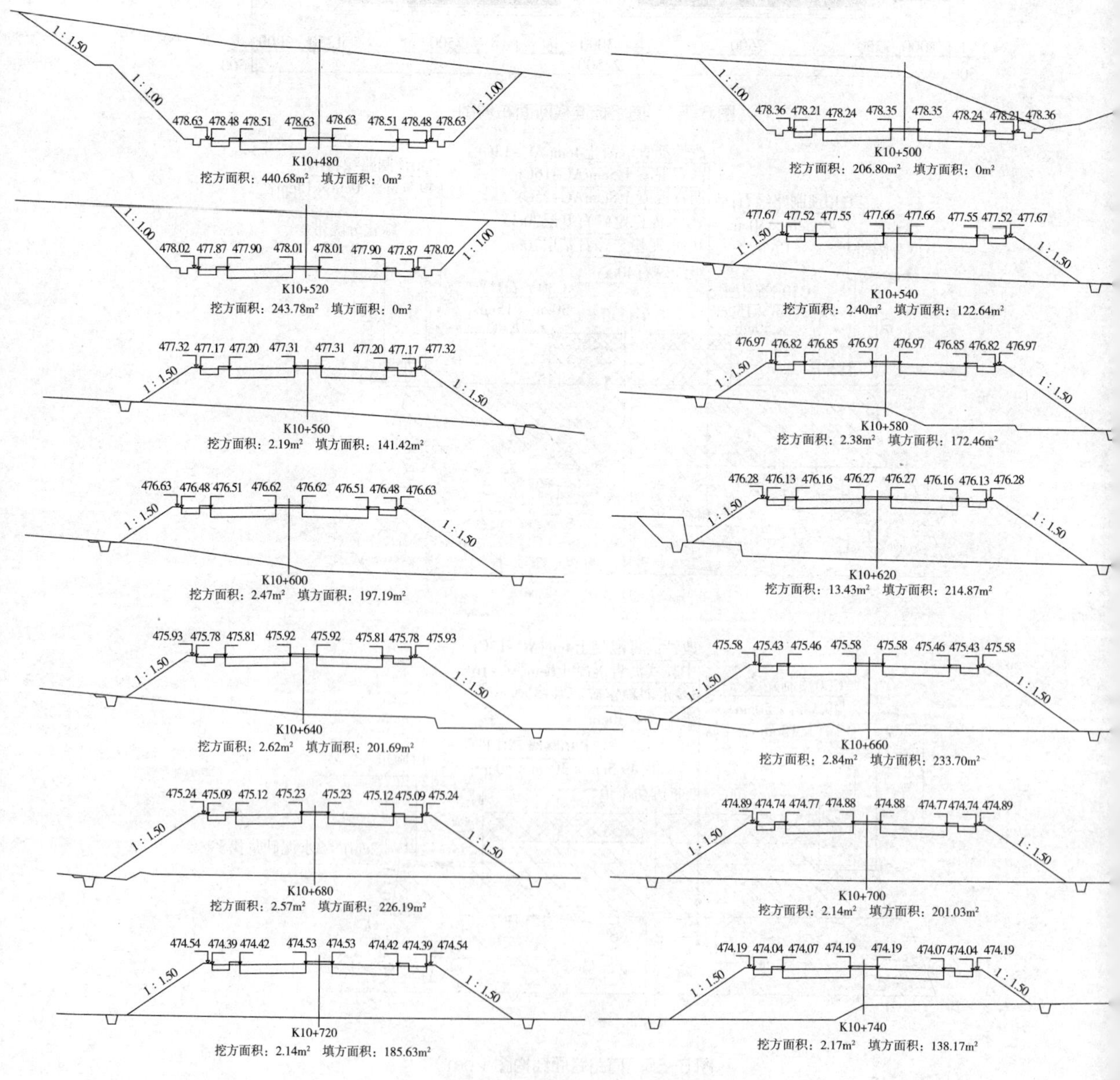

图 6-57 道路土方横断面图

土方工程量计算汇总表 表 6–5

桩号	填方面积（m^2）	挖方面积（m^3）	填方量（m^3）	挖方量（m^3）
K10+480	0	440.68	0	6474.80
K10+500	0	206.80	0	4505.80
K10+520	0	243.78	1226.40	2461.80
K10+540	122.64	2.40	2640.60	45.90
K10+560	141.42	2.19	3138.80	45.70
K10+580	172.46	2.38	3696.50	48.50
K10+600	197.19	2.47	4120.60	159.00
K10+620	214.87	13.43	4165.60	160.50
K10+640	201.69	2.62	4353.90	54.60
K10+660	233.70	2.84	4598.90	54.10
K10+680	226.19	2.57	4272.20	47.10
K10+700	201.03	2.14	3866.60	42.80
K10+720	185.63	2.14	3283.00	43.10
K10+740	138.17	2.17		
合计			39318.10	14143.80

（2）车行道

1）改性沥青混凝土：S_1=（7.5−0.3×2）×（720−480）×2=3312.00m²

2）沥青混凝土（AC−16C）：S_2=（7.5−0.3×2）×（720−480）×2=3312.00m²

3）沥青混凝土（AC−25C）：S_3=（7.5−0.3×2）×（720−480）×2=3312.00m²

4）5% 水泥稳定碎石基层：S_4=（7.5+0.15×2+0.1×2+0.2×0.5）×（720−480）×2=3888.00m²

5）4% 水泥稳定碎石基层：S_5=（7.5+0.15×2+0.1×2+0.2×0.5×3）×（720−480）×2=3984.00m²

6）级配碎石：S_6=（7.5+0.15×2+0.1×2+0.4×0.5×2+0.1×2+0.4×1）×（720−480）×2=4320.00m²

7）路床整形：S_7=（7.5+0.15×2+0.1×2+0.4×0.5×2+0.1×2+0.4×2）×（720−480）×2=4512.00m²

（3）非机动车道

1）改性沥青混凝土：S_8=2×（720−480）×2=960.00m²

2）中粒式沥青混凝土（AC−16C）：S_9=2×（720−480）×2=960.00m²

3）5% 水泥稳定碎石基层：S_{10}=（2+0.15+0.5+0.1×2+0.2×0.5）×（720−480）×2=1416.00m²

4）级配碎石：S_{11}=（2+0.15+0.5+0.1×2+0.2×0.5×2+0.1×2+0.3×1）×（720−480）×2=1704.00m²

5）路床整形：S_{12}=（2+0.15+0.5+0.1×2+0.2×0.5×2+0.1×2+0.3×2）×（720−480）×2=1848.00m²

（4）其他

1）安砌Ⅰ型平石：L_1=2×2×（720−480）=960.00m

2）安砌Ⅰ型路缘石：L_2=6×（720−480）=1440.00m

3）安砌Ⅱ型路缘石：L_3=2×（720−480）=480.00m

习题

1. 某市一号道路在桩号K0+000～K0+500段进行施工，道路宽26m，车行道宽度为18m，两侧人行道宽度各为4m，设计横断面图如图6-58所示。在道路一侧每隔100m设置一标杆以引导驾驶员的视线，同时在道路两侧设置截水沟排水。试计算该道路的相关工程量。

2. 某隧道工程长为750m，洞门形状如图6-59所示，端墙采用M15水泥砂浆砌片石，翼墙采用M10水泥砂浆砌片石，外露面用平石镶面并勾平缝，衬砌水泥砂浆砌片石厚5cm。工程中选用4个止水框以加强顶部稳定性，止水框板厚15cm，材料密度为8.72×103kg/m³，具体尺寸如图6-60所示。求洞门端墙砌筑和安装止水框的工程量。

3. 某桥梁总长25m，采用预制T形梁，如图6-61所示。修筑过程中，人行道板、侧缘石采用现场浇筑，侧缘石及人行道板详图分别如图6-62、图6-63所示，试计算该工程相关工程量。

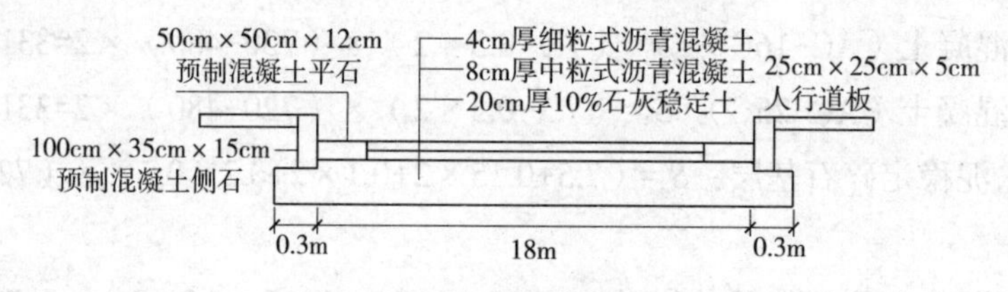

图6-58 道路设计横断面

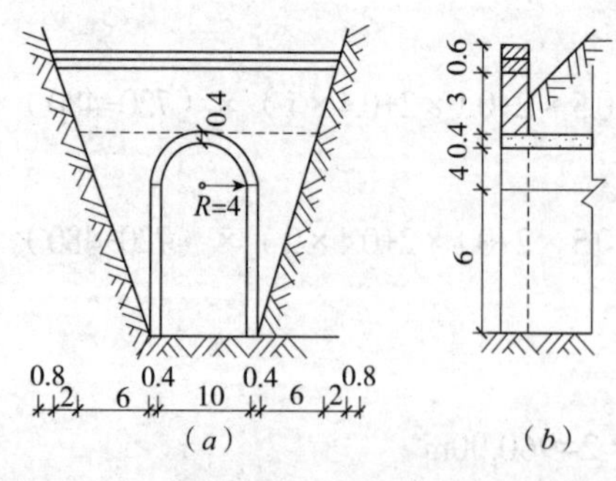

图6-59 端墙式洞门示意图（m）

（a）立面图；（b）局部剖面图

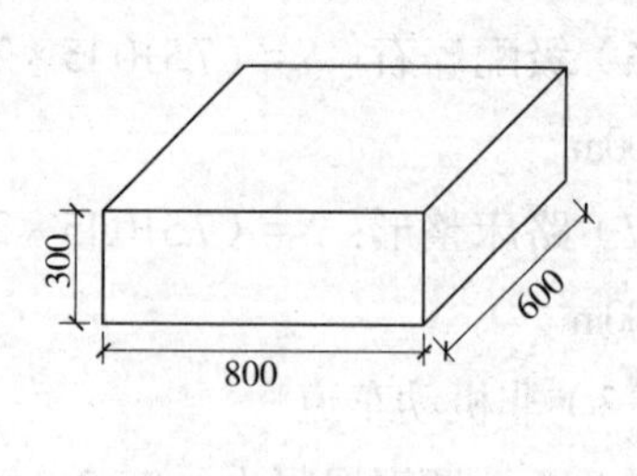

图6-60 止水框示意图

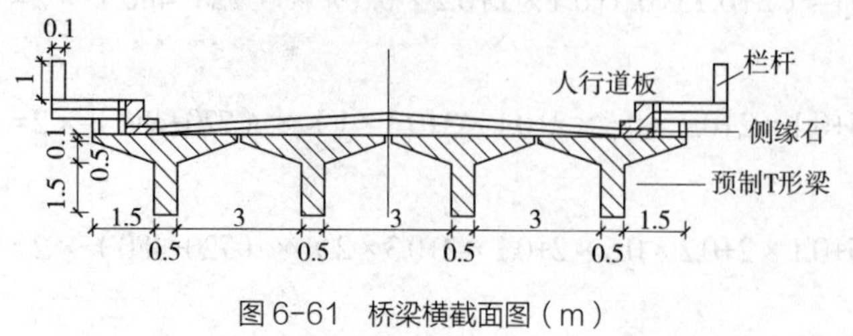

图6-61 桥梁横截面图（m）

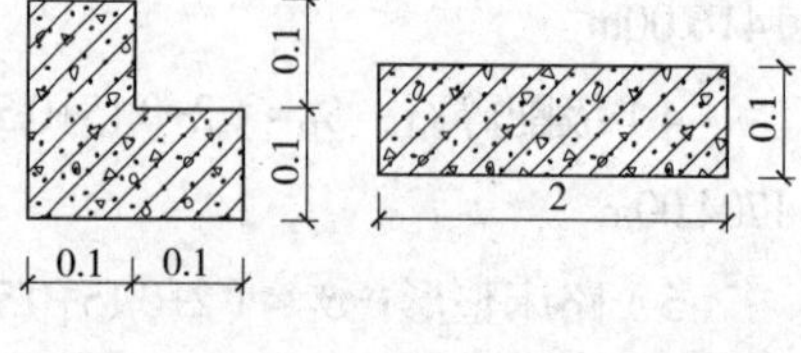

图6-62 侧缘石横断面图

图6-63 人行道板横断面图

7

园林绿化工程计量

【本章要点及学习目标】

本章根据《园林绿化工程工程量计算规范》GB 50858—2013 对绿化工程、园路园桥工程、园林景观工程及园林措施项目进行介绍。通过对本章的学习，使读者能够熟悉和掌握园林绿化工程常见项目工程量的计算规则和计算方法。本章未介绍的项目按计量规范规定执行。

7.1 绿化工程

绿化工程指树木、花卉、草坪等地被植物的种植，通过种植树木花草，能够起到改善气候、净化空气、美化环境以及防止水土流失的作用。

7.1.1 绿化工程概述

1. 常见绿植种类

园林绿化工程中常见的绿植包括：

（1）乔木是指树体高大而具有明显主干的树种。常见的乔木有松、柏、杉、杨、樟、柳、银杏、桂花、榕树、梧桐、红叶李、白玉兰、女贞等。

（2）灌木是指树形较矮小，无明显主干，从根茎部位分枝成丛的木本植物。常见的灌木有杜鹃、栀子、夹竹桃、玫瑰、月季、牡丹、贴梗海棠等。

（3）竹类是指茎圆柱形或微方形、中空、有节、叶子有平行脉的常绿木本科植物。常见的竹类有毛竹、桂竹、罗汉竹等。

（4）芦苇是一种多年水生或湿生的高大禾草，生长在灌溉沟渠旁、河堤、沼泽地等地方。

（5）棕榈类是指树干直立不分枝、坚挺大叶聚生干顶的一种常绿乔木，常见的棕榈类植物有棕榈、海枣、蒲葵、椰树等。

（6）绿篱是指成行密植形成的植物墙，常见的绿篱树种有山子甲、福建茶、黄心梅等。

（7）攀缘植物是指以某种方式攀附于其他物体上生长、主干茎不能直立的植物。常见的攀缘植物有蔷薇、葡萄、紫藤、爬山虎等。

（8）植物色带是指在一定地点种植同种或不同种花卉及观叶植物，使其配合起来形成具有一定面积的有观赏价值的风景带。

（9）花卉是指具有观赏价值的草本植物、花灌木、开花乔木以及盆景类植物。

2. 绿化工程植物图例

绿化工程中常用绿植的平面图例见表 7-1，另外也可参照植物形态利用图形加上文字说明的方式对植物进行表示。

3. 工程量计算一般规定

（1）绿化工程中苗木计算的相关规定如下：

1）胸径应为地表面向上 1.2m 高处树干直径（或以工程所在地规定为准）。

2）冠径又称冠幅，应为苗木冠丛垂直投影面的最大直径和最小直径之间的平均值，通常是指苗木的南北和东西方向宽度的平均值。

3）蓬径应为灌木、灌丛垂直投影面的平均直径，其含义与冠径类似。

植物常用图例表 表 7–1

序号	名称	图例	说明
1	落叶阔叶乔木		①落叶乔、灌木均不填斜线；常绿乔、灌木加画 45° 细斜线； ②阔叶树的外围线用弧裂或圆形线；针叶树的外围线用锯齿形或斜刺形线； ③乔木外形成圆形；灌木外形成不规则形。乔木图例中的粗线小圆表示现有乔木，灌木图例中的黑点表示种植位置； ④凡大片树林可省略图例中的小圆及黑点
2	常绿阔叶乔木		
3	落叶针叶乔木		
4	常绿针叶乔木		
5	落叶灌木		
6	常绿灌木		
7	阔叶乔木疏林		图例为疏林，若为密林则在疏林基础上加画 45° 细斜线
8	针叶乔木疏林		
9	落叶灌木疏林		
10	自然形绿篱		—
11	整形绿篱		—
12	镶边植物		—
13	一般草皮		—
14	竹丛		—
15	棕榈植物		—
16	水生植物		—

4）地径应为地表面向上 0.1m 高处树干直径。

5）干径应为地表面向上 0.3m 高处树干直径。

6）株高应为地表面至树顶端的高度。

7）冠丛高应为地表面至乔（灌）木顶端的高度。

8）篱高应为地表面至绿篱顶端的高度。

9）养护期应为招标文件中要求苗木种植结束，竣工验收通过后承包人负责养护的时间。

（2）整理绿化用地中包含厚度≤ 300mm 回填土，厚度 >300mm 回填土应按现行国家标准《房屋建筑与装饰工程工程量计算规范》GB 50854-2013 相应项目编码列项。

（3）栽植花木中挖土外运、借土回填、挖（凿）土（石）方应包括在相关清单项目内；土球包裹材料、树体输液保湿及喷洒生根剂等费用也包含在相应项目内。

（4）绿地喷灌项目中，挖填土石方应按现行国家标准《房屋建筑与装饰工程工程量计算规范》GB 50854-2013 附录 A 相关项目编码列项；阀门井应按《市政工程工程量计算规范》GB 50857-2013 相关项目编码列项。

7.1.2 绿地整理及绿地喷灌

绿地整理及绿地喷灌主要包括砍挖绿植、清除草皮及地被植物、整理绿化用地、绿地起坡造型、屋面清理及屋顶花园基地处理、喷灌管线及配件安装等项目。

1. 砍挖绿植

砍挖绿植包括砍伐乔木、挖树根（蔸）、砍挖灌木丛及根、砍挖竹及根、砍挖芦苇（或其他水生植物）及根项目，其中砍伐乔木的工作内容、项目特征及计算规则如下：

（1）工作内容：砍伐，废弃物运输，场地清理。

（2）项目特征：树干胸径。

（3）计算规则：按数量（株）计算。

砍挖绿植的其他项目与砍伐乔木相似，详见《园林绿化工程工程量计算规范》GB 50858-2013（以下简称“计量规范”）。

2. 清除草皮及地被植物

（1）工作内容：除草（清除植物），废弃物运输，场地清理。

（2）项目特征：草皮（植物）种类。

（3）计算规则：按面积（m^2）计算。

【例 7-1】某绿地如图 7-1 所示，其中所有乔木的树干胸径均在 40cm 以内，地径均在 45cm 以内，灌木的丛高为 0.9m，芦苇所占面积为 $56m^2$，草皮所占面积为 $95m^2$，现因规划需要对其进行挖掘和清除，试计算该绿地砍挖植物和清除草皮的工程量。

【解】（1）砍伐乔木（胸径在 40cm 以内）：N_1=19 株

（2）挖树根（地径在 45cm 以内）：N_2=19 株

（3）砍挖灌木丛及根（丛高 0.9m）：N_3=390 株

（4）砍挖芦苇及根：$S_1=56m^2$

（5）清除草皮：$S_2=95m^2$

3. 整理绿化用地及绿地起坡造型

整理绿化用地是指绿化工程施工前的地坪整理。

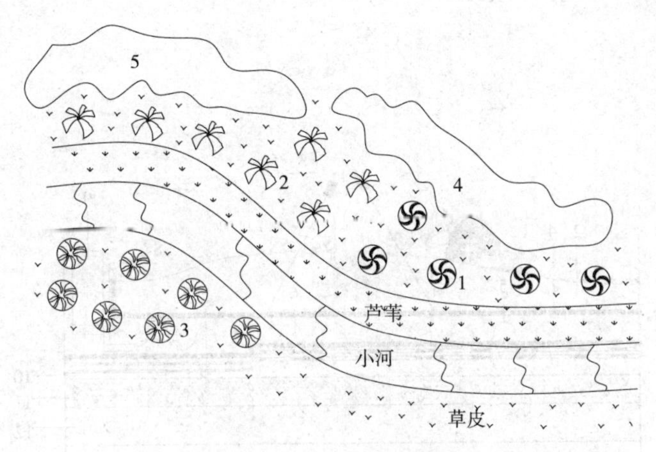

图 7-1 绿地整理局部示意图

1—大王椰；2—棕榈；3—垂柳；4—栀子花（180 株）；5—玫瑰（210 株）

（1）工作内容：排地表水，土方挖、运，耙细、过筛，回填，找平、找坡，拍实，废弃物运输。

（2）项目特征：回填土质要求，取土运距，回填厚度，找平找坡要求，弃渣运距。

（3）计算规则：按设计图示尺寸以面积（m^2）计算。

绿地起坡造型与整理绿化用地的工作内容和项目特征相似，具体详见计量规范。绿地起坡造型的计算规则为按设计图示尺寸以体积（m^3）计算，其土方计算方法同第 6 章的横截面法和方格网法。

【例 7-2】如图 7-2 所示为形状不规则的绿化用地，试计算该绿化用地绿地整理的工程量。

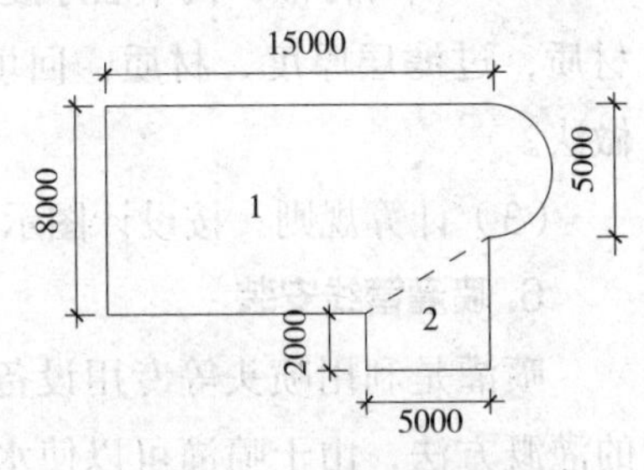

图 7-2 绿化用地示意图

1—整理厚度为 20cm；2—挖土厚度为 40cm

【解】（1）整理绿化用地：

$$S=15\times8-1/2\times5\times(8-5)+1/2\times\pi\times(5/2)^2$$
$$=122.32m^2$$

（2）挖基坑土方：

$$V=[5\times2+1/2\times5\times(8-5)]\times0.4=7.00m^3$$

4. 屋面清理

（1）工作内容：原屋面清扫，废弃物运输，场地清理。

（2）项目特征：屋面做法，屋面高度。

（3）计算规则：按设计图示尺寸以面积（m^2）计算。

5. 屋顶花园基地处理

屋顶花园基地处理的构造剖面示意图如图 7-3 所示，施工前屋顶有龟裂或凹凸不平之处应修补平整，若原屋面板为预制空心板，可先铺设三层沥青，两层油毡作隔水

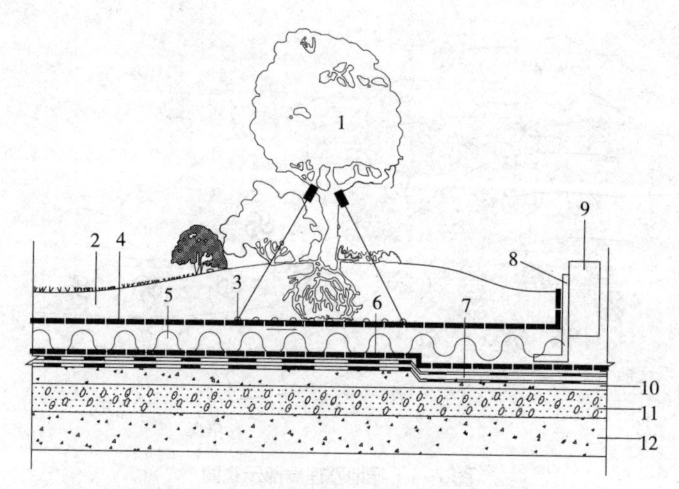

图 7-3 屋顶花园基地处理构造剖面示意图

1—乔木；2—种植土；3—地下树木支架；4—过滤层；5—排（蓄）水层；6—保护层；7—耐根穿刺复合防水层；8—挡土板；9—种植挡墙；10—找平层；11—找坡层；12—钢筋混凝土屋面板

层，以防渗漏。

（1）工作内容：抹找平层，防水层铺设，排水层铺设，过滤层铺设，填轻质土壤，阻根层铺设，运输。

（2）项目特征：找平层厚度、砂浆种类、强度等级，防水层种类、做法，排水层厚度、材质，过滤层厚度、材质，回填轻质土厚度、种类，屋面高度，阻根层厚度、材质、做法。

（3）计算规则：按设计图示尺寸以面积（m^2）计算。

6. 喷灌管线安装

喷灌是利用喷头等专用设备把有压水喷洒到空中，形成水滴落到地面和作物表面的灌溉方法，由于喷灌可以使水均匀地渗入地下避免径流，因而特别适用于灌溉草坪和坡地。一个完整的喷灌系统一般由水源、首部枢纽、喷灌管网和喷头等组成。

（1）工作内容：管道铺设，管道固筑，水压试验，刷防护材料、油漆。

（2）项目特征：管道品种、规格，管件品种、规格，管道固定方式，防护材料种类，油漆品种、刷漆遍数。

（3）计算规则：按设计图示管道中心线长度以延长米（m）计算，不扣除检查（阀门）井、阀门、管件及附件所占的长度。

7. 喷灌配件安装

（1）工作内容：管道附件、阀门、喷头安装，水压试验，刷防护材料、油漆。

（2）项目特征：管道附件、阀门、喷头品种和规格，管道附件、阀门、喷头固定方式，防护材料种类，油漆品种、刷漆遍数。

（3）计算规则：按设计图示数量（个）计算。

【例 7-3】某绿地喷灌的局部平面示意图如图 7-4 所示，图中横纵两根主干管道为镀锌钢管 *DN*65，潜水泵泄水管为镀锌钢管 *DN*65，分支管道为 UPVC 管 *DN*32。管道埋于地下 500mm 处（挖土方工程量不考虑工作面和放坡），刷红丹防锈漆两道，管道上安装有低压螺纹阀门和旋转散射喇叭喷头。主干管道总长为 125m，泄水管总长为 8m，分支管道总长为 240m，已知镀锌钢管 *DN*65 外径为 De76，UPVC 管 *DN*32 的外径为 De40 求其绿地喷灌相关的工程量。

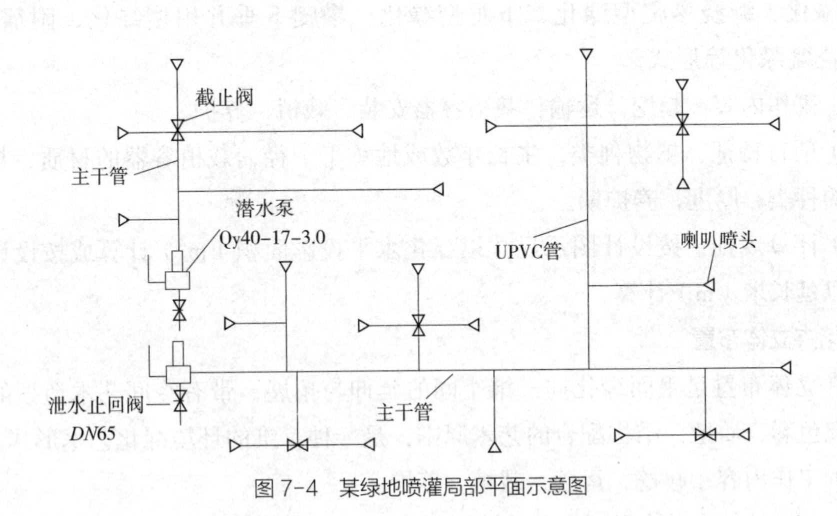

图 7-4 某绿地喷灌局部平面示意图

【解】(1) 管沟土方：

主干管道和泄水管道 *DN*65，h=500mm：$V_1=0.076\times(125+8)\times0.5=5.05\text{m}^3$

分支管道 *DN*32，h=500mm：$V_2=0.040\times240\times0.5=4.80\text{m}^3$

(2) 镀锌钢管（*DN*65）安装：L_1=125+8=133m

(3) UPVC 管（*DN*32）安装：L_2=240m

(4) 潜水泵（Qy40-17-3.0）安装：N_1=2 台

(5) 泄水止回阀（*DN*65）安装：N_2=2 个

(6) 截止阀（*DN*65）安装：N_3=1 个

(7) 截止阀（*DN*32）安装：N_4=4 个

(8) 旋转散射喇叭喷头安装：N_5=22 个

7.1.3 栽植花木

1. 栽植植物

栽植植物包括栽植乔木、灌木、竹类、棕榈类、绿篱、攀缘植物、色带、花卉、水生植物等项目，工程量的计算多以“株、丛、米、平方米”为计量单位。其中栽植乔木的工作内容、项目特征及计算规则如下：

(1) 工作内容：起挖，运输，栽植，养护。

（2）项目特征：种类，胸径或干径，株高、冠径，起挖方式，养护期。

（3）计算规则：按设计图示数量（株）计算。

栽植植物的其他项目与栽植乔木相似，具体详见计量规范。

2. 垂直墙面绿化种植

垂直墙体绿化种植是指以建筑物、构筑物等的垂直或接近垂直的立面（如室外墙面、柱面、架面等）为载体的一种建筑空间绿化形式，垂直墙体绿化通常有吸附攀爬型绿化、缠绕攀爬型绿化、下垂型绿化、攀爬下垂并用型绿化、附墙型绿化、骨架 + 花盆绿化等形式。

（1）工作内容：起挖，运输，栽植容器安装，栽植，养护。

（2）项目特征：植物种类，生长年数或地（干）径，栽植容器的材质、规格，栽植基质的种类、厚度，养护期。

（3）计算规则：按设计图示尺寸以绿化水平投影面积（m^2）计算或按设计图示种植长度以延长米（m）计算。

3. 花卉立体布置

花卉立体布置是平面绿化向三维空间的延伸与拓展，带有空间艺术造型的美化功能，讲究色彩、质地、结构配合的艺术原则，是一种三维的环境绿化艺术形式。

（1）工作内容：起挖，运输，栽植，养护。

（2）项目特征：草本花卉种类，高度或蓬径，单位面积株数，种植形式，养护期。

（3）计算规则：按设计图示数量以单体（处）计算或按设计图示尺寸以面积（m^2）计算。

【例 7–4】某小区绿化局部示意图如图 7–5 所示，该局部绿化以栽植花木为主，各种花木种类已在图中标出，其中金叶女贞共有 245 株，玫瑰共有 175 株，借助于原有墙体形成的爬山虎装饰墙长 18m，高 3.5m，求该工程栽植花木的工程量。

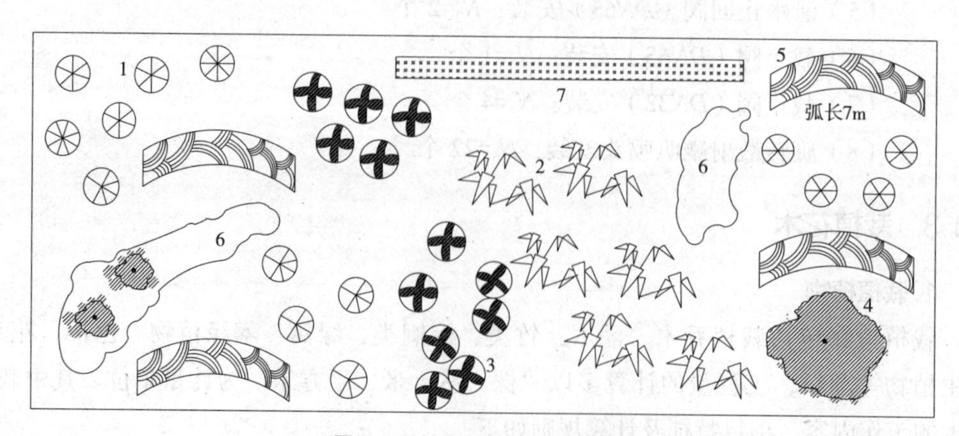

图 7–5 某小区绿化局部示意图

1—法国梧桐；2—佛肚竹；3—蒲葵；4—金叶女贞；5—大叶黄杨绿篱；6—玫瑰；7—爬山虎

【解】（1）栽植乔木（法国梧桐）：N_1=14 株

（2）栽植灌木（金叶女贞）：N_2=245 株

（3）栽植灌木（玫瑰）：N_3=175 株

（4）栽植竹类（佛肚竹）：N_4=6 丛

（5）栽植棕榈类（蒲葵）：N_5=12 株

（6）栽植绿篱（大叶黄杨绿篱）：$L=7\times4=28.00\text{m}$

（7）垂直墙体绿化种植（爬山虎）：$S=18\times3.5=63.00\text{m}^2$

4. 铺种草皮、喷播植草（灌木）籽、植草砖内植草

铺种草皮是指把平铲为板状或剥离成不同形状并附带一定量土壤的草坪种植在固定场所的施工过程。

（1）工作内容：起挖、运输、铺底砂（土）、栽植、养护。

（2）项目特征：草皮种类、铺种方式、养护期。

（3）计算规则：按设计图示尺寸以绿化投影面积（m^2）计算。

喷播植草（灌木）籽、砖内植草与铺种草皮相似，具体详见计量规范。

【例 7-5】某公园局部绿化示意图如图 7-6 所示，整体为草地及踏步，踏步厚度为 110mm，踏步下灰土垫层厚度为 250mm，其他尺寸见图中标注，求铺种草皮、踏步现浇混凝土及灰土垫层的工程量。

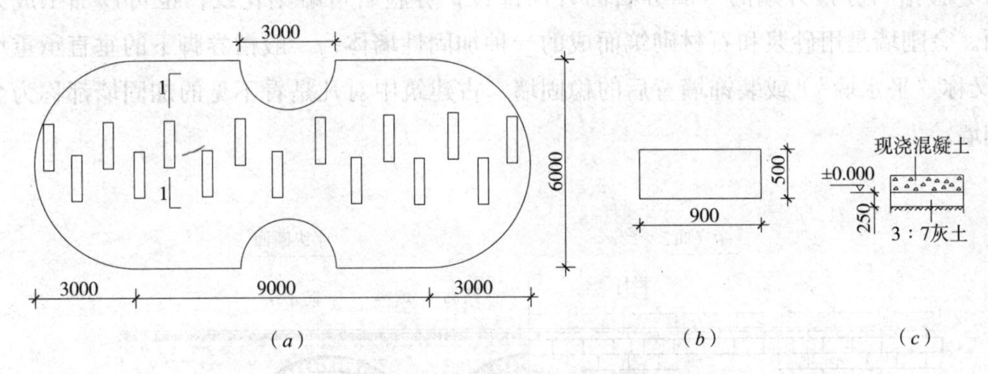

图 7-6 某公园局部绿化示意图

（a）绿化平面示意图；（b）踏步平面示意图；（c）1-1 踏步剖面图

【解】（1）铺种草皮：

$$S=9\times6+\pi\times3^2-1/4\times\pi\times3^2-0.9\times0.5\times15=68.46\text{m}^2$$

（2）踏步（现浇混凝土其他构件）：

$$V_1=S\cdot h=0.9\times0.5\times0.11\times15=0.74\text{m}^3$$

（3）3 ：7 灰土垫层：

$$V_2=S\cdot h=0.9\times0.5\times0.25\times15=1.69\text{m}^3$$

7.2 园路与园桥工程

7.2.1 园路与园桥工程概述

1. 园路工程基础知识

园路即园林中的道路，是联系若干个景点和景区的纽带，其功能是组织空间、交通运输、引导游览、休憩观景，其本身也是园景的重要元素。园路分为主路、支路、小路、园务路等。园路的结构形式较多，常见的园路结构图如第 6 章图 6-5 所示。

2. 园桥工程基础知识

园桥从样式上分为平桥、拱桥、亭桥、廊桥、汀步等。平桥外形简单，分为有梁式和板式，其中板式平桥适用于较小的跨度。拱桥曲线圆润、造型优美，可分为单孔拱桥和多孔拱桥。亭（廊）桥即为加盖亭（廊）的桥，可供游人遮阳避雨。汀步又称步石、飞石，是指浅水中按一定间距布设块石，微露水面，使人能够跨步而过。

园桥从材料上分为木桥、石桥、竹桥、钢桥、钢筋混凝土桥等。其中石桥包括桥基础、桥墩、桥台、拱券石、石券脸、金刚墙、石桥面等构件。桥基础、桥墩、桥台、桥面的定义与第 6 章相似，一般石拱桥构造示意图如图 7-7 所示。拱券石又称拱旋石、碹石，拱券石应该选择细密质地的花岗石、砂岩石等，加工成上宽下窄的楔形石块。石券脸指石券最外端的一圈券石的外面部位，券脸石可雕刻花纹，也可以加工成光面。金刚墙是用砂浆和石材砌筑而成的一种加固性墙体，一般指券脚下的垂直承重墙（又称“平水墙”）或装饰墙背后的稳固墙，古建筑中对凡是看不见的加固墙都称为金刚墙。

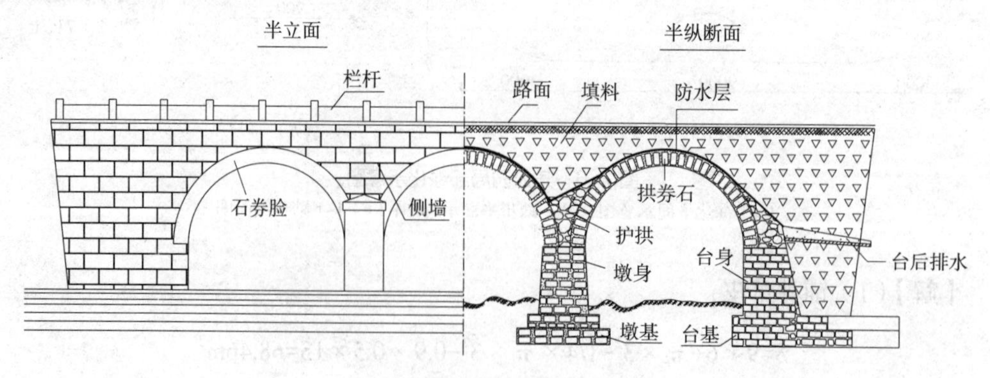

图 7-7 一般石拱桥构造示意图

3. 驳岸基础知识

驳岸是一面临水的挡土墙，是支持陆地和防止岸壁坍塌的水工构筑物。驳岸水位分为低水位、常水位和高水位。高水位以上部分是不淹没部分，主要受风浪撞击淘刷、日晒风化或超重荷载；常水位至高水位部分属周期性淹没部分，多受风浪拍击和周期性冲刷；常水位到低水位部分是常年被淹部分，其主要是湖水浸渗冻胀、剪力破坏、风浪淘刷。永久性驳岸的结构示意图如图 7-8 所示。

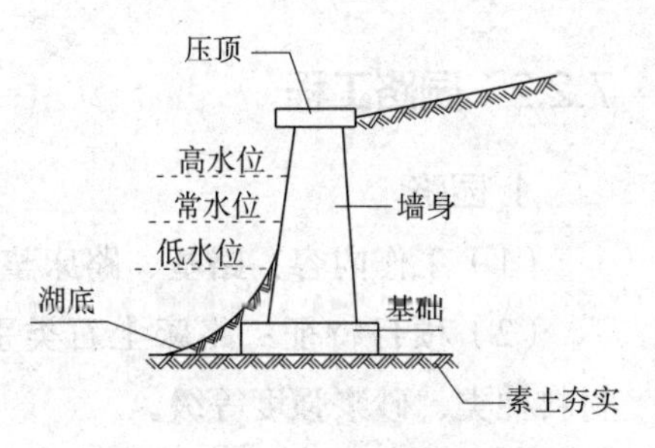

图 7-8　永久性驳岸结构示意图

4. 园路园桥工程常用图例

园路园桥工程中常用图例见表 7-2。

园路园桥工程常用图例表　　表 7-2

序号	名称	图例	说明
1	园路		
2	铺装路面		
3	台阶		箭头指向表示向上
4	铺砌场地		可依据设计形态表示
5	车行桥		也可依据设计形态表示
6	人行桥		
7	汀步		
8	涵洞		
9	驳岸		上图为整形砌筑规划式驳岸；下图为假山石自然式驳岸

5. 工程量计算一般规定

（1）园路、园桥工程的挖土方、开凿石方、回填等应按现行国家标准《市政工程工程量计算规范》GB 50857-2013 相关项目编码列项；驳岸工程的挖土方、开凿石方、回填等应按《房屋建筑与装饰工程工程量计算规范》GB 50854-2013 相关项目编码列项。

（2）台阶项目应按现行国家标准《房屋建筑与装饰工程工程量计算规范》GB 50854-2013 相关项目编码列项。

（3）如遇某些构配件使用钢筋混凝土或金属构件时，应按现行国家标准《房屋建筑与装饰工程工程量计算规范》GB 50854-2013 或《市政工程工程量计算规范》GB 50857-2013 相关项目编码列项。

（4）混合类构件园桥应按现行国家标准《房屋建筑与装饰工程工程量计算规范》GB 50854-2013 或《通用安装工程工程量计算规范》GB 50856-2013 相关项目编码列项。

7.2.2 园路工程

1. 园路

（1）工作内容：路基、路床整理，垫层铺筑，路面铺筑，路面养护。

（2）项目特征：路床土石类别，垫层厚度、宽度、材料种类，路面厚度、宽度、材料种类，砂浆强度等级。

（3）计算规则：按设计图示尺寸以面积（m^2）计算，不包括路牙。

2. 踏（蹬）道

踏（蹬）道又称台阶，一般是指用砖、石、混凝土等筑成的一级一级供人上下的建筑物，多在大门前或坡道上。踏（蹬）道的工作内容和项目特征与园路相同，计算规则为按设计图示尺寸以水平投影面积（m^2）计算，不包括路牙。

3. 路牙铺设

路牙是指用凿打成长条形的石材、混凝土预制的长条形砌块或砖铺装在道路边缘，起保护路面作用的构件。

（1）工作内容：基层整理，垫层铺设，路牙铺设。

（2）项目特征：垫层厚度、材料种类，路牙材料种类规格，砂浆强度等级。

（3）计算规则：按设计图示尺寸以长度（m）计算。

【例 7-6】某公园绿化草地上新建混凝土彩砖路面，彩砖路面平面示意图如图 7-9（*a*）所示，路面详图如图 7-9（*b*）所示，剖面图如图 7-9（*c*）所示，求该路面绿地整理和园路工程的工程量。

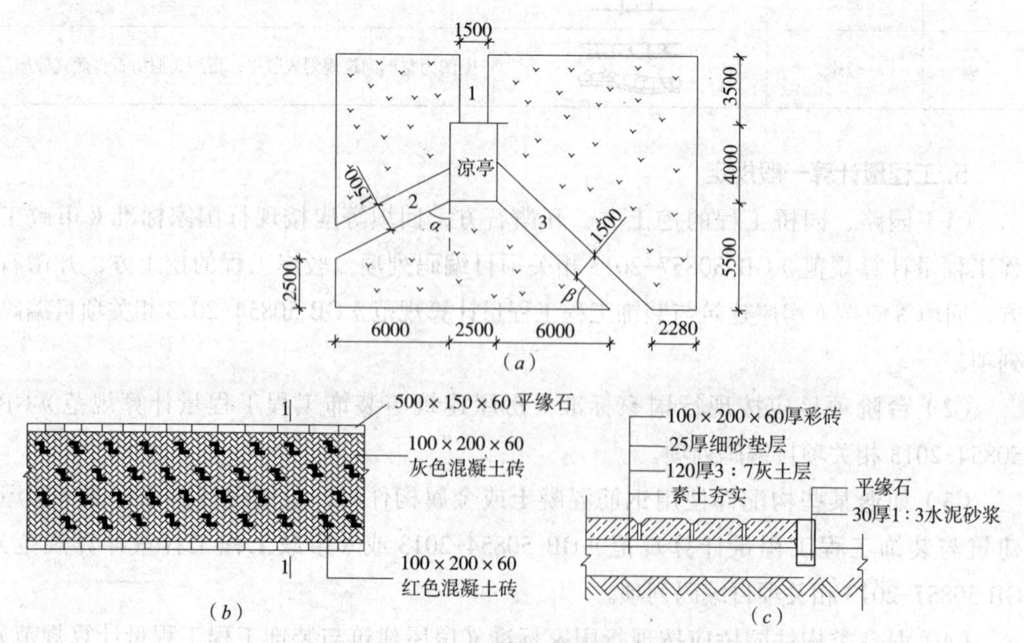

图 7-9 混凝土砖地面铺装示意图

（*a*）混凝土彩砖路面平面示意图；（*b*）平面详图；（*c*）1-1 剖面图

【解】(1)整理绿化用地:

$$S_1=3.5\times1.5=5.25\text{m}^2$$

$$S_2=6\times1.5/\sin\alpha=6\times1.5\times\sqrt{6^2+(5.5-2.5)^2}/6=10.06\text{m}^2$$

$$S_3=1/2\times\left(6+\frac{1.5}{\sin\beta}\right)\times\left(5.5+\frac{1.5}{\cos\beta}\right)-1/2\times6\times5.5=14.49\text{m}^2$$

$$S=S_1+S_2+S_3=5.25+10.06+14.49=29.80\text{m}^2$$

(2)混凝土彩砖园路:

$$S_1=3.5\times(1.5-0.06\times2)=4.83\text{m}^2$$

$$S_2=(1.5-0.06\times2)/\sin\alpha\times6=(1.5-0.06\times2)\times\sqrt{6^2+(5.5-2.5)^2}/6\times6=9.26\text{m}^2$$

$$S_3=1/2\times(6+2.22-0.06)\times(5.5+2.04-0.06)-1/2\times(6+0.06)(5.5+0.06)=13.67\text{m}^2$$

$$S=S_1+S_2+S_3=4.83+9.26+13.67=27.76\text{m}^2$$

(3)平缘石路牙:

$$L_1=3.5\times2=7.00\text{m}$$

$$L_2=\sqrt{6^2+(5.5-2.5)^2}\times2=13.42\text{m}$$

$$L_3=\sqrt{\left(6+\frac{0.03}{\sin\beta}\right)^2+\left(5.5+\frac{0.03}{\cos\beta}\right)^2}+\sqrt{\left(6+2.22\frac{0.03}{\sin\beta}\right)^2+\left(5.5+2.04-\frac{0.03}{\cos\beta}\right)^2}=19.29\text{m}$$

$$L=L_1+L_2+L_3=7.00+13.42+19.29=39.71\text{m}$$

4. 树池围牙、盖板(箅子)

树池盖板又称为护树板、树篦子、树围子等,树池盖板的中心设有树孔,树孔的周围设有多个漏水孔,主要起到防护树池水土流失、美化环境等作用。

(1)工作内容:清理基层,围牙、盖板运输,围牙、盖板铺设。

(2)项目特征:围牙材料种类、规格,铺设方式,盖板材料种类、规格。

(3)计算规则:按设计图示尺寸以长度(m)计算或按设计图示数量(套)计算。

【例 7-7】某公园平铺花岗石树池 26 个,树池的平面图如图 7-10(a)所示,围牙为预制混凝土围牙,其立面图如图 7-10(b)所示,盖板由两块对称的树脂复合材料成品板体对接而成,圆形树孔直径为 600mm,求该工程树池围牙、盖板的工程量。

【解】(1)树池围牙:

$$L=2\times\pi\times(1+0.16/2)\times26=176.43\text{m}$$

(2)树池盖板(树脂复合材料成品):N=26 套

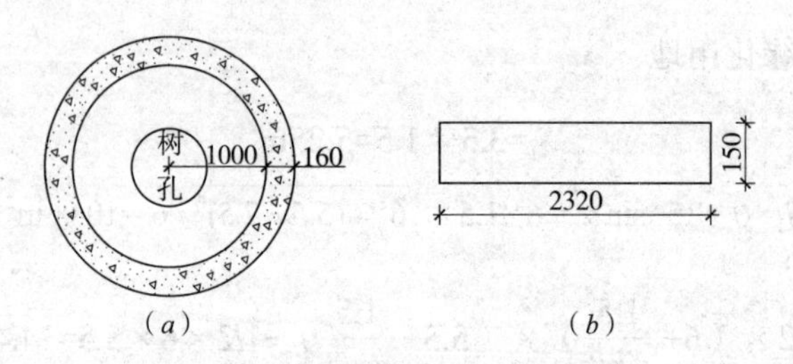

图 7-10　树池平面和围牙立面示意图
(a) 树池平面图；(b) 围牙立面图

5. 嵌草砖铺装

(1) 工作内容：原土夯实，垫层铺设，铺砖，填土。

(2) 项目特征：垫层厚度，铺设方式，嵌草砖（格）品种、规格、颜色，漏空部分填土要求。

(3) 计算规则：按设计图示尺寸以面积（m^2）计算。

【例 7-8】某嵌草砖铺装局部平面图和断面图如图 7-11 所示，求嵌草铺砖的工程量。

【解】嵌草铺砖工程量：S=5.0 × 2.3=11.50m^2

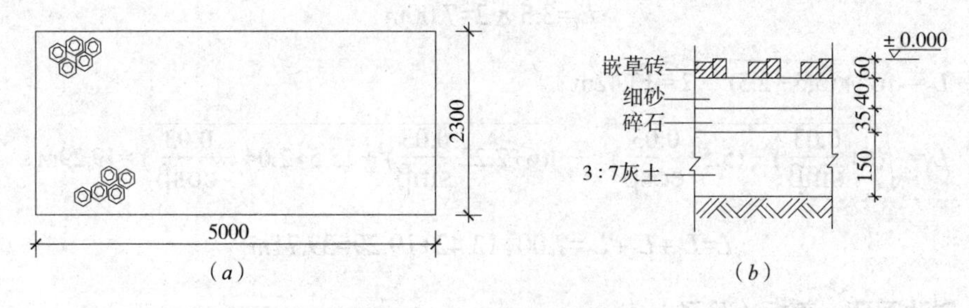

图 7-11　嵌草砖铺装示意图
(a) 平面图；(b) 局部断面图

7.2.3 园桥工程

园桥工程包括桥基础、石桥墩（石桥台）、拱券石、石券脸、金刚墙砌筑、石桥面铺筑等项目，其中桥基础的计算与“6.3.2 桥涵基础”相同。

1. 石桥墩、石桥台

(1) 工作内容：石料加工，起重架搭、拆，墩、台砌筑，勾缝。

(2) 项目特征：石料种类、规格，勾缝要求，砂浆强度等级、配合比。

(3) 计算规则：按设计图示尺寸以体积（m^3）计算。

拱券石、石券脸、金刚墙砌筑与石桥墩、石桥台相似，具体详见计量规范。

2. 石桥面铺筑

(1) 工作内容：石材加工，抹找平层，起重架搭、拆，桥面、桥面踏步铺设，勾缝。

(2) 项目特征：石料种类、规格，找平层厚度、材料种类，勾缝要求，混凝土强度等级，砂浆强度等级。

（3）计算规则：按设计图示尺寸以面积（m^2）计算。

【例 7-9】某拱桥的构造示意图如图 7-12 所示，该拱桥采用花岗石制作安装拱券石，采用青白石制作安装石券脸，桥洞底板为钢筋混凝土处理，拱券下部用青白石砌筑金刚墙，厚 30cm，试计算相关项目工程量。

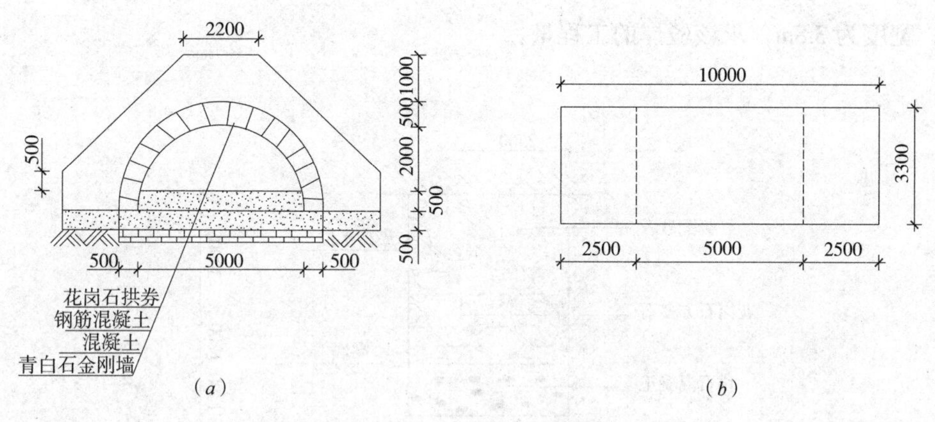

图 7-12 拱桥构造示意图
（a）剖面图；（b）平面图

【解】（1）桥基础：

混凝土石桥基础：V_1=（5+2.5 × 2）× 3.3 × 0.5=16.50m^3

钢筋混凝土桥洞底板：V_2=5 × 3.3 × 0.5=8.25m^3

（2）拱券石：V_3=1/2 × π × [（0.5+2+0.5）^{2}–（0.5+2）^{2}] × 3.3=14.25m^3

（3）石券脸：S_1=1/2 × π × [（0.5+2+0.5）^{2}–（0.5+2）^{2}] × 2=8.64m^2

（4）金刚墙砌筑：V_4=（5+0.5 × 2）× 3.3 × 0.3=5.94m^3

3. 石汀步（步石、飞石）

（1）工作内容：基层整理，石材加工，砂浆调运，砌石。

（2）项目特征：石料种类、规格，砂浆强度等级、配合比。

（3）计算规则：按设计图示尺寸以体积（m^3）计算。

4. 木质步桥

（1）工作内容：木桩加工，打木桩基础，木梁、木桥板、木桥栏杆、木扶手制作、安装，连接铁件、螺栓安装，刷防护材料。

（2）项目特征：桥宽度，桥长度，木材种类，各部位截面长度，防护材料种类。

（3）计算规则：按桥面板设计图示尺寸以面积（m^2）计算。

7.2.4 驳岸与护岸

驳岸与护岸有石（卵石）砌驳岸、原木桩驳岸、满（散）铺砂卵石护岸（自然护岸）、框格花木护岸等项目，其中石（卵石）砌驳岸最为常见。石（卵石）砌驳岸的工作内容、项目特征及计算规则如下，其他详见计量规范。

（1）工作内容：石料加工，砌石（卵石），勾缝。

（2）项目特征：石料种类、规格，驳岸截面、长度，勾缝要求，砂浆强度等级、配合比。

（3）计算规则：按设计图示尺寸以体积（m^3）计算或按质量以吨（t）计算。

【例 7-10】某动物园驳岸局部剖面图如图 7-13 所示，已知该部分驳岸长度为 35m，宽度为 3.8m，求该驳岸的工程量。

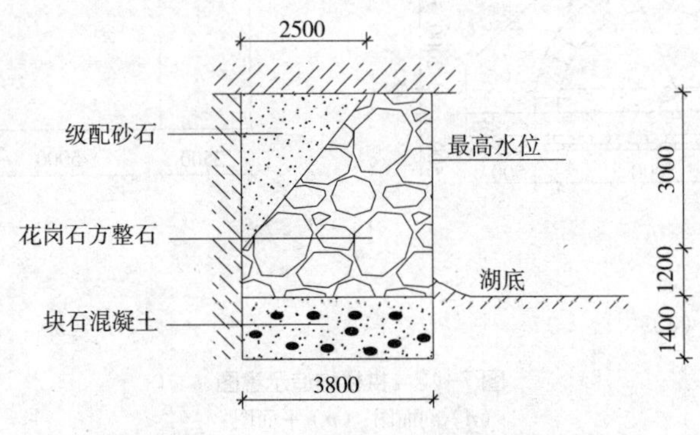

图 7-13 某动物园驳岸局部剖面图

【解】（1）块石混凝土基础：V_1=3.8 × 1.4 × 35=186.20m^3

（2）石砌驳岸：

花岗石方整石：V_2=[3.8 × 1.2+（3.8−2.5+3.8）× 3 × 1/2] × 35=427.35m^3

级配砂石：V_3=1/2 × 2.5 × 3 × 35=131.25m^3

7.3 园林景观工程

7.3.1 园林景观工程概述

1. 假山的分类

假山是指仿照自然山水用人工艺术加工成型的山水景物，广义的假山通常分为假山、置石和塑山。狭义的假山是以土、石为材料，以自然山水为蓝本并加以艺术提炼和人工再造的山水景物。假山的体量大而集中，根据材料不同可分为土山、石山、土石相间山。置石即点风景石，以观赏为主，同时兼具一些功能作用，主要表现山石的个体美或局部组合，不具备完整的山形。置石的体量较小而分散，作独特性造景或作附属性的配置造景布置，根据配置不同可分为持置、对置、散置、群置。假山和置石常见的材料有湖石、黄石、青石、钟乳石等。塑山是用水泥等材料仿自然山石造出来的假山或置石，塑山目前已成为假山工程的一种流行工艺。

2. 花架的形式

花架是用刚性材料构成的一定形状的格架，是一种可供攀缘植物攀附的园林设施，又称棚架、绿廊。花架可作遮荫休息之用，也可点缀圆景。花架的平面造型有直线式、折线式、圆形式等；立面造型有双排柱式、单柱式、梁柱式、墙柱式等，常用的材料有钢筋混凝土、金属、木、竹等。

3. 园林景观工程常用图例

园林景观工程常用图例见表 7-3。

园林景观工程常用图例表 表 7-3

序号	名称	图例	说明
1	雕塑		仅表示位置，不表示具体形态，也可依据设计形态表示
2	花台		
3	坐凳		
4	花架		
5	围墙		上图为实砌或漏空围墙；下图为栅栏或篱笆围墙
6	园灯		
7	饮水台		
8	指示牌		
9	喷泉		仅表示位置，不表示具体形态

4. 工程量计算一般规定

（1）假山（除堆筑土山丘外）工程的挖土方、开凿石方、回填，花架基础、玻璃天棚、表面装饰及涂料，喷泉水池及管架等应按现行国家标准《房屋建筑与装饰工程工程量计算规范》GB 50854-2013 相关项目编码列项。

（2）如遇某些构配件使用钢筋混凝土或金属构件时，项目编码列项同园路园桥工程。

（3）散铺河滩石按点风景石项目单独编码列项。

（4）木质飞来椅按现行国家标准《仿古建筑工程工程量计算规范》GB 50855-2013 相关项目编码列项。

（5）砌筑果皮箱、放置盆景的须弥座等，应按砖石砌小摆设项目编码列项。

7.3.2 堆塑假山

1. 堆筑土山丘

堆筑土山丘适用于夯填、堆筑而成的假山。

（1）工作内容：取土、运土，堆砌、夯实，修整。

（2）项目特征：土丘高度，土丘坡度要求，土丘底外接矩形面积。

（3）计算规则：按设计图示山丘水平投影外接矩形面积乘以高度的 1/3 以体积（m^3）计算。

2. 山（卵）石护角

山石护脚是为了使假山呈现设计预定的轮廓而在转角用山石设置的保护山体的一种措施，起挡土和点缀作用。

（1）工作内容：石料加工，砌石。

（2）项目特征：石料种类、规格，砂浆配合比。

（3）计算规则：按设计图示尺寸以体积（m^3）计算。

3. 山坡（卵）石台阶

山坡石台阶随山坡而砌，多使用不规则的块石，砌筑的台阶一般无严格统一的每步台阶高度的限制，踏步表面无须加工或有少许加工（打荒）。

（1）工作内容：选石料，台阶砌筑。

（2）项目特征：石料种类、规格，台阶坡度，砂浆强度等级。

（3）计算规则：按设计图示尺寸以水平投影面积（m^2）计算。

【例 7-11】某公园内的土堆筑山丘的平面图如图 7-14（*a*）所示，假山的高度为 9m，为了保护山体在假山的拐角处设置了山石护脚，每块石长 1.2m，宽 0.7m，高 0.8m。假山中修建了山石台阶，石台阶宽度为 0.9m，垫层宽度为 1.2m，台阶构造图如图 7-14（*b*）所示，试计算其园林景观工程相关项目的工程量。

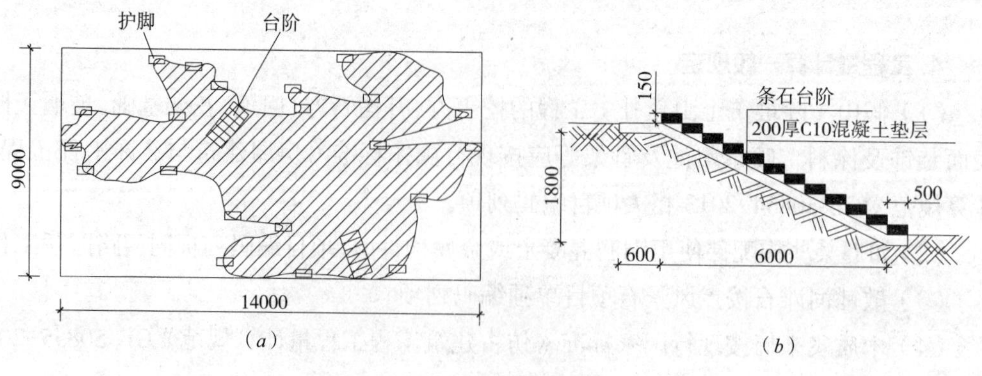

图 7-14 堆筑山丘示意图

（*a*）土堆筑山丘平面图；（*b*）台阶剖面图

【解】（1）堆筑土山丘：$V_1=14\times9\times9\times1/3=378.00m^3$

（2）山石护脚：$V_2=1.2\times0.7\times0.8\times21=14.11m^3$

（3）山坡石台阶：$S=0.9\times0.5\times12\times2=10.80m^2$

4. 堆砌石假山

（1）工作内容：选料，起重机搭、拆，堆砌、修整。

（2）项目特征：堆砌高度，石料种类、单块重量，混凝土强度等级，砂浆强度等级、配合比。

（3）计算规则：按设计图示尺寸以质量（t）计算。

5. 塑假山

（1）工作内容：骨架制作，假山胎模制作，塑假山，山皮料安装，刷防护材料。

（2）项目特征：假山高度，骨架材料种类、规格，山皮料种类，混凝土强度等级，砂浆强度等级、配合比，防护材料种类。

（3）计算规则：按设计图示尺寸以展开面积（m^2）计算。

堆塑假山除以上所列项目外，石笋、点风景石、池石、盆景山等项目均以“个、块、支”等计算工程量，项目特征和工作内容详见计量规范。

【例 7-12】某太湖石园林假山示意图如图 7-15 所示，已知假山高度系数为 0.55，太湖石的密度为 1.8t/m³。假山内人工安置白果笋 2 支，高 1.2m；景石 6 块，平均长 2.1m，宽 1.2m，高 1.4m；零星点布石 17 块，平均长 0.7m，宽 0.6m，高 0.5m；风景石和点布石均为黄石，试计算其堆塑假山的工程量。

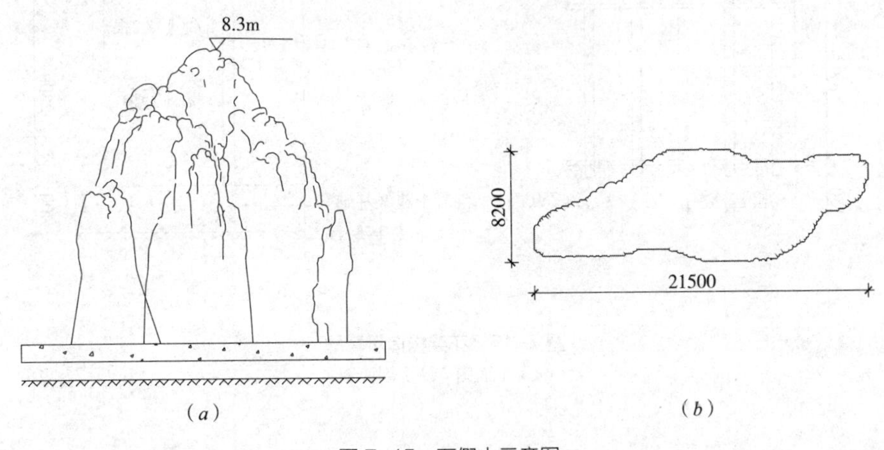

图 7-15 石假山示意图
（a）立面图；（b）平面图

【解】（1）堆砌石假山：

W= 长 × 宽 × 高 × 高度系数 × 太湖石密度 =21.5 × 8.2 × 8.3 × 0.55 × 1.8=1448.657t

（2）石笋：N_1=2 支

（3）点石风景：

景石：N_2=6 块　　零星点布石：N_3=17 块

7.3.3 花架及园林桌椅

1. 花架

花架包括现浇混凝土花架柱、梁，预制混凝土花架柱、梁，金属花架柱、梁，木花架柱、梁，竹花架柱、梁5个项目。其中现浇混凝土花架柱、梁的工作内容、项目特征、计算规则如下，其他花架详见计量规范。

（1）工作内容：模板制作、运输、安装、拆除、保养，混凝土制作、运输、浇筑、振捣、养护。

（2）项目特征：柱截面、高度、根数，盖梁截面、高度、根数，连系梁截面、高度、根数，混凝土强度等级。

（3）计算规则：按设计图示尺寸以体积（m^3）计算。

【例7-13】某现浇混凝土花架示意图如图7-16所示，花架柱的截面尺寸为150mm×150mm，花架纵梁的截面尺寸为160mm×80mm，花架小檩条的截面尺寸为120mm×50mm，花架的基础为混凝土基础，厚400mm，试计算其相关项目的工程量。

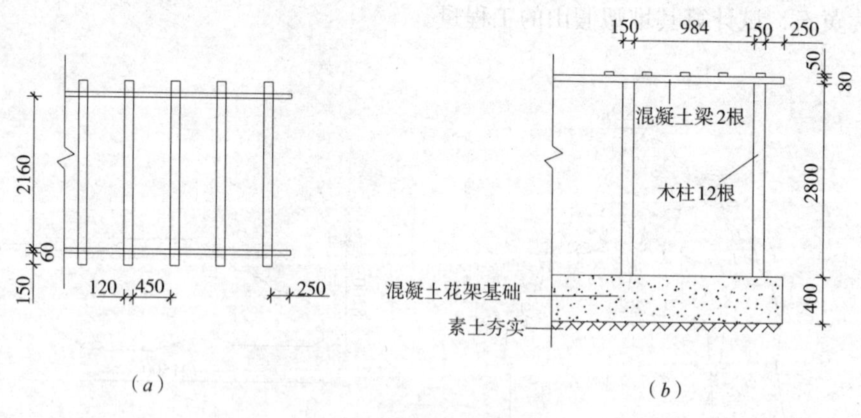

图7-16 花架构造示意图
（a）平面图；（b）剖面图

【解】（1）混凝土花架基础：

$$V_1=[(0.984+0.15)\times 5+0.15+0.25\times 2]\times[2.16+0.06\times 2+0.15\times 2]\times 0.4=6.32\times 2.58\times 0.4=6.52\text{m}^3$$

（2）木花架柱：$V_2=0.15\times 0.15\times 2.8\times 12=0.76\text{m}^3$

（3）木花架纵梁：$V_3=0.16\times 0.08\times 6.32\times 2=0.16\text{m}^3$

（4）木花架纵小檩条：

小檩条的根数为：$N=(6.32-0.25\times 2-0.12)/(0.45+0.12)+1=11$ 根

$$V_4=0.12\times 0.05\times 2.58\times 11=0.17\text{m}^3$$

2. 园林桌椅

园林桌椅包括预制钢筋混凝土飞来椅、水磨石飞来椅、竹制飞来椅、现浇混凝土桌凳等10个清单项目。飞来椅按设计图示尺寸以座凳面中心线长度以"米（m）"计算，其他桌凳按设计图示数量"个"计算。其中预制钢筋混凝土飞来椅的工作内容、项目特征及计算规则如下，其他详见计量规范。

（1）工作内容：模板制作、运输、安装、拆除、养护，混凝土制作、运输、浇筑、振捣、养护，构件运输、安装，砂浆制作、运输、抹面、养护，接头灌缝、养护。

（2）项目特征：座凳面厚度、宽度，靠背扶手截面，靠背截面，座凳楣子形状、尺寸，混凝土强度等级，砂浆配合比。

（3）计算规则：按设计图示尺寸以座凳面中心线长度（m）计算。

【例7-14】某公园花坛旁放有塑松树皮节椅如图7-17所示，椅子高0.5m，平均直径为0.8m，底部直径为0.9m，椅子用砖石砌筑，砌筑后先用水泥砂浆找平，再在外表面用水泥砂浆粉饰出松树皮节外形。椅子下为60mm厚混凝土，200mm厚3∶7灰土垫层，素土夯实，试计算相关项目的工程量。

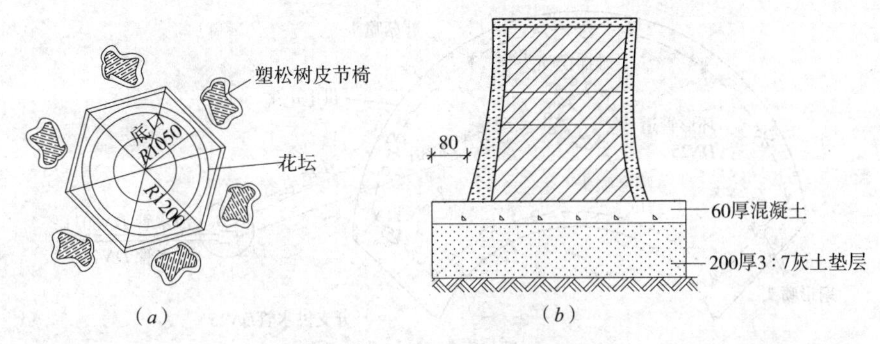

图7-17 塑松树皮节椅示意图

（a）平面图；（b）皮节椅详图

【解】（1）3∶7灰土垫层：$V_1=0.2\times\pi\times(0.9/2+0.08)^2\times6=1.06m^3$

（2）混凝土垫层：$V_2=0.06\times\pi\times(0.9/2+0.08)^2\times6=0.32m^3$

（3）塑松树皮节椅：$N=6$ 个

7.3.4 喷泉安装

喷泉是一种独立的艺术品，喷泉常分为普通装饰性喷泉、与雕塑结合的喷泉、水雕泉、自控喷泉等。喷泉安装包括喷泉管道、喷泉电缆、水下艺术装饰灯具、电气控制柜、喷泉设备五个项目。

1. 喷泉管道

（1）工作内容：土（石）方挖运，管材、管件、阀门、喷头安装，刷防护材料，回填。

（2）项目特征：管材、管件、阀门、喷头品种，管道固定方式，防护材料种类。

（3）计算规则：按设计图示管道中心线长度以延长米（m）计算，不扣除检查（阀门）井、阀门、管件及附件所占的长度。

2. 喷泉电缆

（1）工作内容：土（石）方挖运，电缆保护管安装，电缆敷设，回填。

（2）项目特征：保护管品种、规格，电缆品种、规格。

（3）计算规则：按设计图示单根电缆长度以延长米（m）计算。

水下艺术装饰灯具、电气控制柜、喷泉设备按设计图示数量以套或台进行计算，工作内容和项目特征详见计量规范。

【例 7–15】某音乐喷泉布置图如图 7–18 所示，所有供水管道均为螺纹镀锌钢管，主供水管 *DN*50 长度为 16.80m，泄水管 *DN*60 长度为 4.80m，溢水管 *DN*40 长度为 3.00m，分支供水管 *DN*25 长度为 41.82m，供电电缆保护管为 UPVC 管，管厚为 2mm，长度为 36.80m，计算喷泉安装清单工程量。

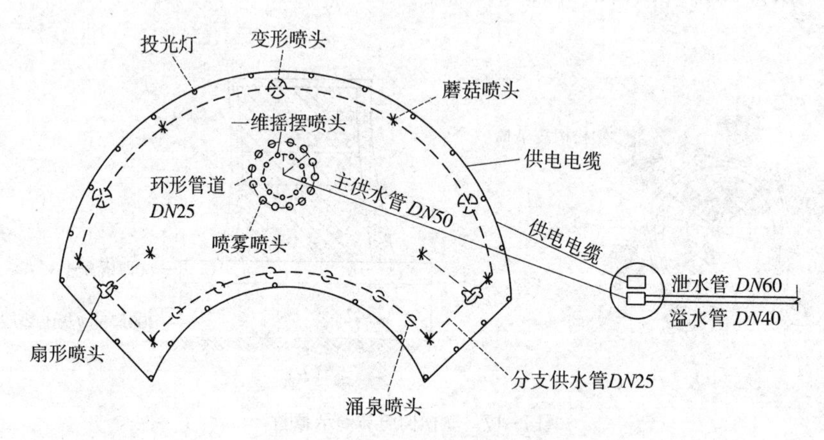

图 7–18 某音乐喷泉构造示意图

【解】（1）喷泉管道：

螺纹镀锌钢管 *DN*60：L_1=4.80m；螺纹镀锌钢管 *DN*50：L_2=16.80m；

螺纹镀锌钢管 *DN*40：L_3=3.00m；螺纹镀锌钢管 *DN*25：L_4=41.82m

（2）喷泉电缆：L_5=36.80m

（3）一维摇摆喷头：N_1=9 个；喷雾喷头：N_2=13 个；变形喷头：N_3=3 个；蘑菇喷头：N_4=8 个；涌泉喷头：N_5=6 个；扇形喷头：N_6=2 个

（4）投光灯：N_7=25 套

7.3.5 其他

园林景观工程杂项包括石灯、塑仿石音响、铁艺（塑料）栏杆、标志牌、柔性水池等 20 个清单项目，其中石灯、石球、塑仿石音响、标志牌、花盆（坛、箱）、垃圾箱、其他景观小摆设按设计图示尺寸以数量个计算；铁艺（塑料）栏杆按设计图示尺寸以长度（m）计算；景墙按设计图示尺寸以体积（m^3）计算或按设计图示尺寸以数量（个）计算；花池按设计图示尺寸以体积（m^3）计算或按设计图示尺寸以池壁中心线处延长米（m）计算或按设计图示尺寸以数量（个）计算，具体详见计量规范。

【例 7-16】某花园有一矩形花坛，如图 7-19 所示，高 0.7m，花坛围墙为砌筑无空花围墙，厚 0.7m，砌筑时先在围墙上抹水泥砂浆，再在外表面贴花岗石。沿花坛壁中心线有一圈竖向栏杆，竖向栏杆截面尺寸为 150mm × 80mm，间距为 250mm，连接竖铁栏的横向栏杆截面尺寸为 200mm × 50mm，栏杆表面刷有防锈漆一道，调合漆两道，试计算该栏杆的工程量。

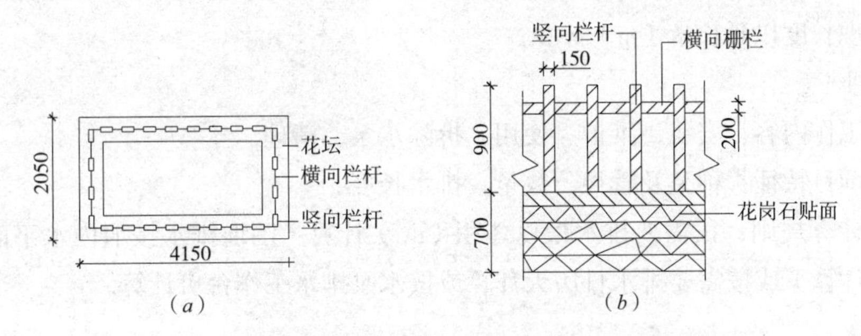

图 7-19 花坛铁栏杆示意图

（a）平面图；（b）立面详图

【解】（1）竖向栏杆：

竖栏杆的根数 =（4.15−0.7−0.25）/（0.15+0.25）× 2+[1+（2.05−0.7−0.15）/（0.15+0.25）] × 2=8 × 2+4 × 2=24 根

竖栏杆：L=24 × 0.9=21.60m

（2）横栏杆：L=（4.15−0.7）× 2+（2.05−0.7）× 2=9.60m

7.4 专业措施项目

1. 树木支撑架

树木支撑架由横支撑杆、竖支撑杆、连接螺钉组成。

（1）工作内容：制作，运输，安装，维护。

（2）项目特征：支撑类型、材质，支撑材料价格，单株支撑材料数量。

（3）计算规则：按设计图示数量（株）计算。

2. 草绳绕树干

（1）工作内容：搬运，绕杆，余料清理，养护期后清除。

（2）项目特征：胸径（干径），草绳所绕树干高度。

（3）计算规则：按设计图示数量（株）计算。

3. 遮荫棚搭设

（1）工作内容：制作，运输，搭设，维护，养护期后清除。

（2）项目特征：搭设高度，搭设材料种类、规格。

（3）计算规则：按遮荫（防寒）棚外围覆盖层的展开尺寸以面积（m^2）计算或按设计图示数量（株）计算。

4. 围堰

（1）工作内容：取土、装土，砌筑围堰，拆除、清理围堰，材料运输。

（2）项目特征：围堰断面尺寸，围堰长度，围堰材料及罐装袋材料品种、规格。

（3）计算规则：按围堰断面面积乘以堤顶中心线长度与体积（m^3）计算或按围堰堤顶中显现长度以延长米（m）计算。

5. 排水

（1）工作内容：安装，维护、使用，拆除水泵，清理。

（2）项目特征：种类及管径，数量，排水长度。

（3）计算规则：按需要排水量以体积（m^3）计算（围堰排水按堰内水平面积乘以平均水深计算）或按需要排水日历天计算或按水泵排水工作台班计算。

7.5 工程计量案例

某矩形庭院景观绿化工程总平面图如图 7-20 所示，长为 19m，宽为 10m。场地绿化整理的土方厚度小于 300mm，庭院微地形造型土方量为 13.50m^3。该工程主要施工内容为庭院景观水池、小园路、木桥以及绿化种植等，试根据图纸资料及计量规范，计算该庭院景观园林绿化工程各分部分项工程的工程量。

（1）整理绿化用地：$S_1=19\times10=190.00m^2$

（2）土方造型：$V_1=13.50m^3$

（3）栽植灌木（丛生紫薇）：$N_1=1$ 株

（4）栽植灌木（红花继木桩）：$N_2=2$ 株

（5）栽植灌木（造型罗汉松）：$N_3=2$ 株

（6）栽植灌木（造型五针松）：$N_4=1$ 株

（7）栽植灌木（苏铁）：$N_5=6$ 株

（8）栽植竹类（黄金镶碧玉竹）：$S_2=14.50m^2$

（9）栽植色带（十大功劳）：$S_3=3.00m^2$

（10）栽植色带（含笑）：$S_4=8.00m^2$

（11）栽植色带（隶棠）：$S_5=9.00m^2$

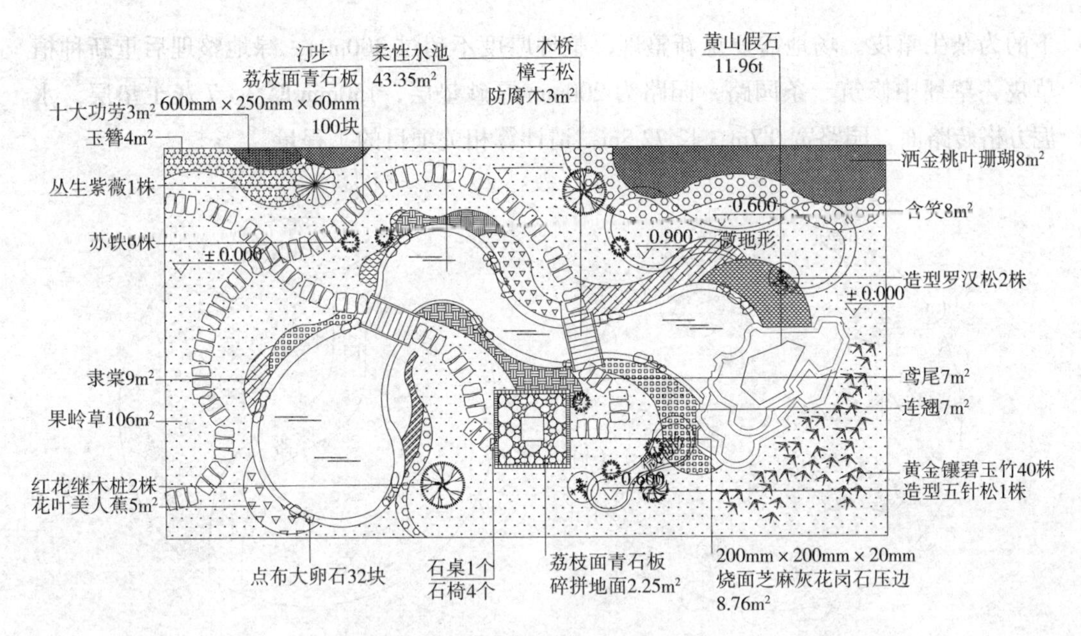

图 7-20 某庭院园林绿化平面布置图

（12）栽植色带（连翘）：S_6=7.00m^2

（13）栽植色带（洒金桃叶珊瑚）：S_7=8.00m^2

（14）栽植花卉（玉簪）：S_8=4.00m^2

（15）栽植花卉（鸢尾）：S_9=7.00m^2

（16）栽植花卉（花叶美人蕉）：S_{10}=5.00m^2

（17）铺种草皮（果龄草）：S_{11}=106.00m^2

（18）石汀步（荔枝面青石板 600mm × 250mm × 60mm）：V_2=0.6 × 0.25 × 0.06 × 100= 0.90m^3

（19）园路（烧面芝麻灰花岗石压边）：S_{12}=8.76m^2

（20）园路（荔枝面青石碎拼地面）：S_{13}=2.25m^2

（21）木质步桥（樟子松防腐木）：S_{14}=3.00m^2

（22）点布大卵石：N_6=32 个

（23）堆砌石假山（黄石）：W=11.960t

（24）石桌石凳（石桌）：N_7=1 个

（25）石桌石凳（石凳）：N_8=4 个

（26）柔性水池：S_{15}=43.35m^2

习题

1. 如图 7-21（*a*）所示为某广场内的原有绿地示意图，现进行植被更新，绿地面积为 420m^2，绿地中两个月季灌木丛的占地面积为 90m^2，竹林面积为 40m^2，共 50 株，剩下的为杂生草皮。场地需要重新整理，整理厚度不超过 300mm，绿地整理后重新种植草皮，草坪中修筑一条园路，园路为 200mm 厚砂垫层，150mm 厚 3∶7 灰土垫层，水泥方格砖路面，园路宽 0.7m，长 72.5m，请计算相关项目的工程量。

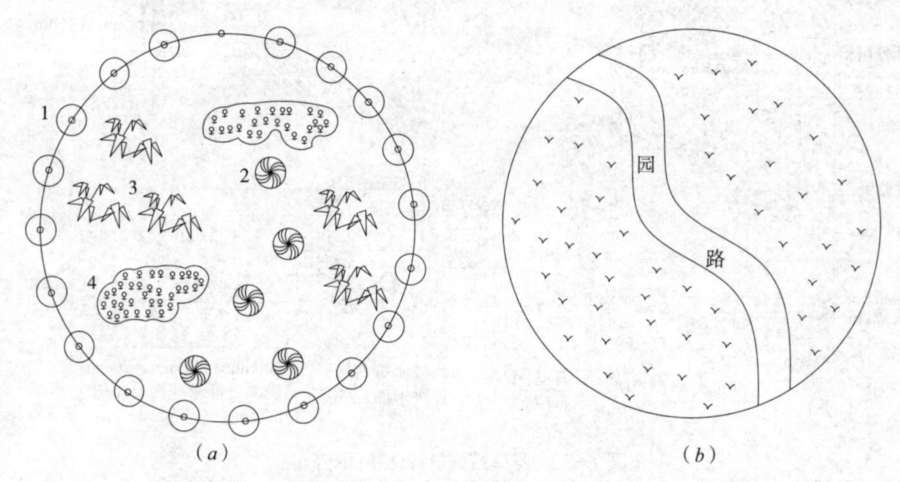

图 7-21　某圆形广场的绿地示意图
（a）原有绿地示意图；（b）植被更新示意图
1—红叶李；2—毛白杨；3—绿竹；4—月季

2. 某绿地地面下埋有喷灌设施，采用镀锌钢管，阀门为低压丝扣阀门，水表采用法兰连接（带弯通管及止回阀），喷头埋藏旋转散射，管道刷红丹防锈漆两道，长度合计 200m，管壁厚为 90mm。喷灌管道系统图如图 7-22 所示，试计算其清单工程量。

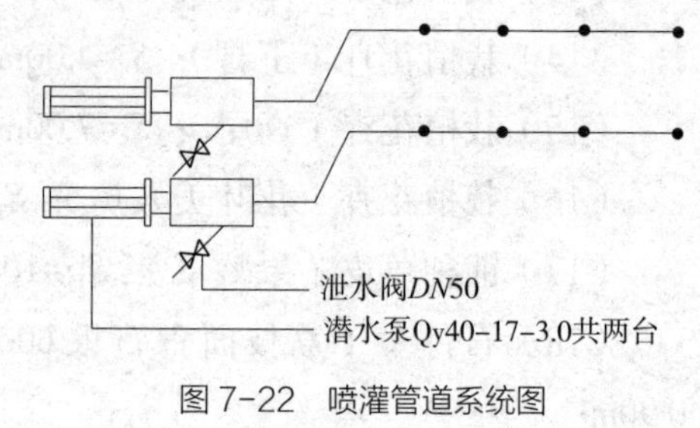

图 7-22　喷灌管道系统图

3. 某公园中的预制混凝土座凳，座凳裸露外表面刷水泥浆，如图 7-23 所示，试计算其相关项目的工程量。

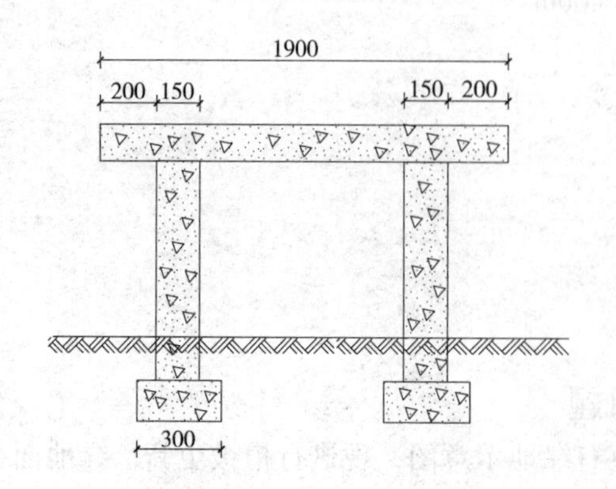

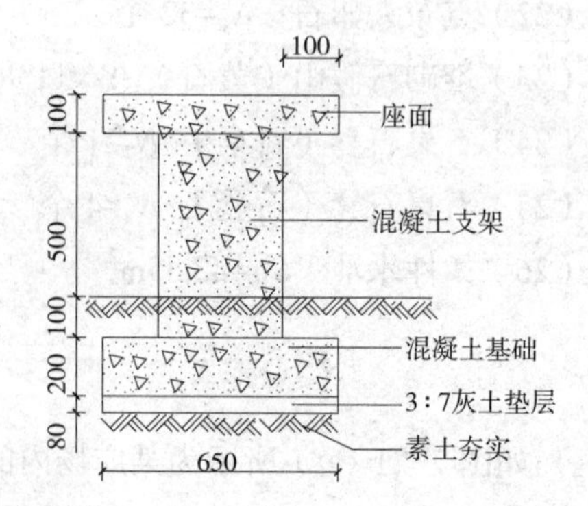

图 7-23　石凳示意图

4. 某广场有一面景墙，其平面图和剖面图如图 7-24 所示，已知景墙弧长为 26.70m，宽度为 320mm，试求该景墙工程量。

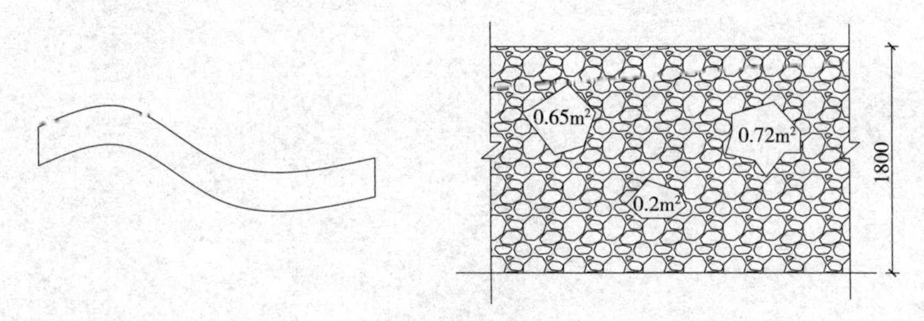

图 7-24 景墙示意图

8

工程计量软件及应用

【本章要点及学习目标】

本章主要介绍国内常见工程量计量软件的功能及特点。随着建筑信息模型（BIM，Building Information Modeling）在建设领域的推广与使用，基于BIM技术的工程计量软件与传统的工程计量软件相比，其功能更加强大，准确性及计算速度都大幅度提高。通过对本章的学习，为读者今后合理选择和使用计量软件奠定基础。

8.1 工程计量软件概述

8.1.1 国内常用工程量计量软件介绍

国内常见的工程量算量软件有清华斯维尔软件科技有限公司的算量软件、广联达公司的算量软件、上海鲁班软件有限公司的算量软件及 PKPM 公司的算量软件。不同公司的算量软件各有所长，原理与功能上也略有差异，详见相关的工程计量软件教程。

8.1.2 工程计量软件实施的步骤与依据

工程造价的确定，大部分的工作是计算分部分项和相关措施的工程量。人工手算工程量早已不能满足现代化工程的需要。利用计算机软件进行工程量的计算已成为现代工程计量中不可缺少的工具之一。本节主要以清华斯维尔软件科技有限公司的算量软件为例，介绍工程计量软件的工作步骤与依据。

1. 图形建模

利用计算机软件计算建筑工程工程量，最主要的工作就是创建算量模型。由于 CAD 绘图软件的产生，软件公司开始直接利用 CAD 绘图软件的成果，将 CAD 绘图软件绘制的二维平面图形通过软件的识别功能，将构件转换为具有长、宽、高的三维模型，之后再给这些构件赋予其他的换算信息，这就极大地提高了使用者的工作效率，降低劳动强度。

2. 信息支持

工程量的计算，除了需要得到相应单位的工程量以外，最重要的还应得到相关子目的换算信息。

信息分为空间几何信息和非几何信息。

（1）空间几何信息。几何信息可以将构件的大小、形状和空间位置表述出来，这类信息在施工图上和算量模型中都是可见的。

（2）非几何信息。这类信息一般来自施工图中的说明性文件，有时也来自于设计或指导施工的其他文件，如挖土方的土壤类别来自地质勘察报告、措施方法来自施工组织方案等。非几何信息主要用于进行工、料、机分析计算工程造价时的换算，如混凝土材料等级的换算、措施方法的换算、超出定额子目取定的人工系数调整等，这些换算信息在进行工程量计算时，应在相应清单子目中进行说明。非几何信息另一个重要作用就是计算机对计算的项目进行判定，例如用计算机进行钢筋计算时，其构件的抗震等级，就是判定钢筋锚固长度的依据。

3. 数据处理

数据处理是计算软件的主要工作，数据处理是根据相关条件进行的。条件分为两类：一类是软件内置的条件，如计算规则、输出内容等；另一类是操作人员选择指定或手工输入的数据，如构件所用材料、尺寸、工艺方法等。两类条件为互补关系，有着必然的逻辑关系。越是先进的计量软件，其要求操作人员输入的条件内容越少，大量的计算条件会由计算机根据已知条件按照相应的逻辑关系，判定出计算所需的条件。

4. 数据的输入与输出

操作人员手工输入的内容在软件中一般是直接在栏目单元格中输入对应的内容，分文本格式和数值格式。

输入方式分为两类：一类是任意输入内容，但该内容一般不会作为判定的原条件，因为软件识别不了任意的文本数据，这种任意的文本输入只作为数据结果输出时的备注和说明，如清单的“项目特征”或定额的“换算信息”中就有一些是将任意输入内容直接输出的；另一类是数值格式输入内容，该内容软件能够直接识别，可作为判定内容的原条件。

数据的输入和输出与数据处理时的设置有关。如以文本格式输入的构件“结构类型”，这种数据会作为判定钢筋计算的原条件，而以任意输入“结构类型”，软件将不能识别。对于输入数据条目不多，且不允许修改的内容，软件中就将输入内容固定下来，设置为单选或多选项。如工程计算依据是用清单或定额的选择，就是单选项目；但有些项目，如构件的工程量输出，设置中就是多选内容，可以对某类构件指定一次性输出“体积、面积、长度”等多项内容。

8.2 基于 BIM 技术的工程计量软件简介

传统的建筑设计图纸一般采用二维设计，提供建筑的平、立、剖图纸，对建筑物进行表达。而 BIM 计量软件应用原理为，通过建模算量将建筑平、立、剖面图结合，利用建筑的空间模型，准确地表达各类各模块的量差关系。

基于 BIM 技术的工程计量软件将 BIM 技术的模型可视化、模型可协调性、模型优化和模型的虚拟模拟等优势与传统的计量软件融为一体，通过对模型中各构件进行清单、定额工程量计算规则挂接，结合钢筋标准及规范规定，自动对相关构件的空间关系进行分析加减，从而得到工程项目所需工程量。

8.2.1 斯维尔工程计量软件的特点与功能

由深圳市斯维尔科技股份有限公司研发的“三维算量 for CAD”，是一套图形化建筑项目工程量计算软件，该软件具有以下功能与特点。

1. 三维可视

软件创建的算量模型遵循可视化原则，在三维状态下可以对选中的构件进行编辑修改，可将计算机界面分隔成多个视口，在各个视口中观察模型的状态和与周边构件的关系，操作者对构件的工程量校核也一目了然，如图 8-1、图 8-2 所示。

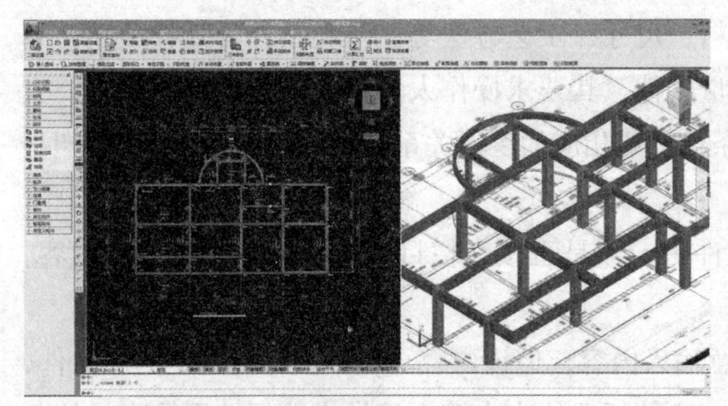
图 8-1 软件界面多视口显示

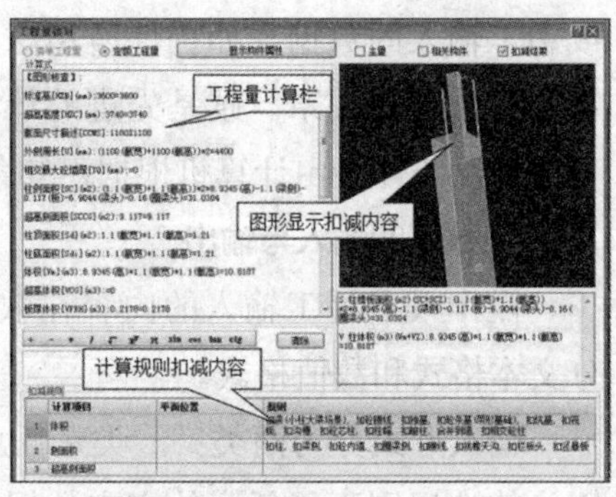

图 8-2 工程量校核与三维图示

2. 集成一体

所谓集成一体，是指工程量的输出方式和内容。三维算量可以在不挂接清单或定额子目的情况下出工程量，满足对建模工作熟悉而对清单和定额不熟的使用者使用；对于没有挂接清单或定额的工程量称之为“实物量”，此工程量是根据使用者选择的工程量输出方式（计算规则），自动根据构件类型、名称、使用材料、体量大小等条件以及周边相连接的构件情况计算出来的，工程设置→计量模式→计算依据的选择如图 8-3 所示。

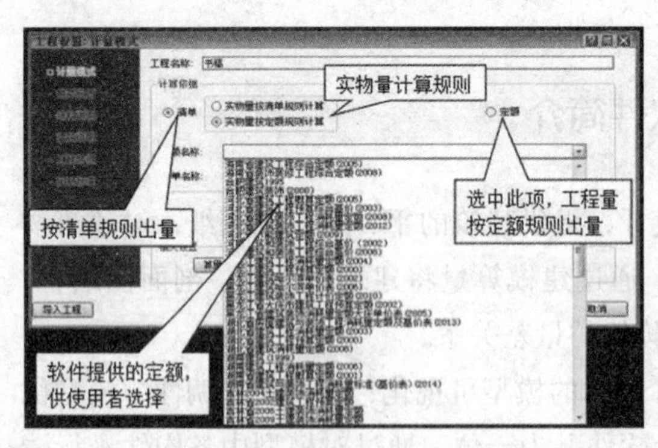

图 8-3 工程设置→计量模式→计算依据的选择

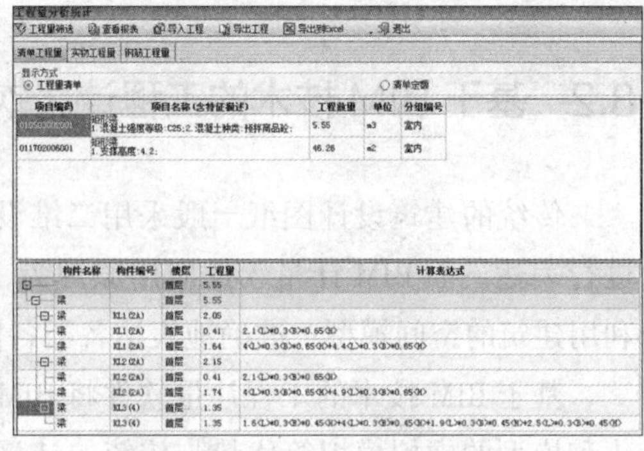
图 8-4 已挂清单的工程量输出

无论使用者对构件是采用挂接清单或是未挂接清单，软件都会有效识别，计算出正确的清单工程量或实物工程量，如图 8-4、图 8-5 所示。

对于计算比较复杂的钢筋计算，软件也能实现在界面中的构件上布置钢筋的三维显示，并分析计算出钢筋工程量结果，如图 8-6、图 8-7 所示。

3. 操作易用

软件各功能高度集成，包括设置、定义、构件布置、编辑修改的对话框，操作按钮，命令栏功能等，根据构件类型做到操作统一，使用者只需对软件所归类的单体构件、条形构件、区域构件、组合构件这四类构件进行了解，即可流水式地进行算量模型建立。

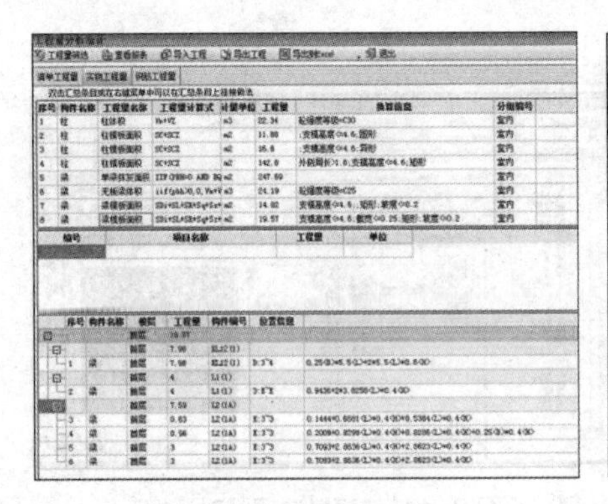

序号	构件名称	工程量名称	工程量计算式	计量单位	工程量	换算信息	分组编号
1	柱	柱体积	[illegible]	m3	22.34	砼强度等级=C30	室内
2	柱	柱模板面积	[illegible]	m2	11.80	;支模高度<=4.6;圆形	室内
3	柱	柱模板面积	[illegible]	m2	15.6	;支模高度<=4.6;异形	室内
4	柱	柱模板面积	[illegible]	m2	142.0	[illegible]	室内
5	梁	[illegible]	[illegible]	m2	247.60		室内
6	梁	[illegible]	[illegible]	m3	24.19	砼强度等级=C25	室内
7	梁	梁模板面积	[illegible]	m2	14.02	[illegible]	室内
8	梁	梁模板面积	[illegible]	m2	19.57	[illegible]	室内

图 8-5 未挂做法的实物量输出

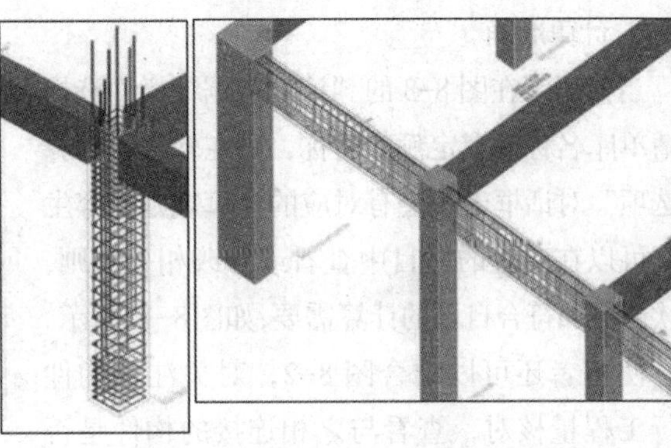

图 8-6 构件上布置钢筋的三维显示

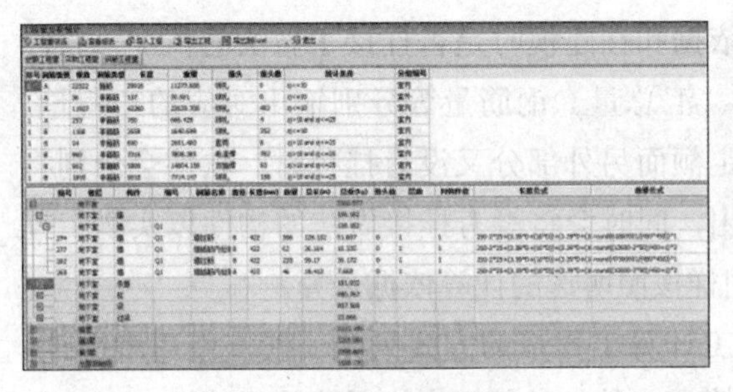

图 8-7 钢筋工程量结果

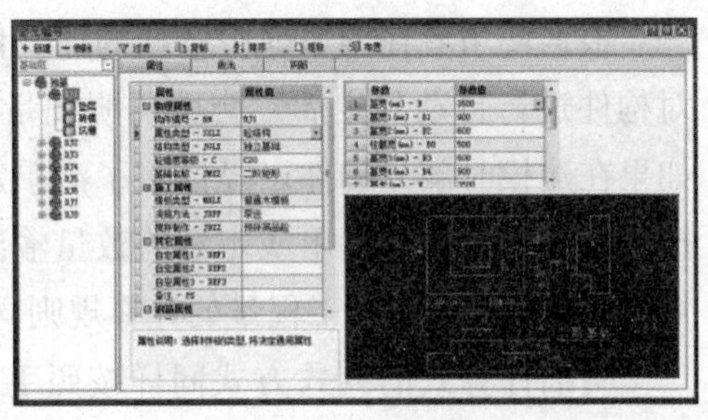

图 8-8 构件“定义编号”对话框

软件中所有构件“定义编号”对话框，都是一种格式，如图 8-8 所示；单个构件的布置方式如图 8-9 所示；区域构件（或组合构件）的智能布置方式，如图 8-10 所示。

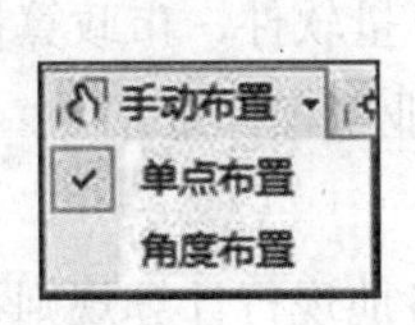

图 8-9 单个构件的布置

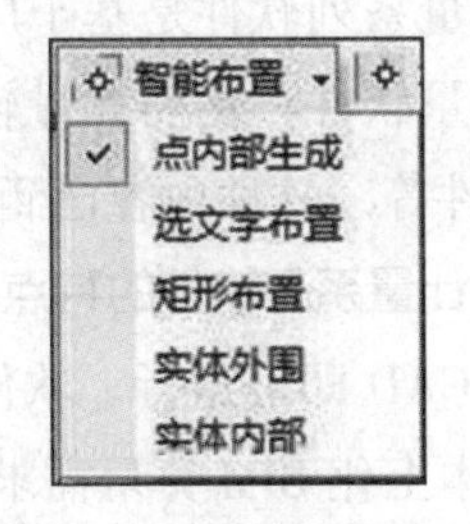

图 8-10 区域构件的智能布置

4. 系统智能

基于 BIM 的概念，该软件可以直接将设计院的 CAD 电子文档进行信息提取，快速转化为算量模型。减轻使用者工作量，提高工作效率，且保证数据不丢失。

5. 人性友好

软件界面全面采用 WinXP 风格，使用方便、简洁。软件风格均利用 CAD 传统界面，同时也继承视窗平台风格。方便学过 CAD 软件的使用者操作和学习。

6. 计算准确

当使用者在图 8-3 的“计算依据”栏中选择好清单库名称或者定额库名称，则在软件的“算量选项”对话框中就会有对应的计算规则内容生成，可以在对应的栏目中查看或修改相关规则，让软件更加符合自己的计算需要，如图 8-11 所示。

使用者还可以结合图 8-2，对关注的构件进行工程量核对，查看与之相连接的构件是否进行了扣减，校核计算的准确性。

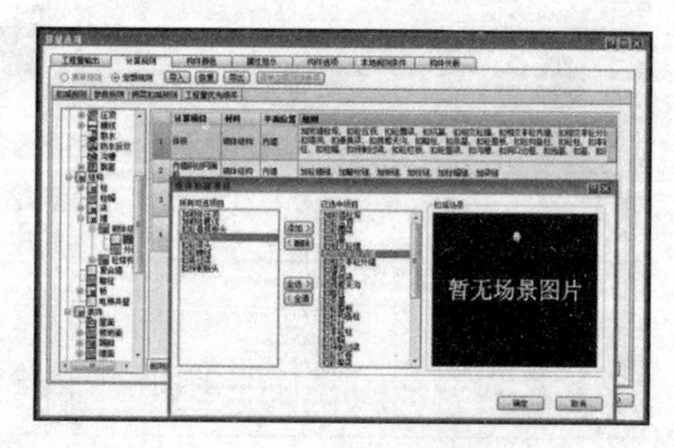

图 8-11 “算量选项”对话框

7. 输出规范

根据使用者在图 8-3 中选择的计算依据和在建模时是否挂接了做法的情况，软件对构件进行自动判定后，会按照明细量、汇总量、钢筋量等分别输出对应的工程量。如果在建模时部分构件已经挂接了清单定额而另外部分又没有挂接时，软件会分别将挂了做法的构件以清单或定额的数量输出，同时会将没有挂接做法的构件以实物工程量的方式输出，实物工程量的计算规则同样按照所选的计算依据计算。

明细计算式的列式方式同样按照手工计算工程量的方式列式，便于使用者阅读。工程量数据可以用 Excel 表导出，方便没有同类软件的使用者查看或整理数据。

软件预置有工程计量中常用的汇总表、明细表、钢筋表、指标表、按进度计算的进度工程量报表等，使用者可以根据工程量输出的要求，选择对应的报表。

8.2.2 广联达工程计量软件的特点与功能

广联达 BIM 计量系列软件是基于广联达公司自主平台研发的一款算量软件，包括基于 BIM 的土建算量软件、钢筋算量软件、安装算量软件、市政算量软件、精装算量软件及钢构算量软件等，软件内容已涵盖建筑各专业工程计量。

1. 广联达 BIM 计量系列软件的特点

（1）无需安装 CAD 即可运行。软件内置全国各地现行计算规则，快速响应全国各地行业动态，满足本土化 BIM 算量需求。

（2）软件采用 CAD 导图、绘图输入、表格输入等多种算量模式，三维状态自由绘图、编辑，高效、直观、简单。

（3）软件运用三维计算技术，轻松处理跨层构件计算，提量简单，无需套做法亦可出量。

（4）报表功能强大，提供做法及构件报表量，满足招标方、投标方各种报表需求。

同时，广联达 BIM 计量软件作为承接 BIM 设计与 BIM 施工模型应用的桥梁，可承载基于设计软件（Revit/Revit Mep/Magicad/Tekal/ 广厦结构 / 浩辰 CAD）与施工模型（BIM5D 及 BIM 施工）数据互通，如图 8-12 所示。

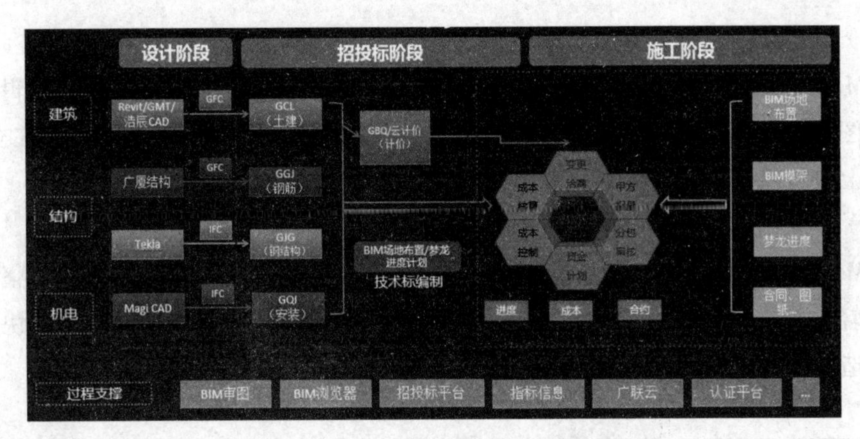

图 8-12 设计模型与施工模型互通应用

2. 广联达 BIM 计量系列软件的功能

（1）高效建模，简便易学

BIM 计量系列软件平台支持主流的 CAD、天正 CAD 图纸识别，ArchiCAD、Revit 三维设计文件识别，智能化程度更高。新增图纸管理功能，自动拆分图纸、定位图纸，实现图纸与楼层、构件的自动关联，一次导入，操作、学习都十分简便，且支持多种设计文件导入，如图 8-13 中方框标注部分所示。

同时，BIM 计量软件支持 BIM 模型一键导入，不仅支持国际通用 IFC 标准文件的一键导入，同时在承接三维设计软件模型的接口上更快捷方便。

（2）数据共享，协同合作

广联达 BIM 计量整体解决方案提供与公司其他产品的数据接口，真正实现多人协同做同一工程，极大提高了工作效率。可用同一模型不同人员进行各专业各阶段分工合作，最后整体体现在招投标编制中，如图 8-14 所示。

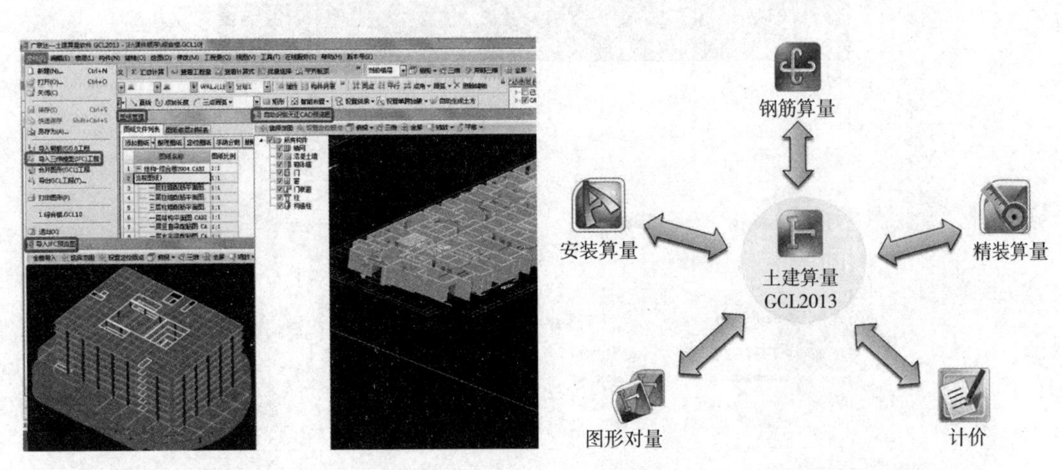

图 8-13 支持多种设计文件导入

图 8-14 数据共享示意图

（3）三维绘图，直观易懂

BIM 计量系列软件，工程量的计算是以构件为基础，而构件的绘制和编辑都基于三维视图上进行，使用者不仅可以按传统方式在俯视图上绘制构件，还可以在立面图、轴测图上进行绘制，大大提升了建模效率，如图 8-15 所示。

（4）复杂结构，处理简单

BIM 计量系列软件，可根据不同的工程特点，通过软件功能区域或者调整图元标高均可轻松解决工程项目中如错层、夹层、跃层等复杂结构工程量的计算，快速处理复杂构造及节点，如图 8-16 所示。

图 8-15 三维模型建模

图 8-16 夹层工程量计量示意图

（5）提供云应用检查服务，使计算结果更为准确规范

BIM 计量系列软件均有云应用大数据增值服务。内置大数据计算系统，计算快速，一键自动快速计算常用指标数据。在审核计算结果时，可将当前工程指标与云经验指标对比，确保建模符合业务规则，使算量结果的准确性更有保障，如图 8-17 所示。同时企业也可以通过不断积累业务数据，汇集大数据，输入云端，便于今后使用。

图 8-17 云端检查对比界面

（6）分类统计，提量方便

BIM 计量系列软件均提供分类查看构件工程量功能，还可以根据清单项目特征值来自由组合进行工程量统计，大大减少各专业各构件统计量的时间，如图 8-18 所示。

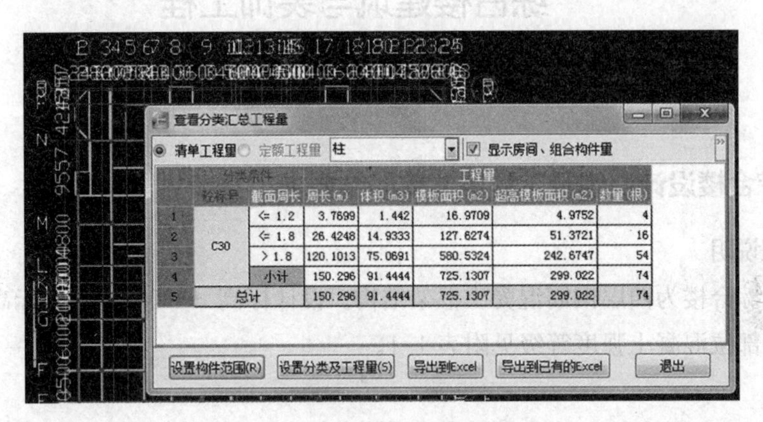

图 8-18 查看工程量界面

（7）报表反查，核量快捷

BIM 计量系列软件计算结果，通过报表显示。根据报表中提供的工程量，反查出工程量的来源、组成，方便用户对量、查量及修改，如图 8-19 所示。

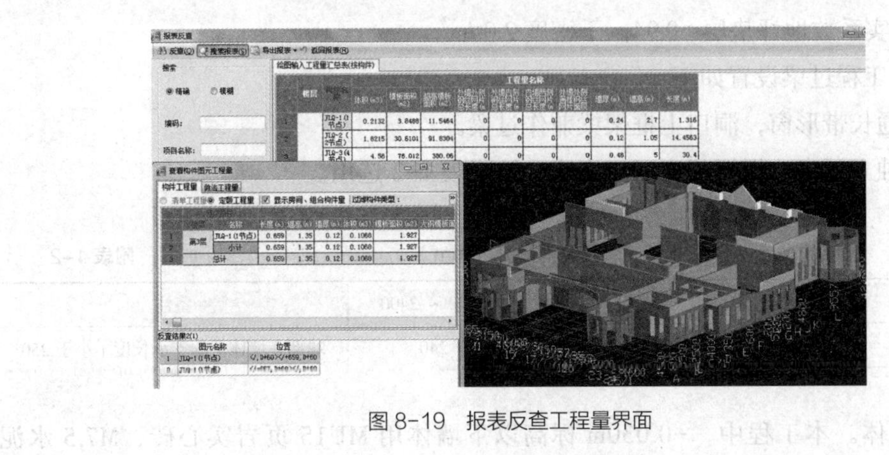

图 8-19 报表反查工程量界面

习题

1. 通过查阅文献资料，了解不同建设工程计量软件的特点。
2. 应用 BIM 计量软件，编制本书附录项目的工程量清单。

附录 1

综合楼建筑与装饰工程
工程量清单编制

附 1.1 综合楼设计说明及工程量清单编制要求

1. 工程说明

（1）本综合楼为四层钢筋混凝土框架结构。设计标高 ±0.000，室外标高 -0.450m。

（2）各部位混凝土强度等级见附表 1-1。

混凝土强度等级 附表 1-1

基础垫层	柱下独基	柱	梁	板	楼梯板、楼梯小柱	砌体中构造柱	砌体中圈、过梁
C15	C25	C30	C30	C30	C30	C20	C20

（3）基础为柱下独立基础，基底设计标高 -2.100m。场地和地基回填，人工夯实 200mm 夯实一次，夯实后为 150mm，机械夯实为每 200mm 夯实一次，夯实后为 150mm，压实系数地坪垫层 >0.94，干密度 2.0t/m^3。

（4）本工程过梁设置如下：

1）对通长带形窗，洞口上框架梁兼作过梁。

2）对独立门窗，根据门窗洞口宽度，按附表 1-2 选用。

门窗洞口宽（mm） 附表 1-2

门窗洞宽	小于 1000	1000 ~ 1800	1800 ~ 2400	备注
过梁高	120	180	240	端部在墙体上的支承长度不小于 250

（5）砌体。本工程中，-0.030m 标高以下墙体用 MU15 页岩实心砖，M7.5 水泥砂浆砌筑；填充墙体：外墙和卫生间采用小型页岩空心砌块，M5 混合砂浆砌筑，内墙采用加气混凝土小型砌块，M5 混合砂浆砌筑。

1）填充墙高度超过 4000mm 时，在墙中部或门顶或窗台高度处加设一道通长的钢筋混凝土圈梁，图中未标注者，截面为墙厚 ×200mm。

2）填充墙构造柱除注明外，凡内、外墙转角及相交处均需设置构造柱；凡墙长 ≥ 4000mm 时，墙中间需设构造柱，构造柱间距（或与框架柱间距）≤ 4000mm。

3）窗洞 ≥ 3000mm 的窗下墙中部（间距 ≤ 2000mm）及窗洞口两侧需设构造柱。洞口两侧无构造柱的窗间墙中部、条形通窗下墙中部及阳台栏板设构造柱间距≤ 2000mm。

4）构造柱边长度≤ 200mm 的墙垛用 C20 素混凝土浇筑。填充墙构造柱除注明外，截面尺寸为：墙厚 ×240mm。

5）屋顶女儿墙构造柱间距≤ 2000mm。

（6）楼地面。楼地面做法详见工程细部做法表。楼梯面层采用花岗石。

（7）屋面。屋面做法详见工程细部做法表，落水管选用 ϕ110UPVC 落水管配相应落水口及弯头。

（8）外墙。外墙做法详见工程细部做法表。墙身防潮层：在室内地坪下约 -0.060m 处做 20mm 厚 1 ∶ 2 水泥砂浆内加 5% 防水剂。

（9）油漆。木作油漆：满刮透明腻子一遍，聚氨酯清漆四遍。凡露明铁件一律刷防锈漆两遍，调合漆罩面。除不锈钢及铝合金扶手外，金属栏杆扶手刷防锈漆及底漆各一道，磁漆两道，颜色另详。凡与砖（砌块）或混凝土接触的木材表面均满涂防腐剂。

（10）门窗。M5438 采用组合全玻平开门，M1524 双扇带上亮铝合金地弹门。其余为平开有亮塑钢门。窗全部采用推拉塑钢窗。厕所采用防潮板隔断，并在隔断上安小门，隔断高 1.8m。

（11）散水为 60mm 厚 C15 混凝土，每隔 6m 设玛瑇脂伸缩缝。

2. 现场情况及施工条件

本工程位于市区甲方单位内，交通便利，结构用混凝土采用泵送商品混凝土，其余建材均可直接运入现场。

施工用水和电都可从单位现有水管和电网中接用，现场“三通一平”已经具备。

现场地势较平坦，土质属坚土，常年地下水位在地面 2.8m 以下。

3. 工程细部做法

工程细部做法见附表 1–3。

工程细部做法表　　附表 1–3

类别	名称	适用部位	做法
楼地面	防滑地砖地面	底层卫生间	10mm 厚地面砖干水泥浆擦缝，30mm 厚 1∶3 干硬水泥砂浆结合层表面撒水泥粉，1.5mm 厚聚氨酯防水层（2 道），最薄处 20mm 厚 1∶3 水泥砂浆细石混凝土找坡层抹平，60mm 厚 C15 混凝土垫层，150mm 厚 5mm 卵石灌 M2.5 混合砂浆振捣密实
	防滑地砖楼面	楼层卫生间	上层做法同前，60mm 厚 1∶6 水泥焦渣填充层，现浇钢筋混凝土之现浇叠合层
	花岗石地面	底层办公用房	20mm 厚花岗石块面层水泥浆擦缝，20mm 厚 1∶2 干硬性水泥砂浆粘合层，上洒 2mm 厚干水泥并洒清水适量，100mm 厚 C10 混凝土垫层，水泥浆结合层一道，素土夯实基土
	花岗石楼面	楼层办公用房	20mm 厚花岗石块面层水泥浆擦缝，20mm 厚 1∶2 干硬性水泥砂浆粘合层，上洒清水适量，水泥浆结合层一道，20mm 厚 1∶3 水泥砂浆找平层，结构层

续表

类别	名称	适用部位	做法
踢脚	花岗石踢脚线	除卫生间外所有部位	20mm 厚花岗石块面层水泥擦缝，25mm 厚 1：2.5 水泥砂浆灌注
屋面	防滑地砖屋面	屋面	10mm 厚防滑地砖面层，20mm 厚 1：3 水泥沙浆找平层，40mm 厚挤塑保温板，4mm 厚 SBS 改性沥青防水卷材一道，20mm 厚 1：3 水泥砂浆找平层，页岩陶粒找坡层，最薄处 30mm 厚
内墙面	釉面砖墙面	卫生间	5mm 厚釉面砖，白水泥擦缝，4mm 厚强力胶粉水泥粘结层，揉挤压实，1.5mm 厚聚合物水泥基复合防水涂料防水层，9mm 厚 1：3 水泥砂浆打底压实抹平，素水泥浆一道甩毛。内墙面砖高 2.6m
	乳胶漆墙面	办公用房	封底漆一道，树枝乳胶漆 2 道饰面，5mm 厚 1：0.5：2.5 水泥石灰膏砂浆找平，9mm 厚 1：0.5：3 水泥石灰膏砂浆打底扫毛，素水泥浆一道
天棚	铝合金天棚	卫生间	铝合金方板面层 500mm × 500mm，铝合金方板龙骨
	乳胶漆天棚	办公用房	封底漆一道，树枝乳胶漆 2 道饰面，2mm 厚纸筋灰抹面，5mm 厚 1：0.5：3 水泥石灰膏砂浆，3mm 厚 10.5：1 水泥石灰膏砂浆打底，素水泥浆一道
外墙面	保温墙面	外墙	外墙采用外保温，其构造做法由内至外依次为，20mm 厚混合砂浆抹灰，200mm 厚加气混凝土砌块，30mm 厚水泥砂浆找平层粘结层，30mm 厚复合硅酸盐板，20mm 厚保护层水泥砂浆抹灰

4. 工程量清单编制要求

本工程工程量清单按《房屋建筑与装饰工程工程量计算规范》GB 50854-2013 编制。附表 1-4 给出了本工程主要项目的项目编码、项目名称及计量单位，供读者计算工程量时参考。

分部分项工程工程量项目表 **附表 1-4**

序号	项目编码	项目名称	计量单位	工程数量
	01	房屋建筑与装饰工程		
	0101	土石方工程		
1	010101001001	平整场地	m^2	
2	010101003001	挖沟槽土方	m^3	
3	010101004001	挖基坑土方	m^3	
4	010103001001	回填方	m^3	
5	010103002001	余方弃置	m^3	
		……		
		分部小计		
	0104	砌筑工程		
6	010401005001	空心砖墙	m^3	
7	010401012001	零星砌砖	m^3	
8	010401014001	砖地沟	m	
		……		
		分部小计		
	0105	混凝土及钢筋混凝土工程		

续表

序号	项目编码	项目名称	计量单位	工程数量
9	010501001001	基础垫层	m^3	
10	010501003001	独立基础	m^3	
11	010503001001	基础梁	m^3	
12	010503004001	圈梁	m^3	
13	010503005001	过梁	m^3	
14	010505001001	有梁板	m^3	
15	010506001001	直形楼梯	m^2	
16	010507001001	散水、坡道	m^2	
17	010507001002	楼地面垫层	m^2	
18	010507004001	台阶	m^2	
19	010515001001	现浇构件钢筋	t	
20	010515001002	砌体钢筋	t	
21	010515002001	预制构件钢筋	t	
22	010516002001	预埋铁件	t	
		……		
		分部小计		
	0108	门窗工程		
23	010802001001	铝合金地弹门	m^2	
24	010802001002	金属（塑钢）门	m^2	
25	010805005001	全玻自由门	m^2	
26	010807001001	塑钢窗	m^2	
		……		
		分部小计		
	0109	屋面及防水工程		
27	010902001001	屋面卷材防水	m^2	
28	010902004001	屋面排水管	m	
29	010904002001	楼（地）面涂膜防水	m^2	
		……		
		分部小计		
	0110	保温、隔热、防腐工程		
30	011001001001	保温隔热屋面	m^2	
31	011001003001	保温隔热墙面	m^2	
		……		
		分部小计		
	0111	楼地面装饰工程		
32	011102001001	花岗石楼地面	m^2	
33	011102003001	卫生间防滑地砖楼地面	m^2	

续表

序号	项目编码	项目名称	计量单位	工程数量
34	011105002001	花岗石踢脚线	m^2	
35	011106001001	花岗石楼梯面层	m^2	
36	011107001001	花岗石台阶面	m^2	
37	011108001001	石材零星项目	m^2	
		……		
		分部小计		
	0112	墙、柱面装饰与隔断、幕墙工程		
38	011201001001	外墙面一般抹灰	m^2	
39	011201001002	内墙面一般抹灰	m^2	
40	011202001001	柱面一般抹灰	m^2	
41	011204003001	卫生间瓷砖墙面	m^2	
42	011206002001	卫生间瓷砖零星项目	m^2	
43	011206002002	外墙面砖零星项目	m^2	
44	011209002001	全玻（无框玻璃）幕墙	m^2	
45	011210005001	卫生间隔断	m^2	
		……		
		分部小计		
	0113	天棚工程		
46	011301001001	天棚抹灰	m^2	
47	011302001001	铝合金方板天棚	m^2	
		……		
		分部小计		
	0114	油漆、涂料、裱糊工程		
48	011407001001	墙面喷刷涂料（内墙面、天棚）	m^2	
49	011407001002	外墙面喷刷涂料	m^2	
		……		
		分部小计		
	0115	其他装饰工程		
50	011503001001	金属扶手、栏杆、栏板	m	
		……		
		分部小计		
	0117	措施项目		
51	011701001001	综合脚手架	m^2	
		……		
		分部小计		
		合计		

附 1.2 综合楼施工图

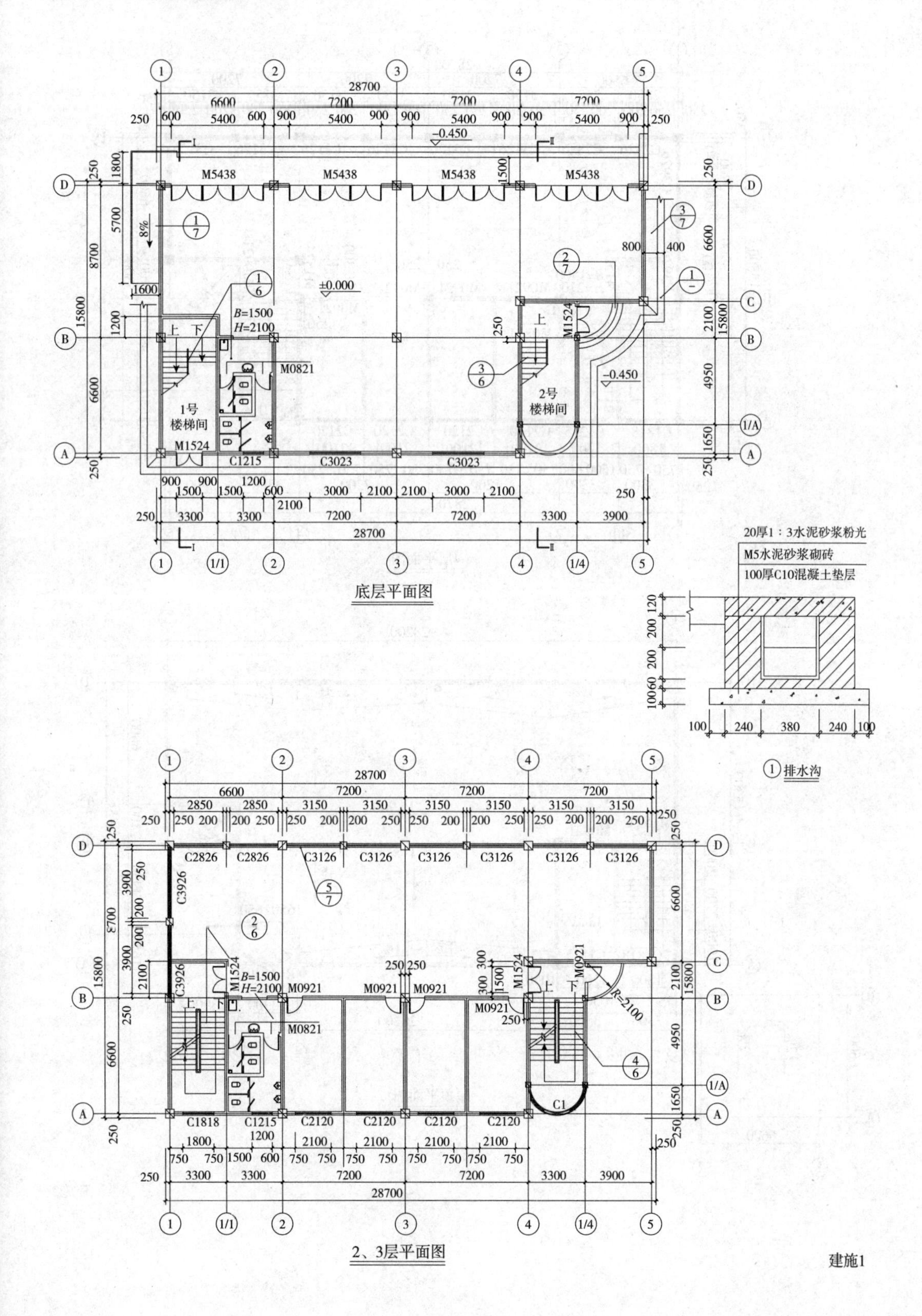
28700
6600
7200
7200
7200
5400
900
−0.450
M5438
M5438
M5438
M5438
8%
±0.000
B=1500
H=2100
上
下
M0821
1号
楼梯间
M1524
C1215
C3023
C3023
M1524
2号
楼梯间
3300
3900
15800
8700
6600
4950
1650
2100
底层平面图
20厚1：3水泥砂浆粉光
M5水泥砂浆砌砖
100厚C10混凝土垫层
100
240
380
240
100
排水沟
C2826
C2826
C3126
C3126
C3126
C3126
C3126
C3126
C3926
C3926
M1524
M0921
M0921
M0921
M0921
M0921
M0821
C1818
C1215
C2120
C2120
C2120
C2120
C1
R=2100
2、3层平面图
建施1

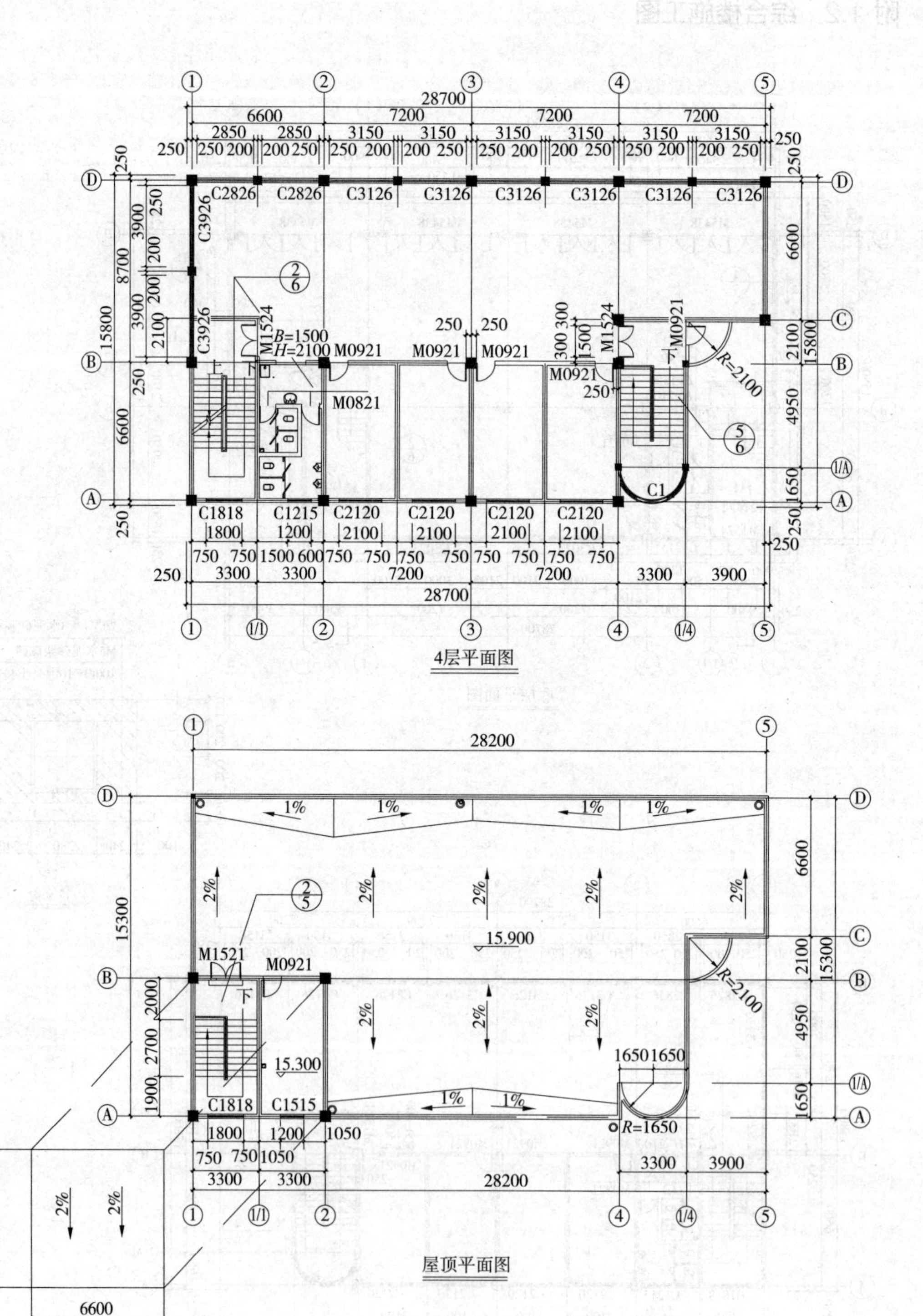

4层平面图
屋顶平面图
28700
28200
15800
15300
C2826
C3126
C3926
M1524
M0921
M0821
C1818
C1215
C2120
C1
C1515
M1521
R=2100
R=1650
15.900
15.300
1%
2%
6600

建施2

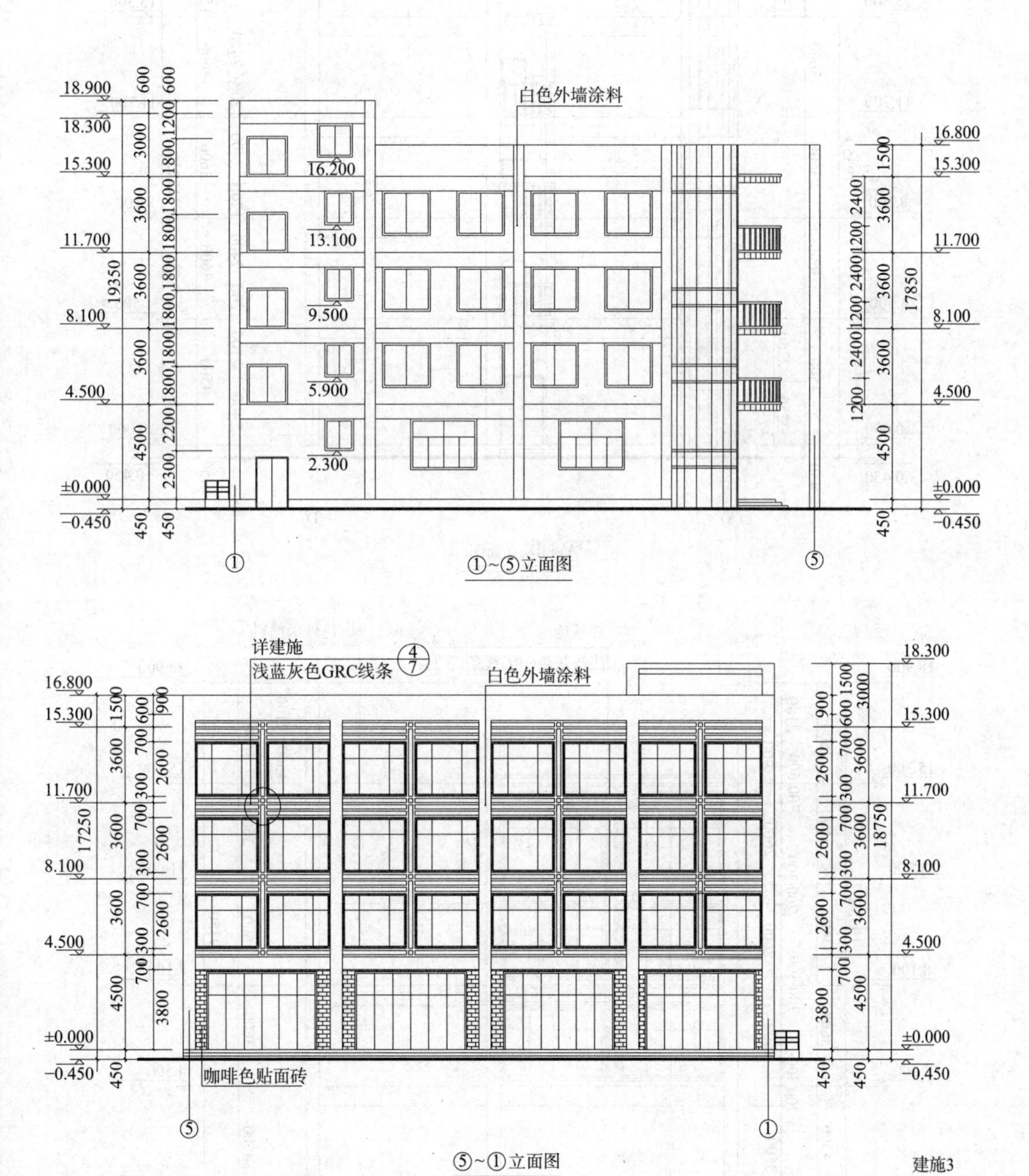
白色外墙涂料
18.900
18.300
15.300
11.700
8.100
4.500
±0.000
−0.450
16.200
13.100
9.500
5.900
2.300
16.800
19350
17850
①~⑤立面图
详建施 4/7
浅蓝灰色GRC线条
白色外墙涂料
咖啡色贴面砖
17250
18750
⑤~①立面图

建施3

18.900
15.300
11.700
8.100
4.500
±0.000
−0.450
16.800
白色外墙涂料
2100
3600
1500
19350
4500
2250
450
2400
1200
17250

Ⓐ~Ⓓ立面图

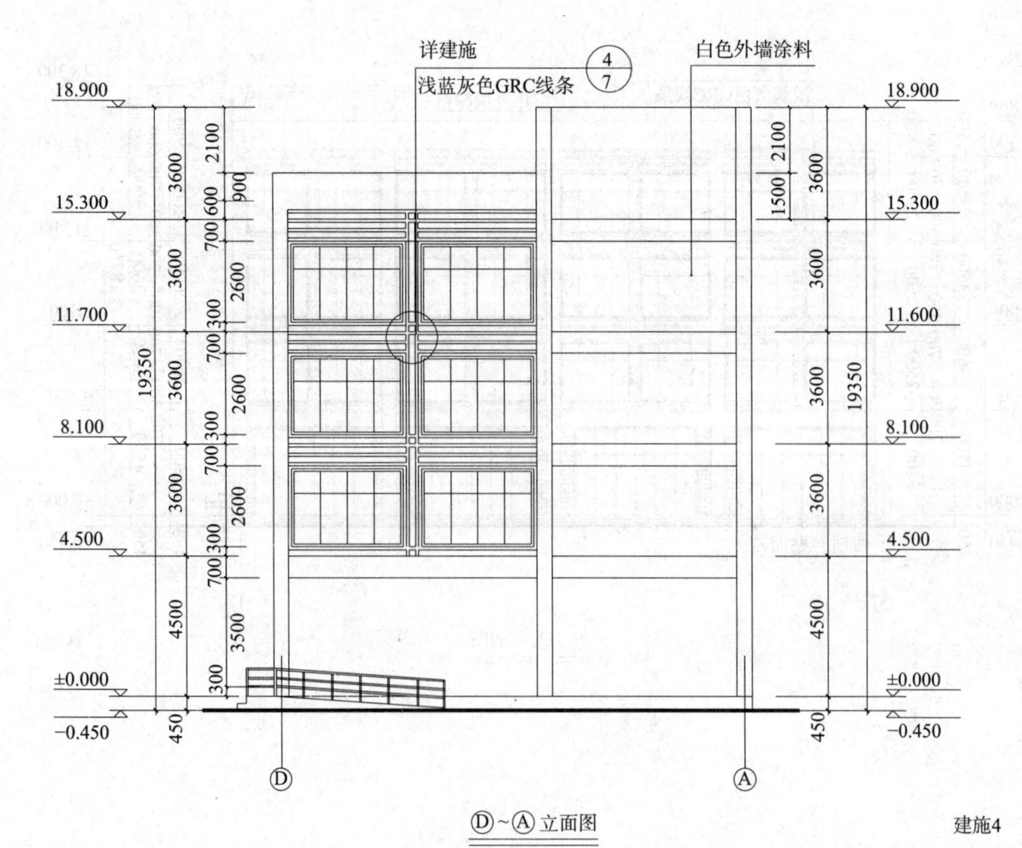

Ⓓ~Ⓐ立面图

建施4

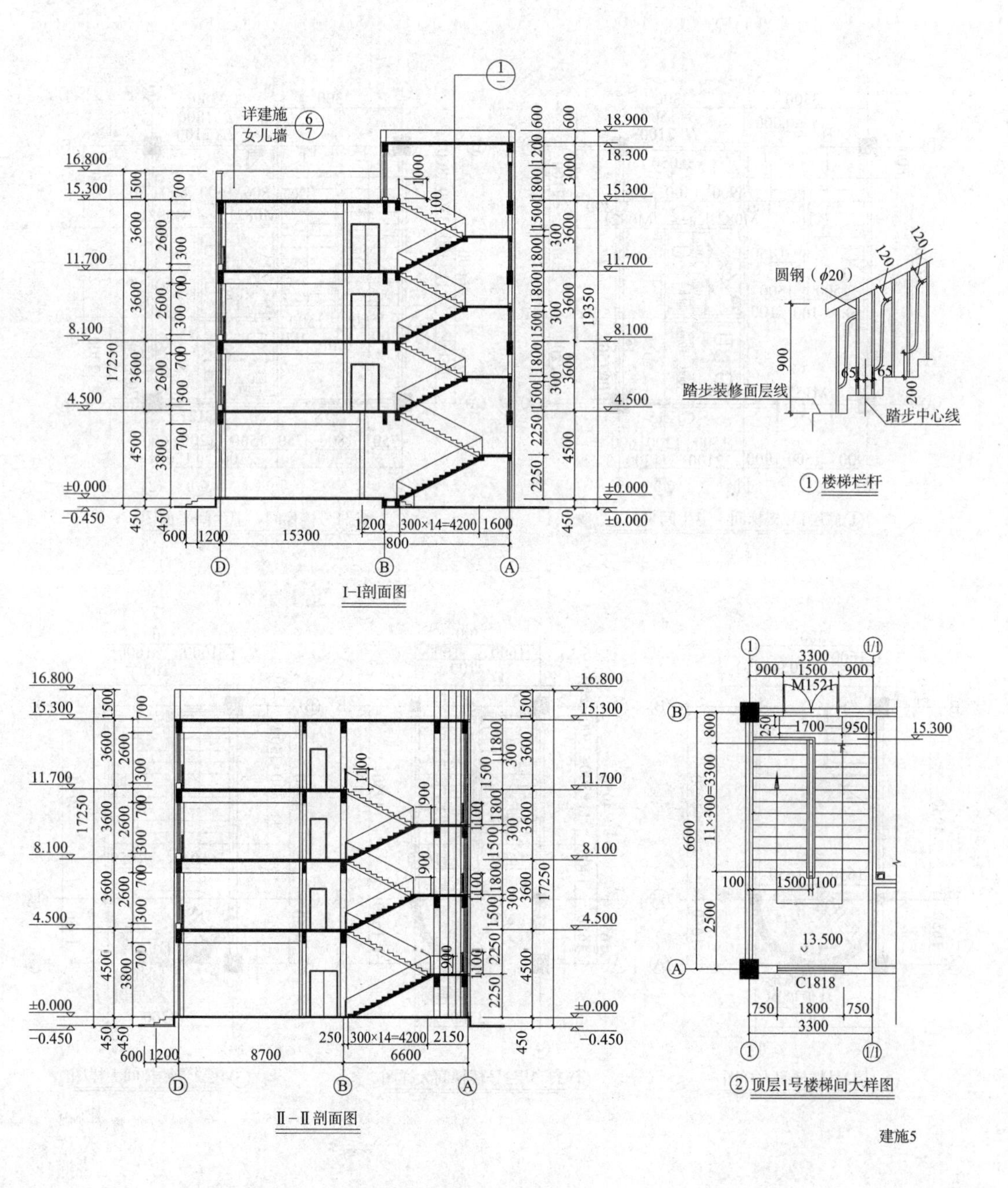

Ⅰ-Ⅰ剖面图

Ⅱ-Ⅱ剖面图

建施5

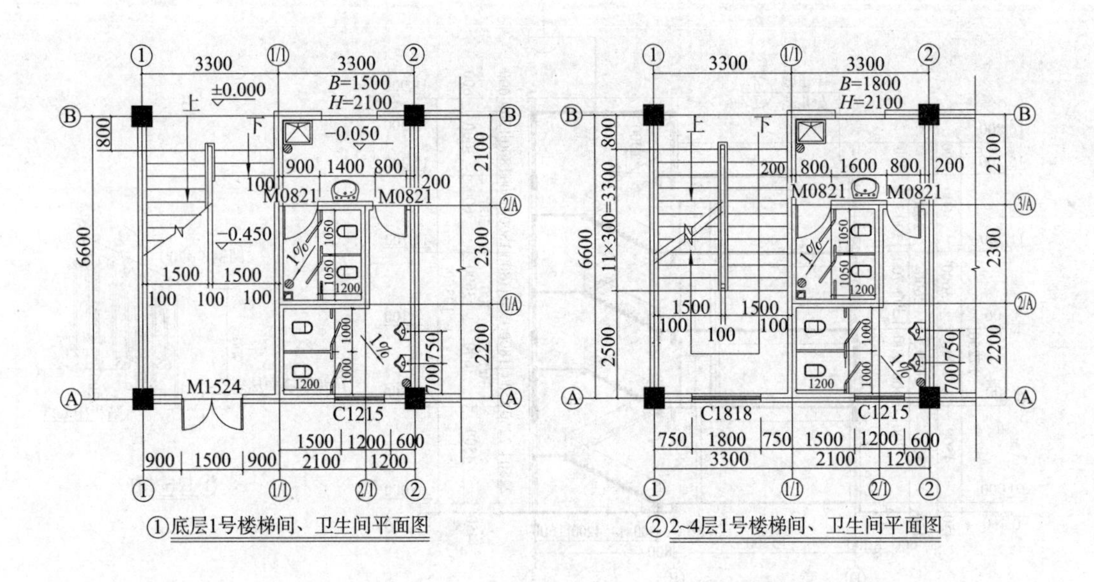

①底层1号楼梯间、卫生间平面图　②2~4层1号楼梯间、卫生间平面图

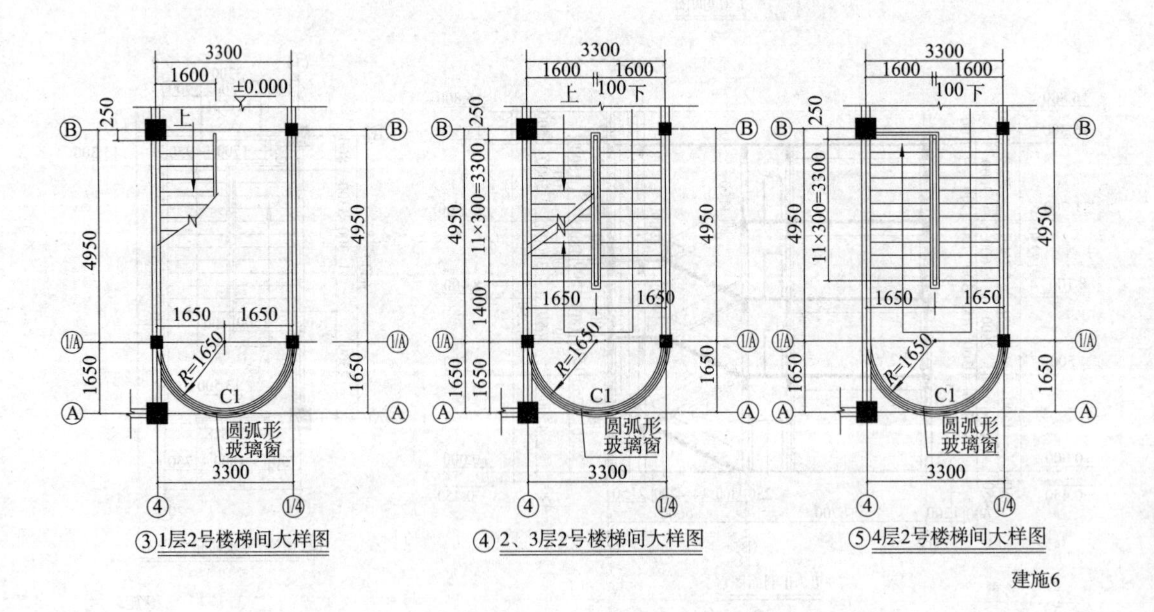

③1层2号楼梯间大样图　④2、3层2号楼梯间大样图　⑤4层2号楼梯间大样图

建施6

建施7

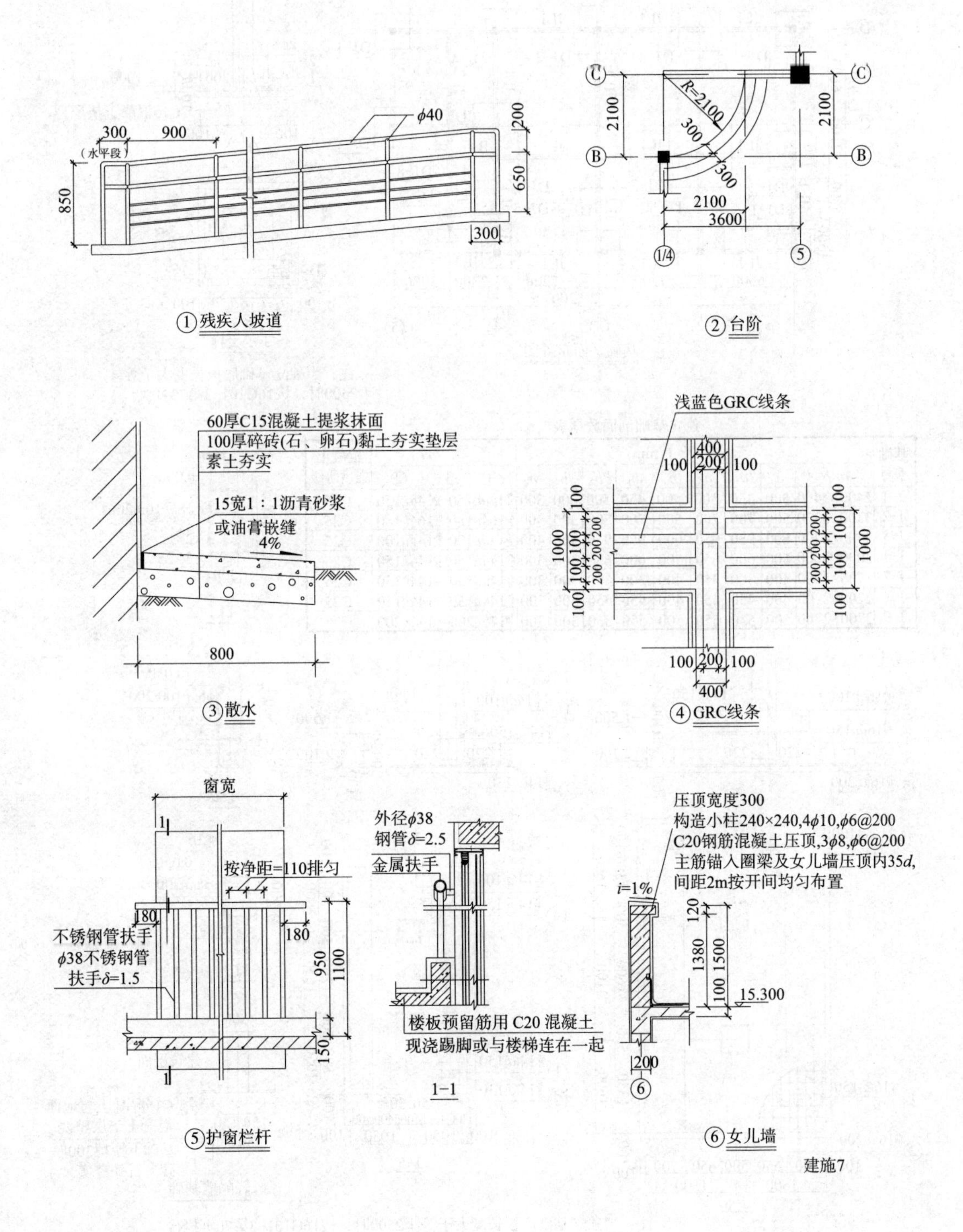

300
900
(水平段)
φ40
200
650
850
300
①残疾人坡道
R=2100
300
300
2100
2100
2100
3600
②台阶
60厚C15混凝土提浆抹面
100厚碎砖(石、卵石)黏土夯实垫层
素土夯实
15宽1：1沥青砂浆
或油膏嵌缝
4%
800
③散水
浅蓝色GRC线条
400
100
200
100
1000
④GRC线条
窗宽
按净距=110排匀
180
180
不锈钢管扶手
φ38不锈钢管
扶手δ=1.5
950
1100
150
⑤护窗栏杆
外径φ38
钢管δ=2.5
金属扶手
楼板预留筋用 C20 混凝土
现浇踢脚或与楼梯连在一起
1-1
压顶宽度300
构造小柱240×240,4φ10,φ6@200
C20钢筋混凝土压顶,3φ8,φ6@200
主筋锚入圈梁及女儿墙压顶内35d,
间距2m按开间均匀布置
i=1%
120
1380
1500
100
15.300
200
⑥女儿墙

附 1.3　综合楼结构施工图

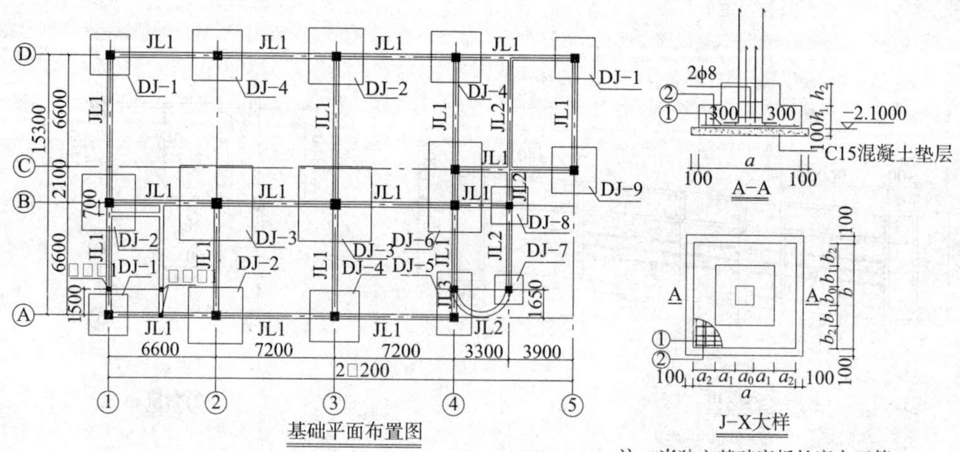

基础平面布置图

注：当独立基础底板长度大于等于2500时，按16G101-3第70页执行。

独立基础剖面数据表

基础编号	尺寸(mm)									配筋		混凝土强度等级
	$a\times b$	a_0	a_1	a_2	b_0	b_1	b_2	h_1	h_2	①	②	
J-1	2400×2400	500	450	500	500	450	500	300	300	Φ14@150	Φ14@150	C25
J-2	3300×3300	500	700	700	500	700	700	300	300	Φ16@180	Φ16@180	C25
J-3	4400×4400	600	950	950	600	950	950	400	400	Φ14@100	Φ14@100	C25
J-4	3000×3000	500	600	650	500	600	650	300	300	Φ14@150	Φ14@150	C25
J-7	1700×1700	400	300	350	400	300	350	300	300	Φ14@150	Φ14@150	C25
J-□	2200×2200	400	450	450	400	450	450	300	300	Φ14@150	Φ14@150	C25
J-9	2700×2700	500	550	550	500	550	550	300	300	Φ14@200	Φ14@200	C25

LL1

LL2

LL3

J-6

J-5

轻隔墙基础

C15混凝土与地面混凝土垫层整浇

基础下换填300厚砂夹石并夯实

注：当独立基础底板长度大于等于2500时，按16G101-3第70页执行。

结施1

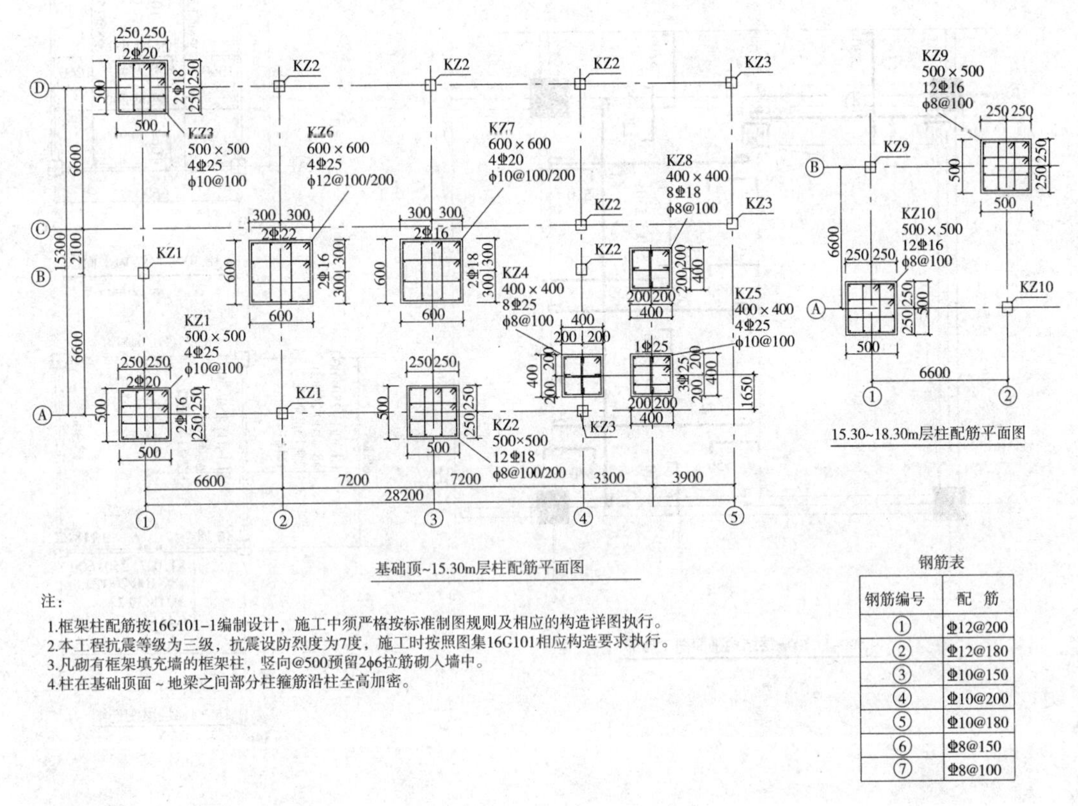

15.30~18.30m层柱配筋平面图

基础顶~15.30m层柱配筋平面图

注：

1.框架柱配筋按16G101-1编制设计，施工中须严格按标准制图规则及相应的构造详图执行。
2.本工程抗震等级为三级，抗震设防烈度为7度，施工时按照图集16G101相应构造要求执行。
3.凡砌有框架填充墙的框架柱，竖向@500预留2ϕ6拉筋砌入墙中。
4.柱在基础顶面～地梁之间部分柱箍筋沿柱全高加密。

钢筋表

钢筋编号	配　筋
①	Φ12@200
②	Φ12@180
③	Φ10@150
④	Φ10@200
⑤	Φ10@180
⑥	Φ8@150
⑦	Φ8@100

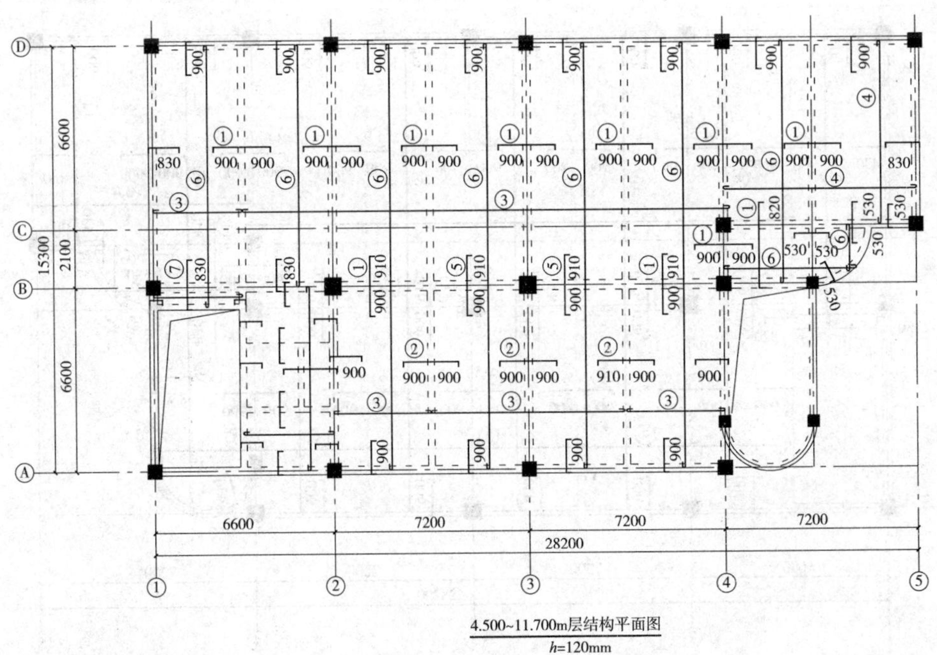

4.500~11.700m层结构平面图

h=120mm

注：

1.图中未标注直径及间距的钢筋按：板底受力钢筋、支座负弯矩钢筋Φ8@200,分布钢筋ϕ6@200配筋。
2.结合楼梯施工图施工楼梯。
3.卫生间、阳台楼板面标高低于楼层平面50mm。

结施2

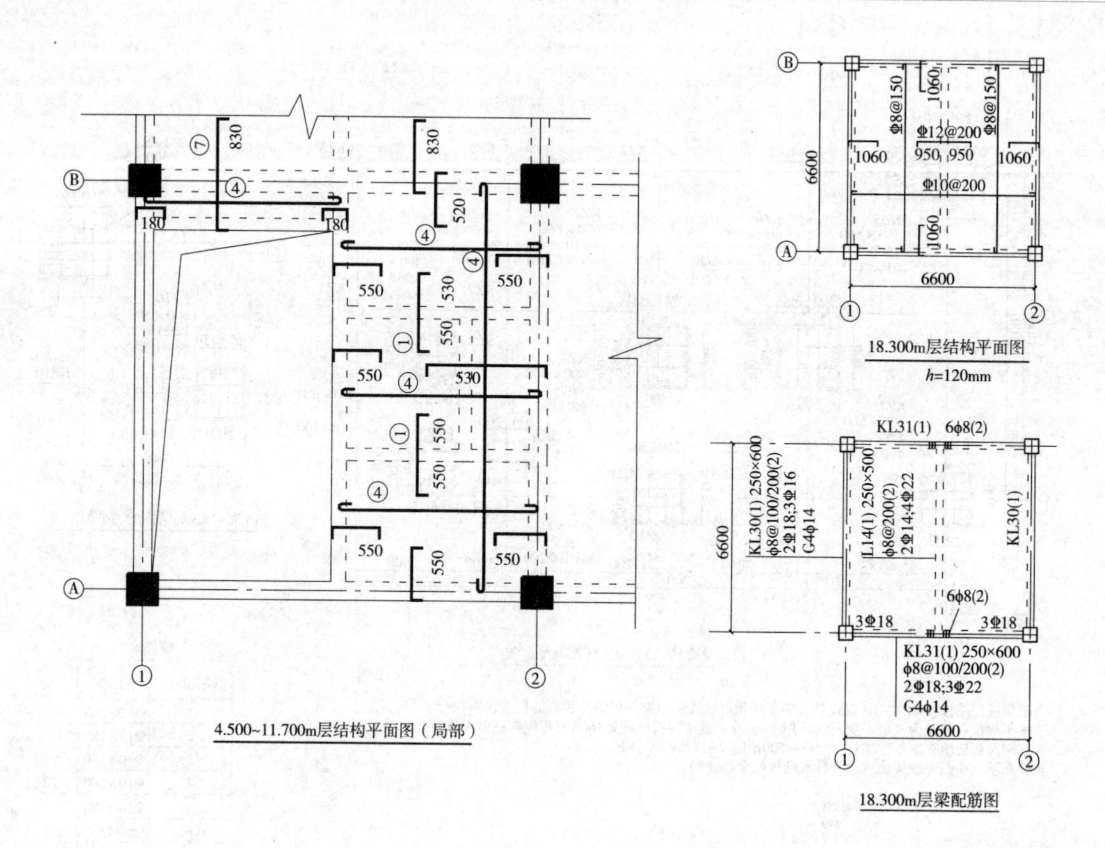

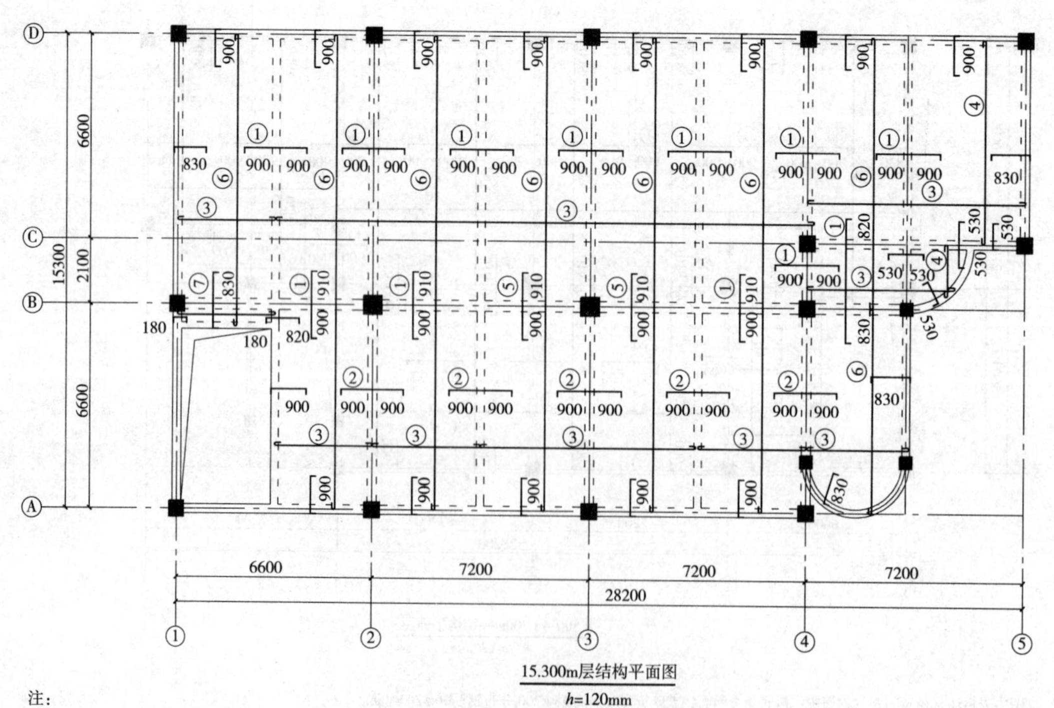

15.300m层结构平面图

h=120mm

注：

1.图中未标注直径及间距的钢筋按：板底受力钢筋、支座负弯矩钢筋Φ8@200,分布钢筋ϕ6@200配筋。

2.结合楼梯施工图施工楼梯。

结施3

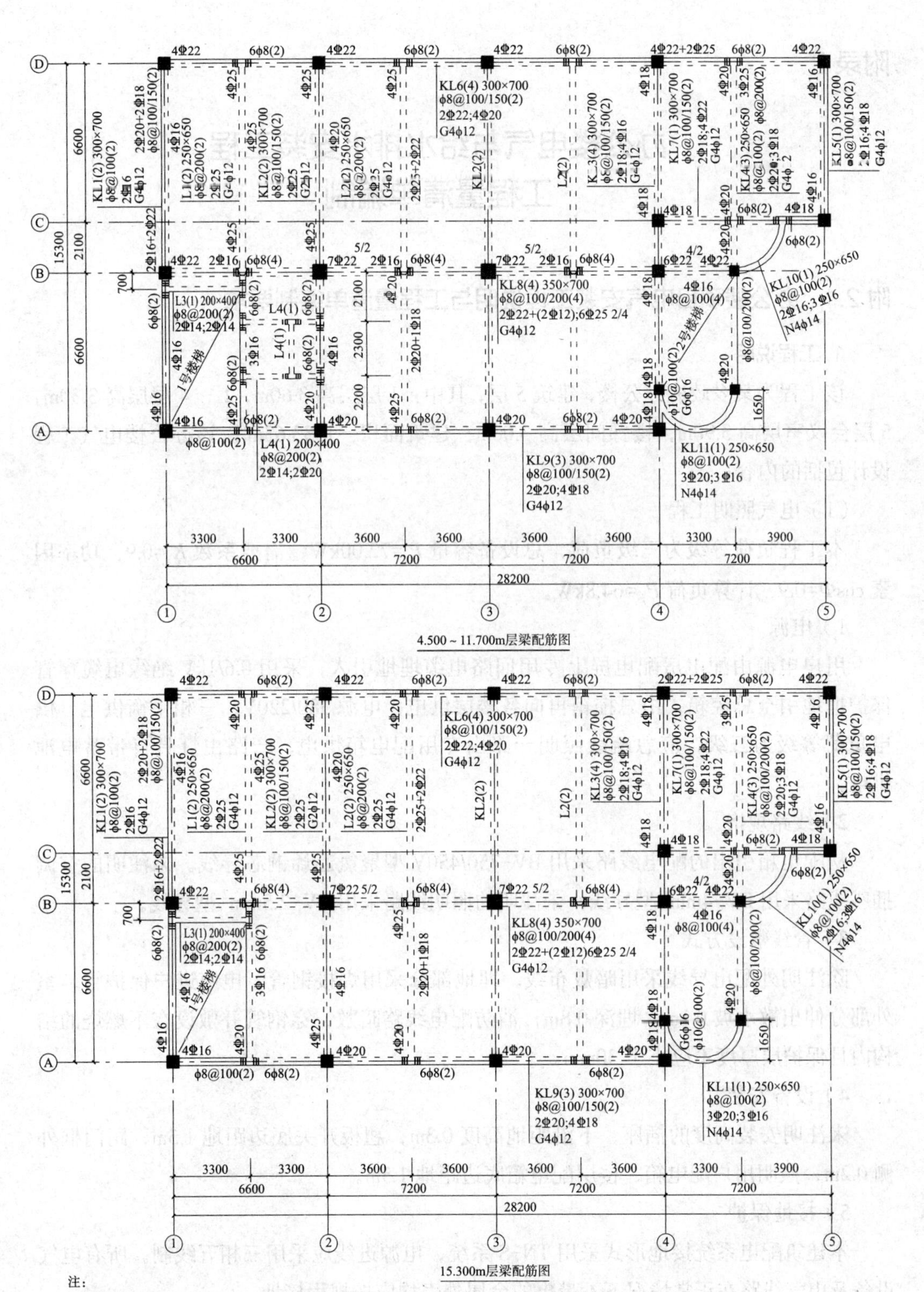

4.500～11.700m层梁配筋图

15.300m层梁配筋图

注：

1.本图梁配筋按国标图集16G101-1进行编制设计，施工中必须严格按标准图中制图规则及相应的构造详图执行。

2.梁与梁交接处附加钢筋构造详见图集16G101-1。

结施4

附录 2

办公楼电气与给水排水安装工程
工程量清单编制

附 2.1 办公楼项目电气安装工程说明与工程量清单编制要求

1. 工程说明

该工程为某乡政府办公楼，建筑 5 层，其中：1 层层高 3.60m，2 ~ 4 层层高 3.30m，5 层会议室层高 3.90m，楼梯间层高 3.00m；建筑面积：1533.63m^2。该办公楼电气工程设计包括的内容：

（1）电气照明工程

本工程负荷等级为三级负荷，总设备容量 P_e=72.00kW，需要系数 K_x=0.9，功率因素 cosΦ=0.9，计算负荷 P_{js}=64.8kW。

1）电源

用户电源由配电房配电屏上专用回路电缆埋地引入，采用 0.6/1kV 绝缘电缆穿管保护埋地引至总控箱，由总控箱再向各楼层供电，电源 380/220V，三相平衡供电，供电负荷等级为三级，应急疏散照明一路由专用配电箱供电，一路由灯具自带蓄电池供电。

2）线路规格

从配电箱引出的配电线路采用 BV-750/450V 型聚氯乙烯铜芯导线。未注明的空调插座线路采用 BV-4mm^2 型导线，未注明的照明线路采用 BV-2.5mm^2 型导线。

3）管线敷设方式

除注明外配电导线采用暗敷布线。埋地部分采用焊接钢管，电缆进户保护管，室外部分伸出散水坡 0.1m，埋深 0.8m；消防配电线路暗敷，穿钢管并敷设在不燃烧的结构内且保护层厚度不应小于 30mm。

4）设备安装

未注明安装高度的插座，下沿距地高度 0.3m，翘板开关底边距地 1.3m，距门框外侧 0.2m，照明用户配电箱、楼层配电箱底边距地 1.5m。

5）接地保护

本建筑配电系统接地形式采用 TN-S 系统，电源进线应采用三相五线制。所有电气设备及电气线路在正常情况下不带电的金属外壳均应按规程接地。

（2）避雷装置

本规程属三类防雷，在屋顶挑檐、屋面等用 Φ10 的镀锌圆钢作为避雷带，利用两根不小于 Φ16 的柱主钢筋作为引下线，间距不大于 25m。上与避雷带焊接，下与综合接地装置结成封闭网，接地母线 -40×4 热镀锌扁钢。利用结构基础钢筋、基础梁钢筋及由柱内主筋引出的 Φ10 的镀锌圆钢接地极作为综合接地装置，接地电阻不大于 1Ω，实测达不到的，补打接地极。凡引入建筑物内的各种金属管道均应与综合接地装置焊接，凡高出建筑物的金属物、构筑物均应与防雷构件做等电位联结。

（3）其他说明

1）本电气工程部分所涉及的图例见附表 2-1。

2）除本说明外，应按国家有关施工及验收规范、规定执行。

图例说明 附表 2-1

图例	名称	图例	名称
	照明配电箱	TP	电话插座
Wh	电度表	TV	电视插座
	防水防尘灯	VH	电视前端箱
	普通灯		电话交接箱
	声光控开关		漏电断路器
	暗装单极开关		断路器
	暗装双联二、三极插座		隔离开关
	卫生间安全密闭型插座	WC	敷设于墙内
SC	穿钢管敷设	CC	敷设于顶棚内
PC	穿难燃型聚氯乙烯硬质管敷设	FC	敷设于楼地面内

2. 工程量计算编制说明

本工程工程量清单按《通用安装工程工程量计算规范》GB 50856-2013 编制。附表 2-2 给出了本工程主要项目的项目编码、项目名称及计量单位，供读者计算工程量时参考。

分部分项工程工程量项目表 附表 2-2

序号	项目编码	项目名称	项目特征及工作内容	计量单位	工程数量
D.4 控制设备及低压电器安装					
1	030404017001	配电箱	ALA 总配电箱 72kW	台	
2	030404017002	配电箱	AL1 ~ AL4 1 ~ 4 层配电箱 18kW	台	
3	030404017003	应急照明配电箱	ALE 应急照明配电箱 5kW	台	
4	030404034001	照明开关	单级开关	个	
5	030404034002	照明开关	双联开关	个	

续表

序号	项目编码	项目名称	项目特征及工作内容	计量单位	工程数量
6	030404034003	照明开关	三联开关	个	
7	030404034004	照明开关	声光控开关	个	
8	030404034005	照明开关	暗装单级开关	个	
9	030404035001	插座	暗装双联二、三级插座	个	
10	030404035002	插座	卫生间安全密闭型插座	个	
		……			
D.8 电缆安装					
11	030408001001	电力电缆	YJV–5×16 穿管敷设	m	
12	030408001002	电力电缆	YJV–（4×50+1×25）穿管敷设	m	
13	030408001003	电力电缆	YJV–5×4 穿管敷设	m	
14	030408003001	电缆保护管	SC50	m	
15	030408003002	电缆保护管	SC80	m	
16	030408003003	电缆保护管	SC20	m	
17	030408006001	电力电缆头	YJV–5×16	个	
18	030408006002	电力电缆头	YJV–（4×50+1×25）	个	
19	030408006003	电力电缆头	YJV–5×4	个	
		……			
D.9 防雷接地					
20	030409001001	接地极安装	基础梁钢筋	根	
21	030409002001	接地母线	–40×4 热镀锌扁钢	m	
22	030409003001	避雷引下线	2 根 Φ16 的柱主钢筋	m	
23	030409005001	避雷带	Φ10 的镀锌圆钢	m	
		……			
D.11 配管配线					
24	030411001001	配管	塑料管 PC20 暗敷	m	
25	030411001002	配管	钢管 SC80 埋地敷设	m	
26	030411001003	配管	钢管 SC50 埋地敷设	m	
27	030411001004	配管	钢管 SC20 埋地敷设	m	
28	030411004001	配线	BV–2.5 照明、穿管敷设	m	
29	030411004002	配线	BV–4 一般插座、穿管敷设	m	
30	030411006001	接线盒	接线盒、开关盒、插座盒，塑料，暗装	个	
		……			
D.12 照明灯具安装					
31	030412001001	普通灯具	防水防尘灯 1×18W 吸顶安装	套	
32	030412001002	普通灯具	节能吊灯 200W 吊装	套	
33	030412001003	普通灯具	圆球吸顶灯 XD–40	套	

续表

序号	项目编码	项目名称	项目特征及工作内容	计量单位	工程数量
34	030412001004	普通灯具	自带电源事故照明灯	套	
35	030412001004	普通灯具	安全出口标志灯	套	
36	030412005002	荧光灯	双管荧光灯 JHLL2×36W 吸顶安装	套	
37	030412003001	高度标志灯	单向疏散指示灯	套	
38	030412003002	高度标志灯	双向疏散指示灯	套	
		……			
D.14 电气调整试验					
39	030414011001	接地装置	系统调试		
		……			

附 2.2　办公楼电气工程施工图

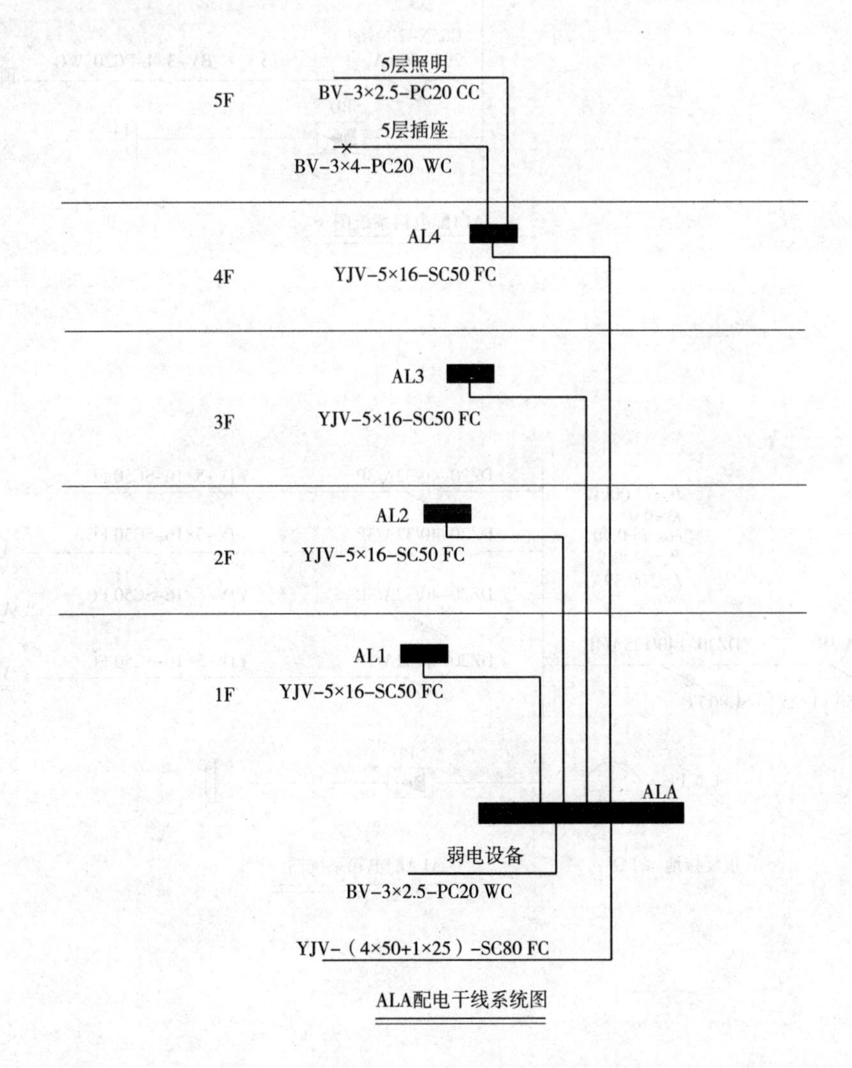

ALA配电干线系统图

P_e=18.00kW
K_x=0.9
cos Φ=0.90
P_{js}=16.2kW
I_{js}=27.35A

-40A/3P
YJV-5×16-SC50 FC
DZ20-40/32A/4P

C65N-1P-16A wl1 BV-3×2.5-PC20 CC 照明
C65N-1P-16A wl2 BV-3×2.5-PC20 CC 照明
C65N-2P-vigi 20A+30mA wx1 BV-3×4-PC20 WC 插座
C65N-2P-vigi 20A+30mA wx2 BV-3×4-PC20 WC 卫生间插座
C65N-2P-vigi 20A+30mA wx3 BV-3×4-PC20 WC 插座
C65N-2P-vigi 20A+30mA wx3 BV-3×4-PC20 WC 预留插座
C65N-2P-vigi 20A+30mA wx3 BV-3×4-PC20 WC 预留插座
SPD

AL1配电箱系统图

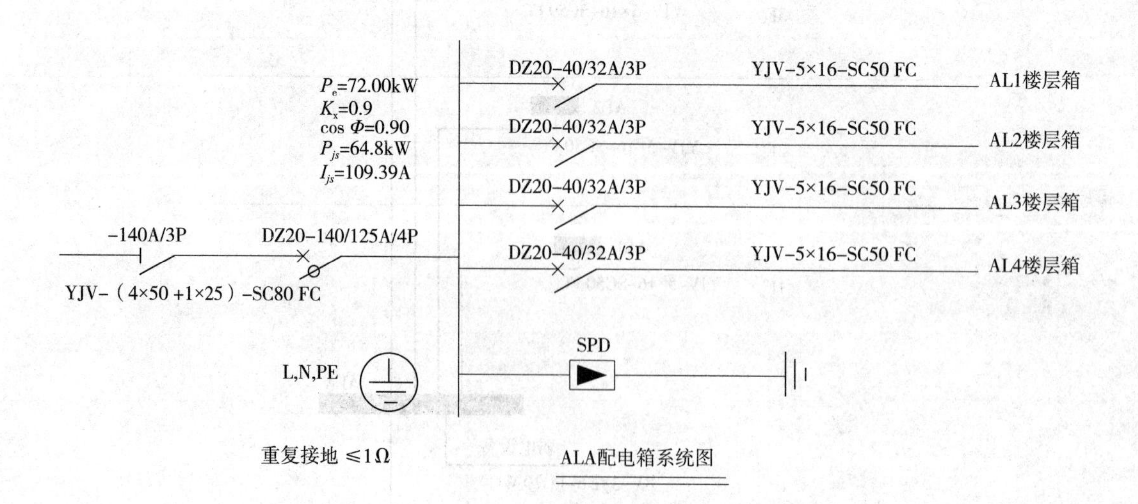

ALA配电箱系统图

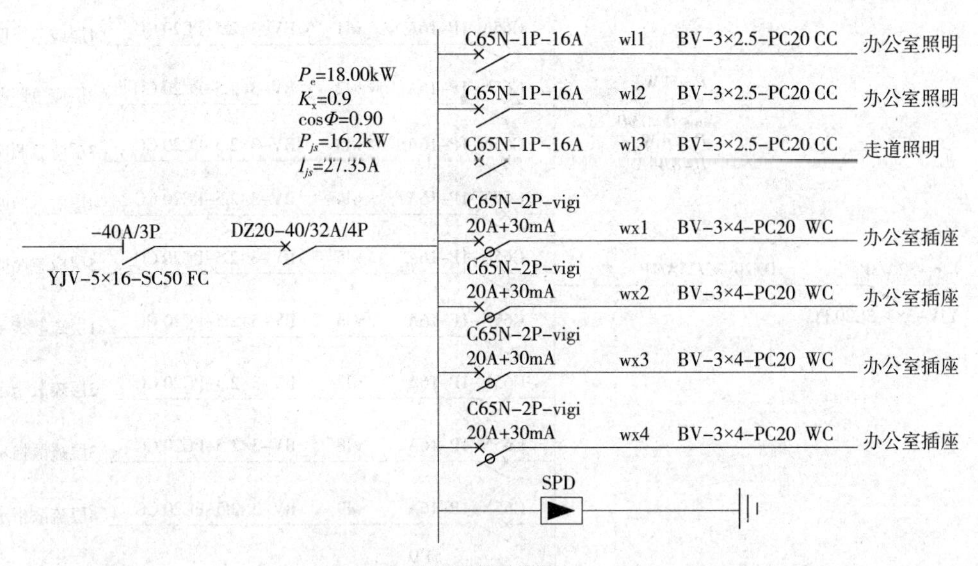

AL2、AL3配电箱系统图

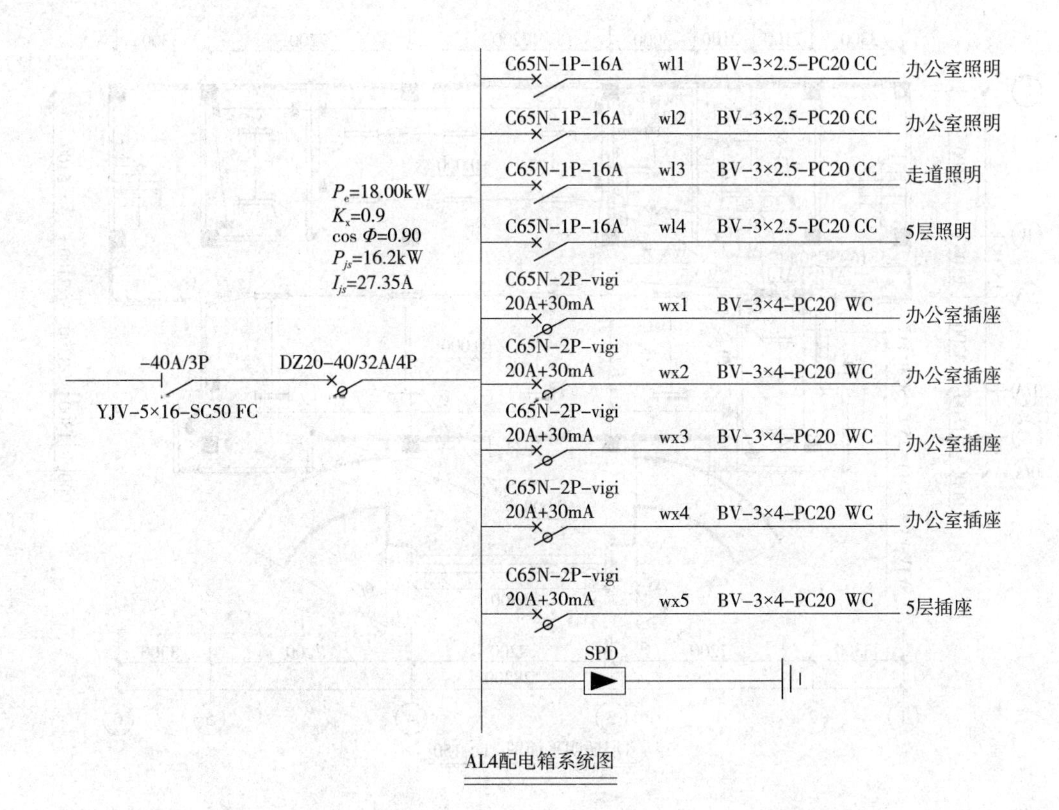

AL4配电箱系统图

P_e=5kW
K_x=1
cos Φ=0.90
P_{js}=5kW
I_{js}=8.44A

-32A/3P
YJV-5×4-SC20 FC
DZ20-32/25A/4P

断路器	回路	导线	用途
C65N-1P-16A	wl1	BV-3×2.5-PC20 CC	1层应急照明
C65N-1P-16A	wl2	BV-3×2.5-PC20 CC	2层应急照明
C65N-1P-16A	wl3	BV-3×2.5-PC20 CC	3层应急照明
C65N-1P-16A	wl4	BV-3×2.5-PC20 CC	4层应急照明
C65N-1P-16A	wl5	BV-3×2.5-PC20 CC	5层应急照明
C65N-1P-16A	wl6	BV-3×2.5-PC20 CC	1层疏散指示
C65N-1P-16A	wl7	BV-3×2.5-PC20 CC	2层疏散指示
C65N-1P-16A	wl8	BV-3×2.5-PC20 CC	3层疏散指示
C65N-1P-16A	wl9	BV-3×2.5-PC20 CC	4层疏散指示

SPD

ALE应急照明箱系统图

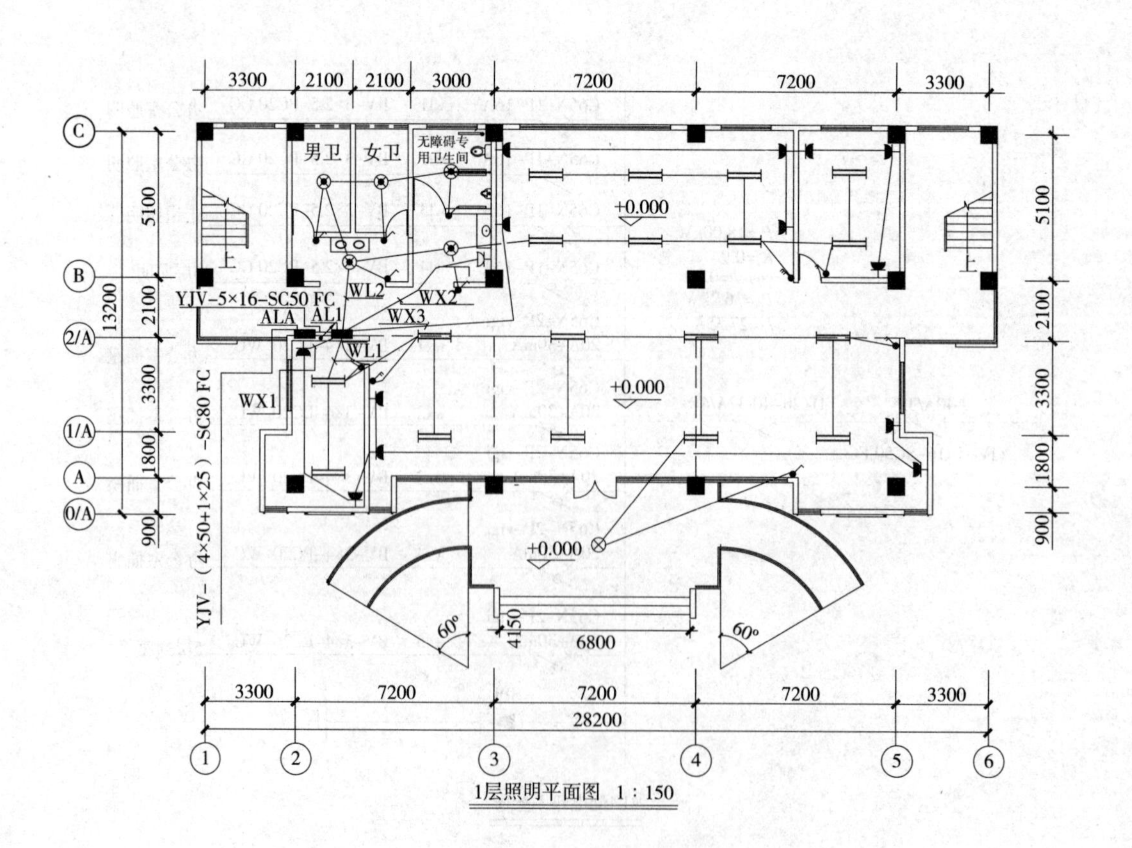

1层照明平面图 1：150

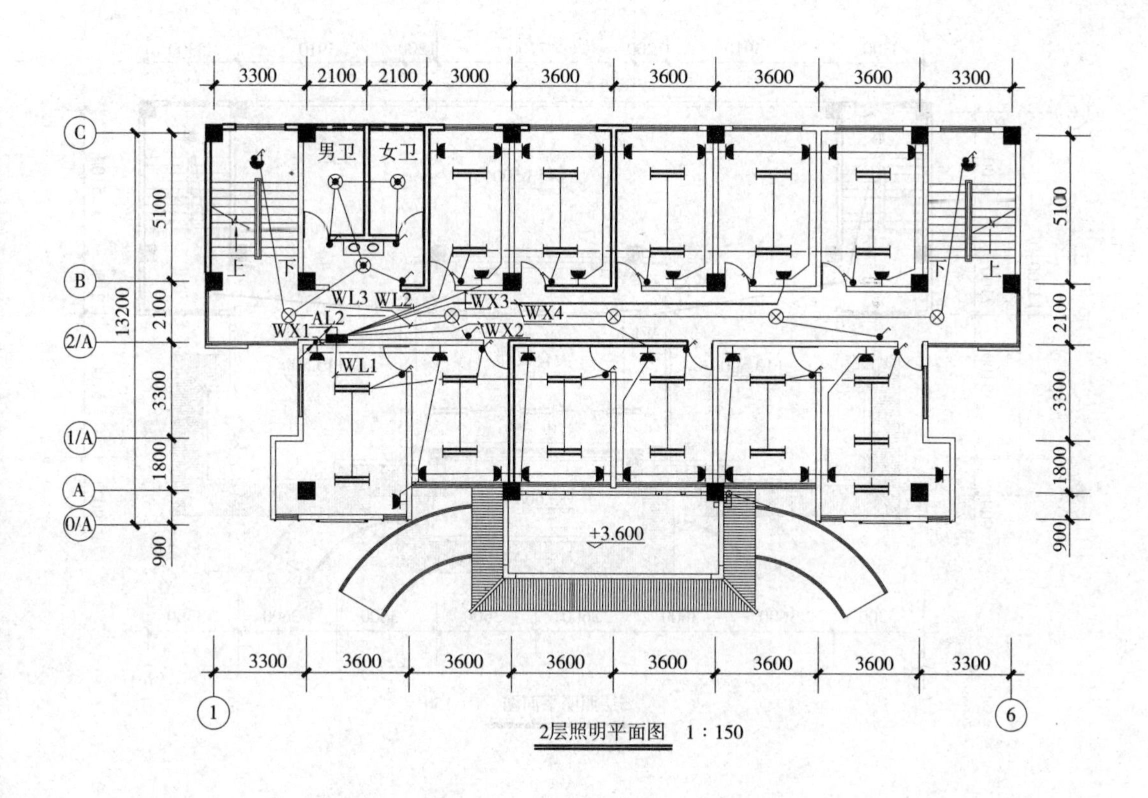

2层照明平面图　1：150

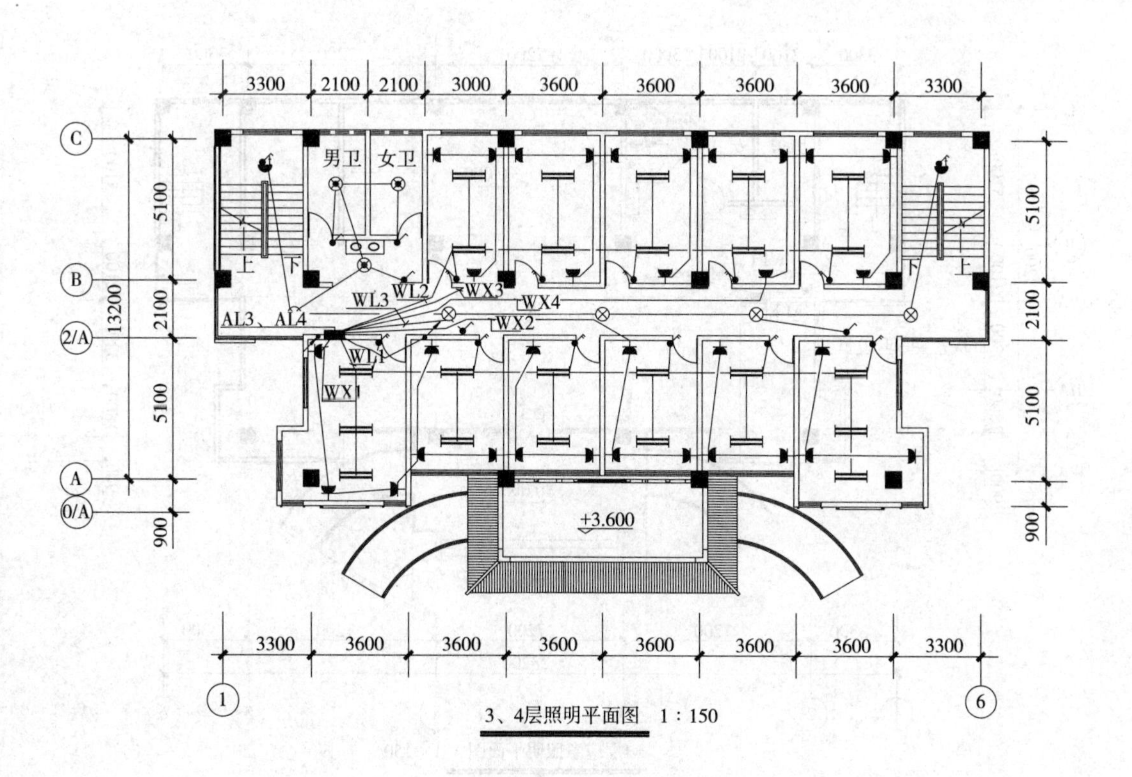

3、4层照明平面图　1：150

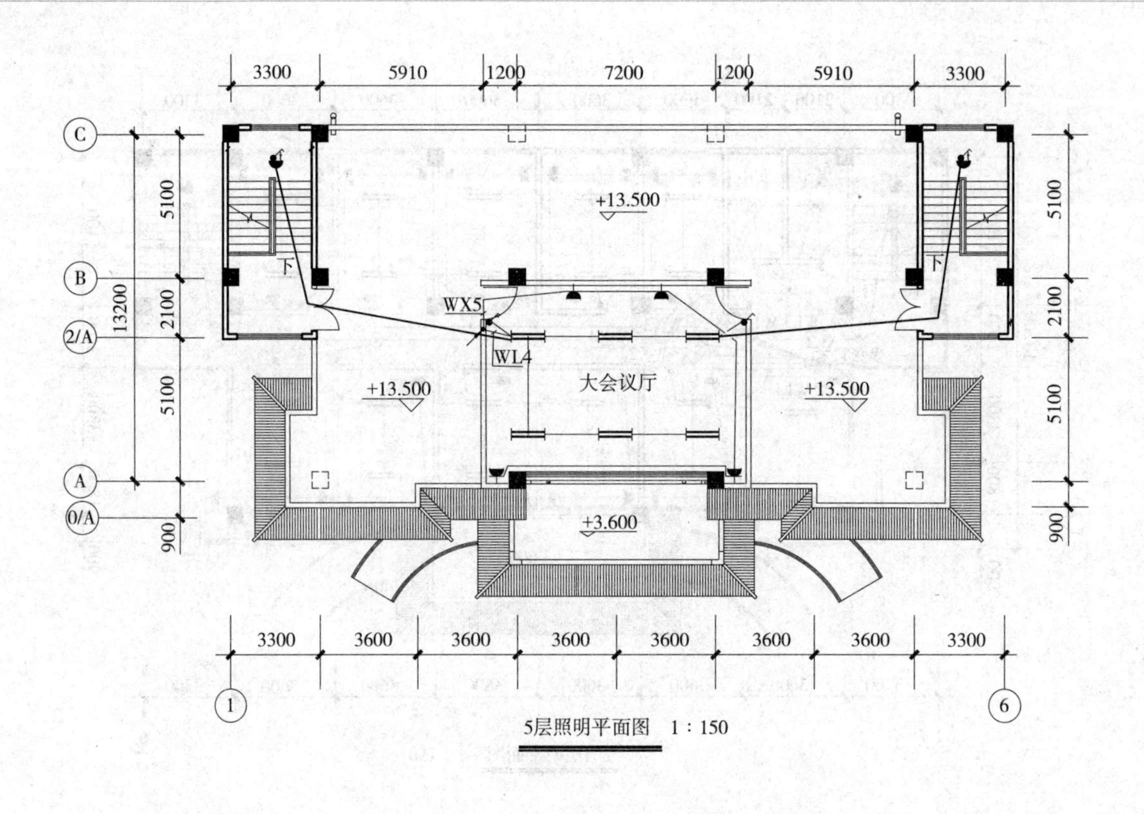

5层照明平面图 1∶150

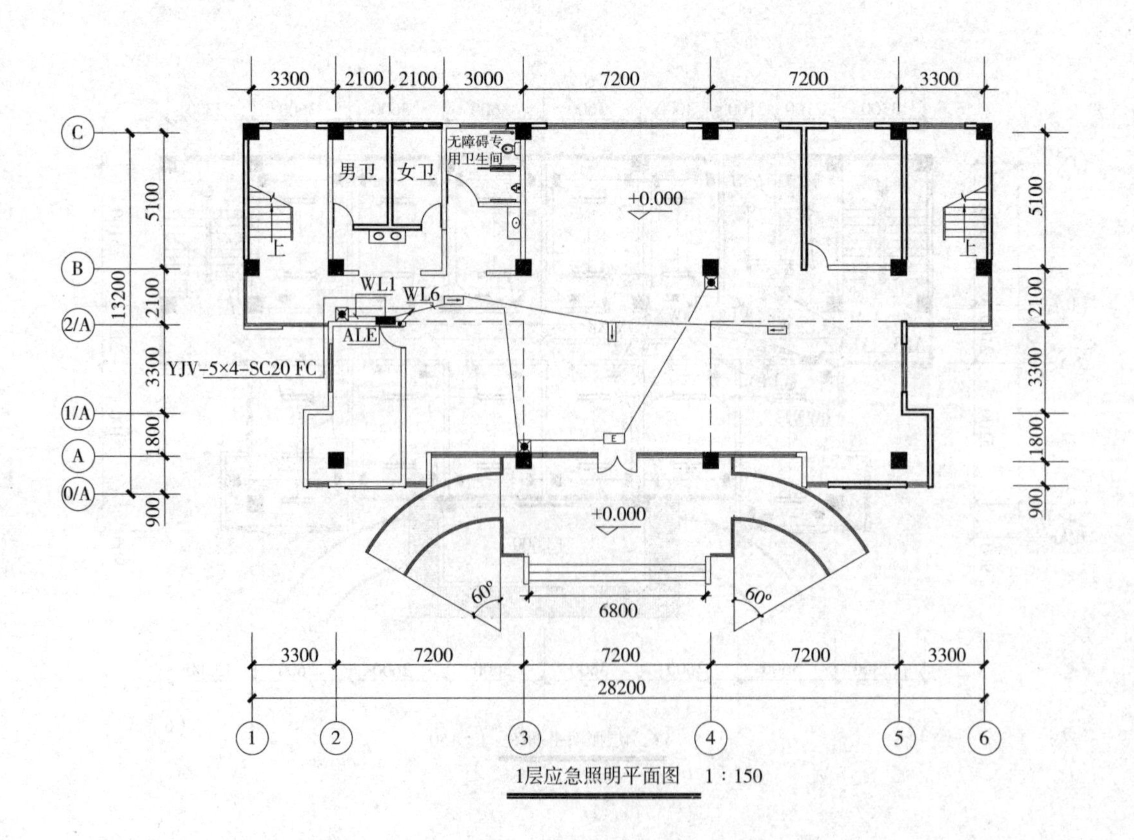

1层应急照明平面图 1∶150

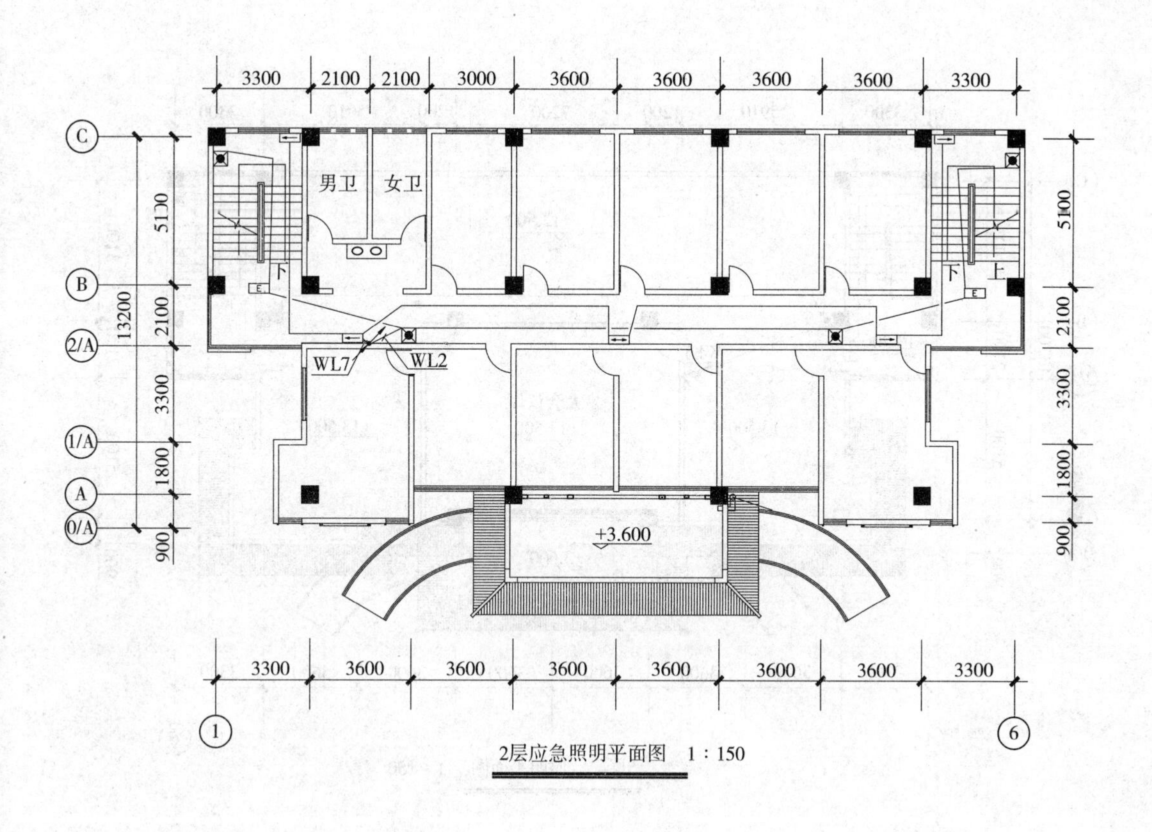

2层应急照明平面图 1：150

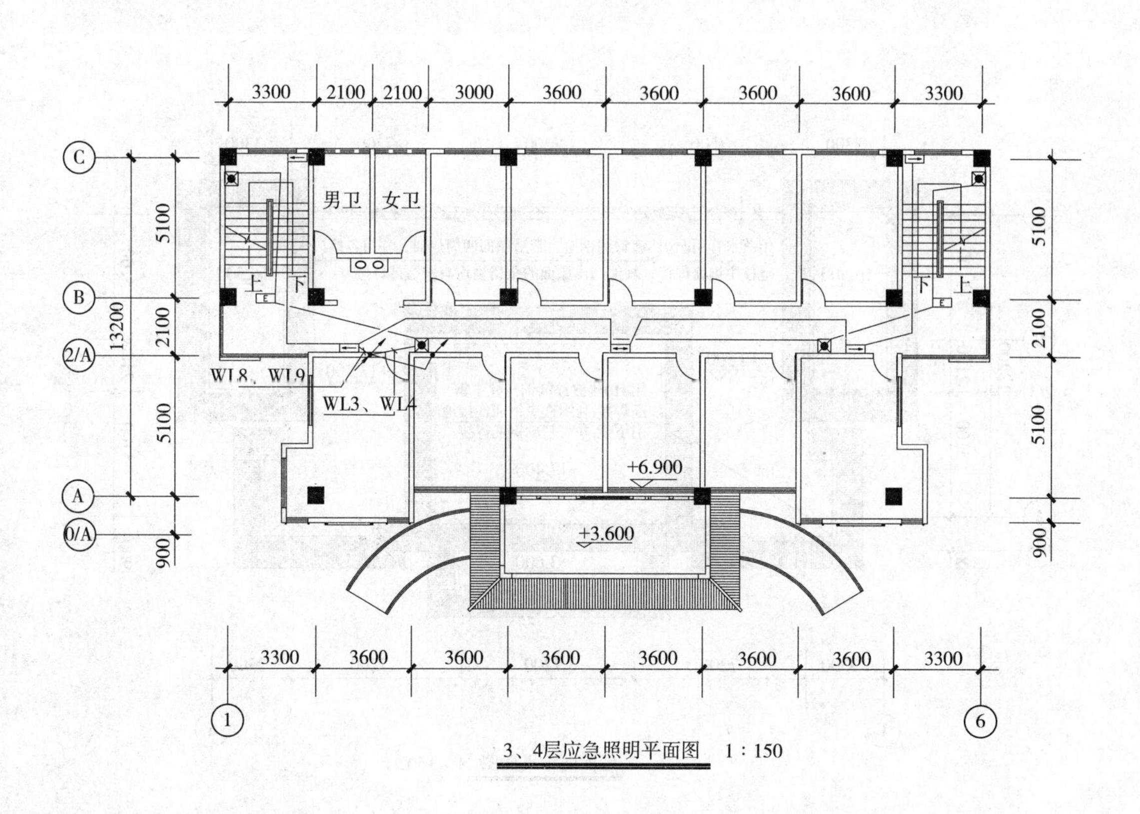

3、4层应急照明平面图 1：150

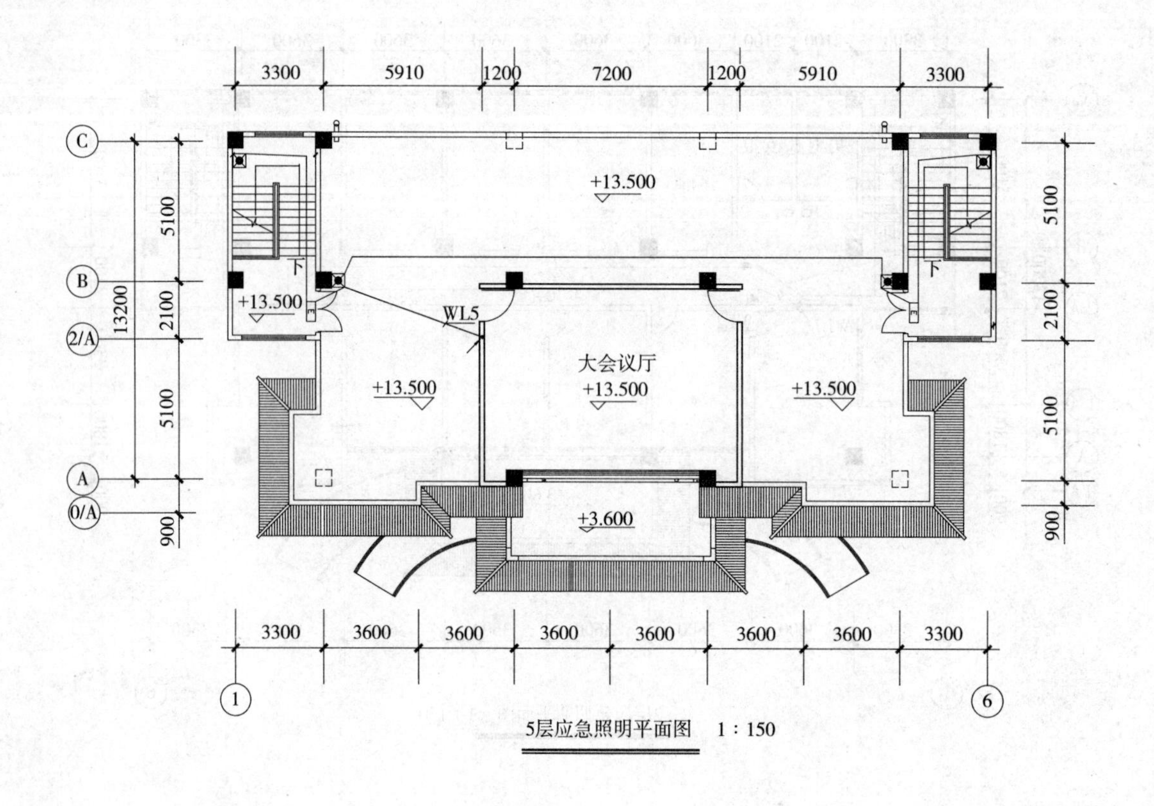

5层应急照明平面图 1：150

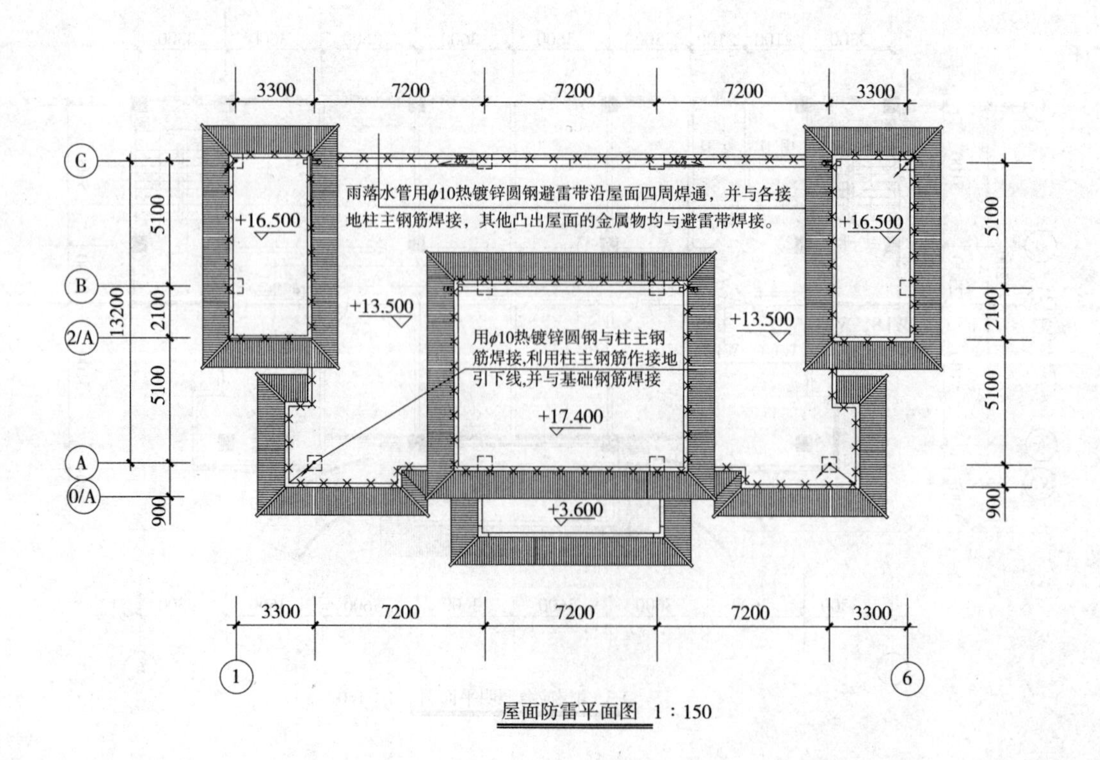

屋面防雷平面图 1：150

附 2.3 办公楼给水排水安装工程说明与工程量清单编制要求

1. 工程说明

该工程为某乡政府办公楼，建筑层数：地上 5 层；其中：1 层层高 3.60m，2 ~ 4 层层高 3.30m，5 层会议室层高 3.90m，楼梯间层高 3.00m；建筑面积：1533.63m^2。相关说明如下：水源为城市管网供水，管网压力 0.36MPa。用水量：最高日用水量 4.4m^3/d，最大小时用水量 0.66m^3/h。给水方式：采用下行上给。

（1）给水系统

1）给水管采用聚丙烯（PP-R）冷水管，热熔连接，给水管道采用公称压力不低于 1.25MPa 的管材和管件。

2）给水管道穿板时，应设置钢套管，套管高出地面 50mm。

3）给水管道上的阀门：管径小于 50mm 时采用 Q41F-16 球阀，管径大于等于 50mm 时采用 D41X-16C 型对夹式蝶阀。

4）水嘴为陶瓷阀芯，塑性阀门。给水配件和洁具选用执行《节水型生活用水器具》CJ/T 164-2014。

5）卫生间地漏采用防反溢地漏，所有地漏水封深度不得小于 50mm。

6）管道安装完毕后须进行水压试验，给水管道试验压力为 1.0MPa。

（2）排水系统

1）室内排水管道采用聚氯乙烯（PVC-U）排水复合管，室外排水管采用聚氯乙烯（UPVC）双壁波纹管；连接方式：采用胶粘结。

2）地漏顶面标高低于同层地面完成标高 5mm。

3）污水及雨水的立管、横干管，安装完毕后应做闭水试验。

（3）雨水系统

屋面雨水采用内落式重力流雨水排水系统，由雨水斗收集，雨落管采用 *DN*100、*DN*80 塑胶管，雨落管引入室外散水。

（4）灭火器

火灾种类：A 类；危险等级：中危险级，采用 MF/ABC 型（2A）手提式磷酸铵盐干粉灭火器，位置详见各层平面图。

（5）其他说明

1）图中所注尺寸，标高以“米（m）”计，其余以“毫米（mm）”计；管道标高排水管以管底标高计，其余管道标高均为管道中心标高。

2）本给水排水工程部分所涉及的图例见附表 2-3，主要材料见附表 2-4。

3）除本说明外，应按国家有关施工及验收规范、规定执行。

图例说明 附表 2-3

给水管	——J——	水龙头	
闸阀		污水管	——W——
截止阀		地漏	
角阀		检查口	

主要材料表 附表 2-4

序号	设备器材名称	主要技术参数	单位	数量	备注
1	灭火器	MF/ABC3(2A)	个	18	
2	洗手盆		个	9	
3	蹲式大便	自闭式冲洗阀蹲式大便器，图集号 09S304 第 87 页	个	20	
4	小便器	自闭式冲洗阀壁挂式小便器，图集号 09S304 第 98 页	个	3	
5	污水盆		个	4	
6	地漏		个	18	
7	坐式大便		个	1	

2. 工程量计算编制说明

本工程工程量清单按《通用安装工程工程量计算规范》GB 50856-2013 及其他相关文件编制。附表 2-5 给出了本工程主要项目的项目编码、项目名称及计量单位，供读者计算工程量时参考。

分部分项工程量项目表 附表 2-5

序号	项目编码	项目名称	项目特征及工作内容	计量单位	工程数量
			K.1 给水排水管道		
1	031001006001	塑料管	给水：PP-R *DN*15	m	
2	031001006002	塑料管	给水：PP-R *DN*20	m	
3	031001006003	塑料管	给水：PP-R *DN*25	m	
4	031001006004	塑料管	给水：PP-R *DN*40	m	
5	031001006005	塑料管	排水：UPVC *DN*50	m	
6	031001006006	塑料管	排水：UPVC *DN*80	m	
7	031001006007	塑料管	排水：UPVC *DN*100	m	
8	031001006008	塑料管	排水：UPVC *DN*160	m	
9	031001006009	塑料管	雨水：塑胶管 *DN*100	m	
10	031001006010	塑料管	雨水：塑胶管 *DN*80	m	
		……			

续表

序号	项目编码	项目名称	项目特征及工作内容	计量单位	工程数量
			K.2 支架及其他		
11	031002003001	穿楼板套管	*DN*50	个	
12	031002003002	刚性防水套管	*DN*25	个	
		……			
			K.3 管道附件		
13	031003001001	闸阀	*DN*40 J11W–16T	个	
14	031003001002	截止阀	*DN*40 J11W–16T	个	
15	031003001003	角阀	*DN*25 J11W–16T	个	
16	031003001004	角阀	*DN*20 J11W–16T	个	
17	031003001005	角阀	*DN*15 J11W–16T	个	
		……			
			K.4 卫生洁具		
18	031004006001	大便器	蹲式大便器	组	
19	031004006001	大便器	坐式大便器	组	
20	031004007001	小便器	挂式小便器	组	
21	031004003001	洗脸盆	台上式洗脸盆	组	
22	031004014001	给水、排水附（配）件	台上式洗脸盆水龙头	组	
23	031004014002	给水、排水附（配）件	地漏 UPVC *DN*50	个	
24	031004014003	给水、排水附（配）件	地漏 UPVC *DN*80	个	
		……			

附 2.4 办公楼给水排水工程施工图

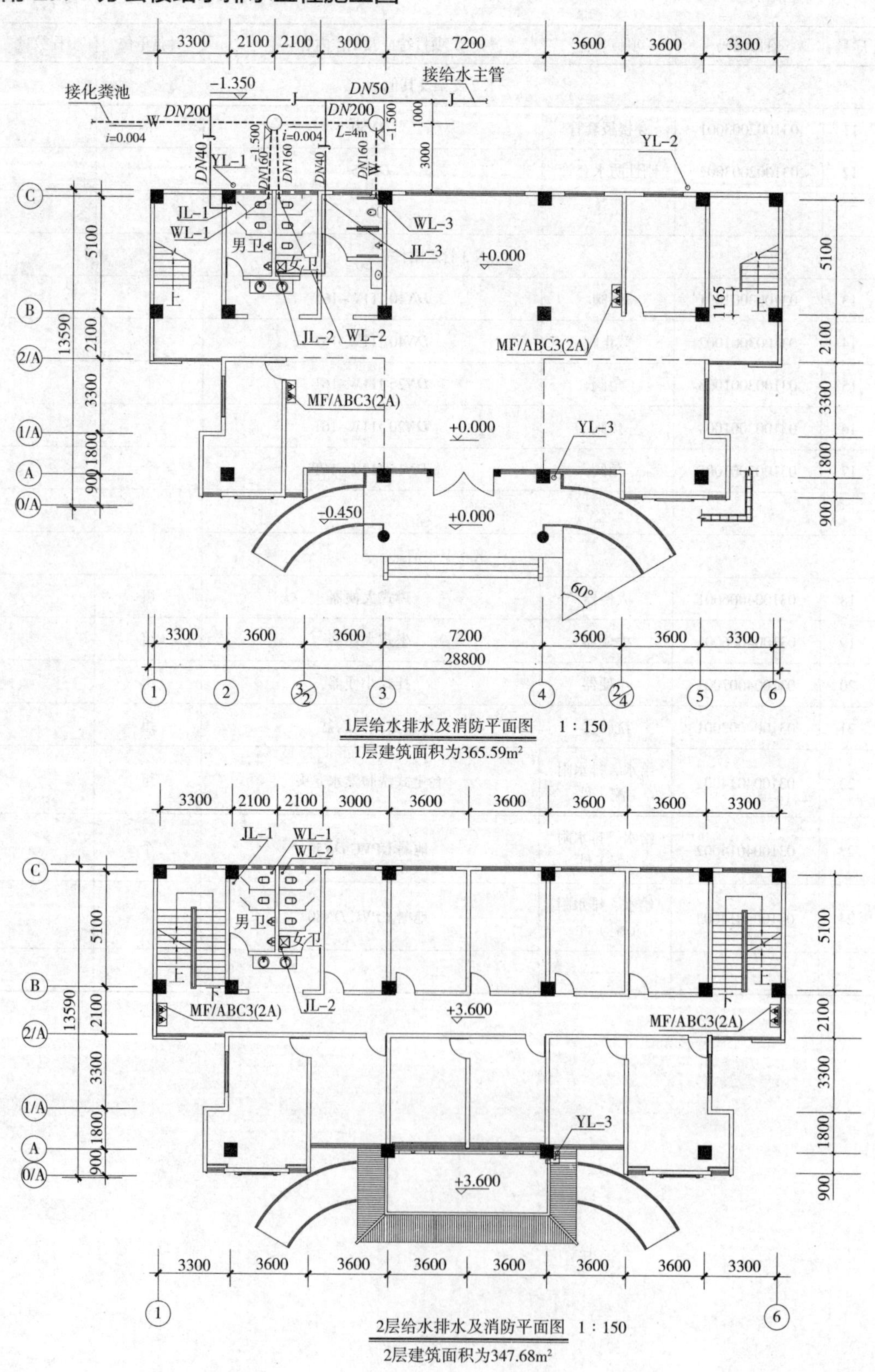

1层给水排水及消防平面图 1：150

1层建筑面积为365.59m²

2层给水排水及消防平面图 1：150

2层建筑面积为347.68m²

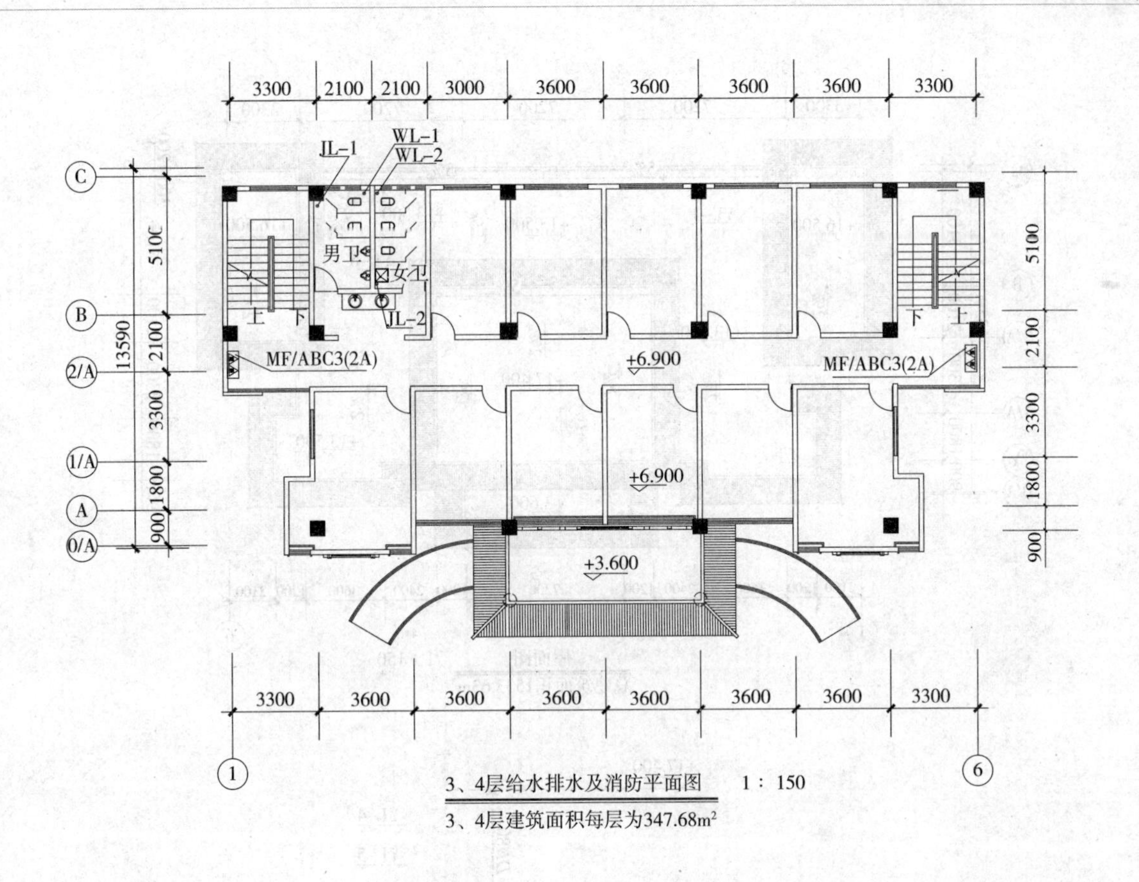

3、4层给水排水及消防平面图　1：150

3、4层建筑面积每层为347.68m²

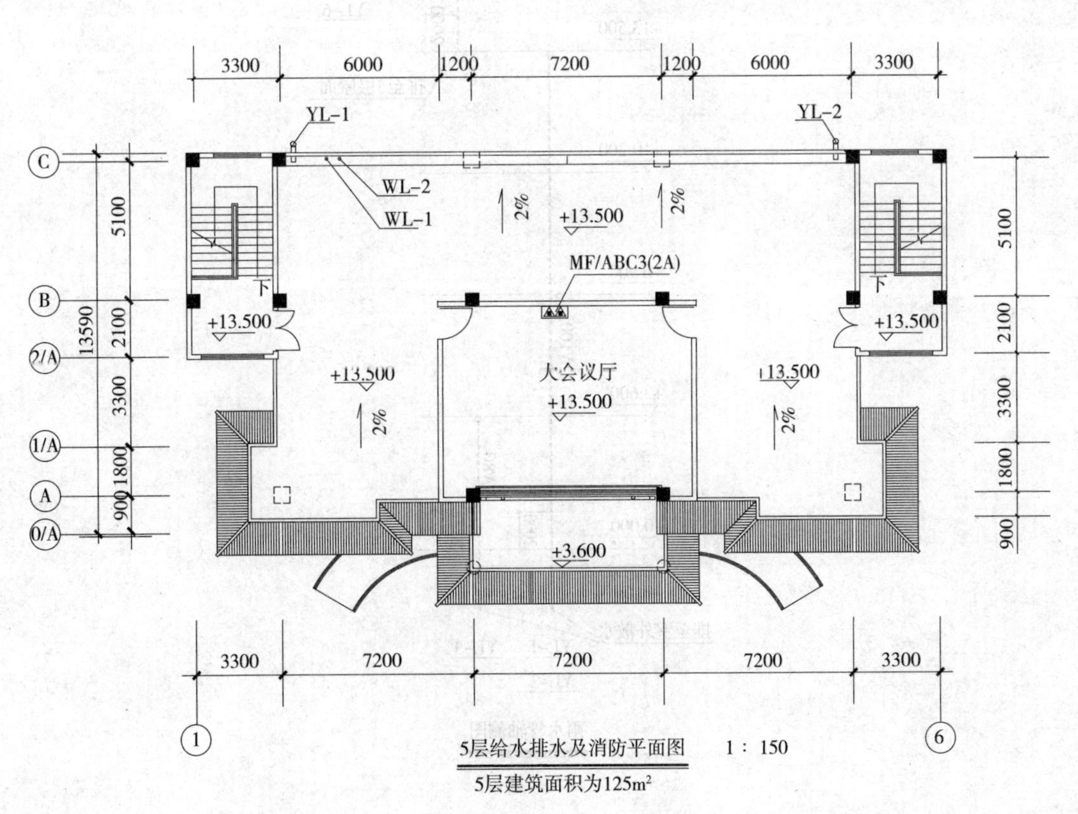

5层给水排水及消防平面图　1：150

5层建筑面积为125m²

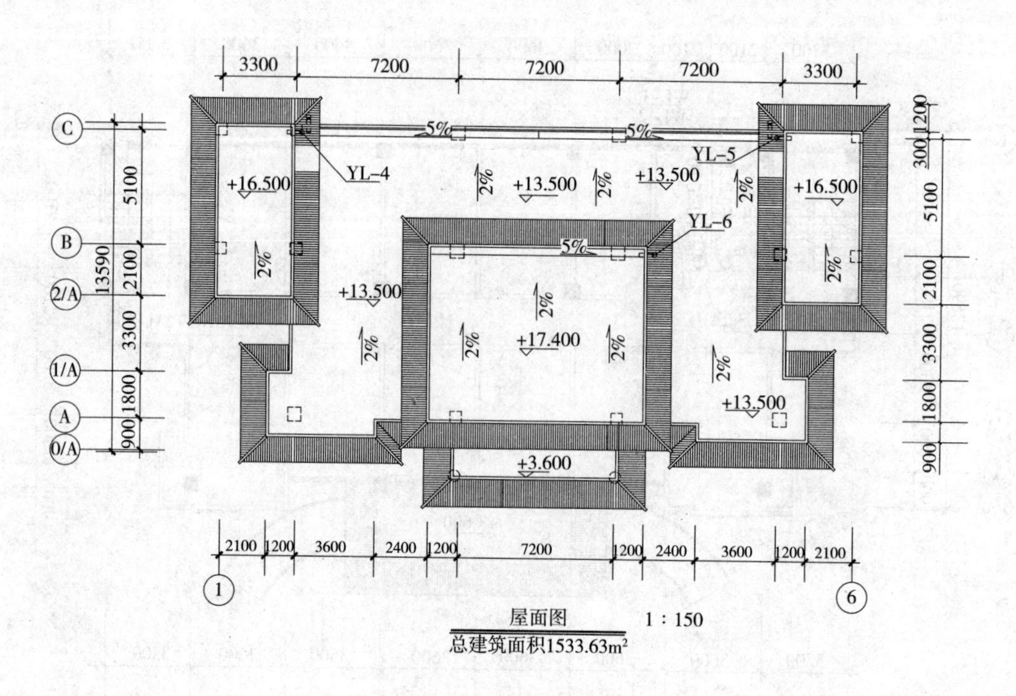

屋面图 1：150

总建筑面积1533.63m²

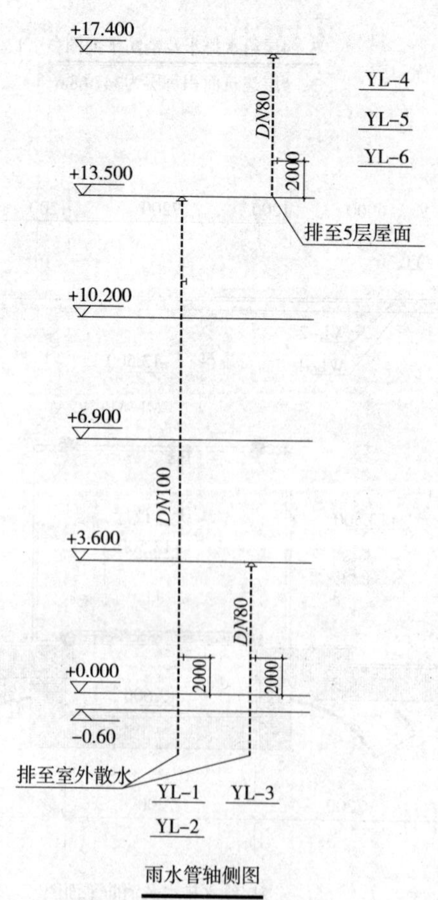

雨水管轴侧图

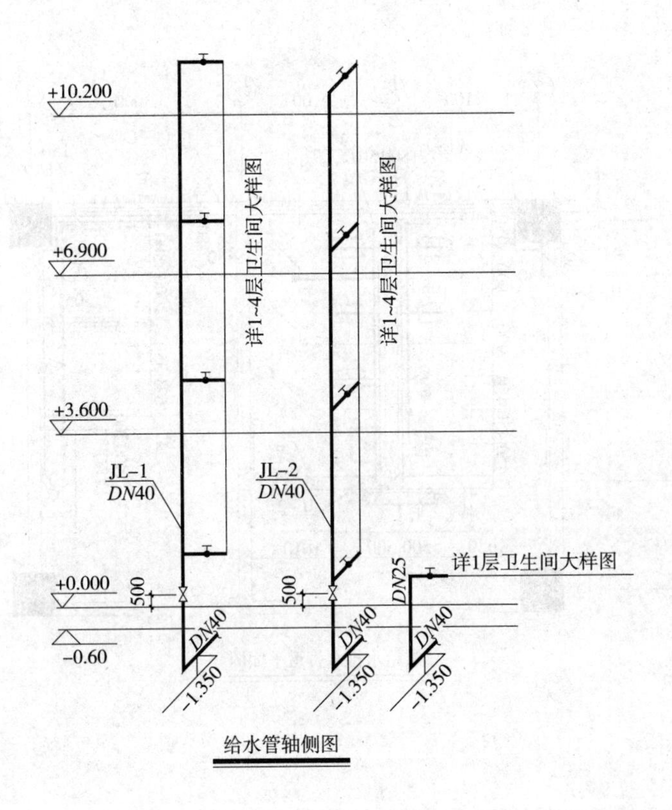

给水管轴侧图

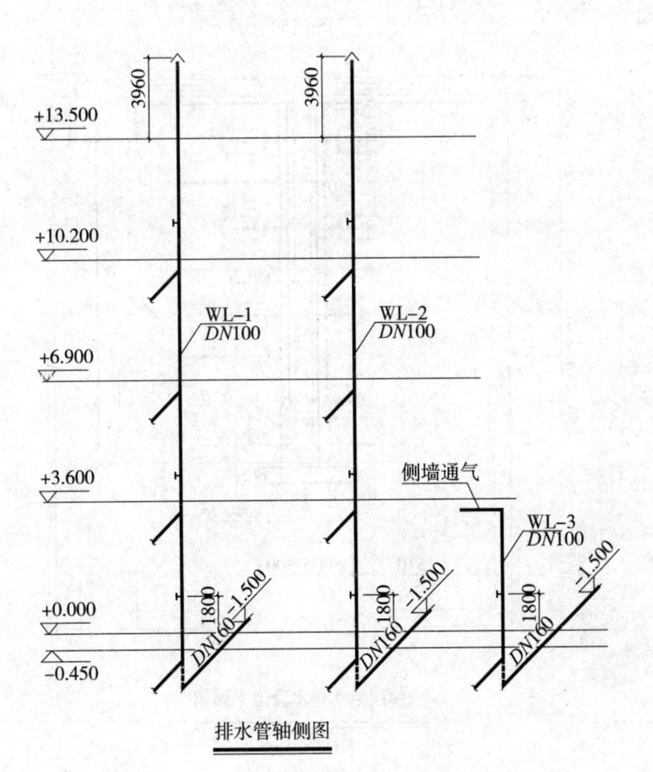

排水管轴侧图

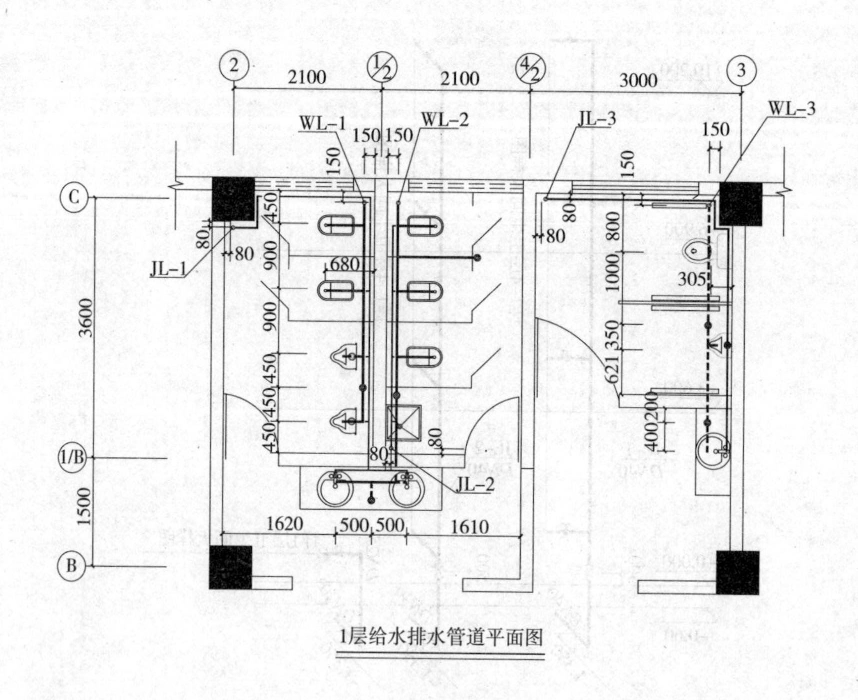

1层给水排水管道平面图

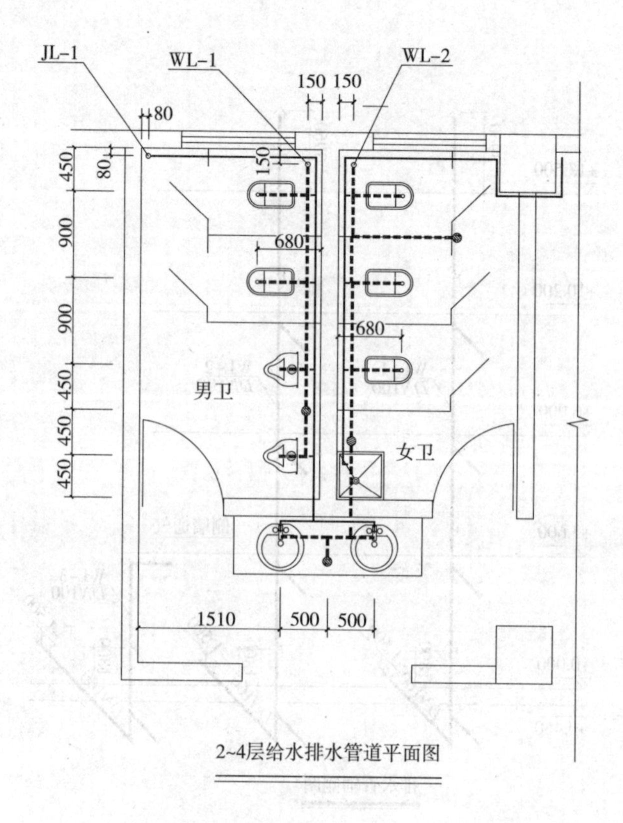

2~4层给水排水管道平面图

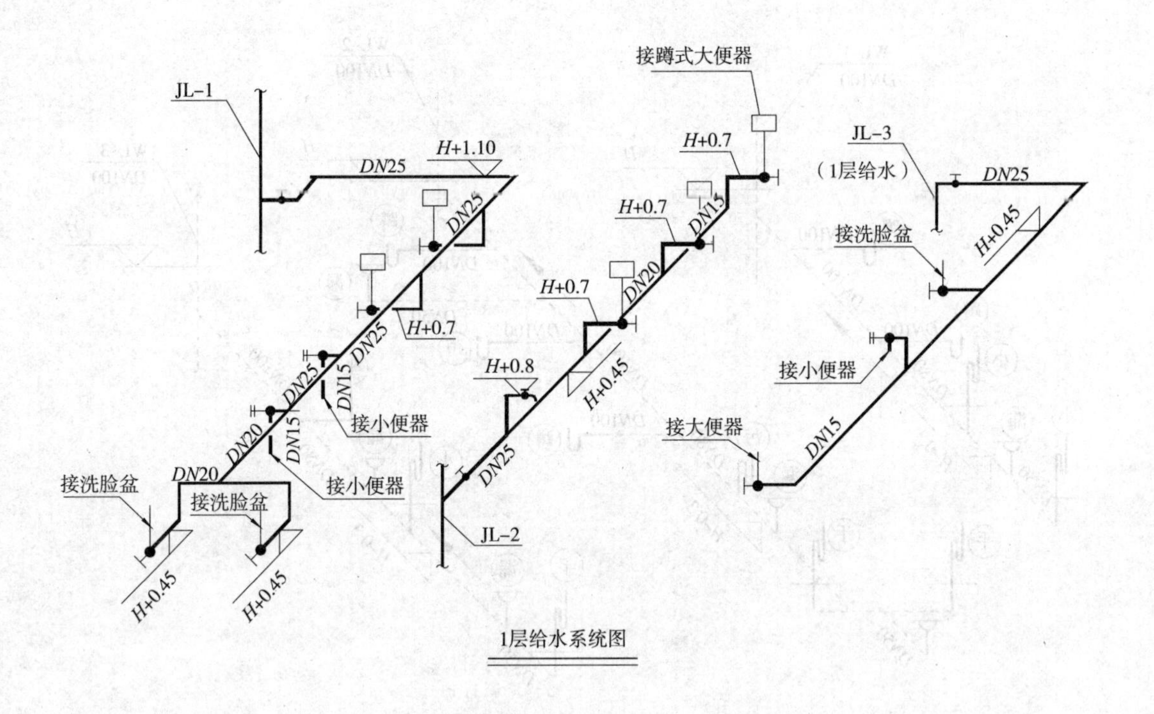

1层给水系统图

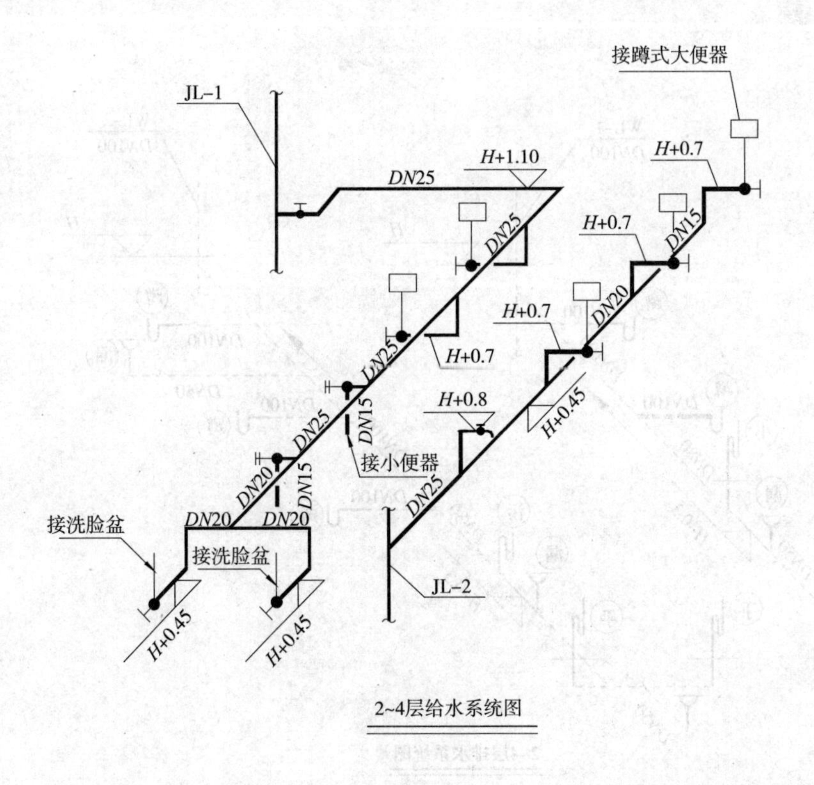

2~4层给水系统图

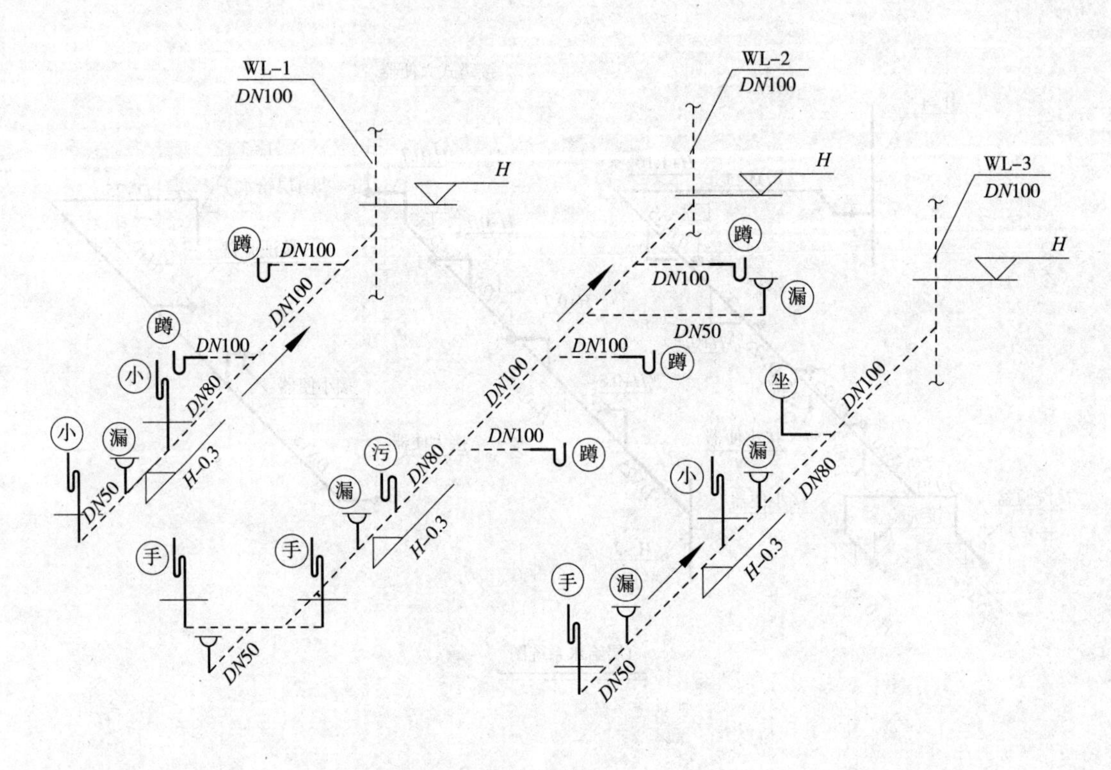

1层排水系统图

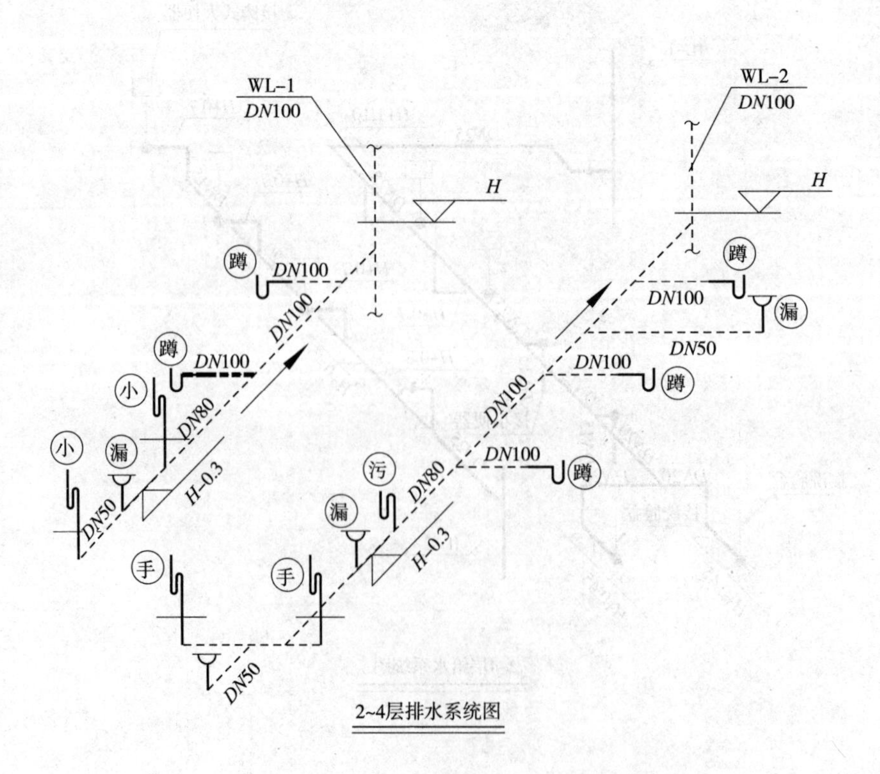

2~4层排水系统图

附录 3

路桥工程工程量清单编制

附 3.1 路桥工程设计说明及工程量清单编制要求

1. 工程概况

本市政工程包含修建道路和桥梁两部分。道路全宽 24m，单幅路，机动车道路面宽度 18m，两侧人行道各宽 3m，规划道路红线宽度为 40m，道路路拱曲线采用直线型，施工桩号 K0+009 ~ K0+920.49。桥梁宽 18.04m，施工桩号 0+216.68 ~ K0+343.32，桥面横坡为双向 1.5%，上部结构为预应力钢筋混凝土空心板简支结构，下部结构采用多柱墩，钻孔灌注桩基础。

2. 道路工程技术参数

（1）道路路面结构设计

1）机动车道路面结构

3cm 细粒式沥青混凝土上面层 + 乳化沥青黏层 +4cm 中粒式沥青混凝土下面层 + 乳化沥青透层 +5cm 石灰粉煤灰稳定碎石基层 +15cm 石灰粉煤灰稳定碎石基层 +15cm12% 石灰土 +20cm 12% 石灰土路基处理 +20cm 12% 石灰土路基处理，总厚度 92cm。

2）人行道道路路面结构

6cm 透水型步道方砖 +3cm1 ：3 水泥砂浆垫层 +8cm C15 细石混凝土 +15cm 12% 石灰土，总厚度 32cm。

（2）主要施工技术资料

1）基层上应喷洒透层油，透层油采用高渗透性、破乳快的乳化沥青（PC-2 型），乳液用量为 0.7 ~ 1.5L/m^2（沥青含量 50%），透层油渗入基层的深度应不小于 5mm。喷洒透层油后一破乳立即撒布用量为 $2m^3$ /$1000m^2$ 的石屑进行保护。

2）混凝土人行道砖规格尺寸为 10cm × 20cm × 6cm，其抗压强度等级不小于 C30，防滑等级为 R3，相应防滑性能指标 $BPN \geq 65$。

3）人行道细石混凝土基层应设置横向缩缝，采用假缝形式，槽口切割深度宜为 1/3h ~ 1/2h（h 为混凝土基层厚度），缝宽 3 ~ 8mm。

4）一般路段 T 形预制混凝土立缘石直线段长度为 99.5cm，在相交路口或路侧开口处（转弯半径处）长度为 49.5cm、24.5cm。

3. 桥梁工程设计资料

（1）本桥桩基础按嵌岩桩设计，桩基嵌入中风化砂岩的深度不得小于 1m。

（2）混凝土：预应力钢筋混凝土空心板采用 C50F300 混凝土，封锚端混凝土均采用C40，铰缝混凝土采用C50；桥台、盖梁混凝土均采用C35F300，桩基混凝土采用C30水下混凝土；墩身采用C35补偿收缩混凝土；桥头搭板、枕梁混凝土采用C30F250；桥面铺装为C50混凝土底层+沥青混凝土面层。

（3）全桥在0号、6号桥墩台处设C80型伸缩缝。

（4）支座：桥台采用四氟滑板橡胶支座，（直径 × 高）ϕ250mm×44mm，桥墩采用板式橡胶支座，（直径 × 高）ϕ250mm×42mm，选用GYZ圆形板式橡胶支座，技术条件应符合《公路桥梁板式橡胶支座》JT/T 4-2004之规定。

4. 工程量清单编制要求

本工程工程量清单按照《市政工程工程量计算规范》GB 50857-2013编制，附表3-1给出了本工程主要项目的项目编码、项目名称及计量单位，供读者计算工程量时参考。由于房屋建筑与装饰工程已对钢筋算量进行了介绍和训练，本工程不再提供钢筋部分的图纸，不再对钢筋工程作清单计量的要求。

分部分项工程工程量项目表 附表3-1

序号	项目编码	项目名称	计量单位	工程数量
	04	市政工程		
	0401	土石方工程		
1	040101001001	挖一般土方	m^3	
2	040103002001	余方弃置	m^3	
		……		
		分部小计		
	0402	道路工程		
3	040201004001	掺石灰	m^3	
4	040202003001	石灰稳定土	m^2	
5	040202006001	石灰、粉煤灰、碎石	m^2	
6	040202006002	石灰、粉煤灰、碎石	m^2	
7	040203003001	沥青透层	m^2	
8	040203006001	中粒式沥青混凝土	m^2	
9	040203006002	细粒式沥青混凝土	m^2	
		……		
		分部小计		
	0403	桥涵工程		
10	040301004001	泥浆护壁成孔灌注桩	m	
11	040303002001	混凝土基础	m^3	
12	040303003001	混凝土承台	m^3	
13	040303005001	混凝土墩身	m^3	
14	040303007001	混凝土盖梁	m^3	
15	040304003001	钢筋混凝土空心板	m^3	
		……		

续表

序号	项目编码	项目名称	计量单位	工程数量
		分部小计		
	0411	措施项目		
16	041102001001	垫层模板	m^2	
17	041102002001	基础模板	m^2	
18	041102003001	承台模板	m^2	
19	041102005001	墩身模板	m^2	
		……		
		分部小计		
		合计		

附 3.2 路桥工程施工图（附表 3-2）

土石方计算表

附表 3-2

里程桩号	间距（m）	设计高程（m）	现地高程（m）	填挖高度（m）	左边坡度	右边坡度	测点数	填方数据			挖方数据		
								断面积（m^2）	平均断面积（m^2）	体积（m^3）	断面积（m^2）	平均断面积（m^2）	体积（m^3）
0+000.00		3.80	2.71	0.57	1∶1.5	1∶1.5	3	16.27			0		
0+050.00	50	3.74	2.88	0.34	1∶1.5	1∶1.5	3	10.11			0		
0+100.00	50	3.69	2.88	0.29	1∶1.5	1∶1.5	3	8.36			0		
0+150.00	50	3.63	2.90	0.21	1∶1.5	1∶1.5	3	6.2			0.01		
0+200.00	50	3.58	2.90	0.16	1∶1.5	1∶1.5	3	7.01			0		
0+250.00	50	3.52	2.93	0.07	1∶1.5	1∶1.5	3	3.19			0.3		
0+300.00	50	3.47	2.94	0.01	1∶1.5	1∶1.5	3	2.38			1.1		
0+350.00	50	3.41	3.08	-0.19	1∶1.5	1∶1.5	3	1.35			4.15		
0+400.00	50	3.36	2.69	0.15	1∶1.5	1∶1.5	3	2.65			0.66		
0+450.00	50	3.33	2.69	0.12	1∶1.5	1∶1.5	5	11.53			0.4		
0+500.00	50	3.35	2.59	0.24	1∶1.5	1∶1.5	5	18.09			0.1		
0+550.00	50	3.40	2.87	0.01	1∶1.5	1∶1.5	5	6.58			0.83		
0+600.00	50	3.45	3.05	-0.12	1∶1.5	1∶1.5	5	6.36			1.9		
0+650.00	50	3.50	2.96	0.02	1∶1.5	1∶1.5	5	28.94			0.39		
0+700.00	50	3.56	2.21	0.83	1∶1.5	1∶1.5	5	38.73			0		
0+750.00	50	3.61	2.47	0.62	1∶1.5	1∶1.5	7	37.15			0		
0+800.00	50	3.66	2.81	0.33	1∶1.5	1∶1.5	8	28.79			0		
0+850.00	50	3.71	1.79	1.40	1∶1.5	1∶1.5	9	48.98			0		
0+900.00	50	3.76	2.57	0.67	1∶1.5	1∶1.5	6	23.47			0		
0+930.26	30.26	3.79	1.74	1.53	1∶1.5	1∶1.5	7	38.59			0		
合计													

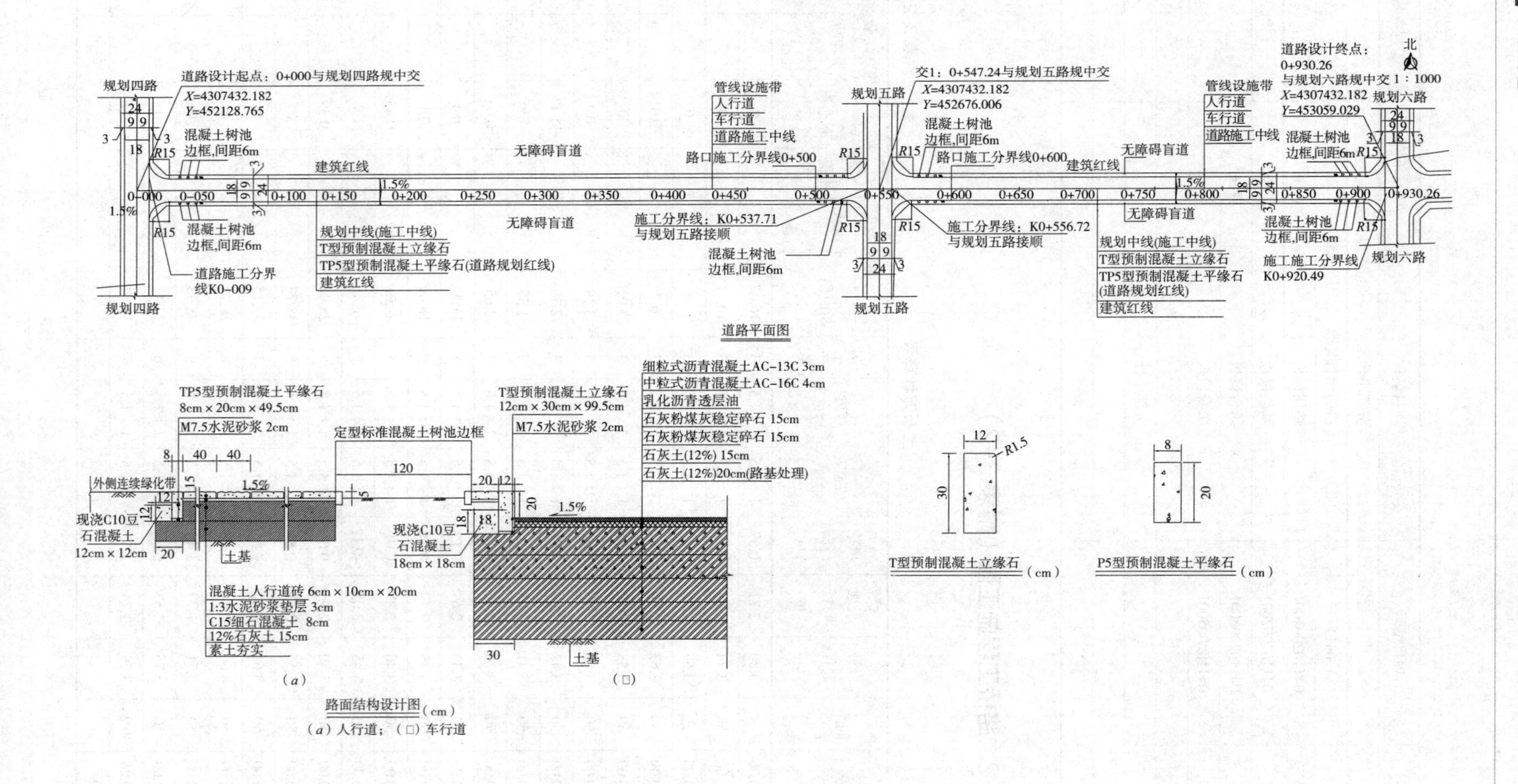
规划四路
道路设计起点：0+000与规划四路规中交
X=4307432.182
Y=452128.765
混凝土树池
边框,间距6m
建筑红线
无障碍盲道
规划中线(施工中线)
T型预制混凝土立缘石
TP5型预制混凝土平缘石(道路规划红线)
建筑红线
道路施工分界
线K0-009
管线设施带
人行道
车行道
道路施工中线
路口施工分界线0+500
施工分界线：K0+537.71
与规划五路接顺
交1：0+547.24与规划五路规中交
X=4307432.182
Y=452676.006
规划五路
路口施工分界线0+600
施工分界线：K0+556.72
与规划五路接顺
道路设计终点：
0+930.26
与规划六路规中交 1：1000
X=4307432.182
Y=453059.029
规划六路
施工施工分界线
K0+920.49
(道路规划红线)
北
道路平面图
TP5型预制混凝土平缘石
8cm×20cm×49.5cm
M7.5水泥砂浆 2cm
定型标准混凝土树池边框
外侧连续绿化带
现浇C10豆
石混凝土
12cm×12cm
土基
混凝土人行道砖 6cm×10cm×20cm
1:3水泥砂浆垫层 3cm
C15细石混凝土 8cm
12%石灰土 15cm
素土夯实
T型预制混凝土立缘石
12cm×30cm×99.5cm
M7.5水泥砂浆 2cm
现浇C10豆
石混凝土
18cm×18cm
细粒式沥青混凝土AC-13C 3cm
中粒式沥青混凝土AC-16C 4cm
乳化沥青透层油
石灰粉煤灰稳定碎石 15cm
石灰粉煤灰稳定碎石 15cm
石灰土(12%) 15cm
石灰土(12%)20cm(路基处理)
1.5%
(a)
(□)
路面结构设计图（cm）
(a)人行道；(□)车行道
T型预制混凝土立缘石（cm）
P5型预制混凝土平缘石（cm）

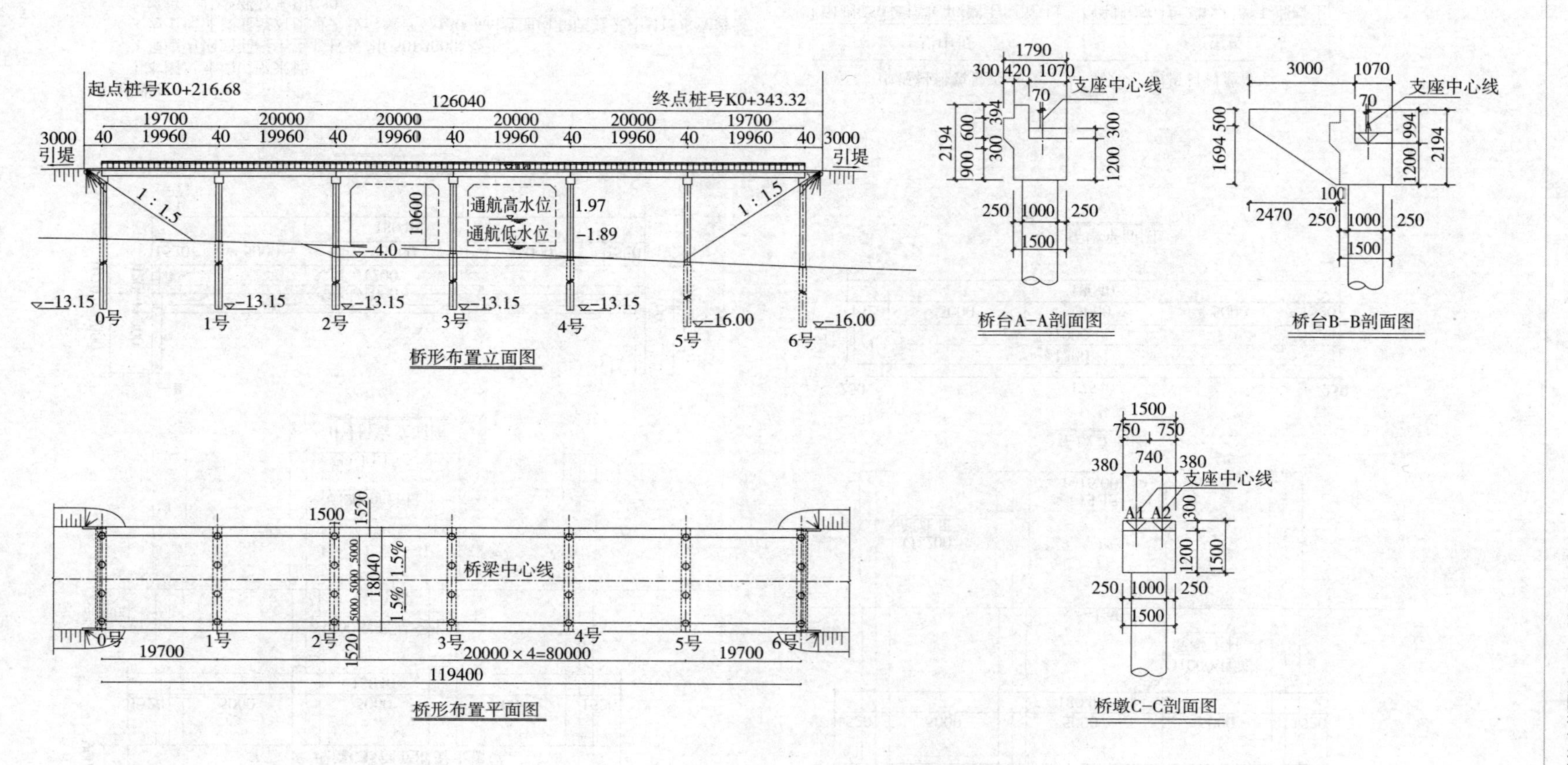
起点桩号K0+216.68
终点桩号K0+343.32
126040
19700 20000 20000 20000 20000 19700
3000 40 19960 40 19960 40 19960 40 19960 40 19960 40 19960 40 3000
引堤
引堤
1 : 1.5
1 : 1.5
10600
通航高水位 1.97
通航低水位 −1.89
−4.0
−13.15
−16.00
0号
1号
2号
3号
4号
5号
6号
桥形布置立面图
1790
300 420 1070
支座中心线
70
2194
900 600
394
300
300
1200
250 1000 250
1500
桥台A−A剖面图
3000 1070
支座中心线
70
1694 500
994
1200
2194
100
2470
250 1000 250
1500
桥台B−B剖面图
1500
1520
5000 5000 5000
18040
1.5% 1.5%
桥梁中心线
1520
19700
20000×4=80000
19700
119400
桥形布置平面图
1500
750 750
380 740 380
支座中心线
A1 A2
300
1200
1500
250 1000 250
1500
桥墩C−C剖面图

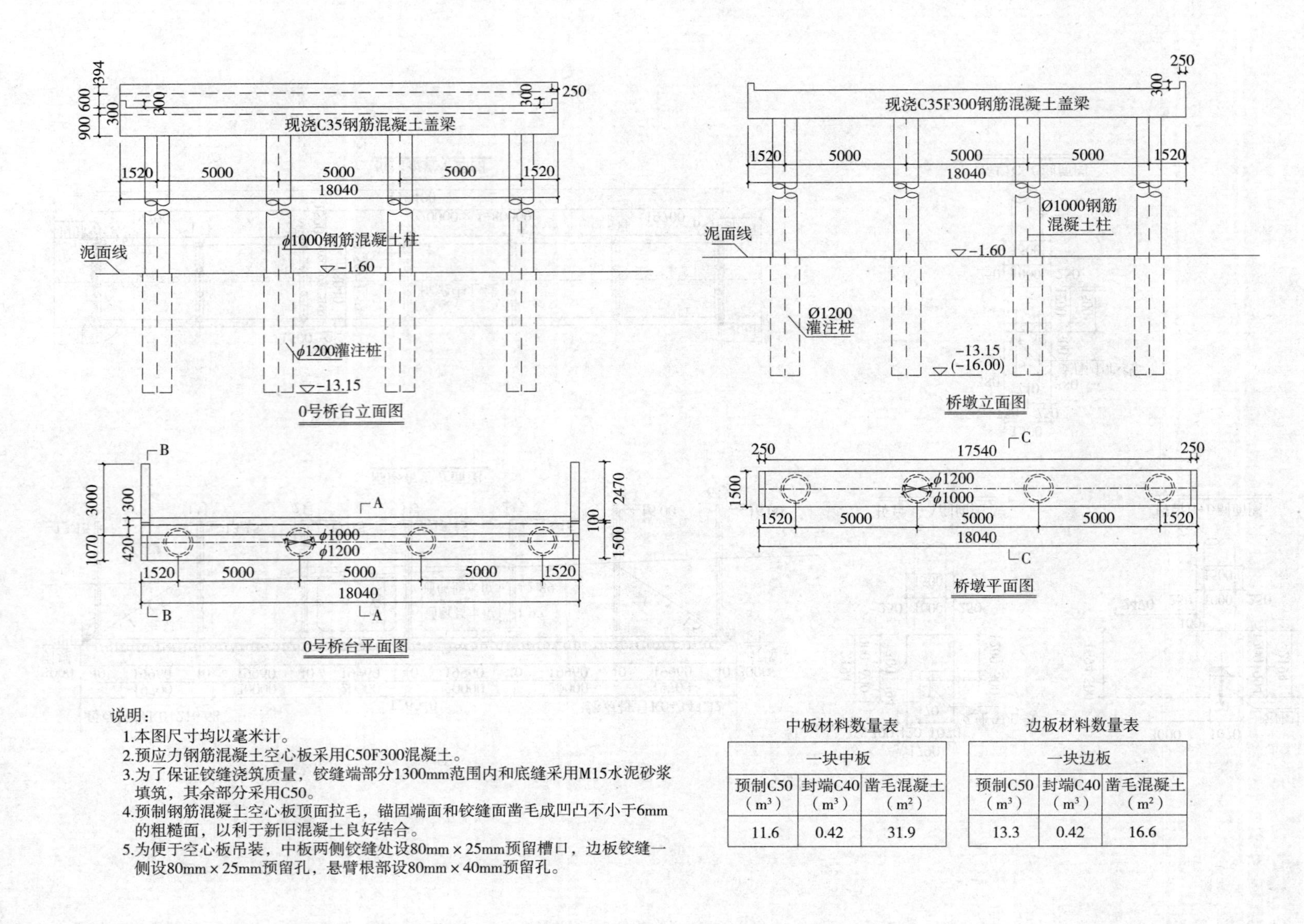

说明：

1.本图尺寸均以毫米计。

2.预应力钢筋混凝土空心板采用C50F300混凝土。

3.为了保证铰缝浇筑质量，铰缝端部分1300mm范围内和底缝采用M15水泥砂浆填筑，其余部分采用C50。

4.预制钢筋混凝土空心板顶面拉毛，锚固端面和铰缝面凿毛成凹凸不小于6mm的粗糙面，以利于新旧混凝土良好结合。

5.为便于空心板吊装，中板两侧铰缝处设80mm×25mm预留槽口，边板铰缝一侧设80mm×25mm预留孔，悬臂根部设80mm×40mm预留孔。

中板材料数量表

一块中板		
预制C50（m^3）	封端C40（m^3）	凿毛混凝土（m^2）
11.6	0.42	31.9

边板材料数量表

一块边板		
预制C50（m^3）	封端C40（m^3）	凿毛混凝土（m^2）
13.3	0.42	16.6

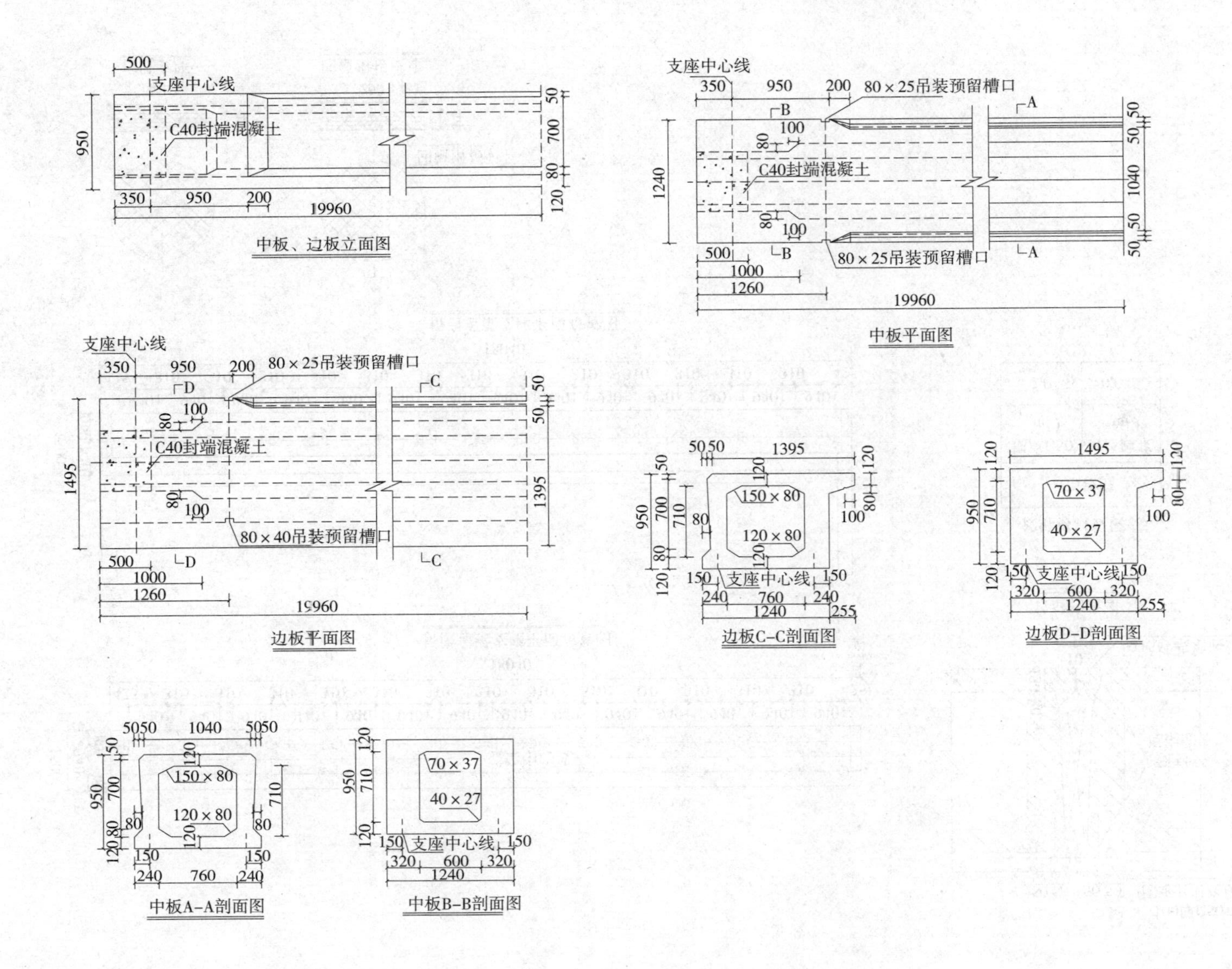

支座中心线
C40封端混凝土
中板、边板立面图
80×25吊装预留槽口
中板平面图
80×40吊装预留槽口
边板平面图
边板C-C剖面图
边板D-D剖面图
中板A-A剖面图
中板B-B剖面图
19960

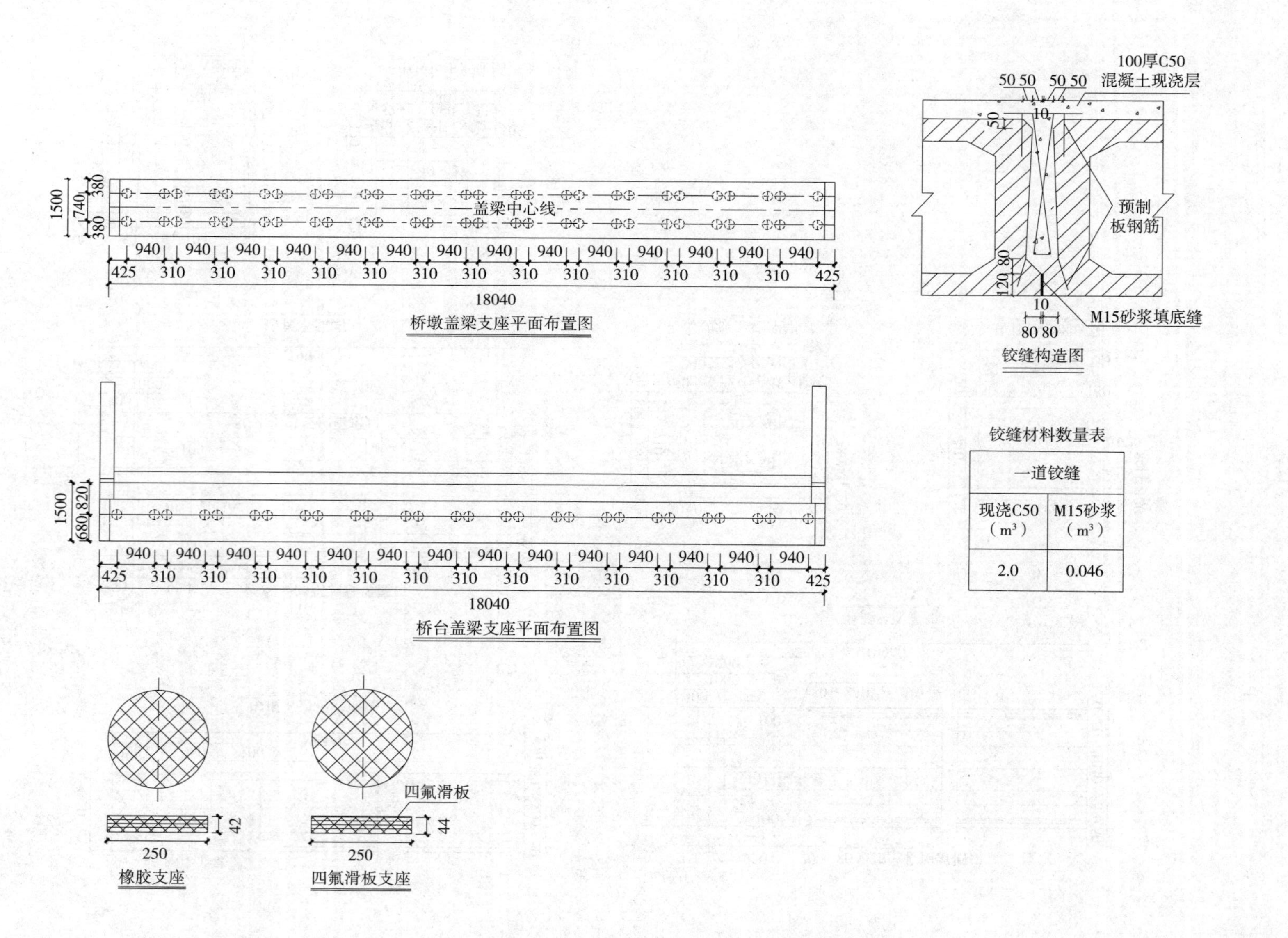

桥墩盖梁支座平面布置图

桥台盖梁支座平面布置图

橡胶支座

四氟滑板支座

铰缝构造图

铰缝材料数量表

一道铰缝	
现浇C50（m^3）	M15砂浆（m^3）
2.0	0.046

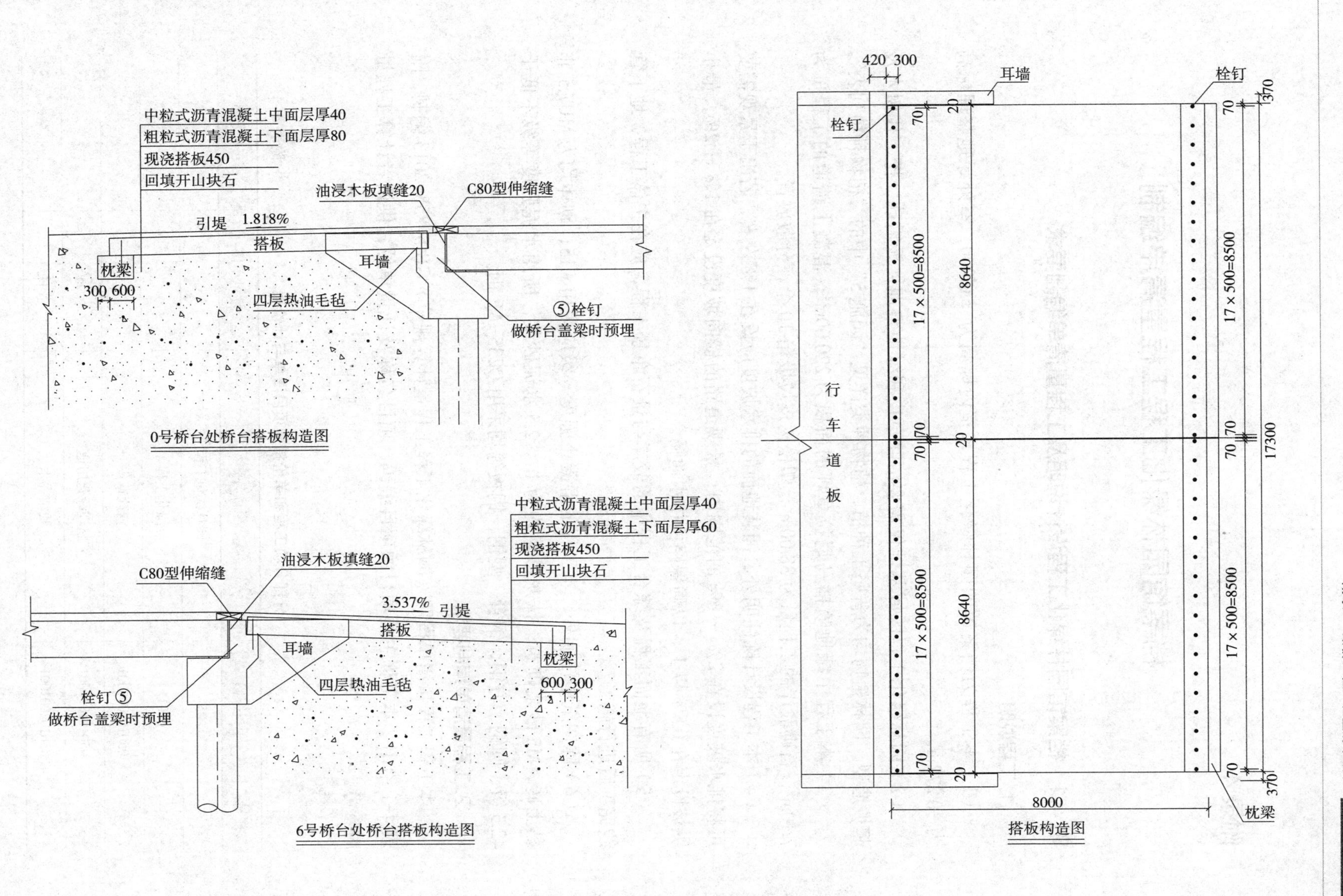

0号桥台处桥台搭板构造图

6号桥台处桥台搭板构造图

搭板构造图

附录 4

档案馆园林绿化工程工程量清单编制

附 4.1　档案馆园林绿化工程设计说明及工程量清单编制要求

1. 工程说明

（1）本工程为档案馆的园林绿化工程，室内标高为 ±0.000，室外绿地整理标高为 -0.272m。

（2）园林绿化工程区域基址仅需要清除草皮和绿地整理，无需砍、挖、伐树木及起坡造型；园林植物均为普坚土种植，植物种类详见“园施 5”中的“植物种植列表”。

（3）本工程中绿地喷播马尼拉草坪的面积为 220.00m^2；混凝土踏道的工程量为 7.10m^2；石砌驳岸的工程量为 38.00m^3；塑松树皮垃圾箱 10 个，分散放置。

（4）本工程设计除注明外，铺装地面的排水坡度应设在 1% 左右，若出于景观需要可将排水坡度设在 2% ~ 3% 的范围内；景观道路的横向坡度设定在 1% ~ 2%，最小纵坡设定在 0.5% 以上，以确保路面排水通畅。

（5）所有地面工程及综合工程中的驳岸与景石布景工程，应在主体工程、地下管线完工后进行施工。

（6）除图纸中注明外，本工程的混凝土强度等级应采用 C15；砌体均为 MU7.5 非黏土砖，M5 砂浆砌筑；抹灰砂浆均为 1 ∶ 2.5 水泥砂浆，所用水泥强度等级不低于 42.5 级；圆钢、方钢、钢管、型钢、钢板等均采用 Q235-AF 钢。

2. 工程量清单编制要求

本工程工程量清单按照《园林绿化工程工程量计算规范》GB 50858-2013 编制，附表 4-1 给出了本工程主要项目的项目编码、项目名称及计量单位，供读者计算工程量时参考。

分部分项工程和单价措施项目清单与计价表　　附表 4-1

序号	项目编码	项目名称	计量单位	工程数量
	05	园林绿化工程		
	0501	绿化工程		
1	050101006001	清除草皮	m^2	
2	050101010001	整理绿化用地	m^2	
3	050102001001	栽植乔木	株	

续表

序号	项目编码	项目名称	计量单位	工程数量
4	050102002001	栽植灌木	m^2	
5	050102003001	栽植竹类	从	
6	050102012001	铺种草皮	m^2	
		……		
		分部小计		
	0502	园路园桥工程		
7	050201001001	园路	m^2	
8	050201001001	踏道	m^2	
9	050201004001	树池围牙	m	
10	050201014001	木质步桥	m^2	
11	050202001001	石砌驳岸	m^3	
		……		
		分部小计		
	0503	园林景观工程		
12	050307017001	垃圾箱	个	
		……		
		分部小计		
	0504	措施项目		
13	050401006001	桥身脚手架	m^2	
14	050403001001	树木支撑架	株	
15	050403002001	草绳绕树干	株	
		……		
		分部小计		
		合计		

附 4.2 档案馆园林绿化施工图

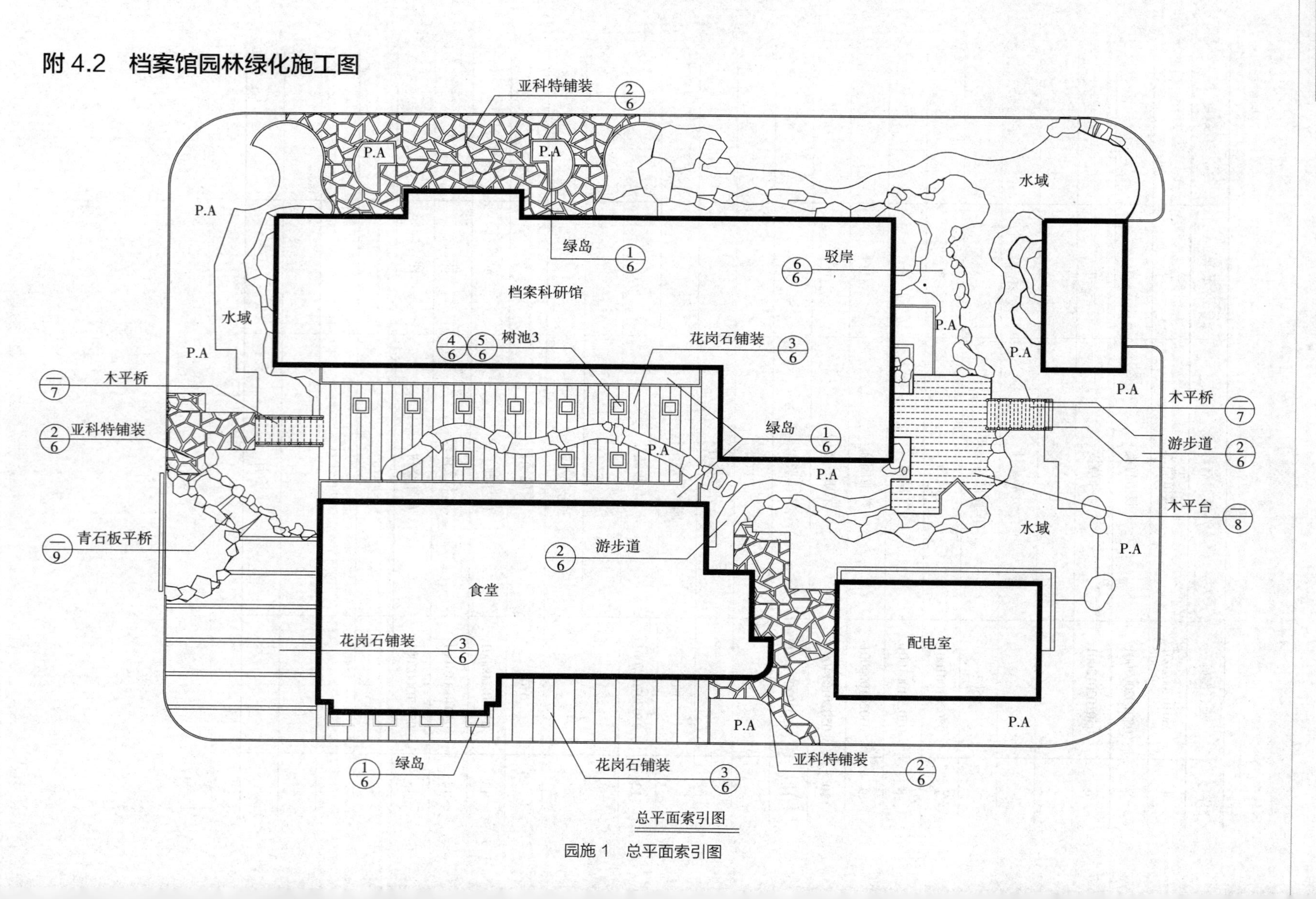

园施 1　总平面索引图

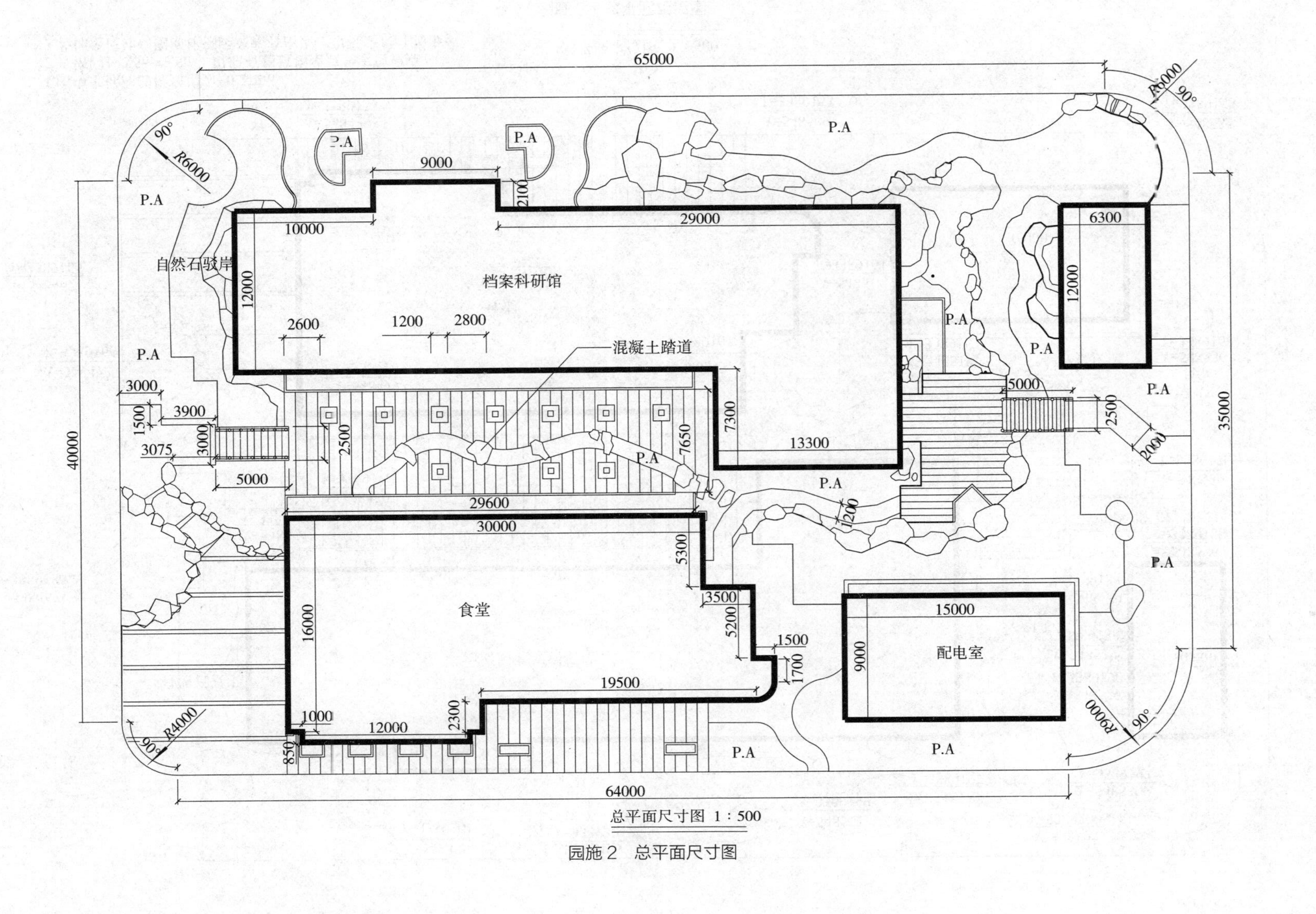

总平面尺寸图 1：500

园施 2　总平面尺寸图

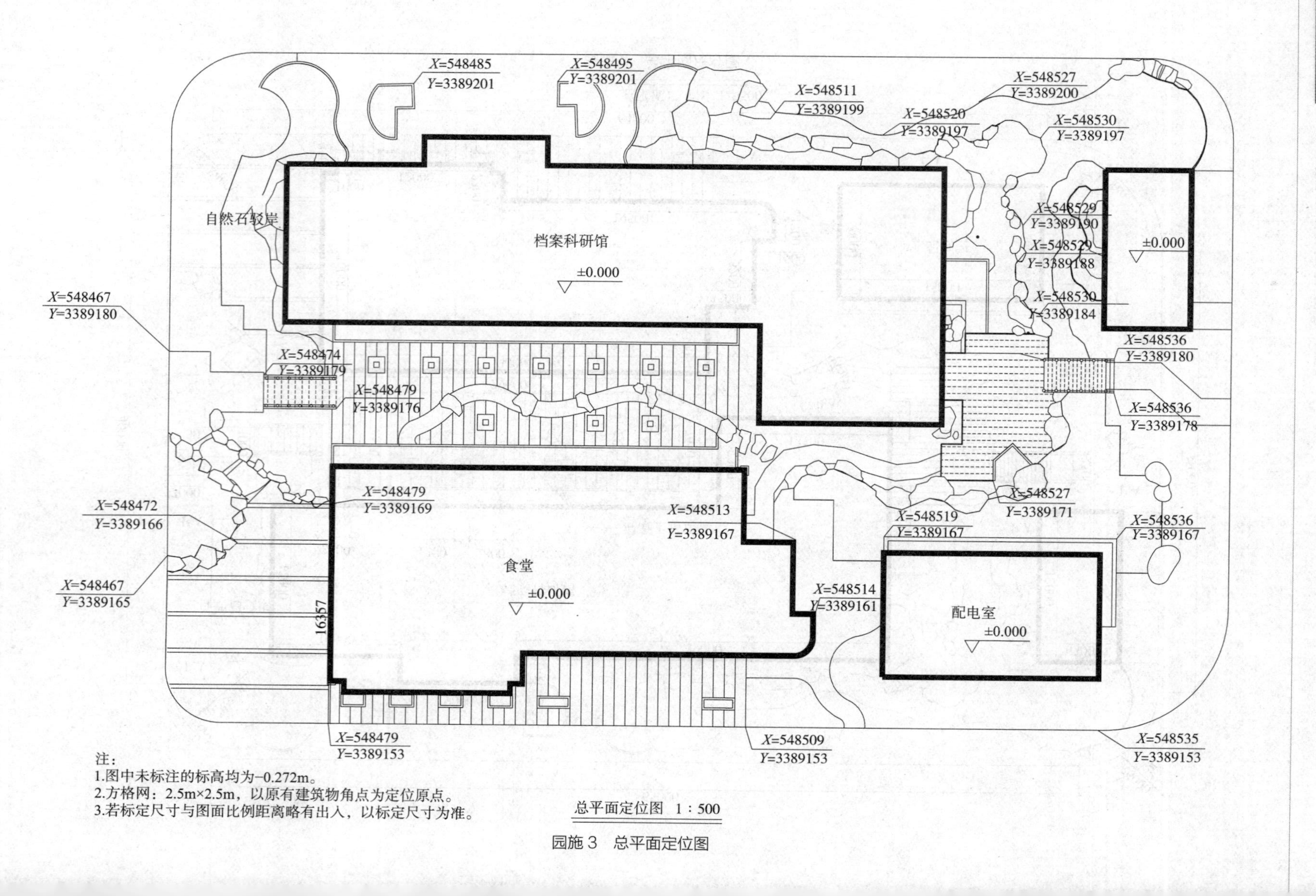
X=548485
Y=3389201
X=548495
Y=3389201
X=548511
Y=3389199
X=548527
Y=3389200
X=548520
Y=3389197
X=548530
Y=3389197
自然石驳岸
档案科研馆
±0.000
X=548529
Y=3389190
X=548529
Y=3389188
X=548530
Y=3389184
±0.000
X=548467
Y=3389180
X=548474
Y=3389179
X=548479
Y=3389176
X=548536
Y=3389180
X=548536
Y=3389178
X=548472
Y=3389166
X=548479
Y=3389169
X=548513
Y=3389167
X=548519
Y=3389167
X=548527
Y=3389171
X=548536
Y=3389167
食堂
±0.000
X=548467
Y=3389165
16357
X=548514
Y=3389161
配电室
±0.000
X=548479
Y=3389153
X=548509
Y=3389153
X=548535
Y=3389153
注：
1.图中未标注的标高均为-0.272m。
2.方格网：2.5m×2.5m，以原有建筑物角点为定位原点。
3.若标定尺寸与图面比例距离略有出入，以标定尺寸为准。
总平面定位图 1：500

园施 3 总平面定位图

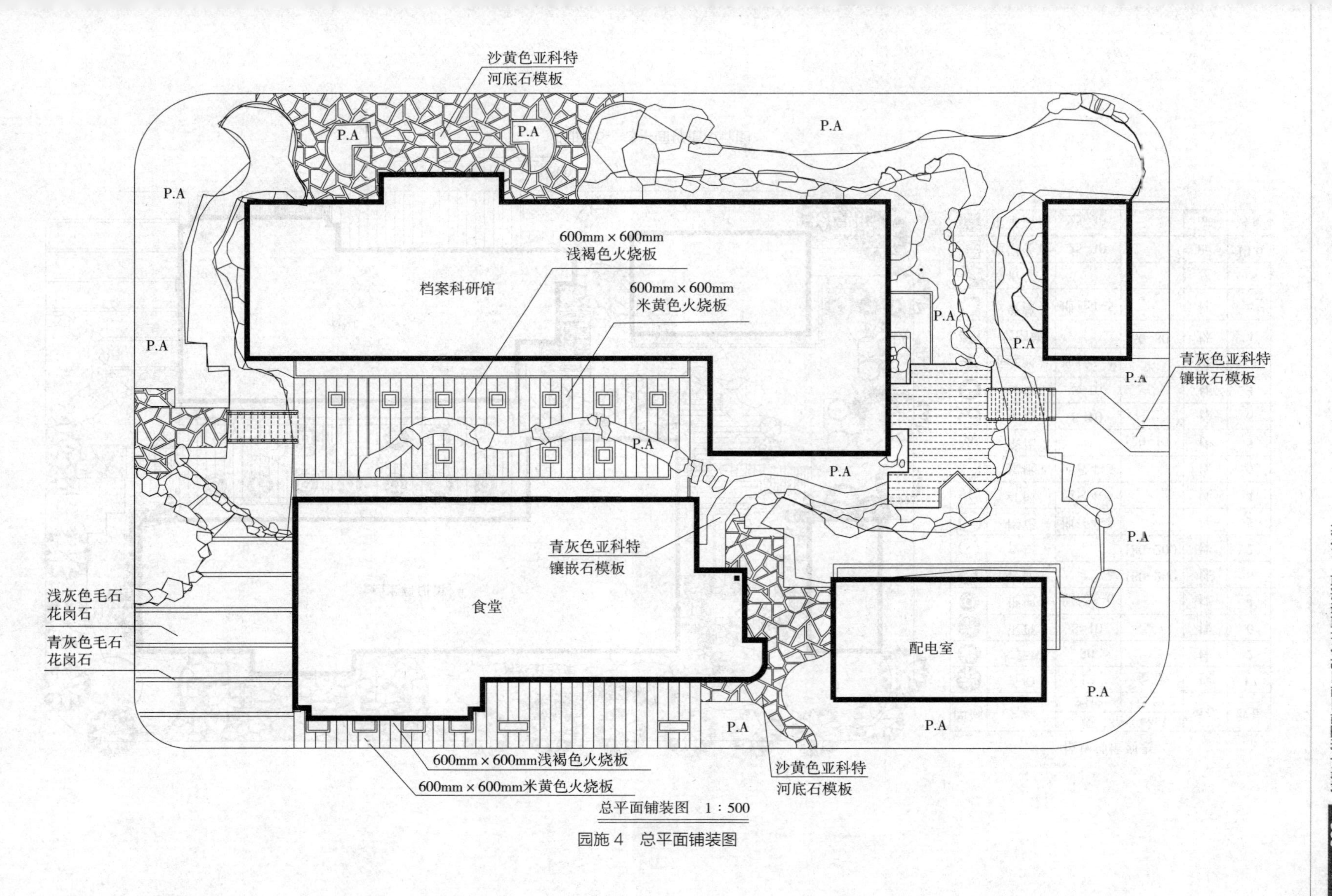

总平面铺装图 1：500

园施 4 总平面铺装图

自然石驳岸

自然石驳岸

自然石驳岸

自然石驳岸

档案科研馆

木平桥

防腐木栈道

木平桥

食堂

配电室

总平面种植设计图　1：500

植物种植列表

图例	名称	规格（cm）		单位	数量
		胸径	冠径		
	香樟	12	全冠	株	17
	大香樟	30		株	2
	银杏	8~10		株	6
	枇杷	地径5~6		株	4
	金桂		180~200	株	6
	含笑		180~200	株	2
	樱花	地径4~5		株	5
	红枫	地径4~5		株	4
	碧桃	地径4~5		株	5
	茶花		120~150	株	5
	垂柳	8~10		株	6
	合欢	8~10		株	3
	垂丝海棠	地径3~4		株	14
	龙柏球		60~80	株	4
	紫薇	地径4~5		株	4
	竹子			丛	15
	龟甲冬青	25~30		m^2	14.6
	瓜子黄杨	25~30		m^2	5.8

园施 5　总平面种植设计图

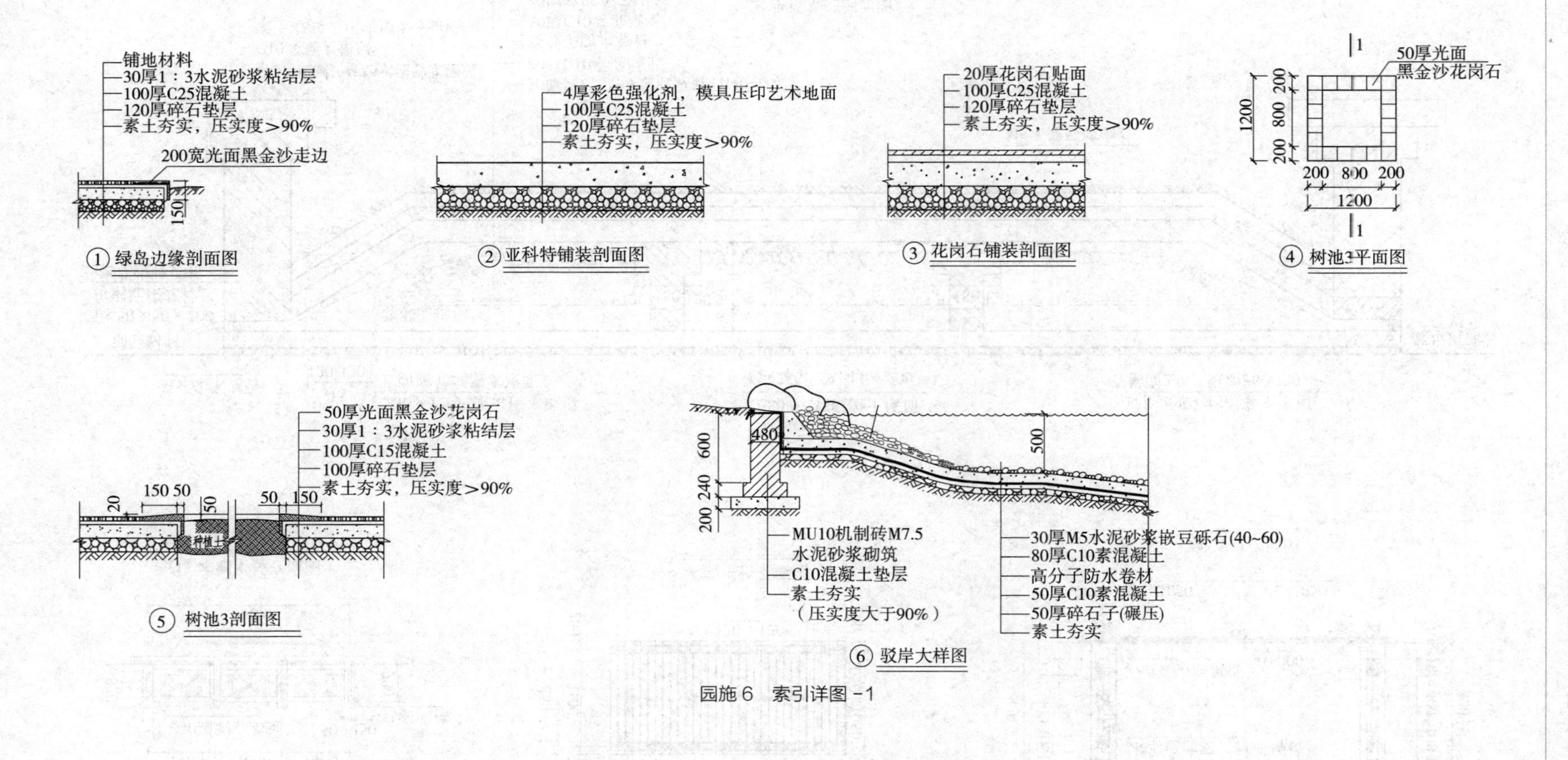

铺地材料
30厚1：3水泥砂浆粘结层
100厚C25混凝土
120厚碎石垫层
素土夯实，压实度＞90%
200宽光面黑金沙走边
150
① 绿岛边缘剖面图
4厚彩色强化剂，模具压印艺术地面
100厚C25混凝土
120厚碎石垫层
素土夯实，压实度＞90%
② 亚科特铺装剖面图
20厚花岗石贴面
100厚C25混凝土
120厚碎石垫层
素土夯实，压实度＞90%
③ 花岗石铺装剖面图
1
50厚光面
黑金沙花岗石
200 800 200
1200
200 800 200
1200
1
④ 树池3平面图
50厚光面黑金沙花岗石
30厚1：3水泥砂浆粘结层
100厚C15混凝土
100厚碎石垫层
素土夯实，压实度＞90%
20
150 50
50
50 150
种植土
⑤ 树池3剖面图
480
600
240
200
500
MU10机制砖M7.5
水泥砂浆砌筑
C10混凝土垫层
素土夯实
（压实度大于90%）
30厚M5水泥砂浆嵌豆砾石(40~60)
80厚C10素混凝土
高分子防水卷材
50厚C10素混凝土
50厚碎石子(碾压)
素土夯实
⑥ 驳岸大样图

园施6 索引详图 -1

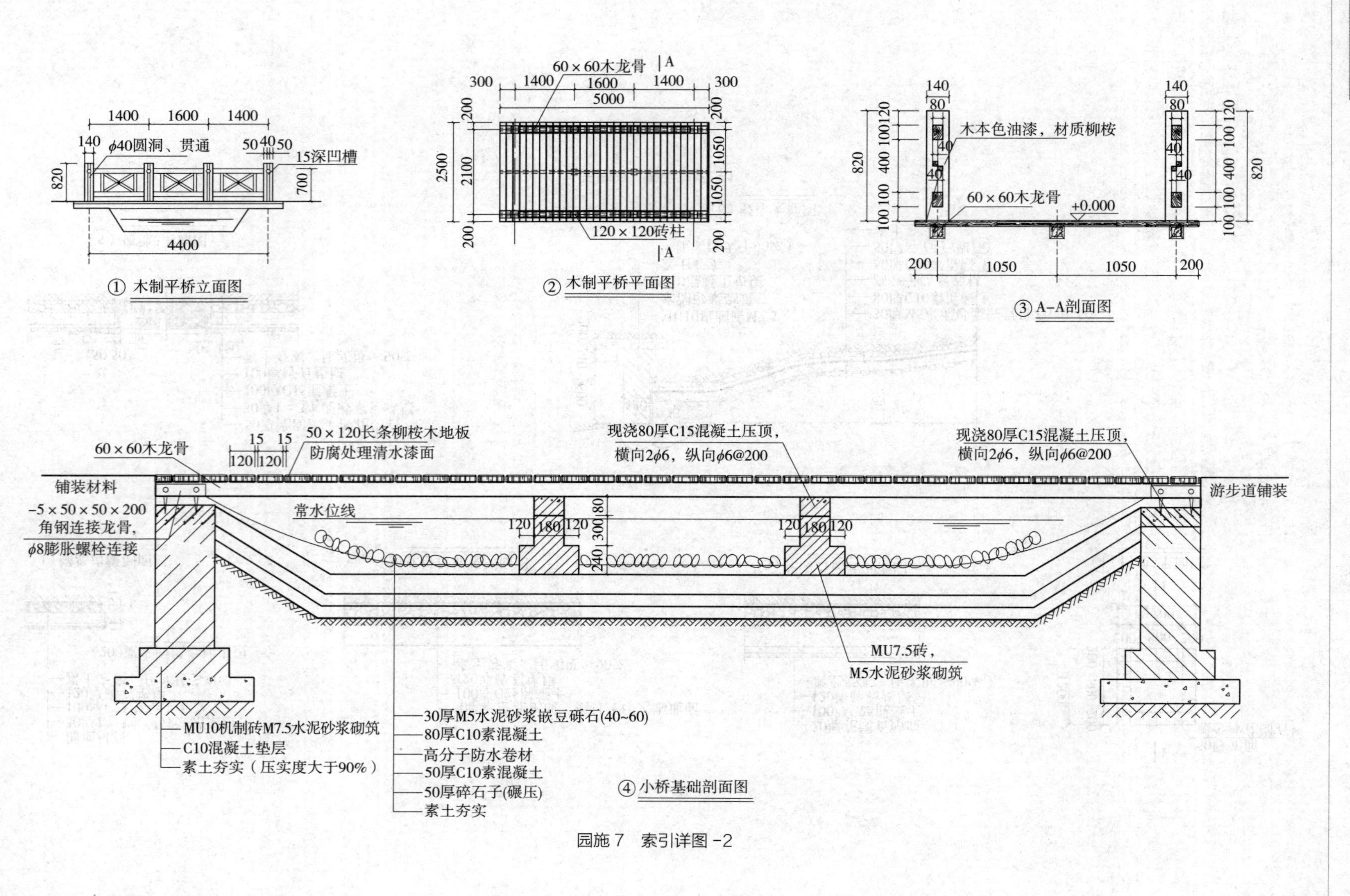
φ40圆洞、贯通
15深凹槽
① 木制平桥立面图
60×60木龙骨
120×120砖柱
② 木制平桥平面图
木本色油漆，材质柳桉
60×60木龙骨
+0.000
③ A-A剖面图
60×60木龙骨
50×120长条柳桉木地板
防腐处理清水漆面
现浇80厚C15混凝土压顶，
横向2φ6，纵向φ6@200
现浇80厚C15混凝土压顶，
横向2φ6，纵向φ6@200
铺装材料
-5×50×50×200
角钢连接龙骨，
φ8膨胀螺栓连接
常水位线
游步道铺装
MU7.5砖，
M5水泥砂浆砌筑
MU10机制砖M7.5水泥砂浆砌筑
C10混凝土垫层
素土夯实（压实度大于90%）
30厚M5水泥砂浆嵌豆砾石(40~60)
80厚C10素混凝土
高分子防水卷材
50厚C10素混凝土
50厚碎石子(碾压)
素土夯实
④ 小桥基础剖面图

园施 7 索引详图 -2

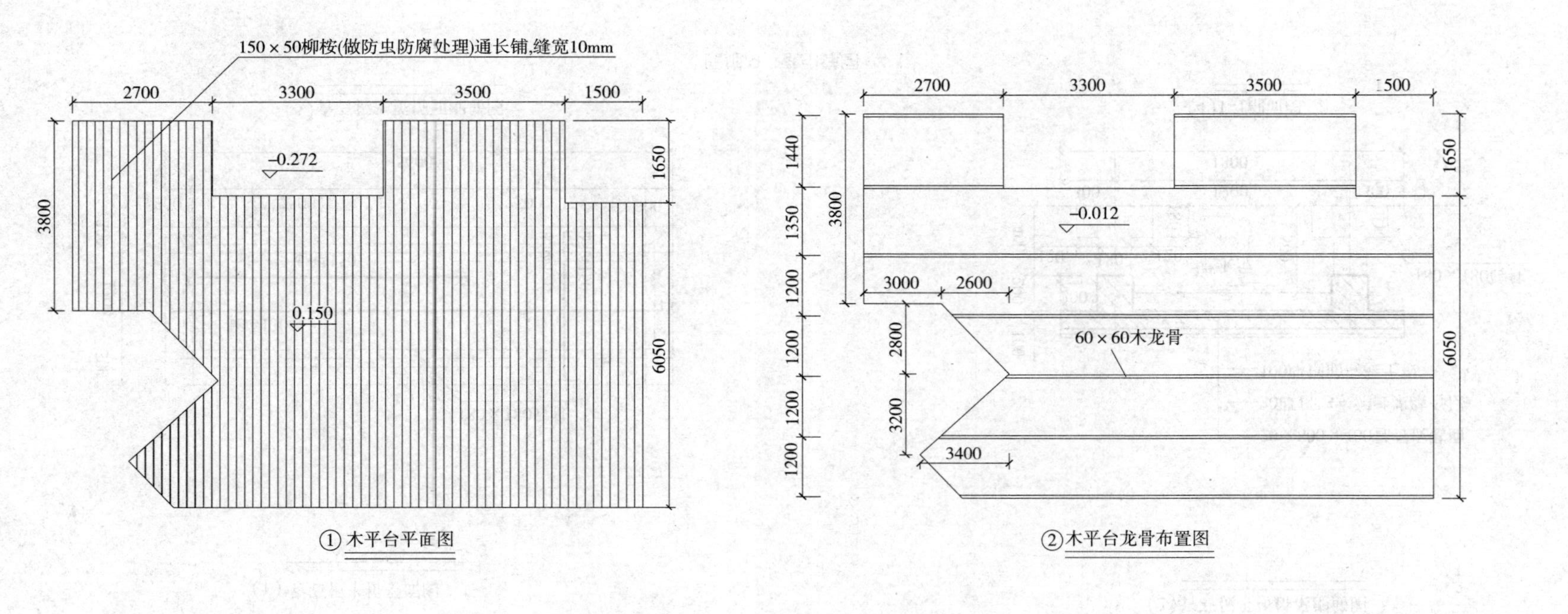

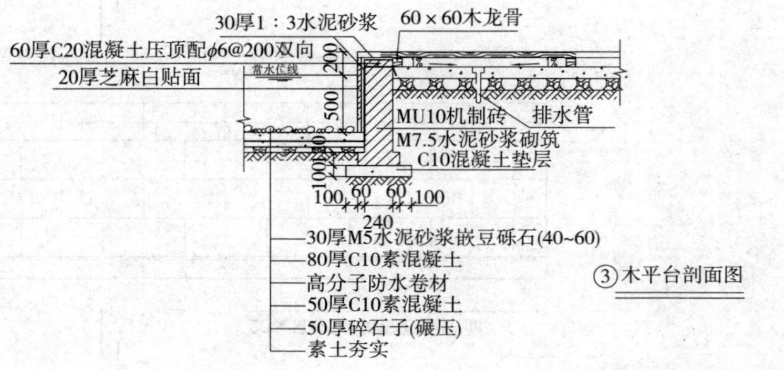

注：
1.本条暂定为柳桉，木条表面防腐处理，含水率不大于12%，刷本色清漆。
2.沉头螺栓露明的头部必须窝入木材2mm，用腻子找平。

园施8　索引详图-3

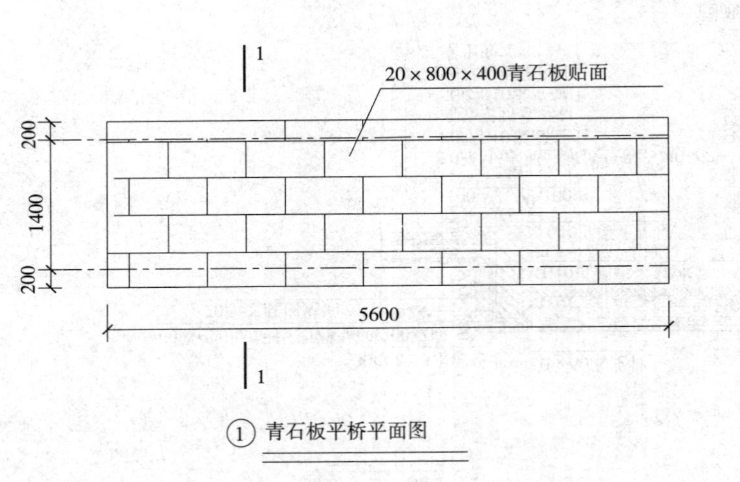

①青石板平桥平面图

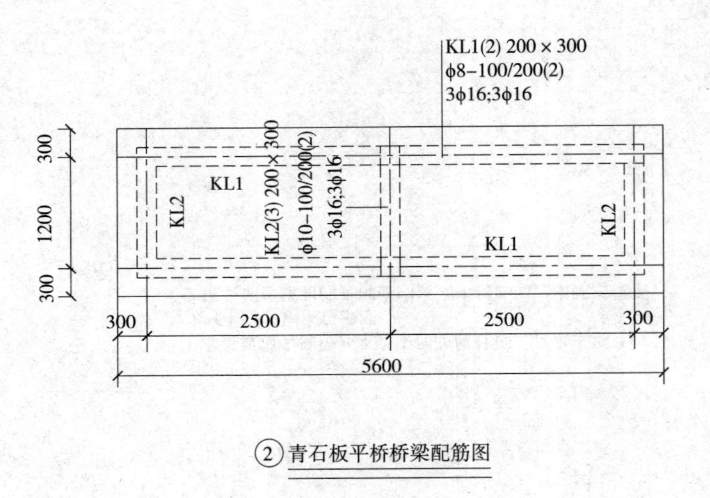

②青石板平桥桥梁配筋图

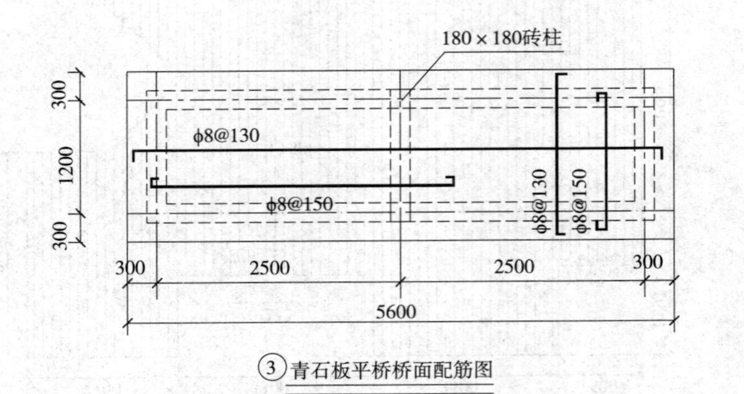

③青石板平桥桥面配筋图

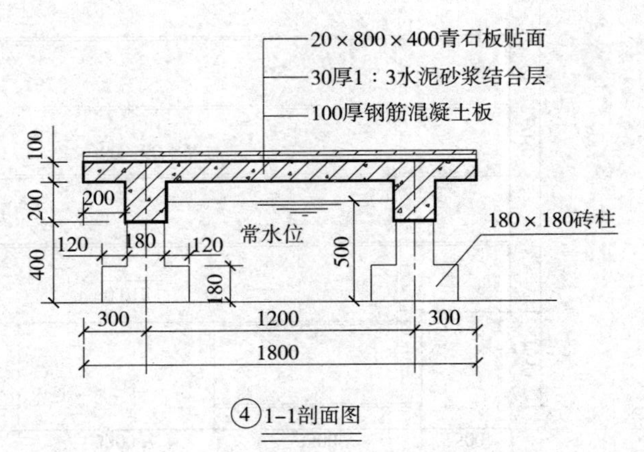

④1-1剖面图

园施9 索引详图-4

参考文献

[1] 中华人民共和国住房和城乡建设部，中华人民共和国国家质量监督检验检疫总局 . GB 50854-2013 房屋建筑与装饰工程工程量计算规范 [S]. 北京：中国计划出版社，2013.

[2] 中华人民共和国住房和城乡建设部，中华人民共和国国家质量监督检验检疫总局 . GB 50856-2013 通用安装工程工程量计算规范 [S]. 北京：中国计划出版社，2013.

[3] 中华人民共和国住房和城乡建设部，中华人民共和国国家质量监督检验检疫总局 . GB 50857-2013 市政工程工程量计算规范 [S]. 北京：中国计划出版社，2013.

[4] 中华人民共和国住房和城乡建设部，中华人民共和国国家质量监督检验检疫总局 . GB 50858-2013 园林绿化工程工程量计算规范 [S]. 北京：中国计划出版社，2013.

[5] 中华人民共和国住房和城乡建设部，中华人民共和国国家质量监督检验检疫总局 . GB/T 50353-2013 建筑工程建筑面积计算规范 [S]. 北京：中国计划出版社，2013.

[6] 中华人民共和国住房和城乡建设部 . 全国统一建筑工程预算工程量计算规则（土建工程 GJDGZ-101-95）[S]. 北京：中国计划出版社，2014.

[7] 中国建设工程造价管理协会 . 建筑工程建筑面积计算规范图解（GB/T 50353-2013）[M]. 北京：中国计划出版社，2015.

[8] 规范编制组 . 2013 建设工程计价计量规范辅导 [M]. 北京：中国计划出版社，2015.

[9] 谭大璐 . 工程估价（第四版）[M]. 北京：中国建筑工业出版社，2016.

[10] 吴佐民，房春燕． 房屋建筑与装饰工程工程量计算规范图解 [M]. 北京：中国建筑工业出版社，2016.

[11] 全国造价工程师执业资格考试培训教材编审委员会 . 建设工程技术与计量 [M]. 北京：中国计划出版社，2017.

[12] 全国造价工程师执业资格考试培训教材编审委员会 . 建设工程造价案例分析 [M]. 北京：中国城市出版社，2013.

[13] 中国建设监理协会 . 建设工程投资控制 [M]. 北京：知识产权出版社，2014.

[14] 王雪青 . 工程估价（第二版）[M]. 北京：中国建筑工业出版社，2011.

[15] 袁建新 . 建筑工程预算（第二版）[M]. 北京：中国建筑工业出版社，2005.

[16] 李宏扬 . 建筑工程预算——识图、工程量计算与定额应用 [M]. 北京：中国建材工业出版社，2001.

[17] 郑君君，杨学英 . 工程估价 [M]. 武汉：武汉大学出版社，2004.

[18] 张建平，吴贤国 . 工程估价 [M]. 北京：科学出版社，2006.

[19] 张国栋 . 工程造价编制实务 [M]. 北京：中国建筑工业出版社，2000.

[20] 王武齐．建筑工程计量与计价 [M]. 北京：中国建筑工业出版社，2005.

[21] 本书编委会．建筑工程清单编制快学快用 [M]. 北京：中国建材工业出版社，2013.

[22] 刘尔烈等．工程项目招标投标实务 [M]. 北京：人民交通出版社，2000.

[23] 刘宝生．建筑工程概预算 [M]. 北京：机械工业出版社，2001.

[24] 本书编写组．装饰装修工程预决算快学快用（第 2 版）[M]. 北京：中国建材工业出版社，2014.

[25] 唐小林，吕奇光．建筑工程计量与计价（第 3 版）[M]. 重庆：重庆大学出版社，2014.

[26] 吴心伦．安装工程计量与计价（第二版）[M]. 重庆：重庆大学出版社，2014.

[27] 肖作义．建筑安装工程造价 [M]. 北京：冶金工业出版社，2012.

[28] 王长久．建筑设备概论（上）（下）[M]. 武汉：武汉理工大学出版社，2008.

[29] 冯刚，景巧玲．安装工程计量与计价 [M]. 北京：北京大学出版社，2012.

[30] 张国栋．36 问与 10 例详解安装工程造价 [M]. 北京：机械工业出版社，2013.

[31] 苑辉．安装工程工程量清单实施指南 [M]. 北京：中国电力出版社，2009.

[32] 张国栋．消防工程 [M]. 天津：天津大学出版社，2012.

[33] 祝连波，温海燕．通用安装工程工程量计算规范实施指南 [M]. 北京：中国建筑工业出版社，2014.

[34] 吴心伦，黎诚．安装工程计量与计价（第四版）[M]. 重庆：重庆大学出版社，2006.

[35] 张国栋．通用安装工程工程量清单典型实例图解 [M]. 北京：中国建筑工业出版社，2014.

[36] 该书编委会．水暖工程造价员手工算量与实例精析 [M]. 北京：中国建筑工业出版社，2015.

[37] 张国栋．一图一例之安装工程造价（第 2 版）[M]. 北京：中国建筑工业出版社，2014.

[38] 郭玉忠．建设工程工程量清单活学活用 300 例 [M]. 南京：江苏人民出版社，2011.

[39] 李晓林．工程量清单计价实务教程——建筑安装工程 [M]. 北京：中国建材工业出版社，2014.

[40] 张国栋．一图一算之市政工程造价 [M]. 北京：机械工业出版社，2013.

[41] 本书编写组．市政工程清单计价培训教材 [M]. 北京：中国建材工业出版社，2014.

[42] 张国栋，陈萍．公路工程工程量计算与定额应用实例导读 [M]. 北京：中国建材工业出版社，2012.

[43] 张琦．市政工程工程量清单计价 [M]. 北京：机械工业出版社，2015.

[44] 袁建新．市政工程计量与计价（第二版）[M]. 北京：中国建筑工业出版社，2012.

[45] 吴戈军．园林工程清单计价 [M]. 北京：化学工业出版社，2016.

[46] 张国栋．园林绿化工程预算与清单报价实例分析 [M]. 北京：中国电力出版社，2014.

[47] 冯义显．园林工程工程量清单计价实例详解 [M]. 北京：机械工业出版社，2015.

[48] 张微笑．园林绿化工程清单计价培训教材 [M]. 北京：中国建材工业出版社，2014.

[49] 陈楠．园林绿化工程工程量清单计价细节解析与实例详解 [M]. 武汉：华中科技大学出版社，2014.

[50] 冯宪伟．园林绿化工程清单计价编制快学快用 [M]. 北京：中国建材工业出版社，2014.

[51] 韩秀君．园林绿化工程造价 [M]. 北京：中国电力出版社，2012.

[52] 杜兰芝．园林绿化工程工程量清单计价全程解析 [M]. 长沙：湖南大学出版社，2010.